U0901294

中国国家标准汇编

2008年修订-93

中国标准出版社　编

中国标准出版社

北京

图书在版编目（CIP）数据

中国国家标准汇编：2008年修订.93/中国标准出版社编.—北京：中国标准出版社，2009

ISBN 978-7-5066-5570-5

Ⅰ.中… Ⅱ.中… Ⅲ.国家标准-汇编-中国-2008
Ⅳ.T-652.1

中国版本图书馆CIP数据核字（2009）第198775号

中国标准出版社出版发行
北京复兴门外三里河北街16号
邮政编码:100045
网址 www.spc.net.cn
电话:68523946 68517548
中国标准出版社秦皇岛印刷厂印刷
各地新华书店经销
*
开本 880×1230 1/16 印张 36.25 字数 1 084 千字
2009年12月第一版 2009年12月第一次印刷
*
定价 200.00 元

出 版 说 明

1.《中国国家标准汇编》是一部大型综合性国家标准全集。自 1983 年起，按国家标准顺序号以精装本、平装本两种装帧形式陆续分册汇编出版。它在一定程度上反映了我国建国以来标准化事业发展的基本情况和主要成就，是各级标准化管理机构，工矿企事业单位，农林牧副渔系统，科研、设计、教学等部门必不可少的工具书。

2.《中国国家标准汇编》收入我国每年正式发布的全部国家标准，分为"制定"卷和"修订"卷两种编辑版本。

"制定"卷收入上年度我国发布的、新制定的国家标准，顺延前年度标准编号分成若干分册，封面和书脊上注明"20××年制定"字样及分册号，分册号一直连续。各分册中的标准是按照标准编号顺序连续排列的，如有标准顺序号缺号的，除特殊情况注明外，暂为空号。

"修订"卷收入上年度我国发布的、被修订的国家标准，视篇幅分设若干分册，但与"制定"卷分册号无关联，仅在封面和书脊上注明"20××年修订-1，-2，-3，……"字样。"修订"卷各分册中的标准，仍按标准编号顺序排列(但不连续)；如有遗漏的，均在当年最后一分册中补齐。需提请读者注意的是，个别非顺延前年度标准编号的新制定的国家标准没有收入在"制定"卷中，而是收入在"修订"卷中。

读者配套购买《中国国家标准汇编》"制定"卷和"修订"卷则可收齐上一年度我国制定和修订的全部国家标准。

3. 由于读者需求的变化，自 1996 年起，《中国国家标准汇编》仅出版精装本。

4. 2008 年制修订国家标准共 5946 项。本分册为"2008 年修订-93"，收入新制修订的国家标准 25 项，其中 GB 16889—2008(环境保护标准)未收入。

中国标准出版社

2009 年 10 月

目　　录

ICS 33.180.99
M 33

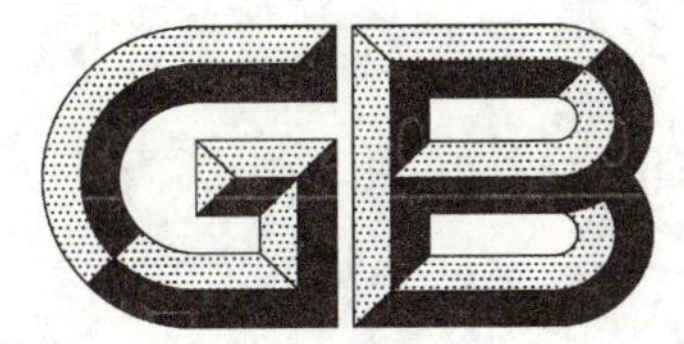

中华人民共和国国家标准

GB/T 16814—2008
代替 GB/T 16814—1997

同步数字体系(SDH)光缆线路系统测试方法

Methods of measurement for synchronous digital hierarchy(SDH) optical fiber cable line system

2008-04-11 发布　　　　2008-11-01 实施

中华人民共和国国家质量监督检验检疫总局
中国国家标准化管理委员会　发布

前言

本标准参考了ITU-T G.691《单信道STM-64和其他有光放大器的SDH系统的光接口》、ITU-T G.707《同步数字体系(SDH)的网络节点接口》、ITU-T G.783《SDH复用设备的功能块特性》、ITU-T G.825《基于同步数字系列(SDH)的数字网内抖动和漂移的控制》和ITU-T G.841《SDH网络保护结构的类型和特性》的相关技术内容。

本标准代替GB/T 16814—1997《同步数字体系(SDH)光缆线路系统测试方法》。

本标准与GB/T 16814—1997相比主要变化如下：

——针对ITU-T中新的技术指标要求，补充了相应的测试方法，包括：增加了“系统组成”、“测试信号和定时方式”、“漂移测试”、“TCM协议测试”等章内容；增加了光源频率啁啾、最大差分群时延、光监控通路的测试方法；增加了2 Mbit/s、34 Mbit/s输出口反射衰减的指标和测试内容；补充并完善了数字段输出口输出抖动和SDH复用设备STM-N输入口的抖动容限的测试方法；增加了低阶通道、高阶通道以及级联通道的误码性能测试；在“定时和同步测试”一章增加了“以PDH信号作为SDH设备的同步源”的测试，并增加了“功能检查”项目，增加了抖动和漂移产生、抖动和漂移容限、噪声传递和相位不连续四个项目，增加了同步接口输出抖动和漂移网络限值测试的内容。

——为适应新修订的国家标准GB/T 15941—2008有关保护倒换技术要求重新编写了“保护倒换测试”的全部内容。

——删除了GB/T 16814—1997中的3个附录，即附录B“测量反射的方法”、附录E“测试SDH设备线路STM-N输入口抖动容限的开始出误码方法”、附录F“CID不敏感性测量的实施”。

——增加了3个附录，即附录B“光发送信号啁啾参数α的测量”、附录E“复用段保护环倒换时间的单端测试方法”、附录F“STM-N信号输入漂移容限指标”。

本标准与GB/T 15941—2008《同步数字体系(SDH)光缆线路系统进网要求》配套使用。

本标准的附录A和附录B为规范性附录，附录C、附录D、附录E、附录F为资料性附录。

本标准由中华人民共和国信息产业部提出。

本标准由中国通信标准化协会负责归口。

本标准由信息产业部电信研究院、华为技术有限公司负责起草。

本标准主要起草人：黄震、张颖艳、曹晗、孟艾立、周波、邓忠礼、程永刚、赵晖。

本标准所代替标准的历次版本发布情况为：

——GB/T 16814—1997。

同步数字体系(SDH)光缆线路系统测试方法

1 范围

本标准规定了同步数字体系(SDH)光缆线路系统技术指标和性能要求的测试方法。

本标准适用于公用电信网的同步数字体系(SDH)光缆线路系统。专用电信网也可参照使用。

2 规范性引用文件

下列文件中的条款通过本标准的引用而成为本标准的条款。凡是注日期的引用文件,其随后所有的修改单(不包括勘误的内容)或修订版均不适用于本标准,然而,鼓励根据本标准达成协议的各方研究是否可使用这些文件的最新版本。凡是不注日期的引用文件,其最新版本适用于本标准。

GB/T 7611—2001 数字网系列比特率电接口特性

GB/T 15941—2008 同步数字体系(SDH)光缆线路系统进网要求

GB/T 15972.40—2008 光纤试验方法规范 第40部分:传输特性和光学特性的测量方法和试验程序——衰减

GB/T 15972.42—2008 光纤试验方法规范 第42部分:传输特性和光学特性的测量方法和试验程序——波长色散

GB/T 20185—2006 同步数字体系设备和系统的光接口技术要求

YD/T 900—1997 SDH设备技术要求 时钟

YD/T 1014—1999 STM-64光线路终端设备技术要求

YD/T 1166—2001 SMT-64再生中继设备技术要求

YD/T 1167—2001 STM-64分插复用(ADM)设备技术要求

YD/T 1266—2003 SDH环网保护倒换测试方法

YD/T 1267—2003 基于SDH传送网的同步网技术要求

YD/T 1299—2004 同步数字体系(SDH)网络性能技术要求 抖动和漂移

YD/T 1300—2004 同步数字体系(SDH)网络性能技术要求 通道、复用段和再生段

YDN 099—1998 光同步传送网技术体制(暂行规定)

ITU-T G.691(2003) 单信道STM-64和其他有光放大器的SDH系统的光接口

ITU-T G.707(2003) 同步数字体系(SDH)的网络节点接口

ITU-T G.783(2004) SDH复用设备的功能块特性

ITU-T G.806(2004) 传送网设备特性 描述方法和一般功能

ITU-T G.823 (2000) 以2 048 kbit/s系列等级为基础的数字网内抖动和漂移的控制

ITU-T G.825(2000) 基于同步数字系列(SDH)的数字网内抖动和漂移的控制

ITU-T M.2100(2003) 国际多局站PDH通道和连接投入业务和维护性能限值

ITU-T M.2101(2003) 国际多局站的SDH通道和复用段投入业务和维护性能限值

ITU-T M.2110(2002) 国际PDH通道、段和传输系统及SDH通道和复用段的投入业务

ITU-T O.150(1996) 数字传输设备性能测试仪器的一般要求

3 缩略语

下列缩略语适用于本标准。

ADM	Add and Drop Multiplexer	分插复用器
AIS	Alarm Indication Signal	告警指示信号
API	Access Point Identifier	接入点标识符
APS	Automatic Protection Switching	自动保护倒换
ATM	Asynchronous Transfer Mode	异步传递(转移)模式
AU	Administrative Unit	管理单元
AUG	Administrative Unit Group	管理单元组
BBER	Background Block Error Ratio	背景差错块比
BER	Bit Error Ratio	比特差错比
BIP	Bit Interleaved Parity	比特间插奇偶校验
BITS	Buliding Integrated Timing Supply	大楼综合定时供给系统
BOL	Beginning-of-life	寿命开始
C	Container	容器
DEG	Degraded	劣化
DGD	Differential Group Delay	差分群时延
EOL	End-of-Life	寿命终了
ESR	Error Second Ratio	差错秒比
EX	Extinction Ratio	消光比
EXC	Excessive Error	差错超限
HP	Higher Order Path	高阶通道
IEC	Incoming Error Count	输入差错计数
LED	Light Emitting Diode	发光二极管
LOF	Loss of Frame	帧丢失
LOM	Loss of Multiframe	复帧丢失
LOP	Loss of Pointer	指针丢失
LOS	Loss of Signal	信号丢失
LP	Lower Order Path	低阶通道
LSS	Loss of Sequence Synchronization	序列同步丢失
LTC	Loss of Tandem Connection	串联连接丢失
MLM	Multi-Longitudinal Mode	多纵模
MS	Multiplex Section	复用段
MSOH	Multiplex Section Overhead	复用段开销
MSP	Multiplex Section Protection	复用段保护
MSTP	Multi-Service Transmission Platform	多业务传送平台
MTIE	Maximum Time Interval Error	最大时间间隔误差
MRTIE	Maximum Relative Time Interval Error	最大相对时间间隔误差
ODI	Outgoing Defect Indication	输入缺陷指示
OEI	Outgoing Error Indication	输入差错指示
OOF	Out-of-Frame	帧失步
OSC	Optical Supervisory Channel	光监控信道
OTDR	Optical Time Domain Refletometer	光时域反射仪
PDH	Plesiochronous Digital Hierarchy	准同步数字体系
PLL	Phase Locked Loop	锁相环

PLM	PayLoad Mismatch	净荷失配
PMD	Polarisation Mode Dispersion	偏振模色散
POH	Path Overhead	通道开销
RDI	Remote Defect Indication	远端缺陷指示
REI	Remote Error Indication	远端差错指示
PRBS	Pseudo Random Binary Sequence	伪随机二元序列
PRC	Primary Referance Clock	主基准时钟
RMS	Root Mean Square	均方根
RS	Regenerator Section	再生段
RTIE	Relative Time Interval Error	相对时间间隔误差
SDH	Synchronous Digital Hierarchy	同步数字体系
SEC	Synchronous digital hierarchy equipment clock	SDH 设备钟
SESR	Severely Errored Second ratio	严重误块秒比
SLM	Single Longitudinal Mode	单纵模
SMSR	Side Mode Suppression Ratio	边模抑制比
SSM	Synchronization Status Message	同步状态消息
SSU	Synchronization Supply Unit	同步供给单元
STM	Synchronous Transport Module	同步传送模块
TC	Tandem Connection	串联连接
TCM	Tandem Connection Monitor	串联连接监视
TDEV	Time Deviation	时间偏差
TIE	Time Interval Error	时间间隔误差
TIM	Trace Identifier Mismatch	踪迹识别符失配
TSE	Test Sequence Error	测试序列差错
TSS	Test signal structure	测试信号结构
TU	Tributary Unit	支路单元
TUG	Tributary Unit Group	支路单元组
UNEQ	Unequipped	未装载
VC	Virtual Container	虚容器

4 系统组成

SDH 光缆线路系统定义为在同步数字体系规定的比特率上实现数字段的手段，由线路终端(包含复用功能)、光缆段和再生器(如果配置的话)组成。图 1 为一典型示例。

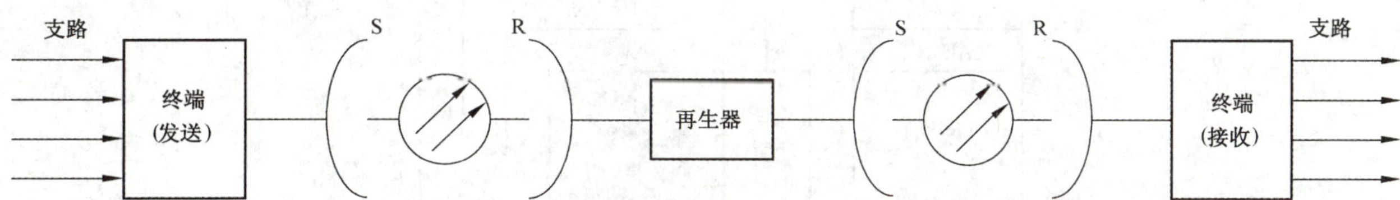

注：S 点为紧靠在终端设备(或再生器)的发送机光连接器后的参考点，因而光连接器属于设备的一部分。R 点为紧靠在终端设备(或再生器)的接收机光连接器前的参考点，因而光连接器属于设备的一部分。

图 1 SDH 光缆线路系统组成(示例)

5 测试信号和定时方式

5.1 PDH 接口测试信号

5.1.1 物理特性

PDH 接口测试信号的物理(电气)特性应符合 GB/T 7611—2001。

5.1.2 测试信号结构

PDH 接口的测试信号,其编码是伪随机二元序列(PRBS),主要有两种类型,详见表 1。本标准中凡涉及到 PDH 接口的测试项目,测试仪表若需要向 PDH 接口发送或从 PDH 接口接收测试信号,在未加说明的情况下,测试仪表应根据表 1 的规定来选用适当的 PRBS。

表 1 PDH 接口测试用 PRBS

比特率(kbit/s)	测试用 PRBS	生成规则
2 048	$2^{15}-1$	GB/T 7611—2001 附录 E
34 368	$2^{23}-1$	GB/T 7611—2001 附录 E
139 264	$2^{23}-1$	GB/T 7611—2001 附录 E

5.2 SDH 接口测试信号

5.2.1 物理特性

SDH 接口测试信号的物理(光)特性应符合 GB/T 20185—2006 第 8 章;STM-1 电接口测试信号的物理(电气)特性应符合 GB/T 7611—2001。

5.2.2 测试信号结构

5.2.2.1 容器装载 PRBS 的 STM-1 测试信号

容器装载 PRBS 的 STM-1 测试信号,主要有三种结构类型,分别是 TSS1、TSS3 和 TSS4,结构示意图详见图 2。图 2 中的 a)、b)和 c)分别规定了容器 C-4、低阶 C-3 和 C-12 的所有字节都装载规定的伪随机二元序列(PRBS)。PRBS 的生成规则见表 1。

本标准中凡涉及到 STM-1 接口抖动、漂移的测试项目,测试仪表应选用这类结构的 STM-1 信号作为测试信号。

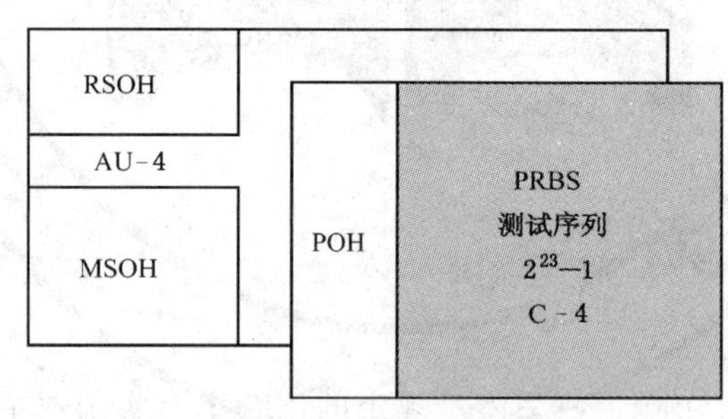

a) TSS1

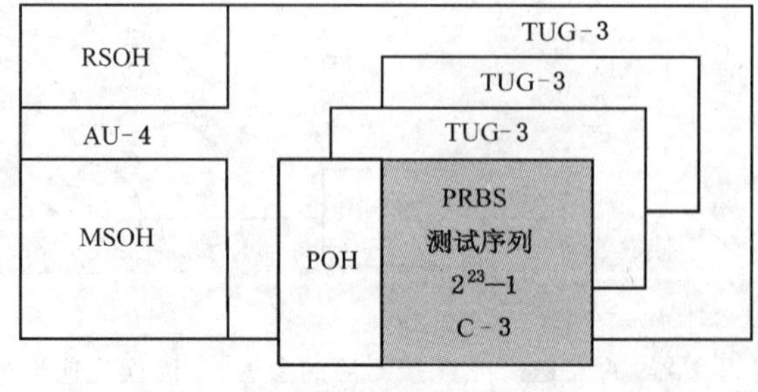

b) TSS3

图 2 容器装载 PRBS 的 STM-1 测试信号

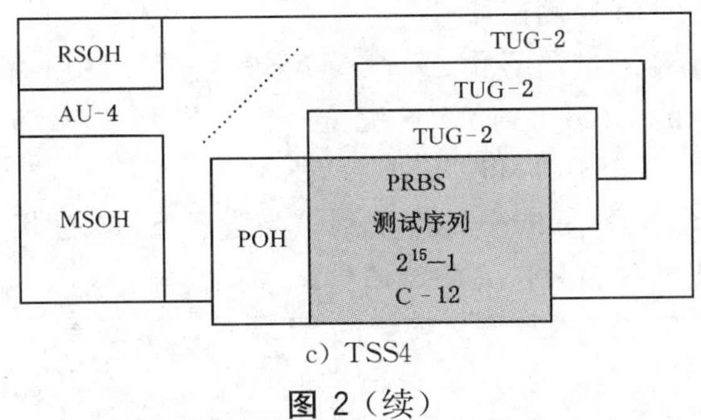

c) TSS4

图 2（续）

5.2.2.2 **仿真业务按 ITU-T G.707 映射进虚容器的 STM-1 测试信号**

仿真业务按 G.707 映射进虚容器的 STM-1 测试信号，主要有三种结构，分别是 TSS5、TSS7 和 TSS8，结构示意图详见图 3。图 3 中 a)、b)和 c)分别规定了仿真 PDH 支路信号按 ITU-T G.707 映射方式映射入容器 C-4、低阶 C-3 和 C-12 的测试信号。PDH 支路信号内容是 PRBS，PRBS 的生成规则见表 1。

本标准中凡涉及到与 STM-1 业务有关的测试项目，例如与信号映射和去映射有关的通道误码测试，测试仪表应选用这类结构的 STM-1 信号作为测试信号。

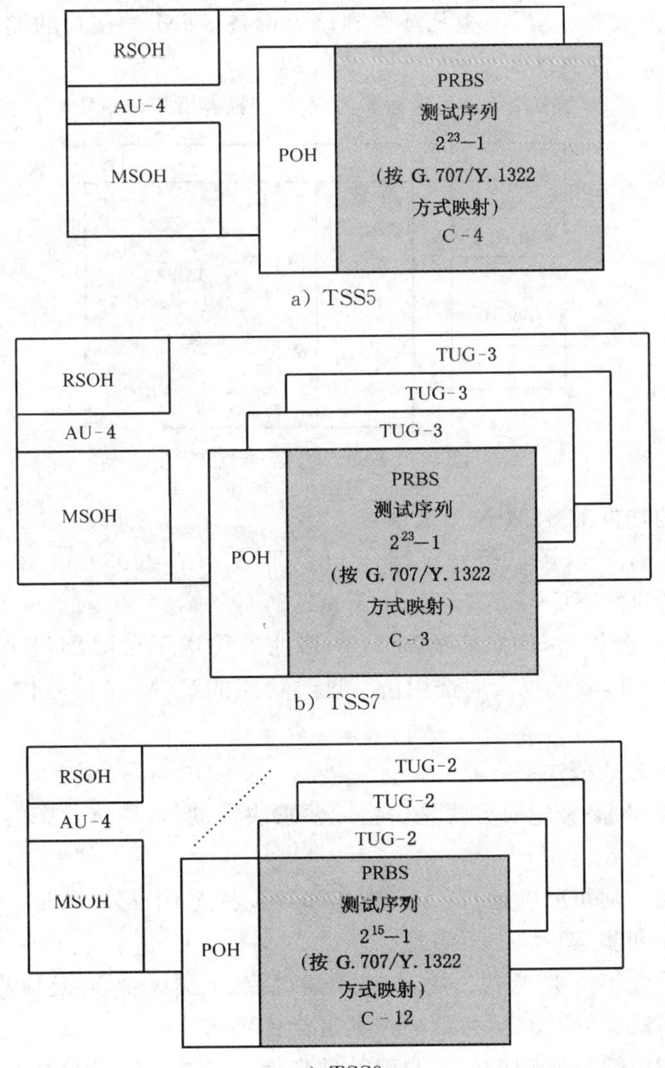

图 3 仿真业务按 G.707 映射进虚容器的 STM-1 测试信号

5.2.2.3 **容器装载 PRBS 的 STM-N 测试信号**

容器装载 PRBS 的 STM-N 测试信号由 N 个 AUG 信号同步复用后加上段开销字节构成，每个 AUG 的结构和 5.2.2.1 规定的 STM-1 的 AUG 完全一样。这类 STM-N 测试信号同样有三种结构类型，本标准中分别用 TSS1(N)、TSS3(N)和 TSS4(N)表示。

对于不支持级联的被测设备，本标准中凡涉及到该类设备 STM-N 接口抖动、漂移的测试项目，测试仪表应选用这类结构的 STM-N 信号作为测试信号。

5.2.2.4 **仿真业务按 ITU-T G.707 映射进虚容器的 STM-N 测试信号**

仿真业务按 G.707 映射进虚容器的 STM-N 测试信号由 N 个 AUG 信号同步复用后加上段开销字节构成，每个 AUG 的结构和 5.2.2.2 规定的 STM-1 的 AUG 完全一样。这类 STM-N 测试信号同样有三种结构类型，本标准中分别用 TSS5(N)、TSS7(N)和 TSS8(N)表示。

对于不支持级联的被测设备，本标准中凡涉及到与该类设备 STM-N 接口业务有关的测试项目，例如与映射和去映射有关的通道误码测试，测试仪表应选用这类结构的 STM-N 信号作为测试信号。

5.2.2.5 **仿真相邻级联的 STM-N 测试信号**

仿真相邻级联的 STM-N 测试信号由 AU-4-Xc 信号加上段开销构成，即支持容器相邻级联的 STM-N 测试信号 TSS9，见图 4。级联容器(C-4-Xc)内的所有字节都装载 PRBS $2^{23}-1$ 或 $2^{31}-1$。$2^{23}-1$的生成规则见表 1，$2^{31}-1$ 生成规则符合 ITU-T O.150(1996)中 5.8 条。

对于支持级联的被测设备，本标准中凡涉及到该类设备 STM-N 接口的测试项目，测试仪表应选用这类结构的 STM-N 信号作为测试信号。

注：低阶容器相邻级联的测试信号缩略语尚未标准化，本标准推荐用 TSSY(C-n-Xc)表示(Y=3,4,7,8)。

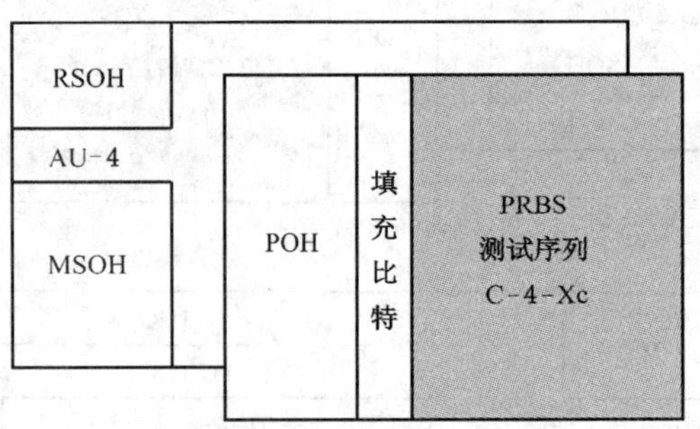

图 4 TSS9 的信号结构

5.2.2.6 **仿真虚级联的功能的 STM-N 测试信号**

仿真虚级联功能的 STM-N 测试信号应符合 ITU-T G.707(2003) 11.2、11.4 对虚级联功能的规定，本标准推荐用缩略语 TSSY(VC-n-Xv)表示(Y=1,3,4,5,7,8)。

对于支持虚级联的被测设备，例如基于 SDH 的多业务传送平台(MSTP)，本标准凡涉及到该类设备 STM-N 接口的测试项目，测试仪表应选用仿真这类功能的 STM-N 信号作为测试信号。

5.3 **定时方式**

5.3.1 **同步状态和定时方式概述**

测试方法使用的同步状态和定时方式是由指标要求决定的，从同步状态的角度，可概括为三类指标要求。

第一类指标，要求在任何可能的运行状态(同步和异步状态)下都应满足。

第二类指标，要求在同步运行状态下满足。

第三类指标，要求除在第一类或第二类(不加频偏)情况下测试合格，还应进一步在对测试信号加频偏的情况下检验被测设备的适应能力，并且同样满足指标要求。

通过规定同步状态和相应的定时方式，明确某项指标在一种(或几种)基准运行状态下进行测试，有利于测试结果有更好的复现性。

本标准在测试配置中将使用运行状态缩略语来明确定时方式的安排。

5.3.2 通用定时方式

5.3.2.1 仪表和被测设备的定时方式

仪表和被测设备的定时方式有如下 3 种，见表 2 和图 5。图中 PRC 表示一个跟踪到一级基准时钟的时钟。可以用满足一级基准时钟质量的时钟设备，也可以用跟踪一级基准时钟的二级或三级时钟设备实现。时钟设备输出定时信号满足 YD/T 1267—2003 中 7.3 的指标要求。

表 2 仪表和被测设备的定时方式

定时方式名称	仪　表	被　测　设　备
外定时	外定时	外同步输入定时
接收定时	接收定时	线路定时 通过定时 环路定时
内定时	内时钟	内部定时 （保持或自由振荡）

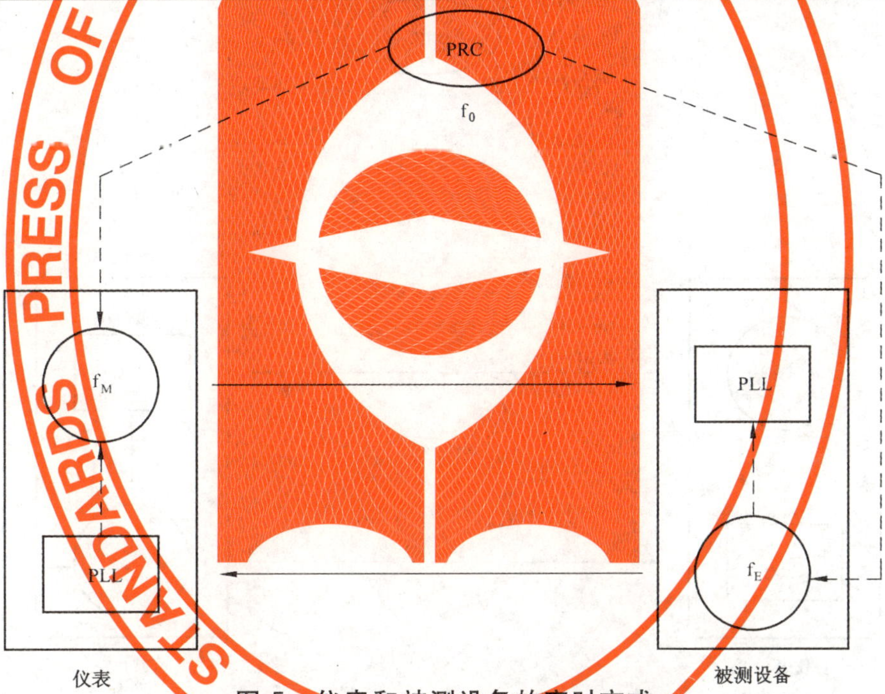

图 5 仪表和被测设备的定时方式

5.3.2.2 通用同步运行状态

可供选择的通用同步运行状态和定时方式见表 3。

表 3 通用同步运行状态

运行状态缩略语	仪　表	被　测　设　备
Syn. f_0.1	$f_M=f_0$	$f_E=f_0$
Syn. f_0.2	$f_M=f_E=f_0$	$f_E=f_0$
Syn. f_0.3	$f_M=f_0$	$f_E=f_M=f_0$
Syn. f_M.4	f_M	$f_E=f_M$
Syn. f_E.5	$f_M=f_E$	f_E
注：f_M 表示测试仪表的时钟；f_E 表示被测设备的时钟；f_0 表示外参考源的时钟。		

5.3.2.3 通用异步运行状态

可供选择的通用异步运行状态和定时方式见表4。

表4 通用异步运行状态

运行状态缩略语	仪　表	被　测　设　备
Asyn. 1	f_M	f_E
Asyn. 2	f_M	$f_E=f_0$
Asyn. 3	$f_M=f_0$	f_E
Syn. f_M. 4	f_M	$f_E=f_M$
注：f_M 表示测试仪表的时钟；f_E 表示被测设备的时钟；f_0 表示外参考源的时钟。		

5.3.3 测试信号加频偏的定时方式

5.3.3.1 加频偏的仪表和被测设备的定时方式

加频偏的仪表和被测设备可能的定时方式见图6。图中PRC说明见5.3.2.1。

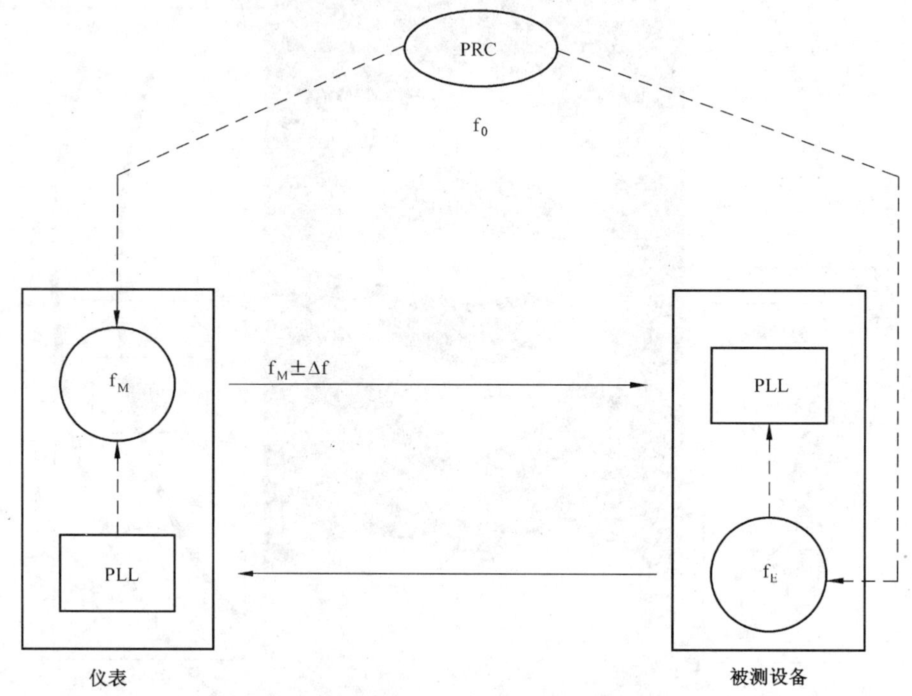

图6 测试信号加频偏的定时方式

5.3.3.2 加频偏的同步运行状态

可供选择的加频偏的同步运行状态和定时方式见表5。

表5 加频偏的同步运行状态

运行状态缩略语	仪　表		被测设备
	时钟	输出	
Syn. $f_0\pm\Delta f$. a	$f_M=f_0$	$f_0\pm\Delta f$	$f_E=f_0\pm\Delta f$
Syn. $f_M\pm\Delta f$. b	f_M	$f_M\pm\Delta f$	$f_E=f_M\pm\Delta f$
注：f_M 表示测试仪表的时钟；f_E 表示被测设备的时钟；f_0 表示外参考源的时钟。			

5.3.3.3 加频偏的异步运行状态

可供选择的加频偏的异步运行状态和定时方式见表6。

表 6　加频偏的异步运行状态

运行状态缩略语	仪表		被测设备
	时钟	输出	
Asyn. a	f_M	$f_M \pm \Delta f$	f_E
Asyn. b	f_M	$f_M \pm \Delta f$	$f_E = f_0$
Asyn. c	$f_M = f_0$	$f_0 \pm \Delta f$	f_E
Asyn. d	$f_M = f_0$	$f_0 \pm \Delta f$	$f_E = f_0$
Asyn. e	$f_M = f_E$	$f_E \pm \Delta f$	f_E
Asyn. f	$f_M = f_E = f_0$	$f_0 \pm \Delta f$	$f_E = f_0$
注：f_M 表示测试仪表的时钟；f_E 表示被测设备的时钟；f_0 表示外参考源的时钟。			

6　光接口测试

6.1　光接口的位置

6.1.1　有光放大器的光接口

有光放大器的光接口位置见图 7，参见 GB/T 20185—2006 第 5 章。

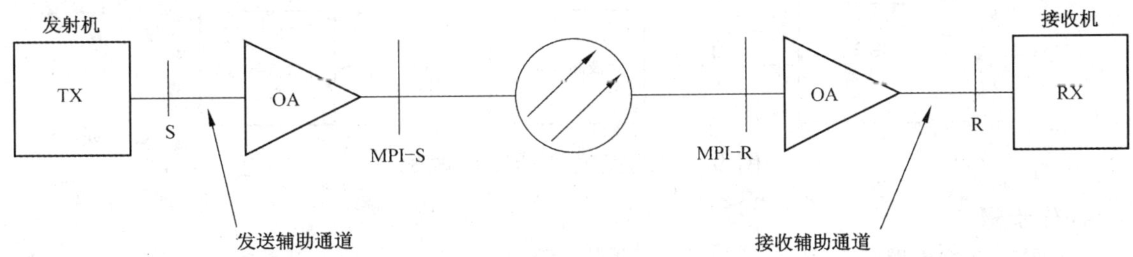

图 7　有光放大器光接口位置

图 7 中 S 点是紧靠发送机(TX)后的参考点，R 点是紧靠接收机(RX)前的参考点。MPI-S 为主光通道发送参考点，是紧靠终端设备输出端活动连接器后的参考点；MPI-R 为主通道接收参考点，是紧靠终端设备输入端活动连接器后的参考点。对于没有光放大器的设备，MPI-S 参考点即为 S 参考点，MPI-R 参考点即为 R 参考点。对于有光放大器的设备，发送辅助通道定义为发送机输出到发送放大器的光连接路径，接收辅助通道定义为接收放大器输出到接收机的光连接路径。如果有光配线架，配线架上的附加光连接器应该作为光纤链路的一个部分，处于 S 至 R 或 MPI-S 至 MPI-R 之间。

6.1.2　无光放大器的光接口

无光放大器的光接口位置见图 8，参见 GB/T 20185—2006 第 5 章。

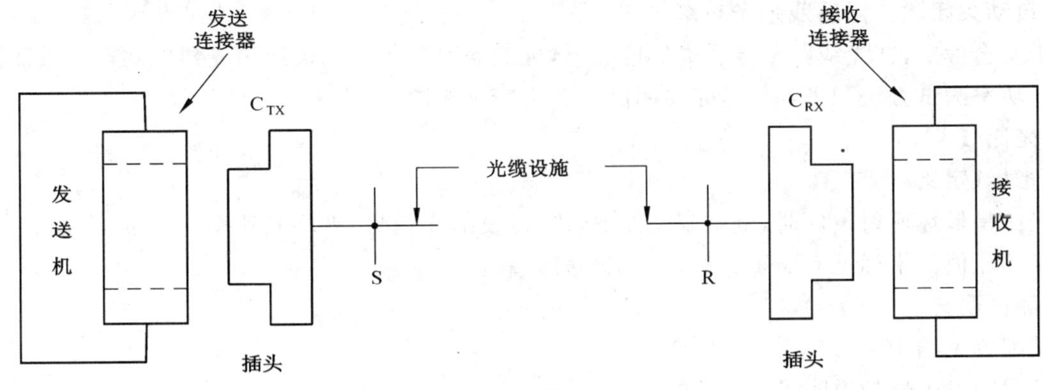

图 8　无光放大器光接口位置

图 8 中 S 点是紧靠发送机(TX)活动连接器(C_{TX})后的参考点。R 点是紧靠接收机(RX)活动连接器(C_{RX})前的参考点。

6.2 平均发送光功率

6.2.1 指标(定义)

平均发送光功率是发送机耦合到光纤的伪随机数据序列的平均功率在参考点 S 或 MPI-S 所测得的平均光功率。指标见 GB/T 20185—2006 第 8 章。

6.2.2 测试配置

测试配置见图 9。

图中图案发生器是一个统称,它接于被测设备的输入口,实际使用的仪表类型与被测设备的输入口等级有关。线路(群路)光发送口测试,相应可能有几个输入口,有时需要有一个输入口送信号。如果输入口是 PDH 接口,图案发生器是传输分析仪(或误码分析仪)的发送部分;如果输入口是 STM-N 接口,图案发生器则是 SDH 分析仪的发送部分;如果输入口既有 PDH 又有 STM-N 接口,当需要送信号时,一般在一个 STM-N 输入口送信号。

支路光发送口测试,通常只有一个相应的 STM-N 输入口,有时需要在 STM-N 信号中与被测支路相关的 VC 内送测试信号,则图案发生器是 SDH 分析仪的发送部分。

图 9 平均发送光功率测试配置

6.2.3 操作步骤

a) 按图 9 接好电路;

b) 对于 SDH 设备输入口一般不需要送信号;如需送信号,PDH 输入口按照表 1 选择适当的 PRBS,或 STM-N 输入口按照 5.2.2.4 送测试信号;

c) 如有需要,测量并记录激光器的偏置电流(或输入功率)及温度;

d) 光功率计设置在被测光波长上,待输出功率稳定,从光功率计读出平均发送光功率。

6.2.4 注意事项

a) 该项测试一定要清洁光接头,并保证连接良好;

b) 如有需要,光连接器和测试光纤的衰减可认为是已知定值,对光功率计读出的平均发送光功率进行修正;

c) 精细的测试,可通过多次测试取平均值,然后再用光连接器和测试光纤的衰减对平均值进行修正。

6.2.5 自动关闭激光器后残余光功率

出于安全考虑,在光线路信号丢失的情况下,可能需要提供自动关闭激光器的功能。关闭激光器后的残余光功率测试方法和平均发送光功率测试方法完全相同。

6.3 消光比(EX)

6.3.1 指标(定义)

消光比是最坏反射条件时,全调制条件下,传号(发射光信号)平均光功率与空号(不发射光信号)平均光功率的比值。指标见 GB/T 20185—2006 第 8 章。

6.3.2 测试配置

测试配置见图 10。

关于图案发生器的说明见 6.2.2。

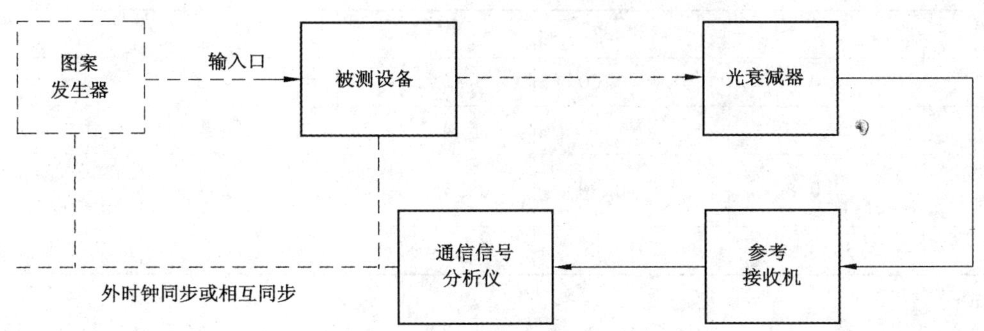

图 10　消光比测试配置

6.3.3　操作步骤

a)　按图 10 接好电路；

b)　对于 SDH 设备输入口一般不需要送信号；如需送信号，PDH 输入口按照表 1 选择适当的 PRBS，或 STM-N 输入口按照 5.2.2.4 送测试信号；

c)　调整光衰减器，使参考接收机输入光功率处于它的最佳测量范围内；

d)　调整通信信号分析仪，根据测试信号速率选择参考接收机相应的滤波器，待波形稳定后，读取消光比的值。

6.3.4　注意事项

a)　测试中通信信号分析仪需工作于直流耦合方式；

b)　参考接收机不应引入附加的直流；

c)　测试前进行无光零基线校准。

6.4　发送信号波形(眼图)

6.4.1　指标(定义)

发送信号波形以发送眼图模框的形式规定了发送机的光脉冲形状特性，它包括上升时间、下降时间，脉冲过冲及振荡。STM-1、STM-4、STM-16 和 STM-64 信号在 S 点的光发送眼图应满足图 11 所示的模板要求，相应的模板参数列于表 7 中。

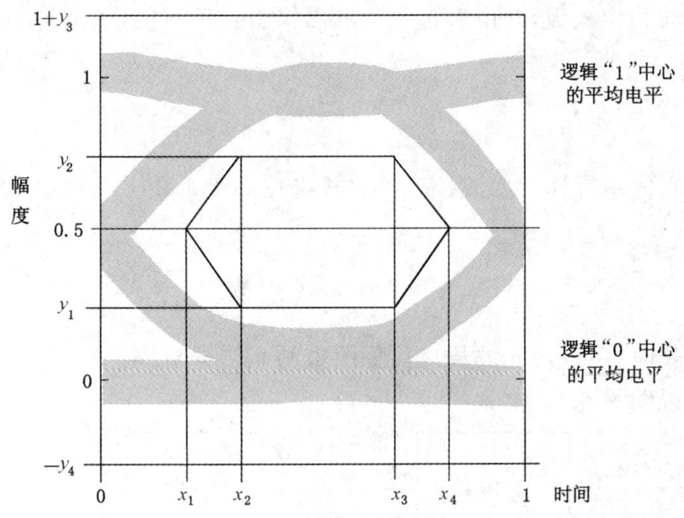

图 11　STM-1、STM-4、STM-16、STM-64 光发送信号的眼图模板

表 7　STM-1、STM-4、STM-16、STM-64 眼图模板参数

	STM-1	STM-4	STM-16	STM-64 (a,c)	STM-64 (b)
x_1/x_4	0.15/0.85	0.25/0.75	—	ffs	—
x_2/x_3	0.35/0.65	0.40/0.60	—	ffs	—
x_3-x_2	—	—	0.2	ffs	0.2
y_1/y_2	0.20/0.80	0.20/0.80	0.25/0.75	ffs	Δ+0.25/Δ+0.75，Δ可变−0.25＜Δ＜+0.25
y_3/y_4	0.20/0.20	0.20/0.20	0.25/0.25	ffs	0.25/0.25

6.4.2　测试配置

测试配置见图 12。

关于图案发生器的说明见 6.2.2。

参考接收机的传递函数应满足附录 A。

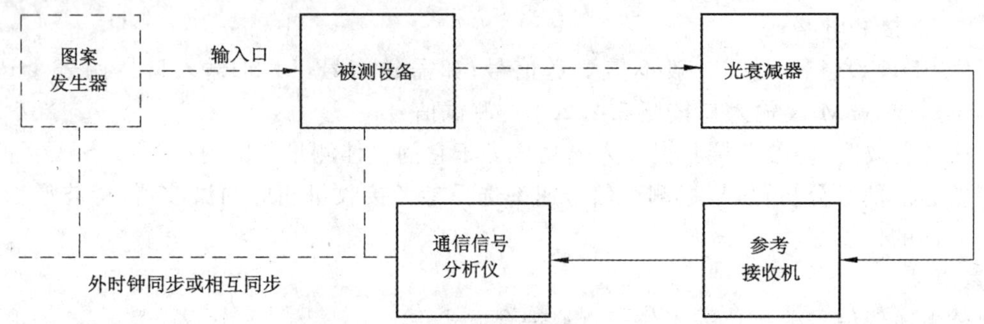

图 12　光发送信号眼图测试配置

6.4.3　操作步骤

a)　按图 12 接好电路；

b)　对于 SDH 设备输入口一般不需要送信号；如需送信号，PDH 输入口按照表 1 选择适当的 PRBS，或 STM-N 输入口按照 5.2.2.4 送测试信号；

c)　调整光衰减器，使参考接收机输入光功率处于它的最佳测量范围内；

d)　调整通信信号分析仪，根据测试信号速率选择参考接收机相应的滤波器，按表 7 调出通信信号分析仪内存储的相应模板，并由人工调整或由仪表自动对准，使波形与模框之间位置最佳；

e)　记录波形。

6.5　激光器工作波长

6.5.1　指标(定义)

激光器工作波长指它的主纵模中心波长。该波长应在 GB/T 20185—2006 第 8 章规定的工作波长范围内。

6.5.2　测试配置

测试配置见图 13。

测量激光器工作波长时，可以用光波长计代替图中的光谱分析仪。

关于图案发生器的说明见 6.2.2。

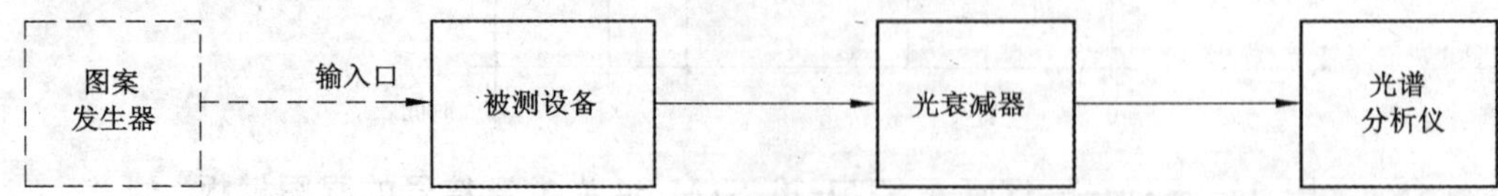

图 13　激光器光谱特性测试配置

6.5.3 操作步骤

a) 按图 13 接好电路；

b) 对于 SDH 设备输入口一般不需要送信号；如需送信号，PDH 输入口按照表 1 选择适当的 PRBS，或 STM-N 输入口按照 5.2.2.4 送测试信号；

c) 调整光衰减器，使输出光功率在光谱分析仪（或光波长计）要求的范围内；

d) 调整光谱分析仪（或光波长计），找到并读出中心波长。

6.6 最大均方根谱宽（σ_{rms}）

6.6.1 指标（定义）

最大均方根谱宽是发光二极管（LED）和多纵模（MLM）激光器的光谱特性参数。σ_{rms}^2表示规定光谱积分区内的总功率，积分区的边界功率相对于主峰跌落 20 dB～30 dB。测量时推荐使用下跌20 dB～30 dB 范围内的全部模式。指标见 GB/T 20185—2006 第 8 章。

6.6.2 测试配置

测试配置和 6.5.2 相同，见图 13。

6.6.3 操作步骤

a) 按图 13 接好电路。

b) 对于 SDH 设备输入口一般不需要送信号。如需送信号，PDH 输入口按照表 1 选择适当的 PRBS，或 STM-N 输入口按照 5.2.2.4 送测试信号。

c) 调整光衰减器，使输出光功率在光谱分析仪要求的范围内。

d) 定义积分区边界 λ_1 和 λ_2，通常选取光功率下降到－20 dB 或－25 dB，或－30 dB 的点对应的波长为 λ_1 和 λ_2。

e) 读出最大均方根谱宽：

$$\sigma_{rms} = \sqrt{\int_{\lambda_1}^{\lambda_2} (\lambda - \lambda_0) \cdot \rho(\lambda)\mathrm{d}\lambda \Big/ \int_{\lambda_1}^{\lambda_2} \rho(\lambda)\mathrm{d}\lambda}$$

6.7 最大－20 dB 谱宽（σ_{-20}）

6.7.1 指标

最大－20dB 谱宽是单纵模（SLM）激光器的光谱特性参数，它表示光谱积分区的宽度，而积分区边界功率相当于主峰跌落 20 dB。指标见 GB/T 20185—2006 第 8 章。

6.7.2 测试配置

测试配置和 6.5.2 相同，见图 13。

6.7.3 操作步骤

a) 按图 13 接好电路；

b) 对于 SDH 设备输入口一般不需要送信号；如需送信号，PDH 输入口按照表 1 选择适当的 PRBS，或 STM-N 输入口按照 5.2.2.4 送测试信号；

c) 调整光衰减器，使输出光功率在光谱分析仪要求的范围内；

d) 定义积分区边界 λ_1 和 λ_2，选取光功率下降到－20 dB 的点对应的波长为 λ_1 和 λ_2；

e) 读出最大－20 dB 谱宽：

$$\sigma_{-20} = \lambda_2 - \lambda_1$$

6.8 最小边模抑制比（SMSR）

6.8.1 指标

最小边模抑制比是单纵模（SLM）激光器在最坏反射条件下，全调制时，主纵模的峰值光功率与最显著边模的峰值光功率之比的最小值。指标见 GB/T 20185—2006 第 8 章。

6.8.2 测试配置

测试配置同 6.5.2，见图 13。

6.8.3 操作步骤

a) 按图 13 接好电路；

b) 对于 SDH 设备输入口一般不需要送信号；如需送信号，PDH 输入口按照表 1 选择适当的 PRBS，或 STM-N 输入口按照 5.2.2.4 送测试信号；

c) 调整光衰减器，使输出光功率在光谱分析仪要求的范围内；

d) 设定光谱仪显示的波长范围，使主纵模和边模以适当的幅度显示在屏幕上。光谱仪的分辨力应设为该光谱仪的最小值；

e) 调整光标，分别读出主纵模和边模的峰值功率 M_1、M_2；

f) 计算两功率(单位为 dBm)之差即得到边模抑制比的数值(单位为 dB)。

6.9 接收机灵敏度

6.9.1 指标

接收机灵敏度定义为 R 或 MPI-R 点处为达到 BER$=10^{-10}$ 所需要的平均接收功率的最小可接受值(对于采用光放大器的光接口，或者 STM-64 光接口是在 BER $=10^{-12}$ 的条件下)，指标见 GB/T 20185—2006第 8 章。表中给出的值是最差灵敏度，是接收机工作寿命终了前还应满足的值。设备出厂验收指标一般是寿命开始值，应有一定的富余度，通常为 2 dB～3 dB。

6.9.2 测试配置

测试配置见图 14。

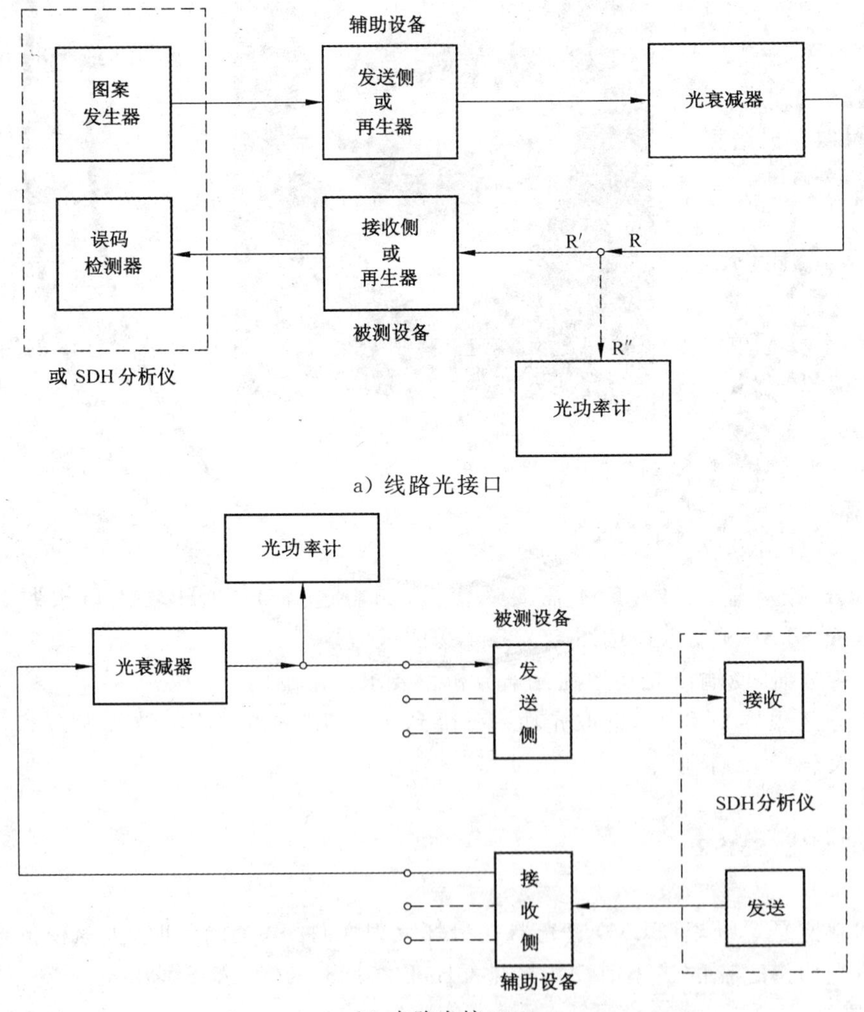

a) 线路光接口

b) 支路光接口

图 14 接收机灵敏度及过载功率测试配置

对于严格检验应在表 3 所示 5 种同步状态下测试，对于图 14a)线路光接口测试，发送侧相当于仪表，接收侧是被测设备。

一般性检验，对于图 14a)线路光接口测试，如果是复用设备发送侧用内定时，接收侧用线路定时；如果是再生器，发送侧和接收侧均用通过定时，类似于 Syn. f_M. 4。对于图 14b)支路光接口测试用 Syn. f_M. 4。

线路(群路)光接收口测试见图 14a)，如果被测设备有几个支路输入口，应在一个比特率较高的支路口送测试信号并检测误码。如果输入支路是 PDH 接口，则图案发生器和误码检测器应分别是传输分析仪(或误码分析仪)的发送和接收部分；如果输入支路是 STM-N 接口，则图案发生器和误码检测器应分别是 SDH 分析仪的发送和接收部分。

支路光接口测试见图 14b)，通常在线路口送测试信号和检测误码。SDH 分析仪应在与被测支路有关的 VC 通道发送和接收测试信号。

6.9.3 操作步骤

a) 按图 14 接好电路；

b) 在 PDH 接口监视误码按照表 1 选择适当的 PRBS，或在 STM-N 接口监视误码按照 5.2.2.4 送测试信号；

c) 调整光衰减器，逐渐加大衰减值，使误码检测器测到的误码尽量接近，但不大于规定的 BER (通常规定 BER=10^{-10}或 10^{-12})；

d) 断开 R 点的活动连接器，将光衰减器与光功率相连，读出 R 点的接收光功率 P_R；

e) 对于精确的测量，应考虑 R、R′和 R″各点光功率的差异，用活动连接器的衰减值对读出的接收光功率进行修正。

6.9.4 注意事项

a) 为了判断 BER≈1×10^{-X}，一次观察时间，至少应为传输 10×10^{X} 比特数据所需的时间；

b) 对于较低比特率的通道误码监视，需要很长的时间才能确定实际的 BER，对于大量测试接收机灵敏度的场合，建议使用外推法，见附录 D；

c) 对光口横向兼容性有特别严格要求的场合，需要另考虑可能的最差发送眼图和消光比的影响。在工程中实际可以做到的办法是从产品中挑选发送眼图和消光比较差，但是合格的发送光口来进行接收机灵敏度测试。

6.10 接收机过载功率

6.10.1 指标

接收机过载功率定义为 R 或 MPI-R 点处 BER=10^{-10}所需要的平均接收光功率的最大可接受值(对于采用光放大器的光接口，或者 STM-64 光接口是在 BER = 10^{-12} 的条件下)，指标见 GB/T 20185—2006第 8 章。

6.10.2 测试配置

测试配置与 6.9.2 相同，见图 14。

6.10.3 操作步骤

a) 按图 14 接好电路；

b) 在 PDH 接口监视误码按照表 1 选择适当的 PRBS，或在 STM-N 接口监视误码按照 5.2.2.4 送测试信号；

c) 调整光衰减器，逐渐减小衰减值，使误码检测器测到的误码尽量接近，但不大于规定的 BER (通常规定 BER=10^{-10}或 10^{-12})；

d) 断开 R 点的活动连接器，将光衰减器与光功率相连，读出 R 点的接收光功率 P_R；

e) 对于精确的测量，应考虑 R、R′和 R″各点光功率的差异，用活动连接器的衰减值对读出的接收光功率进行修正。

6.11 光通道代价

6.11.1 指标

光通道代价指光通道功率代价，定义为由反射、码间干扰、模分配噪声、光源频率啁啾和色散引起的接收机性能总的劣化。由 PMD 引起的随机色散代价的平均值包含在光通道功率代价中。由光放大引起的信噪比 SNR 降低产生的代价不认为是通道代价。详细规范参见 GB/T 20185—2006 第 8 章。

需要注意，GB/T 20185—2006 第 8 章规范的数值都是最坏值，即在系统设计寿命终了，并处于所允许的最恶劣条件下仍然能满足的数值。

6.11.2 测试配置

测试配置见图 15：

线路(群路)光接口测试见图 15a)，并见 6.9.2 有关说明。

支路光接口测试见图 15b)，并见 6.9.2 有关说明。

图中适当长度的光纤，指的是该光纤的衰减近似于 GB/T 20185—2006 第 8 章中 SR 点之间衰减范围最大值。

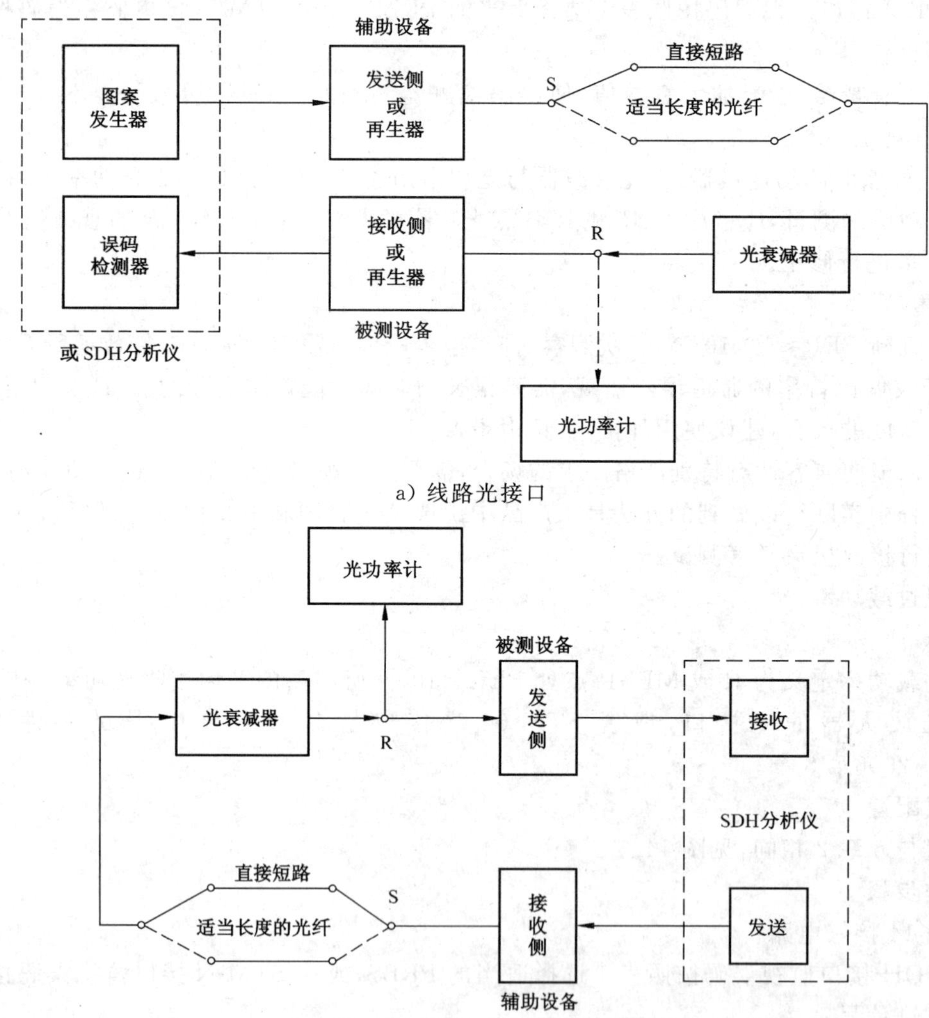

a) 线路光接口

b) 支路光接口

图 15 光通道代价测试配置

6.11.3 操作步骤

光通道代价测试分两大步进行：

a) 第一步只用光衰减器，操作步骤与测试接收机灵敏度相同，见 6.9.3。最后读出 R 点光功

率 P_{R1}。

b) 第二步根据被测光接口参数规范的衰减范围上限，取一条衰减等于上限衰减值的光纤，进行光纤串接光衰减器的测试，操作步骤与测试接收机灵敏度相同，见6.9.3。最后读出R点光功率 P_{R2}。

c) 两次结果之差 $P_{R2}-P_{R1}$(dB)即为光通道代价。

6.11.4 注意事项

基于同6.9.4所述的原因，光通道代价测试也可以使用外推法，见附录D。

6.12 接收机反射系数

6.12.1 指标

接收机反射系数定义为R或MPI-R点处的反射光功率与入射光功率之比，不同STM等级所允许的最大反射系数见GB/T 20185—2006第8章。

6.12.2 测试配置

测试配置见图16。

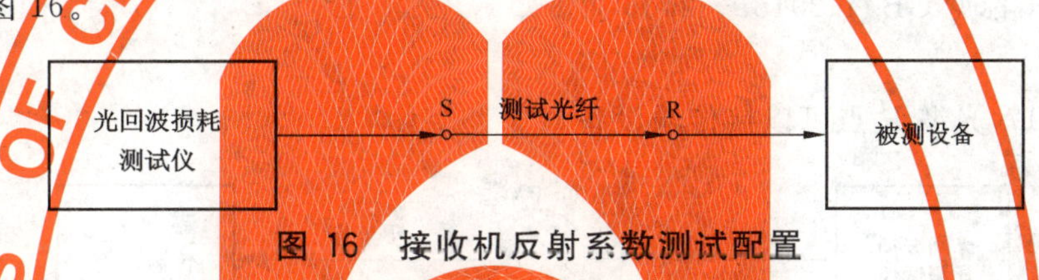

图16 接收机反射系数测试配置

6.12.3 操作步骤

a) 按图16接好电路；

b) 在测试波长点上调整光回波损耗测试仪；

c) 读出反射系数。

6.13 接收机老化余度

接收机老化余度规定了寿命开始(BOL)，且处于规定温度范围下的接收机灵敏度与寿命终了(EOL)，且处于最坏条件下的接收机灵敏度之差。

接收机在设计寿命期间的老化余度推荐为2 dB～3 dB，即在系统寿命开始且处于规定温度范围下的灵敏度与系统寿命终了且处于最坏条件下的灵敏度之差不大于2 dB～3 dB。

评价接收机灵敏度规范中老化余度影响的方法见附录C。

6.14 光通道衰减

衰减参数是假定在最坏条件下的值，包含光纤接点、连接器、光衰减器或其他无源光器件和任何附加的光缆余量引起的损耗，以便为以下情况留有余量：

a) 对光缆配置将来的修改(附加的光纤接头，增加光缆长度等)。

b) 由于环境因素光缆性能的改变。

c) 任何在S和R之间及MPI-S和MPI-R之间的光连接器，光衰减器或其他光无源部件的劣化。
相关参数应满足GB/T 20185—2006第8章的要求。

光通道衰减测试方法见GB/T 15972.40—2008。

基准方法是剪断法。

第一替代方法是后项散射法。

第二替代方法是介入损耗法。

6.15 光通道色散

光通道色散是再生段S或MIP-S、R或MIP-R点之间的色散。

最大色散值：

一般受衰减限制的应用类型不规定光通道最大色散值。相关参数应满足 GB/T 20185—2006 第 8 章的要求。

最小色散值：

由于系统采用任何形式的色散补偿，要求在光通道中具有最小色散值。相关参数应满足 GB/T 20185—2006第 8 章的要求。

光通道色散测试方法见 GB/T 15972.42—2008。

基准方法是相移法。

第一替代方法是干涉法。

第二替代方法是脉冲时延法。

6.16 光缆 S 或 MPI-S 点反射

6.16.1 指标

光缆 S 或 MPI-S 点回波损耗是再生段的线路(包括任何光连接器)S 点或 MPI-S 点入射光功率和反射光功率之比。指标见 GB/T 20185—2006 第 8 章。

6.16.2 测试配置

测试配置见图 17，光缆 R 点可以接传输设备。

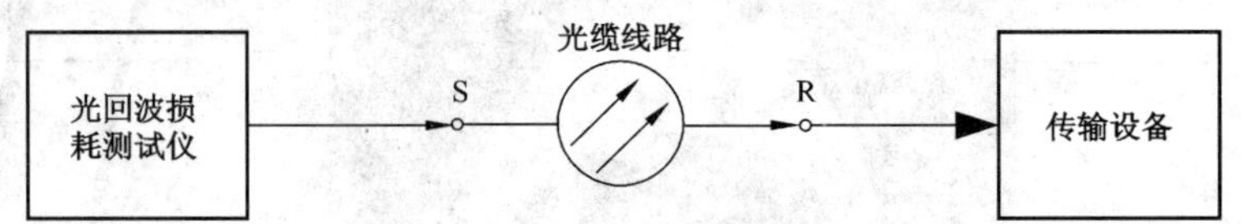

图 17 光缆 S 点回波损耗测试配置

6.16.3 操作步骤

a) 按图 17 接好电路，光缆 R 点可以接设备，对于长光纤可以不接；

b) 在测试波长点上调整光回波损耗测试仪；

c) 读出回波损耗值。

6.16.4 注意事项

回波损耗 b(dB)和反射 R(dB)符号相反，通常规定 b 为正值，R 为负值，一般回波损耗测试仪只给出二者之一。

6.17 S、R 点间离散反射系数

6.17.1 指标

S、R 点间离散反射系数是指再生段 S、R 点间光纤(包括任何光连接器)不均匀性(例如接头)引起的反射，指标见 GB/T 20185—2006 第 8 章。

6.17.2 测试配置

测试配置见图 18，光缆 R 点可以接传输设备。

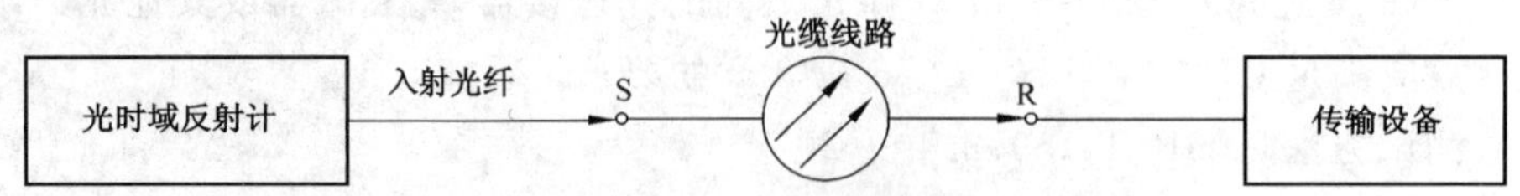

图 18 S、R 点离散反射系数测试配置

6.17.3 操作步骤

a) 按图 18 接好电路；

b) 调整光时域反射计(OTDR)，选择适当的入射光纤长度(超过 OTDR 盲区)，获得满意的波形；

c) 从 OTDR 上读出反射最大点的幅度，得到反射系数。

6.18 光输入口允许频偏

6.18.1 指标

再生器的内部振荡器在自由运行方式下的长期频率稳定度不得劣于$\pm 20\times 10^{-6}$，所以下游SDH设备输入口接收到这样的信号应能正常工作。

6.18.2 测试配置

测试配置见图19，基准方式用Syn. $f_0 \pm \Delta$f. a，替代方式用Syn. $f_M \pm \Delta$f. b。

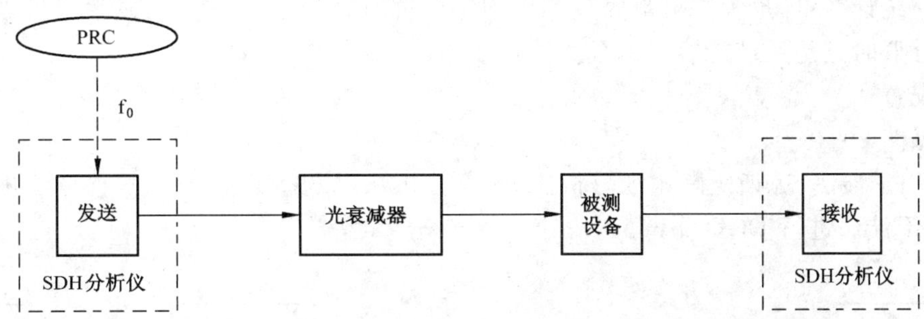

图19　光输入口允许频偏和光输出口AIS速率测试配置

6.18.3 操作步骤

a) 按图19接好电路；

b) SDH分析仪(发送)按照5.2.2.4发送适当的测试信号；

c) 在被测设备输出口，用SDH分析仪(接收)接收测试信号，并检测误码；

d) SDH分析仪(发送)逐渐加入正或负的频偏，范围$\pm 20\times 10^{-6}$，整个变化过程中，应进行至少30 s的误码观测，被测设备不应出现误码。

6.19 光输出口AIS速率

6.19.1 指标

SDH设备输入口光信号丢失等故障情况下，应从输出口向下游发AIS，对于再生器其速率偏差范围在$\pm 20\times 10^{-6}$内，对于复用器在保持工作方式下速率偏差范围在$\pm 0.37\times 10^{-6}$内，在自由振荡工作方式下速率偏差范围在$\pm 4.6\times 10^{-6}$内。

6.19.2 测试配置

测试配置与6.18.2相同，见图19。

6.19.3 操作步骤

a) 按图19接好电路；

b) SDH分析仪(发送)按照5.2.2.4送适当的测试信号；

c) 在被测设备输出口，用SDH分析仪(接收)接收测试信号；

d) 断开输入光信号，SDH分析仪(接收)应收到AIS信号；

e) 从SDH分析仪(接收)上读出AIS的速率。

6.20 光源频率啁啾

6.20.1 指标

光源频率啁啾因子(即α参数)定义为：

$$\alpha = \frac{\dfrac{d\phi}{dt}}{\dfrac{1}{2p}\dfrac{dp}{dt}}$$

式中ϕ是信号的光相位，p是它的功率。应当注意的是，啁啾因子在一个脉冲期间不是常数，因此，一个脉冲的平均啁啾可能为0，但它并不是无啁啾的。正啁啾因子在一个脉冲的上升沿期间对应于正频率偏移(蓝移)，在一个脉冲的下降沿期间对应于负频率偏移(红移)。指标见YD/T 1167—2001中

表 5、YD/T 1166—2001 中表 3、YD/T 1014—1999 中表 5。

6.20.2 测试方法

见附录 B。

6.21 最大差分群时延

6.21.1 指标

差分群时延(DGD)是脉冲分量以光信号的两种主要极化状态传输后的时间差。由于 PMD 引起的差分群时延是一统计变量,最大差分群时延和平均差分群时延的关系只能用概率分析来定义。本标准定义的最大差分群时延是系统能容忍的最大降低 1 dB 灵敏度的 DGD 值。

6.21.2 测试配置

测试配置见图 20。

DGD 可采用干涉法、琼斯矩阵本征分析法、固定分析法(波长扫描法)等多种方法进行测试。在工程上,推荐采用干涉法进行 DGD 测试。

图 20 差分群时延(DGD)测试配置

6.21.3 操作步骤

a) 按图 20 接好测试系统;

b) 调节光衰减器使接收功率在 DGD 分析仪接收范围内;

c) 运行 DGD 分析仪中的测试程序,记录测试光纤的 DGD 平均值;

d) 如果系统由多段测试光纤组成,则系统的 DGD 平均值为各段测试光纤 DGD 平均值的平方和的开方值;

e) 由于偏振模色散(PMD)的统计特性,DGD 最大值与平均值之间的关系用概率描述,根据 ITU-T G.691(2003),见表 8,测试光纤 DGD 值大于平均值三倍的概率约为 4.2×10^{-5}。通常认为,DGD 最大值就是平均值的三倍,即 DGD 的最大值可以通过测试 DGD 平均值的三倍得到。

表 8 DGD 平均值及其概率

最大值与平均值之比	超过最大值的概率
3.0	4.2×10^{-5}
3.5	7.7×10^{-7}
4.0	7.4×10^{-9}

6.21.4 注意事项

a) 利用干涉法进行测试时,DGD 测试光源分为 1 550 nm 波段和 1 310 nm 波段。应根据实际传输信号波长合理选择 DGD 测试光源波段。

b) 琼斯矩阵本征分析法和固定分析法(波长扫描法)也应根据实际传输信号波长合理选择 DGD 测试光源波长范围。

6.22 光监控通路测试

当 STM-64 系统采用光线路放大器时要设立光监控信道(OSC)。

6.22.1 光监控信道波长

6.22.1.1 指标

光监控信道波长指的是光监控信道的中心波长。技术指标见 YD/T 1014—1999 中 11.6.1。

6.22.1.2 **测试配置**

测试配置见图 21。

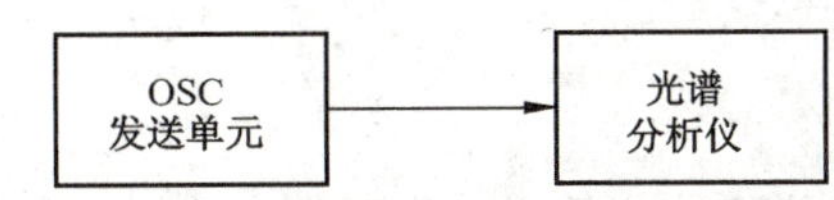

图 21 光监控信道波长测试配置

6.22.1.3 **操作步骤**

a) 按图 21 接好电路。

b) 根据光监控信道波长的标称值调节光谱分析仪的显示波长范围，并将光谱分析仪的分辨力带宽设置为最小值，将波形显示在屏幕的中间。

c) 调节横向光标定位在光脉冲的中心处，读出并记录该处的波长值。

6.22.2 **发送光功率**

6.22.2.1 **指标**

发送光功率指的是发送侧输出的平均光功率。技术指标见 YD/T 1014—1999 中 11.6.1。

6.22.2.2 **测试配置**

测试配置见图 22。

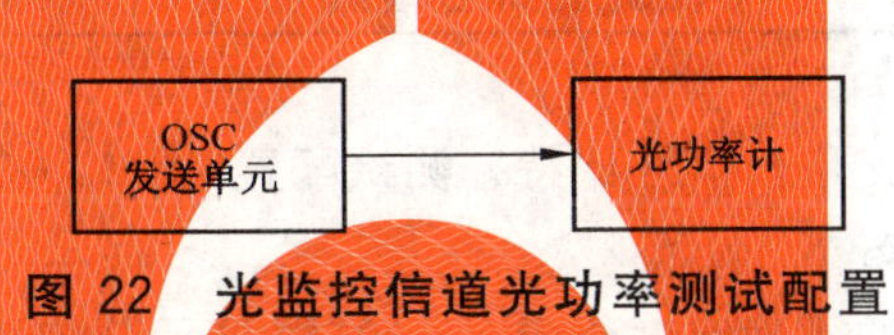

图 22 光监控信道光功率测试配置

6.22.2.3 **操作步骤**

a) 按图 22 接好电路。

b) 根据光监控信道波长设置光功率计的测试波长，待读数稳定后，读出并记录光功率数值。

6.22.3 **接收灵敏度**

6.22.3.1 **指标**

接收灵敏度是指误码率达到 10^{-10} 时，OSC 接收端平均接收光功率的最小值。

6.22.3.2 **测试配置**

测试配置见图 23。

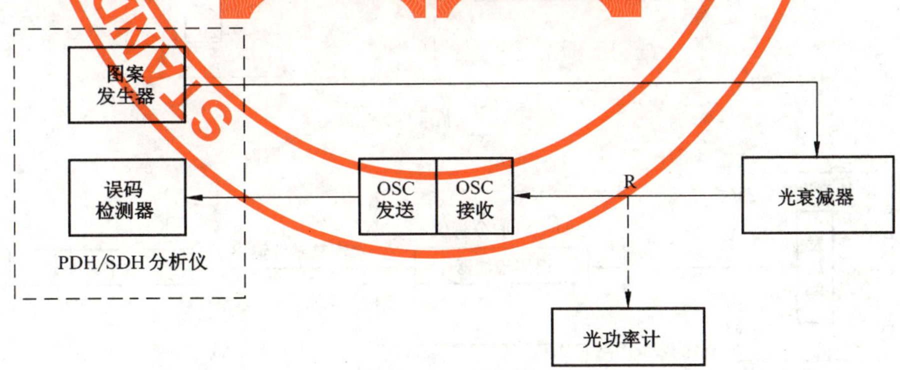

图 23 光监控信道接收灵敏度测试配置

6.22.3.3 **操作步骤**

a) 按图 23 接好电路。

b) 使误码仪向发送机送入 PRBS 测试信号；调整光衰减器，逐渐加大衰减值，使误码检测器测到的误码尽量接近，但不大于规定的 BER（通常规定 BER=10^{-10}）。

c) 断开 R 点的活动连接器，将光衰减器与光功率相连，读出 R 点的接收光功率 P_R。

7 电接口测试

7.1 输出口信号(包括 AIS)比特率

7.1.1 指标

输出口信号(包括 AIS)比特率规定了设备工作在内时钟状态下,输出信号比特率容差的要求,指标见表 9。

表 9 电接口的比特率和容差

比特率(kbit/s)	容差	详见
2 048(VC-12)	$\pm 50\times 10^{-6}$ (±102.4 kbit/s)	GB/T 7611—2001 中 6.1.1
34 368(VC-3)	$\pm 20\times 10^{-6}$ (±687.36 kbit/s)	GB/T 7611—2001 中 8.1.1
139 264(VC-4)	$\pm 15\times 10^{-6}$ (±2 088.96 kbit/s)	GB/T 7611—2001 中 9.1.1
155 520	$\pm 20\times 10^{-6}$ (±3 110.4 kbit/s)	G.703

7.1.2 测试配置

测试配置见图 24,图 24a)是支路口信号比特率测试配置,图 24b)是群路口(STM-1)信号比特率测试配置。测试系统定时方式采用 Syn. f_E.5。

数字式频率计内部时间基准的不确定度优于 1×10^{-7},显示分辨力至少为 1 Hz。如果 PDH/SDH 分析仪具有比特率测量功能,可省去数字式频率计。

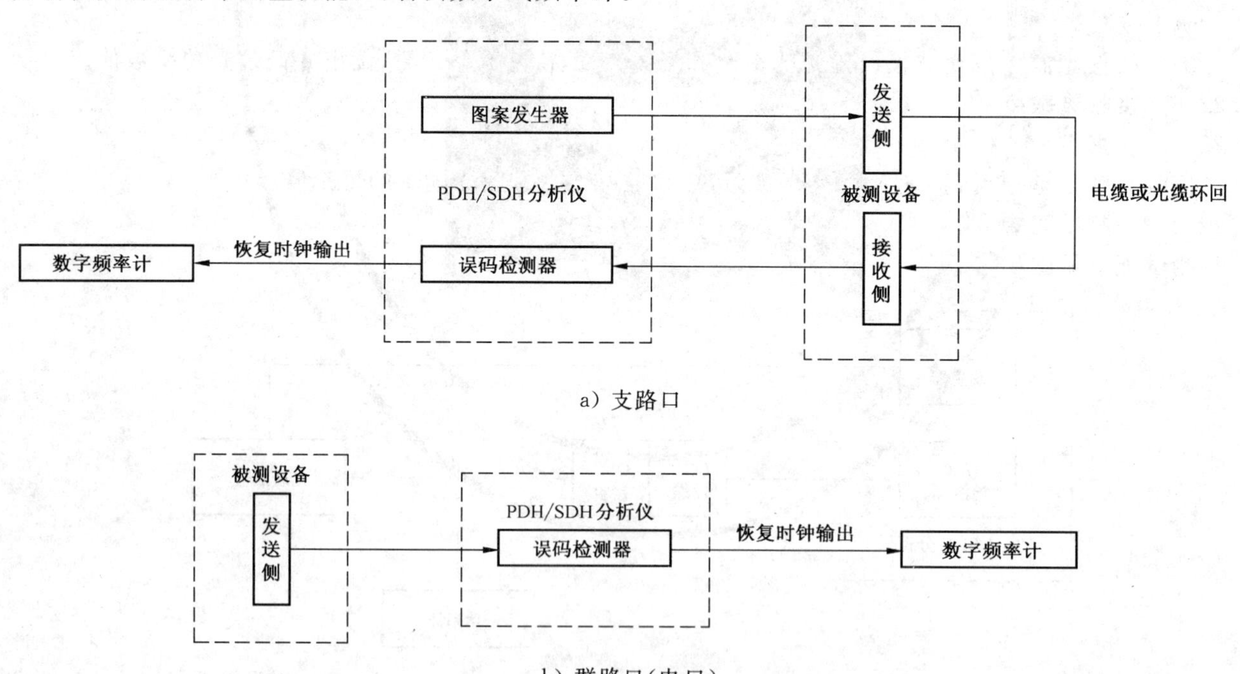

图 24 输出信号比特率测试配置

7.1.3 操作步骤

a) 按图 24 接好电路;

b) 将被测设备设置在内时钟(或自由振荡)工作方式;

c) 设置仪表,PDH 接口按照表 1 选择适当的 PRBS,STM-1 电接口按照 5.2.2.4 选择 TSS5,或 TSS7,或 TSS8,向被测设备发送测试信号;群路(STM-1)测试时,一般不需要向被测设备发送信号;

d) 设置误码检测器与图案发生器收发一致，接收被测设备输出口的信号，确认误码检测器指示信号同步，而且其恢复时钟输出已跟踪了测试信号；

e) 从数字式频率计(或误码检测器)上读取测量到数值，所得数值为输出口信号比特率；

f) 断开图案发生器，读取数字式频率计(或误码检测器)测量到的频率，此时得到的数值为输出口AIS比特率。

7.2 输出口波形和参数

7.2.1 指标

输出口信号波形规定了输出口终接测试负载阻抗条件下的输出波形。指标见表10。

表 10 输出口信号波形和参数

接口等级	指标
2 048 kbit/s	详见 GB/T 7611—2001 中表 7、图 11
34 368 kbit/s	详见 GB/T 7611—2001 中表 24、图 29
139 264 kbit/s	详见 GB/T 7611—2001 中表 30、图 34
155 520 kbit/s	详见 GB/T 7611—2001 中表 36、图 38
2 048 kHz	详见 GB/T 7611—2001 中表 40、图 43

7.2.2 测试配置

测试配置见图25，图25a)是平衡输出口波形测试配置；图25b)和图25c)是不平衡输出口(支路口)波形测试配置，两者同等有效。图25d)群路口(STM-1电口)波形测试配置，当采用图25c)和图25d)测试时，50 Ω射频电缆在200 MHz频率点上的衰减不得大于0.3 dB。测试系统定时基准方式采用Syn. f_0.1，替代方式采用Syn. f_E.4或Syn. f_E.5。

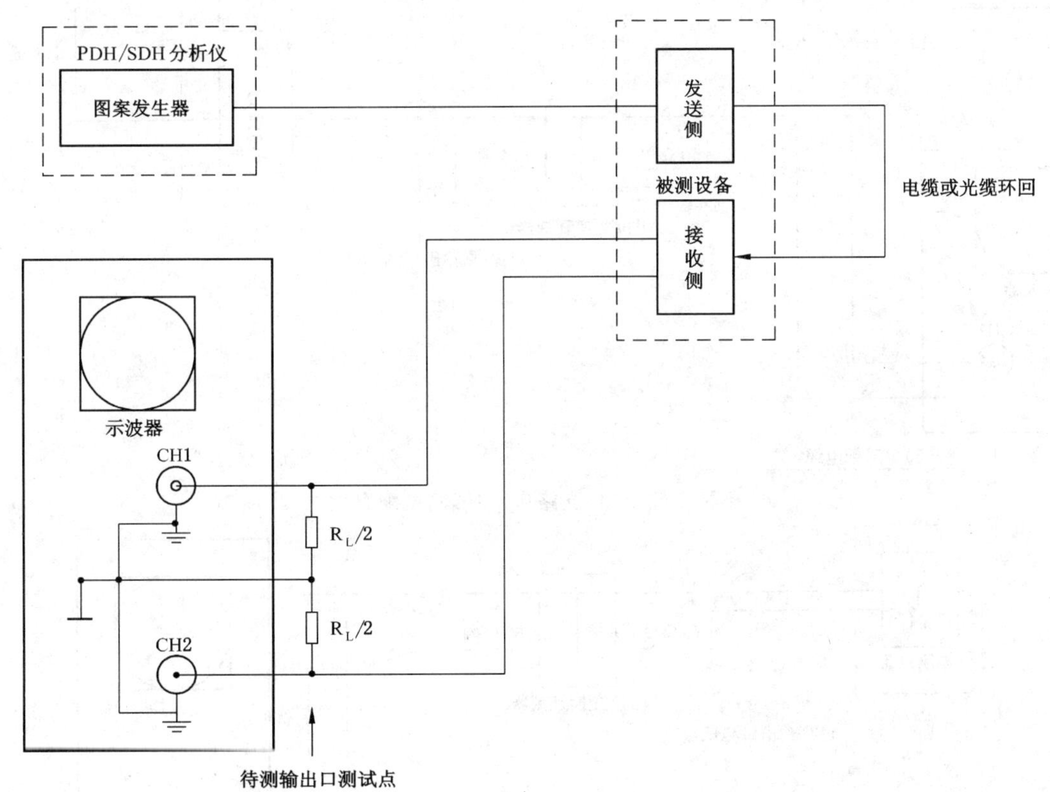

注1：R_L 为负载电阻，R_L=120 Ω，误差小于±0.5%。

注2：示波器工作于两通道相加方式，并使第二通道处于相反方式。

a) 平衡输出口波形测试配置

图 25 输出口信号波形和参数测试配置

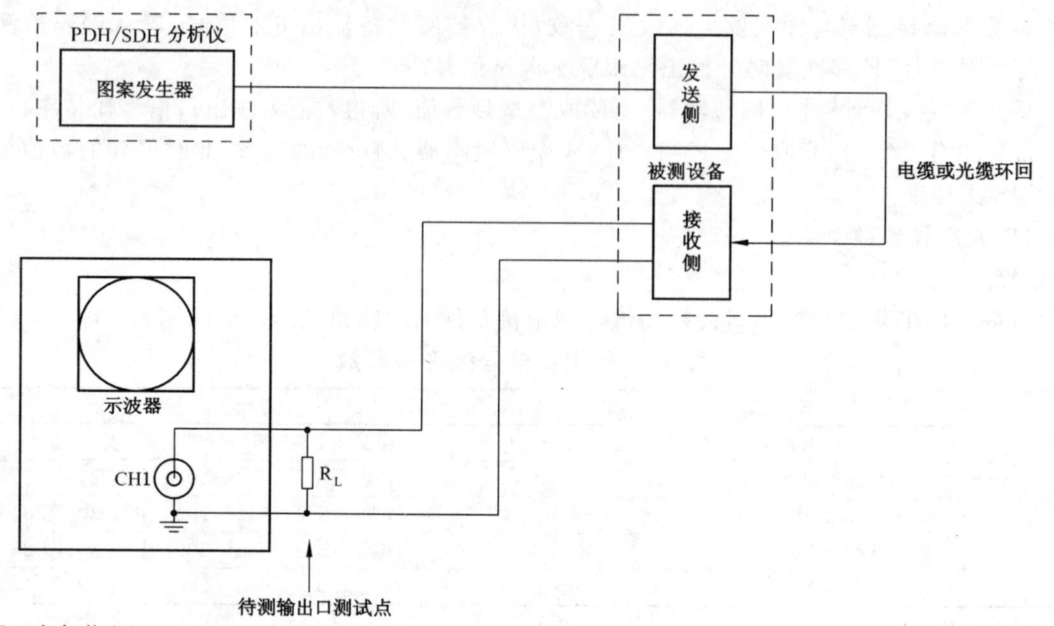

PDH/SDH 分析仪
图案发生器
发送侧
被测设备
接收侧
电缆或光缆环回
示波器
CH1
R_L
待测输出口测试点

注：R_L 为负载电阻，R_L＝75 Ω，误差小于±0.5%。

b）不平衡输出口（支路口）波形测试配置之一

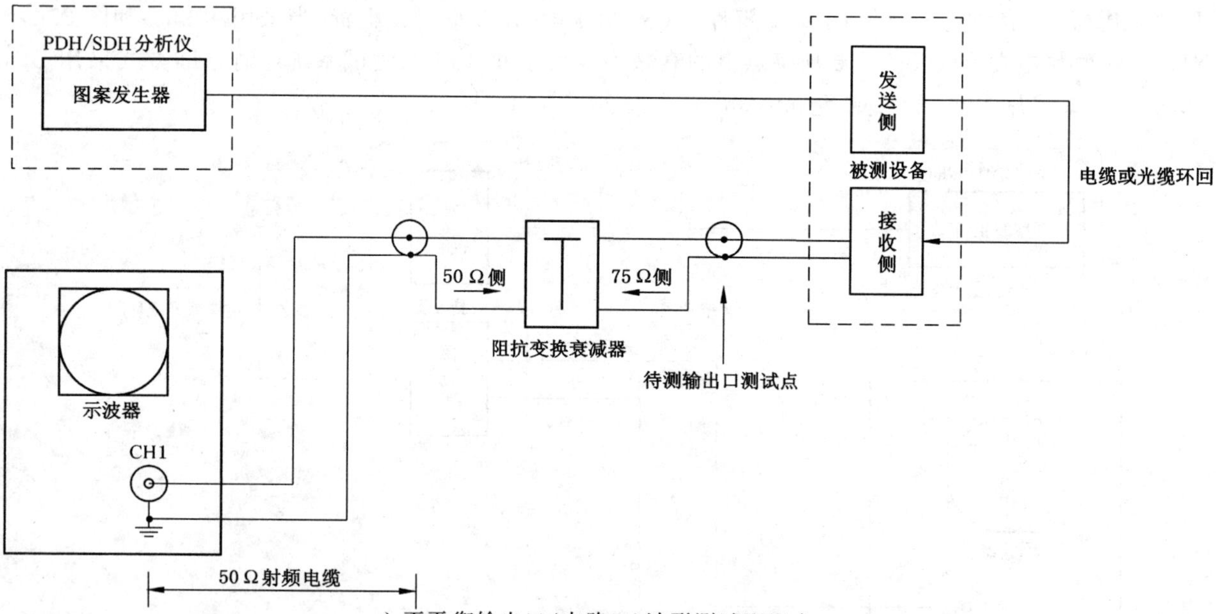

PDH/SDH 分析仪
图案发生器
发送侧
被测设备
接收侧
电缆或光缆环回
50 Ω侧
75 Ω侧
阻抗变换衰减器
待测输出口测试点
示波器
CH1
50 Ω射频电缆

c）不平衡输出口（支路口）波形测试配置之二

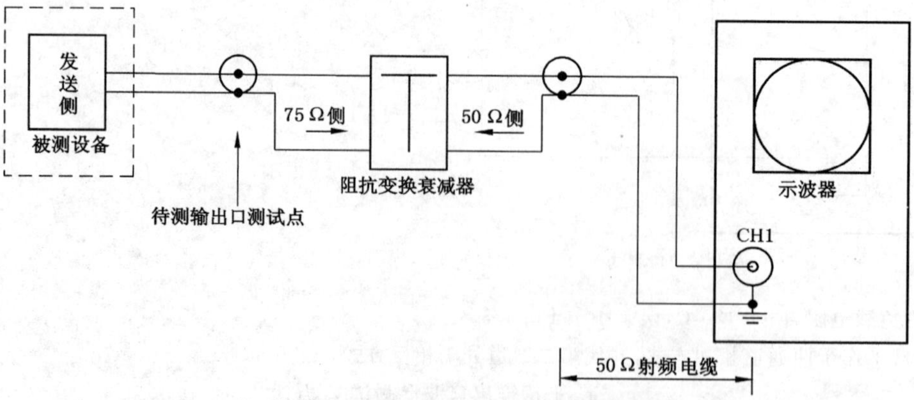

发送侧
被测设备
75 Ω侧
50 Ω侧
阻抗变换衰减器
待测输出口测试点
示波器
CH1
50 Ω射频电缆

d）群路口（STM-1 电口）波形测试配置图

图 25（续）

7.2.3 操作步骤

a) 按图 25 接好电路；

b) 为便于示波器观测波形，图案发生器向被测设备输入口发送人工码，如全“1”、“1 000”等，STM-1 电接口一般不需要发送测试信号，若需要，按照 5.2.2.4 选择 TSS5，或 TSS7，或 TSS8；

c) 调整示波器，并调用被测信号波形的标准模板（或在示波器屏幕上加入人工制作的模板），经自动或人工调整后，使波形与模板的位置最佳；

d) 从示波器上读取波形的各项参数。

7.3 STM-1 输出口信号眼图和功率

7.3.1 指标

STM-1 输出口信号眼图和功率是对 STM-1 信号在交叉连接点上的要求。指标见 GB/T 15941—2008 中 9.2.4 和图 19。

7.3.2 测试配置

测试配置见图 26。图 26a）是支路口眼图和功率测试配置，图 26b）是群路口眼图和功率测试配置。图中测试点规定在数字交叉连接设备户的输入点，连接电缆就是实际布线。宽频电平表工作频率下限不低于 300 MHz。测试系统定时基准方式采用 Syn. f_0. 1，替代方式采用 Syn. f_M. 4 或 Syn. f_E. 5。

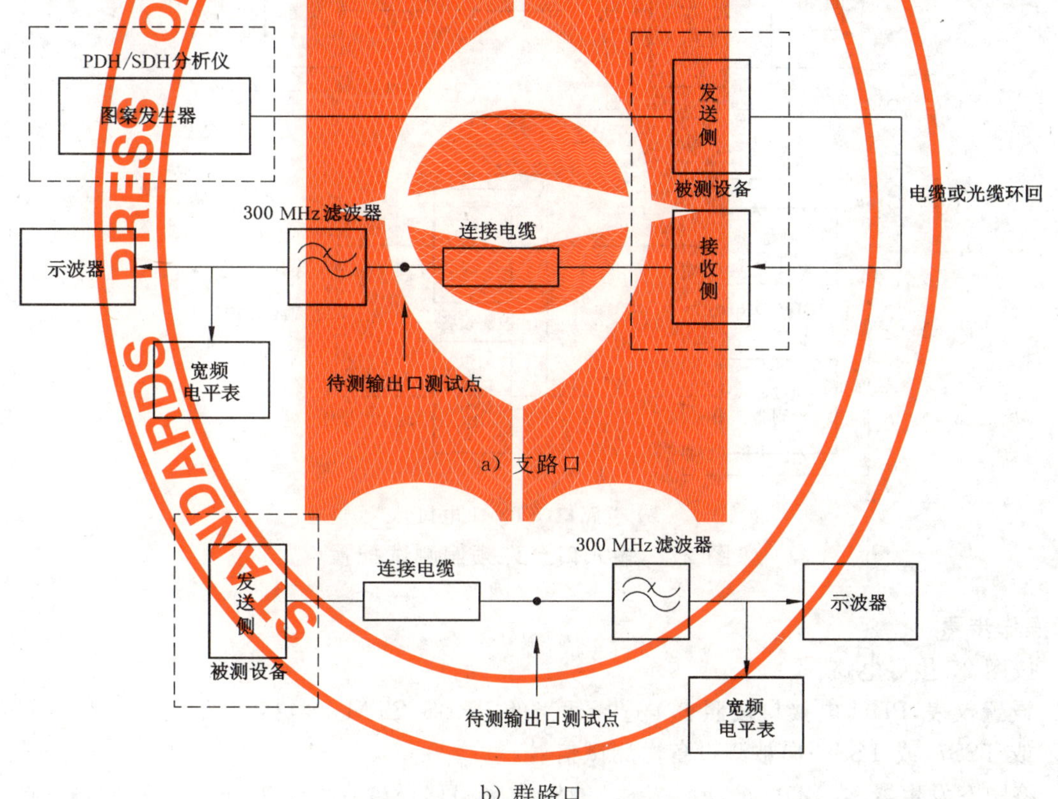

图 26 输出口信号眼图和功率测试配置

7.3.3 操作步骤

a) 按图 26 接好电路。

b) 通常不需要送测试信号。如果需要，按照 5.2.2.4 选择 TSS5，或 TSS7，或 TSS8 向被测设备送测试信号。

c) 调整示波器，调用 STM-1 电信号标准眼图模板（或示波器屏幕上加入人工制作的模板），经自动或人工调整后，使波形与模板的位置最佳。

d) 从示波器上显示的波形与模板的符合程度，来判断眼图是否满足要求。

e) 断开示波器，将信号接至宽带电平表，测出信号的功率。

7.4 输入口允许频偏

7.4.1 指标

输入口允许频偏规定输入口接收具有规定频偏信号时，输入口应正常工作（通常用设备不出现误码来判断）。指标见表 9。

7.4.2 测试配置

测试配置见图 27，图 27a）是支路口允许频偏测试配置，图 27b）是群路口（STM-1）允许频偏测试配置。测试系统定时基准方式采用 Syn. $f_0 \pm \Delta f$. a，替代方式采用 Syn. $f_M \pm \Delta f$. b。

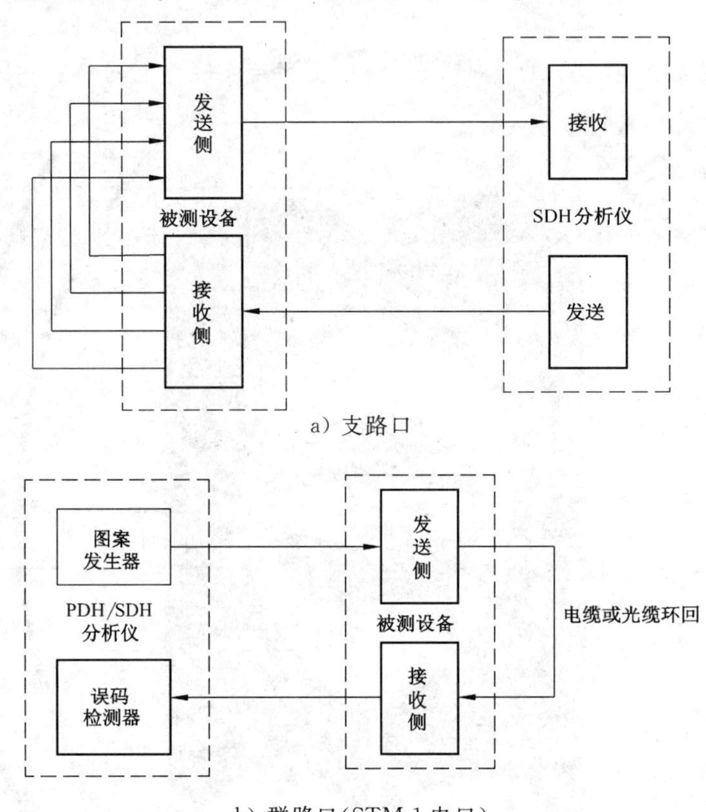

a）支路口

b）群路口（STM-1 电口）

图 27 输入口允许频偏测试配置

7.4.3 操作步骤

a） 按图 27 接好电路。

b） 设置仪表，PDH 电接口按照表 1 选择适当的 PRBS，STM-1 电接口按照 5.2.2.4 选择 TSS5，或 TSS7，或 TSS8，向被测设备送测试信号。

c） 将图案发生器（或 SDH 分析仪发送）的比特率偏移设置在“关”状态，误码检测器（或 SDH 分析仪接收）在被测设备的相应输出口检测误码，此时应无任何误码和告警指示，因此可以判断被测设备已经工作正常。

d） 逐渐调整图案发生器（或 SDH 分析仪发送）的比特率偏移值，直至表 9 规定的被测接口速率等级指标要求的正、负范围上限和下限，整个变化过程中，误码检测器（或 SDH 分析仪接收）进行至少 30 s 的误码观测，仪表应无任何误码和告警指示，即整个被测设备工作正常。

e） 若要测出被测设备实际可忍受的频偏极限时，可继续加大图案发生器（或 SDH 分析仪发送）比特率偏移值，直到误码检测器（或 SDH 分析仪接收）刚好检测不到误码为止，记录相应的比特率偏移值，即为被测设备输入口最大允许频偏值。

7.4.4 注意事项

若有需要，对于严格测试输入口时，可将7.4、7.5、7.6以及抖动容限结合在一起测试，以检验输入口对最不利情况的承受能力。被测试设备有多个电接口时，应逐个测试。

7.5 输入口接收灵敏度

7.5.1 指标

输入口接收灵敏度(过去称允许衰减)规定输入口收到按规定衰减范围内的信号时，输入口应正常工作(通常用设备不出现误码来判断)。指标见表11。

表11 输入口接收灵敏度

接口速率等级	衰减范围/dB	测试频率	详见
2 048 kbit/s	0～6	1 024 kHz	GB/T 7611—2001 中 6.2.2.3
34 368 kbit/s	0～12	17 184 kHz	GB/T 7611—2001 中 8.2.2.3
139 264 kbit/s	0～12	70 MHz	GB/T 7611—2001 中 9.2.2.3
155 520 kbit/s	0～12.7	78 MHz	GB/T 7611—2001 中 10.2.2.3
2 048 kHz	0～6	2 048 kHz	GB/T 7611—2001 中 11.2.2.2

7.5.2 测试配置

通常输入口接收灵敏度应和其他参数结合起来测试，特别是测试结果会因不同衰减而改变的参数，例如输入口抗干扰能力。有时也需要单独测试输入口接收灵敏度。测试配置见图28，图28a)是支路口接收灵敏度测试配置，图28b)是群路口(STM-1)接收灵敏度测试配置。测试系统定时基准方式采用 Syn. $f_0 \pm \Delta f$. a，替代方式采用 Syn. $f_M \pm \Delta f$. b。

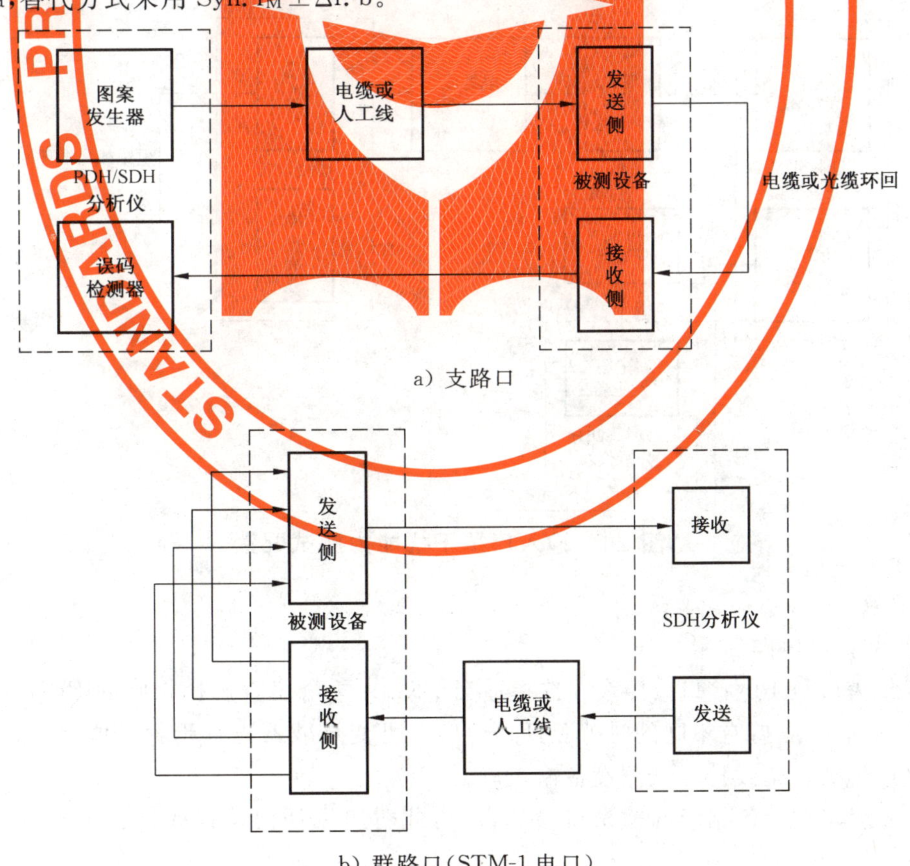

a) 支路口

b) 群路口(STM-1 电口)

图28 输入口接收灵敏度测试配置

7.5.3 操作步骤

a) 按图 28 接好电路；

b) 设置仪表，PDH 电接口按照表 1 选择适当的 PRBS，STM-1 电接口按照 5.2.2.4 选择 TSS5，或 TSS7，或 TSS81，测试信号经电缆或人工线接入被测设备输入口；

c) 误码检测器（或 SDH 分析仪接收）在设备相应的输出口检测误码；

d) 调整电缆或人工线的衰减，且变化范围符合表 11 的规定，误码检测器（或 SDH 分析仪接收）应无任何误码或告警指示。

7.6 输入口抗干扰能力

7.6.1 指标

输入口抗干扰能力规定，2 048 kbit/s 和 34 368 kbit/s 输入口接收被加入规定强度范围干扰的信号时，输入口应工作正常（通常用设备不产生误码来判断）。指标见表 12。

表 12 输入口抗干扰能力

接口速率等级	信噪比 S/N	详　见
2 048 kbit/s	18 dB	GB/T 7611—2001 中 6.2.2.4
34 368 kbit/s	20 dB	GB/T 7611—2001 中 8.2.2.3

7.6.2 测试配置

通常将输入口接收灵敏度和抗干扰能力结合起来测试，测试配置见图 29。对于混合网络的具体要求详见 GB/T 7611—2001 附录 F。测试系统定时基准方式采用 Syn. $f_0 \pm \Delta f$. a，替代方式采用 Syn. $f_M \pm \Delta f$. b。

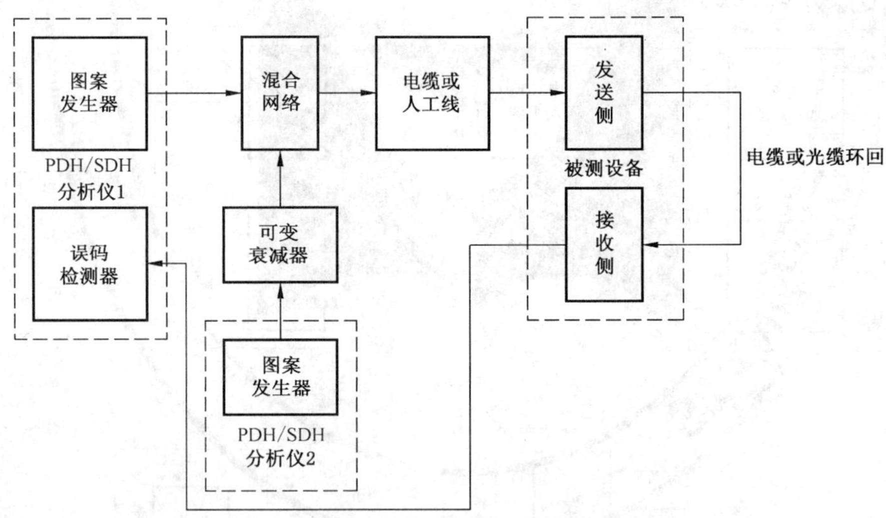

图 29 输入口抗干扰能力测试配置

7.6.3 操作步骤

a) 按图 29 接好电路。

b) 设置仪表，PDH 电接口按照表 1 选择适当 PRBS，两个仪表选择相同的 PRBS，但两个图案发生器不同步（二者有不同的时钟源，即异步）。可变衰减器先置于较大值（大于 20dB），测试信号经电缆或人工线接入被测设备输入口。

c) 误码检测器在设备相应的输出口检测误码，此时应无任何差错或告警指示，即被测设备工作正常。

d) 调整可变衰减器的衰减值由大到小，直至误码检测器检测不到误码为止，此时的衰减值应不大于表 11 规定的信噪比。

e） 对于有电缆或人工线的情况下的测试，衰减范围在表10规定的范围内，上述测试结果也应满足表11规定。

7.7 输入、出口反射衰减

7.7.1 指标

输入、出口反射衰减规定了接口的标称阻抗，以及反射衰减，指标见表13。

表13 接口反射衰减测试频率和指标

接口速率等级	测试频率范围/kHz	反射衰减/dB	标称阻抗/Ω	详　见
2 048 kbit/s 输入口	51.2～102.4 102.4～2 048 2 048～3 072	≥12 ≥18 ≥14	75 或 120	GB/T 7611—2001 中 6.2.2.1
2 048 kbit/s 输出口	51～102 102～3 072	≥6 ≥8	75 或 120	GB/T 7611—2001 中附录 M
34 368 kbit/s 输入口	859.2～1 718.4 1 718.4～34 368 34 368～51 552	≥12 ≥18 ≥14	75	GB/T 7611—2001 中 8.2.2.1
34 368 kbit/s 输出口	860～1720 1 720～51 550	≥6 ≥8	75	GB/T 7611—2001 中附录 M
139 264 kbit/s 输入口和输出口	7 000～210 000	≥15	75	GB/T 7611—2001 中 9.2.2.1、9.2.1.1
155 520 kbit/s 输入口和输出口	8 000～240 000	≥15	75	GB/T 7611—2001 中 10.2.2.1、10.2.1.1
2 048 kHz 输入口	2 048	≥15	75	GB/T 7611—2001 中 11.2.2.1

7.7.2 测试配置

测试配置见图30。图30a)是平衡输入、输出口反射衰减测试配置，图30b)是不平衡输入、输出口反射衰减测试配置。

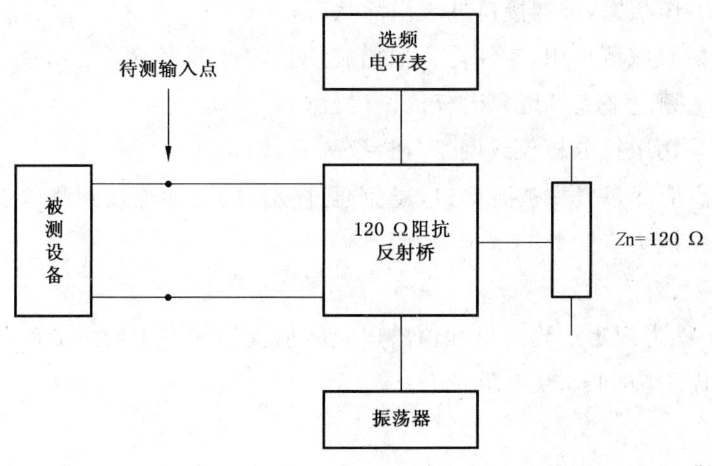

a） 平衡输入、输出口

图30 反射衰减测试配置

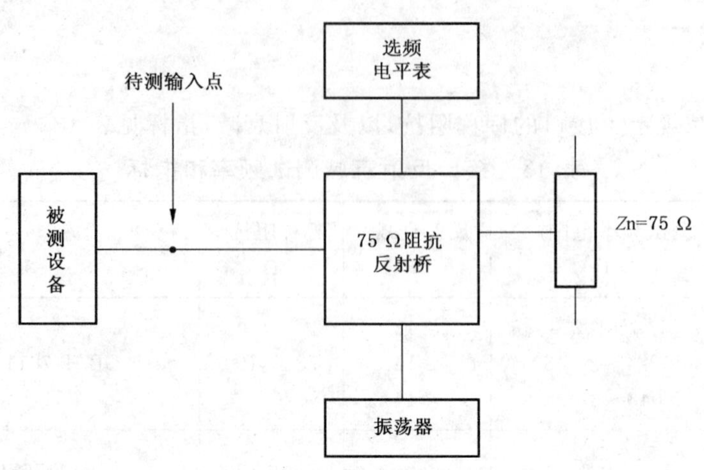

b) 不平衡输入、输出口

图 30（续）

7.7.3 操作步骤

a) 按图 30 接好电路；

b) 振荡器和选频电平表的输入、输出阻抗按反射桥的要求设置，通常为 75 Ω；

c) 设置振荡器的输出电平为 0 dBm，根据被测接口的速率等级，设置振荡器的输出频率为表 13 规定的范围内，选频电平表的选频中心频率与振荡器的频率一致，选频带宽尽量小，并开启频率跟踪功能；

d) 先将被测输入或输出口与反射桥断开，读取此时的选频电平表指示的电平读数 P_1(dBm)；

e) 将被测输入或输出口与反射桥连接，读取此时的选频电平表指示的电平读数 P_2(dBm)；

f) 反射衰减 $b_p = |P_1 - P_2|$(dB)；

g) 在表 13 给定的测试频率范围内，改变选频电平表和振荡器的频率，重复 c)、d)、e)、f)的操作，得到整个频段内的反射衰减值。

7.7.4 注意事项

a) 被测设备处于工作状态，被测接口处于激活状态；

b) 在输出口的反射衰减测试中，应注意采取措施使得测试频率避开输出数字信号的谱线；

c) 测试配置中的选频电平表可用频谱分析仪代替；

d) 本项测试也可采用阻抗分析仪或网络分析仪来完成；

e) 反射衰减测试点应尽量紧靠被测接口，避免通过较长的电缆连接到测试点。

7.8 输入、出口过压保护能力

7.8.1 指标

输入、出口过压保护能力规定了输入口和输出口应能承受浪涌发生器生成的规定浪涌电压，且不应损坏。详细规定参见 GB/T 7611—2001 附录 D。

7.8.2 测试配置

测试配置见图 31，图 31a)是非屏蔽电缆输入、输出口过压保护能力测试配置，图 31b)是屏蔽电缆输入、输出口过压保护能力测试配置。

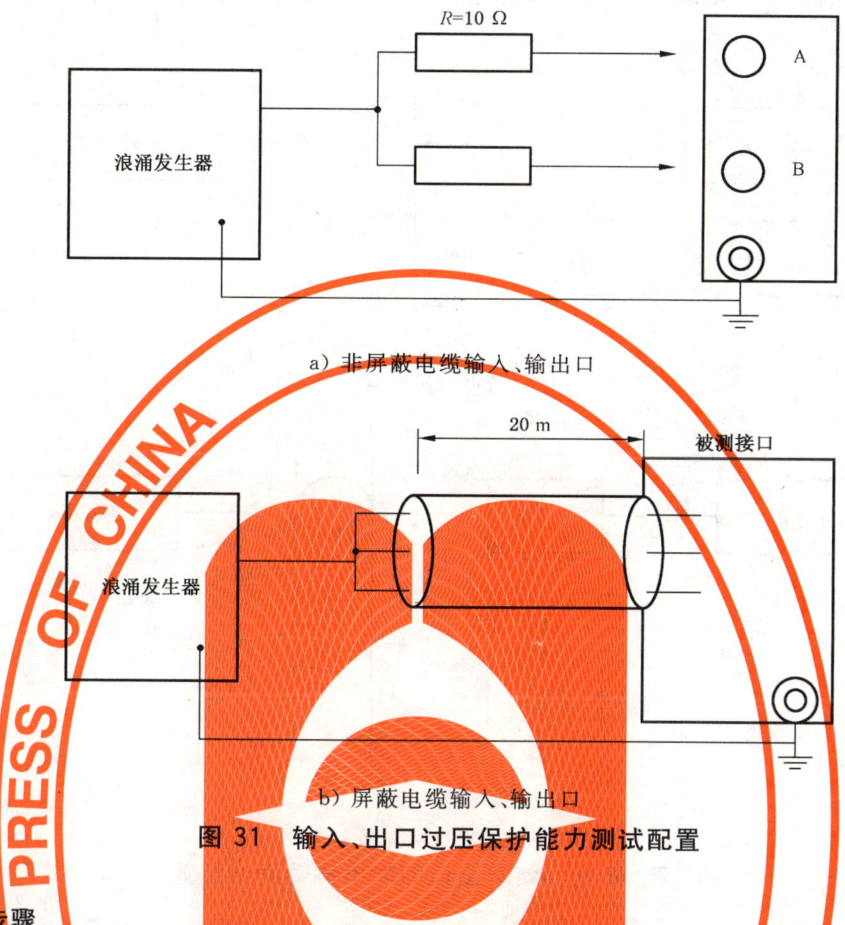

a）非屏蔽电缆输入、输出口

b）屏蔽电缆输入、输出口

图 31　输入、出口过压保护能力测试配置

7.8.3　操作步骤

a）被测输入、输出口在本项测试之前，已进行了其他所有参数的测试，并有记录；

b）按图 31 接好电路，被测输入、输出口处于上电工作状态；

c）启动浪涌发生器，生成规定范围内的浪涌电压，用正脉冲冲击被测接口 5 次，再改为负脉冲冲击同一接口 5 次，两次冲击的时间间隔不少于 1 min；

d）按图 27 连接电路，建立传输通路，连续进行至少 5 min 的误码测试，检测不到任何误码，可视为通信链路可正常使用；

e）可重测其他所有参数，将结果与冲击前的测试结果进行比较，证明性能无明显下降。

8　抖动测试

8.1　SDH 网络输出口的输出抖动

8.1.1　指标

SDH 网络输出口的输出抖动指标是绝对网络限值，即对于实际网络中，任何一个被定义为网络接口的输出抖动都应满足的极限要求。因此，这一指标应在实际网络接口点测试。由于该指标不适用于直接用来评估单个设备，或者有限几个设备构成的传输系统，如数字段，故一般不对单个设备或传输系统进行测试，除非将它们置于真实的或仿真的网络环境中。

SDH 网络输出口的输出抖动的指标详见 YD/T 1299—2004 中 4.1。

8.1.2　测试配置

SDH 网络输出口的输出抖动测试配置见图 32。其中图 32a）是终端测试配置，图 32b）是在线测试配置，二者同等有效。图中的光衰减器可根据实际测试需要设置。分光器用于将部分光信号分离，输入到抖动测试仪。如果是电接口，则光纤改用电缆，分光器改用高阻抗跨接。图 32 中的抖动测试仪是

SDH 分析仪的接收部分，测试系统工作在从接收信号中提取定时的方式下，运行方式等同于 Syn. f_0. 2。

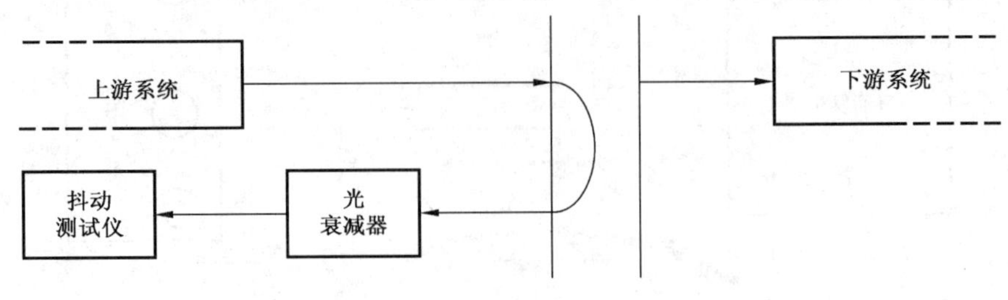

a）终端测试配置

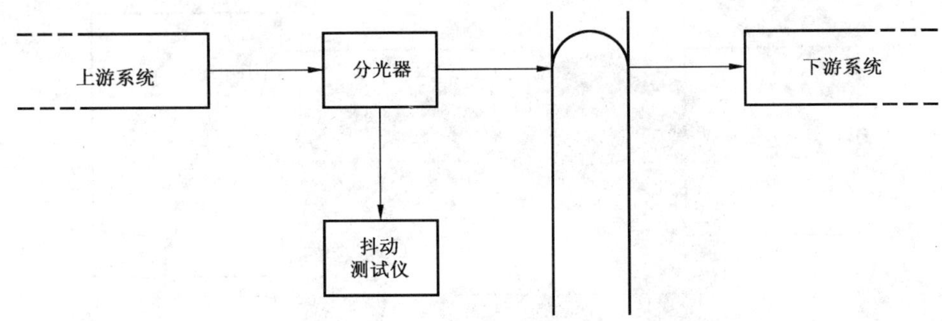

b）在线测试配置

图 32　SDH 网络输出口的输出抖动测试配置

8.1.3　操作步骤

a）按图 32 接好电路；

b）调整光衰减器，使抖动测试仪输入口处的光功率在仪表要求的范围内；

c）根据被测输出口等级，设置抖动测试仪的测试速率和相应的测试滤波器带宽；

d）待抖动测试仪指示抖动锁定后，连续进行至少 60 s 测试，读取观测时间间隔内的最大抖动峰峰值作为测试结果。

8.2　数字段输出口的输出抖动

8.2.1　指标

在 SDH 传输网中，数字段是指在相邻的 STM-N 支路口间对规定速率的数字信号进行数字传输的全部手段。数字段输出口的输出抖动指标是 SDH 工程系统指标。有两种评估办法：

第一种，在数字段输入口输入无抖动测试信号的情况下，测试数字段输出口的抖动，详细指标见 YDN 099—1998 中 7.3.1.1（表 24 中 B1 对应括弧中的指标值和 B2 指标值）。

第二种，在数字段输入口输入允许的带抖动测试信号（在有限个频率上仿真）的情况下，测试数字段输出口的抖动，详细指标见 YD/T 1299—2004 中 4.1。

复用段和再生段没有规定输出口的抖动指标，但建设工程、日常维护中测试可参考本标准的规定执行。

8.2.2　测试配置

数字段输出口的输出抖动测试配置见图 33。同步的基准方式用 Syn. f_0. 2，替代方式用 Syn. f_M. 4。图案发生器和抖动测试仪分别是 SDH 分析仪的发送和接收部分。如果一个数字段有几种等级输出口时，应对每一种等级输出口分别进行测试。

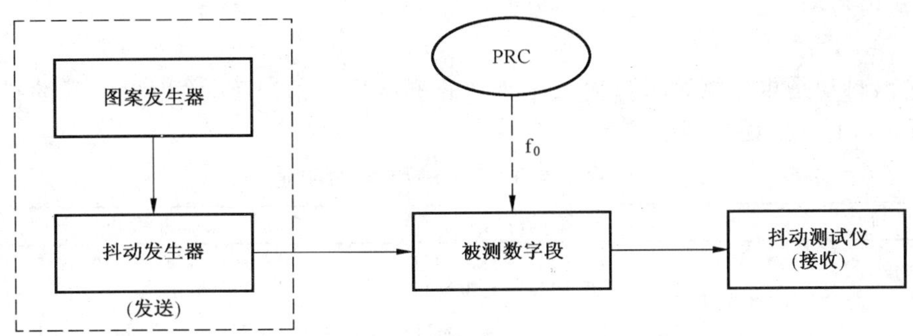

图 33　数字段输出口的输出抖动测试配置

8.2.3　操作步骤

a)　按图 33 接好电路；

b)　根据被测输入口等级，并依照第 5 章的有关测试信号的规定，来设置图案发生器的测试信号；

c)　对于第一种评估办法，测试信号是未调制相位的无抖动的信号；

d)　对于第二种评估办法，测试信号是已调制相位的有抖动的信号，抖动频率在输入抖动容限范围内选择有代表性的至少 6 个频率点，抖动幅度等于该频率点对应的输入抖动容限指标值，抖动频率值和抖动幅度值详见 8.5.1；

e)　根据被测输出口等级，抖动测试仪选择适当的测试速率和相应的测试滤波器带宽；

f)　待抖动测试仪指示抖动参考相位锁定后，连续进行至少 60 s 测试，读取观测时间间隔内的最大抖动峰-峰值作为测试结果；

g)　对于第二种评估办法，需要改变抖动频率和幅度后，随后重复 f)步骤操作。

8.3　SDH 复用设备的输出抖动

8.3.1　指标

SDH 复用设备的输出抖动是 SDH 复用设备 STM-N 输入口输入无抖动信号、外同步时钟也无抖动输入时，在相应的 STM-N 输出口输出信号的抖动值。详细指标见 YD/T 1299—2004 中 5.2。

8.3.2　测试配置

SDH 复用设备的输出抖动测试配置见图 34。同步的基准方式 Syn. f_0. 1，替代方式 Syn. f_E. 5。被测设备有几种等级输出口时，应对每一种输出口分别测试。

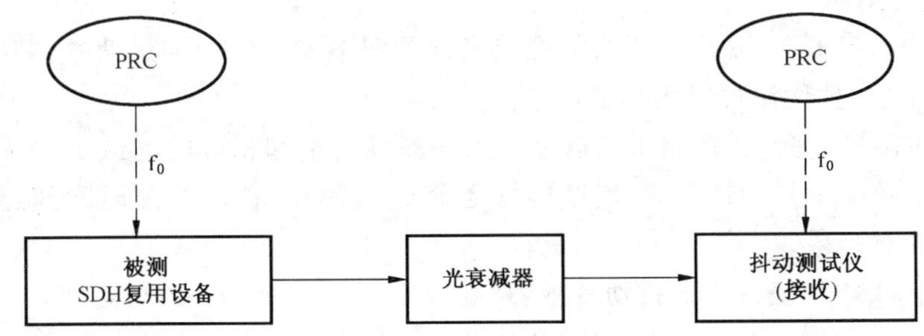

图 34　SDH 复用设备的输出抖动测试配置

8.3.3　操作步骤

a)　按图 34 接好电路；调整光衰减器，使抖动测试仪输入端口处的光功率在仪表要求的范围内；

b)　根据被测输出口等级，抖动测试仪选择适当的测试速率和相应的测试滤波器带宽；

c)　待抖动测试仪指示抖动锁定后，连续进行至少 60 s 测试，读取观测时间间隔内的最大抖动峰-峰值作为测试结果。

8.4 再生器的输出抖动

8.4.1 指标

再生器的输出抖动是再生器输入口输入无抖动的测试信号情况下，输出口信号的抖动值。A 型再生器的指标详见表 14，B 型再生器的指标待定。

表 14 再生器的输出抖动限值

接　口	测量滤波器	A 型再生器(峰-峰值)
STM-1o	500 Hz～1.3 MHz 65 kHz～1.3 MHz	0.30 UI 0.10 UI
STM-4	1 000 Hz～5 MHz 250 kHz～5 MHz	0.30 UI 0.10 UI
STM-16	5 000 Hz～20 MHz 100 kHz～20 MHz	0.30 UI 0.10 UI
STM-64	20 000 Hz～80 MHz 4 000 kHz～80 MHz	0.30 UI 0.10 UI

8.4.2 测试配置

再生器的抖动产生测试配置见图 35。同步的基准方式用 Syn. f_0. 1，替代方式用 Syn. f_M. 4。图案发生器和抖动测试仪分别是 SDH 分析仪的发送和接收部分。

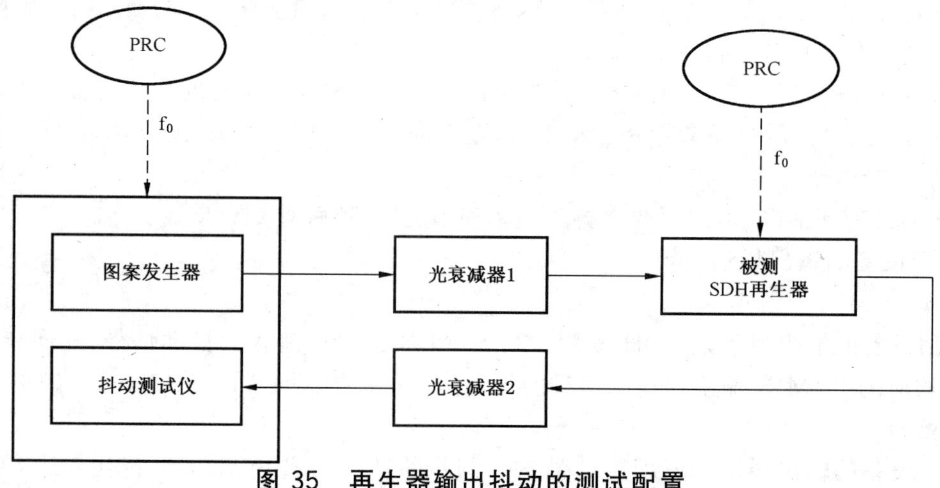

图 35 再生器输出抖动的测试配置

8.4.3 操作步骤

a) 按图 35 接好电路；

b) 根据被测输入口等级，并依照 5.2 的规定来设置图案发生器的测试信号，基准方法用 TSS1 和 TSS1(N)信号，替代法可以用其他信号；

c) 根据被测输出口等级，抖动测试仪选择适当的测试速率和相应的测试滤波器带宽；

d) 待抖动测试仪指示抖动锁定后，连续进行至少 60 s 测试，读取观测时间间隔内的最大抖动峰-峰值作为测试结果。

8.5 SDH 复用设备 STM-N 输入口的抖动容限

8.5.1 指标

SDH 复用设备 STM-N 输入口的抖动容限是 STM-N 端口上所能容忍的抖动值。能否容忍的判据是 SDH 设备不出现任何告警、滑码、误码。详细指标见 YD/T 1299—2004 中 5.1。由于判据的不同有两种不同的测试方法，为避免测试可比性差，本标准根据 ITU-T G.825(2000)中 6.1 的内容，规定在低频段(f_p 以下)基准方法采用出误码法，在高频段(f_p 以上)基准方法采用 1 dB 功率代价法。除再生器外，其他设备在高频段(f_p 以上)替代方法采用出误码法。各速率等级的 f_p 值是：STM-1 是 6.5 kHz、STM-4 是 25 kHz、STM-16 是 100 kHz、STM-64 是 400 kHz。

8.5.2 测试配置

出误码法测试配置见图 36，1dB 功率代价法测试配置见图 37。图 36a)、图 37a)是线路输入口的测试配置，图 36b)、图 37b)是支路输入口的测试配置。测试配置有两种运行方式，第一种为同步方式：基准方式 Syn. f_0.1、替代方式 Syn. f_M.4；第二种为异步方式：基准方式 Asyn. 3、替代方式 Asyn. 1。抖动发生器和误码测试仪分别是传输分析仪的发送和接收部分。被测设备有几种等级输入口时，应对每一种输入口分别测试。

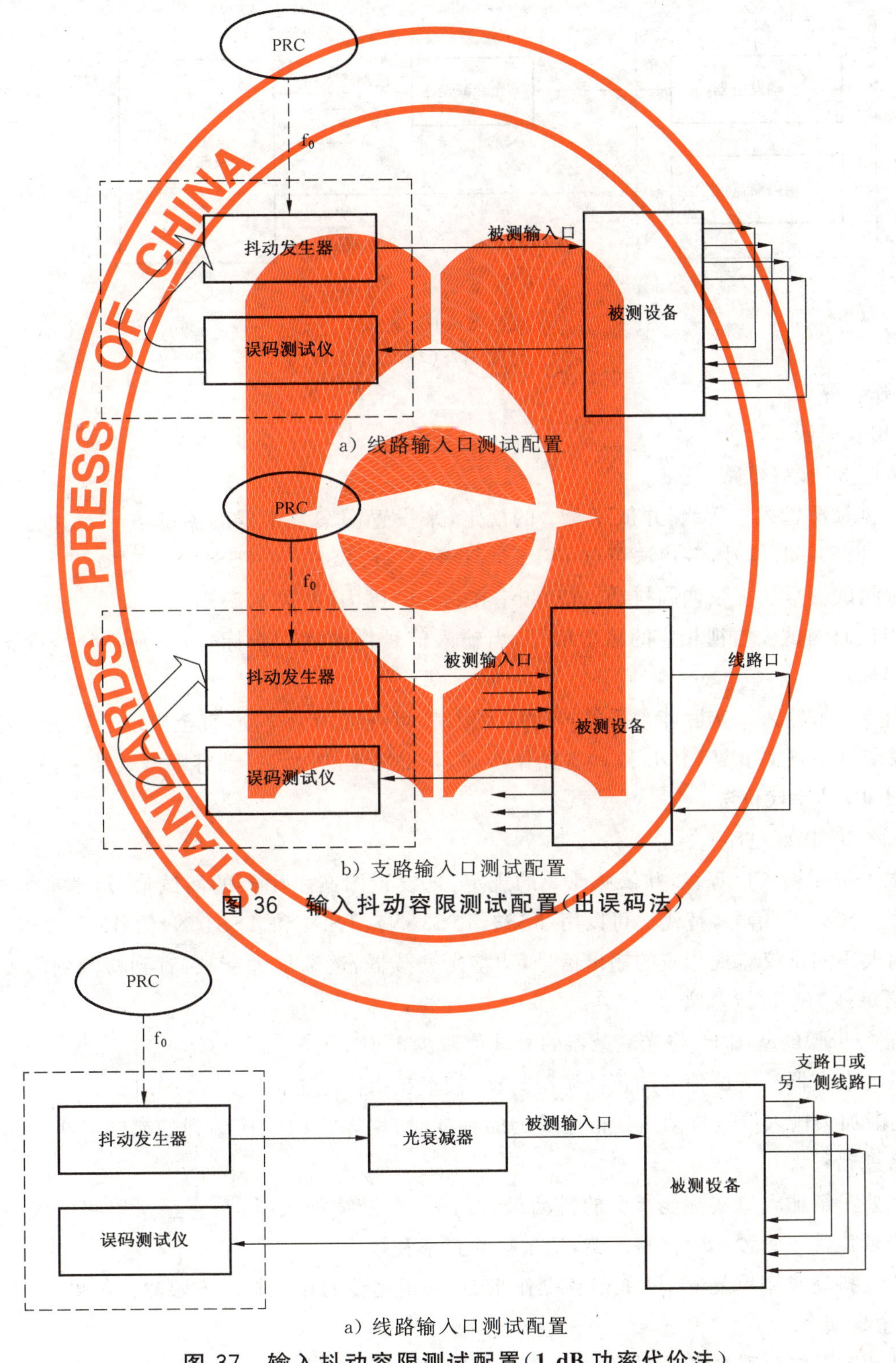

a) 线路输入口测试配置

b) 支路输入口测试配置

图 36 输入抖动容限测试配置(出误码法)

a) 线路输入口测试配置

图 37 输入抖动容限测试配置(1 dB 功率代价法)

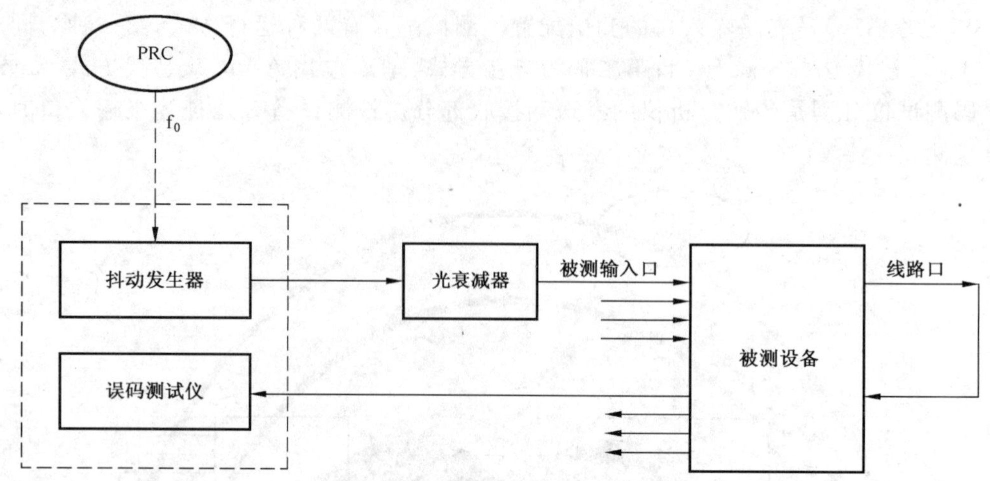

b）支路 STM-N 输入口

图 37（续）

8.5.3 操作步骤

8.5.3.1 出误码法

a） 按图 36 接好电路；

b） 根据被测输入口等级，并依照 5.2 的规定，来设置图案发生器的测试信号，基准方法用 TSS1 和 TSS1(N)信号，替代法可以用 TSS3、TSS3(N)、TSS4 和 TSS4(N)信号；

c） 对测试信号加正弦调制抖动，抖动频率在指标范围内，参见 8.5.1；

d） 用误码测试仪监视相应的输出信号，当输入信号抖动达到指标规定的幅度时，设备不应出现误码；

e） 当要了解输入口实际能承受的抖动最大值时，可继续加大抖动，直至出现告警或误码为止；

f） 改变抖动频率重复 c)、d)和 e)各操作步骤，获得完整的输入抖动容限测试结果。

8.5.3.2 1 dB 功率代价法

a） 按图 37 接好电路；

b） 根据被测输入口等级，并依照 5.2 的规定，来设置图案发生器的测试信号，基准方法用 TSS1 和 TSS1(N)信号，替代法可以用 TSS3、TSS3(N)、TSS4 和 TSS4(N)信号；

c） 用误码测试仪监视相应的输出信号，调整光衰减器，逐渐加大衰减，直到检测到的差错近似等于每秒 100 比特差错；

d） 在 c)步骤的基础上，将光衰减器的衰减值减少 1 dB；

e） 抖动发生器给测试信号加正弦调制抖动，频率在指标范围内，参见 8.5.1；

f） 逐渐加大输入信号抖动达到指标规定的幅度时，误码测试仪检测到的差错应小于每秒 100 比特差错；

g） 当要了解输入口实际能承受的抖动最大值时，可继续加大抖动，直至误码测试仪检测到的差错近似等于每秒 100 比特差错，记录抖动频率和幅度；

h） 改变抖动频率重复 e)、f)和 g)各操作步骤，获得完整的输入抖动容限测试结果。

8.5.4 注意事项

a） 抖动容限应分别在同步方式、异步方式下测量。两种运行方式的测试结果都应符合要求。

b) 被测设备不论采用端口电缆、光缆环回还是通过网管系统设置环回，测试结果都应符合要求。

c) SDH 传输分析仪的抖动容限自动测试是出误码法，出误码准则无统一标准，不一定是每秒 100 比特差错。

8.6 SDH 复用设备 PDH 输入口的抖动容限

8.6.1 指标

SDH 复用设备 PDH 输入口的抖动容限是 PDH 端口上所能容忍的抖动值，能否容忍的判据是 SDH 设备不出现任何告警、滑码、误码。详细指标见 GB/T 15941—2008 中 12.2.2，根据 ITU-T G.823 中 7.1 的内容采用出误码法。

8.6.2 测试配置

SDH 复用设备 PDH 输入口的抖动容限测试配置见图 38。运行方式 Asyn.1。抖动发生器和误码测试仪分别是传输分析仪中 PDH 的发送和接收部分。

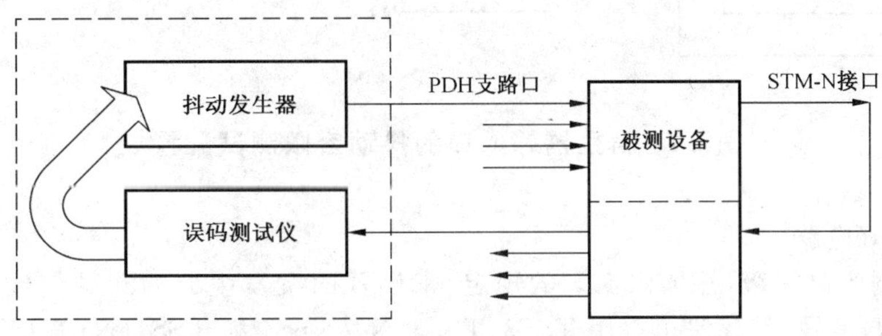

图 38 SDH 设备 PDH 支路口抖动容限测试配置

8.6.3 操作步骤

a) 按图 38 接好电路；

b) 根据被测输入口等级，并依照 5.1 的规定，按表 1 抖动发生器选择适当的 PRBS 作测试信号，并对测试信号加正弦调制抖动，频率在指标范围内。调制频率参见 8.6.1；

c) 用误码测试仪监视相应的输出信号，当输入信号抖动达到指标规定的幅度时，设备不应出现误码；

d) 当要了解输入口实际能承受的抖动最大值时，可继续加大抖动，直至出现告警或误码为止；

e) 改变调制频率重复 b)、c)和 d)各操作步骤获得完整的输入抖动容限。

8.7 再生器输入口的抖动容限

8.7.1 指标

再生器 STM-N 输入口的抖动容限是 STM-N 端口上所能容忍的抖动值，容忍的判据是 SDH 设备不出现任何告警、滑码、误码。详细指标见 YD/T 1299—2004 中 6.1。本标准根据 ITU-T G.825(2000)中 6.1 的内容，规定再生器输入口的抖动容限采用 1dB 功率代价法。

8.7.2 测试配置

再生器输入口的抖动容限测试配置见图 39。同步的基准方式用 Syn.f_0.3，替代方式用 Syn.f_M.4。抖动发生器和误码测试仪分别是 SDH 分析仪的发送和接收部分。

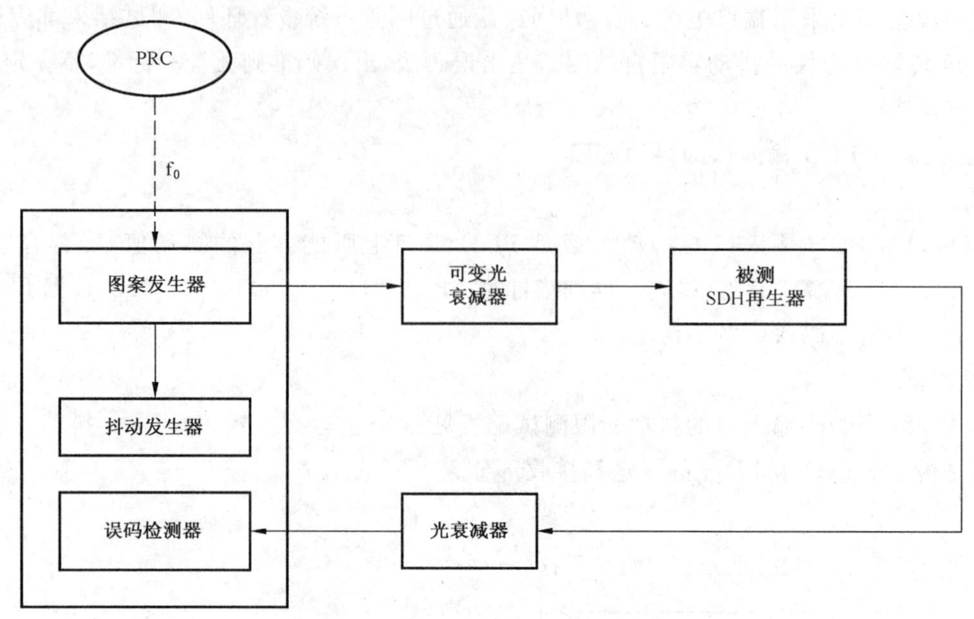

图 39　再生器输入口的抖动容限测试配置

8.7.3　操作步骤

a）按图 39 接好电路；

b）根据被测输入口等级，并依照 5.2 的规定，来设置图案发生器的测试信号，基准方法用 TSS1 和 TSS1(N)信号，替代法可以用 TSS3、TSS3(N)、TSS4 和 TSS4(N)信号；

c）用误码测试仪监视相应的输出信号，调整可变光衰减器，逐渐加大衰减，直到检测到的差错近似等于每秒 100 比特差错；

d）在 c)步骤的基础上，将可变光衰减器的衰减值减少 1 dB；

e）抖动发生器给测试信号加正弦调制抖动，频率在指标范围内，详见 8.7.1；

f）逐渐加大输入信号抖动达到指标规定的幅度时，误码测试仪检测到的差错应小于每秒 100 比特差错；

g）当要了解输入口实际能承受的抖动最大值时，可继续加大抖动，直至误码测试仪检测到的差错近似等于每秒 100 比特，记录抖动频率和幅度；

h）改变抖动频率重复 e)、f)和 g)各操作步骤，获得完整的输入抖功容限测试结果。

8.8　**SDH 设备的映射抖动**

8.8.1　指标

SDH 设备映射抖动是设备解复用侧接收没有指针调整的 STM-N 信号时，在设备 PDH 支路输出产生的抖动。详细指标见 GB/T 15941—2008 中 12.2.2。

8.8.2　测试配置

SDH 设备的映射抖动测试配置见图 40。同步的基准方式 Syn. f_0. 3，替代方式 Syn. f_M. 4。测试信号发生器和抖动测试仪分别是传输分析仪的发送和接收部分。被测设备有几种等级 PDH 支路输出口时，应对每一种支路输出口测试。

8.8.3　操作步骤

a）按图 40 接好电路；

b）根据被测设备 PDH 支路速率，并按照表 1 抖动测试仪选择适当的 PRBS 和相应的抖动测试滤波器带宽；

c）根据被测设备输入口等级，并依照 5.2 的规定，来设置测试信号发生器的测试信号，139 264 kbit/s 用 TSS5 和 TSS5(N)，34 368 kbit/s 用 TSS7 和 TSS7(N)，2 048 kbit/s 用 TSS8 和

TSS8(N);测试信号结构和被测 PDH 支路有相同的 PRBS;首先对净荷中的 PRBS 不加频偏;

d) 待抖动测试仪指示抖动锁定后,进行连续的不少于 1 min 抖动测试,最后读取最大的抖动峰-峰值,作为测试结果;

e) 改变图案发生器测试信号中净荷(PRBS)的速率偏移,重复步骤 d);

f) 在表 9 规定的 PDH 接口信号速率容差范围内改变净荷(PRBS)的速率偏移,多次重复 d)、e)各操作步骤,从得到的所有测试结果中找出最大值,作为最终的测试结果。

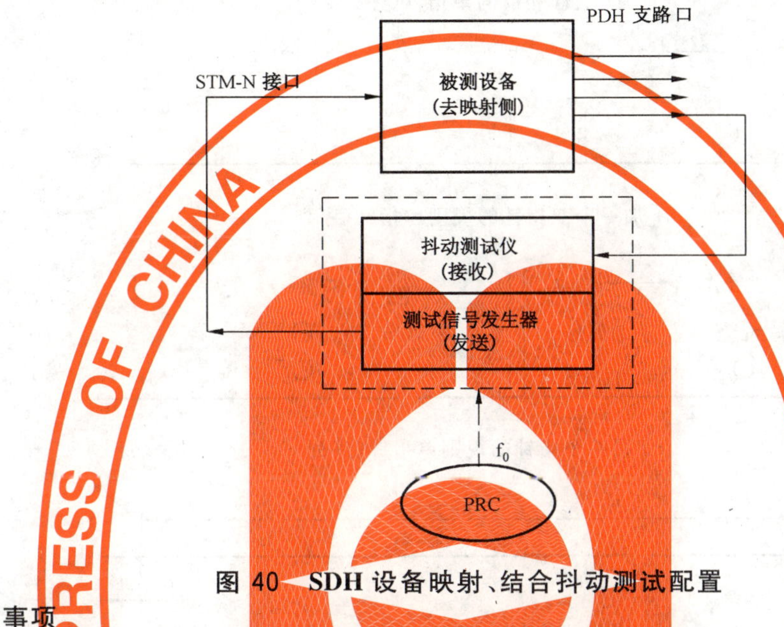

图 40 SDH 设备映射、结合抖动测试配置

8.8.4 注意事项

a) 整个测试过程中,必须保持 SDH 测试仪和被测设备良好同步;

b) 加频偏应采取先以较大的步阶变化,例如 5×10^{-6},再以较小的步阶,如 1×10^{-6},逐渐找到映射抖动的最大值。

8.9 SDH 设备的结合抖动

8.9.1 指标

SDH 设备的结合抖动是支路映射和指针调整结合作用,在设备解复用侧 PDH 支路输出口产生的抖动。详细指标见 GB/T 15941—2008 中 12.2.2。

8.9.2 测试配置

SDH 设备的结合抖动测试配置见图 40。同步的基准方式 Syn. f_0. 3,替代方式 Syn. f_M. 4。图案发生器和抖动测试仪分别是传输分析仪的发送和接收部分。被测设备有几种等级 PDH 支路输出口时,应对每一种支路输出口测试。

8.9.3 操作步骤

a) 按图 40 接好电路;

b) 根据被测设备 PDH 支路速率,并按照表 1 抖动测试仪选择适当的 PRBS 和相应的抖动测试滤波器带宽;

c) 根据被测输入口等级,并依照 5.2 的规定,来设置测试信号发生器的测试信号,139 264 kbit/s 用 TSS5 和 TSS5(N),34 368 kbit/s 用 TSS7 和 TSS7(N),2 048 kbit/s 用 TSS8 和TSS8(N);测试信号结构和被测 PDH 支路有相同的 PRBS,首先对净荷的 PRBS 不加频偏;

d) 根据被测设备 PDH 支路速率逐个设置仪表发送指针测试序列,指针序列参见图 41;待抖动测试仪指示抖动锁定后,进行连续的不少于 120 s 抖动测试,最后读取抖动最大的峰-峰值,作为测试结果;

e) 改变图案发生器测试信号中净荷(PRBS)的速率偏移,重复 d)操作步骤;

f) 在表 9 规定的 PDH 接口信号速率容差范围内改变净荷(PRBS)的速率偏移,多次重复 d)、e)各操作步骤,从得到的所有测试结果中找出最大值,作为最终的测试结果。

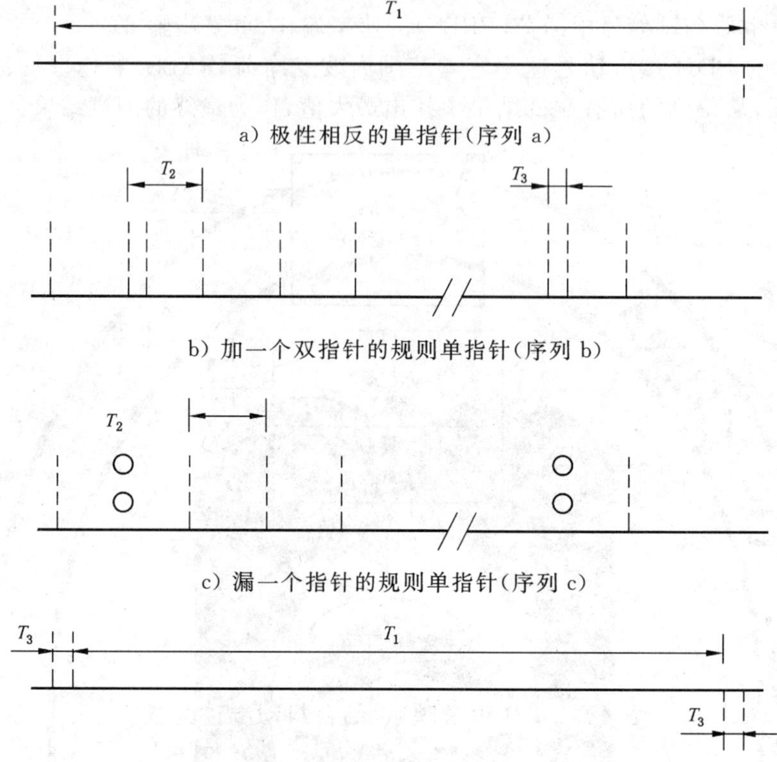

a) 极性相反的单指针(序列 a)

b) 加一个双指针的规则单指针(序列 b)

c) 漏一个指针的规则单指针(序列 c)

d) 极性相反的双指针(序列 d)

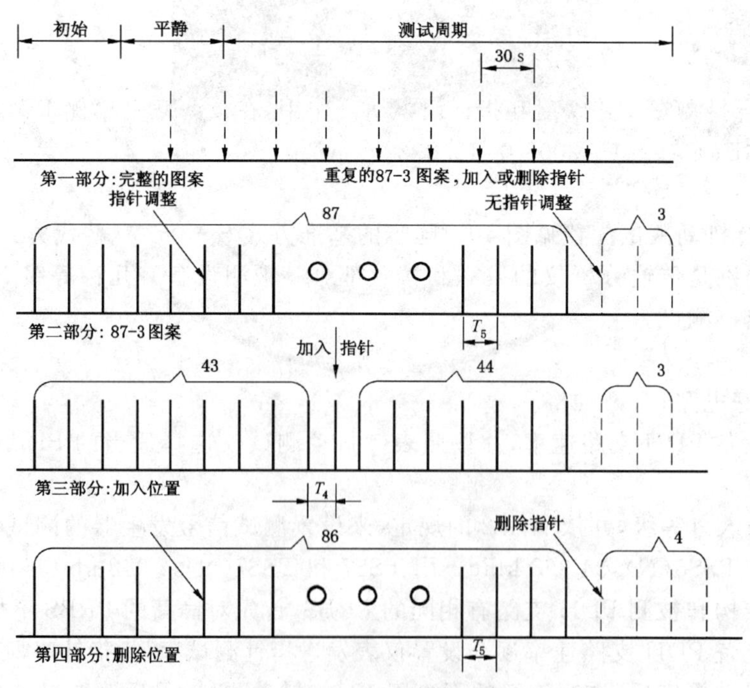

e) 3/87 指针序列(序列 g)

图 41 指针调整序列

8.9.4 注意事项

严格检验 SDH 设备结合抖动的测试需要比 120 s 更长的测试时间。推荐值为所选用的序列周期的 10 倍，即 10 T_1。其他注意事项见 8.8.4。

8.10 再生器抖动传递特性

8.10.1 指标

再生器的抖动传递特性是其输出 STM-N 信号的抖动与所加在其输入 STM-N 信号的抖动之比值(抖动增益值)依抖动频率的关系。抖动传递特性详细指标见 YD/T 1299—2004 中 6.3。

8.10.2 测试配置

再生器的抖动传递特性测试配置见图 42。抖动传递特性需要选频测量，对于不能提供这种测试能力的 SDH 分析仪，可用仪表提供的抖动解调输出接口，由外部的频谱分析仪或选频电平表来测量。同步的基准方式用 Syn. f_0. 3，替代方式用 Syn. f_M. 4。图案发生器和抖动测试仪分别是 SDH 分析仪的发送和接收部分。

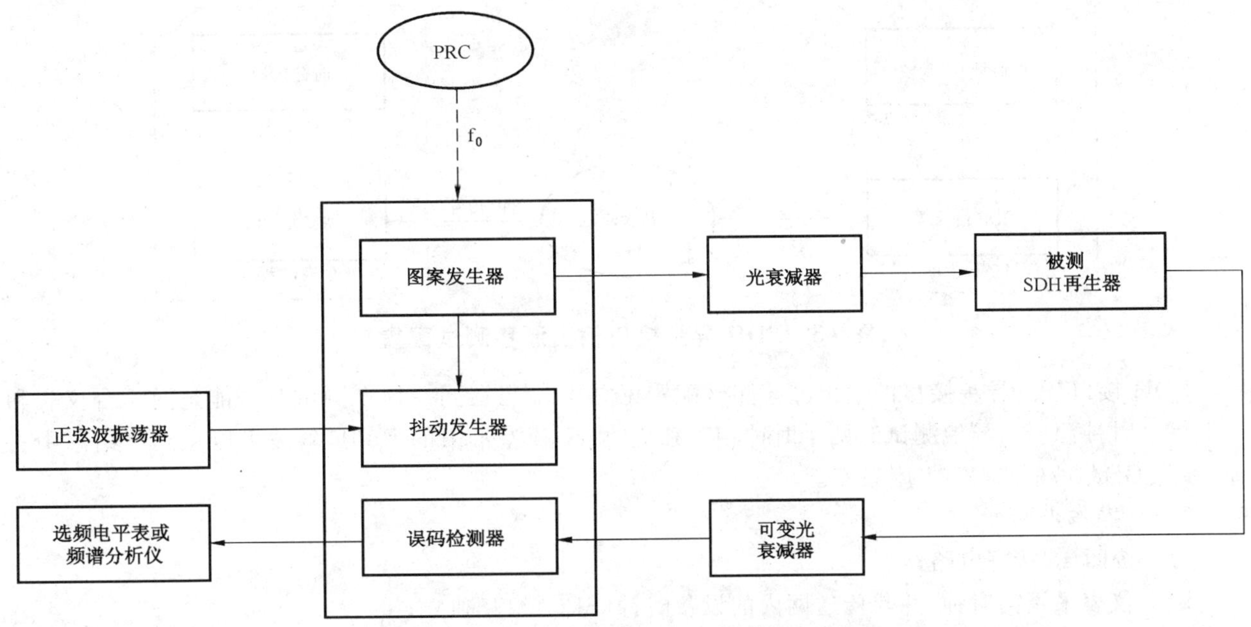

图 42 再生器的抖动传递特性测试配置

8.10.3 操作步骤

a) 按图 42 接好电路；
b) 根据被测输入口等级，并依照 5.2 的规定，来设置图案发生器的测试信号，基准方法用 TSS1 和 TSS1(N)信号，替代法可以用 TSS3、TSS3(N)、TSS4 和 TSS4(N)信号；
c) 首先断开被测 SDH 再生器和 SDH 分析仪的连接，用短路光纤对抖动发生器和抖动测试仪作自环；
d) 调整可变光衰减器，确保抖动测试仪输入口的光功率在仪表要求的范围内；抖动发生器给测试信号加正弦调制抖动，频率在指标范围内，详见 8.10.1，抖动测试仪测量抖动，读取数值 A UI(用选频表或频谱仪读取的数值是 a dBm)；
e) 断开短路光纤，接入被测再生器，调整可变光衰减器，确保抖动测试仪输入口的光功率在仪表要求的范围内，抖动测试仪测量抖动，得到 B UI(用选频表或频谱仪读取的数值是 b dBm)；
f) 将两次测试所得数值作如下计算：$K(\text{dB})=20\lg(A/B)=b-a(\text{dB})$；
g) 在指标规定的频率范围内，改变正弦调制频率，重复 c)、d)、e)、f)各操作步骤，获得完整的抖动传递特性；

h） 如果仪表具有自动抖动传递特性的测试功能，应先选定抖动发生器各抖动频率点的抖动幅度，抖动幅度原则上不应高于抖动容限值，再按照仪表的操作提示由仪表自动完成c）、d）、e）、f）、g）各操作步骤。

9 漂移测试

9.1 PDH业务接口的输出漂移

9.1.1 PDH业务接口——异步接口的输出漂移

9.1.1.1 指标

异步接口的输出漂移用最大相对时间间隔误差漂移值（MRTIE）限值规定。2 048 kbit/s、34 368 kbit/s和139 264 kbit/s业务接口的指标见GB/T 7611—2001的6.3.1.2，8.3.2，9.3.2。

9.1.1.2 测试配置

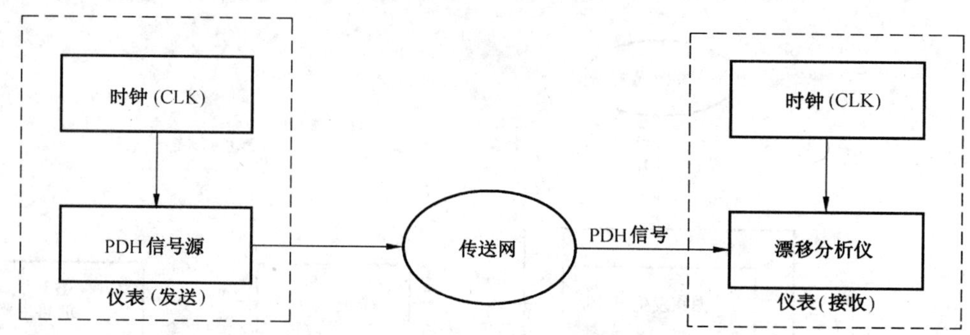

图43 PDH异步接口输出漂移测试配置

PDH接口——异步接口的输出漂移测试配置见图43。当在同一地点测试时可能是同一台仪表和一个标准时钟源。当异地测试时两个时钟相对独立，由于频差带来的RTIE斜坡可以从测试结果中去掉，参见GB/T 7611—2001附录G。

9.1.1.3 操作步骤

a） 按图43接好电路；

b） 仪表采用内时钟，并与传送网内的设备时钟（SEC）相互独立；

c） 待系统相位稳定后开始测量；

d） 设置漂移分析仪的取样率不少于30次/s，连续相对时间间隔误差（RTIE），测量时间不小于960 s，得到0.033 s～960 s MRTIE曲线；

e） 取0.05 s～80 s MRTIE曲线结果应处于相应漂移指标模板的下方。

9.1.1.4 注意事项

所使用的基准定时源的MTIE值应低于设备指标的1/10；时间间隔分析仪分辨率优于100 ps；根据被测接口速率设置仪表速率。

9.1.2 PDH业务接口——同步接口的输出漂移

9.1.2.1 指标

同步（非定时）接口的输出漂移用最大相对时间间隔误差漂移值（MRTIE）限值规定。2 048 kbit/s、34 368 kbit/s和139 264 kbit/s业务接口的指标见GB/T 7611—2001的6.3.1.2，8.3.2，9.3.2。

9.1.2.2 测试配置

PDH接口——同步（非定时）接口的输出漂移测试配置见图44。用标准时钟源（例如SSU）作为仪表的同步时钟。当在同一地点测试时可能是同一台仪表和一个标准时钟源。

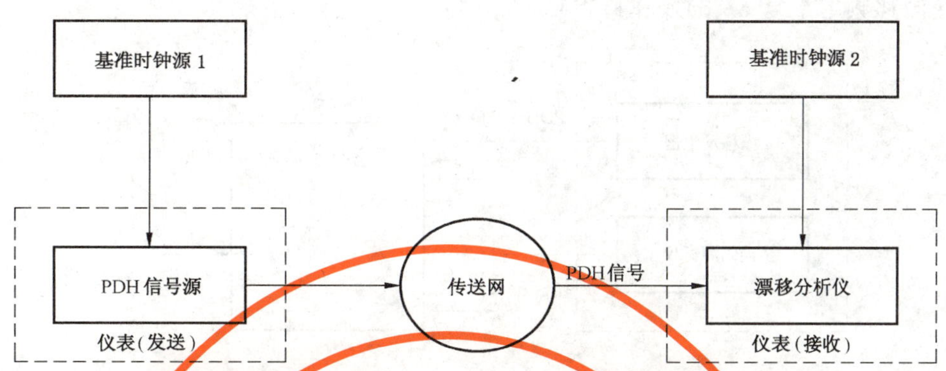

图 44 PDH 同步(非定时)接口输出漂移测试配置

9.1.2.3 操作步骤

a) 按图 44 接好电路;

b) 仪表采用外时钟,两个外时钟可以是相关的,二者,或其中之一可以是和传送网内的设备时钟(SEC)相关;

c) 待系统相位稳定后开始测量;

d) 设置漂移分析仪的取样率不少于 30 次/s,连续测量相对时间间隔误差(RTIE),测量时间不小于 12 000 s(适合于 2 048 kbit/s)或不小于 960 s(适合于 34 368 kbit/s 和 139 264 kbit/s),得到 0.033 s~1 200 s MRTIE 曲线(适合于 2 048 kbit/s),或 0.033 s~960 s MRTIE 曲线(适合于 34 368 kbit/s 和 139 264 kbit/s);

e) 取 0.05 s~1 000 s MRTIE 曲线(适合于 2 048 kbit/s),或 0.05 s~80 s MRTIE 曲线(适合于 34 368 kbit/s 和 139 264 kbit/s),结果应处于相应漂移指标模板的下方。

9.1.2.4 注意事项

a) 所使用的基准定时源的 MTIE 值应低于设备指标的 1/10;时间间隔分析仪分辨率优于 100 ps;根据被测接口速率设置仪表速率。

b) PDH 业务接口,异步接口和同步(非定时)接口的输出漂移指标相同,但需要分别用 9.1.1 和 9.1.2 两种测试方法检查。

9.2 PDH 业务接口的输入漂移容限

9.2.1 指标

PDH 业务接口的输入漂移容限是指单个 SDH 设备的 PDH 支路输入口承受规定漂移的能力,与 PDH 支路口输入抖动容限一样,该能力通过用正弦信号调制数字信号相位产生的漂移来检验。2 048 kbit/s、34 368 kbit/s 和 139 264 kbit/s 接口输入漂移容限见 GB/T 7611—2001 的 6.3.2,8.3.3 和 9.3.3。

9.2.2 测试配置

测试配置见图 45。运行方式 Asyn.1。

漂移发生器和误码测试仪分别是传输分析仪中 PDH 的发送和接收部分。

9.2.3 操作步骤

a) 按图 45 接好电路;

b) 按被测输入口等级,并依照 5.1 和表 1,漂移发生器选择适当的 PRBS 作测试信号;

c) 对测试信号加正弦调制相位的漂移,漂移频率在指标范围内,见 9.2.1;

d) 用误码测试仪监视相应的输出信号,同时用网管监视被测设备支路端口,当输入信号漂移达到指标规定的幅度时,观察被测设备工作状态,在 10 min 内设备不应出现任何告警、滑动和误码；

e) 改变漂移频率重复 c)、d)操作检查整个漂移容限。

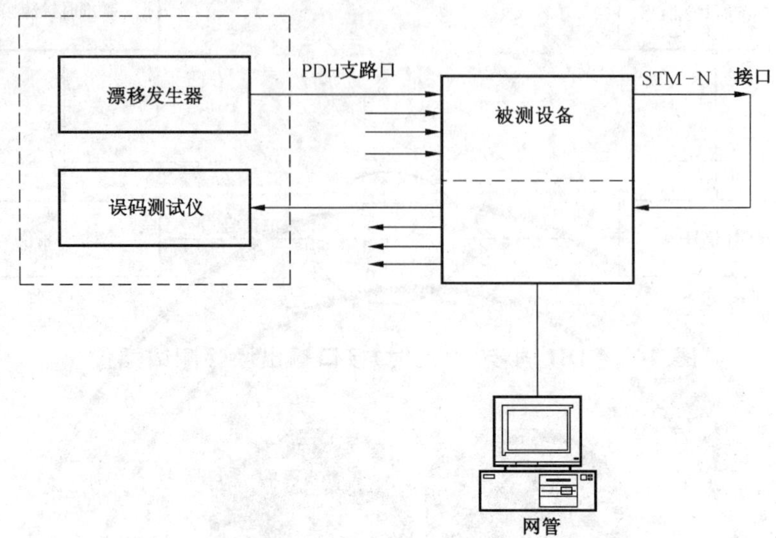

图 45 PDH 业务接口输入漂移容限测试配置

9.3 SDH 网络输出口的输出漂移

9.3.1 指标

SDH 网络输出口(即 STM-N 输出口)的输出漂移定义为(同步接口)输出信号的漂移，指标见 GB/T 7611—2001的 12.2.3.1 同步接口 SEC 漂移限值。

9.3.2 测试配置

测试配置见图 46。其中图 46a)是终端测试配置，图 46b)是在线测试配置，两者同等有效，有时光衰减器可以省去。分光器将部分光信号分离到漂移分析仪。如果是电接口，图中光纤改电缆，分光器改高阻抗跨接。图中的漂移测试仪是 SDH 分析仪的接收部分，工作在从接收定时方式，运行方式等同于 Syn. f_0.1。

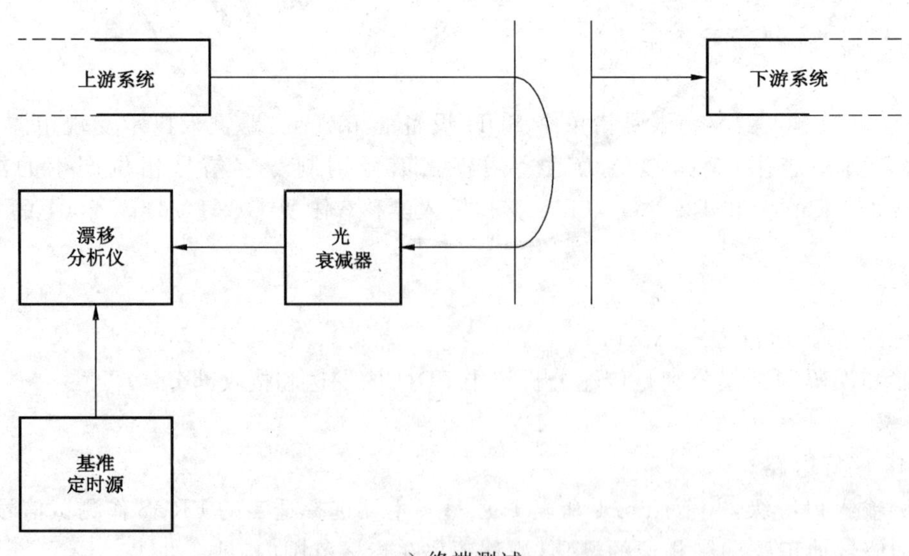

a) 终端测试

图 46 SDH 网络输出口输出漂移测试配置

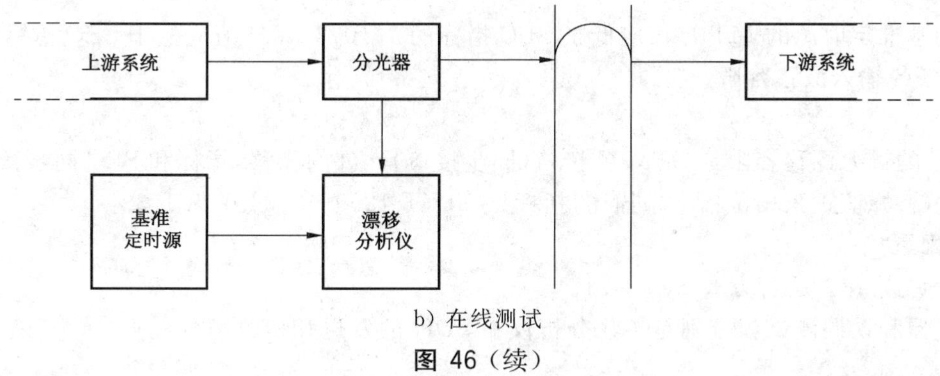

b) 在线测试

图 46（续）

9.3.3 操作步骤

a) 按图 46 接好电路，漂移分析仪的参考信号同步于外基准时钟，选择与被测接口速率相应的测试结构；
b) 漂移分析仪相位稳定后开始测量；
c) 第一步，设置漂移分析仪的取样率不少于 30 次/s，连续测量时间间隔误差（TIE），测量时间不小于 1 200 s，得到 0.033 s～1 200 s MTIE 曲线和 0.033 s～400 s TDEV 曲线，取 0.1 s～100 s MTIE 曲线和 0.1 s～100 s TDEV 曲线作为第一部分结果；
d) 第二步，设置漂移分析仪的取样率不少于 1 次/s，连续测量时间间隔误差（TIE），测量时间为 1 200 000 s，得到 1 s～1 200 000 s MTIE 曲线和 1 s～400 000 s TDEV 曲线，取 0.1 s～100 000 s MTIE 曲线和 0.1 s～100 000 s TDEV 曲线作为第二部分结果；
e) 由两部分结果合成得到 MTIE 和 TDEV 曲线应处于相应漂移指标模板的下方。

9.3.4 注意事项

所使用的基准定时源的 MTIE 值应低于网络限值的 1/10，TDEV 值应低于网络限值的 1/3。

9.4 SDH 设备的输出漂移

9.4.1 指标

SDH 设备的漂移产生来自 SDH 设备时钟（SEC），SDH 设备 STM-N 输出口的输出漂移指标和 SEC 相同，见 YD/T 900—1997 第 7 章。

9.4.2 测试配置

测试配置见图 47。

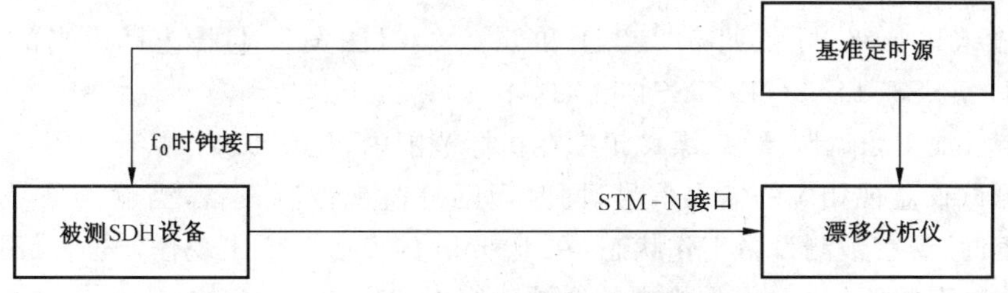

图 47 SDH 复用设备的输出漂移测试配置

9.4.3 操作步骤

a) 按图 47 接好电路；
b) 待系统相位稳定后开始测量；
c) 设置漂移分析仪的取样率不少于 30 次/s，连续测量时间间隔误差（TIE），测量时间不小于 12 000 s，得到 0.033 s～1 200 s MTIE 曲线和 0.033 s～4 000 s TDEV 曲线；
d) 取 0.1 s～1 000 s MTIE 曲线和 0.1 s～1 000 s TDEV 曲线结果应处于相应漂移指标模板的下方。

9.4.4 注意事项

所使用的基准定时源的 MTIE 值应低于 SEC 指标的 1/10；TDEV 值应低于 SEC 指标的 1/3。

9.5 SDH 设备的输入漂移容限

9.5.1 指标

SDH 设备的输入漂移容限是 STM-N 接口（同步接口）允许的漂移，指标和 SEC 同步接口相同。输入漂移容限用峰-峰值正弦相位幅度来描述，指标见 YD/T 1299—2004 中 5.1.3。

9.5.2 测试配置

测试配置见图 48。运行方式 Syn. f_0.1。

漂移发生器和误码测试仪分别是传输分析仪中 SDH 的发送和接收部分。

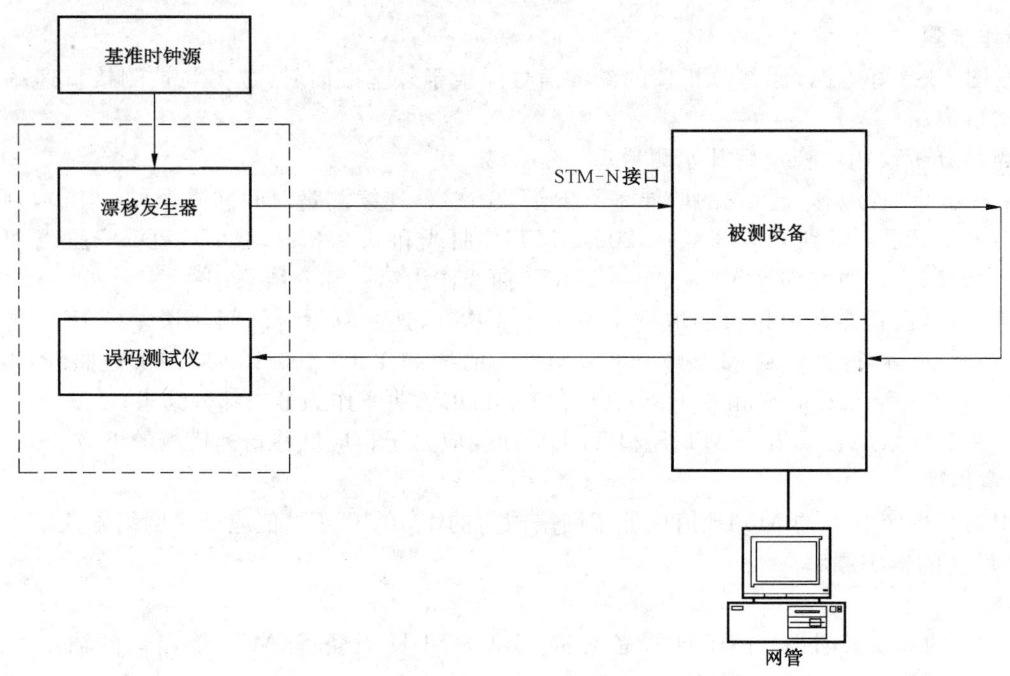

图 48 STM-N 接口输入漂移容限测试配置

9.5.3 操作步骤

a) 按图 48 接好电路；

b) 按被测输入口等级，并依照 5.2.2.1 和 5.2.2.3，图案发生器选择适当的测试信号 TSS1、TSS1(N)、TSS3、TSS3(N)、TSS4 和 TSS4(N)；

c) 对测试信号加正弦调制漂移，漂移频率在指标范围内，见 9.5.1；

d) 用误码测试仪监视相应的输出信号，同时用网管监视被测设备，当输入信号漂移达到指标规定的幅度时，观察被测设备工作状态，在 10 min 内设备不应出现任何告警、滑动和误码；

e) 改变漂移频率重复 c)、d)操作检查整个漂移容限。

9.5.4 注意事项

大多数数字传输分析仪的自动漂移测试摸板使用 UI 值表示峰-峰值漂移幅度，测试时，需根据信号速率将指标中的时间换算为相应的 UI 值，具体对应表参见附录 F。

10 误码测试

10.1 误码测试的类型和一般要求

10.1.1 误码测试的分类

误码测试分三类：停业务测试、在线测试、停业务和在线两种测试方式同时进行（简称混合测试）。

10.1.1.1　**停业务测试**

停业务测试，是将适当的测试信号(成帧的伪随机二元序列)加到通道的输入口，在通道的输出口接收并分析该测试信号的误码和告警。对于已经开放业务的被测实体，测试之前需要通过网络管理系统对被测实体进行配置，建立一个通道供仪表接入测试信号作测试。PDH 接口、STM-N 接口分别用规定的伪随机序列二元编码、具有标准帧结构的信号作为测试信号。有关测试信号的详细规定参见第 5 章。

10.1.1.2　**在线测试**

在线测试，是在正常开放业务的情况下，用网管，或通过被测实体提供的监测接入点，接入仪表，来监测被测实体传送的数字信号。通常采用校验编码(例如奇偶检验编码 BIP-8、BIP-24 等)，即通过监视与误块有关的开销字节 B1、B2、B3、V5(b1，b2)，以及 MS-REI、HP-REI、LP-REI 等事件的方法来实现在线测试。

10.1.1.3　**停业务和在线两种测试方式同时进行**

停业务测试见 10.1.1.1，在线测试见 10.1.1.2。

10.1.2　**误码测试的一般要求**

10.1.2.1　**停业务测试的一般要求**

停业务测试需要监测的事件和可选用的测试信号见表 15。有关测试信号的详细规定参见第 5 章。

表 15　停业务测试的一般要求

模　　式		停业务测试需要监测的事件		测试信号
		异常	缺　　陷	
具有 C-4 容器的端到端透明的测试模式	STM-N 再生段	OOF、B1 差错、TSE	LOS、LOF、RS-TIM、LSS	TSS1、TSS5
	STM-N 复用段	OOF、B2 差错、MS-REI、TSE	LOS、LOF、MS-AIS、MS-RDI、LSS	TSS1、TSS5
	VC-4 通道	OOF、B3 差错、HP-REI、TSE	LOS、LOF、MS-AIS、MS-RDI、AU-LOP、AU-AIS、HP-RDI、HP-TIM、LSS	TSS1、TSS5
具有 C-3 容器的端到端透明的测试模式		OOF、B3 差错、LP-REI、TSE	LOS、LOF、MS-AIS、MS-RDI、AU-LOP、AU-AIS、HP-RDI、HP-TIM、LP-RDI、TU-LOP、TU-AIS、LP-TIM、LSS	TSS3、TSS7
具有 C-12 容器的端到端透明的测试模式		OOF、V5(b1，b2)差错、LP-REI、TSE	LOS、LOF、MS-AIS、MS-RDI、AU-LOP、AU-AIS、HP-RDI、HP-TIM、LP-RDI、TU-LOP、TU-AIS、TU-LOM、LP-TIM、LSS	TSS4、TSS8
具有映射到 C-4 容器的准同步支路模式		OOF、B3 差错、HP-REI、TSE	LOS、LOF、MS-AIS、MS-RDI、AU-LOP、AU-AIS、HP-RDI、HP-TIM、LSS	TSS5
具有映射到 C-3 容器的准同步支路模式		OOF、B3 差错、LP-REI、TSE	LOS、LOF、MS-AIS、MS-RDI、AU-LOP、AU-AIS、HP-RDI、HP-TIM、LP-RDI、TU-LOP、TU-AIS、LP-TIM、LSS	TSS7
具有映射到 C-12 容器的准同步支路模式		OOF、V5(b1，b2)差错、LP-REI、TSE	LOS、LOF、MS-AIS、MS-RDI、AU-LOP、AU-AIS、HP-RDI、HP-TIM、LP-RDI、TU-LOP、TU-AIS、TU-LOM、LP-TIM、LSS	TSS8
具有级联结构 VC-4-Xc 端到端透明模式		待定	待定	待定
具有虚级联结构端到端透明模式		待定	待定	待定

10.1.2.2 在线测试的一般要求

在线测试需要监测的事件见表16。

表16 在线测试模式的一般要求

模式	在线测试需要监测的事件	
	异常	缺陷
STM-N 再生段	OOF、B1 差错	LOS、LOF、RS-TIM
STM-N 复用段	OOF、B2 差错、MS-REI	LOS、LOF、MS-AIS、MS-RDI
C-4 容器	OOF、B3 差错、HP-REI	LOS、LOF、MS-AIS、MS-RDI、AU-LOP、AU-AIS、HP-RDI、HP-TIM
C-3 容器	OOF、B3 差错、LP-REI	LOS、LOF、MS-AIS、MS-RDI、AU-LOP、AU-AIS、HP-RDI、HP-TIM、LP-RDI、TU-LOP、TU-AIS、LP-TIM
C-12 容器	OOF、V5(b1,b2)差错、LP-REI、	LOS、LOF、MS-AIS、MS-RDI、AU-LOP、AU-AIS、HP-RDI、HP-TIM、LP-RDI、TU-LOP、TU-AIS、TU-LOM、LP-TIM
VC-4-Xc 级联结构	待定	待定
虚级联结构	待定	待定

10.1.3 单向测试和环回测试

停业务测试又可以分为单向测试和环回测试。如果测试以环回方式进行，ITU-T M.2110(2002)中8.1明确规定，单向测试的指标仍然适用于环回测试，如果环回测试的结果不符合指标要求，则需要在两个方向上分别重新作单向测试。

10.1.4 误码性能参数

误码性能参数是以“块”为基础的一组参数，即误块秒比(ESR)、严重误块秒比(SESR)和背景误块比(BER)。

10.2 再生段停业务测试

10.2.1 指标

再生段误码性能参数有ESR、SESR和BBER。没有统一的再生段指标，再生段指标规范方法参见YD/T 1300—2004附录F。

10.2.2 测试配置

测试配置见图49。同步的基准方式用Syn. f_0.3，替代方式用Syn. f_M.4。图案发生器和误码检测器分别是SDH传输分析仪的发送和接收部分。

10.2.3 操作步骤

a) 按图49接好电路。

b) 按被测系统的等级和配置情况，并依照5.2的要求，设置图案发生器(即SDH传输分析仪发送部分)的测试信号，通常用TSS5或TSS5(N)，通常仪表只允许选择在1个VC-4装载适当的PRBS。

c) 在进行长时间测试前，应作系统工作正常性判断。开始第一个测试周期(15 min)，在此周期内仪表没有检测到任何误块和不可用等事件，则可确认系统已工作正常，可以进行长期测试；在此周期内，如果检测到任何误块或其他事件，则应重复测试一个周期(15 min)，但至多重复两次。如果第三次测试周期内，仍然观测到误块或其他事件，则认为系统工作异常，需要查明原因后，再进行测试。

d) 确定系统工作正常后，可进行长期测试，按指标要求设置总的观测时间(例如24 h)，根据需要设置SDH传输分析仪的内部或外部存储及打印设备，最后启动测试开始键，并锁定仪表按键。

e) 从测试仪表上读出与B_1对应的测试结果，ESR、SESR和BBER。

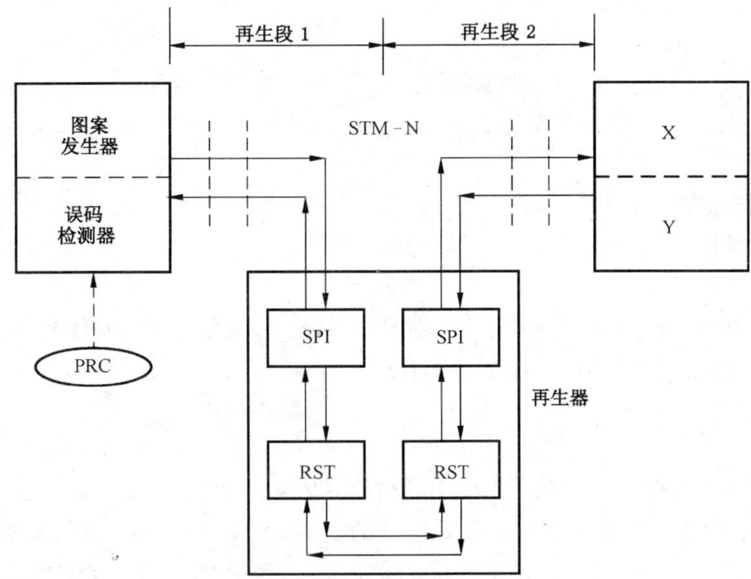

——→ 表示复用段端到端透明；

X，Y 单向测试时表示仪表(误码检测器和图案发生器)，环回测试时表示一个物理和逻辑的环回。

图 49　再生段停业务测试配置

10.3　复用段停业务测试

10.3.1　指标

复用段误码性能参数有 ESR、SESR 和 BBE。没有统一的复用段指标，复用段指标规范方法参见 YD/T 1300—2004 附录 E。国际复用段投入业务和维护性能限值见 ITU-T M.2101(2003) 附录 C。

10.3.2　测试配置

测试配置见图 50。同步的基准方式用 Syn. f_0.3，替代方式用 Syn. f_M.4。图案发生器和误码检测器分别是 SDH 传输分析仪的发送和接收部分。

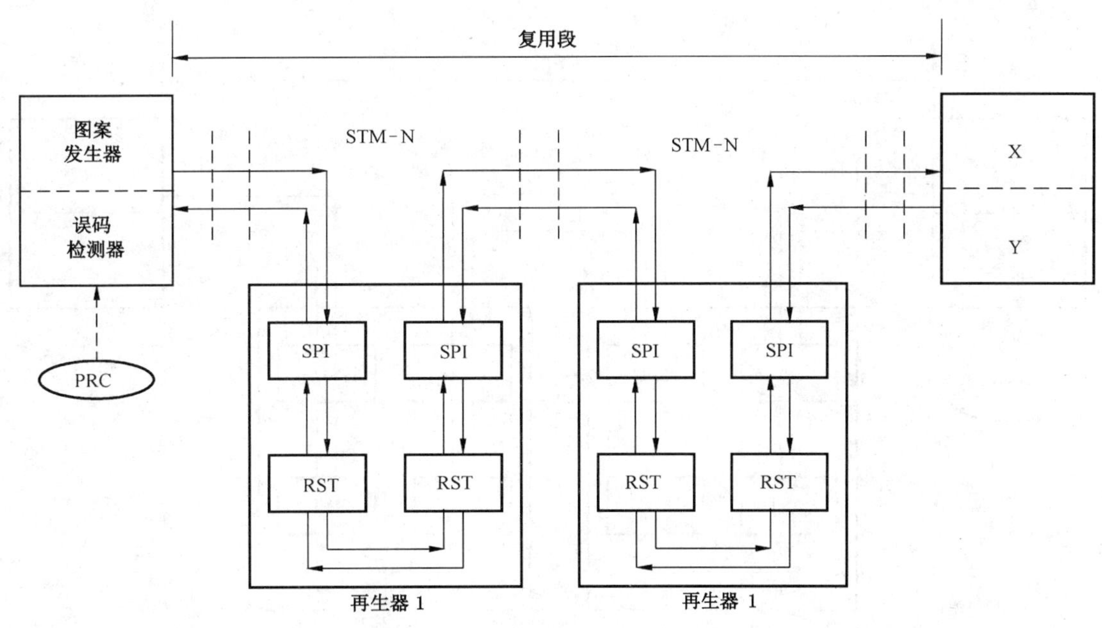

——→ 表示 VC-4 端到端透明；

X，Y 单向测试时表示仪表(误码检测器和图案发生器)，环回测试时表示一个物理和逻辑的环回。

图 50　复用段停业务测试配置

10.3.3 操作步骤

操作步骤 a)、b)、c)、d)同 10.2.3。

e) 从测试仪表上读出与 B2 对应的测试结果,ESR、SESR 和 BBER。

10.4 SDH 同步通道(VC-n 通道)停业务测试

10.4.1 指标

同步通道误码性能参数有 ESR、SESR 和 BBER。国际 SDH 通道投入业务和维护性能限值见 ITU-T M.2101(2003) 附录 C。

10.4.2 测试配置

测试配置见图 51 和图 52。图中的图案发生器和误码检测器分别是 SDH 传输分析仪的发送和接收部分。同步的基准方式是仪表工作在接收定时方式,该运行方式等同于 Syn. f_0.2,替代方式用 Syn. f_M.4。

10.4.3 操作步骤

a) VC-4 测试按图 51,VC-3 和 VC-12 按图 52 接好电路。

b) 按被测系统的等级和配置情况,并依照 5.2 的要求,设置图案发生器(即 SDH 传输分析仪发送部分)的测试信号,通常 VC-4 用 TSS5 或 TSS5(N),VC-3 用 TSS7 或 TSS7(N),VC-12 用 TSS8 或 TSS8(N),通常仪表只允许选择在 1 个 VC-n 装载适当的 PRBS。

c) 在进行长时间测试前,应作系统工作正常性判断。开始第一个测试周期(15 min),在此周期内仪表没有检测到任何误块和不可用等事件,则可确认系统已工作正常,可以进行长期测试;在此周期内,如果检测到任何误块或其他事件,则应重复测试一个周期(15 min),但至多重复两次。如果第三次测试周期内,仍然观测到误块或其他事件,则认为系统工作异常,需要查明原因后,再进行测试。

d) 确定系统工作正常后,可进行长期测试,按指标要求设置总的观测时间(例如 24 h),根据需要设置 SDH 传输分析仪的内部或外部存储及打印设备,最后启动测试开始键,并锁定仪表按键。

e) 从测试仪表上读出与 VC-4 的 B3,VC-3 的 B3,VC-12 的 V5(b1,b2)对应的测试结果,ESR、SESR 和 BBER。

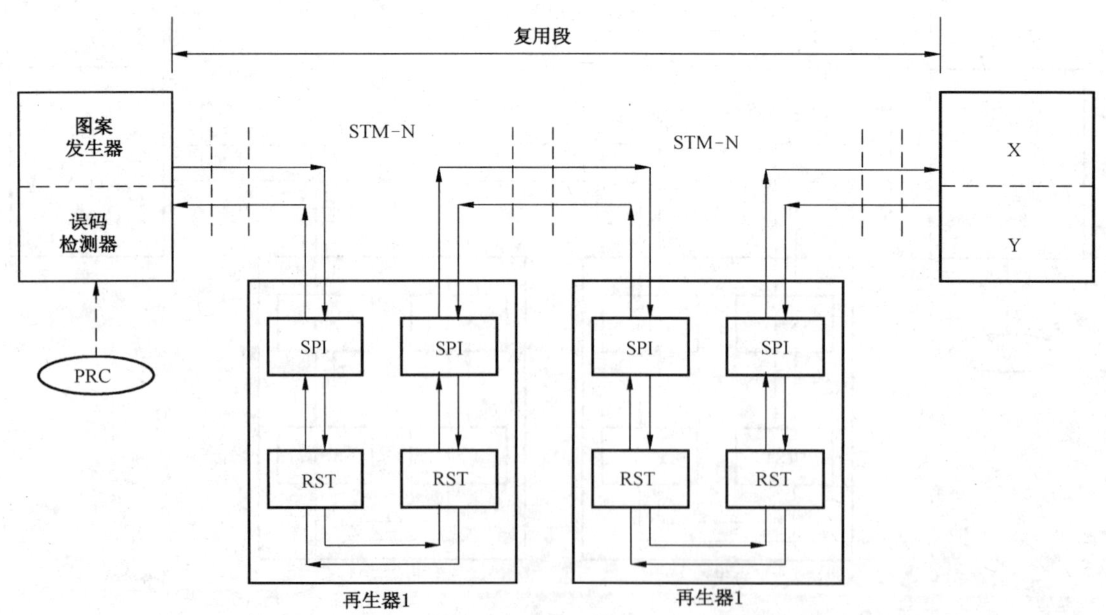

——→ 表示 VC-4 端到端透明;

X,Y 单向测试时表示仪表(误码检测器和图案发生器),环回测试时表示一个物理和逻辑的环回。

图 51 VC-4 通道停业务测试配置

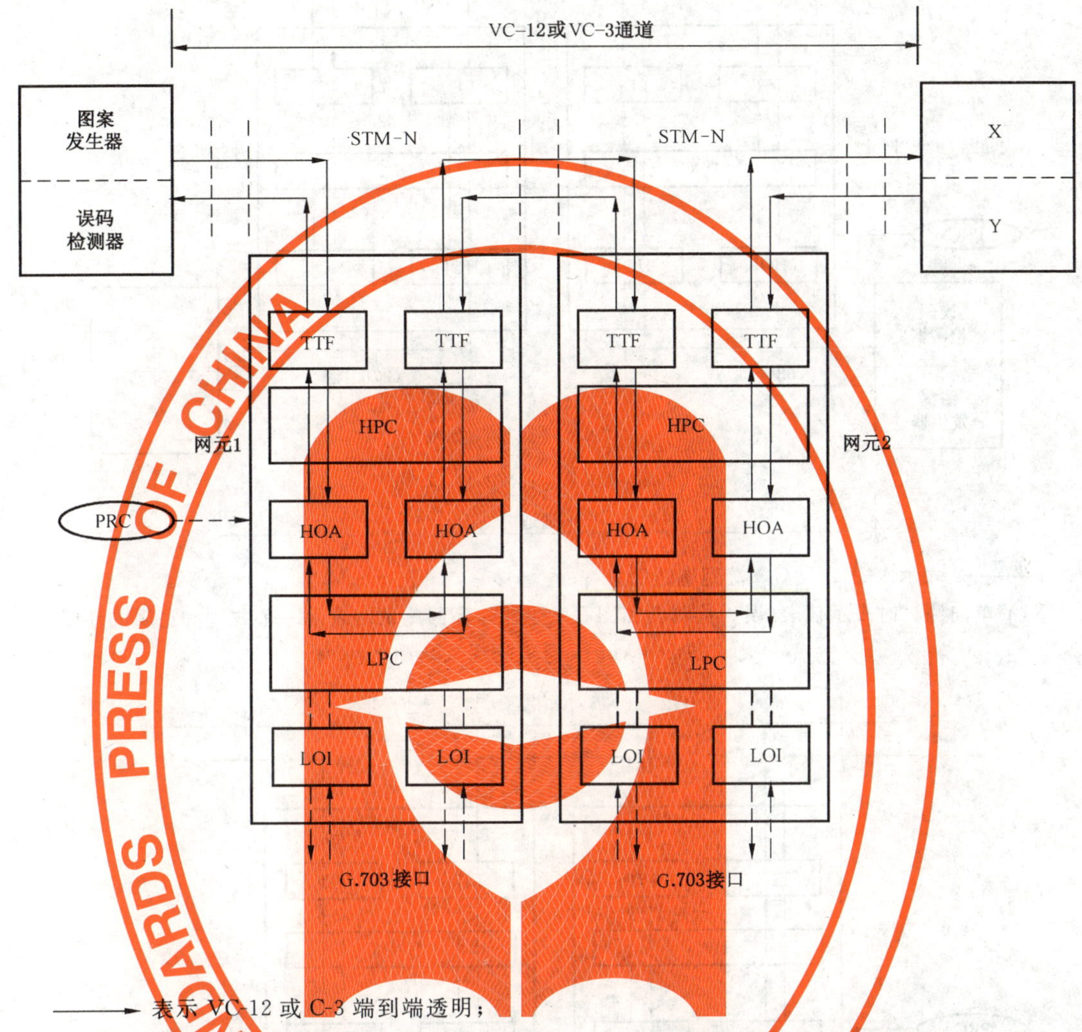

——→ 表示 VC-12 或 C-3 端到端透明；

X，Y 单向测试时表示仪表(误码检测器和图案发生器)，环回测试时表示一个物理和逻辑的环回。

图 52　VC-12 或 VC-3 通道停业务测试配置

10.5　PDH 通道停业务测试

10.5.1　指标

PDH 通道误码性能参数有 ESR、SESR 和 BBER。国际 PDH 通道投入业务和维护性能限值见 ITU-T M.2100(2003)附录 C。

10.5.2　测试配置

10.5.2.1　在 PDH 支路口测试的配置

在 PDH 支路口测试的配置见图 53，其中图 53a)是在 139 264 kbit/s 接口测试的配置，图 53b)是在 34 368 kbit/s 或 2 048 kbit/s 接口测试的配置。图案发生器和误码检测器分别是 PDH 传输分析仪的发送和接收部分，仪表 PDH 时钟和 SDH 时钟相互独立，二者不需要同步。

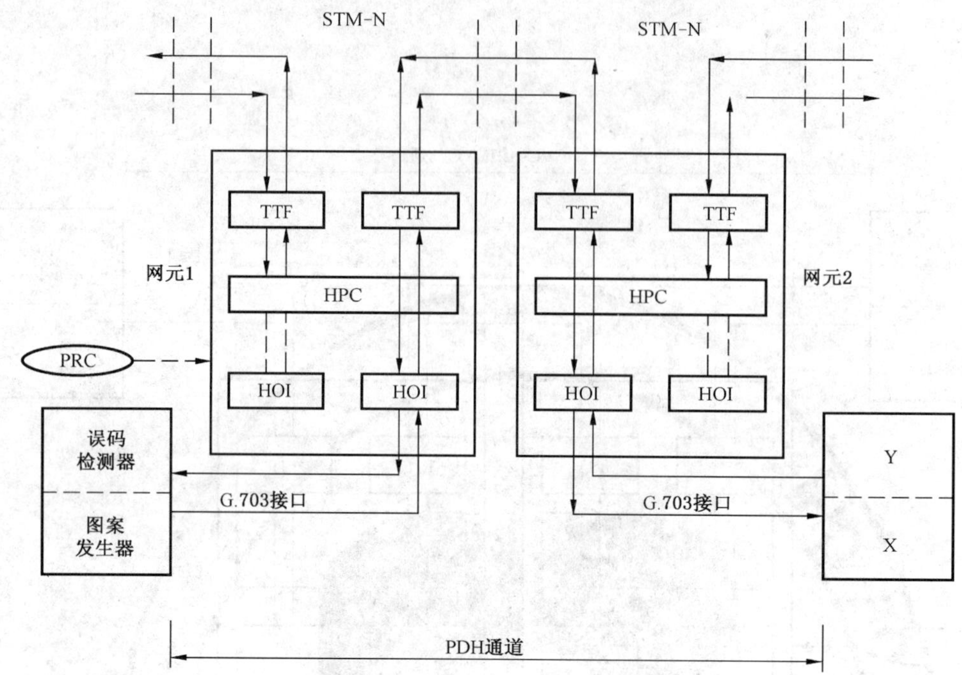

——→ 表示 VC-12 或 C-3 端到端透明；

X,Y 单向测试时表示仪表(误码检测器和图案发生器),环回测试时表示一个物理和逻辑的环回。

a) 139 264 kbit/s 通道的测试配置之一

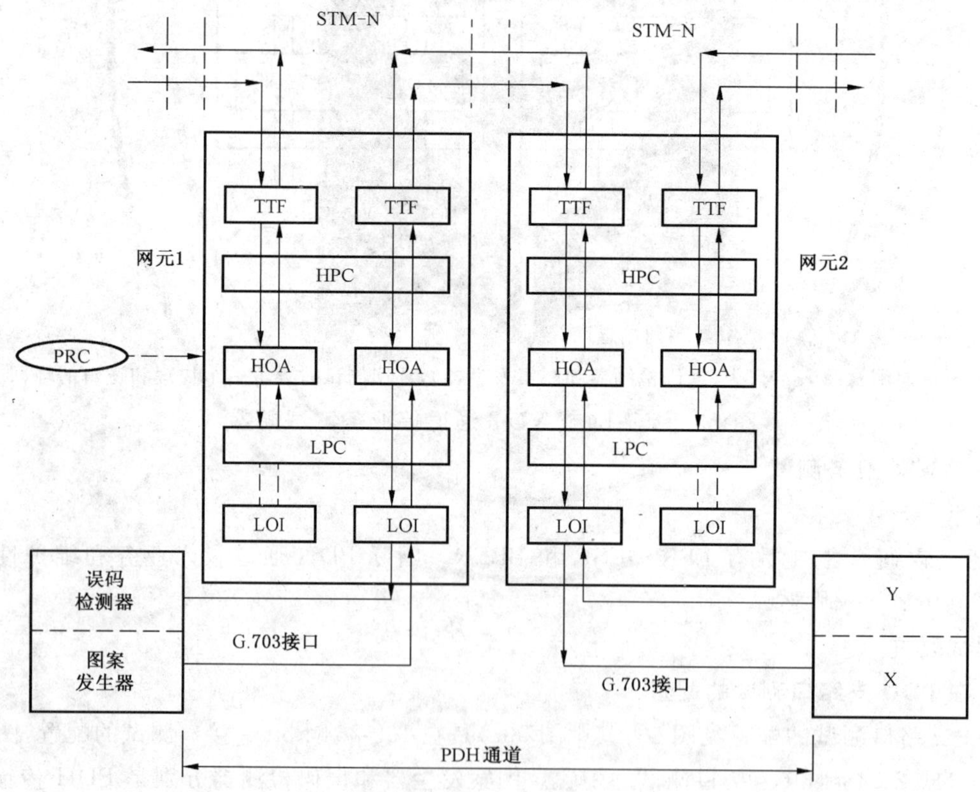

——→ 表示 VC-12 或 C-3 端到端透明；

X,Y 单向测试时表示仪表(误码检测器和图案发生器),环回测试时表示一个物理和逻辑的环回。

b) 34 368 kbit/s 和 2 048 kbit/s 通道的测试配置之一

图 53 PDH 通道停业务测试配置之一(在 PDH 支路口测试)

10.5.2.2　**在 STM-N 接口测试的配置**

在 STM-N 接口测试的配置见图 54,其中图 54a)是针对 139 264 kbit/s 通道测试的配置,图 54b)是针对 34 368 kbit/s 或和 2 048 kbit/s 通道测试的配置。图案发生器和误码检测器分别是 SDH/PDH 传输分析仪的发送和接收部分。同步的基准方式是仪表工作在接收定时方式,该运行方式等同于 Syn. f_0.2。替代方式用 Syn. f_M.4。

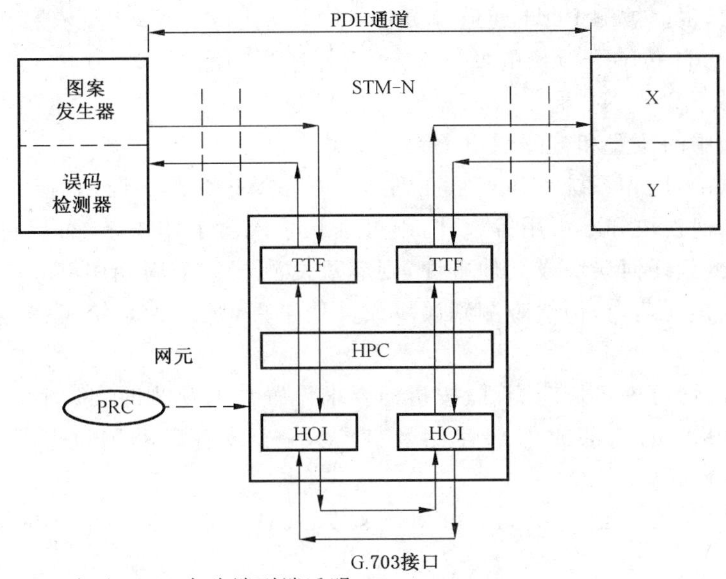

———▶ 表示 PDH 支路端到端透明;

X,Y 单向测试时表示仪表(误码检测器和图案发生器),环回测试时表示一个物理和逻辑的环回。

a) 139 264 kbit/s 通道测试配置之二

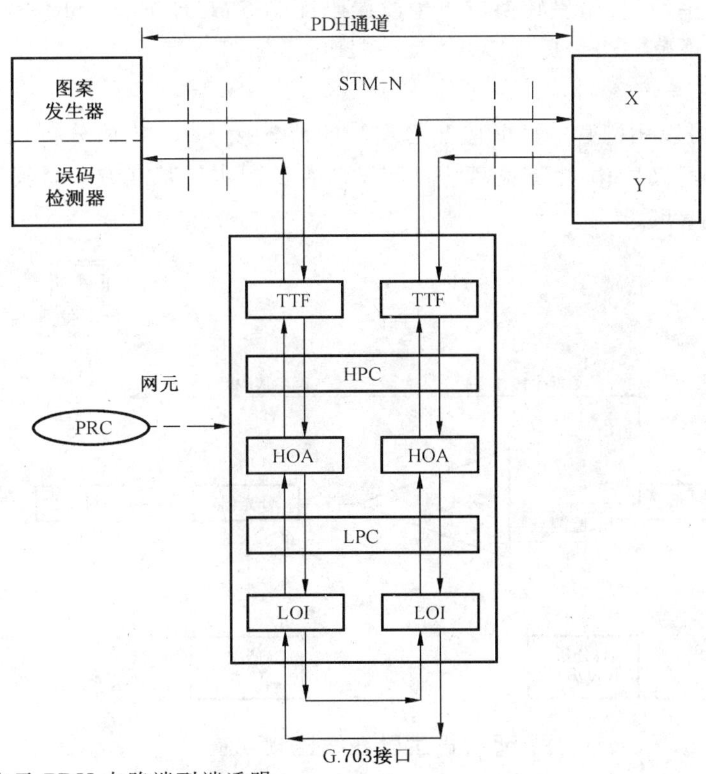

———▶ 表示 PDH 支路端到端透明;

X,Y 单向测试时表示仪表(误码检测器和图案发生器),环回测试时表示一个物理和逻辑的环回。

b) 34 368 kbit/s 和 2 048 kbit/s 通道测试配置之二

图 54　PDH 通道停业务测试配置之二(在 STM-N 接口测试)

10.5.3 操作步骤

a) 139 264 kbit/s 通道按图 53a)或图 54a)接好电路;34 368 kbits/和 2 048 kbit/s 通道按图 53b)或图 54b)接好电路。

b) 对于测试配置之一,根据被测 PDH 通道等级,并依照表 1 的要求,图案发生器选择适当的 PRBS 作为测试信号。

c) 对于测试配置之二,根据被测 PDH 通道等级和 STM-N 接口的等级,并依照 5.2 的要求,图案发生器(即 SDH/PDH 传输分析仪的发送部分)选择适当的测试信号 TSS5、TSS5(N)、TSS7、TSS7(N),TSS8 或 TSS8(N),通常仪表只允许选择在 1 个 VC-N 装载适当的 PRBS,所以要注意选择净荷在帧中的位置和被测通道一致。

d) 在进行长时间测试前,应作系统工作正常性判断。开始第一个测试周期(15 min),在此周期内仪表没有检测到任何误块和不可用等事件,则可确认系统已工作正常,可以进行长期测试;在此周期内,如果检测到任何误块或其他事件,则应重复测试一个周期(15 min),但至多重复两次。如果第三次测试周期内,仍然观测到误块或其他事件,则认为系统工作异常,需要查明原因后,再进行测试。

e) 确定系统工作正常后,可进行长期测试,按指标要求设置总的观测时间(例如 24 h),根据需要设置 SDH 传输分析仪的内部或外部存储及打印设备,最后启动测试开始键,并锁定仪表按键。

f) 从测试仪表上读出 139 264 kbit/s、34 368 kbit/s 或 2 048 kbit/s 对应的测试结果,ESR、SESR 和 BBER。

10.6 再生段在线监测

10.6.1 指标

再生段在线监测 B1 字节,将结果转换成再生段误码性能参数(ESR、SESR 和 BBER)。没有统一的再生段指标,再生段指标规范方法参见 YD/T 1300—2004 附录 F。

10.6.2 测试配置

测试配置见图 55。可以用网管的性能监测管理功能或外接 SDH 传输分析仪,来获得结果。图 55 中给出了几种可能,同等有效,一次测试只需一种测试装置。同步的基准方式是仪表工作在接收定时方式,该运行方式等同于 Syn. f_0. 2。

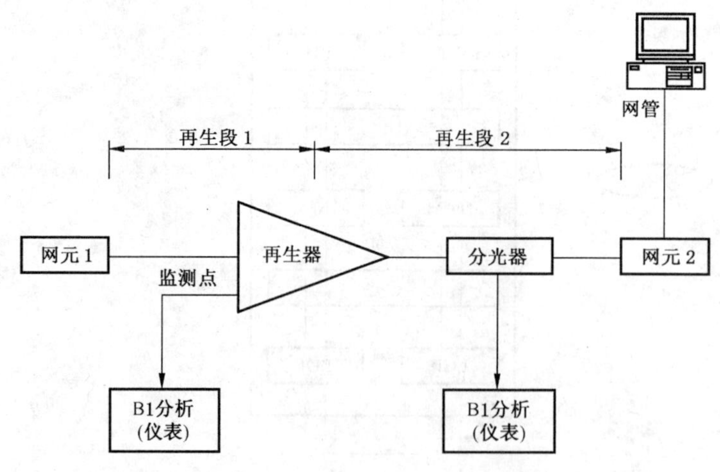

图 55 再生段在线监测配置

10.6.3 操作步骤

a) 按图 55 接好电路。

b) 设置仪表或选择网管功能,监视 B1 字节和相关参数 ESR、SESR、BBER(仪表和网管都有能力同时监视再生段层承载的业务，例如 B2、B3 等，但是否这样做取决于测试目的）。

c) 在进行长时间测试前，应作系统工作正常性判断。在第一个测试周期（15 min），在此周期内仪表和网管系统没有检测到任何误块和不可用等事件，则可确认系统已工作正常，可以进行长期测试；在此周期内，如果检测到任何误块或其他事件，则应重复测试一个周期（15 min），但至多重复两次。如果第三次测试周期内，仍然检测到误块或其他事件，则认为系统工作异常，需要查明原因后，再进行测试。

d) 确定系统工作正常后，可进行长期测试，按指标要求设置总的观测时间（例如 24 h），根据需要设置 SDH 传输分析仪的内部或外部存储及打印设备，最后启动测试开始键，并锁定仪表按键。

e) 从测试仪表或网管上读出与 B1 对应测试结果，ESR、SESR 和 BBER。

10.7 复用段在线监测

10.7.1 指标

复用段在线监测 B2 字节，将结果转换成复用段误码性能参数（ESR、SESR 和 BBER）。没有统一的复用段指标，复用段指标规范方法参见 YD/T 1300—2004 附录 E。复用段投入业务和维护性能限值见 ITU-T M.2101(2003)附录 C。

10.7.2 测试配置

测试配置见图 56。可以用网管的性能监测管理功能或外接 SDH 传输分析仪表，来获得结果，图中给出了几种可能，同等有效，一次测试只需一种测试装置。同步的基准方式是仪表工作在接收定时方式，该运行方式等同于 Syn. f_0.2。

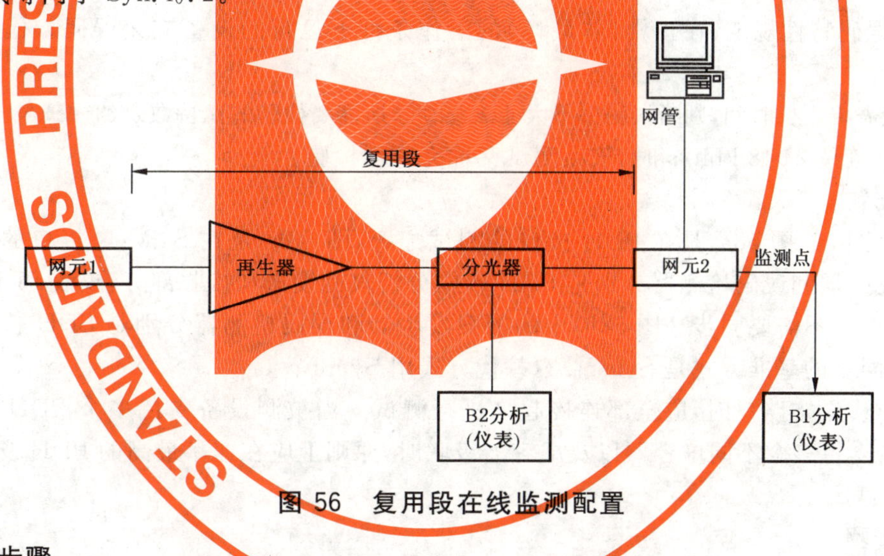

图 56 复用段在线监测配置

10.7.3 操作步骤

操作步骤同 10.6.3。

10.8 SDH 同步通道（VC-n 通道）在线监测

10.8.1 指标

VC-4 和 VC-3 通道在线监测 B3 字节，VC-12 通道在线监测 V5 字节（b1，b2），将结果转换成通道误码性能参数（ESR、SESR 和 BBER）。国际 SDH 通道投入业务和维护性能限值见 ITU-T M.2101(2003) 附录 C。

10.8.2 测试配置

测试配置见图 57。可以用网管的性能监测管理功能或外接 SDH 传输分析仪，来获得结果。图中给出了几种可能，同等有效，一次测试只需一种测试装置。同步的基准方式是仪表工作在接收定时方式，该运行方式等同于 Syn. f_0.2。

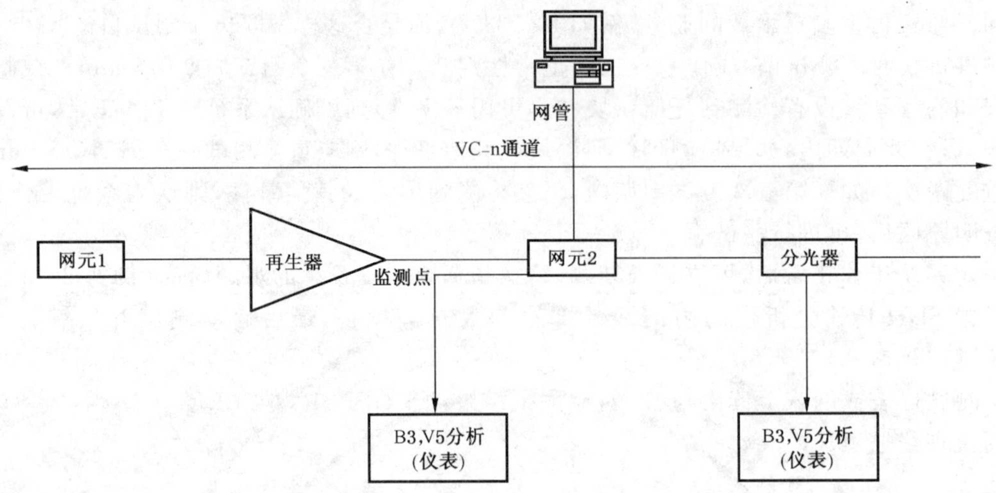

图 57 VC-n 通道在线监测配置

10.8.3 操作步骤

操作步骤 a)、b)、c)、d)同 10.6.3。

e) 从测试仪表或网管上读出与 B3 对应测试结果，ESR、SESR 和 BBER。

10.9 SDH 设备误码性能

10.9.1 指标

SDH 设备误码特性规定，在正常(非最坏)的工作条件下运行的设备应无误码。检验时间暂定为 24 h。

严格的检验需要更长时间，判断误码率不大于 $k\times10^{-X}$ 所需要检验的比特数是 $(3\sim5)\times k^{-1}\times10^{X}$ 比特。

当被测试通道是 2 048 kbit/s 时，该项测试又称完整性检验。

10.9.2 测试配置

测试配置见图 58，图 58a)是在 PDH 接口的测试配置，图 58b)是在 STM-N 接口的测试配置。图 58a)中的图案发生器和误码检测器分别是 PDH 传输分析仪的发送和接收部分，仪表 PDH 时钟和 SDH 时钟相互独立，二者不需要同步。图 58b)中的图案发生器和误码检测器分别是 SDH 传输分析仪的发送和接收部分，同步的基准方式是 Syn. f_0. 3，替代方式用 Syn. f_M. 4。

被测设备有多个支路口时，应全部连接起来进行测试。当被测设备支持多个 PDH 支路速率接入或 STM-M 接口支持多个不同虚容器以及虚容器级联时，原则上应在速率最高的 PDH 支路或最高阶虚容器上进行误码测试。

10.9.3 操作步骤

a) 对于有 PDH 支路的设备按图 58a)接好电路，对于没有 PDH 支路的设备按图 58b)接好电路。

b) 对于图 58a)测试配置，按被测 PDH 速率等级，并依照 5.1 的要求，图案发生器选择适当的 PRBS 作为测试信号；对于图 58b)测试配置，按被测 PDH 通道等级和 STM-N 接口的等级，并依照 5.2 的要求，图案发生器(即 SDH/PDH 传输分析仪的发送部分)选择适当的测试信号 TSS5、TSS5(N)、TSS7、TSS7(N)、TSS8 或 TSS8(N)，通常仪表只允许选择在 1 个 VC-n 装载适当的 PRBS，所以要注意选择净荷在帧中的位置和被测通道一致。

c) 在进行长时间测试前，应作系统工作正常性判断。在第一个测试周期(15 min)，在此周期内仪表和网管系统没有检测到任何误块和不可用等事件，则可确认系统已工作正常，可以进行长期测试；在此周期内，如果检测到任何误块或其他事件，则应重复测试一个周期(15 min)，但至多重复两次。如果第三次测试周期内，仍然检测到误块或其他事件，则认为系统工作异常，需要查明原因后，再进行测试。

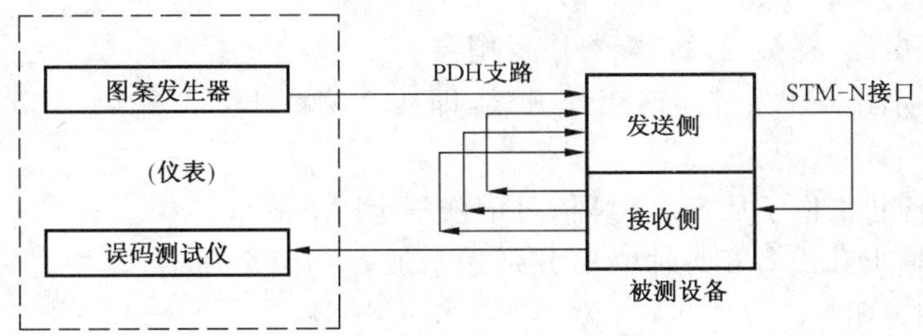

a) 在 PDH 接口的测试配置

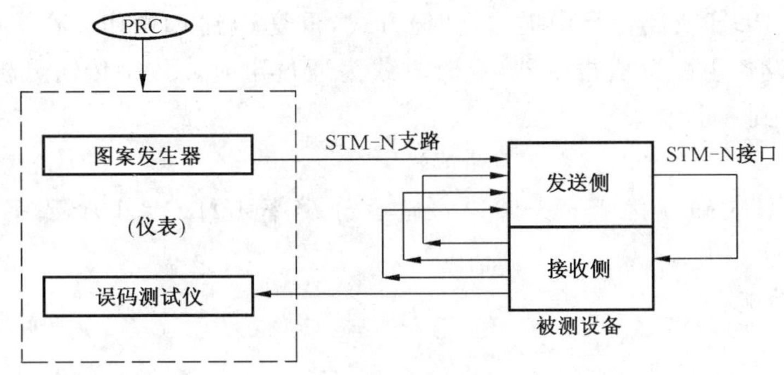

b) 在 STM-N 接口仪表测试配置

图 58 SDH 设备误码特性测试配置

d) 确定系统工作正常后，可进行长期测试，按指标要求设置总的观测时间(例如 24 h)，根据需要设置 SDH 传输分析仪的内部或外部存储及打印设备，最后启动测试开始键，并锁定仪表按键。

e) 从测试仪表上读出测试结果应该是无任何误码和其他事件。

11 定时和同步测试

11.1 功能检查

11.1.1 SDH 设备定时工作方式

11.1.1.1 功能要求

SDH 设备的定时工作方式有 5 种，见 YDN 099—1998 中 13.6。其中，外同步输入定时必备项为 2 048 kHz 或 2 048 kbit/s 外定时源；可选项为从指定的 PDH 支路信号中提取定时；线路定时、环路定时和通过定时共性是从接收的 STM-N 线路信号(或 STM-N 支路信号)中提取定时。再生器需检查通过定时和内部定时。

11.1.1.2 测试配置

测试配置见图 59。

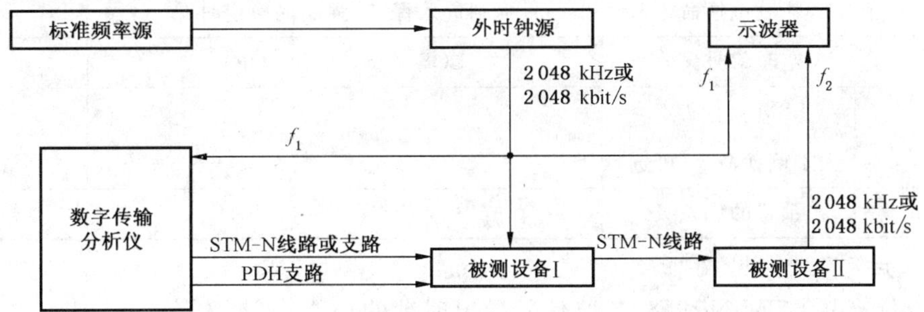

图 59 定时工作方式检查测试配置

11.1.1.3 操作步骤

a) 按图 59 接好电路，将被测设备配置成复用器。

b) 被测系统设备Ⅰ工作于外定时工作方式，即从 2 048 kHz 或 2 048 kbit/s 同步接口输入定时信号。

c) 被测系统设备Ⅱ工作于从 STM-N 信号中恢复定时方式。

d) 将外时钟源输出和设备Ⅱ时钟输出分别送示波器的两个通道，其中之一作同步通道，若两个波形同步，则说明 $f_2=f_1$。

e) 改变外时钟源频率 f_1，在范围 $\pm 4.6\times 10^{-6}$ 内变化，重复 d)操作，证明 f_2 能跟踪 f_1。

f) 数字传输分析仪使用 f_1 频率信号作为外时钟，被测系统设备Ⅰ工作于从 STM 支路信号中提取定时(或从 PDH 支路信号中提取定时)方式，重复 c)到 e)操作。

g) 将被测系统设备Ⅰ配置成再生器，定时方式为通过定时。数字传输分析仪发送 STM-N 线路信号，重复 c)到 e)操作。

11.1.1.4 注意事项

如果外时钟源频率准确度优于 1×10^{-7}，显示分辨率 1 Hz ± 1 个数字时，标准频率源可以省去。

11.1.2 传送定时的功能

11.1.2.1 功能要求

SDH 传输系统传送定时的功能要求见 YD/T 1267—2003 中 10.2。单个 SDH 设备支持传送定时的功能才能保证设备组成的系统的功能。本节是单个设备功能外部检查测试，系统测试见 11.1.3。单个设备传送定时方式设置和识别功能要求见表 17。

表 17 单个设备传送定时方式设置和识别功能

参考定时源	优先级	闭塞/打开	SSM 质量等级	外时钟输出 SSM 门限
STM-N 信号 (线路/支路)	能设置	能设置	能识别 能按预置的等级排序	能设置
PDH 支路信号 (至少一路)	能设置	能设置	能识别(可选) 能预置	
外时钟信号 2 048 kbit/s	能设置	能设置	能识别(可选) 能预置	
外时钟信号 2 048 kHz	能设置	能设置	能预置	

单个设备应支持定时信号优先级功能，定时信号优先顺序见表 18。

表 18 定时信号优先顺序

序　　号	名　　称	举　　例	优先级顺序
1	强制倒换命令	强制进入保持；强制倒换定时源	最高
2	定时信号失效	LOS，AIS，OOF(LOF)	↓
3	SSM 质量等级		
4	人工倒换命令(可选)		
5	预置的优先级		最低

单个设备同步接口功能见表 19。

单个设备应具有从 STM-N 线路/支路信号导出时钟的功能。

单个设备对参考信号失效处理可以结合系统测试一起进行，见 11.1.3。

表 19　单个设备同步接口功能

接口类型		支持 SSM 的接口	不支持 SSM 的接口
2 048 kbit/s	输入口	能识别 SSM 质量等级	能识别 AIS,能预置 SSM 质量等级
	输出口	能够将输入 SSM 转发;在超过 SSM 门限时,能够在输出信号中插入 AIS 或闭塞输出	根据 SDH 复用段层 SSM 质量等级,在输出信号中插入 AIS 或闭塞输出
2 048 kHz	输入口	—	能预置 SSM 质量等级
	输出口	—	根据 SDH 复用段层 SSM 质量等级,能闭塞输出

11.1.2.2　测试配置

测试配置见图 60。

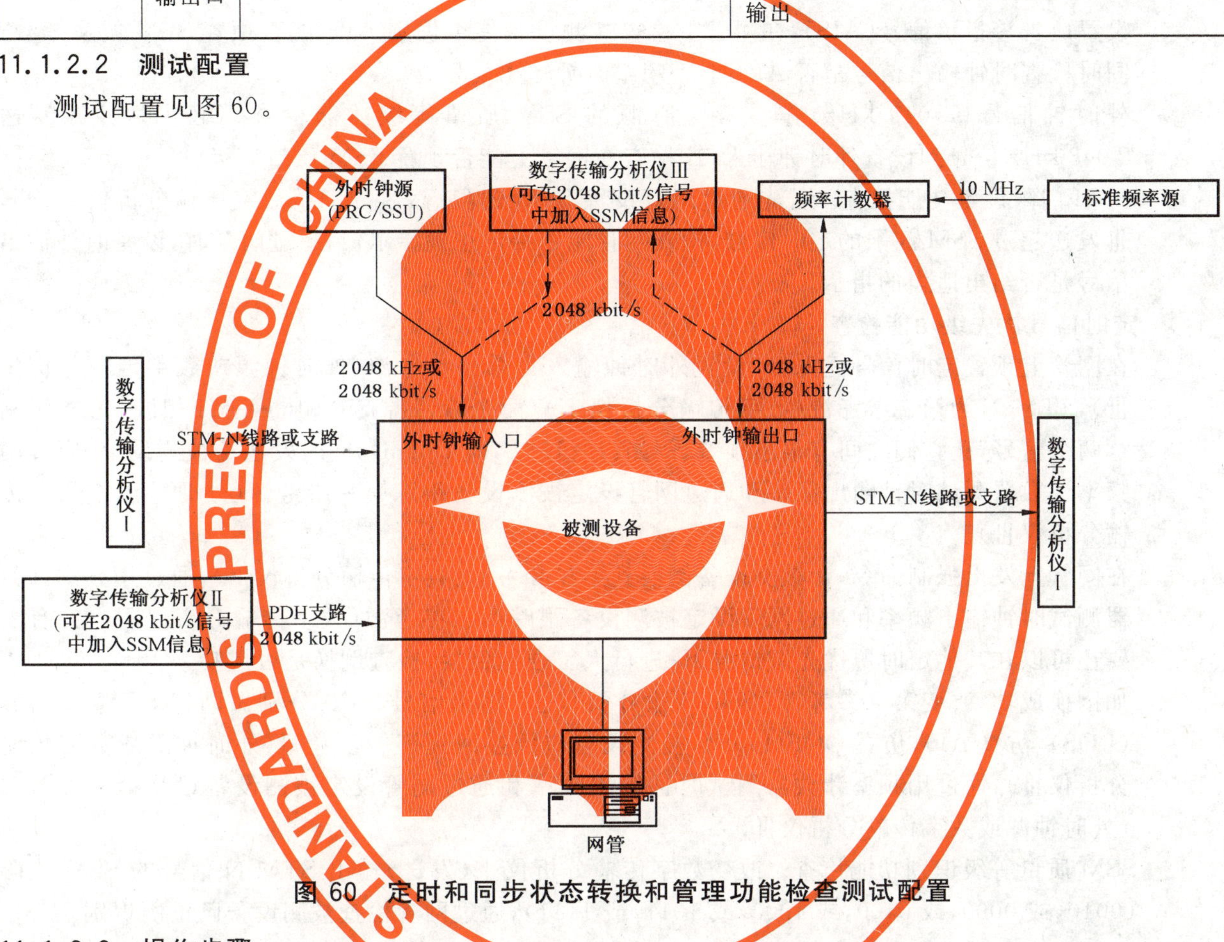

图 60　定时和同步状态转换和管理功能检查测试配置

11.1.2.3　操作步骤

a)　按图 60 接好电路。

b)　优先级设置功能检查。检查能否用网管对表 17 的 4 种参考定时源进行优先级设置。

c)　闭塞和打开设置功能检查。检查能否通过网管对表 17 的 4 种参考定时源进行闭塞和打开的设置。

d)　STM-N 信号作参考定时源的 SSM 质量等级功能检查。数字传输分析仪Ⅰ(发送)在发送的测试信号中设置特定的 SSM 信息,分别送到 STM-N 线路和支路接口。用数字传输分析仪Ⅰ(接收)检查输出信号中的 SSM 信息,同时在网管上检查显示的定时信号质量等级,判断输出的 SSM 信息是否正确。

e)　PDH 支路信号作参考定时源的 SSM 质量等级功能检查。数字传输分析仪Ⅱ(发送)在发送的 2 048 kbit/s 支路信号中设置特定 SSM 信息,送到 PDH 支路输入口。用数字传输分析仪Ⅰ(接收)检查输出信号中的 SSM 信息,同时在网管上检查显示的定时信号质量等级,判断输出的 SSM 信息是否正确。

如果设备不支持识别 2 048 kbit/s 支路信号的 SSM 信息的功能，用数字传输分析仪Ⅱ（发送）设置成告警指示信号（AIS），在网管上检查被测设备能否识别 AIS；能否预置 SSM 质量等级；同时检查时钟输出信号是否 AIS，能否闭塞时钟输出信号。

f) 外时钟信号（2 048 kbit/s）作参考定时源的 SSM 质量等级功能检查。数字传输分析仪Ⅲ（发送）在发送的 2 048 kbit/s 时钟信号中设置特定 SSM 信息，送到外时钟输入口。用数字传输分析仪Ⅰ（接收）检查输出信号中的 SSM 信息，同时在网管上检查显示的定时信号质量等级，判断输出的 SSM 信息是否正确。

   如果设备不支持识别 2 048 kbit/s 时钟信号的 SSM 信息的功能，用数字传输分析仪Ⅲ（发送）设置成告警指示信号（AIS），在网管上检查被测设备能否识别 AIS；能否预置 SSM 质量等级；同时检查时钟输出信号是否 AIS，能否闭塞时钟输出信号。

g) 外时钟信号（2 048 kHz）作参考定时源的 SSM 质量等级功能检查。用外时钟源发送 2 048 kHz 信号到设备外时钟输入口，检查在网管上能否预置 SSM 质量等级。

h) SSM 门限设置功能检查。首先通过网管设置 SSM 门限；然后分别用数字传输分析仪Ⅰ，Ⅱ，Ⅲ发送超过 SSM 门限的定时信号，检查网管能否给出正确指示；当超过门限时，设备时钟输出信号是否给出适当的指示。

i) 定时信号优先级功能检查。

   在网管上预置定时信号优先级，设置外时钟输入为第一参考源（外时钟源或数字传输分析仪Ⅲ），STM-N 为第二参考源（数字传输分析仪Ⅰ），两个参考源 SSM 质量等级相同（为能区别这两个信号，让它们之间有很小频差，例如：1×10^{-6}，即 1 ppm），同时发送给被测设备，通过用频率计数器测试时钟输出频率和通过网管设定被测设备跟踪第一参考源（外时钟源或数字传输分析仪Ⅲ）。

   在网管上发出强制命令，让被测设备倒换到第二参考源（数字传输分析仪Ⅰ），通过用频率计数器测试时钟输出频率和通过网管设定被测设备跟踪第二参考源（数字传输分析仪Ⅰ）；如有需要还可以在其他定时源优先级情况下，进行人工强制倒换，检查倒换是否成功。

   如倒换成功，改变第二参考源（数字传输分析仪Ⅰ）输出信号状态，分别做断掉 STM-N 信号（LOS），仿真 AIS，仿真 OOF（LOF），被测设备应倒换回到第一参考源（外时钟源或数字传输分析仪Ⅲ），通过用频率计数器测试时钟输出频率和通过网管设定被测设备跟踪第一参考源（外时钟源或数字传输分析仪Ⅲ）。

j) SSM 质量等级识别功能检查。改变数字传输分析仪Ⅰ（发送）输出 STM-N 信号的 SSM 代码（0010，或 0000，或 0100，或 1000，或 1011，或 1111），通过网管检查被测设备已正确识别。

   改变数字传输分析仪Ⅱ输出 2 048 kbit/s 信号的 SSM 代码（同前），通过网管检查被测设备是否已正确识别（可选项）。

   改变数字传输分析仪Ⅲ输出 2 048 kbit/s 信号的 SSM 代码（同前），通过网管检查被测设备是否已正确识别（可选项）。

k) 导出时钟功能检查。设置被测设备系统时钟为外时钟（即从外时钟源或数字传输分析仪Ⅲ中取时钟）；将导出时钟设置为从 STM-N 线路或支路取时钟（即从数字传输分析仪Ⅰ中取时钟）。用频率计或数字传输分析仪Ⅲ监测外时钟输出；用数字传输分析仪Ⅰ监测 STM-N 线路信号。

   改变外时钟源或数字传输分析仪Ⅲ输出频率（例如：增加 1 ppm），此时数字传输分析仪Ⅰ监测到的线路信号应有 1 ppm 的变化，而频率计或数字传输分析仪Ⅲ监测到的信号频率不变。证明导出功能正常。

11.1.2.4 注意事项

如果频率计数器时基频率准确度优于 1×10^{-7}，显示分辨率 1 Hz±1 个数字时，标准频率源可以省去。

11.1.3 短期相位瞬变响应和同步状态信息(SSM)功能

11.1.3.1 技术要求

SDH 设备的 SSM 功能要求见 YD/T 1267—2003 中 10.3。包括 3 项功能，表示 SSM 质量等级 S1 字节的定义，见 YD/T 1267—2003 的表 24，SSM 响应规则，SSM 信息处理时延的要求等。上述这些要求是面向产品设计的规范。对于产品的使用者可以用系统测试的方法检查这些功能的总效果，例如用 20 个网元构成的系统仿真在第一参考源信号失效的情况下，发生倒换到第二参考源，倒换过程应在 15.6 s 中完成，如短期相位瞬变响应满足 YD/T 900—1997 中 10.1 的指标，则认可已满足上述要求。少于 20 个网元构成的系统也可以用这种方法测试，但是指标要另行规定。

11.1.3.2 测试配置

检查 SDH 设备短期相位瞬变响应和 SSM 功能总效果的测试配置见图 61。图中参考源是高准确度时钟，例如主时钟(PRC)、大楼综合定时供给系统(BITS)或仪表。图中网元即 SDH 复用设备。

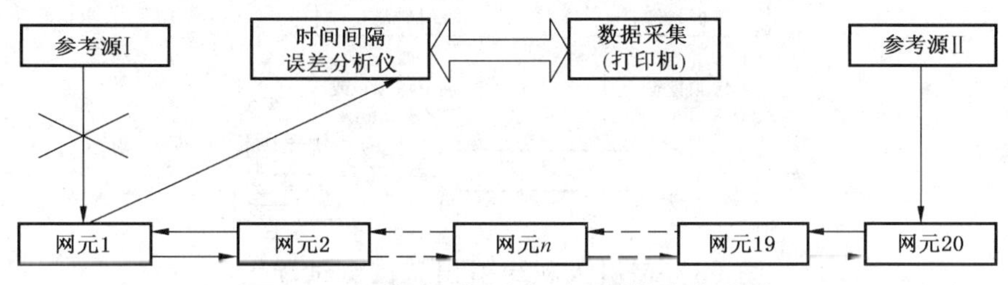

图 61 短期相位瞬变响应的测试配置

11.1.3.3 操作步骤

a) 按图 61 接好电路；

b) 首先通过网管设置网元 1 工作方式为外同步，即跟踪参考源Ⅰ；设置网元 2～网元 19 工作方式为线路定时，接收网元 1 方向为第 1 参考源，接收网元 20 方向为第 2 参考源；设置网元 20 为线路定时接收网元 19 为第 1 参考源，外定时，即参考源Ⅱ为第 2 参考源；

c) 先启动时间间隔误差分析仪和数据采集器，开始记录时间和相位变化；

d) 后断开参考源Ⅰ，使网元 1 丢失第 1 参考源，此时系统将发生定时源倒换，开始时，先保持，尔后倒换到第 2 参考源，最后所有网元跟踪到参考源Ⅱ；

e) 定时倒换最大时间不超过 15.6 s；

f) 时间间隔误差分析仪和数据采集器记录到的 15 s 相位变化满足短期相位变化要求。

11.2 同步设备时钟(SEC)性能测试

11.2.1 频率准确度

11.2.1.1 指标

SDH 设备时钟自由振荡时的输出频率准确度应优于 4.6×10^{-6}。

11.2.1.2 测试配置

测试配置见图 62。

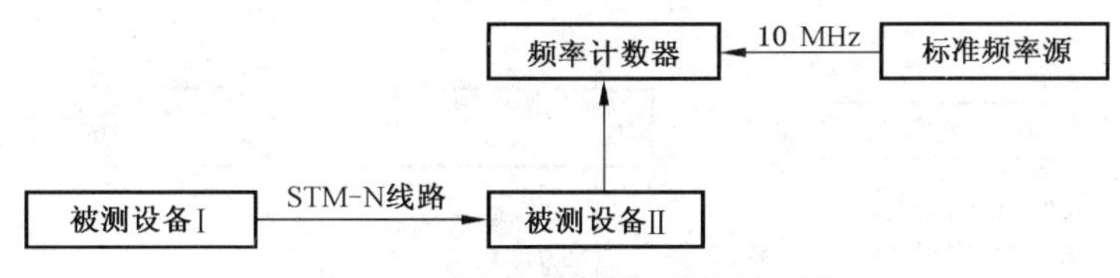

图 62 频率准确度测试配置

11.2.1.3 操作步骤

a) 按图 62 接好电路，被测设备Ⅰ定时工作方式设置为内部定时，即 SEC 工作于自由振荡方式；

b) 被测设备Ⅱ定时工作方式设置为线路定时，从 STM-N 线路信号中恢复时钟方式；

c) 在被测设备Ⅱ的时钟输出口，用频率计数器测量频率；

d) 按指标要求，在规定时间内，记录测试结果。

11.2.1.4 注意事项

频率计数器的内部时间基准频率准确度优于 1×10^{-7}，显示分辨率 1 Hz±1 个数字时，可省去标准时钟源。

作为严格的测试，要求的测试时间为 1 个月。

11.2.2 牵引入和牵引出范围测试

11.2.2.1 指标

牵引入和牵引出范围指标均为 $\pm4.6\times10^{-6}$。

11.2.2.2 测试配置

测试配置见图 63。

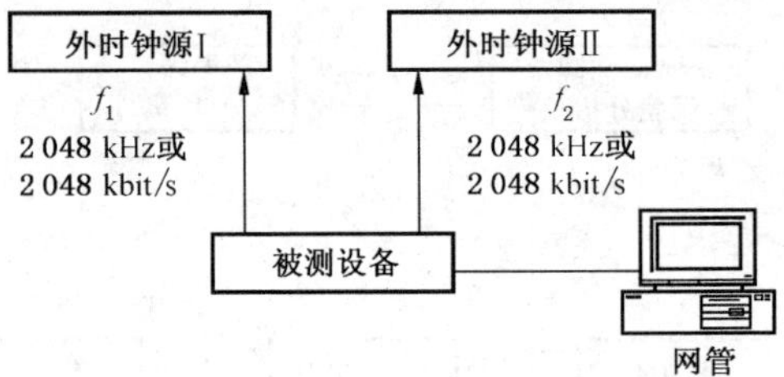

图 63 牵引入和牵引出范围测试配置

11.2.2.3 操作步骤

a) 按图 63 接好电路；

b) 被测设备定时工作方式设置为外同步输入定时，定义外时钟源Ⅰ为第 1 同步源，定义外时钟源Ⅱ为第 2 同步源；

c) 牵引入范围检查，首先断开外时钟源Ⅰ，然后调偏外时钟源Ⅰ频率，使频率偏差不超出 $\pm4.6\times10^{-6}$，再重新接通外时钟源Ⅰ，设备应该很快能跟踪到外时钟源Ⅰ；

d) 牵引出范围检查，对于已被外时钟源Ⅰ锁定的设备，当调偏外时钟源Ⅰ频率超出 $\pm4.6\times10^{-6}$ 时，才允许发生同步时钟源倒换。

11.2.2.4 注意事项

牵引入范围检查的是获得锁定，而牵引出范围检查的是保持锁定。在进行牵引出范围检查测试时，频率变化速度不能太快，建议每次频率变化不超过 0.5×10^{-6}(即 0.5 ppm)；

该项测试的外时钟源可以是频率综合仪、振荡器，也可以是数字仪表，只有外时钟Ⅰ需要频率可调。

11.2.3 漂移产生

11.2.3.1 指标

当 SEC 运行于锁定方式时，漂移产生的指标要求见 YD/T 900—1997 中 7.1。

11.2.3.2 测试配置

测试配置见图 64。

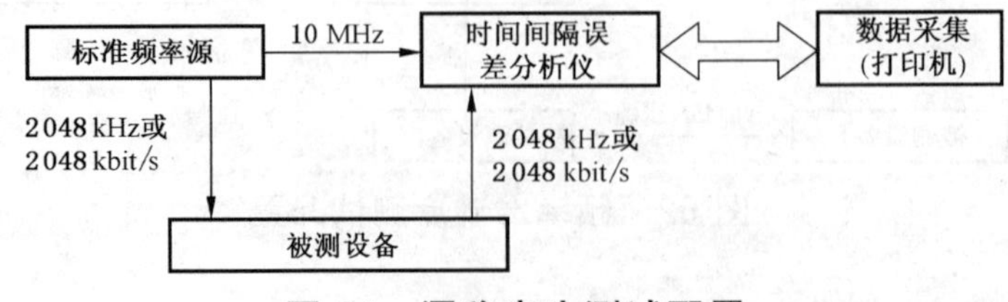

图 64 漂移产生测试配置

11.2.3.3 操作步骤

a) 按图64接好电路；被测设备定时工作方式设置为外同步输入定时，即SEC锁定于外时钟(2 048 kHz或2 048 kbit/s)；

b) 在SEC锁定外时钟若干时间后(相位稳定后)，开始测量；

c) 设置时间间隔分析仪以30 Hz的取样率，且通过一个等效的10 Hz单极点低通滤波器测量相位；连续测量时间不少于12 000 s，得到0.033 s～12 000 s MTIE曲线和0.033 s～4 000 s TDEV曲线；

d) 取0.1 s～1 000 s MTIE曲线和0.1 s～1 000 s TDEV曲线，结果应处于相应漂移产生指标模板下方。

11.2.3.4 注意事项

所使用的标准频率源的MTIE值应低于设备指标的1/10；TDEV值应低于设备指标的1/3；时间间隔分析仪分辨率优于100 ps。

11.2.4 抖动产生

11.2.4.1 技术要求

SEC抖动产生指标见YD/T 900—1997中7.3.1。

11.2.4.2 测试配置

测试配置见图65。

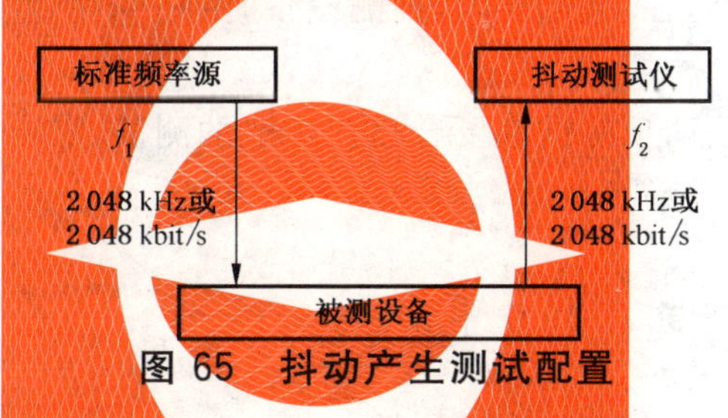

图65 抖动产生测试配置

11.2.4.3 操作步骤

a) 按图65接好电路，设置设备SEC锁定于2 048 kHz或2 048 kbit/s外时钟；

b) 在设备锁定于外时钟若干时间后(相位稳定后)，开始测量；

c) 设置抖动测试仪滤波器带宽为20 Hz～100 kHz，测量时长为60 s，从抖动测试仪读出测试结果；

d) 分别对2 048 kHz和2 048 kbit/s进行测量。

11.2.4.4 注意事项

标准频率源和抖动测试仪固有抖动值应低于设备指标的1/10。

11.2.5 漂移容限

11.2.5.1 指标

输入漂移容限指标见YD/T 900—1997中8.1。

11.2.5.2 测试配置

测试配置见图66。当用正弦法测试时，漂移发生器可以是传输分析仪的发送部分。当用噪声法测试时，漂移发生器可以是时间间隔误差分析仪的发送部分。

11.2.5.3 正弦法操作步骤

a) 按图66接好电路；

b) 被测设备定时工作方式设置为外同步输入定时，即SEC锁定于外时钟(2 048 kHz或2 048 kbit/s)，在被测设备处于锁定状态稳定后，开始测试；

c) 按标准要求设置漂移发生器产生的正弦漂移的频率和幅度；

d) 观察被测设备工作状态，在观察到漂移信号2～3个周期后的一段时间内，被测设备时钟应不产生任何告警或状态变化；

e) 重复步骤c)和d)，至少选择0.8 mHz、16 mHz、43 mHz、1 Hz、10 Hz 5个频率点进行测量。

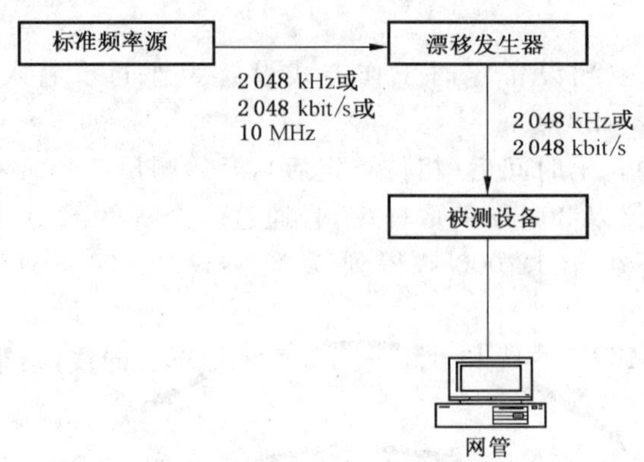

图 66 漂移容限测试配置

11.2.5.4 噪声法操作步骤

a) 按图 66 接好电路；

b) 被测设备定时工作方式设置为外同步输入定时，即 SEC 锁定于外时钟（2 048 kHz 或 2 048 kbit/s），在被测设备处于锁定状态稳定后，开始测试；

c) 设置漂移发生器产生带有相位噪声，其漂移大小正好是输入漂移容限标准模板的测试信号；

d) 观察被测设备工作状态，在 1 000 s 内，被测设备时钟应不产生任何告警或状态变化。

11.2.5.5 注意事项

严格的测试噪声法和正弦法两项测试都要合格。一般的测试，噪声法必测，正弦法可选。

11.2.6 抖动容限

11.2.6.1 指标

SEC 抖动容限指标见 YD/T 900—1997 中 8.2。

11.2.6.2 测试配置

测试配置见图 67。

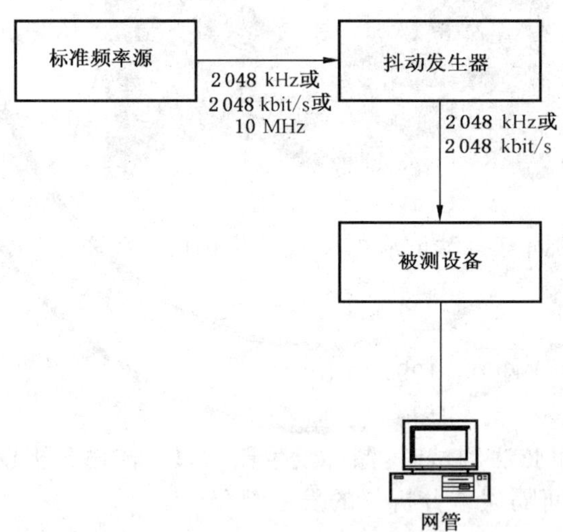

图 67 抖动容限测试配置

11.2.6.3 操作步骤

a) 按图 67 接好电路；

b) 被测设备定时工作方式设置为外同步输入定时，即 SEC 锁定于外时钟（2 048 kHz 和 2 048 kbit/s），在被测设备处于锁定状态稳定后开始测量；

c) 按标准要求设置抖动发生器产生的正弦抖动的频率和幅度；

d) 观察被测设备工作状态，被测设备应不产生任何告警或状态变化；

e） 重复步骤 c)和 d)，至少选择 20 Hz、2.4 kHz、18 kHz、100 kHz 4 个频率点进行测量。

11.2.7 噪声传递

11.2.7.1 指标

SEC 的传递特性见 YD/T 900—1997 第 9 章。

11.2.7.2 测试配置

测试配置见图 68。

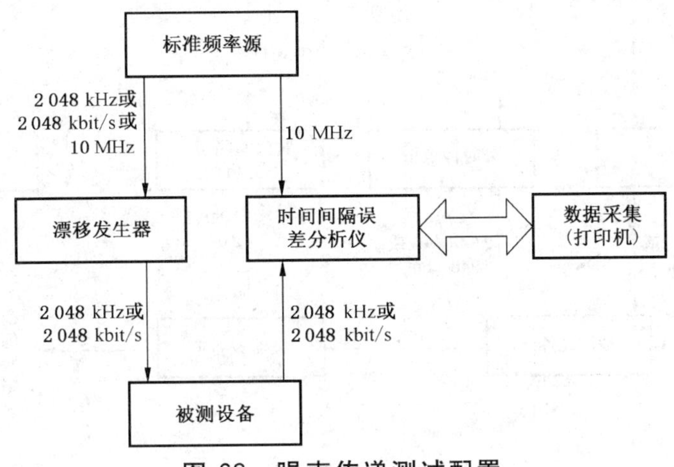

图 68 噪声传递测试配置

11.2.7.3 操作步骤

a） 按图 68 接好电路；

b） 被测设备定时工作方式设置为外同步输入定时，即 SEC 锁定于外时钟（2 048 kHz 或 2 048 kbit/s)，在被测设备处于锁定状态稳定后开始测量；

c） 按标准要求设置漂移发生器产生的正弦漂移的频率和幅度；

d） 适当设置时间间隔误差分析仪的测试时长和取样率，对设备时钟输出信号相位进行测量；

e） 重复步骤 c)和 d)，至少选择 0.8 mHz、16 mHz、43 mHz、1 Hz、10 Hz 5 个频率点进行测量；

f） 根据设备漂移输入、漂移输出幅度计算相位增益值，并将结果绘制成增益-频率曲线。

11.2.7.4 注意事项

a） 按国内标准，除满足相位增益小于 0.2 dB 外，还应用增益-频率曲线判断锁相环带宽是否符合指标要求。

b） 按欧洲标准，增益-频率曲线应满足规定模板。

11.2.8 定时基准倒换

11.2.8.1 指标

定时基准倒换规定了主用定时基准自动地倒换到另一定时基准的条件和倒换时间，在倒换过程中设备不应出现误码。

11.2.8.2 两个 2 048 kHz（或 2 048 kbit/s）外时钟输入的定时基准倒换

11.2.8.2.1 测试配置

两个 2 048 kHz（或 2 048 kbit/s）外时钟输入的定时基准倒换测试配置见图 69。

11.2.8.2.2 操作步骤

a） 按图 69 接好电路；

b） 外时钟源Ⅰ和外时钟源Ⅱ跟踪标准频率源；

c） 被测设备Ⅰ定时工作方式设置为外同步输入定时，并定义外时钟源Ⅰ为第 1 时钟源，定义外时钟源Ⅱ为第 2 时钟源，并使两个时钟源有一定的频差，即 $f_1 \neq f_2$，但不超过 4.6×10^{-6}；

d) 被测设备Ⅱ定时工作方式设置为线路定时，即从接收 STM-N 信号中恢复定时的工作方式；

e) 用时间间隔误差分析仪监视时钟输出，证明系统已同步于外时钟源Ⅰ；

f) 人为断开外时钟源Ⅰ，在时间间隔误差分析仪上确认基准倒换已完成，并得到倒换完成的时间；

g) 整个过程中，可用任何一种方式监视系统传输情况，证明倒换过程中无误码产生。

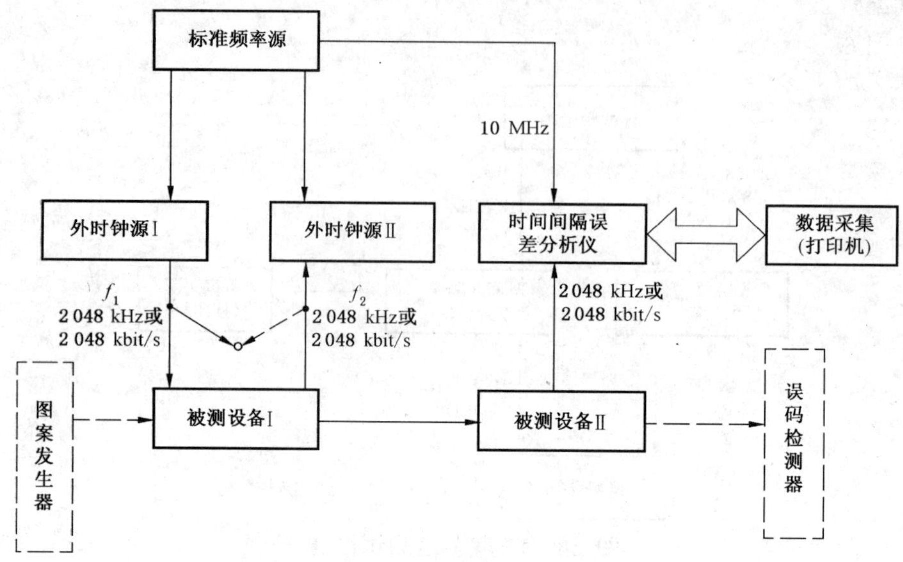

图 69　定时基准倒换测试配置之一

11.2.8.3　从 STM-N 信号中恢复定时和 2 048 kHz 同步外时钟倒换

11.2.8.3.1　测试配置

测试配置见图 70。

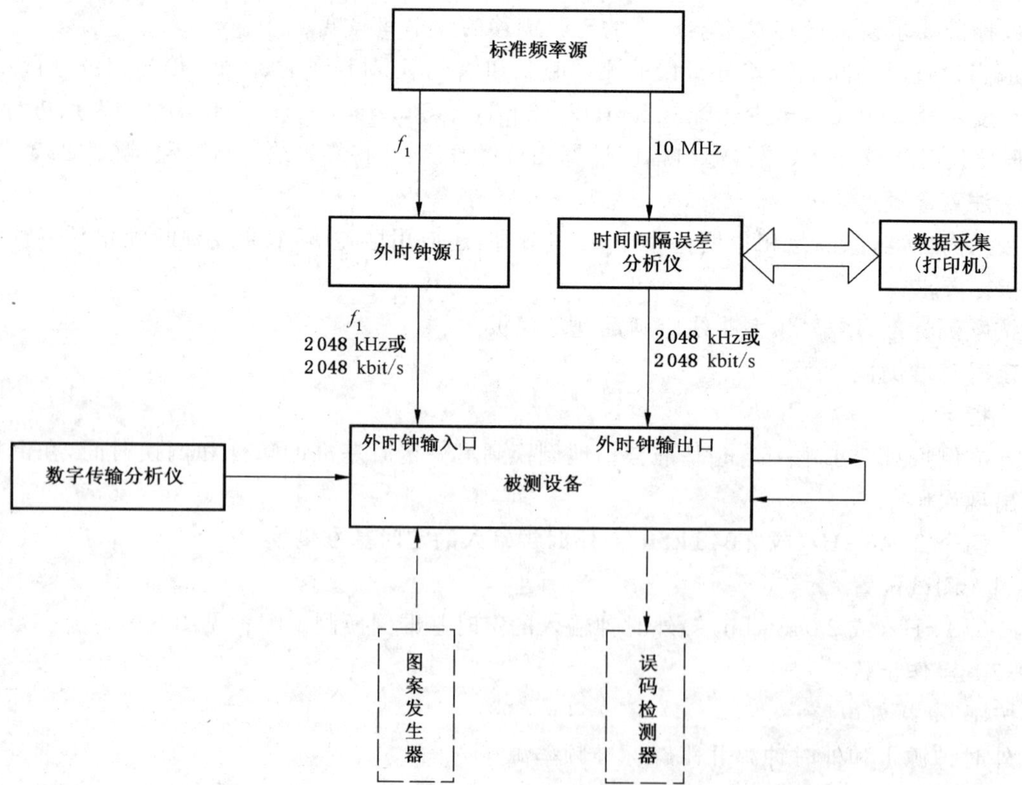

图 70　定时基准倒换测试配置之二

11.2.8.3.2　**操作步骤**

a)　按图 70 接好电路，将设备配置为分插复用设备(ADM)；

b)　通过网管定义外时钟源Ⅰ为第 1 时钟源，从 STM-N 信号中恢复定时的方式为第 2 时钟源，并使两个时钟源有一定的频差，即 $f_1 \neq f_2$，但不超过 4.6×10^{-6}；

c)　用时间间隔分析仪监视时钟输出，证明系统已同步于外时钟源；人为断开外时钟源Ⅰ，在间隔误差分析仪上确认基准倒换已完成，并得到倒换完成的时间；整个过程中，可用任何一种方式监视系统传输情况，证明倒换过程中无误码产生。

11.2.9　**保持性能**

11.2.9.1　**指标**

SEC 进入保持状态的长期相位瞬变响应指标要求见 YD/T 900—1997 中 10.2。

11.2.9.2　**测试配置**

测试配置见图 71。

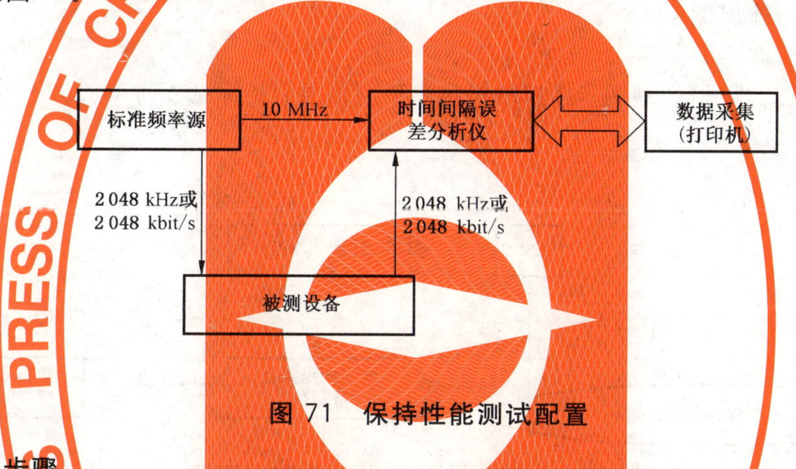

图 71　保持性能测试配置

11.2.9.3　**操作步骤**

a)　按图 71 接好电路；

b)　将被测设备定时工作方式设置为外同步输入定时，即从标准频率源(2 048 kHz 或 2 048 kbit/s)获得参考定时信号；

c)　设置时间间隔误差分析仪取样率为 30 Hz 或更高，测试时长为 24 h；

d)　达到被测设备锁定时间要求(通常为几十分钟到 1 小时)后，开始测量；

e)　在开始测量 1 min 后，断开外时钟输入(即断开标准频率源)；

f)　用时间间隔误差分析仪记录相位变化过程；

g)　利用相位变化曲线计算出 24 h 频率偏差，24 h 内频偏应不大于 0.37×10^{-7}。

11.2.9.4　**注意事项**

时间间隔误差分析仪和数据采集存储容量不够大时，采用分段测量的方式进行。可在保持的最初阶段，例如 200 s 内，采用高取样率 30 Hz；后面的时间采用低取样率，例如 1 Hz。共测量 24 h。

11.3　**同步接口(synchronization interface)的网络指标测试**

11.3.1　**SEC 同步接口输出抖动**

11.3.1.1　**指标**

SEC(2 048 kHz 或 2 048 kbit/s)同步接口的输出抖动网络限值指标见 YD/T 1267—2003 中 7.3.1。

11.3.1.2　**测试配置**

测试配置见图 72。

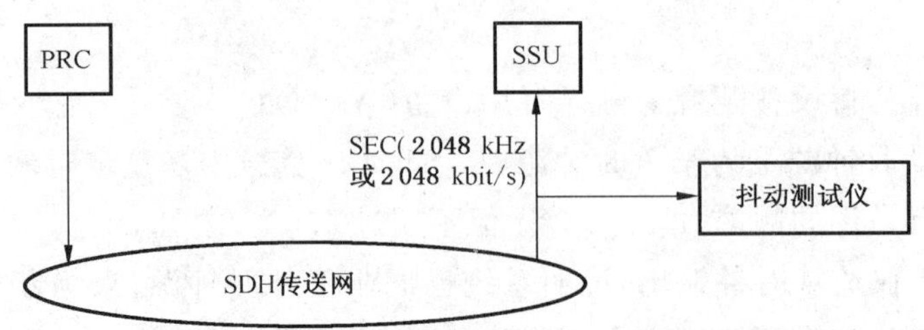

图 72　SEC 同步接口输出抖动测试配置

11.3.1.3　操作步骤

a)　按图 72 接好电路，设置抖动测试仪滤波器带宽为 20 Hz～100 kHz，测量时长为 60 s。记录测量结果。

b)　设置抖动测试仪滤波器带宽为 49 Hz～100 kHz，测量时长为 60 s。记录测量结果。

11.3.1.4　注意事项

抖动测试仪固有抖动值应低于网络指标的 1/10。

11.3.2　SEC 同步接口输出漂移

11.3.2.1　指标

SEC(2 048 kHz 或 2 048 kbit/s)同步接口的输出漂移网络限值指标见 YD/T 1267—2003 中 7.3.2。

11.3.2.2　测试配置

测试配置见图 73。

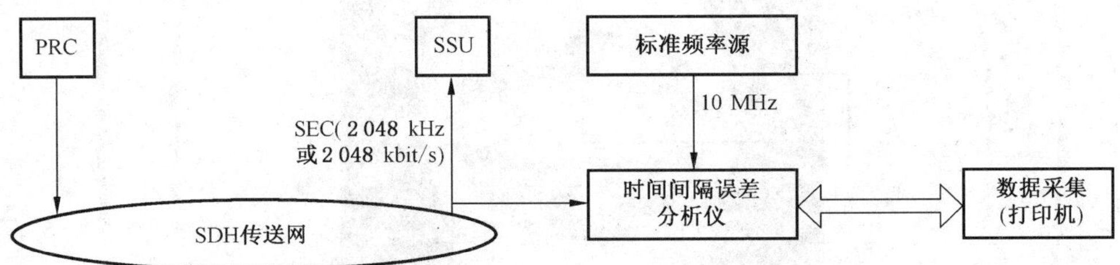

图 73　SEC 同步接口输出漂移测试配置

11.3.2.3　测试步骤

a)　按图 73 接好电路；

b)　第一步，设置时间间隔误差分析仪的取样率为 30 Hz，且通过一个等效的 10 Hz 单极点低通滤波器测量相位；

c)　连续测量 1 200 s，得到 0.033 s～1 200 s MTIE 曲线和 0.033 s～400 s TDEV 曲线，取 0.1 s～100 s MTIE 曲线和 0.1 s～100 s TDEV 曲线作为第一部分结果；

d)　第二步，设置时间间隔分析仪的取样率为 1 Hz，测试时长为 120 000 s，得到 1 s～120 000 s MTIE 曲线和 1 s～40 000 s TDEV 曲线，取 100 s～10 000 s MTIE 曲线和 100 s～10 000 s TDEV 曲线作为第二部分结果；

e)　由两部分结果合成得到 MTIE 和 TDEV 曲线应处于相应漂移指标模板的下方。

11.3.2.4　注意事项

标准频率源的 MTIE 值应低于网络指标的 1/10；TDEV 值应低于网络指标的 1/3；时间间隔分析仪分辨率优于 100 ps。

12　保护倒换测试

12.1　线形复用段的保护倒换测试

12.1.1　指标

12.1.1.1　保护倒换准则——自动启动

线形复用段保护应在信号失效(SF)和信号劣化(SD)时倒换，见表 20。

表 20 线形复用段的保护倒换准则

自动启动	
信号失效(SF)	信号劣化(SD)
a) 信号丢失(LOS)	复用段误码超过信号劣化门限(dDEG)[b]
b) 帧丢失(LOF)	
c) 复用段的告警指示信号(MS-AIS)	
d) 复用段误码超过信号失效门限(dEXC)[a]	

[a] dEXC 对应 BER=10^{-X},X=3,4,5。

[b] dDEG 对应 BER=10^{-X},X=6,7,8,9。

12.1.1.2 **保护倒换命令和协议——外部启动**

线形复用段保护应支持网管倒换命令,并满足相应的优先级原则,见表 21。

表 21 线性复用段的保护倒换命令和协议

外部启动
a) 清除
b) 保护锁定
c) 强制倒换
d) 人工倒换
e) 练习(可选)

12.1.1.3 **保护倒换时间**

线形复用段保护(MSP)的保护倒换完成时间应小于 50 ms,该要求不包括启动保护倒换所必需的检测时间和拖延(Hold Off)时间等。详见 GB/T 15941—2008 中 11.1.4。

不同比特差错率的最大检测时间要求见表 22 和表 23,与实际应用有关的说明见 ITU-T G.806(2004)。

表 22 复用段和高阶通道的最大检测时间

检测门限	实际的 BER						
	$\geqslant 10^{-3}$	10^{-4}	10^{-5}	10^{-6}	10^{-7}	10^{-8}	10^{-9}
10^{-3}	10 ms						
10^{-4}	10 ms	100 ms					
10^{-5}	10 ms	100 ms	1 s				
10^{-6}	10 ms	100 ms	1 s	10 s			
10^{-7}	10 ms	100 ms	1 s	10 s	100 s		
10^{-8}	10 ms	100 ms	1 s	10 s	100 s	1 000 s	
10^{-9}	10 ms	100 ms	1 s	10 s	100 s	1 000 s	10 000 s

工作在返回方式时,当失效的工作系统满足无故障状态,应经过等待恢复(WTR)时间 T_W(T_W=5 min~12 min 可设置)后才能将正常业务信号返回到该工作系统。

表 23 低阶通道的最大检测时间

检测门限	实际的 BER					
	≥10^{-3}	10^{-4}	10^{-5}	10^{-6}	10^{-7}	10^{-8}
10^{-3}	40 ms					
10^{-4}	40 ms	400 ms				
10^{-5}	40 ms	400 ms	4 s			
10^{-6}	40 ms	400 ms	4 s	40 s		
10^{-7}	40 ms	400 ms	4 s	40 s	400 s	
10^{-8}	40 ms	400 ms	4 s	40 s	400 s	4 000 s

12.1.2 测试配置

1+1 方式和 1∶N 方式的线形复用段保护倒换测试配置见图 74。P 表示保护段，W 表示工作段。被测设备支路有 STM-N 和 PDH 两种接口时，SDH 分析仪 1 和 2 应分别接在 STM-N 支路接口上检测误码。

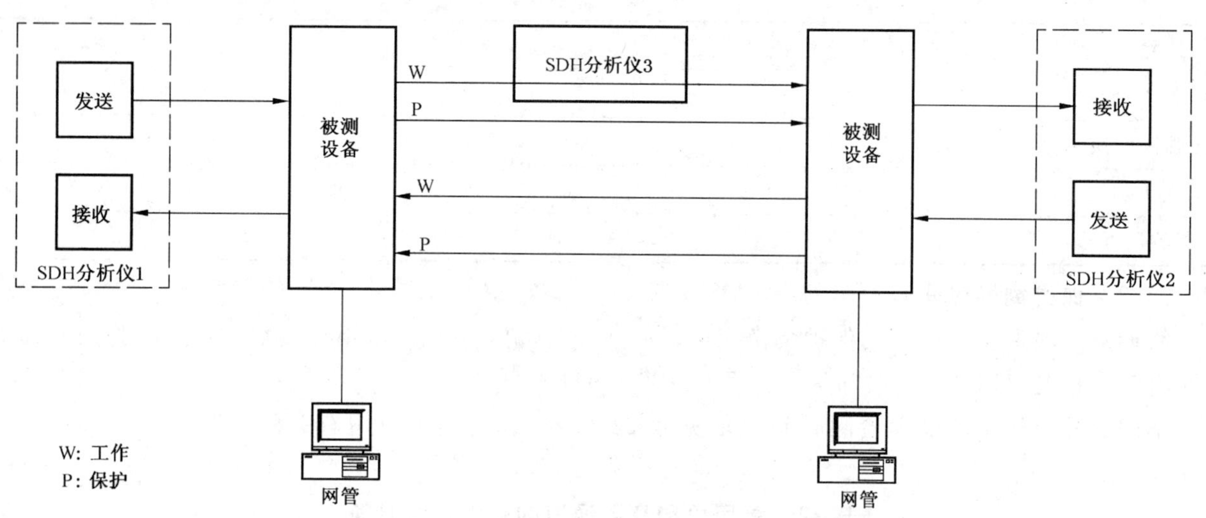

图 74 1+1 方式和 1∶N 方式的复用段保护倒换

12.1.3 操作步骤

a) 按图 74 接好电路。

b) SDH 分析仪 1 和 2 工作于终端模式，仿真业务接入被测设备支路，根据被测的信号等级选择测试信号结构，对于 STM-N 接口为 TSS5(N)、TSS7(N)或 TSS8(N)，对于 PDH 接口为 PRBS($2^{15}-1$ 或 $2^{23}-1$)。

c) SDH 分析仪 3 工作于通过模式，设置输入、输出信号速率和线路速率一致，串接入工作光纤。

d) 通过网管系统设置有关保护的各项参数，并在网管上监视整个系统的工作状态，此时传输分析仪 1 和 2 应显示支路接口之间传输正常。

e) 根据被测系统的保护倒换准则，SDH 分析仪 3 进行相关设置，逐项仿真产生信号失效(SF)的条件，表 20 的 a)、b)和 c)，检查倒换功能。从 SDH 分析仪 2 或 1 上测出的倒换时间(5 次平均值)应小于 50 ms。

f) 根据网管系统设置的信号失效门限，SDH 分析仪 3 进行相关设置，仿真 SF 条件，表 20 的 d)，即插入稍高于失效门限的 BER，检查相应的倒换功能。从 SDH 分析仪 2 或 1 上测出的倒换时间(5 次平均值)应小于 50 ms 加检测时间。

g) 根据网管系统设置的信号劣化门限,SDH 分析仪 3 进行相关设置,仿真 SD 条件,即插入稍高于劣化门限的 BER,检查相应的倒换功能。从 SDH 分析仪 2 或 1 上测出的倒换时间(5 次平均值)应小于 50 ms 加检测时间。

h) 对于返回方式的系统,根据网管系统设置的等待恢复时间 T_W,在仿真的条件消失后至少等待 T_W,SDH 分析仪 2 或 1 应检测到业务再次受到短暂损伤后,恢复正常,表明发生返回倒换,业务已从保护段返回到工作段,系统的网管将报告返回倒换事件的发生和完成,系统恢复初始的配置状态。

i) 通过网管逐项发出外部启动指令,检查是否执行了这些保护倒换命令和协议。

j) 1∶N 方式的线形复用段保护倒换,验证支持 N(≤14)最大值。方法是在主用系统数达到产品允许的 N 的情况下,重复 e)到 i)的操作步骤,倒换功能正常,倒换时间满足指标。

k) 1∶N 方式的线形复用段保护倒换,验证支持额外业务。方法是在开额外业务的情况下,重复 e)到 i)的操作步骤,倒换功能正常,通常倒换时间比无额外业务时长,倒换时间无统一指标,允许超过 50 ms。

12.1.4 注意事项

a) 规定五次倒换时间测量结果的平均值,作为系统的保护倒换时间。

b) 具有业务中断时间测量功能的 SDH 分析仪可以直接读出业务受损时间,当业务受损时间满足指标时,即保护倒换时间满足指标。

c) 如果 SDH 分析仪不具备上述功能,可利用仪表提供的误码信号输出接口,将误码信号送到数字存储示波器,业务发生瞬时中断,数字存储示波器将捕捉到信号变化波形,测量这一波形持续的时间,即得到业务发生瞬时中断时间。该方法适用于 PDH 各速率等级支路和 STM-N 支路信号。

d) 另一个测试保护倒换时间的方法,设置 SDH 分析仪(发送)的 C2 字节(或其他可以设置、且不影响测试的字节)为某一未定义的值,例如 C2=CC(11001100);设置 SDH 分析仪(接收),监视 C2 字节的内容,将 C2≠CC 作为触发条件,一旦倒换启动,业务发生瞬断,出现 C2≠CC,即满足触发条件,仪表将对满足 C2≠CC 条件的帧进行捕捉;仪表捕捉到满足 C2≠CC 条件的帧数为 N,可通过下面的公式计算获得倒换时间:$T=N\times0.125$(ms)。该方法只适用于 STM-N 支路接口的 VC-4 信号。

e) 测试前应通过网管系统将拖延时间设置为 0。

12.2 两纤复用段共享保护环测试

12.2.1 指标

12.2.1.1 保护倒换准则——自动启动

两纤复用段共享保护环应在信号失效(SF)和信号劣化(SD)时倒换,见表 24。

表 24 两纤复用段共享保护环倒换准则

自动启动	
信号失效(SF)	信号劣化(SD)
a) 信号丢失(LOS)	复用段误码超过信号劣化门限(dDEG)[b]
b) 帧丢失(LOF)	
c) 复用段的告警指示信号(MS-AIS)	
d) 复用段误码超过信号失效门限(dEXC)[a]	

[a] dEXC 对应 BER=10^{-X},X=3,4,5。
[b] dDEG 对应 BER=10^{-X},X=6,7,8,9。

12.2.1.2 保护倒换命令和协议——外部启动

两纤复用段共享保护环应支持网管倒换命令，并满足相应的优先级原则，见表 25。

表 25 两纤复用段共享保护环的倒换命令和协议

外部启动
a) 清除
b) 保护锁定
c) 强制倒换
d) 人工倒换
e) 练习(可选)

12.2.1.3 保护倒换时间

两纤双向复用段共享保护环，所有节点(数量不超过 16 个)处于空状态(没有检测到故障、没有自动或外部命令、只收到空 K 字节)且光纤长度少于 1 200 km 情况下，单个区段故障时(环和区段)倒换完成时间应少于 50 ms。环在其他情况下，为了提供时间移走额外业务、忽略或兼容已经存在的 APS 请求，倒换完成时间可以超过 50 ms。

倒换完成时间应小于 50 ms 的要求不包括启动保护倒换所必需的检测时间和拖延(Hold Off)时间等。详见 GB/T 15941—2008 中 11.2.4。

不同比特差错率的最大检测时间要求见表 22 和表 23。

当失效的工作系统修复或自复，重新满足无故障状态，经过等待恢复(WTR)时间 T_W(T_W = 5 min～12 min 可通过网管设置)后才能将正常业务信号返回到该工作系统。

12.2.2 测试配置

两纤复用段共享保护环测试配置见图 75。被测设备支路有 STM-N 和 PDH 两种接口时，SDH 分析仪 1 和 2 应分别接在 STM-N 支路接口上检测误码。

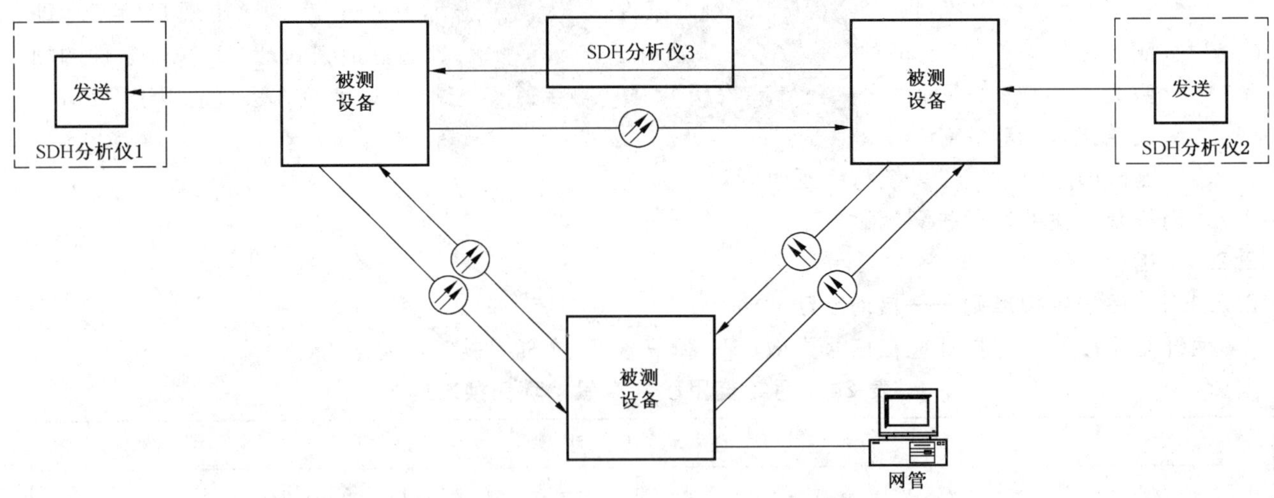

图 75 两纤复用段共享保护环测试配置

12.2.3 操作步骤

12.2.3.1 链路失效操作步骤

a) 按图 75 接好电路。

b) SDH 分析仪 1 和 2 工作于终端模式，仿真业务接入被测设备支路，根据被检的信号等级选择测试信号结构，对于 STM-N 接口为 TSS5(N)、TSS7(N)或 TSS8(N)，对于 PDH 接口为 PRBS($2^{15}-1$ 或 $2^{23}-1$)。

c) SDH 分析仪 3 工作于通过模式，设置输入、输出信号速率和线路速率一致，串接入工作光纤。

d) 通过网管系统设置有关保护的各项参数，并在网管上监视整个系统的工作状态，此时传输分析仪 1 和 2 应显示支路接口之间传输正常。

e) 根据被测系统的保护倒换准则，SDH 分析仪 3 进行相关设置，逐项仿真产生信号失效(SF)的条件，表 24 的 a)、b)和 c)，检查倒换功能。从 SDH 分析仪 1 上测出的倒换时间(5 次平均值)应小于 50 ms。

f) 根据网管系统设置的信号失效门限，SDH 分析仪 3 进行相关设置，仿真 SF 条件，表 24 的 d)，即插入稍高于失效门限的 BER，检查相应的倒换功能。从 SDH 分析仪 1 上测出的倒换时间(5 次平均值)应小于 50 ms 加检测时间。

g) 根据网管系统设置的信号劣化门限，SDH 分析仪 3 进行相关设置，仿真 SD 条件，即插入稍高于劣化门限的 BER，检查相应的倒换功能。从 SDH 分析仪 1 上测出的倒换时间(5 次平均值)应小于 50 ms 加检测时间。

h) 根据网管系统设置的等待恢复时间 T_W，在仿真的条件消失后至少等待 T_W，SDH 分析仪 1 应检测到业务再次受到短暂损伤后，恢复正常，表明发生返回倒换，业务已从保护光纤返回到工作光纤，系统的网管将报告返回倒换事件的发生和完成，系统恢复初始的配置状态。

i) 通过网管逐项发出外部启动指令，检查是否执行了这些保护倒换命令和协议。

12.2.3.2 节点失效操作步骤

a)和 b)见 12.2.3.1；

c) 图示为 3 个被测设备，该项测试的被测设备数量可能更多，通道配置可以仿真工程应用配置；

d) 通过网管系统设置有关保护的各项参数，并在网管上监视整个系统的工作状态，此时传输分析仪 1 和 2 应显示支路接口之间传输正常；

e) 在不接仪表，不接网管的被测设备中，选择一个设备，例如用关电源办法使其不工作，仿真节点失效；

f) SDH 分析仪 2 或 1 上，以及从网管上监视通道，验证除失效节点外的其他节点间保持着业务，与失效节点无关的通道业务不受影响；

g) 受影响通道业务受损时间满足产品设计指标(没有 50 ms 的规定)；

h) 业务恢复能力满足产品设计和工程设计(没有 100%恢复的规定)。

12.2.4 注意事项

a) 见 12.1.4。

b) 如果两个测试点为异地，可在某一个测试点做端口环回测试，测试方法见附录 E。

c) 仪表所测时间是业务受影响时间，业务受影响时间和保护倒换时间的关系参见 YD/T 1266—2003 附录 A。

12.3 四纤复用段共享保护环测试

12.3.1 指标

12.3.1.1 保护倒换准则——自动启动

四纤复用段共享保护环应在信号失效(SF)和信号劣化(SD)时，自动实施区段倒换或环倒换，见表 26。

12.3.1.2 保护倒换命令和协议——外部启动

四纤复用段共享保护环应支持网管倒换命令，并满足相应的优先级原则，见表 27。

12.3.1.3 保护倒换时间

四纤双向复用段共享保护环，在没有额外业务的环上，所有节点(数量不超过 16 个)处于空状态(没有检测到故障、没有自动或外部命令、只收到空 K 字节)且光纤长度少于 1 200 km 情况下，单个区段故障时(环和区段)倒换完成时间应少于 50 ms。环在其他情况下，为了提供时间移走额外业务、忽略或兼容已经存在的 APS 请求，倒换完成时间可以超过 50 ms。

表 26　四纤复用段共享保护环的保护倒换准则

	自　动　启　动	
	信号失效(SF)	信号劣化(SD)
区段倒换	a) 信号丢失(LOS)	复用段误码超过信号劣化门限(dDEG)[b]
	b) 帧丢失(LOF)	
	c) 复用段的告警指示信号(MS-AIS)	
	d) 复用段误码超过信号失效门限(dEXC)[a]	
环倒换	a) 信号丢失(LOS)	复用段误码超过信号劣化门限(dDEG)[b]
	b) 帧丢失(LOF)	
	c) 复用段的告警指示信号(MS-AIS)	
	d) 复用段误码超过信号失效门限(dEXC)[a]	

[a] dEXC 对应 BER=10^{-X},X=3,4,5。
[b] dDEG 对应 BER=10^{-X},X=6,7,8,9。

表 27　四纤复用段共享保护环的倒换命令和协议

外　部　启　动
a) 清除
b) 保护锁定
c) 强制倒换-区段
d) 强制倒换-环
e) 人工倒换-区段
f) 人工倒换-环
g) 练习-区段(可选)
h) 练习-环(可选)

倒换完成时间应小于 50 ms 的要求不包括启动保护倒换所必需的检测时间和拖延(Hold Off)时间等。详见 GB/T 15941—2008 中 11.2.4。

不同比特差错率的最大检测时间要求见表 22 和表 23。

工作在返回方式时,当失效的工作系统满足无故障状态,应经过等待恢复(WTR)时间 T_W(T_W=5 min～12 min 可设置)后才能将正常业务信号返回到该工作系统。

12.3.2　测试配置

四纤复用段共享保护环测试配置见图 76。P 表示保护段,W 表示工作段。被测设备支路有 STM-N 和 PDH 两种接口时,SDH 分析仪 1 和 2 应分别接在 STM-N 支路接口上检测误码。

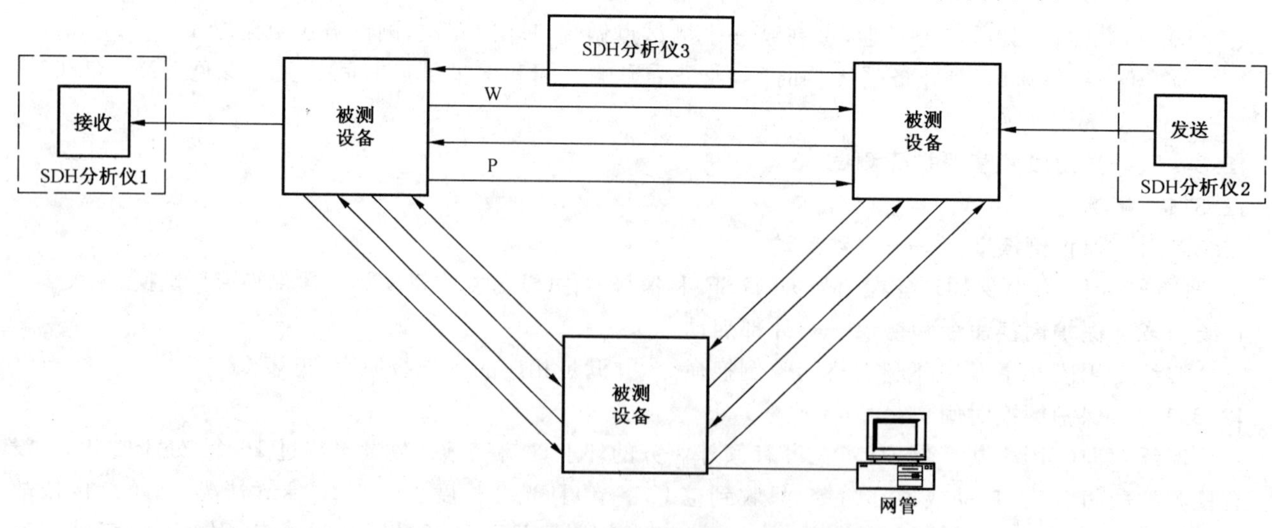

图 76　四纤复用段共享保护环测试配置

12.3.3 操作步骤

四纤复用段共享保护环的功能测试时，首先检查区段倒换功能，然后检查环倒换功能。

12.3.3.1 区段倒换操作步骤

a) 按图 76 接好电路。

b) SDH 分析仪 1 和 2 工作于终端模式，仿真业务接入被测设备支路，根据被检的信号等级选择测试信号结构，对于 STM-N 接口为 TSS5（N）、TSS7（N）或 TSS8（N），对于 PDH 接口为 PRBS($2^{15}-1$ 或 $2^{23}-1$)。

c) SDH 分析仪 3 工作于通过模式，设置输入、输出信号速率和线路速率一致，串接入工作光纤。

d) 通过网管系统设置有关保护的各项参数，并在网管上监视整个系统的工作状态，此时传输分析仪 1 和 2 应显示支路接口之间传输正常；通过网管发出"锁定工作通路-环倒换"指令。

e) 根据被测系统的保护倒换准则，SDH 分析仪 3 进行相关设置，逐项仿真产生信号失效（SF）的条件，表 26 的 a）、b）和 c），检查区段倒换功能。从 SDH 分析仪 1 上测出的倒换时间（5 次平均值）应小于 50 ms。

f) 根据网管系统设置的信号失效门限，SDH 分析仪 3 进行相关设置，仿真 SF 条件，表 26 的 d），即插入稍高于失效门限的 BER，检查相应的倒换功能。从 SDH 分析仪 1 上测出的倒换时间（5 次平均值）应小于 50 ms 加检测时间。

g) 根据网管系统设置的信号劣化门限，SDH 分析仪 3 进行相关设置，仿真 SD 条件，即插入稍高于劣化门限的 BER，检查相应的倒换功能。从 SDH 分析仪 1 上测出的倒换时间（5 次平均值）应小于 50 ms 加检测时间。

h) 根据网管系统设置的等待恢复时间 T_W，在仿真的条件消失后至少等待 T_W，SDH 分析仪 1 应检测到业务再次受到短暂损伤后，恢复正常，表明发生返回倒换，业务已从保护段返回到工作段，系统的网管将报告返回倒换事件的发生和完成，系统恢复初始的配置状态。

i) 通过网管逐项发出区段倒换外部启动指令，见表 28，检查是否执行了这些保护倒换命令和协议。

12.3.3.2 环倒换操作步骤

a) 按图 76 接好电路。

b) SDH 分析仪 1 和 2 工作于终端模式，仿真业务接入被测设备支路，根据被检的信号等级选择测试信号结构，对于 STM-N 接口为 TSS5（N）、TSS7（N）或 TSS8（N），对于 PDH 接口为 PRBS($2^{15}-1$ 或 $2^{23}-1$)。

c) SDH 分析仪 3 工作于通过模式，设置输入、输出信号速率和线路速率一致，串接入工作光纤。

d) 通过网管系统设置有关保护的各项参数，并在网管上监视整个系统的工作状态，此时传输分析仪 1 和 2 应显示支路接口之间传输正常；通过网管发出"锁定工作通路-区段倒换"指令。

e) 根据被测系统的保护倒换准则，SDH 分析仪 3 进行相关设置，逐项仿真产生信号失效的（SF）条件 a）、b）和 c），检查环倒换功能。从 SDH 分析仪 1 上测出的倒换时间（5 次平均值）应小于 50 ms。

f) 根据网管系统设置的信号失效门限，SDH 分析仪 3 进行相关设置，仿真 SF 条件 d），即插入稍高于该门限的 BER，检查相应的倒换功能。从 SDH 分析仪 1 上测出的倒换时间（5 次平均值）应小于 50 ms 加检测时间。

g) 根据网管系统设置的信号劣化门限，SDH 分析仪 3 进行相关设置，仿真 SD 条件，即插入稍高于劣化门限的 BER，检查相应的倒换功能。从 SDH 分析仪 1 上测出的倒换时间（5 次平均值）应小于 50 ms 加检测时间。

h) 根据网管系统设置的等待恢复时间 T_W，在仿真的条件消失后至少等待 T_W，SDH 分析仪 2 或 1 应检测到业务再次受到短暂损伤后，恢复正常，表明发生返回倒换，业务已从保护光纤返回到工作光纤，系统的网管将报告返回倒换事件的发生和完成，系统恢复初始的配置状态。

i) 通过网管逐项发出环倒换外部启动指令，见表 28，检查是否执行了这些保护倒换命令和协议。

表 28 外部启动指令

外部启动指令	说 明
清除(不经 APS)	清除外部启动指令和结束等待复原(WTR)状态。外部指令去掉后,网元至网元间信令执行无请求(NR)码
锁定工作通路-环倒换(不经 APS)	使节点丧失请求环倒换能力,在指定的区段上,阻止工作通路(因执行环倒换)接入保护通路。如业务已接入保护通路,撤消环桥接。如无其他桥接请求,节点间传送 NR 码。不影响其他跨段使用保护通路
锁定工作通路-区段倒换(不经 APS)	在指定的区段上,阻止的工作通路(因执行区段倒换)接入保护通路。如业务已接入保护通路,撤消区段倒换。如无其他桥接请求,节点间传送 NR 码。不影响其他跨段使用保护通路
保护锁定-所有区段(不经 APS)	阻止整个环上进行保护倒换。如有业务正在使用保护通路,使业务回到工作通路。K_1,K_2 无此指令,需通知每一个网元,网元用 LP-S 请求与远端协调动作实现
保护锁定-区段(LP-S)	阻止任何保护动作使用指定区段,阻止所有环倒换。如有任何环倒换和指定区段倒换,均被撤消
强制环倒换到保护(FS-R)	强制执行环倒换。在发出指令节点和指向相邻节点间的区段上,环倒换正常业务到保护通路。当保护通路正执行更高优先级的桥接请求,此指令才不执行
强制区段倒换到保护(FS-S)	指定区段倒换正常业务到保护通路。当保护通路正执行更高优先级的桥接请求,或保护通路信号失效,此指令才不执行
人工倒换-环(MS-R)	类似强制执行环倒换(FS-R)。在发出指令节点和指向相邻节点间的跨段上,环倒换正常业务到保护通路。当保护通路不处于 SD 状态、不被相同或更高优先级桥接请求(包括通路失效)占用才执行此指令
人工倒换-区段(MS-S)	指定的区段内,区段倒换正常业务到保护通路。当保护通路不处于 SD 状态、不被相同或更高优先级桥接请求(包括通路失效)占用才执行此指令
练习-环(EXER-R)	使所要求的通路进行环保护倒换练习,但不会进行实际的桥接和倒换。发出指令只为检查响应情况,正常业务不受影响
练习-区段(EXER-S)	使所要求的通路进行跨段保护倒换练习,但不会进行实际的桥接和倒换。发出指令只为检查响应情况,正常业务不受影响

12.3.3.3 节点失效操作步骤

a)和 b)见 12.3.3.2;

c) 图示为 3 个被测设备,该项测试的被测设备数量可能更多,通道配置可以仿真工程应用配置;

d) 通过网管系统设置有关保护的各项参数,并在网管上监视整个系统的工作状态,此时传输分析仪 1 和 2 应显示支路接口之间传输正常;

e) 在不接仪表,不接网管的被测设备中,选择一个设备,例如用关电源办法使其不工作,仿真节点失效;

f) SDH 分析仪 1 上,以及从网管上监视通道,验证除失效节点外的其他节点间保持着业务,与失效节点无关的通道业务不受影响;

g) 受影响通道业务受损时间满足产品设计指标(没有 50 ms 的规定);

h) 业务恢复能力满足产品设计和工程设计(没有 100%恢复的规定)。

12.3.4 注意事项

见 12.1.4。

12.4 通道保护环测试

12.4.1 指标

12.4.1.1 保护倒换准则——自动启动

通道保护环应在信号失效(SF)和信号劣化(SD)时倒换,见表 29。

表 29 通道保护环保护倒换准则

<table>
<tr><th colspan="2">自 动 启 动</th></tr>
<tr><th>信号失效(SF)</th><th>信号劣化(SD)</th></tr>
<tr><td>a) 信号丢失(LOS)</td><td rowspan="5">通道误码超过信号劣化门限(dDEG)[b]</td></tr>
<tr><td>b) 帧丢失(LOF)</td></tr>
<tr><td>c) 通道的告警指示信号(AU-AIS 或 TU-AIS)</td></tr>
<tr><td>d) 指针丢失(AU-LOP 或 TU-LOP)</td></tr>
<tr><td>e) 通道误码超过信号失效门限(dEXC)[a]</td></tr>
<tr><td colspan="2">[a] dEXC 对应 BER=10^{-X},X=3,4,5。
[b] dDEG 对应 BER=10^{-X},X=6,7,8,9。</td></tr>
</table>

12.4.1.2 保护倒换命令和协议——外部启动

通道保护环应支持网管倒换命令,并满足相应的优先级原则,见表 30。

表 30 通道保护环的倒换命令和协议

外 部 启 动
a) 清除
b) 保护锁定
c) 强制倒换
d) 人工倒换

12.4.1.3 保护倒换时间

通道保护环的保护倒换完成时间应小于 50 ms,该要求不包括启动保护倒换所必需的检测时间和拖延(Hold Off)时间等。详见 GB/T 15941—2008 中 11.3.4。

不同比特差错率的最大检测时间要求见表 22 和表 23。

工作在返回方式时,当失效的工作系统满足无故障状态,应经过等待恢复(WTR)时间 T_W(T_W=5 min~12 min 可设置)后才能将正常业务信号返回到该工作系统。

12.4.2 测试配置

通道保护环测试配置见图 77。被测设备支路有 STM-N 和 PDH 两种接口时,SDH 分析仪 1 和 2 应分别接在 PDH 支路接口上检测误码。

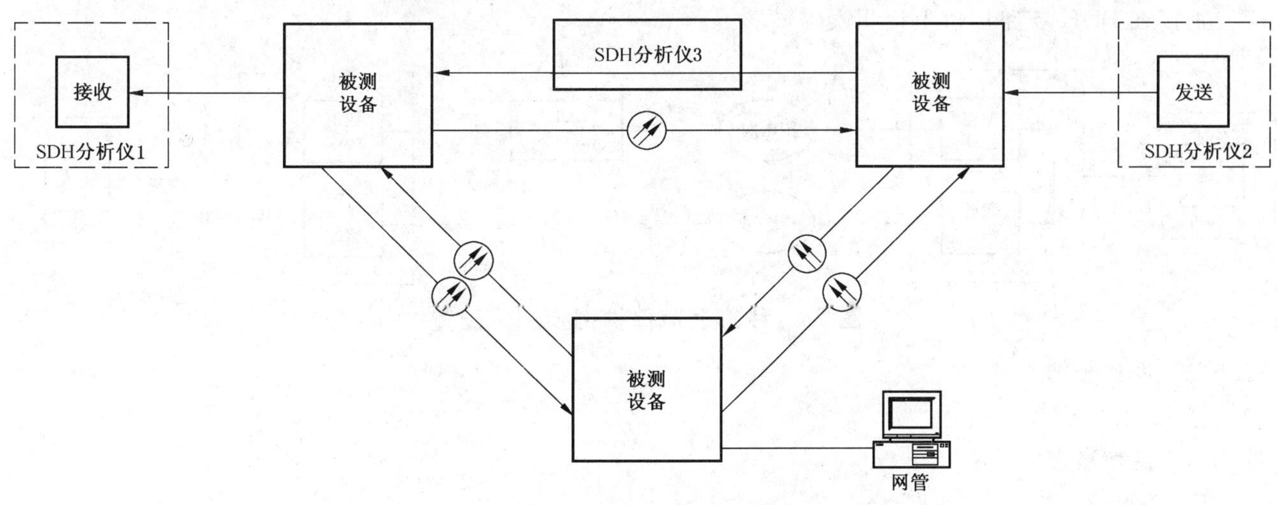

图 77 通道保护环测试配置

12.4.3 操作步骤

a) 按图 77 接好电路。

b) SDH 分析仪 1 和 2 工作于终端模式，仿真业务接入被测设备支路，根据被检的信号等级选择测试信号结构，对于 STM-N 接口为 TSS5(N)、TSS7(N)或 TSS8(N)，对于 PDH 接口为 PRBS($2^{15}-1$ 或 $2^{23}-1$)。

c) SDH 分析仪 3 工作于通过模式，设置输入、输出信号速率和线路速率一致，串接入工作光纤。

d) 通过网管系统设置有关保护的各项参数，并在网管上监视整个系统的工作状态，此时传输分析仪 1 和 2 应显示支路接口之间传输正常。

e) 根据被测系统的保护倒换准则，SDH 分析仪 3 进行相关设置，逐项仿真产生信号失效(SF)的条件，表 29 的 a)、b)和 c)，检查倒换功能。从 SDH 分析仪 1 上测出的倒换时间(5 次平均值)应小于 50 ms。

f) 根据网管系统设置的通道信号失效门限，SDH 分析仪 3 进行相关通道设置，仿真 SF 条件，表 29 的 d)，即插入稍高于失效门限的 BER，检查相应的倒换功能。从 SDH 分析仪 1 上测出的倒换时间(5 次平均值)应小于 50 ms 加检测时间。

g) 根据网管系统设置的信号劣化门限，SDH 分析仪 3 进行相关通道设置，仿真 SD 条件，即插入稍高于劣化门限的 BER，检查相应的倒换功能。从 SDH 分析仪 1 上测出的倒换时间(5 次平均值)应小于 50 ms 加检测时间。

h) 对于工作在返回方式的系统，根据网管系统设置的等待恢复时间 T_W，在仿真的条件消失后至少等待 T_W，SDH 分析仪 1 应检测到业务再次受到短暂损伤后，恢复正常，表明发生返回倒换，业务已从保护光纤返回到工作光纤，系统的网管将报告返回倒换事件的发生和完成，系统恢复初始的配置状态。

i) 通过网管逐项发出外部启动指令，检查是否执行了这些保护倒换命令和协议。

12.4.4 注意事项

见 12.1.4。

12.5 线形通道保护倒换测试

12.5.1 指标

见 12.4.1。

12.5.2 测试配置

通道保护环测试配置见图 78。被测设备支路有 STM-N 和 PDH 两种接口时，SDH 分析仪 1 和 2 应分别接在 PDH 支路接口上检测误码。

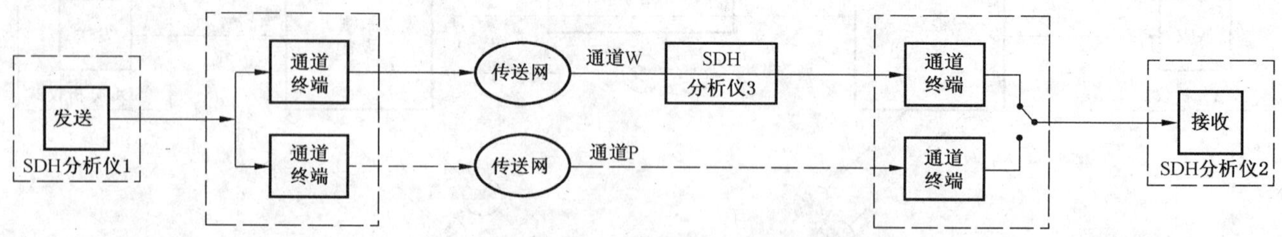

图 78 线形通道保护倒换测试配置

12.5.3 操作步骤

见 12.4.3。

12.5.4 注意事项

见 12.1.4。

12.6 子网连接保护倒换测试

12.6.1 指标

12.6.1.1 保护倒换准则——自动启动

子网连接保护应在信号失效(SF)和信号劣化(SD)时倒换,见表 31。

表 31 子网连接保护倒换准则

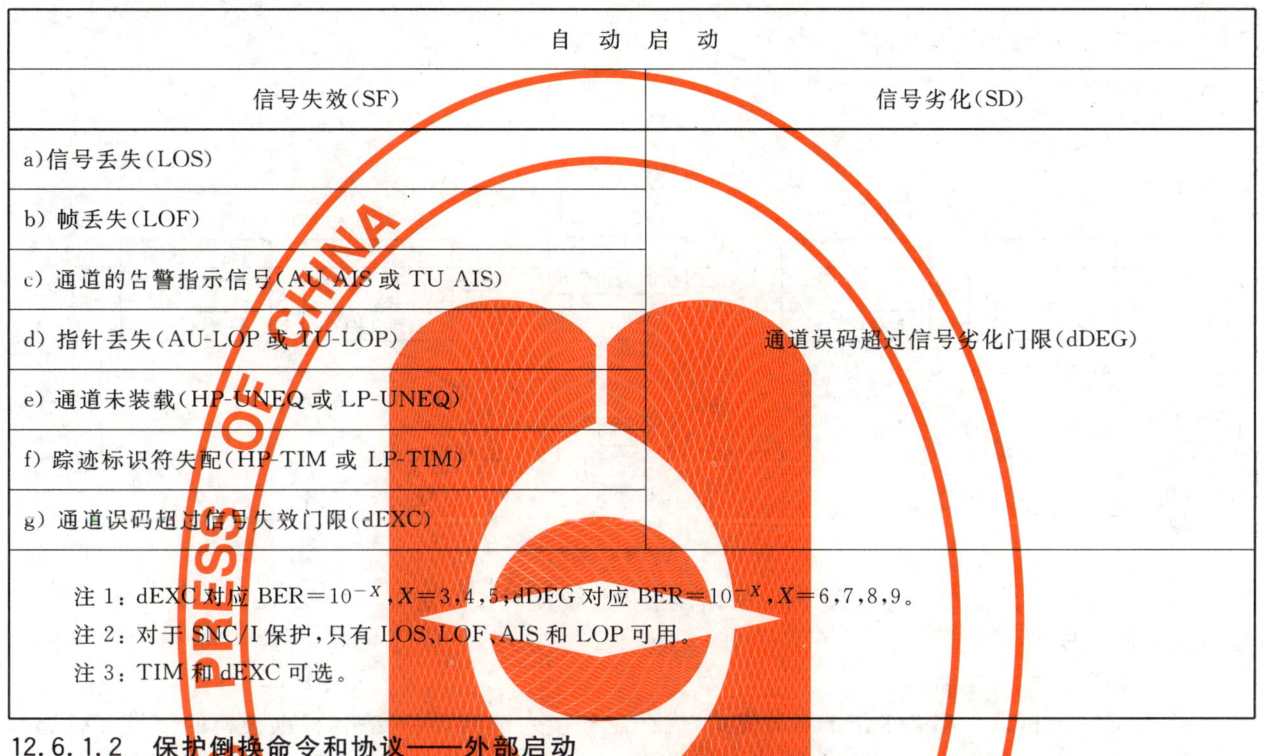

自 动 启 动	
信号失效(SF)	信号劣化(SD)
a)信号丢失(LOS)	通道误码超过信号劣化门限(dDEG)
b) 帧丢失(LOF)	
c) 通道的告警指示信号(AU AIS 或 TU AIS)	
d) 指针丢失(AU-LOP 或 TU-LOP)	
e) 通道未装载(HP-UNEQ 或 LP-UNEQ)	
f) 踪迹标识符失配(HP-TIM 或 LP-TIM)	
g) 通道误码超过信号失效门限(dEXC)	
注 1:dEXC 对应 BER=10^{-X},X=3,4,5;dDEG 对应 BER=10^{-X},X=6,7,8,9。 注 2:对于 SNC/I 保护,只有 LOS、LOF、AIS 和 LOP 可用。 注 3:TIM 和 dEXC 可选。	

12.6.1.2 保护倒换命令和协议——外部启动

子网连接保护应支持网管倒换命令,并满足相应的优先级原则,见表 32。

表 32 子网连接保护的倒换命令和协议

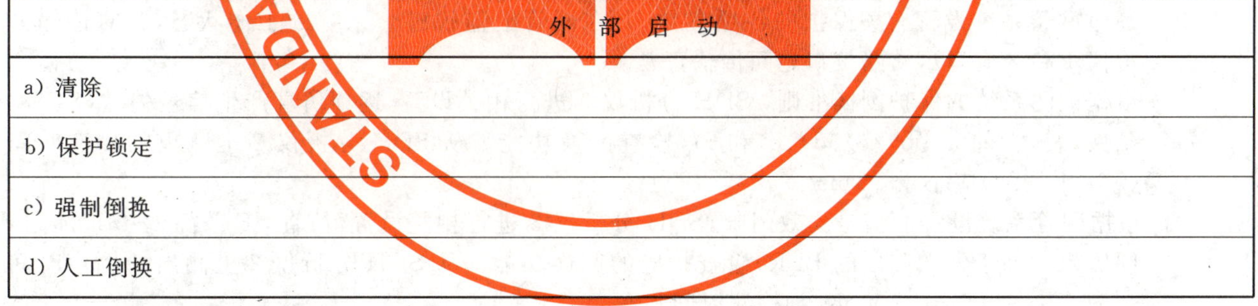

外 部 启 动
a) 清除
b) 保护锁定
c) 强制倒换
d) 人工倒换

12.6.1.3 保护倒换时间

子网连接保护倒换完成时间应小于 50 ms,该要求不包括启动保护倒换所必需的检测时间和拖延(Hold Off)时间等。当涉及到多个子网连接或多条子网连接保护业务时,保护倒换完成时间有待于进一步研究。详见 GB/T 15941—2008 中 11.5.4。

不同比特差错率的最大检测时间要求见表 22 和表 23。

工作在返回方式时,当失效的工作系统满足无故障状态,应经过等待恢复(WTR)时间 T_W(T_W=5 min~12 min 可设置)后才能将正常业务信号返回到该工作系统。

12.6.2 测试配置

子网连接保护倒换测试配置见图 79,图 79a)是 VC-4 通道,图 79b)是 VC-12 通道。被测设备支路有 STM-N 和 PDH 两种接口时,SDH 分析仪 1 和 2 应分别接在 STM-N 支路接口上检测误码。

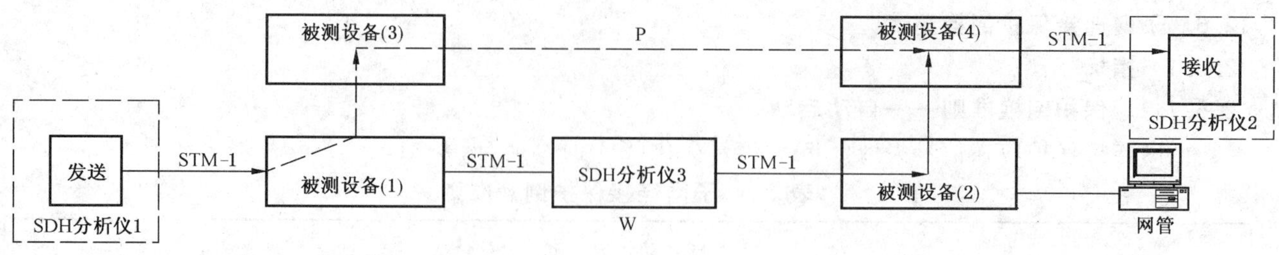

a) VC-4 通道

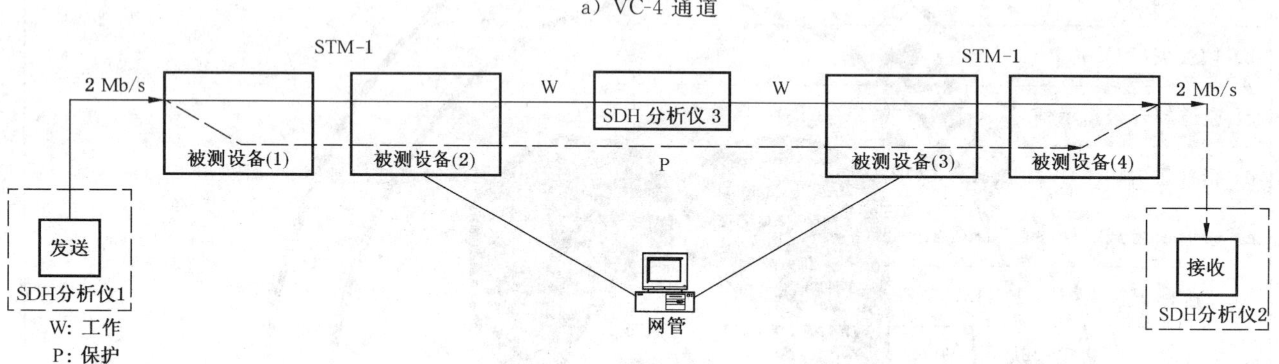

b) VC-12 通道

图 79　子网连接保护倒换测试配置

12.6.3　操作步骤

a) 按图 79 接好电路。

b) SDH 分析仪 1 和 2 工作于终端模式，仿真业务接入被测设备支路，根据被检的信号等级选择测试信号结构，对于 STM-N 接口为 TSS5(N)、TSS7(N)或 TSS8(N)，对于 PDH 接口为 PRBS($2^{15}-1$ 或 $2^{23}-1$)。

c) SDH 分析仪 3 工作于通过模式，设置输入、输出信号速率和线路速率一致，串接入工作光纤。

d) 通过网管系统设置有关保护的各项参数，并在网管上监视整个系统的工作状态，此时传输分析仪 1 和 2 应显示支路接口之间传输正常。

e) 根据被测系统的保护倒换准则，SDH 分析仪 3 进行相关设置，逐项仿真产生信号失效(SF)的条件，表 31 的 a)、b)、c)、d)、e)和 f)，检查倒换功能。从 SDH 分析仪 2 上测出的倒换时间(5 次平均值)应小于 50 ms。

f) 根据网管系统设置的信号失效门限，SDH 分析仪 3 进行相关设置，仿真 SF 条件，表 31 的 g)，即插入稍高于失效门限的 BER，检查相应的倒换功能。从 SDH 分析仪 2 上测出的倒换时间(5 次平均值)应小于 50 ms 加检测时间。

g) 根据网管系统设置的信号劣化门限，SDH 分析仪 3 进行相关设置，仿真 SD 条件，即插入稍高于劣化门限的 BER，检查相应的倒换功能。从 SDH 分析仪 2 上测出的倒换时间(5 次平均值)应小于 50 ms 加检测时间。

h) 对于工作在返回方式的系统，根据网管系统设置的等待恢复时间 T_W，在仿真的条件消失后至少等待 T_W，SDH 分析仪 2 应检测到业务再次受到短暂损伤后，恢复正常，表明发生返回倒换，业务已从保护光纤返回到工作光纤，系统的网管将报告返回倒换事件的发生和完成，系统恢复初始的配置状态。

i) 通过网管逐项发出外部启动指令，检查是否执行了这些保护倒换命令和协议。

12.6.4　注意事项

见 12.1.4。

12.7 **SDH设备冗余度功能验证**

12.7.1 **功能**

设备冗余功能分以下四类，根据需要可选用其中的一部分或全部。

a) 支路接口采用1+1或1：N保护；

b) 交叉连接矩阵采用1+1保护；

c) 同步时钟单元采用1+1保护；

d) 设备控制单元采用1+1保护。

12.7.2 **测试配置**

测试配置见图80。

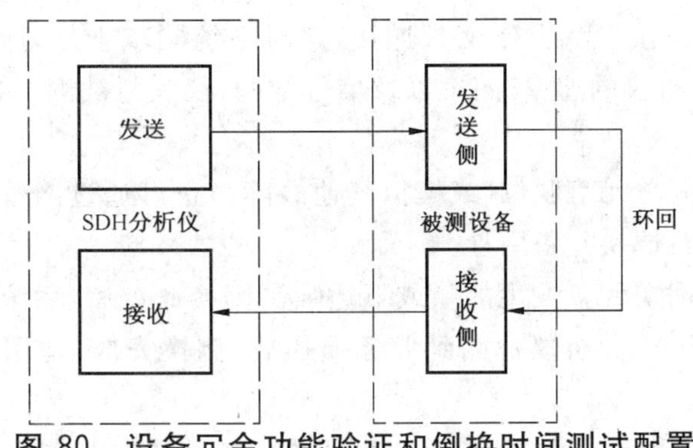

图80 设备冗余功能验证和倒换时间测试配置

12.7.3 **操作步骤**

12.7.3.1 **线路接口盘主/备保护倒换**

a) 按图80接好电路；

b) 设置被测设备在同一接口盘上作交叉连接，根据设备配置情况，设置SDH分析仪的速率、测试信号结构，仪表与被测接口盘连接后，应无误码和告警指示；

c) 将使用中的接口盘脱位(或仿真其他故障)，也可通过网管系统的控制将当前工作的接口盘强行倒换到备用盘；

d) 当使用中的接口盘发生故障或下达强制到换命令后，系统应能自动将备用盘接入并替换主用盘，此间SDH分析仪应检测到业务的瞬时损伤后，便保持正常指示状态，表明倒换完成，备用接口盘开始正常工作；

e) 主/备端口倒换的时间的测量可参考线路保护倒换方法进行。

12.7.3.2 **交叉连接矩阵主、备保护倒换**

a) 按图80接好电路；

b) 设置被测设备在不同接口盘上作单向交叉连接，根据设备配置情况，设置SDH分析仪的速率、测试信号结构，仪表与被测端口连接后，应无误码和告警指示；

c) 将使用中的交叉连接矩阵盘脱位(或仿真其他故障)，也可通过网管系统的控制将当前工作的交叉连接矩阵盘强行倒换到备用盘；

d) 当使用中的交叉连接盘发生故障或下达强制倒换命令后，系统应能自动将备用盘接入并替换主用盘，此间SDH分析仪检测到业务损伤后，倒换完成，备用交叉连接单元盘丌始正常工作，并且没有改变原有的交叉连接配置；

e) 主备交叉连接盘倒换的时间的测量可参考线路保护倒换方法进行。

12.7.3.3 **设备控制单元主/备保护倒换**

a) 按图80接好电路；

b) 设置被测设备在同一接口盘上作交叉连接，根据设备配置情况，设置SDH分析仪的速率、图案以及信号结构，仪表与被测端口连接后，应无误码和告警指示；

c) 将使用中的设备控制单元盘脱位(或仿真其他故障)，也可通过网管系统的控制将当前工作的设备控制单元盘强行倒换到备用盘；

d) 当使用中的设备控制单元盘发生故障或下达强制倒换命令后，系统应能自动将备用盘接入并替换主用盘，正常情况下此间 SDH 分析仪应无任何损伤指示，倒换完成，备用设备控制单元盘开始正常工作；

e) 主/备设备控制单元倒换时间的测量可参考线路保护倒换方法进行。

12.7.3.4 同步定时单元主/备保护倒换

a) 按图 80 接好电路。

b) 设置被测设备在同一接口盘上作交叉连接，定时系统同步于外时钟源。根据设备配置情况，设置 PDH/SDH 分析仪的速率、图案以及信号结构，仪表与被测端口连接后，应无误码和告警指示。

c) 将使用中的同步定时单元盘脱位(或模拟其他故障)，也可通过网管系统的控制将当前工作的同步定时单元盘强行倒换到备用盘。

d) 当使用中的同步定时单元盘发生故障或下达强制倒换命令后，系统应能自动将备用盘接入并替换主用盘，此间 SDH 分析仪检测到业务损伤后，倒换完成，备用同步定时单元盘开始正常工作。

e) 主/备同步定时单元倒换时间的测量可参考线路保护倒换方法进行。

13 环回功能测试

13.1 STM-N 光端口环回

13.1.1 功能要求

通过网管命令可在设备内部(光接口板上)实现近端或远端光端口环回。

13.1.2 测试配置

测试配置见图 81。测试系统定时基准方式采用 Syn. f_0. 1，替代方式采用 Syn. f_E. 5。

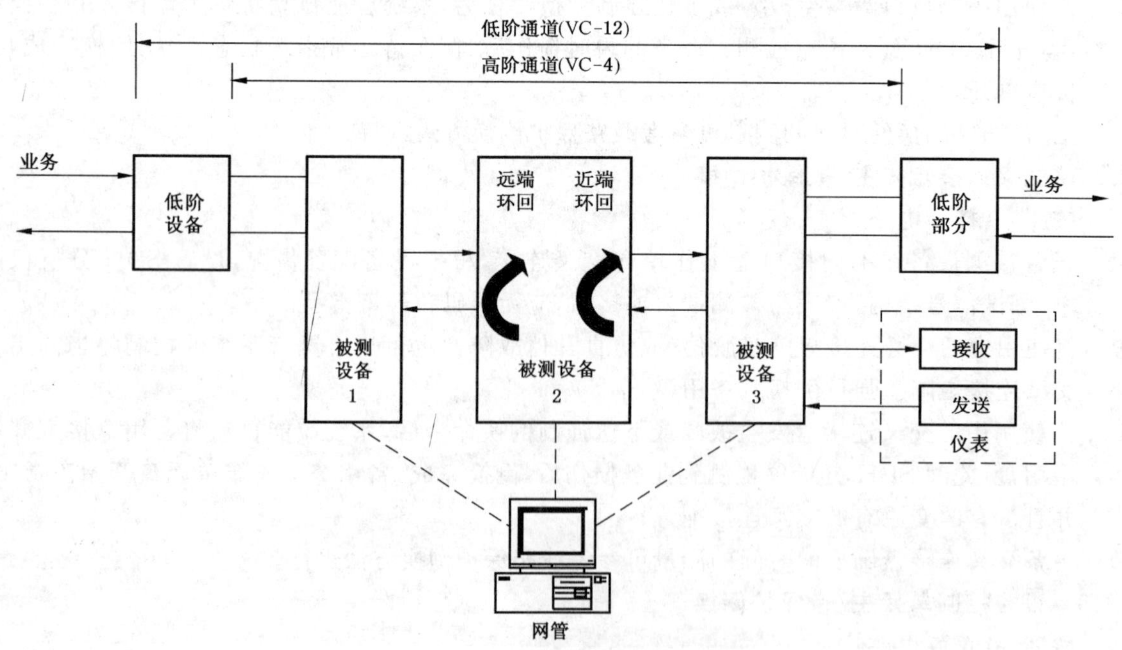

图 81 光端口环回功能测试配置

13.1.3 **操作步骤**

a) 按图 81 接好电路；

b) 根据设备配置情况和接入仪表的接口，并按 5.1 和 5.2 的规定来设置仪表的信号结构；

c) 通过网管系统向指定设备发出近端或远端环回的命令，仿真业务的仪表应能收到自己发出的信号返回。

13.2 **高阶通道环回**

13.2.1 **功能要求**

通过网管命令可在设备内部(高阶交叉连接矩阵上)实现高阶通道环回。

13.2.2 **测试配置**

测试配置见图 82。测试系统定时基准方式采用 Syn. f_0.1，替代方式采用 Syn. f_E.5。

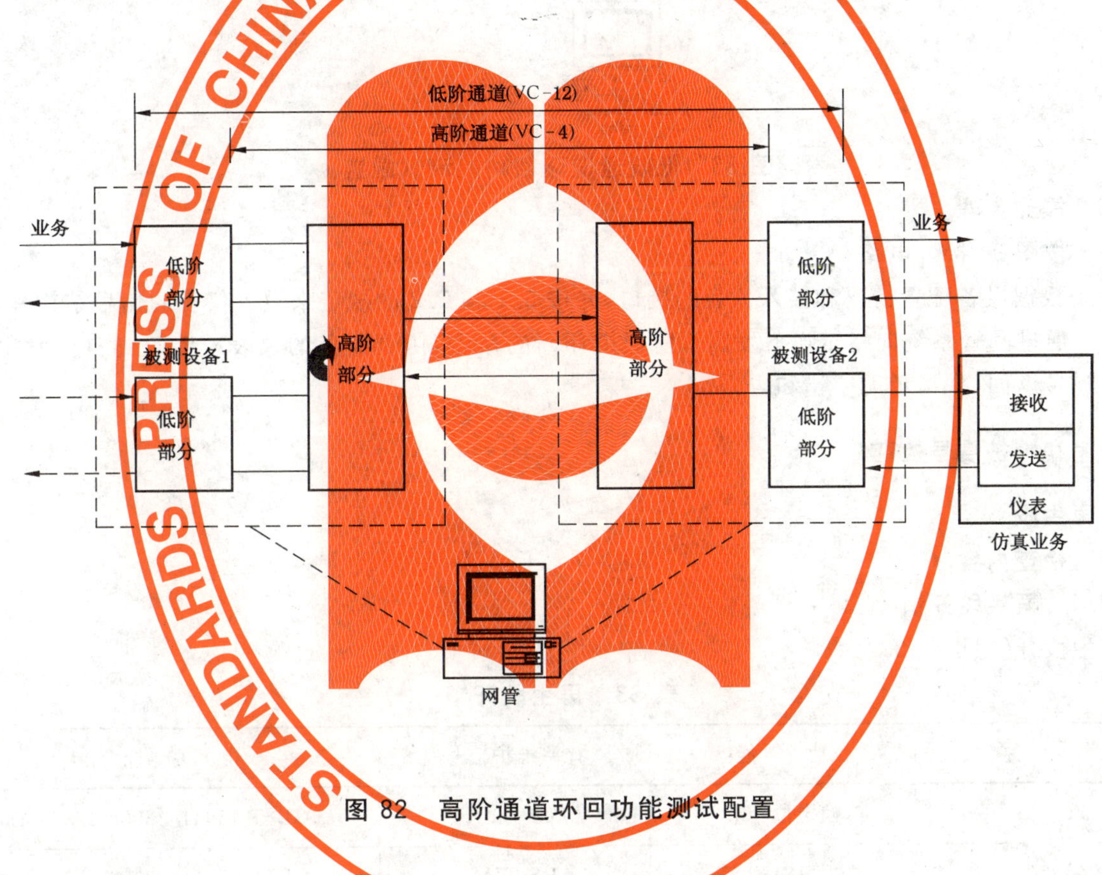

图 82 高阶通道环回功能测试配置

13.2.3 **操作步骤**

a) 按图 82 接好电路；

b) 根据设备配置情况和接入仪表的接口，并按 5.1 和 5.2 的规定来设置仪表的信号结构；

c) 通过网管系统向指定设备发出高阶通道环回的命令，仿真业务的仪表应能收到自已发出的信号返回，并指示无差错和告警。

13.3 **低阶通道环回**

13.3.1 **功能要求**

通过网管命令可在设备内部(低阶交叉连接矩阵上)实现低阶通道环回。

13.3.2 **测试配置**

测试配置见图 83。测试系统定时基准方式采用 Syn. f_0.1，替代方式采用 Syn. f_E.5。

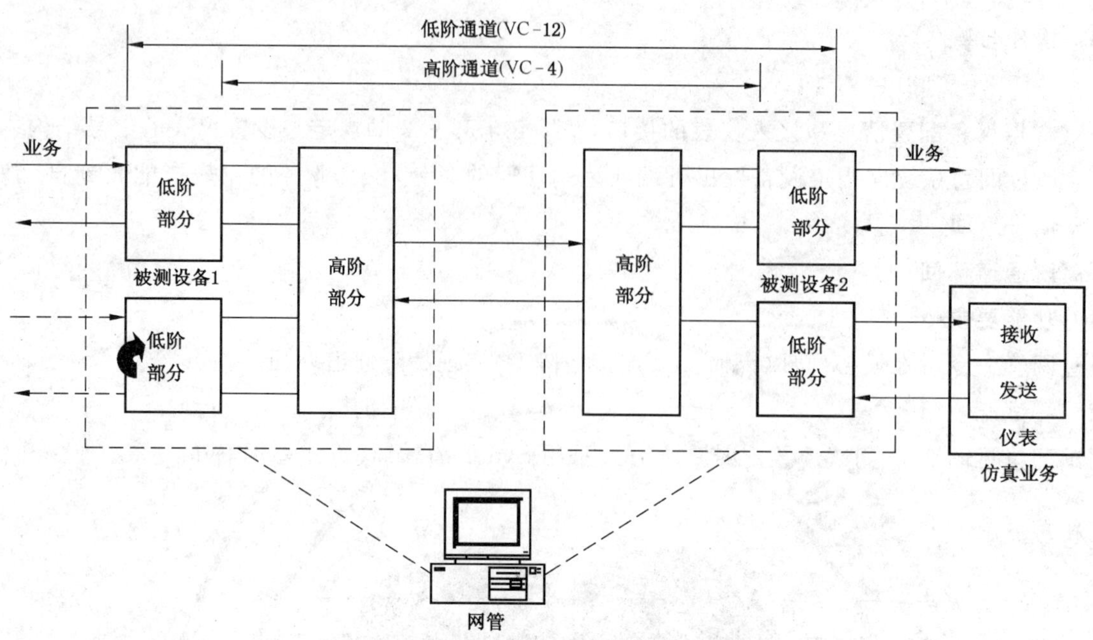

图 83 低阶通道环回功能测试配置

13.3.3 操作步骤

a) 按图 83 接好电路；

b) 根据设备配置情况和接入仪表的接口，并按 5.1 和 5.2 的规定来设置仪表的信号结构；

c) 通过网管系统向指定设备发出低阶通道环回的命令，仿真业务的仪表应能收到自已发出的信号返回，并指示无差错和告警。

14 开销和维护信号检查

14.1 再生段

14.1.1 检查内容

14.1.1.1 再生段开销

再生段开销见表 33。

表 33 再生段开销

名 称	功 能	有关维护信号	相 关 标 准
A1,A2	帧定位字节	LOF,OOF	GB/T 15941—2008 4.2.3 a)
J0	再生段踪迹字节	RS-TIM	GB/T 15941—2008 4.2.3 b)
B1	BIP-8 字节	—	GB/T 15941—2008 4.2.3 d)
D1～D3	数据通信通路(DCC)	—	GB/T 15941—2008 4.2.3 f)
E1	公务联络通路	—	GB/T 15941—2008 4.2.3 g)
F1	使用者通路	—	GB/T 15941—2008 4.2.3 h)

14.1.1.2 再生段维护信号

再生段维护信号见表 34。

14.1.2 测试配置

测试配置见图 84，被测设备示例为分插复用设备。测试系统定时基准方式采用 Syn. f_0. 1，替代方式采用 Syn. f_M. 4 或 Syn. f_E. 5。

14.1.3 操作步骤

14.1.3.1 检查 A1、A2 和 OOF、LOF

a) 按图 84 接好电路。

表 34 再生段维护信号

名　称	功　能	有关开销字节	相 关 标 准
LOF	帧丢失	A1,A2	ITU-T G.783(2004) 6.2.5,8.2.1
OOF	帧失步	A1,A2	ITU-T G.783(2004) 6.2.5
RS-TIM	再生段踪迹失配	J0	ITU-T G.806(2004) 6.2.2.2

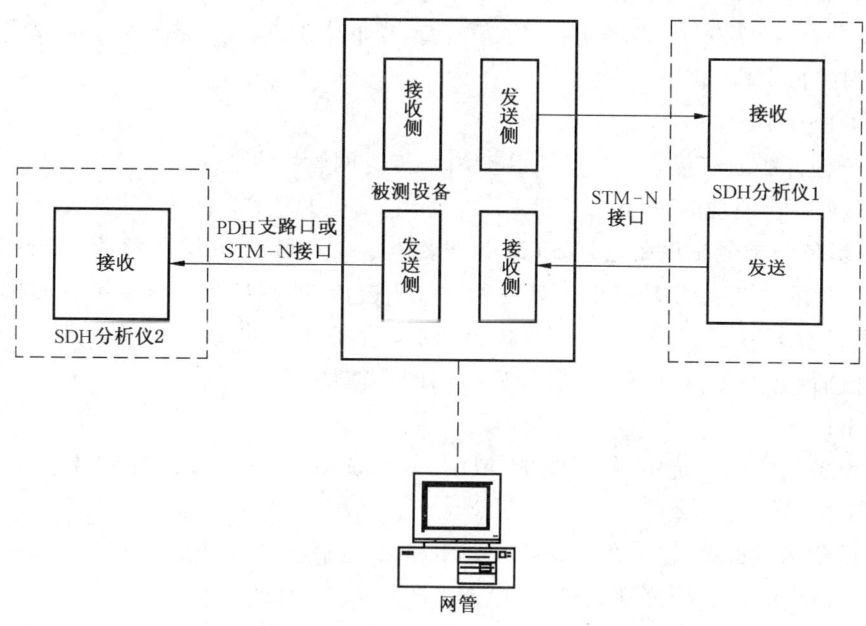

图 84 开销和维护信号检验测试配置

b) 根据被测设备配置情况和接入仪表的接口，并按 5.1 和 5.2 的规定，来设置 SDH 分析仪的信号结构，对于 STM-N 接口为 TSS5(N)、TSS7(N)或 TSS8(N)，对于 PDH 接口为 PRBS ($2^{15}-1$ 或 $2^{23}-1$)，待电路接通以后，SDH 分析仪应指示无任何差错或告警。

c) 改变设置 SDH 分析仪 1(发送)的 A1、A2 字节的内容，使与告警相关的 A1≠F6、A2≠28，SDH 分析仪 2(接收)应检测到 AU-AIS(VC-4 结构)或 TU-AIS(TU-12 结构)，网管系统应报告 LOF 告警。

若设置 SDH 分析仪 1(发送)向被测设备发送有差错的帧定位字，当达到连续 N 帧定位字差错时，网管系统应报告 OOF 告警，当 OOF 状态持续 3 ms 后，网管系统应报告 LOF 告警。

d) 恢复设置 SDH 分析仪 1(发送)的 A1、A2 字节的内容为 A1=F6、A2=28，SDH 分析仪 2(接收)检测到的告警(AU-AIS 或 TU-AIS)应消失，网管系统应报告 LOF 告警结束。

注 1：由于设备配置会有不同，出现 LOF 的同时，在 SDH 分析仪 2(接收)上指示的告警也有不同，因此不局限于 AU AIS 或 TU-AIS；

注 2：差错的帧定位字和 N 值由设备生产厂家提供；

注 3：3 ms 是提供设计的指标要求，相应的测试在研制阶段完成，整机只做功能检查；

注 4：欧洲国家标准中，与告警相关的 A1 是最后的 A1，与告警相关的 A2 是最前的 A2。

14.1.3.2 检查 J0 和 RS-TIM

a)和 b)见 14.1.3.1；

c) 由网管系统设置被测设备发送的J0字节的内容为某允许值J0=$j0_E$($j0_E$表示定义的设备J0值,下同),SDH分析仪1(接收)接收的J0=$j0_E$与网管系统设置的值一致;同时网管系统应报告被测设备接收的J0=$j0_M$($j0_M$表示定义的仪表J0值,下同)与由SDH分析仪1(发送)预先设定的J0字节的内容J0=$j0_M$一致;

d) 改变设置SDH分析仪1(发送)的J0字节的内容J0≠$j0_M$,使它与网管系统所期望的被测设备接收的J0(=$j0_M$)不同,网管系统可报告再生段踪迹失配告警(RS-TIM)(可选项);

e) 恢复设置SDH分析仪1(发送)的J0字节的内容J0=$j0_M$,使它重新与网管系统所期望的被测设备接收的J0(=$j0_M$)相同,网管系统可报告再生段踪迹失配告警(RS-TIM)停止(可选项)。

14.1.3.3 检查B1

a)和b)见14.1.3.1;

c) 在SDH分析仪1(发送)的信号中插入1个或若干个B1差错,被测设备网管系统应报告与插入数相同的再生段BIP-8差错。

14.1.3.4 检查D1～D3

可以用以下三种方法之一检查D1～D3已被用来传送网管数据。

a) 网管的"DCC管理功能"可设置DCC具体使用"D1～D3"、"D4～D12"或者"D1～D12";

b) SDH分析仪与被测试设备通过STM-N群路连接,SDH分析仪在发送端改变某个STM-1的D1～D3的值,可在接收端发现设备对D1～D3透传,即收到与发送端设置的相同值;

c) 利用SDH分析仪的"DCC Drop"功能,将两个设备之间的DCC通道下路到网管协议分析仪中,网管进行有关操作,可分析到DCC内部的具体协议。

14.1.3.5 检查E1

通常在多个设备构成的系统中,例如图75或图76系统中,通过测试公务联络电话检查E1通路。

14.1.3.6 检查F1

通常在多个设备构成的系统中,例如图75或图76系统中,在F1通路输入接口接入64 kbit/s测试信号,在64 kbit/s输出口正确检测到该信号,检查F1通路。

14.2 复用段

14.2.1 检查内容

14.2.1.1 复用段开销

复用段开销见表35。

表35 复用段开销

名　称	功　能	有关维护信号	相　关　标　准
B2	BIP-N×24字节	MS-REI	GB/T 15941—2008 4.2.3 e)
D4～D12	数据通信通路(DCC)	—	GB/T 15941—2008 4.2.3 f)
E2	公务联络通路	—	GB/T 15941—2008 4.2.3 g)
K1,K2(b1～b5)	自动保护倒换(APS)	—	GB/T 15941—2008 4.2.3 i)
K2(b6～b8)	远端缺陷指示(MS-RDI)	MS-RDI	GB/T 15941—2008 4.2.3 j)
M1,M0	远端差错指示(MS-REI)	MS-REI	GB/T 15941—2008 4.2.3 l)
S1(b5～b8)	同步状态消息	—	GB/T 15941—2008 4.2.3 k)

14.2.1.2 复用段维护信号

复用段维护信号见表36。

表 36 复用段维护信号

名　称	功　能	有关开销字节	相 关 标 准
MS-RDI	复用段远端缺陷指示	K2(b6～b8)	ITU-T G.806(2004) 6.2.6.3
MS-AIS	复用段告警指示信号	K2(b6～b8)	ITU-T G.783(2004) 6.2.6.1,附件 A ITU-T G.806(2004) 6.2.6.2
MS-REI	复用段远端差错指示	M1,M0	—

14.2.2 测试配置

测试配置见图 84。测试系统定时基准方式采用 Syn. f_0. 1,替代方式采用 Syn. f_M. 4 或 Syn. f_E. 5。

14.2.3 操作步骤

14.2.3.1 B2、M1、M0(仅 STM-64)和 MS-REI

a)和 b)见 14.1.3.1。

c) SDH 分析仪 1(发送)在测试信号中插入 1 个或若干个 B2 差错,被测设备网管系统应报告与插入数相同的复用段 BIP-N×24(或 BIP-1)差错。

d) SDH 分析仪 1(接收)检测到被测设备送出的 STM-N 信号中的 M1、M0(仅 STM-64)字节的所给出的代码,即 MS-REI 与 SDH 分析仪 1(发送)的测试信号中插入的 B2 差错数一致。

e) 在 SDH 分析仪 1(发送)的测试信号中改变设置 M1、M0(仅 STM-64)。字节的数值(即插入表示 1 个或若干个误块的 MS-REI),被测设备网管系统应报告与 SDH 分析仪 1(发送)所设置数值一致的 MS-REI。

14.2.3.2 K2(b6～b8)和 MS-AIS、MS-RDI

a)和 b)见 14.1.3.1;

c) 设置 SDH 分析仪 1(发送)的测试信号中 K2(b6～b8)=111(即插入告警信号 MS-AIS),被测设备网管系统应报告 MS-AIS 告警,同时 SDH 分析仪 1(接收)应检测到 MS-RDI(依照被测设备的线路配置情况会有所不同);

d) 设置 SDH 分析仪 1(发送)的测试信号中 K2(b6～b8)=110(即插入远端缺陷指示 MS-RDI),被测设备网管系统应报告 MS-RDI 告警。

14.2.3.3 S1(b5～b8)

a)和 b)见 14.1.3.1;

c) 改变 SDH 分析仪 1(发送)的测试信号中 S1(b5～b8)字节的内容,被测设备网管系统应报告,收到的 S1 的内容随 SDH 分析仪的设置而改变;

d) 详细测试内容和要求见 11.1.2。

14.2.3.4 检查 D4～D12

可以用以下三种方法之一检查 D4～D12 已被用来传送网管数据。

a) 网管的"DCC 管理功能"可设置 DCC 具体使用"D1～D3"、"D4～D12"或者"D1～D12";

b) SDH 分析仪与被测试设备通过 STM-N 群路连接,SDH 分析仪在发送端改变某个 STM-1 的 D4～D12 的值,可在接收端发现设备对 D4～D12 透传,即收到与发送端设置的相同值;

c) 利用 SDH 分析仪的"DCC Drop"功能,将两个设备之间的 DCC 通道下路到网管协议分析仪中,网管进行有关操作,可分析到 DCC 内部的具体协议。

14.2.3.5 检查 E2

通常在多个设备构成的系统中,例如图 75 或图 76 系统中,通过测试公务联络电话检查 E2 通路。

14.2.3.6 检查 K1,K2(b1～b5)

通过 12.1 线形复用段的保护倒换测试,12.2 两纤复用段共享保护环测试,以及 12.3 四纤复用段共享保护环测试完成检查 K1,K2(b1～b5)。

14.3 高阶通道

14.3.1 检查内容

14.3.1.1 高阶通道开销

高阶通道开销见表 37。

表 37 高阶通道开销

名　称	功　能	有关维护信号	相关标准
J1	高阶通道踪迹字节	HP-TIM	GB/T 15941—2008 4.2.6.1 a)
B3	高阶通道 BIP-8 字节	HP-REI	GB/T 15941—2008 4.2.6.1 b)
C2	高阶通道信号标记字节	HP-UNEQ	GB/T 15941—2008 4.2.6.1 c)
G1	高阶通道状态字节	—	GB/T 15941—2008 4.2.6.1 d)
G1(b1～b4)	远端差错指示(HP-REI)	HP-REI	GB/T 15941—2008 4.2.6.1 d)
G1(b5)	远端缺陷指示(HP-RDI)	HP-RDI	GB/T 15941—2008 4.2.6.1 d)
G1(b6～b7)	保留或增强的远端缺陷指示	E-RDI	GB/T 15941—2008 4.2.6.1 d)
F2,F3	通道使用者通路字节	—	GB/T 15941—2008 4.2.6.1 e)
H4	位置指示和虚级联指示字节	OOM	GB/T 15941—2008 4.2.6.1 f)
N1	网络运行者字节(可选)	TCM	GB/T 15941—2008 4.2.6.1 h) ITU-T G.707(2003) 附件 C 和附件 D

14.3.1.2 高阶通道维护信号

高阶通道维护信号见表 38。

表 38 高阶通道维护信号

名　称	功　能	有关开销字节	相关标准
HP-REI	高阶通道远端差错指示	G1(b1～b4)	—
HP-RDI	高阶通道远端缺陷指示	G1(b5)	ITU-T G.806(2004) 6.2.6.3
HP-TIM	高阶通道踪迹失配	J1	ITU-T G.806(2004) 6.2.2.2
HP-TCM	高阶通道串联连接监视(可选)	N1	ITU-T G.783 (2004)8.2.4, 第 12 章,12.4.2,12.4.3
HP-PLM	高阶通道信号标记失配	C2	ITU-T G.806(2004) 6.2.4.2
HP-UNEQ	高阶通道未装载	C2	ITU-T G.806(2004) 6.2.1.3
AU-AIS	管理单元告警指示信号	—	ITU-T G.783(2004) 6.2.6.1,附件 A ITU-T G.806(2004) 6.2.6.2

14.3.2 测试配置

测试配置见图 84。测试系统定时基准方式采用 Syn. f_0.1,替代方式采用 Syn. f_M.4 或 Syn. f_E.5。

14.3.3 操作步骤

14.3.3.1 J1

a)和 b)见 14.1.3.1;

c) 通过网管系统设置被测设备发送侧相关指定通道的 J1 字节的内容为某个允许值 J1=$j1_E$($j1_E$ 表示定义的设备指定通道 J1 值,下同),SDH 分析仪 1(接收)接收的该通道 J1=$j1_E$ 与网管系统所设置内容一致;同时网管系统应报告被测设备接收的 J1=$j1_M$($j1_M$ 表示定义的仪表指定通道 J1 值,下同)与 SDH 分析仪 1(发送)的测试信号中同一通道预先设定的 J1 字节的内容

J1＝j1$_M$一致；

d) 改变设置 SDH 分析仪 1(发送)的测试信号中相关指定通道的 J1≠j1$_M$，使它与网管系统所期望的被测设备接收侧同一通道的 J1(＝j1$_M$)不同，网管系统可报告高阶通道踪迹失配告警(HP-TIM)(可选项)，SDH 分析仪 2(接收)应指示同一高阶通道中的 TU-AIS 告警；

e) 恢复设置 SDH 分析仪 1(发送)的测试信号中相关指定通道的 J1＝j1$_M$，使它重新与网管系统所期望的被测设备接收侧同一通道的 J1(＝j1$_M$)相同，网管系统则应报告高阶通道踪迹失配告警(HP-TIM)停止，SDH 分析仪 2(接收)应指示同一高阶通道中的 TU-AIS 告警立即消失。

14.3.3.2 **B3、G1(b1～b4)和 HP-REI**

a)和 b)见 14.1.3.1；

c) 在 SDH 分析仪 1(发送)的测试信号相关指定通道中插入 1 个或若干个 B3 差错，网管系统应报告指定通道中有与插入数相同的 BIP-8 差错，同时 SDH 分析仪 1(接收)应检测到和插入数量一致的 HP-REI；

d) 设置 SDH 分析仪 1(发送)的测试信号中 G1(b1～b4)字节的内容(即插入表示 1 个或若干个误块的 HP-REI)，网管系统应报告与仪表设置数值相同的 HP-REI。

14.3.3.3 **G1(b5～b7)和 HP-RDI**

a)和 b)见 14.1.3.1；

c) 在 SDH 分析仪 1(发送)的测试信号中相关指定高阶通道插入 AU-AIS，网管系统应报告检测到 AU-AIS 告警，同时 SDH 分析仪 1(接收)应指示 HP-RDI 告警，并且收到的 G1(b5～b7)的内容应为 100；

d) 改变设置 SDH 分析仪 1(发送)的测试信号中停止插入 AU-AIS，网管系统应报告 AU-AIS 告警停止，同时 SDH 分析仪 1(接收)指示 HP-RDI 告警消失；

e) 设置 SDH 分析仪 1(发送)的测试信号中相关指定通道 G1(b5～b7)字节的内容为 100(即直接插入 HP-RDI)，网管系统应报告检测到 HP-RDI 告警。

14.3.3.4 **C2**

a)和 b)见 14.1.3.1；

c) SDH 分析仪 1(接收)检测到的 C2 字节的内容应与网管系统设定的被测设备发送侧相关高阶通道 C2 字节的内容一致；网管系统报告被测设备接收侧相关高阶通道 C2 字节的内容应与 SDH 分析仪 1(发送)的测试信号中同一高阶通道预先设定的 C2 字节的内容一致；有关内容应符合 GB/T 15942—1995 表 5 的规定；

d) 改变设置 SDH 分析仪 1(发送)的测试信号中相关指定高阶通道 C2 字节的内容(C2＝00000001 除外)，使它与网管系统所期望的被测设备接收侧同一高阶通道的 C2 字节的内容不同，网管系统则应报告该高阶通道信号标记失配告警(HP-PLM)，并能给出其收到的 C2 字节的内容；SDH 分析仪 2(接收)应指示在同一高阶通道中的 TU-AIS 告警；

e) 恢复设置 SDH 分析仪 1(发送)的测试信号中相关指定通道 C2 字节的内容，使它重新与网管系统所期望的被测设备接收侧同一高阶通道的 C2 字节内容相同，网管系统应报告该高阶通道信号标记失配告警(PH-PLM)停止，SDH 分析仪 2(接收)应指示同一高阶通道所有告警消失；

f) 设置 SDH 分析仪 1(发送)的测试信号中相关指定高阶通道 C2＝00000000(即插入 HP-UNEQ)，网管系统应报告检测到高阶通道未装载，同时 SDH 分析仪 2(接收)应指示同一高阶通道 TU-AIS 告警。

14.3.3.5 **检查 F2,F3**

通常在多个设备构成的系统中，例如图 75 或图 76 系统中，在 F2,F3 通路输入接口接入 64 kbit/s 测试信号，在 64 kbit/s 输出口正确检测到该信号，检查 F2,F3 通路。

14.4 低阶通道

14.4.1 检查内容

14.4.1.1 低阶通道开销

低阶通道开销见表39。

表39 低阶通道开销

名称	功能	有关维护信号	相关标准
V5(b1,b2)	低阶通道BIP-2字节	—	GB/T 15941—2008 4.2.6.2 a)
V5(b3)	远端差错指示(LP-REI)	LP-REI	GB/T 15941—2008 4.2.6.2 a)
V5(b5～b7)	低阶通道信号标记字节	LP-UNEQ	GB/T 15941—2008 4.2.6.2 a)
V5(b8)	远端缺陷指示(LP-RDI)	LP-RDI	GB/T 15941—2008 4.2.6.2 a)
J2	低阶通道踪迹字节	LP-TIM	GB/T 15941—2008 4.2.6.2 b)
N2	网络运行者字节(可选)	LP-TCM	GB/T 15941—2008 4.2.6.2 c) ITU-T G.707(2003) 附件C和附件D
K4(b1)	扩展的信号标记	—	GB/T 15941—2008 4.2.6.2 d)
K4(b2)	低阶通道虚级联指示字节	—	GB/T 15941—2008 4.2.6.2 e)
K4(b5～b7)	增强的远端缺陷指示	E-RDI	GB/T 15941—2008 4.2.6.2 g)

14.4.1.2 低阶通道维护信号

低阶通道维护信号见表40。

表40 低阶通道维护信号

名称	功能	有关开销字节	相关标准
LP-RDI	低阶通道远端缺陷指示	V5(b8)	ITU-T G.806(2004) 6.2.6.3
LP-TIM	低阶通道踪迹跟踪失配	J2	ITU-T G.806(2004) 6.2.2.2
LP-TCM	低阶通道串联连接监视(可选)	N2	ITU-T G.783 (2004)13.4.2
LP-PLM	低阶通道信号标记失配	V5(b5～b7)	ITU-T G.806(2004) 6.2.4.2
LP-UNEQ	低阶通道未装载	V5(b5～b7)	ITU-T G.783(2004) 8.2.3.2, ITU-T G.806(2004) 6.2.1.3
TU-AIS	支路单元告警指示信号	—	ITU-T G.783(2004) 6.2.6.1,附件A, ITU-T G.806(2004) 6.2.6.2

14.4.2 测试配置

测试配置见图84。测试系统定时基准方式采用Syn. f_0.1,替代方式采用Syn. f_M.4或Syn. f_E.5。

14.4.3 操作步骤

14.4.3.1 J2

a)和b)见14.1.3.1;

c) 通过网管系统设置被测设备发送侧相关指定通道J2字节的内容为某个允许值J2=$j2_E$($j2_E$表示定义的设备指定通道J2值,下同),SDH分析仪1(接收)接收的该通道J2=$j2_E$与网管系统所设置内容一致;同时网管系统应报告被测设备接收的J2=$j2_M$($j2_M$表示定义的仪表指定通道J2值,下同)与SDH分析仪1(发送)的测试信号中同一通道中预先设定的J2字节的内容J2=$j2_M$一致;

d) 改变设置SDH分析仪1(发送)的测试信号中相关指定通道的J2≠$j2_M$,使它与网管系统所期望的被测设备接收侧同一通道的J2(=$j2_M$)不同,网管系统可报告低阶通道踪迹失配告警(LP-TIM)(可选项),SDH分析仪2(接收)指示2 048 kbit/sAIS(E1AIS)告警;

e) 恢复设置 SDH 分析仪 1(发送)的测试信号中相关指定通道的 J2＝$j2_M$,使它重新与网管系统所期望的被测设备接收侧同一通道 J2(＝$j2_M$)相同,网管系统可报告低阶通道踪迹失配告警(LP-TIM)停止(可选项),SDH 分析仪 2(发送)应指示 2 048 kbit/sAIS(E1AIS)告警立即消失。

14.4.3.2 **V5(b1,b2)、V5(b3)和 LP-REI**

a)和 b)见 14.1.3.1;

c) 在 SDH 分析仪 1(发送)的测试信号中相关指定通道插入 1 个或若干个 V5(b1,b2)差错,网管系统应报告与插入数相同的 BIP-2 差错,同时 SDH 分析仪 1(接收)应在相关指定通道检测到 LP-REI,即 V5(b3)＝1;

d) 设置 SDH 分析仪 1(发送)的测试信号中相关指定通道 V5(b3)＝1(即插入 LP-REI),网管系统应报告 LP-REI(即 V5(b3)＝1)。

14.4.3.3 **V5(b8)和 LP-RDI**

a)和 b)见 14.1.3.1;

c) 在 SDH 分析仪 1(发送)的测试信号中相关指定通道插入 TU-AIS,网管系统应报告同一通道检测到 TU-AIS 告警,同时 SDH 分析仪 1(接收)应指示相关指定通道 LP-RDI 告警,并且收到的 V5(b8)＝1;

d) SDH 分析仪 1(发送)的测试信号中相关指定通道停止插入 TU-AIS,网管系统应报告 TU-AIS 告警消失,同时 SDH 分析仪 1(接收)指示同一通道 LP-RDI 告警消失,并且收到的 V5(b8)＝0;

e) 设置 SDH 分析仪 1(发送)的测试信号中相关指定通道 V5(b8)＝1(即插入 LP-RDI),网管系统应报告同一通道检测到 LP-RDI。

14.4.3.4 **V5(b5～b7)**

a)和 b)见 14.1.3.1;

c) SDH 分析仪 1(接收)检测到的 V5(b5～b7)的内容应与网管系统设定的被测设备发送侧相关低阶通道 V5(b5～b7)的内容一致;网管系统报告被测设备接收侧相关低阶通道 V5(b5～b7)的内容应与 SDH 分析仪 1(发送)的测试信号中同一通道预先设定的 V5(b5～b7)的内容一致;有关内容应符合 GB/T 15941—2008 表 8 的规定;

d) 改变设置 SDH 分析仪 1(发送)的测试信号中相关指定低阶通道 V5(b5～b7)的内容(V5(b5～b7)＝001 除外),使它与网管系统所期望的被测设备接收侧同一低阶通道的 V5(b5～b7)内容不同,网管系统则应报告该低阶通道信号标记失配告警(LP-PLM),并能给出其收到的 V5(b5～b7)的内容;SDH 分析仪 2(接收)应指示相关 2 048 kbit/sAIS(E1AIS)告警;

e) 恢复设置 SDH 分析仪 1(发送)的测试信号中相关指定低阶通道 V5(b5～b7)的内容,使它重新与网管系统所期望的被测设备接收侧同一低阶通道的 V5(b5～b7)的内容相同,网管系统应报告该低阶通道信号标记失配告警(LP-PLM)停止,SDH 分析仪 2(接收)应指示相关 2 048 kbit/s 通道 AIS 告警立即消失;

f) 设置 SDH 分析仪 1(发送)的测试信号中相关指定低阶通道中 V5(b5～b7)＝000(即插入 LP-UNEQ),网管系统应报告检测到该低阶通道未装载(LP-UNEQ),同时 SDH 分析仪 2(接收)应指示 2 048 kbit/sAIS(E1 AIS)告警。

14.5 指针

14.5.1 检查内容

检查内容见表 41。

表 41 指针

名称	相关字节	相关标准	指针值范围
管理单元指针(AU-4 指针)	H1、H2、H3	ITU-T G.707(2003) 8.1	0～782
支路单元指针(TU-3 指针)	H1、H2、H3	ITU-T G.707(2003) 8.2	0～764
支路单元指针(TU-12 指针)	V1、V2、V3	ITU-T G.707(2003) 8.3	0～139
维护信号:指针丢失(LOP)	—	ITU-T G.783(2004) 6.2.5.3,附录 A	—

14.5.2 测试配置

测试配置见图 85。测试系统定时基准方式采用 Syn. f_0.1,替代方式采用 Syn. f_M.4 或 Syn. f_E.5。

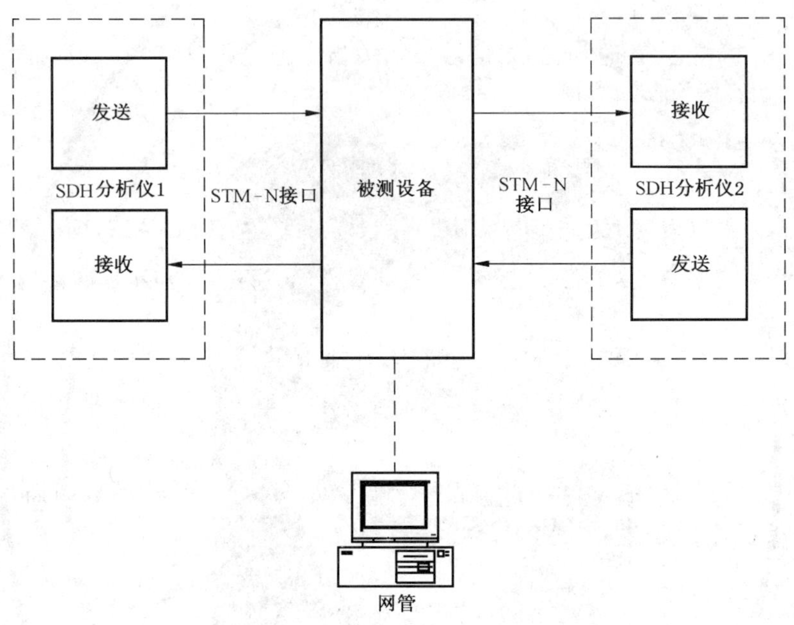

图 85 指针测试配置

14.5.3 操作步骤

14.5.3.1 H1、H2、H3 和 AU-4 指针

a) 按图 85 接好电路;

b) 根据被测设备配置情况和接入仪表的接口,并按 5.1 和 5.2 的规定,设置 SDH 分析仪 1 和 2 的信号结构,对于 STM-N 接口为 TSS5(N)、TSS7(N)或 TSS8(N),待电路接通后,SDH 分析仪应指示无任何差错或告警,工作正常;

c) SDH 分析仪 1 和 2(接收)检测到相关高阶通道的 AU-4 的 H1(b1～b6)字节的内容为 011010,显示的 AU-4 指针值在 0～782 之间的某一数值;

d) 设置 SDH 分析仪 1(发送)的测试信号中相关通道的 AU-4 指针值在 0～782 范围内作连续改变,指针值每次加 1 或减 1,SDH 分析仪 2(接收)应检测不到任何差错;

e) 设置 SDH 分析仪 1(发送)的测试信号中相关通道的 AU-4 指针值大于 782 的某一数值(或插入 AU-LOP),被测设备网管系统应检测到 AU-LOP 告警;

f) SDH 分析仪 2(接收)应指示 AU-AIS。

14.5.3.2 H1、H2、H3 和 TU-3 指针

a)和 b) 见 14.5.3.1;

c) SDH 分析仪 1 和 2(接收)检测到相关低阶通道的 TU-3 的 H1(b1～b6)字节的内容为 011010,显示的 AU-4 指针值在 0～764 之间的某一数值;

d) 设置 SDH 分析仪 1(发送)的测试信号中相关低阶通道的 TU-3 指针值在 0～764 范围内作连续改变,指针值每次加 1 或减 1,SDH 分析仪 2(接收)应检测不到任何差错;
e) 设置 SDH 分析仪 1(发送)的测试信号中相关低阶通道的 TU-3 指针值大于 764 的某一数值(或插入 TU-LOP),被测设备网管系统应检测到 TU-LOP 告警;
f) SDH 分析仪 2(接收)应指示 TU-AIS 告警。

14.5.3.3 V1、V2、V3 和 TU-12 指针

a)和 b) 见 14.5.3.1;
c) SDH 分析仪 1 和 2(接收)检测到相关低阶通道的 TU-12 的 V1(b1～b6)字节的内容为 011010,显示的 TU-12 指针值在 0～139 之间的某一数值;
d) 设置 SDH 分析仪 1(发送)的测试信号中相关低阶通道的 TU-12 指针值在 0～139 范围内作连续改变,指针值每次加 1 或减 1,SDH 分析仪 2(接收)应检测不到任何差错;
e) 设置 SDH 分析仪 1(发送)的测试信号中相关低阶通道的 TU-12 指针值大于 139 的某一数值(或插入 TU-LOP),被测设备网管系统应检测到 TU-LOP 告警;
f) SDH 分析仪 2(接收)应指示 TU-AIS 告警。

15 TCM 协议测试

15.1 VC-4 串联连接监视协议测试

VC-4 串联连接监视(TCM)协议可划分为选项 1 和选项 2 两类,其中选项 2 较为常见。这里仅对选项 2 对应的 TCM 协议测试进行规范。

15.1.1 N1 字节内容

N1 字节结构见表 42。其中,比特 1～4 用作引入误码计数(IEC),编码见表 43,编码解释见表 44;比特 5 用作串联连接的 TC-REI,指示串联连接内部引发的误码块;比特 6 用作 OEI,指示引出 VC-n 的误码块;比特 7～8 以 76 帧复帧的方式运作,用以指示 TC-API(串联连接接入点标识符,16 字节格式)以及 TC-RDI 和 ODI,复帧结构见表 45 和表 46。

表 42 N1 字节结构

b1	b2	b3	b4	b5	b6	b7	b8
IEC				TC-REI	OEI	TC-API,TC-RDI ODI,保留位	

表 43 IEC 编码

b1	b2	b3	b4	BIP-8 违例数
1	0	0	1	0
0	0	0	1	1
0	0	1	0	2
0	0	1	1	3
0	1	0	0	4
0	1	0	1	5
0	1	1	0	6
0	1	1	1	7
1	0	0	0	8
1	1	1	0	引入 AIS

表 44　IEC 编码解释

b1	b2	b3	b4	IEC 编码解释
0	0	0	0	0 BIP 违例
0	0	0	1	1 BIP 违例
0	0	1	0	2 BIP 违例
0	0	1	1	3 BIP 违例
0	1	0	0	4 BIP 违例
0	1	0	1	5 BIP 违例
0	1	1	0	6 BIP 违例
0	1	1	1	7 BIP 违例
1	0	0	0	8 BIP 违例
1	0	0	1	0 BIP 违例
1	0	1	0	0 BIP 违例
1	0	1	1	0 BIP 违例
1	1	0	0	0 BIP 违例
1	1	0	1	0 BIP 违例
1	1	1	0	0 BIP 违例，引入 AIS
1	1	1	1	0 BIP 违例

表 45　N1 字节比特 7～8 的复帧结构

帧　序　号	比特 7～8 定义
1～8	帧对齐信号：1111 1111 1111 1110
9～12	TC-API 字节 ＃1［1 $C_1C_2C_3C_4C_5C_6C_7$］
13～16	TC-API 字节 ＃2［0 X X X X X X X］
17～20	TC-API 字节 ＃3［0 X X X X X X X］
:	:
:	:
:	:
65～68	TC-API 字节 ＃15［0 X X X X X X X］
69～72	TC-API 字节 ＃16［0 X X X X X X X］
73～76	TC-RDI，ODI 和保留位(见表 46)

表 46　比特 7～8 复帧的第 73～76 帧的结构

帧＃	比特 7 定义	比特 8 定义
73	保留位（缺省值＝"0"）	TC-RDI
74	ODI	保留位（缺省值＝"0"）
75	保留位（缺省值＝"0"）	保留位（缺省值＝"0"）
76	保留位（缺省值＝"0"）	保留位（缺省值＝"0"）

15.1.2 测试配置

测试配置见图 86。测试系统定时基准方式采用 Syn. f_0. 1，替代方式采用 Syn. f_M. 4 或 Syn. f_E. 5。

注意：下面操作步骤中 N1[x][y]指的是在 N1 字节 76 复帧中第 y(y=1…76)帧 N1 字节的第 x(x=7,8)位比特。

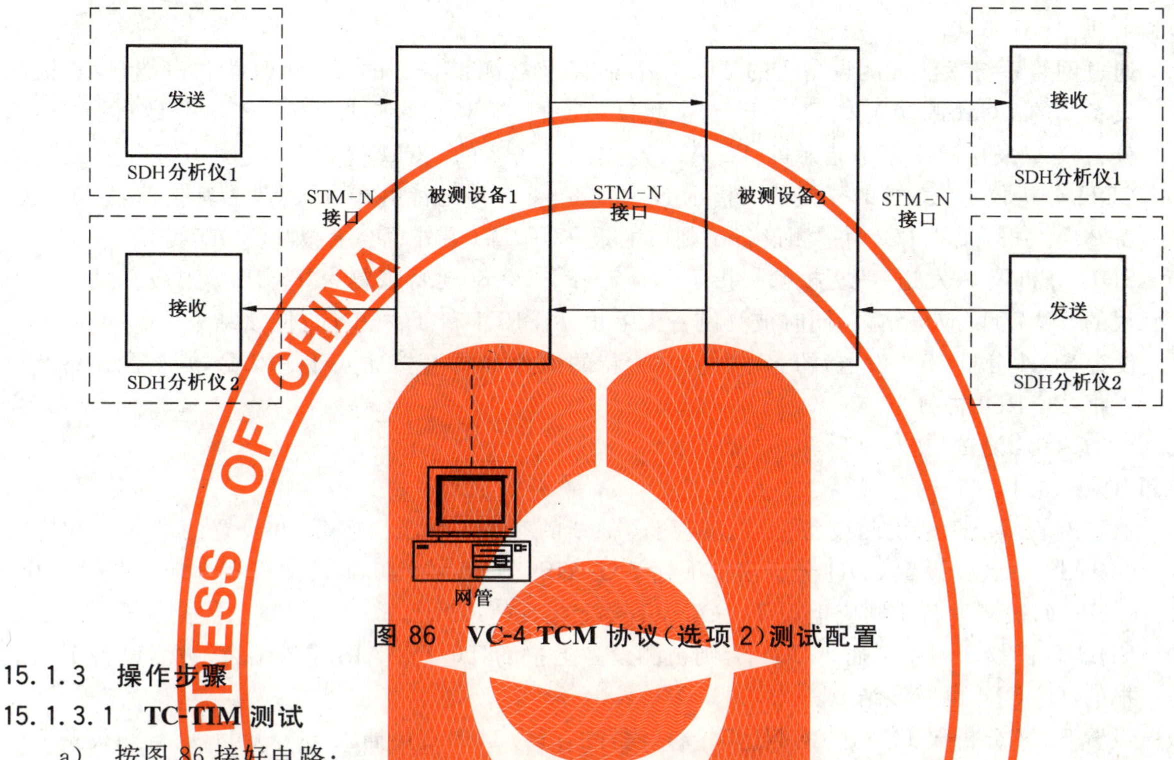

图 86 VC-4 TCM 协议(选项 2)测试配置

15.1.3 操作步骤

15.1.3.1 TC-TIM 测试

a) 按图 86 接好电路；

b) 根据被测设备配置情况和接入仪表的接口，并按 5.1 和 5.2 的规定，设置 SDH 分析仪 1 和 2 的信号结构，对于 STM-N 接口为 TSS5(N)，待电路接通后，SDH 分析仪应指示无任何差错或告警，工作正常；

c) 通过网管系统，激活被测设备 1 的 TCM 源端，设置其应发 TC-API，则 SDH 分析仪 1(接收)的 N1 字节指示的 TC-API 应与被测设备 1 的 TCM 源端发送的值一致；

d) 通过网管系统，激活被测设备 2 的 TCM 宿端，设置其应收 TC-API，设置 SDH 分析仪 1(发送)的 N1 字节指示的 TC-API 与被测设备 2 的 TCM 宿端不一致，则被测设备 2 应上报 TC-TIM。SDH 分析仪 1(接收)指示 AU-AIS。

15.1.3.2 TC-UNEQ 测试

a)和 b)见 15.1.3.1；

c) 通过网管系统激活被测设备 2 的 TCM 宿端，设置其应收 TC-API 与 SDH 分析仪 1(发送)的 N1 字节指示的 TC-API 一致，设置 SDH 分析仪 1(发送)的 N1 字节为全 0(持续 5 帧以上)，则被测设备 2 应上报 TC-UNEQ。SDH 分析仪 1(接收)指示 AU-AIS。

15.1.3.3 TC-INCAIS 测试

a)和 b)见 15.1.3.1；

c) 通过网管系统激活被测设备 2 的 TCM 宿端，设置其应收 TC-API 与 SDH 分析仪 1(发送)的 N1 字节指示的 TC-API 一致，设置 SDH 分析仪 1(发送)的 N1 字节的 IEC 指示为“1110”，则被测设备 2 应上报 TC-INCAIS。SDH 分析仪 1(接收)指示 AU-AIS。

15.1.3.4 TC-LTC 测试

a)和 b)见 15.1.3.1；

c) 通过网管系统激活被测设备 2 的 TCM 宿端，设置其应收 TC-API 与 SDH 分析仪 1(发送)的

N1 字节指示的 TC-API 一致，设置 SDH 分析仪 1(发送)的复帧帧头指示 N1[7～8][1～8]比特由“0xfffe”改为其他值，则被测设备 2 应上报 TC-LTC。SDH 分析仪 1(接收)指示 AU-AIS。

15.1.3.5 **TC-RDI 测试**

a)和 b)见 15.1.3.1。

c) 通过网管系统激活被测设备 1 的 TCM 宿端，以及被测设备 2 的 TCM 源端和宿端；设置被测设备 2 的 TCM 源端应发 TC-API 与被测设备 1 的 TCM 宿端应收 TC-API 相一致；设置 SDH 分析仪 1(发送)N1 字节指示的 TC-API 与被测设备 2 的 TCM 宿端应收 TC-API 相一致。

d) SDH 分析仪 1(发送)的复帧帧头指示 N1[7～8][1～8]比特由“0xfffe”改为其他值，则被测设备 2 应上报 TC-LTC，而被测设备 1 则应上报 TC-RDI(另外也会上报 TC-ODI)。

e) SDH 分析仪 1(发送)的复帧帧头指示 N1[7～8][1～8]比特恢复为“0xfffe”，则被测设备 2 上报的 TC-LTC 应该结束，同时被测设备 1 上报 TC-RDI 和 TC-ODI 也应该结束。

f) 设置 SDH 分析仪 1(发送)的 N1[8][73]比特的值为 1(即直接插入 TC-RDI)，则被测设备 2 应上报 TC-RDI 告警。

15.1.3.6 **TC-ODI 测试**

a)和 b)见 15.1.3.1。

c) 通过网管系统激活被测设备 1 以及被测设备 2 的 TCM 源端和宿端，并设置两端应发和应收 TC-API 一致。设置 SDH 分析仪 1 下插 AU-AIS(TCM 域外)，则被测设备 2 应上报 TC-INCAIS，而被测设备 1 则应上报 TC-ODI(不会上报 TC-RDI)。

d) SDH 分析仪 1 停止下插 AU-AIS，则被测设备上报的 TC-INCAIS 应该结束，被测设备 1 则上报的 TC-ODI 也应该结束。

e) 设置 SDH 分析仪 1(发送)的 N1[7][74]比特的值为 1(即直接插入 TC-ODI)，则被测设备 2 应上报 TC-ODI 告警。

15.1.3.7 **TC-DEG 测试**

a)和 b)见 15.1.3.1；

c) 通过网管系统激活被测设备 2 的 TCM 宿端，设置其应收 TC-API 与 SDH 分析仪 1(发送)的 N1 字节指示的 TC-API 一致，设置 SDH 分析仪 1(发送)N1[1～4]比特指示的 IEC 编码为“1001”；

d) 通过网管系统设置被测设备 2 的 TCM 宿端的 DEG 门限为 IE-7。设置 SDH 分析仪 1 下插 B3 误码率为 IE-6，则被测设备 2 应上报 TC-DEG。

15.1.3.8 **TC-REI 测试**

a)和 b)见 15.1.3.1；

c) 通过网管系统激活被测设备 1 的 TCM 宿端，以及被测设备 2 的 TCM 源端和宿端；设置被测设备 2 的 TCM 源端应发 TC-API 与被测设备 1 的 TCM 宿端应收 TC-API 相一致；设置 SDH 分析仪 1(发送)N1 字节指示的 TC-API 与被测设备 2 的 TCM 宿端应收 TC-API 相一致；

d) 设置 SDH 分析仪 1(发送)插入 1 个或若干个 B3 差错，被测设备 2 应报告与插入数相同串联连接 BIP 差错，同时被测设备 1 应该上报与插入数目相同的 TC-REI；

e) 设置 SDH 分析仪 1(发送)的 TC-REI 指示比特 N1[5]值为 1(即插入 TC-REI)，被测设备 2 应该上报 TC-REI。

15.1.3.9 **TC-OEI 测试**

a)和 b)见 14.1.3.1。

c) 通过网管系统激活被测设备 1 以及被测设备 2 的 TCM 源端和宿端，并设置两端应发和应收 TC-API 一致。设置 SDH 分析仪 1 插入 1 个或若干个 B3 差错，则被测设备 2 应上报相同数目的引入串联连接误码，而被测设备1则应上报相同数目的TC-OEI(不会上报TC-REI)。

d) 设置SDH分析仪1(发送)的N1[6]比特的值为1(即直接插入TC-OEI)，则被测设备2应上报TC-OEI告警。

15.2 VC-12串联连接监视协议测试

15.2.1 N2字节内容

N2字节结构见表47。其中，比特1～2用作偶校验BIP-2；比特3固定为“1”；比特4用以指示“引入AIS”；比特5用作串联连接的TC-REI，指示串联连接内部引发的误码块；比特6用作OEI，指示引出VC-n的误码块；比特7～8以76帧复帧的方式运作，用以指示TC-API(串联连接接入点标识符，16字节格式)以及TC-RDI和ODI，复帧结构见表45和表46。

表47 N2字节结构

b1	b2	b3	b4	b5	b6	b7	b8
BIP-2		"1"	引入AIS	TC-REI	OEI	TC-API，TC-RDI ODI，保留位	

15.2.2 测试配置

测试配置见图86。测试系统定时基准方式采用Syn. f_0.1，替代方式采用Syn. f_M.4或Syn. f_E.5。

注意：下面操作步骤中N2[x][y]指的是在N1字节76复帧中第y(y=1…76)帧N2字节的第x(x=7，8)位比特。

15.2.3 操作步骤

15.2.3.1 TC-TIM测试

a) 按图86接好电路。

b) 根据被测设备配置情况和接入仪表的接口，并按5.1和5.2的规定，设置SDH分析仪1和2的信号结构，对于STM-N接口为TSS8(N)，待电路接通后，SDH分析仪应指示无任何差错或告警，工作正常。

c) 通过网管系统激活被测设备1的TCM源端，设置其应发TC-API，则SDH分析仪1(接收)的N2字节指示的TC-API应与被测设备1的TCM源端发送的TC-API一致。

d) 通过网管系统激活被测设备2的TCM宿端，设置其应收TC-API，SDH分析仪1(发送)的N2字节指示的TC-API与被测设备2的TCM宿端应收的TC-API不一致，则被测设备2应上报TC-TIM。SDH分析仪1(接收)指示TU-AIS。

15.2.3.2 TC-UNEQ测试

a)和b)见15.2.3.1；

c) 通过网管系统激活被测设备2的TCM宿端，设置其应收TC-API与SDH分析仪1(发送)的N2字节指示的TC-API一致，设置SDH分析仪1(发送)的N2字节为全0(持续5帧以上)，则被测设备2应上报TC-UNEQ。SDH分析仪1(接收)指示TU-AIS。

15.2.3.3 TC-INCAIS测试

a)和b)见15.2.3.1；

c) 通过网管系统激活被测设备2的TCM宿端，设置其应收TC-API与SDH分析仪1(发送)的N2字节指示的TC-API一致，设置SDH分析仪1(发送)的“引入AIS”指示N2[4]比特为“1”，则被测设备2应上报TC-INCAIS。SDH分析仪1(接收)指示TU-AIS。

15.2.3.4 TC-LTC测试

a)和b)见15.2.3.1；

c) 通过网管系统激活被测设备2的TCM宿端，设置其应收TC-API与SDH分析仪1(发送)的N2字节指示的TC-API一致，设置SDH分析仪1(发送)的复帧帧头指示N2[1～8][7～8]比特由“0xfffe”改为其他值，则被测设备2应上报TC-LTC。SDH分析仪1(接收)指示TU-AIS。

15.2.3.5 **TC-RDI 测试**

a)和 b)见 15.2.3.1。

c) 通过网管系统激活被测设备 1 的 TCM 宿端，以及被测设备 2 的 TCM 源端和宿端，设置被测设备 2 的 TCM 源端应发 TC-API 与被测设备 1 的 TCM 宿端应收 TC-API 相一致；设置 SDH 分析仪 1(发送)N2 字节指示的 TC-API 与被测设备 2 的 TCM 宿端相应收 TC-API 一致。

d) 设置 SDH 分析仪 1(发送)的复帧帧头指示 N2[1～8][7～8]比特由"0xfffe"改为其他值，则被测设备 2 应上报 TC-LTC，而被测设备 1 则应上报 TC-RDI(另外也会上报 TC-ODI)。

e) SDH 分析仪 1(发送)的复帧帧头指示 N2[7～8][1～8]比特恢复为"0xfffe"，则被测设备 2 上报的 TC-LTC 应该结束，同时被测设备 1 上报 TC-RDI 和 TC-ODI 也应该结束。

f) 设置 SDH 分析仪 1(发送)的 N2[8][73]比特的值为 1(即直接插入 TC-RDI)，则被测设备 2 应上报 TC-RDI 告警。

15.2.3.6 **TC-ODI 测试**

a)和 b)见 15.2.3.1。

c) 通过网管系统激活被测设备 1 以及被测设备 2 的 TCM 源端和宿端，设置两端应发和应收 TC-API 一致。设置 SDH 分析仪 1 下插 TU-AIS(TCM 域外)，则被测设备 2 应上报 TC-INCAIS，而被测设备 1 则应上报 TC-ODI(不会上报 TC-RDI)。

d) SDH 分析仪 1 停止下插 TU-AIS，则被测设备上报的 TC-INCAIS 应该结束，被测设备 1 则上报的 TC-ODI 也应该结束。

e) 设置 SDH 分析仪 1(发送)的 N2[7][74]比特的值为 1(即直接插入 TC-ODI)，则被测设备 2 应上报 TC-ODI 告警。

15.2.3.7 **TC-DEG 测试**

a)和 b)见 15.2.3.1。

c) 通过网管系统激活被测设备 2 的 TCM 宿端，设置 SDH 分析仪 1(发送)N2 字节指示的 TC-API 与被测设备 2 的 TCM 宿端应收的 TC-API 相一致；设置 SDH 分析仪(发送)N2 字节指示的 BIP-2 为"00"。

d) 通过网管系统设置被测设备 2 的 TCM 宿端的 DEG 门限为 IE-7。设置 SDH 分析仪 1 下插 V5 字节 BIP-2 误码率为 IE-6，则被测设备 2 应上报 TC-DEG。

15.2.3.8 **TC-REI 测试**

a)和 b)见 15.1.3.1。

c) 通过网管系统激活被测设备 1 的 TCM 宿端，以及被测设备 2 的 TCM 源端和宿端；设置被测设备 2 的 TCM 源端应发 TC-API 与被测设备 1 的 TCM 宿端应收 TC-API 相一致；设置 SDH 分析仪 1(发送)N2 字节指示的 TC-API 与被测设备 2 的 TCM 宿端应收 TC-API 相一致。

d) 设置 SDH 分析仪 1(发送)插入 1 个或若干个 BIP-2 差错，被测设备 2 应报告与插入数相同串联连接 BIP 差错，同时被测设备 1 应该上报与插入数目相同的 TC-REI。

e) 设置 SDH 分析仪 1(发送)的 TC-REI 指示比特 N2[5]值为 1(即插入 TC-REI)，被测设备 2 应该上报 TC-REI。

15.2.3.9 **TC-OEI 测试**

a)和 b)见 15.1.3.1。

c) 通过网管系统激活被测设备 1 以及被测设备 2 的 TCM 源端和宿端，并设置两端应发和应收 TC-API 一致。设置 SDH 分析仪 1 插入 1 个或若干个 BIP-2 差错，则被测设备 2 应上报相同数目的引入串联连接误码，而被测设备 1 则应上报相同数目的 TC-OEI(不会上报 TC-REI)。

d) 设置 SDH 分析仪 1(发送)的 N2[6]比特的值为 1(即直接插入 TC-OEI)，则被测设备 2 应上报 TC-OEI 告警。

附 录 A
（规范性附录）
光发送信号眼图模框的测量

A.1 测量装置

为保证光发送信号适应接收机性能，建议使用如图 A.1 的测量装置来测量光发送信号的眼图。可在参考点 OI 处使用一光衰减器来适配电平，在参考点 EO 处可使用电放大器来适配电平。图 11 中的眼图模框值包括诸如取样示波器噪声和低通滤波器的制造偏差等的测量误差。

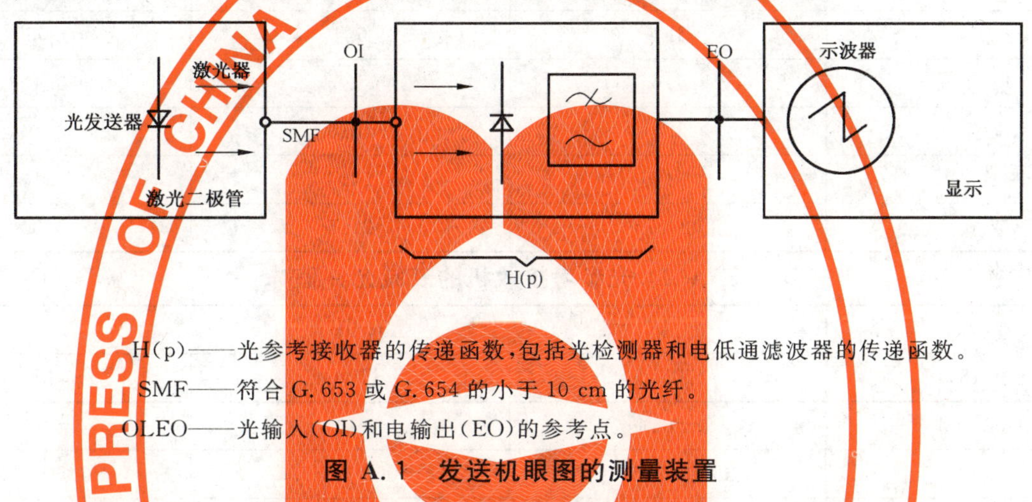

H(p)——光参考接收器的传递函数，包括光检测器和电低通滤波器的传递函数。

SMF——符合 G.653 或 G.654 的小于 10 cm 的光纤。

OI,EO——光输入(OI)和电输出(EO)的参考点。

图 A.1 发送机眼图的测量装置

A.2 光参考接收机的传递函数

光参考接收机标称传递函数用如下式的一个 4 阶 Bessel-Thomson 响应来表征：

$$H(p)=\frac{1}{105}(105+105Y+45Y^2+10Y^3+Y^4)$$

其中：$p=\mathrm{j}\dfrac{\omega}{\omega_r}$，$Y=2.114\,0p$，$\omega_r=1.5\pi f_0$，$f_0$＝比特率。

参考频率是 $f_r=0.75f_0$。该频率上的标称衰减为 3 dB。图 A.2 示出用于测量光发送信号眼图模框的低通滤波器的简化电路图。表 A.1 给出了相应的衰减频率失真和群时延失真。

注：该滤波器不表示光接收机内采用的噪声滤波器。

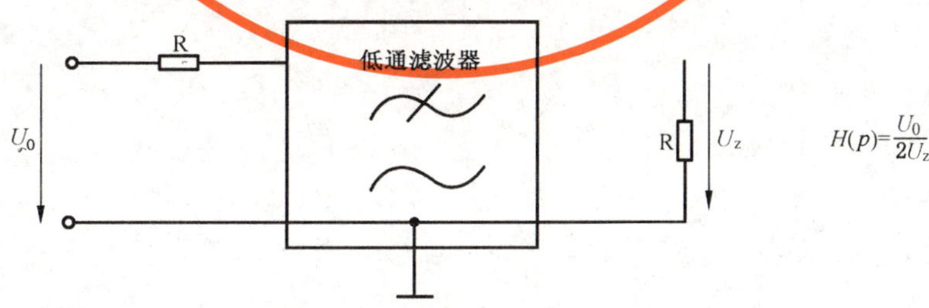

图 A.2 测量发送机眼图的接受机低通滤波器

为了适应包括低通滤波器的光参考接收机部件的容差，实际衰减与标称衰减的偏差不能大于表 A.2 规定的值。应在低于参考频率的频带内检验群时延的平滑性。允许偏差有待进一步研究。

表 A.1　光参考接收机的衰减和群时延失真的标称值

f/f_0	f/f_r	衰减/dB	群时延失真/UI
0.15	0.2	0.1	0
0.3	0.4	0.4	0
0.45	0.6	1.0	0
0.6	0.8	1.9	0.002
0.75	1.0	3.0	0.008
0.9	1.2	4.5	0.025
1.0	1.33	5.7	0.044
1.05	1.4	6.4	0.055
1.2	1.6	8.5	0.10
1.35	1.8	10.9	0.14
1.5	2.0	13.4	0.19
2.0	2.67	21.5	0.30

表 A.2　光参考接收机的衰减允许值

f/f_r	Δa(dB)[a]		
0.15	STM-1	STM-4	STM-16
0.001…1	±0.3	±0.3	±0.5
1…2	±0.3…±2.0	±0.3…±2.0	±0.5…±2.0

[a] 暂定值，应按对数频率刻度线性内查出 Δa 的中间值。

附 录 B
（规范性附录）
光发送信号啁啾参数 α 的测量

啁啾参数 α 的测量方法是基于光发送信号功率和频率差的时域测量。

B.1 测量装置

建议使用如图 B.1 的测量装置来测量光信号的啁啾参数。该测量装置由一个干涉仪(如迈克尔逊(Milchlson)干涉仪或马赫-泽德尔(Mach-Zehnder) 干涉仪),一个宽带的光电转换器和一个宽带示波器组成。

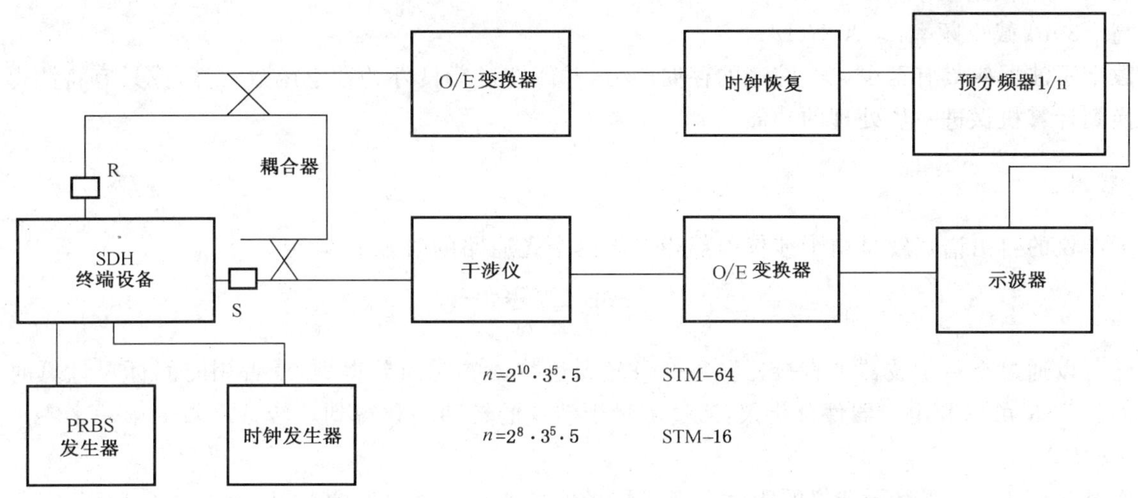

图 B.1 啁啾参数 α 的测量装置

参考点 S 输出的光信号连接到干涉仪,干涉仪的输出的光信号经光电变换器后,变换成的电信号,电信号由宽带数字示波器显示。该示波器由从光接收信号的预分频时钟恢复中提取的帧同步信号触发。

为了保证在测试期间参考点 S 始终有光的输出,输入到干涉仪中的光通过分路器,有一部分被耦合到 SDH 设备的接收端。一个 $2^{23}-1$PRBS 数字发生器被连接到设备的支路口,支路口被设置成环回方式。

B.2 测量用设备要求

B.2.1 双光束干涉仪

自由谱宽(FSR,Free Spectral Rang):至少大于 4 倍发送光信号的啁啾。

B.2.2 发送光信号

波长偏移:可调。范围必须大于或等于干涉仪的自由谱宽。

双光束干涉仪必须有一个控制电路,将干涉仪锁定到输入信号。控制电路应允许将干涉仪锁定到输入信号的积分点 A 及积分点 B。见图 B.2。

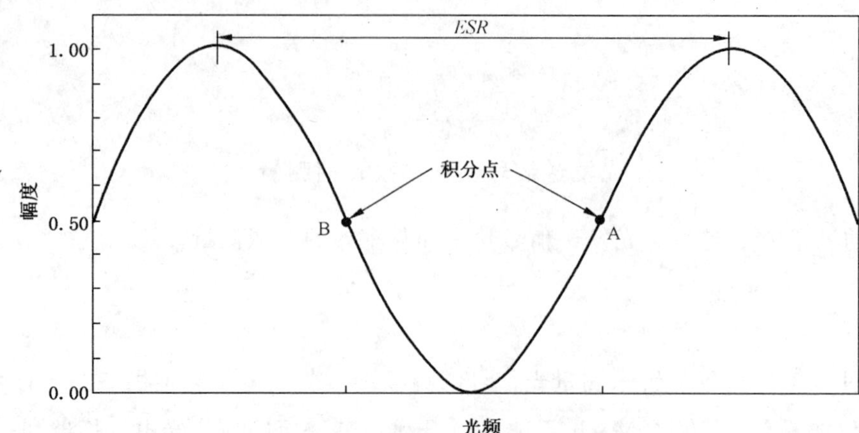

图 B.2 双光束干涉仪的传输函数

B.2.3 光/电变换器和数字示波器的混合频响

低－3 dB 截止频率：<100 kHz

高－3 dB 截止频率：>20 GHz

数字示波器应具有至少 4 个踪迹的存储能力，并能够进行良好的数学函数运算，或具有将测得的数据转换到计算机做进一步处理的功能。

B.3 校准

干涉仪的自由谱宽度是由干涉仪内部相对于两个光通路的时延 t_d 确定。

$$FSR = \frac{1}{t_d}$$

t_d 可以通过在从示波器上直接检测每一束光到达数据的时间差得到，或者用时间标尺计算时延间接测得。*FSR* 可以利用光器件分析仪，通过测量干涉仪的转移函数得到。转移函数的第一个零产生在等于 *FSR*/2。

通过微调 *FSR*，调整干涉仪的积分点来匹配光信号波长。通过监测 SDH 发送信号功率，定义正确的点。作为 *FSR* 微调的函数。积分点是通过干涉仪的平均功率在线性坐标下最大和最小的半程。在这个点上，干涉仪应该锁定到在这个位置的发送信号上。

B.4 测量步骤

a) 按图 B.1 接好光路。为避免接收机过载，应注意在接收端应加入衰减器。

b) 将发送信号的支路输入配置成环回方式，连接 PRBS 发送器到第一支路的输入。

c) 通过配置时间源做为外时钟输入 T3，使发送信号同步到恢复时钟上。

d) 按照 B.3 校准 Two-beam 干涉仪，锁定干涉仪到积分点 A。

e) 在数字示波器上调整时延直到 SDH 帧头中的 A1、A2 显示在示波器上。记录从 A1 到 A2 字节(11110110～00101000)的传输踪迹，并存储为踪迹 $V_A(t)$。

f) 锁定干涉仪到积分点 B。

g) 在示波器上存储该数字的踪迹为 $V_B(t)$。

B.5 数据处理

啁啾参数是由 $V_A(t)$ 和 $V_B(t)$ 的之和与之差确定。因此变量 $V_{+(t)}$ 和 $V_{-(t)}$ 为：

$$V_{+(t)} = \frac{V_A(t) + V_B(t)}{2}$$

$$V_{-(t)} = \frac{V_A(t) - V_B(t)}{2}$$

发送器的时间变化强度 $p(t)$ 正比于 $V_{+(t)}$，啁啾参数被计算为：

$$\alpha(t) = 2 \times FSR \times \frac{V_{+(t)} \times \arcsin \frac{V_{-(t)}}{V_{+(t)}}}{\frac{\partial V_{+(t)}}{\partial t}}$$

附 录 C
（资料性附录）
评价接收机灵敏度规范中老化余度影响的可行方法

本附录提出了一种确定老化对正文中使用的接收机灵敏度规范影响的可行方法。

C.1 接收机灵敏度和眼开度

图 C.1 示出作为光接收功率函数的接收机眼开度。眼开度值 E 是由系统设计者在系统工作在比特差错率 BER 为 10^{-10} 时确定的值。所收到的光功率 P_2 对应于接收机最大眼开度所需功率。为使系统运行稳定，典型地将接收光功率设置在高于 P_1，这样，系统寿命结束时，仍然满足规定的眼开度 E。因此，P_1 是系统寿命结束时的接收机灵敏度，而 P_0 是系统寿命开始时的接收机灵敏度。M 是 P_1 和 P_2 间的富余度，用于考虑接收机老化造成的影响。眼开的余量取决于接收机特性和数值，例如，对不同的接收机而言，可能是 E_1-E 和 E_2-E（如Ⅰ型或Ⅱ型）。如果接收不是 P_0，则不能得到适当的眼富余度。

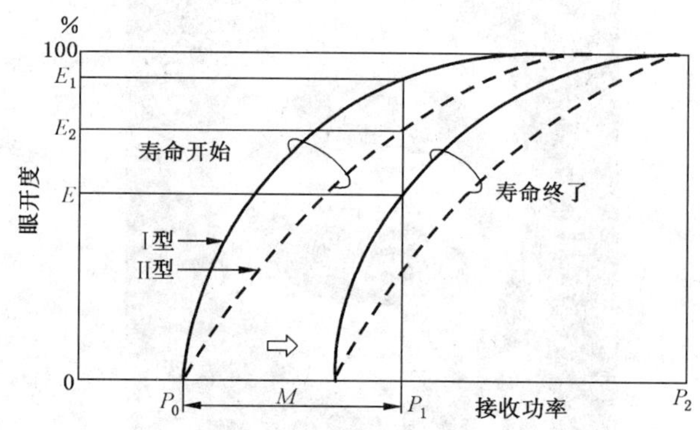

图 C.1 眼开度特性

就老化对接收机性能的影响而言，可以假定，将初始特性平移得到眼开度时接收光功率的函数曲线，如图 C.2 所示。为了模拟老化影响，也可以假定，在与眼有余量之初始值对应的信号上加上一定量的符合间干扰噪声，即可得到这种移位曲线。推荐用这种技术评价眼开度的测试方法是 S/X 测试。

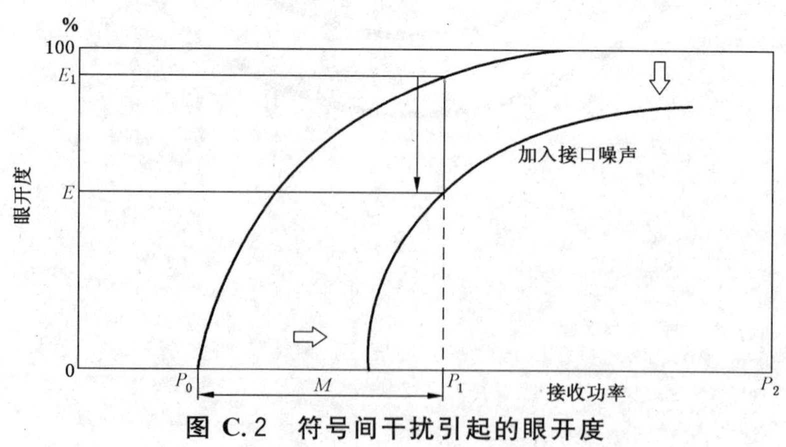

图 C.2 符号间干扰引起的眼开度

C.2 *S/X* 测试法

采用一个比系统工作比特率低的频率调制的NRZ信号，模拟符号间干扰噪声进行 S/X 测试。该干扰信号在光路上与一标准光信号组合，并被注入待测的接收机。

在 S/X 测试中，标准光信号功率通常设定为 P_1。干扰噪声的光功率大小可由眼开度和 S/X 比的关系来确定，它们的关系的特性示于图C.3中。从图C.3中看出，S/X 比可由 E_1 和 E 间的关系确定为 $(S/X)_E$，老化富余度 M 和 $(S/X)_E$ 可由下式得出：

$$M = P_1 - P_0$$

$$(S/X)_E = \frac{P_1}{X}$$

测试配置示于图C.4中。

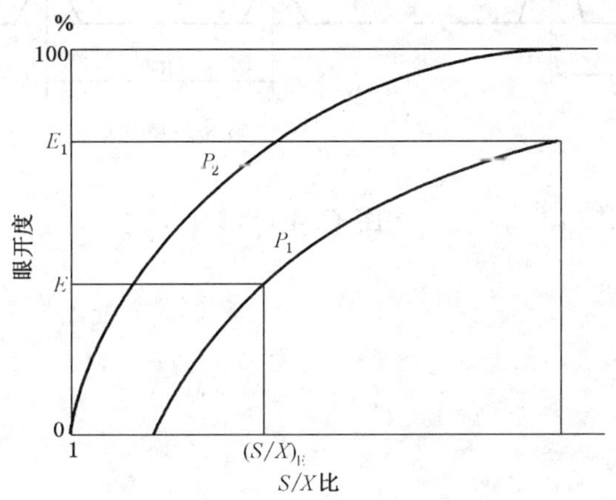

图 C.3　标称信号功率时的眼开度和 *S/X* 比参数

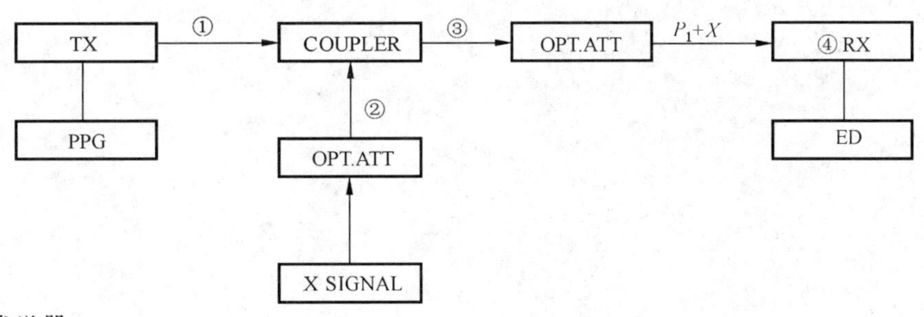

TX——发送器；

RX——接收器；

PPG——脉冲码组发生器；

ED——误码检测器；

OPT. ATT——光衰减器；

COUPLER——光耦合器；

X SIGNAL——光干扰信号发生。

图 C.4　*S/X* 测量配置

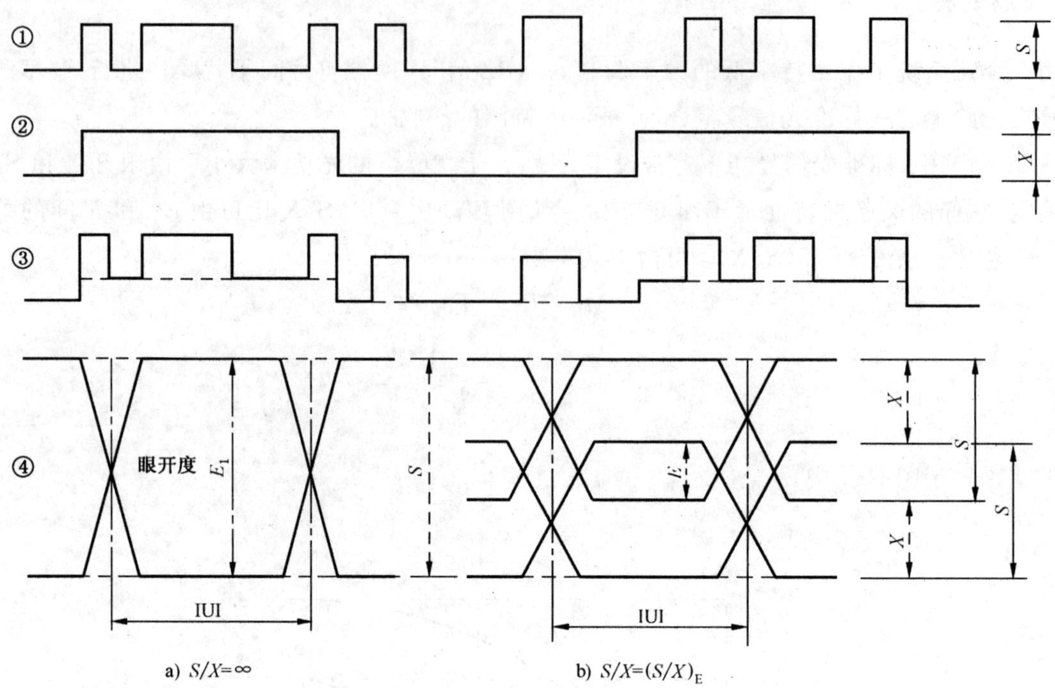

a) $S/X=\infty$　　b) $S/X=(S/X)_E$

图 C.4（续）

附 录 D
（资料性附录）
测试接收机灵敏度的外推法

外推法是测试接收机灵敏度的一种替代方法，用于需要快速、大量测试接收机灵敏度的场合。在对同一型号产品中的部分个体进行误码与接收光功率关系仔细测试、取得经验的基础上，用本方法有可能在以后的灵敏度测试中加快测试。外推法同样适用于测试光通道代价。

测试配置见图 D.1。

操作步骤：

a） 按图 D.1 接好电路；

b） 按支路接口速率等级，图案发生器送 $2^{n}-1$PRBS；

c） 调整光衰减器，使误码检测器检测到的误码接近给定值，通常取 BER≈10^{-6}、10^{-8} 和 10^{-10}；

d） 断开 R 点，将光衰减器输出与光功率计相连，逐次测出各个 BER 对应的接收光功率(dBm)；

e） 将测试结果绘在图 D.2 的对数坐标纸上，连接各点，并按已有的经验延伸，直到与灵敏度指标规定的 BER 值，例如 10^{-11} 或 10^{-12} 相交，此交点对应的接收光功率即为用外推法测得的接收机灵敏度。

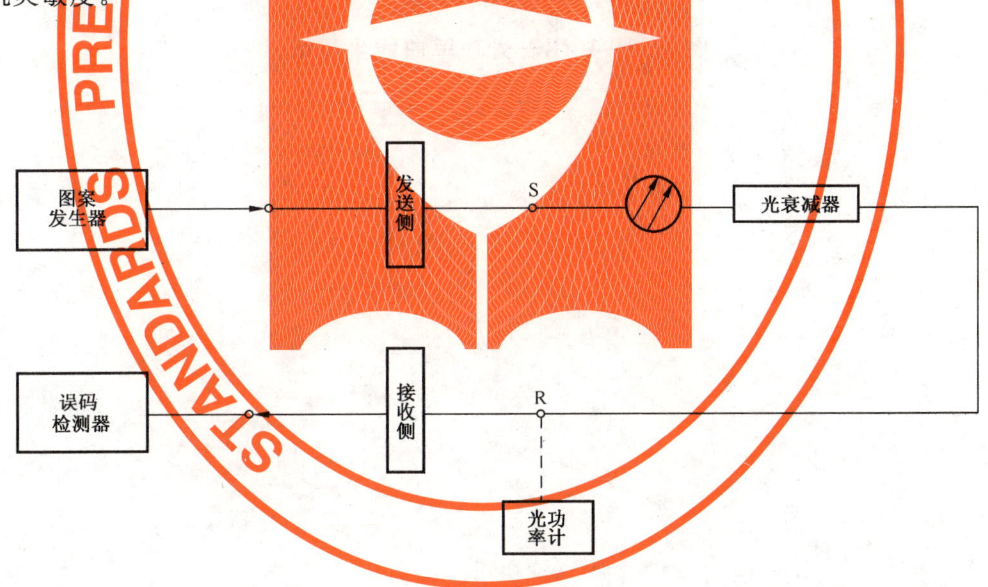

图 D.1 接收机灵敏度的外推法测试配置

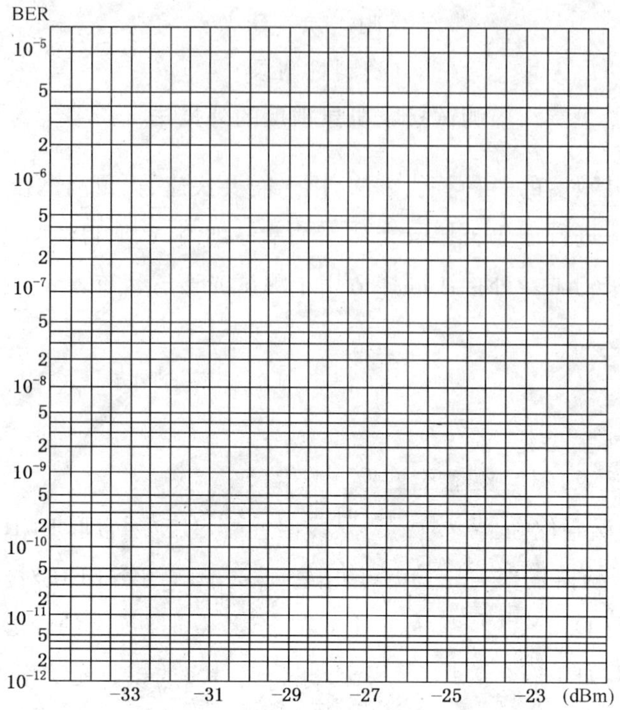

图 D.2 BER—光功率曲线坐标纸

附　录　E
（资料性附录）
复用段保护环倒换时间的单端测试方法

E.1　概述

本附录提供的复用段保护环倒换时间的测量方法是针对工程验收等测试中，当两个测试点在异地时，可采用在某一测试点做端口环回，仪表收发在同一地进行倒换时间的测试。为表述方便，本标准将这种测试方法称为单端法，以区别正文中的测试方法。本附录仅以两纤复用段共享保护环为例加以说明。

E.2　测试配置

见图 E.1。

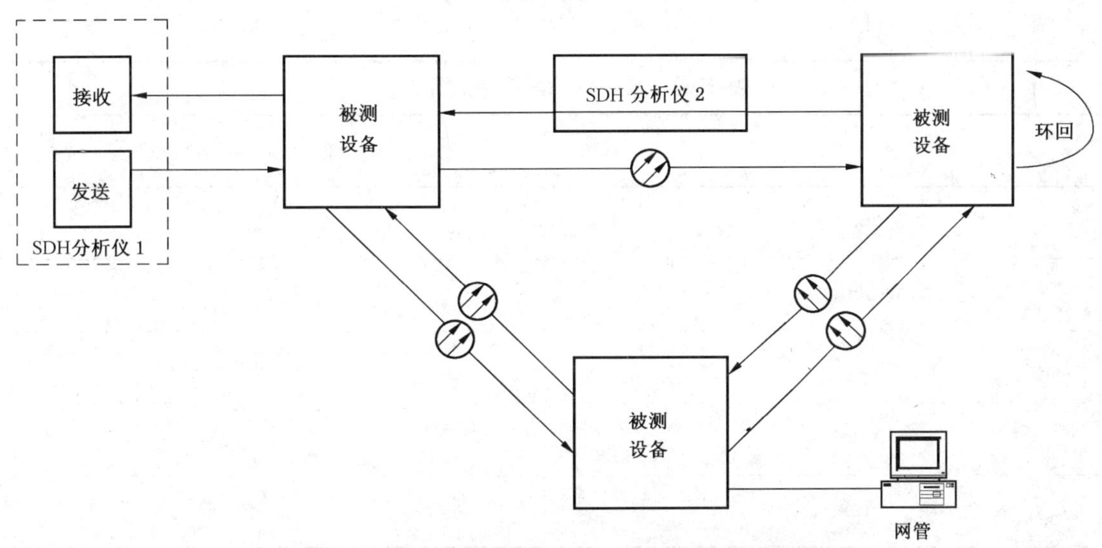

图 E.1　两纤复用段共享保护环单端测试配置

E.3　操作步骤

参见 12.2.3.1。

E.4　注意事项

a)　参见 12.1.4。

b)　不论是标准正文的测试方法，还是本附录的测试方法，仪表所测得的时间均为业务受影响的时间（即非真正的保护倒换时间）。如仪表测试出来的时间小于 50 ms，则保护倒换时间肯定满足指标要求。对于仪表测试出来的时间大于 50 ms，则要根据实际情况判断保护倒换时间是否满足指标要求。有关复用段共享保护环倒换时间和业务受影响时间关系、保护倒换时间的估算等内容参见 YD/T 1266—2003 附录 A。

附 录 F
（资料性附录）
STM-N 信号输入漂移容限指标

表 F.1 STM-1 信号（各拐点值）

频率/Hz	峰-峰漂移幅度/UI
0.000 32	778
0.000 8	311
0.016	311
0.13	38.9
10	38.9

表 F.2 STM-4 信号（各拐点值）

频率/Hz	峰-峰漂移幅度/UI
0.000 32	3 110
0.000 8	1 244
0.016	1 244
0.13	155.5
10	155.5

表 F.3 STM-16 信号（各拐点值）

频率/Hz	峰-峰漂移幅度/UI
0.000 32	12 441
0.000 8	4 977
0.016	4 977
0.13	622.1
10	622.1

表 F.4 STM-64 信号(各拐点值)

频率/Hz	峰-峰漂移幅度/UI
0.000 32	49 766
0.000 8	19 906
0.016	19 906
0.13	2 488
10	2 488

ICS 17.240
A 58

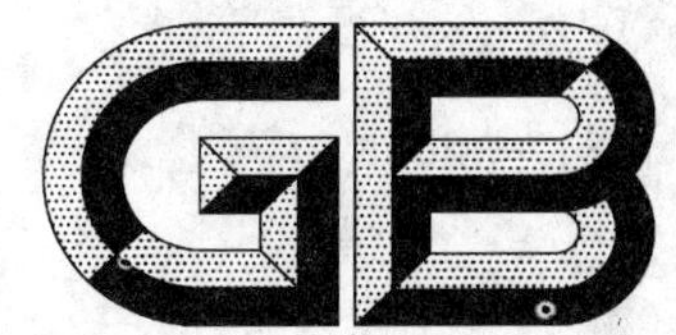

中华人民共和国国家标准

GB/T 16817—2008
代替 GB/T 16817—1997

放射治疗水平剂量监测用热释光测量系统

Thermoluminescence dosimeter system for radiotherapy level monitoring

2008-09-19 发布　　　　2009-08-01 实施

中华人民共和国国家质量监督检验检疫总局
中国国家标准化管理委员会　发布

前 言

本标准参考了 IEC 61066:2006《个人和环境监测用热释光剂量计测量系统》(2006 年第二版)和国际原子能机构(IAEA)第 277 号技术报告《光子和电子束的吸收剂量测定》(1997 年第二版)。

本标准代替 GB/T 16817—1997《治疗级剂量监测用热释光测量系统》。

本标准与 GB/T 16817—1997 相比主要变化如下:

——在“范围”章增加了“吸收剂量范围”、“吸收剂量率范围”、“辐射能量范围”等适用条件的要求(见 1997 版的第 1 章,本版的 1.2.1～1.2.6);

——在“规范性引用文件”章增加了相关的内容(见本版的 2);

——在“术语和定义中”增加了部分术语和定义,并对原有的部分术语进行了重新定义(见 1997 版的第 3 章;本版的第 3 章);

——取消了原标准中“4 单位”章和相关的内容;

——增加了“意义和用途”章和相关内容 ,所测吸收剂量的扩展不确定度应小于 5.0%($k=2$)”(见本版的 4.1～4.6);

——将原标准的“5 技术要求”、“6 检验规则”和 “7 热释光剂量测量系统的检验”章和内容调整为本版“5 热释光剂量测量系统”、“6 仪器设备的性能要求”、“8 同批次剂量计的性能要求”章和相关内容。(见 1997 版的 5,6,7,本版的 5,6,8);

——增加了“7 剂量计的使用和读出程序”章和相关内容,便于使用者能够正确的掌握热释光剂量测量系统的使用与操作程序(见本版的 7.1～7.3);

——增加了“剂量测量系统的校准”章和相关内容,明确了校准的要求(见本版的 9.1～9.6);

——增加了“10 剂量测量系统的应用”章和相关内容的要求(见本版的 10.1～10.3);

——增加“11 基本文件的要求”章和相关内容的要求(见本版的 11.1～11.7);

——增加了“12 测量不确定度”章和相关内容(见本版的 12.1～12.3);

——增加了“仪器设备性能检查”章节和相关的技术内容(见本版的 6.1,6.2);

——增加了附录 A(资料性附录)“热释光剂量计的类型和剂量应用范围示例” ;

——增加了附录 D(资料性附录)“校准点吸收剂量测量的不确定度分析实例”。

本标准的附录 A、附录 B、附录 C 和附录 D 为资料性附录。

本标准由中国核工业集团公司提出。

本标准由全国核能标准化技术委员会归口。

本标准起草单位:中国计量科学研究院,上海市计量测试技术研究院。

本标准主要起草人:李兴东、万国庆、杨小元、唐方东、陈建新。

本标准所代替标准的历次版本发布情况为:

——GB/T 16817—1997。

放射治疗水平剂量监测用热释光测量系统

1 范围

1.1 本标准规定了放射治疗水平剂量监测用热释光测量系统的性能要求和检测方法以及使用时所涉及的剂量测量程序。本标准适用于管电压 60 kV～250 kV 条件下产生的 X 辐射(韧致辐射)、^{60}Coγ 辐射以及医用加速器 X 辐射(韧致辐射)等外照射治疗吸收剂量的测量。

1.2 本标准适用于下述条件下测量吸收剂量的热释光测量系统:

1.2.1 吸收剂量范围:0.5 Gy～3.0 Gy。

1.2.2 吸收剂量率范围:1×10^{-2} Gy·min^{-1}～10 Gy·min^{-1}。

1.2.3 辐射类型:

a) 管电压 60 kV～250 kV 条件下产生的 X 韧致辐射;

b) ^{60}Coγ 辐射;

c) 标称电压 0.6 MV～50 MV 加速器产生的 X 韧致辐射。

1.2.4 温度范围:15 ℃～25 ℃。

1.2.5 湿度范围:50% RH～75% RH。

1.2.6 大气压力范围:86.0 kPa～106.6 kPa。

1.3 本标准不涉及与使用相关的安全问题(如果存在)。本标准的使用者负责建立适用的安全和健康标准,并在使用前确定其适用的限制范围。

2 规范性引用文件

下列文件中的条款通过本标准的引用而成为本标准的条款。凡是注日期的引用文件,其随后所有的修改单(不包括勘误的内容)或修订版均不适用于本标准,然而,鼓励根据本标准达成协议的各方研究是否可使用这些文件的最新版本。凡是不注日期的引用文件,其最新版本适用于本标准。

GB/T 17857 医用放射学术语(放射治疗、核医学和辐射剂量学设备)

JJG 912 治疗水平电离室剂量计

JJG 589 外照射治疗辐射源

ISO/ASTM 51956 用于辐射加工的热释光剂量系统的标准实践

IEC 61066 个人和环境监测用热释光剂量计测量系统

ICRU 第 60 号报告 电离辐射基本量和单位

IAEA 第 277 号技术报告 光子和电子束的吸收剂量测定,国际实用规定

3 术语和定义

GB/T 17857 和 ICRU 第 60 号报告确立的以及下列术语和定义适用于本标准。

3.1

热释光剂量计(TLD) thermoluminescent dosimeter (TLD)

由热释光探测元件及适当包装组成的固体剂量计,其热释光输出量与吸收剂量有确定的函数关系。

3.2

剂量计批 dosimeter batch

采用受控且固定的工艺流程制备的性能、质量和组成相同,且具有唯一标识代码的同批剂量计。

3.3

剂量测量系统　dosimetry system

由剂量计、读出器、剂量响应校准曲线(或剂量响应函数)和使用程序组成的用于确定吸收剂量的系统。

3.4

剂量计响应　dosimeter response

一种在给定某一吸收剂量后产生可重复且可计量的辐射效应。

3.5

热释光磷光体　thermoluminescent (TL) phosphor

某些被电离辐射或紫外线辐照后将吸收的部分能量贮存在激发能态,受热后将贮存的能量以紫外、可见或红外光的形式释放出来的物质。

3.6

热释光读出器　TLD reader

测量热释光剂量计中探测器所发射光的仪器,主要由加热装置、光测量装置和有关的电子学部分组成。

3.7

退火　annealing

热释光剂量计辐照前后针对读数所进行的加热处理。

3.8

校准　calibration

确定由可溯源至国家或国际认可实验室的测量标准提供的量值与测量系统对应的示值之间关系的操作。该操作应在规定条件下进行,并包括测量不确定度的评定。

3.9

校准装置　calibration facility

由电离辐射源和相关设备组成的用于获取剂量计响应函数或校准曲线的装置。该装置可在指定的位置和材料中提供均匀、重复并能溯源到国家或国际认可的标准吸收剂量(或吸收剂量率)值。

3.10

校准曲线　calibration curve

表示剂量测量系统响应函数的曲线图。

3.11

响应函数　response function

对于给定的剂量测量系统,剂量计响应与吸收剂量关系的数学表达式。

3.12

测量质量保证计划　measurement quality assurance plan

保证测量的扩展不确定度能满足特定应用要求,并建立量值可溯源至国家或国际认可的标准溯源性的一整套测量程序计划。

3.13

测量溯源性　measurement tracebility

通过连续的比较链,证明测量结果能够与国家或国际认可的标准在不确定度可接受范围内一致的特性。

3.14

校准因子　correction factor

为补偿系统误差而与未修正测量结果相乘的数字因子。

注释——由于系统误差不能完全获知，因此这种补偿并不完全。

3.15

放射治疗用剂量计　radiotherapy dosimeter

测量放射治疗中光子和电子辐射的空气比释动能（率）、吸收剂量（率）使用电离室的辐射设备。

说明——由下述部件组成：

a）一个或几个电离室组件；

b）测量装置（可能包含一个可分离的显示器）；

c）一个或几个稳定性检验装置（选择件）；

d）一个或几个体模或安装平衡帽（选择件）。

3.16

替代法　substitution method

将被校准的剂量计放置在预先用标准剂量计准确测定过剂量率的校准点处辐照，以授与确定的吸收剂量的方法。

3.17

模体　phantom

是替代法校准剂量计时传递吸收剂量量值的专用设备。有水模体和固体模体两种，由水、聚苯乙烯或有机玻璃组成。模体应配有能使剂量计准确定位的支架和套管或孔道，并提供足够的电子平衡厚度和散射体积。

3.18

辐射质　radiation quality

由辐射量相对于辐射能量的分布谱形所决定的电离辐射特性。

说明——在X辐射的各种性应用中，实际上辐射质以下列各项变量近似表示：

a）具有百分纹波比的高压；

b）相应于指定高压（具有百分纹波比的高压）的第一半值层；

c）第一半值层及总滤过；

d）第一半值层及第一半值层除以第二半值层的商；

e）等效能量。

3.19

评定值　evaluated value

系统所需测量的量值[如通过使用适当的评定因子Fe从热释光读出器的读出值R而获得的吸收剂量]。

3.20

评定因子　evaluated factor

用来将热释光读出器的某一个或一组读出值r转换成要求的评定值的一个或一组系数。

3.21

变异系数　coefficient of variation

一组n个测量值X_i的标准偏差与算术平均值$\overline{X}$之比，记作V，由下式给出：

$$V=\frac{S}{\overline{X}}=\frac{1}{\overline{X}}\sqrt{\frac{1}{n-1}\sum_{i=1}^{n}(X_i-\overline{X})^2}$$

4　意义和用途

4.1　热释光剂量测量系统提供了一种可靠的吸收剂量测量方法。它基于某些热释光磷光体（见3.5）在受到电离辐射照射后将吸收的部分能量储存在激发能态，经控制加热能使其以呈现可测量荧光发光的方式释放能量的物理特性。

4.2 剂量计含有热释光磷光体(如 LiF、CaF_2、$CaSO_4$、$Li_2B_4O_7$ 和 Al_2O_3)并由产生的荧光发光曲线记录吸收剂量。

4.3 用热释光读出器控制加热并对发光曲线进行测量。在一定范围内,发光峰面积积分与剂量成线性关系。可以根据可溯源到国家或国际标准的校准曲线或响应的函数关系式确定吸收剂量。

4.4 市场上可以买到适当包装的各种形状(如粉末、薄片和晶体等形状)的热释光剂量计。

4.5 放射治疗中的吸收剂量测量范围是 0.5 Gy~3.0 Gy,所测吸收剂量的扩展不确定度应小于5.0%($k=2$)。热释光剂量测量系统可作为放射治疗中质量控制、质量保证、质量跟踪中的核查和患者剂量监测等方面的工作剂量测量系统。

4.6 可以用于放射治疗水平监测的热释光剂量计的类型和剂量测量范围参见附录 A。

5 热释光剂量测量系统

5.1 剂量测量系统的组成——用于测量吸收剂量的热释光剂量测量系统包括:热释光剂量计(剂量元件)和热释光读出器。

5.1.1 热释光剂量计——由热释光探测元件及相应包装组成的固体剂量计。剂量计应满足表 1 给出的性能要求。

表 1 标准试验条件下剂量计的性能要求

项目	标准条件	最大允许变化范围	条款
批一致性	同一批中任取 20 个,辐照同一剂量(1.0 Gy)	测量结果的相对标准偏差不超过 1.5%	8.1
重复性	一组 n 个剂量计重复测量 1.0Gy	变异系数应不超过 1.5%,全组也不应超过 1.5%	8.2
非线性响应	在 0.5 Gy~3.0 Gy 范围内以 5~7 个剂量点对剂量及进行辐照	0.5 Gy~3.0 Gy 范围内非线性偏差不超过 1.5%	8.3
能量响应	60 kV ~ 250 kV X 射线,$^{60}Co\gamma$ 辐射	相对于 180 kV 条件下 X 射线能量响应不超过±5.0%。	8.4
过载	10 倍额定上限剂量	剂量计应保持在所测得最大剂量值	
光照射对剂量计的影响	0 W/m^2~1 000 W/m^2;(光谱相当于太阳光)	测量值不应超过有效测量值的 1.0%(或最大不超过 5 mGy)	8.5
剂量建立、衰退、自辐射和环境辐射响应	最长测量时间≥30 天	剂量计对约定真值响应的相对偏差应不大于 1.5%。	8.6

5.1.2 热释光读出器——用于测量热释光剂量计的热释光读出器由加热装置、光测量装置和有关的电子学部分组成。当置于加热装置中的热释光样品在控温程序下仔细被加热时,样品陷阱中的电子获得能量,一些电子从陷阱中逸出,当逸出的电子返回稳定态时,就伴随有热释光发射。释光强度随温度变化产生的加热发光曲线与吸收剂量之间有良好的函数关系。剂量计读出器性能要求见第 6 章。

6 仪器设备的性能要求

6.1 热释光读出器的性能应符合表 2 的要求。并按 6.3 的要求在不超过 12 个月的周期内进行核查并记录在案。

6.2 用在 6.3 中得到的信息与仪器的原始说明书进行比较,随时发现仪器性能的变化,确保其性能满足要求。对于新购置的仪器厂家应提供本条款要求的技术数据。

表 2 标准试验条件下读出器的性能要求

项目	标准条件	最大允许变化范围	条款
读出器的稳定性	连续工作 8 h	光源读数的相对标准偏差不超过 0.5%	6.3.2
读出器的环境温度影响	+10 ℃～+40 ℃;4 h	本底变化应不超过有效测量值的 1.0%	6.3.4
读出器的光照影响	0W/m^2～1 000 W/m^2;(光谱相当于太阳光)	本底变化应不超过有效测量值的 1.0%	6.3.3
读出器的初级供电影响	供电电压－15%～+10%;频率－2%～+2% 范围内	对正常工作条件剂量计评定值的相对偏差不超过 2.0%	6.3.5

6.3 热释光剂量读出器应在下列试验条件下对其相关的影响量进行性能检查。

6.3.1 读出器的参考和标准试验条件

剂量读出器工作的参考和标准试验条件——影响量的参考条件和标准试验条件见表 3。

表 3 参考条件和标准试验条件

影响量	参考条件	标准条件
参考辐射	参考辐射按照表 5 选定	参考辐射按照表 5 选定
入射角度	可忽略	可忽略
环境温度/℃	20	15～25
湿度/%	65	50～75
大气压力/kPa	101.3	86.0～106.6
电源	标称供电电压	标称供电电压－15%～+10%
频率	标称频率	标称频率－2%～+2%
电源波形	正弦波	正弦波谐波失真<5%
外界电磁场	可以忽略	小于引起干扰的最低值
外界磁感应	可以忽略	小于地球磁场的 2 倍
剂量仪控制	置于正常工作状态	置于正常工作状态
本底辐射/(μGy/h)	小于 0.2	小于 0.2

6.3.2 读出器的稳定性

6.3.2.1 要求——读出器连续正常工作 8 h,仪器光源读数的相对标准偏差应不超过 0.5%。

6.3.2.2 试验方法——读出器正常工作后,每间隔 1 h 读取自校光源读数 X_i,连续工作 8 h,用式(1)计算 8 次仪器读数的相对标准偏差。

$$CV = \frac{1}{\overline{X}}\sqrt{\frac{1}{n-1}\sum_{i=1}^{n}(X_i-\overline{X})^2} \times 100\% \qquad \cdots\cdots(1)$$

式中:

X_i——第 i 次自校光源读数;

$\overline{X}$——8 次自校光源读数的平均值。

6.3.3 读出器的光照影响

6.3.3.1 要求——在 0 W/m^2～1 000 W/m^2(光谱相当于太阳光)的条件下,读出器本底变化应不大于有效测量值的 1.0%。

6.3.3.2 试验方法——将读出器在室内自然光和在 1 000 W/m^2 灯光照射两种条件下分别测量读出

器的本底读数并且计算两组测量平均值的差与室内自然光条件下读数平均值的百分比。计算方法见公式(5)。

6.3.4 读出器的环境温度影响

6.3.4.1 要求——在 10 ℃～ 40 ℃条件下,读出器变化应不超过本底有效测量值的 1.0%。

6.3.4.2 试验方法——将读出器在恒温为 10 ℃、20 ℃、40 ℃条件下分别恒温 4 h 后,读出不同温度下的读出器本底值。并用式(2)计算相对于 20 ℃时的相对偏差。

$$\delta = \frac{(\overline{X}_{10,40} - \overline{X}_{20})}{\overline{X}_{20}} \times 100\% \qquad (2)$$

式中:

$\overline{X}_{10,40}$——温度 10 ℃和 40 ℃条件下的读出器本底值;

$\overline{X}_{20}$——温度 20 ℃条件下的读出器本底值。

6.3.5 读出器的初级供电影响

6.3.5.1 要求——供电电压变化在-15%～10%,频率 50 Hz±2%或 50 Hz～60 Hz 范围内,读出器确定的剂量计读数的评定值对正常工作条件下剂量计评定值的相对偏差不大于 2.0%。

6.3.5.2 试验方法——取 5 组(每组不少于 5 个)剂量计,准备、辐照并读出。辐照的剂量约定真值(D_R)均为 1 Gy,将供电电压调至 220 V 频率 50 Hz 条件下正常工作,读出第一组剂量计读数,并求出平均值 $\overline{D}_{1j}$。然后将电源供电电压和电源频率按表 4 给出参数设定,分别在各组电压和频率条件下读出测量结果。

表 4 读出器的供电电压和频率设定条件

剂量计	电源电压/V	频率/Hz
第一组	220	50
第二组	187	49
第三组	187	51
第四组	242	49
第五组	242	51

求出每个剂量计的评定值(D_i)并计算每组剂量计的平均评定值($\overline{D}_{ij}$)与第 1 组评定值($\overline{D}_{1j}$)比较,相对偏差应不超过 2.0%。结果由式(3)给出:

$$\delta = \frac{(\overline{D}_{ij} - \overline{D}_{1j})}{\overline{D}_{1j}} \times 100\% \qquad (3)$$

式中:

$\overline{D}_{ij}$——每组剂量计的平均评定值;

$\overline{D}_{1j}$——第一组剂量计的平均评定值。

6.4 辐射条件——用于本标准所涉及的热释光剂量计校准和使用的辐射条件应符合 JJG 589 的相关要求。

6.5 电离室剂量计——用于校准热释光剂量计的电离室剂量计应符合 JJG 912 的相关要求。

7 剂量计的使用和读出程序

7.1 剂量计的存贮和检查

7.1.1 使用前,检查剂量计有无缺陷,应将有缺陷的剂量计舍弃,并按照制造厂商的说明书推荐的条件贮存。

7.1.2 剂量计应带有编号等识别标记。其包装能避光、防潮。

7.1.3 储存的影响——在准备和辐照期间,尽量减少剂量计的储存时间。在储存和读出过程中环境条件应符合要求。

7.1.4 使用前应检查剂量计，保证剂量计满足治疗水平剂量测量的要求。

7.1.5 无包装的剂量计应置于黑纸袋中保存。由于湿度对剂量计的辐射响应影响明显，贮存与使用剂量计的相对湿度应小于 70%。

7.1.6 剂量计不要用手指接触，避免剂量计受到污染。对于片状剂量计推荐的操作工具是真空笔，或使用接触点包覆聚四氟乙烯的镊子，以免损伤剂量计元件。

7.1.7 对于片状剂量计，使用之前，剂量计应用分析纯的无水乙醇(切忌用水)冲洗，挥发干燥。

7.1.8 保持剂量片清洁。由于清洁过程会使磷光体灵敏度降低，必要时应按以下步骤进行清理。

a) 可用分析纯无水乙醇或在约 50 ℃的三氯磷酸酯溶液中清洗剂量片 2 min；

b) 把剂量片夹在两层纸巾中，使液体挥发干燥。

7.1.9 按照剂量片说明书规定的退火温度、退火时间及冷却要求进行退火。退火时，应注意合理选择剂量片容器。保证容器材料在退火过程中不与剂量计材料发生化学反应。

7.2 剂量计的辐照

7.2.1 剂量计的辐照条件(参考辐射)应符合 8.4 的要求。

7.2.2 应根据不同辐射能量确定校准点的校准深度。不同辐射质要求的校准深度 d_c 见表 6。

7.2.3 在 0.5 Gy～3.0 Gy 吸收剂量测量范围内进行辐照。

7.3 热释光的读出测量

7.3.1 辐照结束后置放 24 h 尽快使用读出器对剂量计测读，避免长期放置引入不必要的误差。

7.3.2 把剂量计置于读出器的加热盘的中央，将抽屉缓缓推入。

7.3.3 按照出厂说明书或质量控制文件中规定的加热温度和加热时间对辐照后剂量计进行加热读出，获得测量读数。

说明——根据探测器加热曲线和热释光曲线确定预热时间和测量时间。尽量保证测定的峰形呈对称状态。不同探测器的峰形不同，应按照厂家给定的曲线对照检查试验结果。

7.3.4 从校准曲线中查找读出数据所对应的吸收剂量，或运用校准得到的数学关系式计算吸收剂量。(参见附录 B)。

8 同批次剂量计的性能要求

8.1 批一致性

8.1.1 要求——同一批剂量计的相对标准偏差应不超过 1.5%。

8.1.2 试验方法—— 在同批剂量计中任取 20 个剂量计，辐照同一剂量(1.0 Gy)后测量读数，其测量结果的相对标准偏差由式(1)给出。式中 X_i 为第 i 个剂量计的读出器测量读数；$\overline{X}$ 为 20 个剂量计的读出器测量读数的平均值。

8.2 变异系数

8.2.1 要求——一组 n 个($n \geqslant 5$)剂量计重复测量同一剂量，每个剂量计和全组的测量重复性，相对标准偏差应不超过 1.5%。

8.2.2 试验方法——准备、辐照并读出 10 个剂量计，重复 10 次；每次辐照的剂量约定真值应相等，测量结果的相对标准偏差由式(1)给出。式中 X_i 为第 i 个剂量计测量读数；$\overline{X}$ 为 10 个剂量计重复 10 次的测量读数的平均值。

8.3 非线性响应

8.3.1 要求——在有效测量范围(0.5 Gy～3.0 Gy)内，非线性偏离应不大于 1.5%。

8.3.2 试验方法——按照放射治疗剂量监测的要求，取 7 组(每组 n 个；$n \geqslant 5$)剂量计，在 0.50 Gy～3.00 Gy剂量范围内对每组分别辐照 0.50 Gy、1.00 Gy、1.50 Gy、1.75 Gy、2.00 Gy、2.50 Gy 和 3.00 Gy并测量读数；按附录 C 给出的方法计算剂量计的非线性。

8.4 能量响应

能量响应的试验应在符合表5给出的参考辐射条件下进行，校准点吸收剂量的不确定度应满足量值传递的要求(见JJG 589)。

表5 X和γ参考辐射

激发电压/kV		附加过滤材料厚度(Cu)/mm	半值层(Cu)/mm
X射线	60	—	0.066
	100	1.40Al	0.165
	130	0.23Cu+1.0Al	0.506
	180	0.5Cu+1.0Al	1.000
	250	1.59Cu+1.0Al	2.480
^{60}Coγ辐射		—	—

8.4.1 技术要求——剂量计应在表5规定的标准辐射场中校准，剂量计随不同能量响应的变化，相对于180 kV条件下X射线能量响应不超过±5%。

8.4.2 试验方法——按表5中的参考辐射源，分别准备、辐照，并读出1组剂量计，共6组，每组辐照的吸收剂量约定真值均为1 Gy。

对于X射线，将各组测量数据与180 kV测量结果进行归一比较，用最大响应值减去最小响应值，然后除以180 kV条件对应的响应值，得到X射线能量响应。

对于X、γ能量响应，用^{60}Coγ辐射的响应与180 kV条件对应的响应值之差除以180 kV条件的响应值，得到X、γ能量响应结果。

8.5 光照影响

8.5.1 技术要求——剂量计在环境为0 W/m^2～1 000 W/m^{2}光谱相当于太阳光照射的环境中照射1 d后，其测量值不应超过有效测量值的±1.0%。

8.5.2 试验方法——准备2组(每组10个)剂量计，将第1组剂量计在室内自然光或在1 000 W/m^{2}灯光下存放24 h，第2组剂量计储存在环境相同的暗处，光照结束后测量读出，由式(4)计算两组剂量计测量结果的相对偏差。

$$\delta=\frac{(\overline{X}_1-\overline{X}_2)}{\overline{X}_2}\times100\% \qquad \cdots\cdots(4)$$

式中：

$\overline{X}_1$——每组剂量计的平均测量值；

$\overline{X}_2$——第2组剂量计的平均读数值。

8.6 稳定性

剂量建立、衰退、自辐射和环境辐射响应是剂量计稳定性的主要影响因素。在日常检验中一般合并进行稳定性检验，进行总变化量的评价。

8.6.1 技术要求——两组剂量计的评定值(D_c)相对偏差应不超过±1.5%。

8.6.2 试验方法——准备2组(每组10个)剂量计，辐照第2组剂量计，辐照剂量约定真值(D_R)1 Gy，将2组剂量计同储存于恒温恒湿箱，使箱内基本保持标准检验条件。30 d后取出这两组剂量计并以相同剂量约定真值(D_R)1.0 Gy，辐照第一组，在标准检验条件下储存24 h后，测读两组剂量计。按照式(5)计算两组剂量计的评定值(D_c)的相对偏差。

$$\delta_{D_c}=\frac{(\overline{D}_1-\overline{D}_2)}{\overline{D}_2}\times100\% \qquad \cdots\cdots(5)$$

式中：

$\overline{D}_1$——每组剂量计的平均评定值；

$\overline{D}_2$——第一组剂量计的平均评定值。

9 剂量测量系统的校准

建立的剂量测量系统的校准曲线或响应函数仅适用于校准程序中所用批次的剂量计。如果剂量计批次改变、或者剂量测量系统组成有了变化，包括可能影响剂量测量系统校准的读数装置的修理，则应重新校准剂量测量系统。

9.1 为了使热释光剂量系统能够保证治疗水平的剂量测量的准确可靠，剂量测量系统(包括每批次的剂量计和指定的读出器)在使用前，应按照用户校准过程和质量保证要求的操作程序进行定期的校准，以确保吸收剂量测量的准确。

9.2 剂量计的校准辐照——辐照热释光剂量计是剂量测量系统校准的关键环节，校准辐照可采用以下所列的二种途径进行。

a) 在经过可溯源至国家或国际认可的校准实验室的剂量(或剂量率)标准装置进行；

b) 在证明所测剂量(或剂量率)已溯源到国家标准或国际认可的标准的自有校准装置中进行。

9.3 热释光剂量计的校准采用替代法进行，校准应采用已溯源至国家或国际认可的剂量标准的治疗水平电离室标准剂量计(见 JJG 912)。

9.4 校准辐照热释光剂量计时应使用标准水模体，并参照表 6 规定的校准深度、能量条件以及剂量范围和照射方式进行(见 JJG 589)。

表 6 不同辐射质要求的校准深度 d_c

辐射质		校准深度 d_c/cm
60 kV～250 kV	X 辐射	5
＜10 MV	加速器 X 辐射	5
≥10 MV	加速器 X 辐射	10
^{60}Co	γ 辐射	5

9.5 将模体安放在选定的辐照位置上，把电离室置于校准点处辐照，测定该点的吸收剂量率。辐照温度控制在 20 ℃±5 ℃。

9.6 将选定批次的热释光剂量计置于校准位置，在 0.5 Gy～3.0 Gy 剂量范围内，等间隔地选取不同的剂量辐照 7 个剂量点，每个辐照剂量至少重复照射 5 个剂量计。

9.6.1 按 8.3 的程序测读剂量计的读数。

9.6.2 记录标准测量的剂量与被校准剂量计所对应的读数值。

9.6.3 用读数值相对吸收剂量绘制剂量响应校准曲线，或采用标准曲线拟合技术，用最适宜的解析形式(例如线性、多项式或指数函数)拟合测量数据。用读数值相对吸收剂量绘制剂量响应校准曲线，或采用标准曲线拟合技术，用最适宜的解析形式(例如线性、多项式或指数函数)拟合测量数据。

9.6.4 检验所建立的校准曲线或响应函数的相关系数。

9.6.5 如果任何一个数据明显偏离已确定的校准曲线，且如果舍弃该值将导致没有足够的数据确定该校准曲线，那么应重复该校准程序。

9.6.6 在不超过 12 个月的周期内，重复本剂量测量系统的校准程序。

10 剂量测量系统的应用

10.1 根据测量的目的与要求确定吸收剂量所需的剂量计的组数与每组的数量。适当增加剂量计的数量可以改善剂量测量系统和与应用相关的误差。采用重复测量的方法可以改善测量精度。剂量计组的需用数量取决于应用要求的范围。每个吸收剂量值使用一组剂量计，每组剂量计的数量不得少于 5 个。

10.2 应按照测量目的确定测量条件的相关参数。如照射距离、照射野尺寸、照射位置和照射剂量等。

10.3 按照测量目的放置剂量计。测量条件尽量与校准条件一致,以减少测量条件与校准条件不一致带来的不确定度。

11 基本文件要求

11.1 剂量计的制造厂商名称、剂量计类型、批次的编号(或编码)的记录。

11.2 注明校准日期、校准源、标准仪器和使用的相关仪器设备的记录。

11.3 对每个剂量计辐照时的日期、温度和湿度变化的记录。

11.4 辐射源的种类和特征的记录。

11.5 每个剂量计的吸收剂量的结果和用于获得吸收剂量值的计算公式的记录。

11.6 吸收剂量的测量不确定度(按第12章的规定)的记录。

11.7 用于剂量测量系统的测量质量保证方案的记录。

12 测量不确定度

12.1 在测量吸收剂量时,应附有不确定度的评定。

12.2 不确定度的分量应按下列类别给出:

——A类:通过对重复性条件测量所得量值的统计方法评定的分量;

——B类:通过非统计分析手段方法评定的分量。

12.3 如果遵从本标准,在使用热释光剂量测量系统确定放射治疗吸收剂量的扩展不确定度应该小于5.0%($k=2$,或95%置信水平),计算实例参见附录D。否则,扩展不确定度会增大。

注:A类和B类不确定度的分类,是基于由1993年出版的ISO《测量不确定度表示指南》中评估不确定度的方法。使用这种方法的目的,是促进对在国际比对中测量结果不确定度表述的理解。

附 录 A
（资料性附录）
热释光剂量计的类型和剂量应用范围示例

热释光剂量计的类型和剂量应用范围示例见表 A.1。

表 A.1 热释光剂量计的类型和剂量应用范围示例

热释光(TLD)剂量计的类型	剂量线性范围/Gy	剂量超线性范围/Gy
LiF:Mg,Ti	10^{-5}～1	1～10^{3}
LiF:Mg,Cu,P	10^{-6}～10	10;NA
CaF_2:Mn	10^{-5}～10	10～10^{3}
CaF_2:Dy	10^{-5}～6	6～5×10^{2}
CaF_2:Tm	10^{-5}～1	1～10^{4}
Al_2O_3:C	10^{-6}～1	1～30
Al_2O_3:Mg,Y	10^{-3}～10^{4}	NA
BeO	10^{-4}～1	1～10^{2}
MgO	10^{-4}～10^{4}	NA
$CaSO_4$:Dy 和 $CaSO_4$:Tm	10^{-5}～10	10～5×10^{3}
$Li_2B_4O_7$:Mn	10^{-4}～10^{2}	10^{2}～10^{4}
$Li_2B_4O_7$:Cu	10^{-5}～10^{3}	NA
Mg B_4O_7:Dy 和 Mg B_4O_7:Tm	10^{-5}～50	50～5×10^{3}

注：本表数据来源于 ISO/ASTM 51956。所给范围是近似的，不同的批次会有差异。超线性范围是指剂量响应曲线的线性相关性是在整个线性范围内较好的部分。NA 是指不做限定。

附 录 B
（资料性附录）
从读出值（X）求剂量评定值（D_c）

B.1 从读出值（X）求评定值（D_c）。

B.1.1 把剂量计的读出值（X）转换成剂量评定值（D_c），必须完成若干步程序。程序步骤取决热释光测量系统及其使用方法。一般应进行的步骤：

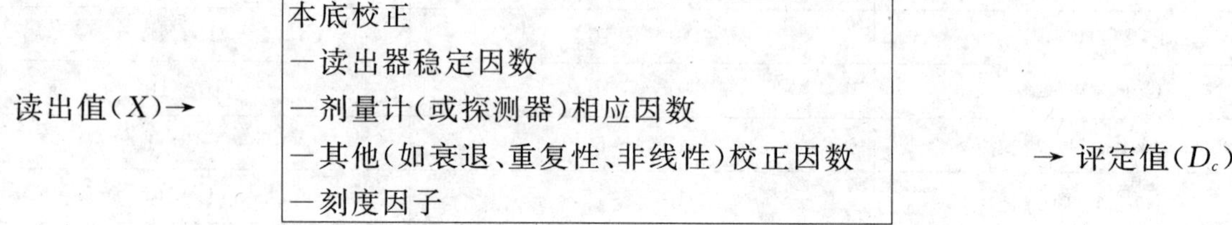

B.1.2 对于任何一种特定场合，上述因数中有些可能是不必要的。因此，这里不能给出通用程序。本标准采用一个评定因数（F_c）取代框图中的整个步骤。

附 录 C
（资料性附录）
剂量-发光响应线性相关性的计算

C.1 在治疗水平热释光剂量测量系统中，在常规放射治疗剂量条件下，对热释光剂量计进行不同剂量辐照、测读，其剂量-发光响应应满足线性关系。

C.2 为了准确测定治疗机辐射场射野内水模体中校准点处的吸收剂量值，首先应对剂量计校准。即在治疗剂量 1.00 Gy～3.00 Gy 范围内，用 10 cm×10 cm 照射野，以 5～7 个不同剂量点对剂量计进行辐照、测读。测得 n 对数据：(X_1,Y_1)；(X_2,Y_2)；(X_i,Y_i)；………(X_n,Y_n)；它们应满足线性关系。

$$Y = a + bX \qquad \text{(C.1)}$$

式中：

a——曲线截距；

b——曲线斜率。

a、b 的数值由测量值 X_i，Y_i 按最小二乘法原理来确定：

$$b = \frac{\sum (X_i - \overline{X})(Y_i - \overline{Y})}{\sum (X_i - \overline{X})^2} \qquad \text{(C.2)}$$

$$a = \overline{Y} - b\overline{X} \qquad \text{(C.3)}$$

式中：

$\overline{X}$、$\overline{Y}$——分别表示 X_i，Y_i 的平均值；

$\overline{X} = \sum X_i / n$，$\overline{Y} = \sum Y_i / n$。

C.3 根据测量数据 (X_1,Y_1)；(X_2,Y_2)；(X_i,Y_i)；………(X_n,Y_n)，给出剂量计剂量响应的线性相关系数 r。

$$r = \frac{\sum (X_i - \overline{X})(Y_i - \overline{Y})}{\sqrt{\sum (X_i - \overline{X})^2 \sum (Y_i - \overline{Y})^2}} \qquad \text{(C.4)}$$

C.4 在很多情况下，我们不仅要知道 a、b 的数值，而且还要进一步知道它们的标准偏差 S_a、S_b，斜率 b 的相对标准偏差 S_a/b，以及当 X 为某一确定值 X_i 时的剂量拟合值 D。

C.5 它们相应的标准偏差和热释光测量剂量拟合值的计算见式(C.5)～式(C.8)：

$$S_b = b\sqrt{\frac{1 - r^2}{r^2 (n - 2)}} \qquad \text{(C.5)}$$

$$S_a = S_b\sqrt{\frac{\sum X_i^2}{n}} \qquad \text{(C.6)}$$

$$S_b / b = \frac{1}{r}\sqrt{\frac{1 - r^2}{n - 2}} \quad (n > 5) \qquad \text{(C.7)}$$

$$D = a + bX_i \qquad \text{(C.8)}$$

式中：

D——被测热释光剂量计的测量值；

X_i——被测热释光剂量计响应的测量读数；

a、b——剂量计校准曲线的截距和斜率。

附　录　D
（资料性附录）
校准点吸收剂量测量的不确定度分析实例

校准点测量不确定度来源与分量详见表 A.1。这里给出的是采用^{60}Coγ 辐射源对 LiF 剂量元件与其配套的读出器组成的测量系统进行实验结果的不确定度分析范例。其中，采用 NA 表注的不确定度分量假定是可以忽略不计的。但是在实际使用中，其中的一些项目与使用条件有关。例如：测量不确定度的评定还会因辐照的剂量值的大小、辐照装置的特性、剂量元件批次一致性以及使用环境等因素的影响发生变化，因此应该认真控制并核查所有与测量不确定度评定有关的因素。

表 D.1　使用同批次 LiF 剂量测量系统的不确定度评定

不确定度来源	A 类评定/%	B 类评定/%
^{60}Co 源校准剂量值	NA	1.0
校准曲线的确定	0.50	0.50
照射和读出之间时间间隔影响的修正	1.5	NA
同批次元件响应的均匀性	1.5	NA
自身散射	NA	NA
吸收剂量率响应	NA	NA
能量响应	NA	NA
准备和读出期间的时间响应	NA	NA
角响应	NA	NA
辐照过程中温度的影响	NA	NA
湿度响应	NA	NA
TLD 尺寸的影响	NA	NA
各分量的平方和	4.75	1.25
方和根法合成 A 类和 B 类评定	2.45	
扩展不确定度(k=2)	4.9	

注：在本不确定度的评定中，字母“*NA*”是假设的可以忽略不计的不确定度分量，这个假设不可以作为所有的剂量计使用条件依据使用。对每个 TLD 系统使用时都应仔细核查所有可能的不确定度来源。

ICS 07.040
A 76

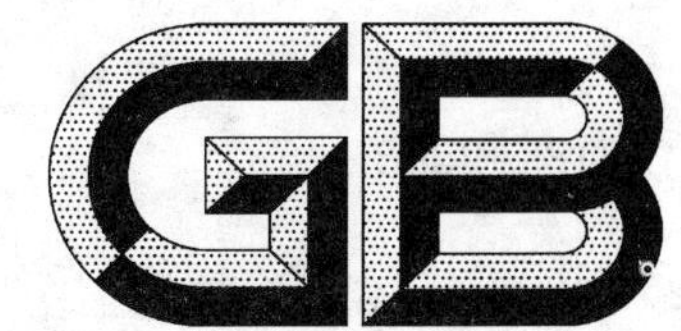

中华人民共和国国家标准

GB/T 16818—2008
代替 GB/T 16818—1997

中、短程光电测距规范

Specifications for short to medium ranges electro-optical distance measurements

2008-06-20 发布　　2008-12-01 实施

中华人民共和国国家质量监督检验检疫总局
中国国家标准化管理委员会　发布

前　言

本标准代替 GB/T 16818—1997。本标准与 GB/T 16818—1997 相比，主要的变化包括：

——根据 GB/T 1.1—2000《标准化工作导则　第1部分：标准的结构和编写规则》对原标准的格式进行了修改；

——修改与调整了“4　基本要求”；

——删去了对点位的要求；

——修改了记录的要求；

——修改了成果整理和上交的内容；

——删去了附录 A、附录 B、附录 C、附录 D、附录 E、附录 F。

本标准由国家测绘局提出。

本标准由全国地理信息标准化技术委员会归口。

本标准起草单位：国家测绘局测绘标准化研究所。

本标准主要起草人：肖学年、朱健、任道胜。

本标准所代替标准的历次版本发布情况为：

——ZB A76 002—1987；

——GB/T 16818—1997。

中、短程光电测距规范

1 范围

本标准规定了利用测程为 15 km 以内的光电测距仪(包括全站仪)进行中、短程距离测量的等级和精度要求、技术方法、工作流程和距离计算方法。

本标准适用于控制测量、地形测量、工程测量等测量作业中的中、短程光电测距。

2 规范性引用文件

下列标准中的条款通过本标准的引用而成为本标准的条款。凡是注日期的引用文件,其随后所有的修改单(不包括勘误的内容)或修订版均不适用于本标准,然而,鼓励根据本标准达成协议的各方研究是否可使用这些文件的最新版本。凡是不注日期的引用文件,其最新版本适用于本标准。

JJG 703 光电测距仪

JJG 414 光学经纬仪

JJG 100 全站型电子速测仪

CH 1002 测绘产品检查验收规定

CH 1003 测绘产品质量评定标准

CH/T 2004 测量外业电子记录基本规定

3 符号

本标准所用符号如下:

D'——观测距离,单位为米(m);

D——经各项修正后的测量斜距,单位为米(m);

D_0——直线弦长,单位为米(m);

D_1——水平距离或参考椭球面上的弦长,单位为米(m);

D_2——水平距离或参考椭球面上的弧长,单位为米(m);

H_1、H_2——测点参考椭球高程,单位为米(m);椭球高程以正常高程代替;

k——折光系数(≈0.13);

r——地球半径,单位为米(m);r 经常用平均地球半径 r_m 来代替。

4 基本要求

4.1 光电测距仪(以下简称测距仪)按测程分为中、短、远程测距仪。测程在 3 km 以内的为短程测距仪,测程 3 km~15 km 的为中程测距仪,测程大于 15 km 的为远程测距仪。按测距仪出厂标称标准差,归算到 1 km 的测距标准偏差计算,精度分为四级(见表 1)。

表 1 测距仪的精度分级

精度等级	测距标准偏差
Ⅰ	$m_D \leqslant (1+D)$ mm
Ⅱ	$(1+D)\text{mm} < m_D \leqslant (3+2D)$ mm
Ⅲ	$(3+2D)$ mm $< m_D \leqslant (5+5D)$ mm
Ⅳ(等外级)	$(5+5D)$ mm $< m_D$
注:D 为测量距离,单位为千米(km)。	

测距仪出厂标称精度表达式为：

$$m_D = \pm (A + B \times D) \quad \cdots\cdots (1)$$

式中：

A——标称精度固定误差，单位为毫米(mm)；

B——标称精度比例误差系数，单位为毫米每千米(mm/km)；

D——测量距离，单位为千米(km)。

4.2 中、短程测距应根据测距精度要求，使用同等级精度或高等级精度的测距仪，并在其最佳使用条件下和最佳测程内进行。

4.3 不同等级的测距仪应使用不低于表2规定的技术要求的干、湿温度表和气压表。

表2 气象仪表的技术要求

测距仪精度等级	仪表最小读数	
	干、湿温度表 ℃	气压表 hPa
Ⅰ	0.2	0.5
Ⅱ、Ⅲ	0.5	1
Ⅳ	1	2

4.4 中、短程测距使用的测距仪、光学经纬仪、全站型电子速测仪应经过法定计量检定合格后，方可使用。测距仪的检验内容和技术要求按JJG 703执行，经纬仪的检验内容和技术要求按JJG 414执行，全站型电子速测仪的检验内容和技术要求按JJG 100执行。

4.5 与测距配套使用的干湿温度表、气压表等其他仪表，应按其相应的检定规程检定。

4.6 测距前应收集测区的地形图、选点图以及有关的交通、气象等资料。收集完整的测距仪和气象仪表的检定资料。

4.7 中、短程测距成果的检查验收和质量评定应按CH 1002和CH 1003有关规定执行。

5 距离测量

5.1 测线要求

5.1.1 测线应高出地面或障碍物1.3 m以上，根据测线地貌、地物状况确定仪器的安置高度。

5.1.2 测线或其延长线上不应有永久性反光物体。应避免测线与高压(35 kV以上)输电线近距离平行。无法避免时应离开输电线2 m以上距离。

5.1.3 测线应避免通过吸热、散热相差较大的地区，如城镇、湖泊、河流和沟谷等。若无法避免时，应把测线调整到高于此类地区平面2 m以上，并选择有利的观测时间，使在两端点量测的气象数据对整个测线有较好的代表性。

5.1.4 布设的各测点周围不应有交变电磁场影响，特别是高频电磁场影响。

5.1.5 永久性的点位标志、标石和观测墩的埋设，按相应测量规范的有关条款要求执行。

5.1.6 测距两端点的高差不宜过大，应满足下述规定：

a) 若测距两端点的高差是用对向三角高程方法测定，则高差的限值按式(2)计算：

$$h \leqslant \frac{8D'}{q} \times 10^3 \quad \cdots\cdots (2)$$

式中：

h——测距两端的高差，单位为米(m)；

q——测距要求的相对中误差分母的数值。

b) 若测距两端点的高差是用等级水准测量测定的，除了考虑所用测距仪的最大俯仰角外，其高差的大小不受限制。

5.2 观测时间的选择

5.2.1 观测时间的选择，应根据测距精度的要求和所用测距仪的精度等级，测点所处地形、地物及当时所处季节、天气情况、大气透明度等因素来进行。

5.2.2 各等级边测距应在最佳观测时间段内进行，即在空气温度垂直变化梯度为零的时刻前后一小时内进行。一般选择在测区日出后 0.5 h～2.5 h 和日落前 2.5 h～0.5 h 的时间段内进行观测。当使用测距仪的精度优于所要求的测距精度时，观测时间段可向中天方向适当延长。但在晴天或少云时，不应在正午和午夜前后 1 h 内进行测量。

5.2.3 对于精密测距，除严格按最佳时间段测距外，还应上午和下午对称观测。各等级边的往返测量可以是上、下午时段也可以是不同白天的时段。

5.2.4 全阴天、有微风时，可以全天观测，尽量避开正午和午夜前后 1 h 之内的时间。

5.2.5 雷雨前后、大雾、大风(四级以上)，雨、雪天气和能见度很差时，不应进行距离测量。

5.3 距离测量

5.3.1 检查点位是否稳固，正确安置仪器，量取测距仪高度。保证充足的仪器预热时间，特别是具有恒温装置的测距仪达到恒温后方可工作。

5.3.2 安置反射镜。安置时应精确对中，整平并对准测站。按仪器站的指令操作，及时读取和报告气象元素和反射镜高度。

5.3.3 使用强制对中器或精密光学对中器时，其对中精度应小于 0.2 mm。使用光学对中器时，其对中精度应小于 1 mm。使用对中杆或锤球时，其对中精度应小于 2 mm。

5.3.4 量取测距仪和反射镜高度各两次，读至毫米，各取平均值。

5.3.5 严格按照仪器操作程序作业，输入应输入的各种数据，轻轻操作各键，以防破坏正确的安置状态并保护仪器。

5.3.6 测距作业中应注意以下事项：

a) 保证仪器周围大气流通良好，避免将仪器置于代表性误差较大的环境中作业(如建筑物、帐篷内等)。晴天作业时应给测距仪、气象仪表打伞遮阳。

b) 测距仪或反射镜不应在对向太阳的情况下作业。

c) 仪器测距时应暂停无线通话，以免干扰。

d) 仪器测距时，应避免有另外的反光体位于测线或测线延长线上，避免有物体在测线上晃动，或人在测线上走动。

e) 仪器安置后，仪器站和反射镜站不应离人，应时刻注意仪器的工作状态和周围环境的变化。风大时，仪器和反射镜要有保护措施。

5.4 距离测量的技术要求

5.4.1 距离测量时所用的测距仪主要配件如反射镜、支架、基座应和检定时所用的一致。一般不应换用。若测距时确有特殊情况，所用配件(反射镜、干湿温度表或气压表)不配套或需要改换，则应在测距前重新检定仪器常数。对于等外级测距，可更换主要配件，但常数误差应在测量精度允许范围内。

5.4.2 距离测量的技术要求如表 3 所示。

表 3 距离测量技术要求

等级	使用测距仪精度等级	每边测回数		备注
		往测	返测	
二等	Ⅰ、Ⅱ	4	4	往返测也可用不同时间段观测代替
三等	Ⅰ	2	2	
	Ⅱ、Ⅲ	4	4	
四等	Ⅰ、Ⅱ	2	2	
	Ⅲ	4	4	
等外	Ⅰ、Ⅱ、Ⅲ	2	—	
	Ⅳ	4	—	

注 1：一个测回是指整置仪器照准目标一次、读取数据四个。

注 2：时间段是指完成一次距离测量和往测或返测的时间段，如上午、下午或不同白天。

5.4.3 各级精度测距仪观测结果较差限值，如表 4 所示。

表 4 各级精度较差限值

单位为毫米

测距仪精度等级	一测回读数间较差限值	测回间较差限值	往返测或时间段内较差限值
Ⅰ	2	3	$\sqrt{2}(A+B\times D\times 10^{-6})$
Ⅱ	5	7	
Ⅲ	10	15	
Ⅳ	20	30	

注 1：往返测较差，应将斜距化算到同一水平面上，方可进行比较。

注 2：$(A+B\times D\times 10^{-6})$ 为测距仪标称精度。

5.4.4 采用三角测量确定高程差，进行倾斜修正，对向观测时，高差之差应满足式(3)的要求：

$$\Delta h < 0.1D' \times 10^{-3} \qquad (3)$$

式中：

Δh——往返观测的高差之差，单位为米(m)；

垂直角测角中误差的要求按式(4)计算：

$$m_\alpha = \frac{\sqrt{2}}{5q\sin\alpha}\rho \qquad (4)$$

式中：

ρ——206 265″；

m_α——垂直角的测角中误差；

α——垂直角；

q——测距要求的相对中误差的分母值。

以上述公式计算的垂直角测角中误差为引数，使用仪器、观测方法及测回数，应符合表 5 的规定。

表 5 垂直角观测方法及测回规定

测角中误差	小于 10″	10″～30″		大于 30″
观测方法	不同型号仪器测回数			
	DJ2	DJ2	DJ6	DJ6
中丝法	2	2	2	2
三丝法	1	1	1	1

5.5 气象元素的测定

5.5.1 气象元素包括:气温、气压和空气绝对湿度(水蒸气压);绝对湿度通过测定空气的干温和湿温后经过计算而取得。

5.5.2 干、湿温度表应稳妥安置在高于测距仪和反射镜并通风良好的迎风处,防止日晒和其他热辐射的影响。湿球适量加蒸馏水,通风 2 min 后方可读数。读数时扶手应远离温度传感头,面对迎风处,屏住呼吸,平视快速读取干、湿温度。风力大于三级时要加防风罩。

气压表应稳妥地平置于仪器附近的遮阳处,注意:最后参与计算的温度、气压值应为仪器表示值加修正值。

5.5.3 根据测距仪精度、地物地貌状况、测边所用时间、气象状态来确定采集气象元素的模式。主要有以下模式:

a) 使用一级仪器测量相对精度优于五十万分之一的距离时,应在每条边观测始末、两端点(必要时加测中间点)测定大气温度、湿度和气压值并求其平均值作为测线气象代表值。

b) 对于二至四等级起始边、导线边应在测线两端同时测定大气温度和气压值,求其平均值。在每次测距时间超过 2 min 时,还应在观测时间始、末各测定一次大气温度和气压值并求其平均值。若在 500 m 以内较平坦、地表覆盖较为一致的地区,在有风的情况下,可以单端(测站)测定气温和气压值。

c) 对于等外级别控制边,一般每边一次,测站单端测定大气温度和气压值。但在地形地物复杂、高差较大、距离大于 1 km 时也应两端测取大气温度和气压值并求其平均值。

d) 对于工作频率在微波段的测距仪,距离测量中都应测定大气温度。

e) 对于输入气象元素值自行改正的测距仪,应将上述采集的气象元素平均值输入仪器后进行测距。但是,当气象元素值发生变化时(干、湿温度变化值大于 1℃、气压变化值大于 2 hPa),应立即输入新值,再测距离。

5.6 偏心观测的要求

5.6.1 距离测量时,一般不作偏心观测,若必须进行偏心观测时,则要测定归心元素。最大偏心距离不应超过 5 m。

5.6.2 在标上观测时,用经纬仪盘左、盘右进行投影测定仪器归心元素,三个投影面交角约为 60°或 120°。如因地形限制也可在交角约为 90°的两个位置上连续投影 2 次(2 次之间要稍改变仪器位置)。

5.6.3 在投影纸上,除标石中心外,其他各投影中心均应描绘两个观测方向,其中一个最好是观测零方向。描绘方向与观测方向角度之差应小于 2°。

5.6.4 距离测量后,测定归心元素 1 次,角度元素量至 15′,长度元素应量至毫米,投影示误差三角形边长,不超过 5 mm。

5.6.5 地面上进行大偏心观测时,应用经检定过的钢尺量取偏心距 2 次,量至毫米,可取其中数。偏心角观测两测回,较差应小于或等于 10′。

5.7 成果记录的要求

5.7.1 记录方式

中、短程光电测距的外业记录,按记录载体分为电子记录和手簿记录两种方式,应优先采用电子记录,在不适宜电子记录的特殊地区亦可采用手簿记录。

5.7.2 记录项目

距离测量的外业记录应包括:观测日期、观测时间、点名(点号)、往返测号、仪器型号及编号、仪器高、棱镜高、原始距离读数、气象元素读数值、垂直角观测数据等项目。

5.7.3 电子记录要求

电子记录参照 CH/T 2004 和相关技术规范的有关规定执行。

5.7.4 **手簿记录要求**

5.7.4.1 原始观测数据和记录项目,应现场记录在测量手簿上,不能撕毁手簿中的任何一页。

5.7.4.2 现场记录数字和文字书写应准确、清楚,记错处应整齐划去,在上方另记正确的数字和文字,不能涂擦。对超限或其他原因划去的成果应注明原因和重测成果所在的页数。书写的文字、符号和计量单位均应符合国家颁布的有关标准。

5.7.4.3 在现场距离测量中,每测回要记全数一次,厘米和厘米以下的数值不得更改。米和分米读数,在同一距离的往返测量中,只能更改一次。

5.7.5 **观测记录的整理和检查**

观测工作结束后应及时整理和检查外业观测手簿。检查手簿中所有计算是否正确、观测成果是否满足各项限差要求。确认观测成果全部符合本规范规定之后,方可进行外业计算。

5.8 观测成果的重测和取舍

5.8.1 凡超出表4所列限差的观测成果,均应进行重新测量。

5.8.2 当一测回中读数较差超限时,可重测2个读数,然后去掉大小孤立值,再取平均值。重测超限时,整测回应重新观测。若反复超限,应分析原因,改日重测。

5.8.3 当测回间较差超限时,若两两分群,该时段应重测;若只有一个孤立值,则重测一测回。重测量不能过半。否则重测整时段的所有测回。

5.8.4 往、返测(或不同时段)较差超限时,应分析原因后,重测单方向的距离,若重测还是超限,重测往、返两个方向的距离。

6 距离计算

6.1 各项距离修正值的计算

6.1.1 气象修正值按式(5)计算:

$$\Delta D_{mi} = D'(n_0 - n_i) \times 10^{-6} \qquad (5)$$

式中:

ΔD_{mi}——气象修正值,单位为毫米(mm);

n_0——仪器气象参考点的群折射率;

n_i——测量时气象条件下实际群折射率。

其中:

$$(n_0 - 1) = \left(287.604 + \frac{3 \times 1.628\,8}{\lambda^2} + \frac{5 \times 0.013\,6}{\lambda^4}\right) \times 10^{-6} \qquad (6)$$

$$(n_i - 1) = (n_g - 1)\frac{273.16P}{(273.16 + t) \times 1\,013.25} - \frac{11.27 \times 10^{-6}}{273.16 + t} \times e \qquad (7)$$

式(6)和式(7)中:

λ——测距光源真空中波长,单位为微米(μm);

n_g——标准大气压条件下光的群折射率;

t——气温,单位为摄氏度(℃);

P——气压,单位为百帕(hPa);

e——水蒸气压,单位为百帕(hPa)。

其中:

$$e = E - c(t - t')P \qquad (8)$$

$$E = 10^{[at'/(b+t')]+0.785\,8} \qquad (9)$$

式(8)和式(9)中:

t——干球温度,单位为摄氏度(℃);

t'——湿球温度，单位为摄氏度(℃)；

P——气压，单位为百帕(hPa)；

E——饱和水蒸气压，单位为百帕(hPa)；

a、b、c——系数，其取值如表 6 所示。

表 6 系数值

系　数	湿球未结冰	湿球结冰
a	7.5	9.5
b	237.3	265.5
c	0.000 662	0.000 583

根据不同的测距精度要求，可使用仪器说明书给出的气象改正公式和采集相应的气象元素或直接输入仪器或另行计算。

6.1.2 折光系数改正按式(10)计算：

$$\Delta D_{n2} = -(k - k^2)\frac{D^3}{12r^2} \qquad (10)$$

式中：

ΔD_{n2}——折光改正值，单位为米(m)。

注：10 km 以上的距离作此项改正。

6.1.3 精测频率变化距离修正值按式(11)计算：

$$\Delta D_f = \frac{f_0 - f}{f_0} \cdot D' \qquad (11)$$

式中：

ΔD_f——频率变化距离修正值，单位为米(m)；

D'——距离观测值，单位为米(m)；

f_0——测距仪标称精测频率，单位为赫兹(Hz)；

f——测距仪实际精测频率，单位为赫兹(Hz)。

注 1：测距仪标称精测频率 f_0 由仪器说明书给出，实际精测频率 f 由仪器检定书给出。

注 2：当 $\Delta f = f_0 - f < \pm 10$ Hz 时，不进行此项改正。

6.1.4 周期误差修正值按式(12)计算：

$$\Delta D_A = A\sin\left[\varphi_0 + \frac{2D'}{\lambda} \times 360°\right] \qquad (12)$$

式中：

ΔD_A——周期误差修正值，单位为毫米(mm)；

A——周期误差的振幅，单位为毫米(mm)；

φ_0——周期误差的初相角，单位为度(°)；

λ——测距仪精测调制波长，单位为米(m)。

注：周期误差的振幅 A，初相角 φ_0 由检定证书中给出。若周期误差的振幅 A 大于测距中误差绝对值的$\sqrt{2}$倍时，应进行此项改正。

对于脉冲式测距仪不进行此项改正。

6.1.5 仪器加常数和乘常数修正值按以下公式计算：

加常数修正值按式(13)计算：

$$\Delta D_K = K \qquad (13)$$

乘常数修正值按式(14)计算：

$$\Delta D_R = R \cdot D' \qquad (14)$$

式中：

K——仪器的加常数，单位为毫米(mm)；

R——仪器的乘常数，单位为毫米每千米(mm/km)。

注1：仪器的加、乘常数是由测定多条已知距离，经过频率、气象、周期误差修正后计算出来的。其值由检定证书给出。

注2：仪器的加常数是测距仪加常数与反射镜加常数的和；测量时测距仪和反射镜等设备应配套使用，若配套设备改变，应重新检定仪器常数。

在测距仪检定中，若距离进行了频率改正后，多段归算结果，若乘常数$|R|>1\times10^{-6}$，应首先检查气象元素取样是否正确，测频和公式应用是否有误，若以上正常，应在不同基线段或不同基线场上进行比测。测试结果和上述结果一致时，所测乘常数有效。频率和乘常数改正同时进行。

若距离进行频率改正后，归算结果，乘常数$|R|<1\times10^{-6}$，则只进行频率或乘常数单项改正。

6.1.6 经过气象、频率、周期误差、加常数、乘常数修正后的斜距，才能归算为水平(或参考椭球面上)距离。

6.2 测量距离的几何改正

6.2.1 偏心设站测量的归心修正值按如下公式计算：

a) 当偏心距离$W\leqslant0.3$ m时，按式(15)计算：

$$\Delta D_W=-W\cdot\cos\theta-W'\cdot\cos\theta' \quad\cdots\cdots(15)$$

式中：

W——测站的偏心距，单位为米(m)；

θ——测站的偏心角，即测站偏心距与观测方向的夹角，单位为度(°)；

W'——镜站的偏心距，单位为米(m)；

θ'——镜站的偏心角，即镜站偏心距与观测方向的夹角，单位为度(°)。

b) 当偏距$W>0.3$ m的大偏心观测时，水平距离的计算按式(16)计算：

$$D_0=\sqrt{D_W^2+W^2-2D_WW\cos\theta} \quad\cdots\cdots(16)$$

式中：

W——观测站的偏心距，单位为米(m)；

θ——观测站的偏心角，单位为度(°)；

D_W——偏心观测的水平距离，单位为米(m)。

6.2.2 经过各项修正以后，测量距离D化算为水平距离或化算到参考椭球面上，按如下公式计算：

a) 对于3 km以内的短距离，用两端点间高差计算水平距离按式(17)计算：

$$D_1=\sqrt{D^2-\Delta H^2} \quad\cdots\cdots(17)$$

b) 对于3 km以上测量距离D，首先化算为两端点间的直线弦长D_0，按式(18)计算：

$$D_0=D-k^2\frac{D^3}{24r^2} \quad\cdots\cdots(18)$$

对于中、短程距离($D<15$ km)此项可以忽略，$D_0\approx D$；再将两点间的直线弦长D_0化算到参考椭球面上的弦长D_1，按式(19)计算：

$$D_1=\sqrt{\frac{D_0^2-(H_2-H_1)^2}{(1+H_1/r)(1+H_2/r)}} \quad\cdots\cdots(19)$$

将参考椭球面上的弦长化算为参考椭球面上的弧长，按式(20)计算：

$$D_2=D_1+\frac{D_1^3}{24r^2} \quad\cdots\cdots(20)$$

上面各式中椭球高程是以正常高高程代替；正常高高程可以从水准测量或三角高程测量中获得。椭球高程在高等级大地测量中才应用，而在低等级或短程测量中椭球高程和正常高高程之间差别可以忽略不计。

6.2.3 利用测量天顶距将距离化算到参考椭球面上，按如下公式计算：

a) 先将测量距离化算为直线弦长。对于中、短程（<15 km）距离，该项改正可忽略，测量距离近似等于直线弦长。

b) 将直线弦长（即斜距）进行倾斜改正，化为水平距离，按式(21)计算：

$$D_{H1} = D_0 \sin Z_1 - \frac{D_0^2(2-k)}{4r}\sin 2Z_1 \qquad (21)$$

c) 将 D_{H1} 改算到参考椭球上的弦长，按式(22)计算：

$$D_1 = D_{H1}(1 - H_1/r) \qquad (22)$$

d) 将参考椭球上的直线弦长化算为弧长，按式(23)计算：

$$D_2 = D_1 + \frac{D_1^3}{24r^2} \qquad (23)$$

以上各式中：

D_{H1}——测点 P_1～P_2 处的水平距离，单位为米(m)；

Z_1——测点 P_1 处的天顶距，单位为度(°)；

H_1——测点 P_1 的正常高高程，单位为米(m)。

6.2.4 利用观测天顶距和斜距计算高差按如下公式：

a) 单向观测，按式(24)计算：

$$H_2 - H_1 = D_0 \cos Z_1 + \frac{(1-k)}{2r}(D_0 \sin Z_1)^2 \qquad (24)$$

b) 对向观测，按式(25)计算：

$$H_2 - H_1 = D_0/2(\cos Z_{12} - \cos Z_{21}) \qquad (25)$$

上两式中：

Z_{12}——P_1 到 P_2 测点的天顶距，单位为度(°)；

Z_{21}——P_2 到 P_1 测点的天顶距，单位为度(°)。

6.2.5 参考椭球面上长度 D_1 归算到高斯平面上的长度 D_g，按式(26)计算：

$$D_g = D_1\left[1 + \frac{y_m^2}{2r_m^2} + \frac{(\Delta y)^2}{24r_m^2}\right] \qquad (26)$$

式中：

Δy——测线两端点横坐标差，$\Delta y = y_j - y_i$，单位为米(m)；

y_m——测线两端点横坐标之平均值，$y_m = 1/2(y_j + y_i)$，单位为米(m)；

r_m——参考椭球上测线中点的平均地球半径，单位为米(m)。

6.2.6 水平距离化算到其他任意高程面上的长度，按式(27)计算：

$$D_s = D_1(1 - H'_m/r_A) \qquad (27)$$

式中：

D_s——任意高程面上的距离，单位为米(m)；

H'_m——该水平距离两端点到任意高程面的高程平均值，单位为米(m)；

r_A——法截线的曲率半径，单位为米(m)。

其中：

$$r_A = \sqrt{NM}\left(1 - \frac{1}{2}e'^2\cos^2\beta_m \cos 2\alpha\right) \qquad (28)$$

公式(28)中：

M、N——分别为测距边中点的子午圈和卯酉圈半径，单位为米(m)；

e'——所采用的椭球偏心率；

β_m——测距边中点纬度,单位为度(°);

α——测距边的方位角,单位为度(°)。

6.3 测量距离的精度评定

6.3.1 单向观测距离的精度评定

根据测距仪器精度、测距时安置、使用和环境条件,分析测距误差源的大小估算测距精度。

测距中误差公式采用经验公式(29):

$$m_0 = \pm (A + B \times D) \tag{29}$$

式中:

A——固定误差,单位为毫米(mm);

B——比例误差系数,单位为毫米每千米(mm/km)。

其中:

$$A = [m_1^2 + m_2^2 + m_3^2 + m_4^2 + m_5^2]^{1/2} \tag{30}$$

$$B = [m_6^2 + m_7^2 + m_8^2 + m_9^2]^{1/2} \tag{31}$$

式(30)和式(31)中:

m_1——加常数测定误差,由检定证书给出;

m_2——相位均匀性误差,由检定证书给出;

m_3——周期误差测定中误差,由检定部门给出;

m_4——对中误差,由采用的对中方式决定(见表3);

m_5——每一距离观测结果的算术平均值的中误差,用式(32)计算:

$$m_5 = \pm \sqrt{\frac{[VV]}{n(n-1)}} \tag{32}$$

式中:

V——每次读数与读数中数之差;

n——读数次数;

m_6——乘常数测定中误差,由检定部门给出;

m_7——折射率计算公式误差,一般取值为 0.2×10^{-6};

m_8——精测频率的漂移和测定相对中误差;

m_9——气象代表性误差,与大气状况和测线通过的地形、地表覆盖物有关,经验取值如表7。

表7 气象代表性误差经验取值表

单位为毫米每千米

气象代表性情况	一端测气象	两端测气象
较好	1.0	$1/\sqrt{2}$
中等	1.5	$1.5/\sqrt{2}$
较差	2.0	$2/\sqrt{2}$

6.3.2 对向观测距离的精度评定

a) 一次测量的中误差,按式(33)计算:

$$m_0 = \pm \sqrt{\frac{[d_F d_F]}{2n}} \tag{33}$$

b) 对向观测的平均值中误差,按式(34)计算:

$$m_d = \pm \frac{1}{2} \sqrt{\frac{[d_F d_F]}{n}} \tag{34}$$

c) 相对中误差,按式(35)计算:

$$\frac{m_d}{D_1} = \frac{1}{D_1 / m_d} \tag{35}$$

以上的公式中：

d_F——化算到同一高程面的每对水平距离之差，单位为毫米(mm)；

n——对向观测差值的个数，$n \geqslant 4$；

$\overline{D}_1$——水平距离的平均值。

7 测距资料的整理与上交

7.1 资料的整理

经过检查验收后的中、短程测距成果，应清点整理、装订成册、编制目录，开列清单，上交资料管理部门。

7.2 上交资料的范围

上交的资料应包括：

——测距仪、经纬仪等仪器和气象仪表的检定资料；

——水准仪、水准标尺检验资料及标尺长度改正数综合表；

——距离观测手簿、磁带、磁盘、光盘等能长期保存的其他介质；

——距离观测成果表和各项改正数计算资料；

——验收报告。

8 测距仪的维护和保养

8.1 测距仪在使用、运输、贮放中应注意防潮、防尘、防雨和防日晒。一般不宜在40℃以上高温和－15℃以下低温的环境中使用和贮放。

8.2 使用期间，严防雨淋。若被少量淋湿，应立即用干净的软布擦干。并在使用后放置通风处晾吹一段时间，方可装箱存放。

8.3 每次使用后，应对箱体和仪器用软布擦试、除尘、除潮、取下内部电池，检查配备件是否齐全。

8.4 仪器贮放时，应放置在通风良好、干燥阴凉的地方，贮箱内放置防潮防霉剂。对于长期存放的仪器，应定期(最长不超过一个月)通电(半小时以上)驱潮、维护、保养，同时检查仪器工作是否正常。

8.5 测距仪的专用蓄电池贮放时应按其说明书处理。对于常用的镍镉蓄电池，必须充足电存放，并且在存放期间定期充电。

8.6 不宜使用强挥发性的溶液或其他有机溶剂清洁仪器。一般使用无水乙醇和乙醚(6∶4)混合液，用脱脂棉签擦洗。

8.7 在使用中，严禁非维修人员拆卸仪器各个部件和任意调整不应调整的部件。

ICS 19.060;77.040.10
N 71

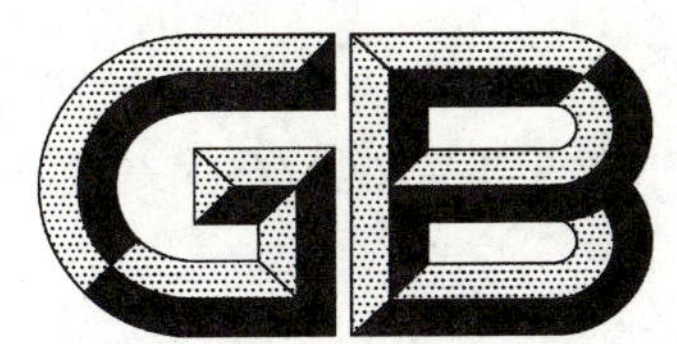

中华人民共和国国家标准

GB/T 16825.1—2008/ISO 7500-1:2004
代替 GB/T 16825.1—2002

静力单轴试验机的检验 第1部分:拉力和(或)压力试验机测力系统的检验与校准

Verification of static uniaxial testing machines—Part 1:Tension/compression testing machines—Verification and calibration of the force-measuring system

(ISO 7500-1:2004,Metallic materials—Verification of static uniaxial testing machines—Part 1:Tension/compression testing machines—Verification and calibration of the force-measuring system,IDT)

2008-06-20 发布 2009-01-01 实施

中华人民共和国国家质量监督检验检疫总局
中国国家标准化管理委员会 发布

前　言

请注意本标准的某些内容有可能涉及专利。本标准的发布机构不应承担识别这些专利的责任。

GB/T 16825《静力单轴试验机的检验》分为二个部分：

——第1部分：拉力和（或）压力试验机　测力系统的检验与校准；

——第2部分：拉力蠕变试验机　施加力的检验。

本部分为GB/T 16825的第1部分。

本部分等同采用ISO 7500-1:2004《金属材料　静力单轴试验机的检验　第1部分：拉力和（或）压力试验机　测力系统的检验与校准》（英文第三版）。

为便于使用，本部分作了下列编辑性修改：

——修改了名称；

——删除ISO 7500-1:2004的前言；

——增加了国家标准的前言；

——直接引用与规范性引用文件相对应的我国国家标准；

——增加了在正文中提及附录B、附录C和附录D的内容。

本部分代替GB/T 16825.1—2002《静力单轴试验机的检验　第1部分：拉力和（或）压力试验机　测力系统的检验与校准》。

本部分与GB/T 16825.1—2002相比主要变化如下：

——将“测力仪”一词改为“标准测力仪”（2002年版的第2章；本版的第2章）；

——将“量程”一词改为“测力范围”（2002年版的第6章；本版的第6章）；

——修改了示值进回程相对误差的计算公式[2002年版的公式(8)；本版的公式(8)]；

——修改了辅助装置应满足的要求[2002年版的公式(6)、公式(7)；本版的公式(6)、公式(7)]；

——修改了两台标准测力仪测量同一力值点的一致性要求（2002年版的6.5.3；本版的6.5.3）；

——增加了附录D（资料性附录）测力系统校准结果的不确定度（本版的附录D）。

本部分的附录A为规范性附录，附录B、附录C、附录D为资料性附录。

本部分由中国机械工业联合会提出。

本部分由全国试验机标准化技术委员会（SAC/TC 122）归口。

本部分负责起草单位：长春试验机研究所。

本部分参加起草单位：威海市试验机制造有限公司、上海华龙测试仪器有限公司、浙江竞远机械设备有限公司、深圳市新三思材料检测有限公司、长春中联试验仪器有限公司。

本部分主要起草人：郭永祥、戚翠荣、张小康、贾莉蓓、雷庆安、邵春平。

本部分所代替标准的历次版本发布情况为：

——GB 16825—1997；GB/T 16825.1—2002。

静力单轴试验机的检验 第1部分:拉力和(或)压力试验机 测力系统的检验与校准

1 范围

GB/T 16825的本部分规定了拉力和(或)压力试验机的检验方法。

检验包括:

——试验机(包含施加力的附件)的一般检查;

——测力系统的校准。

注:GB/T 16825的本部分仅涉及测力系统的静态检验,其校准值未必适用于高速或动态试验。有关动态效应的更多信息参见“参考文献”。

2 规范性引用文件

下列文件中的条款通过GB/T 16825的本部分的引用而成为本部分的条款。凡是注日期的引用文件,其随后所有的修改单(不包括勘误的内容)或修订版均不适用于本部分,然而,鼓励根据本部分达成协议的各方研究是否可使用这些文件的最新版本。凡是不注日期的引用文件,其最新版本适用于本部分。

GB/T 13634 单轴试验机检验用标准测力仪的校准(GB/T 13634—2008,ISO 376:2004,Metallic materials—Calibration of force-proving instruments used for the verification of uniaxial testing machines,IDT)

3 术语和定义

下列术语和定义适用于GB/T 16825的本部分。

3.1

校准 calibration

在规定的条件下,为确定测量仪器或测量系统所指示的量值,或实物量具或参考物质所代表的量值,与对应的由标准所复现的量值之间关系的一组操作。

注1:校准结果既可给出被测量的示值,又可确定示值的修正值。

注2:校准也可确定其他计量特性,如影响量的作用。

注3:校准结果可以记录在校准证书或校准报告中。

[JJF 1001—1998,定义8.11]

4 符号及其含义

表1中的符号适用于GB/T 16825的本部分。

5 试验机的一般检查

试验机只有处于良好工作状态才能对其进行检验。为此,校准试验机的测力系统以前应对试验机进行一般检查(见附录A)。

注:按照计量活动的惯例,在维修或调整试验机之前需要进行一次校准。

6 试验机测力系统的校准

表1 符号及其含义

符号	单位	含 义
a	%	试验机力指示装置的相对分辨力
b	%	试验机测力系统的示值重复性相对误差
f_0	%	试验机测力系统的零点相对误差
F	N	递增力时,标准测力仪指示的真实力
F'	N	递减力时,标准测力仪指示的真实力
F_c	N	在所使用的最小测力范围以递增力补充一组测量时,标准测力仪指示的真实力
F_i	N	递增力时,被检试验机力指示装置指示的力
F'_i	N	递减力时,被检试验机力指示装置指示的力
$\overline{F_i}$、$\overline{F}$	N	对同一力值点,F_i 和 F 几次测量的算术平均值
$F_{i\,max}$、$F_{i\,min}$、F_{max}、F_{min}	N	对同一力值点,F_i 或 F 的最大值或最小值
F_{ic}	N	在所使用的最小测力范围以递增力补充一组测量时,被检试验机力指示装置的读数
F_{i0}	N	卸除力以后,被检试验机力指示装置的残余示值
F_N	N	试验机力指示装置测量范围的最大容量
g_n	m/s^2	当地的重力加速度
q	%	试验机测力系统的示值相对误差
r	N	试验机力指示装置的分辨力
v	%	试验机测力系统的示值进回程相对误差
ρ_{air}	kg/m^3	空气密度
ρ_m	kg/m^3	静重砝码的密度

6.1 总则

试验机使用的每个测力范围和配用的所有力指示装置均应进行校准。可能影响测力系统的辅助装置(如指针、记录仪),如果试验时使用的话,应按 6.4.6 进行检验。

如果试验机有若干测力系统,每个系统应视为单独的试验机。对于双活塞液压试验机也应按此处理。

均应使用标准测力仪进行校准,只有以下情况例外:当待检验的力比校准测力仪最小测量范围的下限值小,可使用已知质量的砝码进行校准。

校准同一测力范围需要使用一台以上标准测力仪时,施加到较小容量标准测力仪上的最大力与施加到下一个较大容量标准测力仪上的最小力应相同。如果使用一组已知质量的砝码,则应把该组砝码看作一台标准测力仪。

宜将指示力 F_i 作为定值进行校准。当此方法不方便时,可将真实力 F 作为定值进行校准。

注 1:可用缓慢递增的力进行校准。"定值"一词的含义是指三组测量中使用相同的 F_i(或 F)值(见 6.4.5)。

用于校准的标准测力仪应证明可溯源到法定计量单位的国家基准。

标准测力仪应满足 GB/T 13634 规定的要求。标准测力仪的级别应等于或优于被校准试验机的级别。在使用静重砝码情况下,由这些砝码产生的力的最大允许相对误差应为±0.1%。

注 2:公式(1)为由质量为 m(单位为千克)的砝码所产生的力 F(单位为牛顿)的准确计算公式:

$$F = mg_{n}\left[1 - \frac{\rho_{air}}{\rho_{m}}\right] \quad \cdots\cdots(1)$$

该力也可用下面的近似公式(2)计算：

$$F = mg_{n} \quad \cdots\cdots(2)$$

力的相对误差可由公式(3)计算：

$$\frac{\Delta F}{F} = \frac{\Delta m}{m} + \frac{\Delta g_{n}}{g_{n}} \quad \cdots\cdots(3)$$

6.2 分辨力的判定

6.2.1 模拟式标度

标度盘上的刻线应均匀一致，指针的宽度应近似等于刻线宽度。

指示装置的分辨力 r 应为指针宽度与两相邻刻线中心距(刻度间隔)的比值，推荐比值为 1∶2、1∶5 或1∶10，要测定到标度盘分度值的十分之一，要求刻度间隔不小于 2.5 mm。

6.2.2 数字式标度

在试验机的电动机和控制系统均启动、标准测力仪不受力的情况下，如果数字式指示装置的示值变动不大于一个增量，则认为其分辨力为一个增量。

6.2.3 读数变动

如果读数变动大于上述计算的分辨力值[在标准测力仪不受力、电动机和(或)驱动机构与控制系统均启动，可测出所有电噪声总和的情况下]，则应认为分辨力 r 等于变动范围的一半加上一个增量。

注 1：这里判定的分辨力仅是由于系统噪声造成的分辨力，而未计入控制误差，如液压试验机的控制误差。

注 2：对于可自动变换测力范围的试验机，指示装置的分辨力随着系统分辨力或增益的变化而变化。

6.2.4 单位

分辨力 r 应以力的单位表示。

6.3 力指示装置相对分辨力的判定

首先要对力指示装置相对分辨力 a 进行判定，其定义见公式(4)：

$$a = \frac{r}{F} \times 100 \quad \cdots\cdots(4)$$

式中：

r——6.2 中定义的分辨力；

F——设定点的力。

应判定每一校准点的相对分辨力，并且不应超过表 2 中与被检试验机级别相对应的规定值。

6.4 校准程序

6.4.1 标准测力仪的对中

在试验机上安装拉式标准测力仪时，应使任何弯曲效应减至最低程度(见 GB/T 13634)。为使压式标准测力仪对中，如果试验机上没有连接球座，则应在标准测力仪上安装一个带有球形螺帽的压垫。压力试验机压板的检查参见附录 B。

注：如果试验机有两个试验空间共用一个施加力的机构和指示装置，例如，上面试验空间的压力等于下面试验空间的拉力(反之亦然)，则可以只对一个试验空间进行校准。证书上宜予以相应的说明。

6.4.2 温度调整

应在 10 ℃～35 ℃室温下进行校准。校准时的温度应记录在校准报告中。

标准测力仪应放置足够的时间使其达到稳定的温度。在每次校准操作过程中，标准测力仪的温度应稳定在±2 ℃以内，必要时，应对读数进行温度修正(见 GB/T 13634)。

6.4.3 试验机的工作状态调整

试验机连同安装好的标准测力仪应从零开始至少施加三次待测量的最大力。

6.4.4 校准方法

宜采用如下方法：对试验机施加由其力指示装置指示的给定力 F_{i}，记录标准测力仪指示的真实

力 F。

如果不能采用上述方法，则对试验机施加由标准测力仪指示的真实力 F，记录被检试验机力指示装置指示的力 F_i。

6.4.5 力的施加

应以递增力进行三组测量。对于不连续施加力且不多于五个力值的试验机，每个力的相对误差均不应超过表 2 给出的相应级别的规定值。对于施加多于五个力值的试验机，每组测量应至少有五个力值点，并在每个校准范围的 20%～100%范围内近似等间隔分布。

如果对低于测力范围 20%的力进行校准，还应选择近似等于测力范围 10%、5%、2%、1%、0.5%、0.2%和 0.1%直到校准下限的力值点进行测量。

注 1：测力范围的下限用分辨力 r 的倍数确定：

——0.5 级：$400 \times r$；

——1 级：$200 \times r$；

——2 级：$100 \times r$；

——3 级：$67 \times r$。

对于带有自动变换测力范围指示装置的试验机，应在每一分辨力不变化的范围内至少施加两个力。

注 2：每组测量以前，可将标准测力仪转位 120°，并进行预加力的操作。

应计算每个力三次测量的算术平均值。由这些平均值计算试验机测力系统的示值相对误差和示值重复性相对误差（见 6.5）。

每组测量前应调整零点。零点读数应在力完全卸除约 30 s 后读取。对于模拟式指示装置，应检查指针是否在零点附近自由平衡，如果使用数字式指示装置，还应检查一旦低于零点是否立即指示出来，例如通过符号指示器（＋或－）显示。

应按公式（5）计算并记录每组测量的零点相对误差：

$$f_0 = \frac{F_{i0}}{F_N} \times 100 \qquad \cdots\cdots\cdots\cdots (5)$$

6.4.6 辅助装置的检验

应根据是否常用机械辅助装置（指针、记录仪）的情况，选择下述一种方法检验辅助装置的工作状态和摩擦阻力：

a) 常用辅助装置的试验机：应连接辅助装置，在所使用的每一测力范围以递增力（见 6.4.5）进行三组测量。不连接辅助装置，在所使用的最小测力范围以递增力补充一组测量。

b) 不常用辅助装置的试验机：应不连接辅助装置，在所使用的每一测力范围以递增力（见 6.4.5）进行三组测量。连接辅助装置，在所使用最小测力范围以递增力补充一组测量。

在上述两种情况下，示值相对误差 q 应使用常规的三组测量值计算，示值重复性相对误差 b 应使用四组测量值计算。计算出的 b 和 q 的值应符合表 2 中相应级别的规定，并应满足公式（6）或公式（7）规定的条件：

——以试验机指示的力为定值进行校准时：

$$100\left|\frac{F_i - F_c}{F_c}\right| < 1.5 \mid q \mid \qquad \cdots\cdots\cdots\cdots (6)$$

——以标准测力仪指示的真实力为定值进行校准时：

$$100\left|\frac{F_{ic} - F}{F}\right| < 1.5 \mid q \mid \qquad \cdots\cdots\cdots\cdots (7)$$

注：公式中的 q 值是表 2 中给出的相应级别的最大允许值。

6.4.7 活塞位置效应的检验

对于利用液压传动装置施加试验力的液压式试验机，在所用的最小测力范围进行三组测量期间（见 6.4.5），应检验活塞处于不同位置时产生的影响。活塞在各组测量中的位置应各不相同。

注：对于双活塞液压式试验机，有必要视为两个活塞。

6.4.8 示值进回程相对误差的测定

需要时，应对同一力值点先以递增力，再以递减力进行校准来测定示值进回程相对误差 v。在此情况下，试验机还应以递减力进行校准。

根据同一力值点在递增力和递减力时所得到的差值（见图 1），按公式（8）计算示值进回程相对误差：

$$v=\frac{F-F'}{\overline{F}}\times 100 \qquad\qquad(8)$$

或者，以标准测力仪指示的真实力为定值进行校准的特殊情况下按公式（9）计算该误差：

$$v=\frac{F_i'-F_i}{F}\times 100 \qquad\qquad(9)$$

示值进回程相对误差应在试验机最小和最大测力范围上测定。

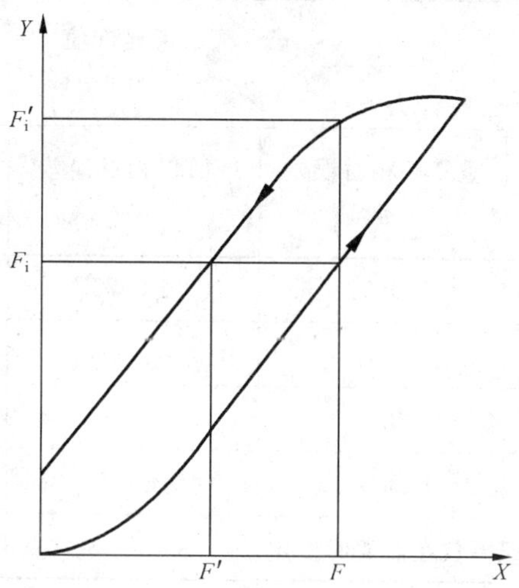

X——真实力；

Y——力指示装置上力的读数。

图 1 测定力的进回程差示意图

6.5 力指示装置的评定

6.5.1 示值相对误差

用真实力平均值 $\overline{F}$ 的百分比表示的示值相对误差按公式（10）计算：

$$q=\frac{F_i-\overline{F}}{\overline{F}}\times 100 \qquad\qquad(10)$$

对于以标准测力仪指示的真实力为定值进行校准的特殊情况，示值相对误差按公式（11）计算：

$$q=\frac{\overline{F_i}-F}{F}\times 100 \qquad\qquad(11)$$

6.5.2 示值重复性相对误差

对于每一力值点，示值重复性相对误差 b 为所测量的最大值和最小值之差与平均值的百分比，按公式（12）计算：

$$b=\frac{F_{max}-F_{min}}{\overline{F}}\times 100 \qquad\qquad(12)$$

对于以标准测力仪指示的真实力为定值进行校准的特殊情况，示值重复性相对误差按公式（13）计算：

$$b=\frac{F_{i\,max}-F_{i\,min}}{F}\times 100 \qquad\qquad(13)$$

6.5.3 两台标准测力仪的一致性

校准同一测力范围需要使用两台标准测力仪并且对两台标准测力仪分别施加同一标称力时

(见6.1),两台标准测力仪在同一力值点测得的示值相对误差的差值应小于表2中试验机相应级别规定的示值重复性相对误差值的1.5倍,即$q_1-q_2<1.5b$。

7 试验机测力范围的分级

表2给出了测力系统的各种相对误差和力指示装置相对分辨力的最大允许值,并以这些值来划分试验机测力范围的相应级别。

试验机的另一分级方法参见附录C。测力系统校准结果的不确定度参见附录D。

只要至少为标称范围的20%~100%的测量范围检验是合格的,应认为力指示装置的测量范围是合格的。

表2 测力系统特性值

试验机测量范围的级别	最大允许值 %				
	示值相对误差 q	重复性相对误差 b	进回程相对误差[a] v	零点相对误差 f_0	相对分辨力 a
0.5	±0.5	0.5	±0.75	±0.05	0.25
1	±1.0	1.0	±1.5	±0.1	0.5
2	±2.0	2.0	±3.0	±0.2	1.0
3	±3.0	3.0	±4.5	±0.3	1.5

[a] 按6.4.8规定,示值进回程相对误差仅在需要时测定。

8 检验报告

8.1 一般规定

检验报告应至少包括下列内容。

8.2 一般信息

a) 注明依据GB/T 16825的本部分(即GB/T 16825.1—2008);

b) 试验机的标识[制造者、型号、制造日期(如果已知)、编号],需要时,还应包括力指示装置的标识(标志、型号、编号);

c) 试验机的安装地点;

d) 所用标准测力仪的型号、级别和编号,校准证书编号和该证书的有效期;

e) 校准温度;

f) 检验日期;

g) 检验机构名称或标志。

8.3 检验结果

检验结果应包括:

a) 在一般检查过程中发现的任何异常情况。

b) 给出每个测力系统的校准方式[拉、压、拉和(或)压]、每个被校准测力范围的级别。如果需要,给出各力值点的示值相对误差、示值重复性相对误差、示值进回程相对误差、零点相对误差和分辨力。

c) 评定的各测力范围下限。

9 检验周期

两次检验的时间间隔依据试验机的类型、维护水平和使用量而定。除非另有规定，建议检验周期不超过 12 个月。

若试验机被拆卸搬运到新地点或大修、调整后，均应对其进行检验。

附 录 A
（规范性附录）
试验机的一般检查

A.1 总则

校准测力系统以前，应对试验机进行一般检查(见第5章)，一般检查应包括下述内容。

A.2 观测检查

观测检查应确认：

a) 试验机处于良好的工作状态并且不受某些不利情况的影响，如：

——移动横梁或夹头的导向部件有明显的磨损或故障；

——立柱的安装和固定横梁出现松动；

b) 试验机不受环境条件(振动、电源干扰、腐蚀效应、局部温度变化等)的影响；

c) 若使用可变换质量的摆锤测力装置，各个质量要能正确地识别。

A.3 试验机结构的检查

应检查试验机的结构和夹持系统以确保它们沿轴线施加力。

A.4 横梁驱动机构的检查

应检查移动横梁驱动机构是否能均匀平稳地施加力，并能使各个力达到足够的准确度。

注：驱动机构宜能实现测定规定的力学性能所要求的试样变形速率。

附　录　B
（资料性附录）
压力试验机压板的检查

压板既可永久地安装在试验机上，也可以是试验机的专用附件。

宜按试验机的技术要求检查压板是否实现其功能。

除非相关的试验方法标准另有规定，压板的平面度在测量范围内宜为 0.01 mm/100 mm。

钢制压板的硬度不宜低于 55 HRC。

对弯曲应力敏感的试样进行试验的试验机，宜检查带有球头和球座的上压板，在不受力的状态下是否近似无间隙并且能够容易调整到约 3°角。

附 录 C
(资料性附录)
试验机的另一分级方法

试验机的这一分级方法基于所有值(不只是平均值)都在某一确定极限以内的总误差概念。

试验机示值误差定义为试验机施加或指示力的百分率。使用表1中的符号,示值相对误差按公式(C.1)计算:

$$q = \frac{F_i - F}{F} \times 100 \qquad \cdots\cdots (C.1)$$

重复性误差采用国际法制计量组织(OIML)词汇中关于重复性的定义,在该定义中,只有一个要改变的量,该量是施加另一个近似相等的力。因此,试验机示值相对误差的重复性由施加一个力以后再施加另一个与其近似相等的力来计算。建议施加两个近似相等的力来计算重复性,由两个力的示值相对误差的代数差算出重复性(见公式C.2):

$$b = | q_1 - q_2 | \qquad \cdots\cdots (C.2)$$

式中:q_1 和 q_2 分别为两个力的示值相对误差。

由于第二次施加力时状态不必完全与第一次施加力时相同,故与操作者技巧或试验机控制参数有关的因素不会影响示值相对误差的重复性。

表2给出的试验机级别不改变,只是计算示值相对误差和示值重复性相对误差的方法改变了。使用这种方法容易实现校准过程的自动化。

注:如果采用这种方法,宜在校准报告中注明。

附 录 D
（资料性附录）
测力系统校准结果的不确定度

D.1 引言

对试验机进行校准时，利用规定的极限值或者读数值可以计算测力系统的不确定度。详细计算方法如下所述。

一般地说，将校准时得到的示值相对误差当作已知的固有误差是不进行修正的，如果示值相对误差在表2规定的范围内，则合理地期望估计的相对误差 E 在某一区间内，即 $E=q\pm U$，q 是6.5.1定义的示值相对误差，U 为扩展不确定度[3]。

D.2 递增力

D.2.1 平均相对误差的估计

试验机指示力的平均相对误差的最佳估计值是示值相对误差 q。与该平均相对误差的最佳估计值相联系的是扩展不确定度 U，按公式(D.1)计算。

$$U=k\times u_c=k\times\sqrt{\sum_{i=1}^{n}u_i^2} \qquad \text{(D.1)}$$

式中：

k——包含因子；

u_c——合成标准不确定度；

$u_1\sim u_n$——相应的标准不确定度。

$u_1\sim u_n$ 包括与重复性、分辨力和传递标准相关的标准不确定度。其他需要考虑的不确定度分量可能还包括连接件（力输入端）效应和操作者的影响。

D.2.2 重复性

与重复性相关的标准不确定度 u_{rep} 是估计的相对误差平均值的标准偏差，按公式(D.2)计算：

$$u_{rep}=\frac{1}{\sqrt{n}}\left[\frac{100}{\overline{F}}\sqrt{\frac{1}{(n-1)}\sum_{j=1}^{n}(F_j-\overline{F})^2}\right] \qquad \text{(D.2)}$$

式中：

n——读取的每一标称力读数的个数；

F_j——测量的力（力的单位）；

$\overline{F}$——测量的力的平均值（力的单位）。

当采用试验机的另一可选分级方法（见附录C）时，则按公式(D.3)计算：

$$u_{rep}=\sqrt{\frac{1}{n(n-1)}\sum_{i=1}^{n}(q_i-\bar{q})^2} \qquad \text{(D.3)}$$

式中：

n——读取的每一标称力读数的个数；

q_i——标称力的测量误差，%；

$\bar{q}$——标称力测量误差的平均值，%。

D.2.3 分辨力

与分辨力相关的标准不确定度 u_{res} 由矩形分布得出，按公式(D.4)计算。

$$u_{res} = \frac{a}{2\sqrt{3}} \quad \text{(D.4)}$$

D.2.4 传递标准

与传递标准相关的标准不确定度 u_{std} 按公式(D.5)计算。

$$u_{std} = \sqrt{u_{cal}^2 + A^2 + B^2 + C^2} \quad \text{(D.5)}$$

式中：

u_{cal}——相应传递标准的校准不确定度；

A、B 和 C——分别为温度、漂移和多项式曲线的线性近似的影响分量。

D.2.5 扩展不确定度

考虑了所有相关的标准不确定度以后(包括上面提到的其他影响分量)，将合成不确定度 u_c 乘以包含因子 k 即得到扩展不确定度 U。尽管 k 也可用有效自由度计算，但推荐取 $k=2$。宜遵守“参考文献”[3]中制定的规则。

合理地期望估计的平均相对误差 E 包含在公式(D.6)给出的区间内。

$$E = q \pm U \quad \text{(D.6)}$$

由此得到的平均力可用公式(D.7)表示。

$$F \approx F_i - \frac{F_i}{100}(q \pm U) \quad \text{(D.7)}$$

D.3 递减力

在递减力的情况下，合成不确定度 u'_c 通过 q 和 v 的不确定度分量计算。假设 v 的不确定分量与递增力时的示值相对误差 q 的不确定度分量相同。合成不确定度 u'_c 按公式(D.8)估计。

$$u'_c = \sqrt{2} \times u_c \quad \text{(D.8)}$$

合成不确定度 u'_c 乘以包含因子 k 得到扩展不确定度 U'。合理期望估计的平均相对误差 E' 在公式(D.9)给出的范围内。

$$E' = (q + v) \pm U' \quad \text{(D.9)}$$

式中：

q——递增力时的示值相对误差；

v——进回程相对误差。

由此得到的平均递减力 F' 可用公式(D.10)表示：

$$F' \approx F'_i - \frac{F'_i}{100}[(q + v) \pm U'] \quad \text{(D.10)}$$

示例：

——指示力为 100.0 kN，分辨力为 0.5 kN；

——测量的递增力(第 1～3 次测量值)：100.1 kN，100.8 kN 和 100.9 kN；

——测量的递减力(第 4 次测量值)：99.5 kN；

——1 级传递标准(u_{std}=0.12%)；

——漂移、温度和装配方面无明显影响；

——连接件或操作者无明显影响；

——示值相对误差 q=−0.60%，满足 1 级要求；

——重复性相对误差 b=0.80%，满足 1 级要求；

——进回程相对误差 v=+1.39%，满足 1 级要求；

——相对分辨力 a=0.50%，满足 1 级要求；

——u_{rep}=0.25%(估计的相对误差平均值的标准偏差)；

——u_{res}=0.14%(分辨力的标准不确定度)；

——$u_{std}=0.12\%$(传递标准校准的标准不确定度);

——$u_c=0.31\%$(上述三个分量的方和根合成);

——$u_c'=0.44\%$(递增力和递减力分量的方和根合成);

——$U=0.62\%$(合成不确定度与 $k=2$ 的乘积);

——$U'=0.88\%$(递增力和递减力合成不确定度与 $k=2$ 的乘积)

$E=(-0.60\pm0.62)\%$(递增力时平均误差的期望区间)

$F\approx\left[F_i-\frac{F_i}{100}(-0.60\pm0.62)\right]$kN(递增力时平均力的期望区间)

$E'=(-0.60+1.39\pm0.88)\%=(0.79\pm0.88)\%$(递减力时平均误差的期望区间)

$F'\approx\left[F_i'-\frac{F_i'}{100}(0.79\pm0.88)\right]$kN(递减力时平均力的期望区间)。

注:上述方法只给出试验机校准过程中得到的平均示值相对误差的不确定度。未给出校准过程中与单次施加力相联系的不确定度,也不代表试验机以后使用过程中考虑更多其他因素(如试样的对中、温漂、夹具)以后的不确定度。

参 考 文 献

[1] JJF 1001—1998 通用计量术语及定义.

[2] International Organization of Legal Metrology(OIML)document,Vocabulary of Legal Metrology—Fundamental Terms,2000.

[3] Guide to the expression of Uncertainty in Measurement(GUM),1st edition,1993.

[4] DIXON,M. J.,Dynamic Force measurement,chapter 4,55-80,Materials Metrology and Standards for Structural Performance,Ed;DYSON,B. F.,LOVEDAY,M. S. and GEE,M. G.,Chapman and Hall,London(1995).

[5] SAWLA,A.,Measurement of dynamic forces and compensations of errors in fatigue testing,Proceedings of the 12th IMAKO World Congress "Measurement and Progress",Beijing,China. Vol. 2 (1991),403-408.

[6] ISO 6892,Metallic materials—Tensile testing at ambient temperature.

[7] ISO 9513,Metallic materials—Calibration of extensometers used in uniaxial testing.

[8] ASTM E467-98a,Standard Practice for Verification of Constant Amplitude Dynamic Forces in an Axial Load Fatigue Testing System.

[9] ASTM E4-03,Standard Practices for Force Verification of Testing Machines.

ICS 19.060
N 71

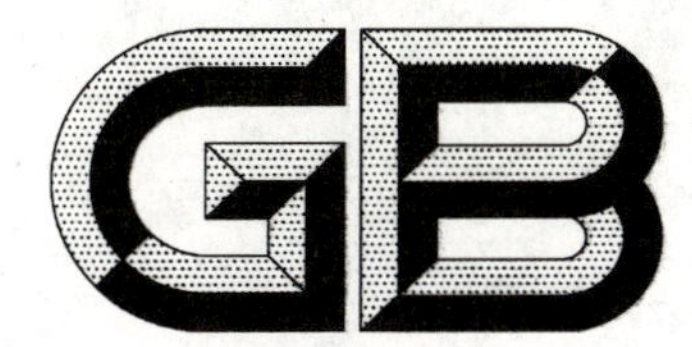

中华人民共和国国家标准

GB/T 16826—2008
代替 GB/T 16826—1997

电液伺服万能试验机

Electro-hydraulic servo universal testing machines

2008-06-30 发布 2009-01-01 实施

中华人民共和国国家质量监督检验检疫总局
中国国家标准化管理委员会 发布

前　言

本标准代替 GB/T 16826—1997《电液式万能试验机》。

本标准的结构和编写方法符合 GB/T 1.1—2000《标准化工作导则　第1部分：标准的结构和编写规则》的规定。

本标准与 GB/T 16826—1997 相比主要变化如下：

——修改了标准名称；

——扩大了范围，最大容量从 2 000 kN 增加到 3 000 kN（1997 年版的第3章；本版的第1章）；

——在第2章“规范性引用文件”中增加引用了 GB/T 22066—2008，修改了引用文件的导语，并且所有的引用文件都更新到最新版本（1997 年版的第2章；本版的第2章）；

——增加了对试验机术语和定义与符号的规定（本版的第3章）；

——取消“2级、3级”两个级别的试验机；修改了测力系统零点相对误差的技术指标和相应的计算方法（1997 年版的 4.2；本版的 5.2）；

——增加了对钳口的硬度和弯曲压头及其支承硬度的要求（本版的 5.3.3.4 和 5.3.5.4）；

——对于分挡的力的测量放大器，分挡数由原来的不得少于“三挡”，修改为不得少于“四挡”（1997 年版的 4.4.1.6；本版的 5.4.1.6）；

——修改了测力系统零点漂移的技术指标和相应的计算方法；删除了标定值漂移的技术指标和相应的计算方法（1997 年版的 4.4.1.7 和 5.4.2；本版的 5.4.1.7 和 6.4.2）；

——增加了电液伺服万能试验机配用力传感器的要求（本版的 5.4.1.9）；

——修改了电液伺服万能试验机测力系统鉴别力阈的技术指标和相应的计算方法（1997 年版的 4.4.3和 5.4.5；本版的 5.4.3 和 6.4.4）；

——修改了引伸计的各项技术指标和相应的计算方法，取消“2级”这一级别的引伸计（1997 年版的 4.5.2 和 5.5.2；本版的 5.5.2 和 6.5）；

——试验机的应力速率和应变速率控制装置，由原来“根据需要配置”，修改成了电液伺服万能试验机的“标准配置”，即：应力速率和应变速率控制功能已成为电液伺服万能试验机“应具有的功能”（1997 年版的 4.4.1.8；本版的 5.6.1）；

——增加了对试验机的控制软件要具有“检验（或校准）功能”的要求（本版的 5.6.4）；

——增加了对试验机配用的计算机数据采集系统进行评定的要求（本版的 5.7）；

——增加了噪声修正值（本版的表9）。

与本标准相关的金属力学试验方法国家标准主要有：

——GB/T 228《金属材料　室温拉伸试验方法》；

——GB/T 232《金属材料　弯曲试验方法》；

——GB/T 7314《金属材料　室温压缩试验方法》。

请注意本标准的某些内容有可能涉及专利。本标准的发布机构不应承担识别这些专利的责任。

本标准由中国机械工业联合会提出。

本标准由全国试验机标准化技术委员会（SAC/TC 122）归口。

本标准负责起草单位：浙江三新检测校准有限公司、长春试验机研究所有限公司。

本标准参加起草单位：上海华龙测试仪器有限公司、浙江电力职业技术学院、浙江竞远机械设备有限公司、济南试金集团有限公司、承德市精密试验机有限公司、天水红山试验机有限公司。

本标准主要起草人：方红梅、王学智、霍振宇、李瑞、贾莉蓓、姜德志、赵凌云、张建卫。

本标准所代替标准的历次版本发布情况为：

——GB/T 16826—1997。

电液伺服万能试验机

1 范围

本标准规定了以液压为力源，采用电子测量和伺服控制技术测量力学性能参数的电液伺服万能试验机的主参数系列、技术要求、检验方法、检验规则、标志与包装等内容。

本标准适用于金属、非金属材料的拉伸、压缩、弯曲和剪切等力学性能试验用的最大试验力不大于3 000 kN 的电液伺服万能试验机(以下简称试验机)。

本标准也适用于电液伺服压力试验机。

最大试验力大于3 000 kN 的试验机也可参照使用。

2 规范性引用文件

下列文件中的条款通过本标准的引用而成为本标准的条款。凡是注日期的引用文件，其随后所有的修改单(不包括勘误的内容)或修订版均不适用于本标准，然而，鼓励根据本标准达成协议的各方研究是否可使用这些文件的最新版本。凡是不注日期的引用文件，其最新版本适用于本标准。

GB/T 2611—2007　试验机　通用技术要求

GB/T 16825.1—2008　静力单轴试验机的检验　第1部分：拉力和(或)压力试验机测力系统的检验与校准(ISO 7500-1:2004, Metallic materials—Verification of static uniaxial testing machines—Part 1: Tension/compression testing machines—Verification and calibration of the force-measuring system, IDT)

GB/T 22066—2008　静力单轴试验机计算机数据采集系统的评定

JB/T 6146—2007　引伸计技术条件

JB/T 6147—2007　试验机包装、包装标志、储运技术要求

3 术语和定义与符号

3.1 术语和定义

《试验机词汇　第1部分：材料试验机》确立的术语和定义适用于本标准。

3.2 符号

本标准使用的符号、单位和说明见表1。

表1　符号

符号	单位	说　　明
a	%	力指示装置的相对分辨力
a_e	%	引伸计的相对分辨力
b	%	测力系统的示值重复性相对误差
e	%	加力系统中上、下夹头和试样钳口的中心线与试验机加力轴线的同轴度
F_L	N	力指示装置各挡测量范围的下限值
F_{i0}	N	卸除力以后被检试验机力指示装置的残余示值
F_r	N	判定相对分辨力 a 时选定的力的参考点
F_{0d}	N	测力系统的零点漂移示值

表 1（续）

符号	单位	说　明
f_0	%	测力系统的零点相对误差
$\overline{\Delta L}$	mm	在同一测量点，同一次测量中，检验试样两侧变形的算术平均值
ΔL_{max}	mm	在同一测量点，同一次测量中，检验试样变形较大一侧的变形值
N_b	dB(A)	背景噪声
N_c	dB(A)	噪声修正值
$N_{i,max}$	dB(A)	试验机工作时测量的最大噪声
q	%	测力系统的示值相对误差
q_e	%	引伸计示值相对误差
q_e'	μm	引伸计示值绝对误差
q_{Le}	%	引伸计标距相对误差
r	N	力指示装置的分辨力
r_e	μm	引伸计的分辨力
u	%	引伸计示值进回程相对误差
z	%	测力系统的零点漂移
η	dB(A)	试验机工作时的噪声
v	%	测力系统的示值进回程相对误差

4　试验机主参数系列

试验机的主参数为试验机的最大试验力并按主参数划分试验机的规格。试验机的主参数也表征试验机的最大容量，每种规格试验机的主参数应从表 2 的优先数系中选取，试验机的主参数系列应符合表 2 的规定。

表 2　试验机主参数系列

试　验　机	主　参　数　系　列
最大容量/kN	50、100、200(300)、500(600)、1 000、2 000、3 000
注：圆括号“(　)”内的参数为不优先推荐的参数。	

5　技术要求

5.1　环境与工作条件

在下列环境与工作条件下试验机应能正常工作：

a)　室温 10 ℃～35 ℃范围内；

b)　相对湿度不大于 80%；

c)　周围无振动、无腐蚀性介质和无较强电磁场干扰的环境中；

d)　电源电压的波动范围在额定电压的±10%以内；

e)　在稳固的基础上水平安装，水平度为 0.2/1 000。

5.2　试验机的分级

试验机按其测量力的量值和变形量值与其他参数所具有的准确度，以及试验机性能能够达到的各项技术指标划分为 0.5 级和 1 级两个级别。

试验机分级的各项技术指标见表3至表7。

表3 试验机测力系统的各项技术指标

试验机级别	最大允许值/%				
	示值相对误差 q	示值重复性相对误差 b	示值进回程相对误差 v	零点相对误差 f_0	相对分辨力 a
0.5	±0.5	0.5	±0.75	±0.25	0.25
1	±1.0	1.0	±1.5	±0.5	0.5

5.3 加力系统

5.3.1 一般要求

5.3.1.1 试验机机架应具有足够的刚性和试验空间，便于进行各种试验，并易于装卸试样、试样夹具、辅具以及试验机附件和标准测力仪。

5.3.1.2 试验机在施加和卸除力的过程中应平稳，无冲击和振动现象。

5.3.2 液压系统和装置

试验机液压系统和装置应符合GB/T 2611—2007中第8章的有关规定。

5.3.3 拉伸试验夹持装置

5.3.3.1 在加力过程中，拉伸试验夹持装置在任意位置上，其上下夹头和试样钳口的中心线应与试验机加力轴线同轴。对应试验机的级别，其同轴度应分别符合表4的规定。

5.3.3.2 夹头应夹持可靠，在夹持部分的全长内应均匀地夹紧试样，试验过程中试样在钳口内不应产生相对滑移。

5.3.3.3 施加力或拉断试样后，钳口各部位应无损伤。

5.3.3.4 钳口应具有互换性，其洛氏硬度应在55 HRC～65 HRC之间。

表4 同轴度

试验机级别	同轴度最大允许值/%
0.5	12
1	15

5.3.4 压缩试验装置

5.3.4.1 上、下压板的中心线应与机架的中心线重合。

5.3.4.2 下压板的工作面应清晰地刻有试样定位用的不同直径的同心圆或互成90°角的刻线，刻线的最小深度和宽度以易于观察，并不影响试验结果为准。

5.3.4.3 压板的工作表面应光滑、平整，表面粗糙度参数 Ra 的最大值为0.80 μm。

5.3.4.4 压板的球面支承应配合良好，活动自如。

5.3.4.5 压板的洛氏硬度不应低于55 HRC。

5.3.5 弯曲试验装置

5.3.5.1 弯曲压头与两个弯曲支座应平行。

5.3.5.2 两个弯曲支座的高度应一致。

5.3.5.3 弯曲试验装置上的标尺零线应与施加力的中心线重合。

5.3.5.4 弯曲压头及两支承的洛氏硬度不应低于50 HRC。

5.4 测力系统

5.4.1 一般要求

5.4.1.1 在施加和卸除力的过程中，随着力的增加和减少，力的示值应连续稳定变化，无停滞和跳动现象。

5.4.1.2 试验力保持时间不应少于30 s,在此期间内,力的示值变动范围不应超过试验机最大试验力的0.2%。

5.4.1.3 测力系统通过计算机的显示器或数字式指示装置(或记录装置)应能实时、连续、准确地指示施加到试样上的试验力值。

5.4.1.4 试验机应能记录和存储试验过程中的试验数据或最大力值。

5.4.1.5 试验机测力系统应具有调零和(或)清零的功能,当卸除力并在所指示的最大试验力消失后,力的示值应回零位,其零点相对误差 f_0 应符合表3的规定。

5.4.1.6 若力的测量范围需要分挡的话,则力的测量放大器衰减倍数应从1、2、5、10、20数系中选取,不得少于四挡。

5.4.1.7 试验机使用前,预热时间不应超过30 min;在15 min内的零点漂移应符合表5的规定。

5.4.1.8 试验机应有加力速度的指示装置。

5.4.1.9 试验机宜采用力传感器进行测力。

注:如使用液压式压强传感器应考虑温度对示值的影响。

表5 零点漂移允许值

试验机级别	零点漂移允许值 z/%
0.5	±0.5
1	±1

5.4.2 力指示装置

5.4.2.1 测力系统的计算机显示器或数字式指示装置应以力的单位直接显示力值。显示的数据和(或)图形应清晰、完整、易于读取,并应能显示各示值范围的零点和最大值以及力的方向(例如:"+"或"—")。

5.4.2.2 力指示装置的分辨力定义为:当试验机的电动机、驱动机构和控制系统均启动,在零试验力的情况下,若数字示值的变动不大于一个增量,则分辨力 r 为数字示值的一个增量;若数字示值变动大于一个增量,则分辨力 r 为变动范围的一半加上一个增量。

5.4.2.3 力指示装置的分辨力应以力的单位(例如,N、kN)表示。

5.4.3 测力系统的鉴别力阈

试验机测力系统的鉴别力阈不应大于0.25%F_L。

5.4.4 测力系统的各项允许误差和指示装置的相对分辨力

试验机测力系统力的示值相对误差 q、示值重复性相对误差 b、示值进回程相对误差 v(根据需要规定)和指示装置的相对分辨力 a 等技术指标,按照试验机的级别应分别符合表3的规定。

5.5 变形测量系统

变形测量系统由变形传感器和试验机的变形信号测量显示单元组成,该系统以下统称为引伸计。

术语"引伸计"是指变形测量装置并包括指示或记录该变形的系统。

5.5.1 一般要求

5.5.1.1 引伸计的一般要求应符合JB/T 6146—2007中5.2的规定。

5.5.1.2 引伸计应有调零和(或)清零的功能,变形测量过程中应能连续准确地指示出试样的变形量。

5.5.1.3 如果变形放大器需要分挡的话,其衰减倍数应从1、2、5、10数系中选取,不得少于四挡。

5.5.2 引伸计允许误差

各级别引伸计的标距相对误差 q_{Le}、变形示值相对误差 q_e、变形示值绝对误差 q'_e、示值进回程相对误差 u、相对分辨力 a_e 和绝对分辨力 r_e 的最大允许值应符合表6的规定。

表6 各级别引伸计的技术指标

引伸计级别	引伸计的最大允许值					
	标距相对误差 q_{Le}/%	分辨力[a]		示值误差[a]		示值进回程相对误差 u/%
		相对 a_e/%	绝对 r_e/μm	相对误差 q_e/%	绝对误差 q'_e/μm	
0.2	±0.2	0.10	0.2	±0.2	±0.6	±0.30
0.5	±0.5	0.25	0.5	±0.5	±1.5	±0.75
1	±1.0	0.50	1.0	±1.0	±3.0	±1.50

注1：宜根据试验方法与变形测量的准确度要求来配备和选用合适级别的引伸计。

注2：配备引伸计时，引伸计的级别宜与试验机的级别一致。

[a] 取其中较大者。

5.6 控制系统

5.6.1 一般要求

控制系统应具有应力(力)控制和应变(变形)控制两种闭环控制方式，在不同控制方式转换过程中，试验机运行应平顺，无影响试验结果的振动和过冲。

5.6.2 应力(力)速率和应变(变形)速率的控制

试验机对于应力(力)速率和应变(变形)速率的控制能力应符合表7的规定。

表7 应力(力)和应变(变形)速率控制的各项技术指标

试验机级别	最大允许值/%			
	应力(力)速率控制相对误差	应力(力)保持相对误差	应变(变形)速率控制相对误差	应变(变形)保持相对误差
0.5	±1	±1	±1	±1
1	±2	±2	±2	±2

5.6.3 制造者应在产品使用说明书或技术文件中给出试验机能够控制的应力(力)速率范围和应变(变形)速率范围。

5.6.4 试验机的控制软件除能实现试验机的全部功能以外，还应具有供检验(或校准)使用的软件。

5.7 计算机数据采集系统

在试验机型式评价时、硬件更新设计和软件升级后均应按GB/T 22066—2008对计算机数据采集系统进行评定并出具评定报告。

5.8 安全保护装置

5.8.1 试验机的安全保护装置应灵敏、可靠，当施加的力超过试验机最大容量的2%～5%时，安全保护装置应立即动作，自动停机。

5.8.2 当试样断裂后，试验机应能自动停机。

5.8.3 移动夹头到达极限位置时，限位装置应立即动作，使其停止移动。

5.9 噪声

试验机工作时声音应正常，噪声声级应符合表8的规定。

表8 噪声声级

试验机最大容量/kN	噪声声级/dB(A)
≤1 000	≤75
>1 000	≤80

5.10 耐运输颠簸性能

试验机在包装条件下，应能承受运输颠簸试验而无损坏。试验后试验机不经调修(不包括操作程序准许的正常调整)仍应满足本标准的全部技术要求。

5.11 电器设备

试验机的电器设备应符合 GB/T 2611—2007 中第 7 章的有关规定。

5.12 其他要求

试验机的基本要求、装配质量、机械安全防护和外观质量等要求应分别符合 GB/T 2611—2007 中第 3 章、第 4 章和第 10 章的有关规定。

6 检验方法

6.1 检验条件

试验机应在 5.1 规定的环境与工作条件下进行检验。

6.2 检验用器具

检验用仪器、量具和检具包括：

a) 0.1 级或 0.3 级标准测力仪；

b) 测量误差最大允许值为±2%的同轴度自动测试仪或其他相当准确度的测量装置；

c) 表面粗糙度测试仪；

d) 洛氏硬度计；

e) 分辨力为 1/100 s 的秒表；

f) 百分表、千分表和磁力表座；

g) 0.02 mm/m 的水平仪；

h) 2 级声级计；

i) 符合 JB/T 6146—2007 规定的引伸计标定器；

j) 绝缘电阻测试仪；

k) 耐电压测试仪；

l) 通用量具及检具；

m) 钢制同轴度检验试样(标距不小于 100 mm，标距部分直径通常为 10 mm 或 12 mm，标距部分与两头部的同轴度为 Φ0.02 mm)；

n) 各种试样(试样的数量应与各类夹具钳口的套数相同，试样的截面尺寸应适合于检测试验用的各类夹具和钳口)。

6.3 加力系统的检测

6.3.1 在施加和卸除力过程中观测检测 5.3.1.1 和 5.3.1.2 。

6.3.2 液压系统和装置应按 GB/T 2611—2007 中第 8 章的规定进行观测检查。

6.3.3 使用同轴度自动测试仪或其他相当准确度的测量装置，对应每种夹具和钳口，用 6.2 m)规定的同轴度检验试样做几组变形测量进行检测。检测时，将同轴度检验试样夹持在相应夹具上，并将同轴度自动测试仪的变形测量装置安装到检验试样的标距之间，先施加试验机最大力的 1%的力作为初始点，然后在试验机最大力的 2%～4%的范围内，以近似相等的间隔，按顺序在不同试验力下检测五点，同时测量不同试验力下检验试样相对两侧的弹性变形，在相互垂直的方向上各测两次。检测时施加的最大试验力不应超过检验试样的弹性极限。

同轴度 e 按公式(1)计算：

$$e=\frac{\Delta L_{\max}-\overline{\Delta L}}{\overline{\Delta L}}\times 100 \qquad (1)$$

每次检测的结果均应满足 5.3.3.1 的要求。

6.3.4 对应每一种钳口，选取合适的试样，使用试验机最大力的 80% 以上的力做一根试样的拉断试验，试验过程中检查夹头夹持试样及钳口的变形和损伤等情况，检查结果应满足 5.3.3.2、5.3.3.3 和 5.8.2 的要求。

6.3.5 钳口、压板、弯曲压头和支承的硬度用洛氏硬度计检测，其结果应满足 5.3.3.4、5.3.4.5 和 5.3.5.4的要求。

6.3.6 启动试验机，上升工作台，使上、下压板靠近，目测检查上、下压板的对中与重合情况，并应满足 5.3.4.1 要求。

6.3.7 使用通用检具测量或观测检查 5.3.3.4(钳口互换性)、5.3.4.2、5.3.4.4 和 5.3.5.1～5.3.5.3。

6.3.8 用表面粗糙度测试仪检测 5.3.4.3 规定的压板表面粗糙度。

6.4 测力系统的检测

6.4.1 一般要求的检测

启动试验机使其能施加最大试验力，当力的示值趋于稳定后，用秒表检测力的保持时间并观测示值变动范围，检测结果应满足 5.4.1.2 的要求；同时观测检查 5.4.1.1、5.4.1.3、5.4.1.4、5.4.1.5（不含零点相对误差）、5.4.1.6、5.4.1.8、5.4.1.9、5.6.3 和 5.6.4。

6.4.2 零点漂移的检测

试验机经规定时间的预热后，使其处于良好的工作状态，先调整好指示装置的零点，并在规定时间内观测和记录测力系统零点漂移示值的最大值，按公式(2)计算零点漂移 z：

$$z = \frac{F_{0d}}{F_L} \times 100 \qquad \cdots\cdots(2)$$

检测结果应满足 5.4.1.7 的要求。如果试验机分多个力的测量范围，则应在其最小的力的测量范围进行检测。

6.4.3 力指示装置的检测

6.4.3.1 对于测力系统力的指示装置应通过目测进行检查，其结果应满足 5.4.2.1 和 5.4.2.3 的要求。

6.4.3.2 对于 5.4.2.2 规定的力指示装置的分辨力 r，应在试验机的电动机、驱动机构和控制系统均处于开机的状态下通过观测检查和计算进行判定。

6.4.3.3 对应每个力的校准点，应按公式(3)计算并判定力指示装置的相对分辨力 a，其结果应满足 5.4.4 的要求：

$$a = \frac{r}{F_r} \times 100 \qquad \cdots\cdots(3)$$

6.4.4 鉴别力阈的检测

5.4.3 的测力系统鉴别力阈的检测方法：在试验机最小的力的测量范围，施加 0.25%F_L 的力时，指示装置要有可见的数字增量。

6.4.5 测力系统力的各项允许误差的检测

6.4.5.1 测力系统使用标准测力仪进行检测。检测时宜根据被检试验机的级别正确选择标准测力仪的级别：一般，0.5 级试验机宜选用 0.1 级标准测力仪；1 级试验机宜选用 0.3 级标准测力仪进行检测或校准。

6.4.5.2 进行力的每组测量时，应记录卸除力以后指示装置显示的残余示值，每组测量的零点相对误差 f_0 按公式(4)计算：

$$f_0 = \frac{F_{i0}}{F_L} \times 100 \qquad \cdots\cdots(4)$$

零点相对误差 f_0 应满足 5.4.1.5 的要求。

6.4.5.3 测力系统力的示值相对误差 q、示值重复性相对误差 b 和示值进回程相对误差 v(仅在用户需要时检测)应按 GB/T 16825.1—2008 中 6.1 和 6.4 规定的准则与方法进行检测，并按 GB/T 16825.1—2008 的 6.5 进行计算和评定。各项检测结果均应满足 5.4.4 的要求。

6.5 引伸计的检测

6.5.1 按要求对5.5.1.2和5.5.1.3进行目测检查。

6.5.2 引伸计的一般要求、各项允许误差和分辨力应按JB/T 6146—2007的第6章进行检测，其结果应满足5.5.1.1和5.5.2的要求。

6.6 控制系统的检测

6.6.1 选择一种合适试样进行应力(力)速率控制和应变(变形)速率控制试验，并在试验过程中变换控制方式。试验结束后，检查应力—时间曲线、应变—时间曲线和应力—应变曲线，其结果应满足5.6.1的要求。

6.6.2 在应力(力)—时间曲线上选取检测点，该点宜选在应力(力)速率控制段的10%和90%附近，计算出试验机控制的实际应力(力)速率和其与应力(力)速率设定值的相对误差，并应满足5.6.2有关应力速率控制的要求。

6.6.3 在应变(变形)—时间曲线上选取检测点，该点宜选在应变(变形)速率控制段的10%和90%附近，计算出试验机控制的实际应变(变形)速率和其与应变(变形)速率设定值的相对误差，并应满足5.6.2有关应变速率控制的要求。

6.6.4 选择一个合适试样做应力保持和应变保持控制试验，试验结束后，分析应力—时间曲线和应变—时间曲线，计算出对于设定的应力值保持的相对误差和应变值保持的相对误差，其结果应满足5.6.2有关应力和应变值保持的要求。

6.7 计算机数据采集系统的评定

试验机的计算机数据采集系统应按GB/T 22066—2008规定的方法进行检测和评定，其结果应满足5.7的要求。

6.8 安全保护装置的检测

6.8.1 在试验机上安装一个能承受试验机最大试验力且不会产生屈服的压缩(或拉伸)试样，启动试验机缓慢施加力，当施加的力超过试验机最大容量的2%～5%时，观测检查安全装置，并应满足5.8.1的要求。

6.8.2 启动试验机使移动夹头运动，当移动夹头运行到其工作范围的上、下极限位置时，观测检查限位装置，并应满足5.8.3的要求。

6.9 噪声的检测

6.9.1 试验机工作时的噪声用声级计检测。检测时，启动试验机，施加试验机最大试验力80%以上的力，然后将声级计的传声器面向声源水平放置在距试验机1.0 m，距地面高度为1.5 m的几个位置上进行测量，绕试验机四周测量不应少于6点，以各测量点中测得的最大值作为试验机的噪声，测量结果应满足5.9的要求。

6.9.2 测量试验机噪声时，应先测量背景(环境)噪声，其值应比试验机噪声声级至少低10 dB(A)。若相差小于3 dB(A)，则测量结果无效。当相差3 dB(A)～10 dB(A)时，应根据表9选取相应修正值按公式(5)进行修正。

表9 噪声修正值

单位为分贝[dB(A)]

$N_{i,max}-N_b$	3	4～5	6～9	10
修正值 N_c	3	2	1	0.5

试验机噪声 η 按公式(5)计算：

$$\eta = N_{i,max} - N_c \qquad (5)$$

6.10 耐运输颠簸性能的试验

将试验机包装件装到载重量不小于4 t的载重汽车车厢后部，以25 km/h～40 km/h的速度在三级公路的中级路面上进行100 km以上的运输试验。试验机经运输颠簸试验后，不经调修，按本标准要求全面进行检验，其结果应满足5.10的要求。

6.11 电器设备的检查

试验机电器设备质量通过目测检查，电器设备的绝缘电阻使用绝缘电阻测试仪检测；耐压性能使用耐电压测试仪进行检测，检查结果应满足5.11的要求。

6.12 其他要求的检查

试验机的基本要求、装配质量、机械安全防护和外观质量等要求应通过实际测量和观测检查，并应满足5.12的要求。

7 检验规则

7.1 出厂检验

7.1.1 试验机出厂检验项目为第5章中除5.7和5.10以外的全部项目。

7.1.2 出厂检验主要项目的实测数据应记入产品合格证中。产品取得合格证方能出厂。

7.2 型式检验

7.2.1 试验机型式检验项目为本标准全部技术要求的所有项目。

7.2.2 有下列情况之一时应进行型式检验：

a) 新产品试制或老产品转厂生产的定型鉴定或型式评价时；
b) 产品正式生产后，其结构设计、材料、工艺及关键的配套元器件有较大改变，可能影响产品性能时；
c) 产品长期停产后恢复生产时；
d) 国家质量监督检验机构提出进行型式检验的要求时。

7.3 判定规则

7.3.1 对于出厂检验，每台试验机出厂检验项目的合格率应达到100%方为合格。

7.3.2 对于型式检验，当批量不大于50台时，抽样2台，若检验后样本中有1台不合格品，则判定该批产品为不合格批；当批量大于50台时，抽样5台，若检验后样本中出现2台或2台以上的不合格品，则判定该批产品为不合格批。

8 标志与包装

8.1 标志

8.1.1 试验机应有铭牌，其内容包括：

a) 名称；
b) 型号；
c) 试验机最大容量；
d) 试验机级别；
e) 生产日期、编号；
f) 制造者名称或标志。

8.1.2 对于执行本标准的产品，应在产品或产品使用说明书上标明本标准编号和名称。

8.2 包装

8.2.1 试验机的包装为防水、防潮、防锈组合的复合防护包装。

8.2.2 试验机的包装应符合JB/T 6147—2007中5.6.1、5.6.2和5.6.4的规定。

8.2.3 试验机包装的收发货标志和包装储运图示标志应符合JB/T 6147—2007中第6章的规定。

9 随行技术文件

随试验机应提供下列技术文件：

a) 装箱单；
b) 产品合格证；
c) 使用说明书。

ICS 35.040
A 24

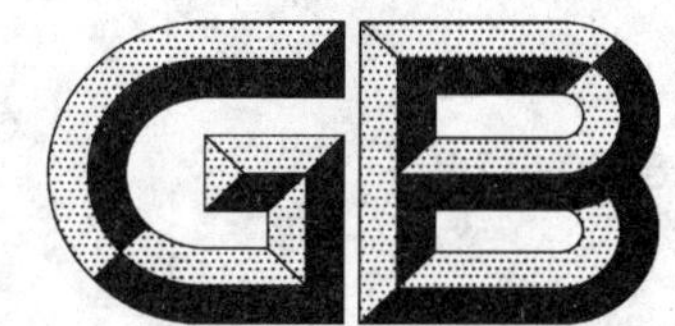

中华人民共和国国家标准

GB/T 16830—2008
代替 GB/T 16830—1997

商品条码 储运包装商品编码与条码表示

Bar code for commodity—Dispatch commodity numbering and bar code marking

2008-07-16 发布　　　　2009-01-01 实施

中华人民共和国国家质量监督检验检疫总局
中国国家标准化管理委员会　发布

前　言

本标准参照《GS1 通用规范》(第八版),并结合我国条码在储运包装商品中的实际应用情况,对GB/T 16830—1997《储运单元条码》进行修订。

本标准代替 GB/T 16830—1997。

本标准与 GB/T 16830—1997 相比主要变化如下:

——标准名称由《储运单元条码》改为《商品条码　储运包装商品编码与条码表示》;

——删除引用 GB/T 12508—1990《光学识别用字母数字字符集　第二部分:OCR-B 字符集印刷图像的形状和尺寸》的内容;

——将原标准中的名称"消费单元"修改为"零售商品"、"储运单元"修改为"储运包装商品";

——删除原标准中关于附加代码 ITF-6 的内容;

——删除原标准中第 8 章的内容;

——第 7 章为原标准第 9 章的内容;

——附录 B 为原标准第 7 章内容;

——修改了原标准附录 A 中 14 位代码的校验字符计算;

——增加了引用 GB/T 18348《商品条码　条码符号印制质量的检验》的内容;

——增加了条码符号尺寸与等级要求(见第 6 章);

——增加了规范性附录 B"ITF-14 条码符号技术要求";

——增加了资料性附录 C"储运包装商品条码示例"。

本标准的附录 A 和附录 B 为规范性附录,附录 C 为资料性附录。

本标准由全国物流信息管理标准化技术委员会提出并归口。

本标准起草单位:中国物品编码中心。

本标准主要起草人:张成海、李素彩、罗秋科、郭卫华、黄燕滨、董晓文、杜景荣、廖权虹、张春媛。

本标准于 1997 年首次发布,本次为第一次修订。

商品条码
储运包装商品编码与条码表示

1 范围

本标准规定了储运包装商品的术语和定义、编码、条码表示、条码符号尺寸与等级要求及条码符号放置。

本标准适用于储运包装商品的条码标识。

2 规范性引用文件

下列文件中的条款通过本标准的引用而成为本标准的条款。凡是注日期的引用文件，其随后所有的修改单(不包括勘误的内容)或修订版均不适用于本标准，然而，鼓励根据本标准达成协议的各方研究是否可使用这些文件的最新版本。凡是不注日期的引用文件，其最新版本适用于本标准。

GB 12904 商品条码(GB 12904—2003,ISO/IEC 15420:2000,NEQ)

GB/T 12905 条码术语

GB/T 14257 商品条码符号位置

GB/T 15425 EAN·UCC 系统 128 条码

GB/T 16829 信息技术 自动识别与数据采集技术 条码码制规范 交插二五条码(GB/T 16829—2003,ISO/IEC 16390:1999,IDT)

GB/T 16986 EAN·UCC 系统应用标识符(GB/T 16986—2003,ISO/IEC 15418:1999,NEQ)

GB/T 18348 商品条码 条码符号印制质量的检验

3 术语和定义

GB/T 12905 中确立的以及下列术语和定义适用于本标准。

3.1

储运包装商品 dispatch commodity

由一个或若干个零售商品组成的用于订货、批发、配送及仓储等活动的各种包装的商品。

3.2

定量零售商品 fixed measure retail commodity

按相同规格(类型、大小、重量、容量等)生产和销售的零售商品。

3.3

变量零售商品 variable measure retail commodity

在零售过程中，无法预先确定销售单元，按基本计量单位计价销售的零售商品。

3.4

定量储运包装商品 fixed measure dispatch commodity

由定量零售商品组成的稳定的储运包装商品。

3.5

变量储运包装商品 variable measure dispatch commodity

由变量零售商品组成的储运包装商品。

4 编码

4.1 代码结构

储运包装商品的编码采用13位或14位数字代码结构。

4.1.1 13位代码结构

13位储运包装商品的代码结构与13位零售商品的代码结构相同，代码结构见GB 12904。

4.1.2 14位代码结构

储运包装商品14位代码结构见表1。

表1 储运包装商品14位代码结构

储运包装商品包装指示符	内部所含零售商品代码前12位	校验码
V	X_{12} X_{11} X_{10} X_9 X_8 X_7 X_6 X_5 X_4 X_3 X_2 X_1	C

4.1.2.1 储运包装商品包装指示符

储运包装商品14位代码中的第1位数字为包装指示符，用于指示储运包装商品的不同包装级别，取值范围为：1，2，…，8，9。其中：1～8用于定量储运包装商品，9用于变量储运包装商品。

4.1.2.2 内部所含零售商品代码前12位

储运包装商品14位代码中的第2位到第13位数字为内部所含零售商品代码前12位，是指包含在储运包装商品内的零售商品代码去掉校验码后的12位数字。

4.1.2.3 校验码

储运包装商品14位代码中的最后一位为校验码，计算方法见附录A。

4.2 代码编制

4.2.1 标准组合式储运包装商品

标准组合式储运包装商品是多个相同零售商品组成标准的组合包装商品。标准组合式储运包装商品的编码可以采用与其所含零售商品的代码不同的13位代码，编码方法见GB 12904。也可以采用14位的代码(包装指示符为1～8)。

4.2.2 混合组合式储运包装商品

混合组合式储运包装商品是多个不同零售商品组成标准的组合包装商品，这些不同的零售商品的代码各不相同。混合组合式储运包装商品可采用与其所含各零售商品的代码均不相同的13位代码，编码方法见GB 12904。

4.2.3 变量储运包装商品

采用14位的代码(包装指示符为9)。

4.2.4 同时又是零售商品的储运包装商品

按13位的零售商品代码进行编码。编码方法见GB 12904。

5 条码表示

5.1 13位代码的条码表示

采用EAN/UPC、ITF-14或UCC/EAN-128条码表示：

——当储运包装商品不是零售商品时，应在13位代码前补"0"变成14位代码，采用ITF-14或UCC/EAN-128条码表示。ITF-14条码见B.1，UCC/EAN-128条码见GB/T 15425。

——当储运包装商品同时是零售商品时，应采用EAN/UPC条码表示，见GB 12904；示例见C.1。

5.2 14位代码的条码表示

采用ITF-14条码或UCC/EAN-128条码表示：

——ITF-14条码见附录B；

——UCC/EAN-128 条码见 GB/T 15425。

示例见 C.2。

5.3 属性信息的条码表示

如需标识储运包装商品的属性信息(如所含零售商品的数量、质量、长度等),可在 13 或 14 位代码的基础上增加属性信息,见 GB/T 16986。

属性信息用 UCC/EAN-128 条码表示,见 GB/T 15425。

示例见 C.3。

6 条码符号尺寸与等级要求

6.1 储运包装商品的 EAN/UPC 条码符号

——*X* 尺寸范围为 0.495 mm~0.66 mm;

——条高见 GB 12904;

——符号等级大于或等于 1.5/06/670。

6.2 储运包装商品的 ITF-14 条码符号

——*X* 尺寸范围为 0.495 mm~1.016 mm;

——条高大于或等于 32 mm;

——当 *X* 尺寸小于 0.635 mm 时,符号等级大于或等于 1.5/10/670;当 *X* 尺寸大于或等于 0.635 mm 时,符号等级大于或等于 0.5/20/670。

技术要求见附录 B。

6.3 储运包装商品的 UCC/EAN-128 条码符号

——*X* 尺寸范围为 0.495 mm~1.016 mm;

——条高大于或等于 32 mm;

——符号等级大于或等于 1.5/10/670。

7 条码符号放置

储运包装商品上条码符号的放置见 GB/T 14257。

附 录 A
（规范性附录）
储运包装商品14位代码中校验码计算

A.1 代码位置序号

代码位置序号是指包括校验码在内的，由右至左的顺序号（校验码的代码位置序号为1）。

A.2 计算步骤

校验码的计算步骤如下：

a) 从代码位置序号2开始，所有偶数位的数字代码求和。

b) 将步骤a)的和乘以3。

c) 从代码位置序号3开始，所有奇数位的数字代码求和。

d) 将步骤b)与步骤c)的结果相加。

e) 用10减去步骤d)所得结果的个位数作为校验码的值（个位数为0，校验码的值为0）。

示例：代码0690123456789C的校验码C计算见表A.1。

表A.1 14位代码的校验码计算方法

<table>
<tr><th>步骤</th><th>举例说明</th></tr>
<tr><td>1.自右向左顺序编号</td><td><table><tr><td>位置序号</td><td>14</td><td>13</td><td>12</td><td>11</td><td>10</td><td>9</td><td>8</td><td>7</td><td>6</td><td>5</td><td>4</td><td>3</td><td>2</td><td>1</td></tr><tr><td>代码</td><td>0</td><td>6</td><td>9</td><td>0</td><td>1</td><td>2</td><td>3</td><td>4</td><td>5</td><td>6</td><td>7</td><td>8</td><td>9</td><td>C</td></tr></table></td></tr>
<tr><td>2.从序号2开始求出偶数上数字之和①</td><td>9＋7＋5＋3＋1＋9＋0＝34　　①</td></tr>
<tr><td>3.①×3＝②</td><td>34×3＝102　　②</td></tr>
<tr><td>4.从序号3开始求出奇数位上数字之和③</td><td>8＋6＋4＋2＋0＋6＝26　　③</td></tr>
<tr><td>5.②＋③＝④</td><td>102＋26＝128　　④</td></tr>
<tr><td>6.用10减去结果④所得结果的个位数作为校验码的值（个位数为0，校验码的值为0）</td><td>10－8＝2
校验码C＝2</td></tr>
</table>

附 录 B
（规范性附录）
ITF-14 条码符号技术要求

B.1 符号结构

B.1.1 ITF-14 条码的条码字符集、条码字符的组成同交插二五条码，见 GB/T 16829。

B.1.2 ITF-14 条码由矩形保护框、左侧空白区、起始符、7 对数据符、终止符、右侧空白区组成，符号见图 B.1。

①——矩形保护框；
②——左侧空白区；
③——起始符；
④——7 对数据符；
⑤——终止符；
⑥——右侧空白区。

图 B.1 ITF-14 条码符号（保护框完整印刷）

B.2 技术要求

B.2.1 尺寸

B.2.1.1 *X* 尺寸

X 尺寸范围为 0.495 mm～1.016 mm。

B.2.1.2 宽窄比(*N*)

N 的设计值为 2.5，*N* 的测量值范围为 2.25≤*N*≤3。

B.2.1.3 条高

ITF-14 条码符号的最小条高是 32 mm。

B.2.1.4 空白区

条码符号的左右空白区最小宽度是 10 个 *X* 尺寸。

B.2.2 保护框

B.2.2.1 保护框线宽的设计尺寸是 4.8 mm。保护框应容纳完整的条码符号(包括空白区)，保护框的水平线条应紧接条码符号条的上部和下部，见图 B.1。

B.2.2.2 对于不使用制版印刷方法印制的条码符号，保护框的宽度应该至少是窄条宽度的 2 倍，保护框的垂直线条可以缺省，见图 B.2。

图 B.2　ITF-14 条码符号(保护框的垂直线条缺省)

B.2.3　供人识别字符

一般情况下,供人识别字符(包括条码校验字符在内)的数据字符应与条码符号一起,按条码符号的比例,清晰印刷。起始符和终止符没有供人识别字符。对供人识别字符的尺寸和字体不做规定。在空白区不被破坏的前提下,供人识别字符可放在条码符号周围的任何地方。

B.2.4　参考译码算法

参考译码算法见 GB/T 16829。

B.3　质量评价

B.3.1　质量评价见 GB/T 18348。

B.3.2　附加等级评定

B.3.2.1　空白区评级

当空白区大于或等于 $10Z$ 时,判定为 4 级;小于 $10Z$ 时,判定为 0 级。

B.3.2.2　宽窄比评级

当宽窄比 N 的测量值范围为 $2.25 \leqslant N \leqslant 3.0$ 时,判定为 4 级;否则判定为 0 级。

B.3.3　符号等级要求

B.3.3.1　对于 X 尺寸小于 0.635 mm 的条码符号,符号等级≥1.5/10/670。

B.3.3.2　对于 X 尺寸大于或等于 0.635 mm 的条码符号,符号等级≥0.5/20/670。

附　录　C
（资料性附录）
储运包装商品条码示例

C.1　13 位数字代码的储运包装商品条码

图 C.1　表示 13 位数字代码的 EAN-13 条码示例

图 C.2　表示 13 位数字代码的 ITF-14 条码示例

图 C.3　表示 13 位数字代码的 UCC/EAN-128 条码示例

C.2　14 位数字代码的储运包装商品条码

图 C.4　包装指示符为“2”的 ITF-14 条码示例

图 C.5　包装指示符为“1”的 UCC/EAN-128 条码示例

C.3　含属性信息的储运包装商品条码

图 C.6　含批号“123”的 UCC/EAN-128 条码示例

(01) 9 6901234 50009 0 (3101) 000844

图 C.7　质量是 84.4 kg 的变量储运包装商品的 UCC/EAN-128 条码示例

注：本标准中的条码符号仅作示例。

ICS 13.220
C 82

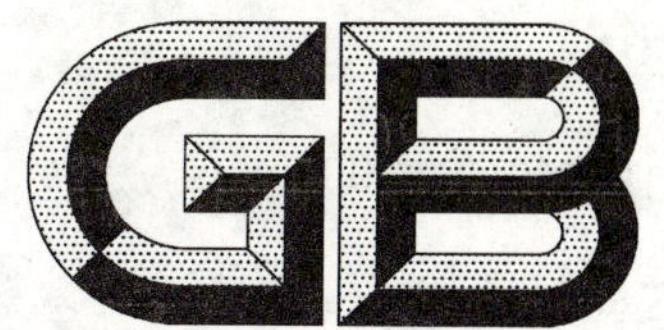

中华人民共和国国家标准

GB/T 16840.1—2008
代替 GB 16840.1—1997

电气火灾痕迹物证技术鉴定方法 第1部分:宏观法

Technical determination method for electrical fire evidence—
Part 1:Macroscopic method

2008-07-02 发布 2009-05-01 实施

中华人民共和国国家质量监督检验检疫总局
中国国家标准化管理委员会
发布

前　言

GB/T 16840《电气火灾痕迹物证技术鉴定方法》由以下部分组成：

——第1部分：宏观法；

——第2部分：剩磁法；

——第3部分：俄歇分析法；

——第4部分：金相分析法；

……。

本部分为GB/T 16840的第1部分。

本部分代替GB 16840.1—1997《电气火灾原因技术鉴定方法　第1部分：宏观法》。

本部分与GB 16840.1—1997的主要差异如下：

——标准由强制性标准改为推荐性标准；

——标准名称由“电气火灾原因技术鉴定方法　第1部分：宏观法”改为“电气火灾痕迹物证技术鉴定方法　第1部分：宏观法”；

——第1章范围，调整了原标准的适用范围；

——第2章术语和定义，在保留和完善原标准的基础上，增设了2.7条样品，更改了2.4条一次短路熔痕、2.5条二次短路熔痕的有关内容；

——第3章原理，在保留原标准内容的基础上，对部分词句进行了编辑调整；

——第4章设备，调整了章名，并对内容进行了修改；

——本部分将原标准的第5章方法步骤，分解为本部分的第5章试样和第6章方法步骤；

——本部分的第5章试样，主要从试样提取和试样的截取等方面做出了规定；

——本部分第6章方法步骤，主要从试样处理和观察试样等方面做出了规定；

——删除了原标准中第7章送检及鉴定时应履行的书面程序。

本部分由中华人民共和国公安部提出。

本部分由全国消防标准化技术委员会第六分技术委员会(SAC/TC 113/SC 6)归口。

本部分起草单位：公安部沈阳消防研究所。

本部分主要起草人：邸曼、高伟、赵长征、张明。

本部分所代替标准的历次版本发布情况为：

——GB 16840.1—1997。

电气火灾痕迹物证技术鉴定方法
第1部分:宏观法

1 范围

GB/T 16840的本部分规定了电气火灾痕迹物证技术鉴定方法——宏观法的定义、原理、仪器、试样、方法步骤和判据。

本部分适用于在火灾原因调查时,对火灾现场提取的铜、铝导线熔痕,根据外观特征或熔珠截面孔洞内表面形态特征进行技术鉴定,鉴定其熔化性质。

2 术语和定义

下列术语和定义适用于本部分。

2.1

熔痕 melted mark

在外界火焰或短路电弧高温作用下,在金属表面,特别是铜、铝导线上形成的圆状、凹坑状、瘤状、尖状及其他不规则的微熔或全熔痕迹。

2.2

熔珠 melted bead

铜、铝导线受外界火焰或短路电弧的高温作用,在导线的端部、中部或迸溅后形成的圆珠状熔化痕迹。

2.3

火烧熔痕 melted mark due to fire burning

铜、铝导线在火灾中受火灾现场高温作用发生熔化,在导线上形成的熔化痕迹。

2.4

一次短路熔痕 primary short circuited melted mark

在正常环境条件下,铜、铝导线因本身故障发生短路,在导线上形成的熔化痕迹。

2.5

二次短路熔痕 second short circuited melted mark

在火灾环境条件下,铜、铝导线产生故障而引发短路,在导线上形成的熔化痕迹。

2.6

短路熔珠内部孔洞 inside cavity caused by short circuited melted bead

铜、铝导线因短路而形成熔珠时,在熔珠内部存有的孔洞。

2.7

样品 sample

火灾现场提取的载有熔化痕迹的导体。

3 原理

铜、铝导线无论是火灾热作用还是短路电弧高温熔化,除全部烧失外,一般均能查找到残留的熔痕,其外观具有能代表当时环境条件的特征。

一次短路熔痕和二次短路熔痕均属于瞬间电弧高温熔化,具有熔化范围小、冷却速度快的特点,但不同的是：前者短路发生在正常环境条件下，后者短路发生在火灾环境条件下。而火烧熔痕是导线被火灾热作用熔化的痕迹，其作用时间、作用温度又均与短路不同，它具有受热持续时间长、火烧范围大、熔化温度低于短路电弧温度的特点。由于不同的环境产物参与了熔痕形成的全过程，从而保留了区别一次短路熔痕、二次短路熔痕及火烧熔痕的各自特征。

4 设备

需要应用如下设备：

a) 照相机；

b) 体视显微镜；

c) 视频显微镜；

d) 超声波清洗机。

5 试样

5.1 试样的提取

5.1.1 试样取自火灾现场提取的样品。

5.1.2 提取试样前，应对试样所在位置、所处状态及所呈现的形态特征用拍照等方法进行记录。

5.1.3 提取试样时应将熔痕连同导线一起截取。

5.1.4 对提取的试样应装入取样袋内并标明试样名称和提取部位，不应与其他物件混放。

5.2 试样的截取

5.2.1 截取熔珠的部位宜选在导线与熔珠相连接处，截取使熔珠露出内表面。

5.2.2 截取熔珠时，使用工具的用力要适当，防止熔珠变形或损坏。

6 方法步骤

6.1 试样处理

清洗试样表面时，宜用水、酒精或丙酮等溶剂清除，或用第 4 章中规定的设备清洗试样表面。

6.2 观察试样

将试样置于样品载物台上，用第 4 章规定中的仪器观察熔痕的外观形态或观察短路熔珠截面内孔洞的内表面；应观察其整体光泽、颜色、孔洞数量、炭迹、纹迹，不应局限于某一孔洞。

7 判据

7.1 火烧熔痕的特征

7.1.1 铜导线熔珠直径通常是线径的 1～3 倍，铝导线熔珠直径通常是线径的 1～4 倍；通常位于熔断导线的端部或中部；表面光滑，无麻点和小坑，具有金属光泽。

7.1.2 有熔化过渡痕迹，熔珠附近的导线明显变细。

7.1.3 在铜质多股软线的线端部形成熔珠或尖状熔痕，熔痕附近的细铜线熔化并粘结在一起，很难分开；在熔珠内有未被完全熔化的间隙孔。

7.2 一次短路熔痕的特征

7.2.1 铜导线上的短路熔珠直径通常是线径的 1～2 倍，铝导线上的短路熔珠直径通常是线径的 1～3 倍；短路熔珠位于导线的端部或歪在一侧；铜导线短路熔珠表面有光泽，铝导线短路熔珠表面有氧化膜、麻点和毛刺。

7.2.2 短路熔珠内部孔洞数量少，分布在熔珠中部；铜导线短路熔珠内部孔洞的表面呈暗红色，光泽度差，平滑且有微量炭迹；铝导线短路熔珠内部孔洞的表面有一层深灰色氧化铝膜，其他特征与铜熔珠类似。

7.2.3　短路熔痕与导线基体交接处有明显的熔化与未熔化的分界线。

7.2.4　在两根导线相对应的位置出现凹痕，凹痕内表面有光泽但不平滑，有堆积状熔化金属和毛刺，有扎手感。

7.2.5　在铜质多股软线的线端部形成熔痕时，熔痕与导线连接处无熔化粘结痕迹，其多股细丝仍能逐根分离；有的细丝端部出现微小熔珠。

7.3　二次短路熔痕的特征

7.3.1　铜导线上短路熔珠的直径相对大于一次短路熔珠，但又小于火烧形成的熔珠，表面有微小凹坑，光泽性差；铝导线短路熔珠表面有一层深灰色氧化铝膜，有小凹坑、裂纹及塌陷现象。

7.3.2　短路熔珠内部孔洞数量多，分布在熔珠的边缘及中部；铜导线短路熔珠内部孔洞的表面呈透明感的鲜红色（红宝石色），光泽度强，有较多的炭迹；铝导线短路熔珠内部孔洞的表面有一层浅灰色氧化铝膜，光泽度强，有粗糙的条纹或光亮的斑点。

7.3.3　短路熔痕与导线基体交接处无明显的熔化与未熔化的分界线，导线上有微熔变细的痕迹。

7.3.4　在铜质多股软线的线端部形成短路熔珠时，与短路熔珠相连接的导线变硬或粘结在一处。

ICS 17.240
A 58

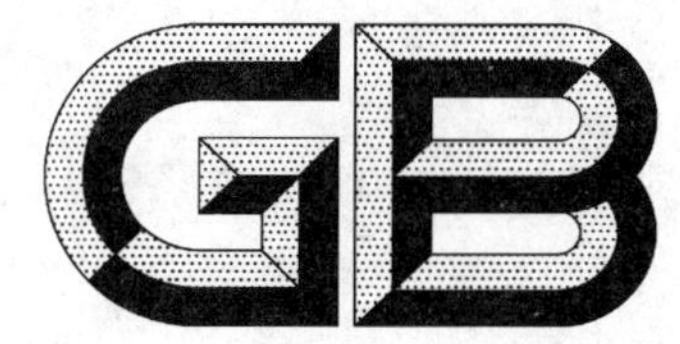

中华人民共和国国家标准

GB/T 16841—2008/ISO/ASTM 51649:2005
代替 GB/T 16841—1997

能量为 300 keV～25 MeV 电子束辐射加工装置剂量学导则

Guide for dosimetry in an electron beam facility for radiation processing at energies between 300 keV and 25 MeV

(ISO/ASTM 51649:2005, Standard practice for dosimetry in an electron beam facility for radiation processing at energies between 300 keV and 25 MeV, IDT)

2008-09-19 发布　　　　2009-08-01 实施

中华人民共和国国家质量监督检验检疫总局
中国国家标准化管理委员会　发布

前　言

本标准等同采用 ISO/ASTM 51649:2005《能量为 300 keV～25 MeV 电子束辐射加工装置剂量学导则》(英文版)。

为便于使用,本标准做了下列编辑性修改:

a) 按照汉语习惯对一些编写格式进行了修改。

b) 对于 ISO/ASTM 51649:2005 引用的其他国际标准中有被等同采用为我国标准的,本部分用引用我国的这些国家标准或行业标准代替对应的国际标准,其余未有等效采用为我国标准的国际标准,在本标准中均被直接引用。

c) 原国际标准中的附录编号 A1、A2、A3、A4 改为附录 A、附录 B、附录 C、附录 D。

本标准代替 GB/T 16841—1997《能量为 300 keV～25 MeV 电子束辐射加工装置剂量学导则》。本标准与 GB/T 16841—1997 相比主要变化如下:

——重新规定了标准的适用"范围"(1997 版的第 1 章;本版的第 2 章);

——增加了部分术语,并对原标准的部分术语进行了重新定义(本版第 3 章);

——增加了"剂量计系统的校准"条和具体的要求(见本版的 7.3.1,7.3.2,7.3.3,注 4);

——用"安装确认"、"运行确认"、"性能确认"和"日常生产加工"替代了"装置确认"、"加工确认"和"日常生产加工"(见 1997 版的第 7 章、第 8 章、第 9 章;本版的第 9 章、第 10 章、第 11 章、第 12 章);

——增加了"加工参数"章和相关内容(见本版第 8 章);

——增加了不确定度的分类标准和评定准则(见第 13 章);

——细化了用深度剂量分布方法确定电子束初始能量的方法和条件(见本版附录 A);

——重新描述了"微波功率加速器"和"射频功率型加速器"的性能特征(见本版附录 D 中 D.1.2 和 D.1.3)。

本标准的附录 A、附录 B、附录 C 和附录 D 为资料性附录。

本标准由全国核能标准化技术委员会提出。

本标准由全国核能标准化技术委员会归口。

本标准起草单位:中国计量科学研究院。

本标准主要起草人:张彦立、张辉、龚晓明、刘智绵、夏渲。

本标准所代替标准的历次发布情况为:GB/T 16841—1997。

能量为 300 keV～25 Mev 电子束辐射加工装置剂量学导则

1 范围

1.1 本标准规定了电子束辐射加工中为保证全部产品接受到产生预期辐射效应所需的剂量，在安装确认、运行确认、性能确认(IQ、OQ 和 PQ)和日常加工中所涉及的剂量测量程序，以及有关可能影响这些过程和用以监控产品中吸收剂量的其他程序。

注 1：剂量计选择和校准的指南见 GB/T 16640；使用剂量测量系统的专用指南见 GB/T 16639、ISO/ASTM 51275 ISO/ASTM 51276、ISO/ASTM 51431、ISO/ASTM 51631、ISO/ASTM 51650 和 ISO/ASTM 51956；对能量大于 5 MeV 的电子束所用较大体积剂量计的剂量测量系统指南见 ASTME 1026、ISO/ASTM 51205、ISO/ASTM 51401、ISO/ASTM 51538、ISO/ASTM 51540；有关脉冲辐射剂量学的论述见 ICRU 第 34 号报告。

1.2 本标准适用的电子束的能量范围：300 keV～25 MeV。

1.3 剂量测量只是辐照加工全面质量管理的一个组成部分，在医疗保健产品的辐射灭菌和食品保藏等特别应用中，除了剂量测量外，还需要进行其他方面的测量。

1.4 ISO 和 ASTM 已经颁布了适用于食品辐照和医疗保健产品专用标准。食品辐照的专用标准见 ISO/ASTM 51431，医疗保健产品的辐射灭菌的专用标准见 GB 18280。在使用中 GB 18280 的规定优先于其他标准的规定。

1.5 本标准不涉及与使用相关的安全问题。本标准的使用者负责建立适用的安全和健康标准，并在使用前确定其适用的限制范围。

2 规范性引用文件

下列文件中的条款通过本标准的引用而成为本标准的条款。凡是注日期的引用文件，其随后所有的修改单(不包括勘误的内容)或修订版均不适用于本标准，然而，鼓励根据本标准达成协议的各方研究是否可使用这些文件的最新版本。凡是不注日期的引用文件，其最新版本适用于本标准。

GB/T 16509 辐射加工剂量测量不确定度评定导则(GB/T 16509—2008，ISO/ASTM 51707:2005，IDT)

GB/T 16510 辐射加工剂量学校准实验室的能力要求(GB/T 16510—2008，ISO/ASTM 51400:2002，IDT)

GB/T 16639 使用丙氨酸-EPR 剂量测量系统的标准方法(GB/T 16639—2008，ISO/ASTM 51607:2004，IDT)

GB/T 16640 辐射加工剂量测量系统的选择和校准导则(GB/T 16640—2008，ISO/ASTM 51261:2002，IDT)

GB 18280 医疗保健产品灭菌 确认和常规控制要求 辐射灭菌(GB 18280—2000，ISO 11137:1995，IDT)

ISO/ASTM 51205 使用硫酸铈-亚铈剂量测量系统的实践

ISO/ASTM 51275 使用辐射显色薄膜剂量测量系统的实践

ISO/ASTM 51276 使用聚甲基丙烯酸甲酯剂量测量系统的实践

ISO/ASTM 51401 使用重铬酸盐剂量测量系统的实践

ISO/ASTM 51431 电子束和 X 射线(轫致辐射)装置食品加工用剂量学实践

ISO/ASTM 51538 使用氯苯-乙醇剂量测量系统的实践

ISO/ASTM 51539 辐射灵敏指示标签的使用指南

ISO/ASTM 51540　使用辐射显色液体剂量测量系统的实践
ISO/ASTM 51631　使用量热法剂量测量系统对电子束剂量测量和剂量计校准的实践
ISO/ASTM 51650　使用 CTA 剂量测量系统的标准实践
ISO/ASTM 51956　辐射加工用热释光剂量测量系统的实践
ASTM E 170　辐射测量与剂量学术语
ASTM E 1026　使用 Fricke 参考标准剂量测量系统标准实践
ASTM E 2232　辐射加工应用中计算吸收剂量数学方法的选择和使用指南
ASTM E 2303　绘制辐射加工装置剂量分布曲线的导则
ICRU 34 号报告　脉冲辐射剂量学
ICRU 35 号报告　初始能量为 1 MeV～50 MeV 的电子束辐射剂量学
ICRU 37 号报告　电子和正电子的阻止本领
ICRU 60 号报告　电离辐射基本量和单位

3　术语与定义

ASTM E 170 和 ICRU 第 60 号报告确立的以及下列术语和定义适用于本标准。

3.1

吸收剂量 D　absorbed dose D

$\mathrm{d}\overline{E}$ 除以 $\mathrm{d}m$ 而得的商，即

$$D = \mathrm{d}\overline{E}/\mathrm{d}m$$

式中：

$\mathrm{d}\overline{E}$——电离辐射授予质量为 $\mathrm{d}m$ 的物质的平均能量。

单位：$\mathrm{J \cdot kg^{-1}}$，名称为戈瑞，符号为 Gy，$1\ \mathrm{Gy} = 1\ \mathrm{J \cdot kg^{-1}}$。

3.2

剂量测量系统　dosimetry system

由剂量计、测量仪器、剂量响应校准曲线(或剂量响应函数)或相关的参考标准和使用程序组成的用于确定吸收剂量的系统。

3.3

束长度　beam length

电子束在产品受照平面上垂直于电子束宽度和加速器扫描窗出射电子方向的照射野的长度(见图 1)。

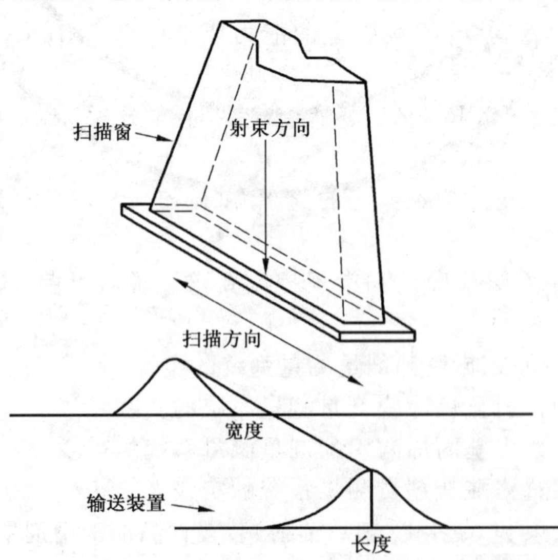

图 1　扫描电子束的束长和束宽在传输系统的分布示意图

3.4

束宽度　beam width

电子束在产品受照平面上扫描方向照射野的宽度，垂直于束长和加速器扫描窗出射电子的方向(见图1)。

说明——对配置传送系统的辐射加工装置，扫描宽度通常垂直传输系统的移动方向(见图1)。束宽是剂量分布轮廓图中最大剂量水平区域两端的距离(见图2)。可采用不同的技术使加速器产生覆盖产品的足够宽度，例如：采用电磁扫描(此时束宽也称为扫描宽度)、散焦元件或散射箔等不同的技术，可以把线束扩展，以扩大辐照区域。

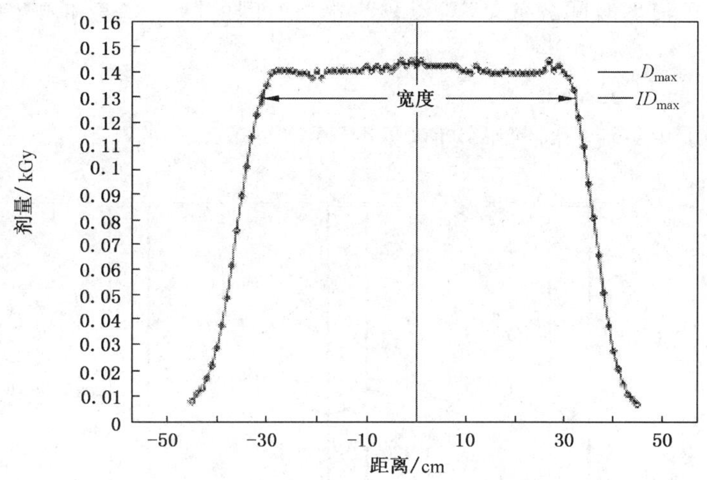

图2　电子束沿束宽方向上的剂量分布曲线

3.5

参考面　reference plane

辐射场中，选定的垂直于电子束轴的平面。

3.6

扫描均匀性　scan uniformity

沿扫描方向所测剂量的不均匀程度。

3.7

束斑　beam spot

未展开电子束入射在参考面上的形状。

3.8

连续慢化近似射程 r_0　continuous-slowing-down-approximation(CSDA)range r_0

电子在无限均匀介质中能量从初始能量 E_0 降低到0所穿行的平均路程长度，可表示为：

$$r_0 = \int_0^{E_0} \mathrm{d}E/(S/\rho)_{\mathrm{tot}}$$

式中：

$(S/\rho)_{\mathrm{tot}}$——总质量阻止本领；

r_0——一个理论计算值而不是在介质中沿着入射方向所穿透的深度。

单位名称为千克每二次方米，符号为 $\mathrm{kg \cdot m^{-2}}$。

注释——确定 r_0 值的近似方法：假定在轨迹上每点的能量损失率等于总阻止本领，能量损失的影响可以忽略，则可以用阻止本领的倒数对能量积分的方法得到连续慢化近似射程 r_0。

ICRU第37号报告列出了较宽能量的电子和多数材料的 r_0 值。

3.9

深度剂量分布　depth-dose distribution

辐射束垂直于介质平面入射时，沿射束中心轴随深度变化的吸收剂量关系曲线图。

注释——电子束沿束轴方向在均匀测量中产生的典型分布曲线见附录A中的图A.1和图A.2。

3.10

剂量不均匀度　dose uniformity ratio

加工负荷内最大吸收剂量与最小吸收剂量之比。

3.11

负荷周期(占空比)　duty cycle

指脉冲加速器有效束流的时间分数，等于以秒为单位时间的脉冲宽度和单位时间内脉冲数的乘积。

3.12

平均束流　average beam current

辐照到产品上的电子束束流的时间平均值(见图3)。

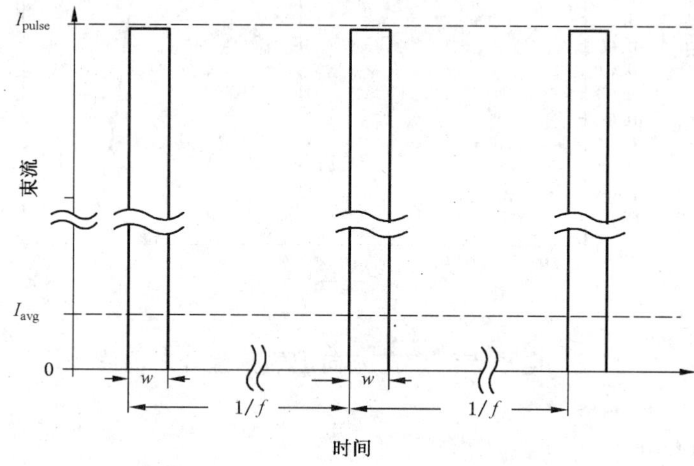

图3　脉冲加速器脉冲束流(I_{pulse})，平均束流(I_{avg})，脉冲宽度(W)和重复频率(f)示意图

3.13

束功率　beam power

电子束能量与平均束流的乘积。

3.14

电子束能量　electron beam energy

电子束中加速电子的平均动能。单位:J。

说明——电子束能量通常使用的单位是电子伏特(eV)，1 eV≈1.602×10^{-19}J。辐射加工中使用的电子束能谱较宽，常使用的单位是最可几能量(E_p)和平均能量(E_a)，用实验等式表示其与实际射程(R_p)或半值深度(R_{50})的关系。

3.15

电子束辐照装置　electron beam facility

利用加速器为辐照产品产生高能量电子的装置。

3.16

脉冲束流(I_{pulse})　pulse beam current(I_{pulse})

指脉冲加速器的脉冲波形整个顶端波形平均的束流，$I_{pulse}=I_{avg}/wf$，其中 I_{avq} 为平均束流(单位:mA)(见图4)。

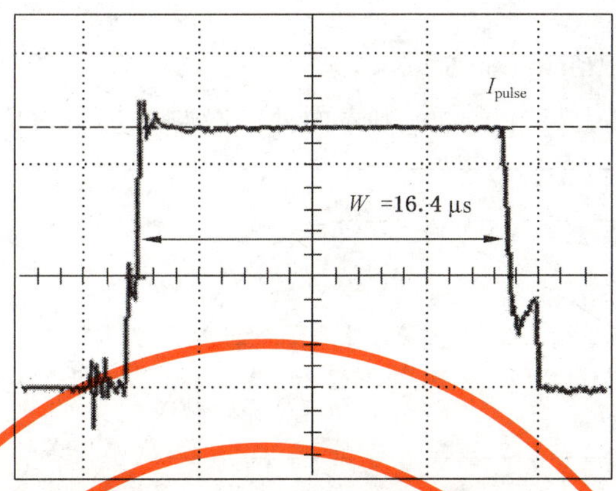

图 4　S-波段直线加速器脉冲束流波形曲线

3.17

脉冲速率(f)　pulse rate(f)

指脉冲加速器以赫兹或每秒脉冲数表示的脉冲的重复频率，$f=n/t$。式中 n 是脉冲数；t 是时间；单位：s^{-1}。

3.18

脉冲宽度　pulse width

指脉冲加速器输出脉冲的一个时间参量，表示脉冲束流波形中位于50%振幅高度(半高宽)的上升边和下降边两点间的时间间隔(见图4)。

3.19

扫描束　scanned beam

在交变磁场作用下往复摆动的电子束。

说明——为避免加速器的束出射窗或扫描盒下的产品过热，尽管可让强流电子束沿两个(束宽和束长)方向扫描，但多数情况下还是沿一个方向(束宽)扫描。

3.20

扫描频率　scanned frequency

每秒钟完成的扫描周期数。单位：Hz。

3.21

电子能谱　electron energy spectrum

作为能量函数的电子密度分布。

3.22

电子射程　electron range

在均匀材料中沿着电子束轴线所贯穿的距离(等于电子的实际射程 R_p)。

注：可通过实验测量指定材料中的深度剂量分布。在剂量学文献中还有电子射程的其他形式，例如：用深度剂量数据和连续慢化近似射程导出的外推射程。电子射程通常用单位面积的质量($g \cdot cm^{-2}$)表示，有时也用厚度(cm)表示某一指定材料中的电子射程。

3.23

半入射值深度(R_{50e})　half-entrance depth(R_{50e})

电子束深度剂量分布曲线中吸收剂量减少到表面入射剂量值的50%时所对应的材料厚度(见图5)。

3.24

半值深度(R_{50})　half-value depth(R_{50})

电子束深度剂量分布曲线中吸收剂量减少到最大值50%时所对应的材料厚度(见图5)。

3.25

最佳厚度(R_{opt})　optimum thickness(R_{opt})

在均匀材料中，吸收剂量等于与电子束入射表面处的吸收剂量所对应的厚度(见图 5)。

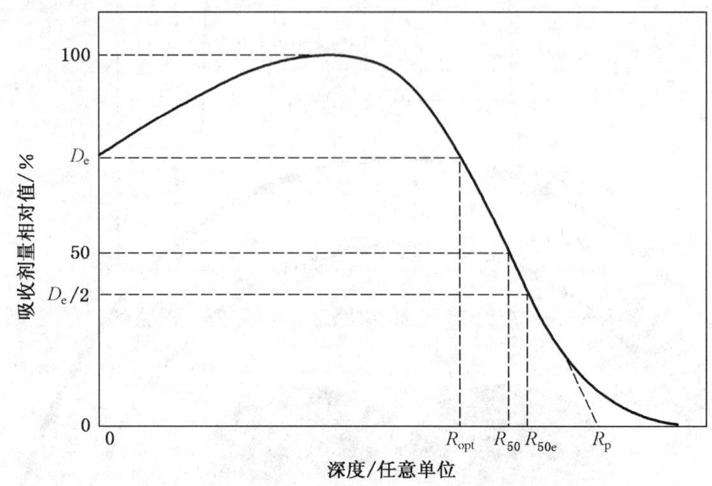

图 5　典型的电子束在均匀材料中的深度剂量分布曲线

3.26

实际射程(R_p)　practical electron range(R_p)

电子束深度剂量分布曲线下降最陡(斜率最大处)切线的外推线与该曲线尾部韧致辐射剂量的外推线相交点处所对应的材料深度(见图 5)。

3.27

外推电子射程(R_{ex})　extrapolated electron range(R_{ex})

电子束深度剂量分布曲线下降最陡(斜率最大处)切线的外推线与深度轴相交点处所对应的材料深度(见图 5 和附录 A 中图 A.6)。

3.28

加工负荷(辐照产品单元)　process load

作为单一整体辐照、具有特定装载形态的某体积物质。

3.29

生产循环　production run

产品从进入辐照室(开始辐照)至离开辐照室(完成辐照)所经历的辐照全过程。

3.30

参考材料　reference material

为了确定电子束辐照过程某些特性，如扫描均匀性、深度剂量分布而采用的已知辐射吸收与散射特性的匀质材料。

3.31

补偿模型　compensating dummy

日常生产循环期间，在产品加工负荷中所装载的产品比货物负荷配置文件的规定少时所使用的模拟产品，或者是在生产循环开始和结束时使用的用于对产品吸收剂量进行补偿的模拟产品。

说明——在辐照装置确认期间，可用模拟产品或模体材料作为实际产品和材料的替代物进行辐照。

3.32

模拟产品　simulated product

与被辐照的产品、材料或物质具有相似的减弱、散射性质的材料。

说明——在描述辐照装置特性时，模拟产品作为用于实际辐照产品、材料或物质的替代物。在日常生产过程中，模拟产品为补偿模型；在测量吸收剂量分布图时，模拟产品为模体材料。

3.33

质量深度(标准深度)(Z)　standardized depth (Z)

用单位面积质量表示的吸收材料的厚度，等于材料厚度 t 乘以密度 ρ。如果 m 是材料的质量，束流穿过的面积为 A，则有 $Z=m/A$。如果厚度 t 的单位是米(m)、密度 ρ 的单位是千克每立方米(kg/m^3)，则 Z 的单位是千克每平方米(kg/m^2)。

4　意义和用途

4.1　电子束辐射加工是使辐照产品或材料获得预定的吸收剂量，而达到某种要求的一种工艺。剂量测量的要求取决于辐照工艺和产品的最终用途。剂量测量应用的辐射加工主要领域如下：

4.1.1　单体的聚合与单体在聚合物上的接枝；

4.1.2　聚合物的交联与降解；

4.1.3　复合材料的处理；

4.1.4　医疗保健产品灭菌；

4.1.5　化妆品的消毒；

4.1.6　食品辐照(食源和致病菌控制，杀虫和延长货架期)；

4.1.7　饮用水中致病菌的杀灭；

4.1.8　气体、液体和固体废物的处理；

4.1.9　半导体元件的改性；

4.1.10　宝石和其他材料的改色；

4.1.11　材料效应的研究。

注2：对于食品保藏(见ISO/ASTM 51431和参考文献[5])和医疗保健产品灭菌(见GB 18280和参考文献[1]、[2]、[3]、[4])的辐射加工，剂量测量是必须的；应把产品中的吸收剂量准确地控制在法定和工艺要求范围内。对于材料改性的辐照加工，可以通过测量被照材料中的物理和化学辐射效应进行质量控制，也可以应用日常剂量监测控制辐照工艺的重复性。

4.2　剂量测量是监控辐射加工(质量)的一种方法。

注3：通常用水中的吸收剂量值表征测量的剂量，这是因为多数辐照食品与医疗保健产品材料的辐射能量吸收特性近似等效于水。在非等效的材料中的吸收剂量可按照GB/T 15447进行换算。

4.3　有效的辐照工艺，取决于产品是否接受达到预期所需要的最低剂量和不超过可能引起产品损坏的最大剂量(或法定最大剂量)的辐照。剂量测量是辐射加工质量控制和评价的基础。

4.4　产品中的吸收剂量分布取决于辐照单元特性、照射条件和运行参数。生产中应严格控制束特性(如能量和束流)、束扩展和产品传输方式与速度等关键运行参数，才能获得可重现的结果。

4.5　辐照工艺投入使用前，必需对辐照装置进行确认。证明该装置能以一种可重现、可控制的方式对产品按已知的剂量辐照。这包括：加工设备的测试，设备和剂量测量系统的校准，检验模拟产品中吸收剂量与剂量分布及它们的重现性。

4.6　在辐照装置日常运行中，为了确保对产品照射某一可重现的剂量，应建立产品辐照前、后与辐照期间处理程序的书面文件，存档备查。其内容包括：辐照期间产品几何学条件，关键加工参数与常规产品中吸收剂量的测量。同时应制定一系列必要的规章制度。

5　辐射源特性

5.1　电子加速器是利用电磁场使电子获得高能量的装置。本标准中电子束辐射源主要是指直流高压型和脉冲调制型电子加速器(如：微波功率加速器和射频功率加速器)(详见附录D)。

6 辐照装置的主要类型

6.1 辐照装置的组成

6.1.1 由于辐照装置的组成会影响授予产品的吸收剂量，因此在按照第8章到第11章的要求进行剂量测量时应考虑辐照装置的组成。

6.1.2 电子束辐照装置包括电子加速器、产品传输系统，辐射安全系统，产品装卸和储存区域，供电、冷却、通风等辅助设备，控制室，剂量测量和产品检验实验室，办公室。电子加速器系统包括加速器（见附录D）、电子束扫描装置和相关设备[2]。

6.2 产品传输系统——产品传输系统会影响产品中的吸收剂量分布。通常采用的系统如下：

6.2.1 传送带（车）——产品被放置在传送带（或车）上通过电子束。其传输速度的控制与电子束流和电子束宽度相匹配，使被照射的产品接受到预定剂量。

6.2.2 滚筒式输送（也称绕线轴）系统——该系统用于管材、电线、电缆等连续缠绕产品的辐照。其传输速度与电子束流和电子束宽度相匹配，使被照射的产品接受到预定的剂量。

6.2.3 散装流动系统——该系统使被照射的液体或粒状产品（如谷物、塑料球）流动通过辐照区域。由于不能控制单个产品的流动速度，因此产品的平均速度需与束特征和束扩展参数相匹配，以确定产品中的平均吸收剂量。

6.2.4 静态辐照——对于高剂量加工，可将产品置于束下静止辐照。同时，应采用冷却系统降低辐照期间产品的温升。电子束流、束长度和束宽度决定了达到预期剂量所需的辐照时间。

7 剂量测量系统

7.1 剂量计级别

7.1.1 按照剂量计所测量和应用范围，可将剂量计分成四个级别，即：基准、参考标准、传递标准和工作剂量计。GB/T 16640 给出了有关选择不同用途剂量测量系统的规定。在使用前，除基准剂量计外，所有级别的剂量计均应进行计量校准。

7.1.1.1 基准剂量计——为了校准辐射场和其他级别的剂量计由国家标准实验室建立并维护。最常用的基准剂量计是电离室和量热计。

7.1.1.2 参考标准剂量计——使用参考标准剂量计校准辐照场和工作剂量计。也可以将参考标准剂量计用作工作剂量计。GB/T 16640 给出了不同应用范围所用的参考标准剂量计示例。

7.1.1.3 传递标准剂量计——传递标准剂量计是一种为建立辐照装置的溯源性、用于传递认可或国家标准实验室吸收剂量信息到辐照装置而特别选择的剂量计。这种剂量计应在标准实验室特别规定的条件下仔细使用。按照 GB/T 16640 标准的规定，传递剂量计既可在参考标准剂量计中选择，也可以在工作剂量计中选择。

7.1.1.4 工作剂量计——工作剂量计可用于辐射加工质量控制、剂量监测和测量剂量分布。应该正确掌握剂量测量技术（包括校准技术）确保测量数据的可靠和准确。应该使用基准、参考标准或传递标准剂量计校准过的用于日常吸收剂量测量的剂量计。GB/T 16640 给出了不同应用范围所用的工作剂量计示例。

7.2 应考虑影响剂量计响应的诸多因素，包括：电子束能量，平均与峰值吸收剂量率（特别是脉冲型调制加速器），以及温度、湿度、光照等环境条件。应该根据测量、影响因素和剂量学性能等方面的要求来选择适用的剂量测量系统。ASTM E 1026、GB/T 15053、GB/T 16639、GB/T 16640、JJF 1017、JJF 1018、JJF 1028、ISO/ASTM 51538、ISO/ASTM 51540、ISO/ASTM 51631 给出了剂量计测量系统的特性和选择应用指南。

7.3 剂量计系统的校准

7.3.1 剂量测量系统在使用前和使用后的周期内，应按照使用者文件程序中校准工作和质量保证要求的特别规定进行校准。GB/T 16640 规定了对校准的要求。

7.3.2 校准辐照——校准辐照是剂量测量系统校准的关键。校准辐照可采用的方法依赖于剂量计是用作参考标准、传递标准还是工作剂量计。

7.3.2.1 参考或传递标准剂量计——校准辐照应该在国家的或国家认可的校准实验室按照 GB/T 16640的特别要求进行。

7.3.2.2 工作剂量计——剂量计的校准辐照应按以下三种照射剂量计的方法中的一种进行。

a) 在国家或符合 GB/T 16510 标准特殊要求的认可校准实验室中进行。

b) 在满足 GB/T 16510 要求的自有校准装置中进行，并证明所测吸收剂量(或剂量率)已溯源到国家标准或国际认可的标准。

c) 在生产厂或研究用辐照装置中进行。该装置应和参考或传递标准剂量计一起溯源到国家标准或国际认可的标准。

在采用 a)或 b)的方法时，应在实际使用的条件下对给出的校准曲线进行验证。

7.3.3 校准和性能验证——GB/T 16640 给出了的校准和校准周期内进行验证的特别要求。

注 4：某些剂量测量系统，在剂量率超过系统的规定范围时，剂量计对给定的相同吸收剂量可能有不同的剂量响应。加速器系统的平均功率可以从 1 kW 到数百 kW 的范围内进行调整，如：直流高压型和其他低负载循环(占空比)脉冲种类的加速器。所以不同系统中的剂量率(平均和峰值)可能会有很大的差异。因此，生产装置的剂量率很难与校准装置给出的剂量率匹配。为此，在使用生产厂的辐照装置(现场校准)进行校准辐照时必须考虑这些差异(见 GB/T 16640)。

8 加工参数

8.1 各种加工参数影响着吸收剂量的控制与测量，在按第 8 章、第 9 章、第 10 章和第 11 章的要求进行吸收剂量测量时必须予以考虑。

8.2 加工参数包括加工负荷特性(如尺寸、堆积密度和不均匀性)、辐照条件(如加工的几何条件、多面辐照和通过电子束的次数)以及运行参数。

8.2.1 运行参数包括电子束特性(如由加速器控制的能量、平均束流与脉冲速率)、材料的传输方式和速度(见 6.3)以及电子束的扩展参数(如扫过产品的扫描宽度和扫描频率)；运行参数是可以测量并应该监测的；运行参数数值取决于装置的控制参数。在辐照装置的确认期间(见第 9 章和第 10 章)，在选定的运行参数范围内的吸收剂量的特性是在参考材料中建立的。

8.2.2 在性能确认时(见第 11 章)建立辐照工艺的加工参数是为了获得规定限值内的吸收剂量。

8.2.3 日常产品加工期间(见第 12 章)对装置的运行参数控制与监测，是为了保持性能确认时建立的所有参数值。

8.2.4 不同种类的产品，要求不同的运行和加工参数。

9 安装确认

9.1 目的——电子束装置安装确认的目的是建立基本数据，评价该装置是按照规范提供和安装的。

9.2 设备文件——安装确认文件应终身存档备查。该文件包括如下内容：

9.2.1 加速器的规格和特性的说明文件。

9.2.2 材料传输设备的结构与运行状态的描述。

9.2.3 加工控制系统和人员安全系统的描述。

9.2.4 加速器、操作人员和辐照与未辐照产品隔离区域等位置的描述。

9.2.5 辐照期间用于装载被照产品的辐照容器材料与结构的描述。

9.2.6 加速器操作管理方法的描述。

9.2.7 装置安装时与生产运行中所作的重要改进。为确保参考材料中的吸收剂量在规定的限值内可以重复,文件应保证吸收剂量能够复现。

9.3 试验、操作和校准程序——应建立和贯彻试验、操作和安装的加速器和与加工相关的设备及测量仪器校准的标准操作程序。

9.3.1 试验程序——规定用于保证安装的加速器和与加工相关的设备及测量仪器按照法规操作的试验方法。

9.3.2 操作程序——规定了在日常运行期间加速器和与加工相关的设备及测量仪器的操作方法。

9.3.3 校准程序——规定了用于保证安装的加工相关的设备及测量仪器按照规范连续操作的校准检定周期和方法。可以由权威部门规定某些设备及测量仪器的校准频度。要求某些设备及测量仪器的校准应能够溯源到国家或其他认可的标准实验室。

9.4 影响吸收剂量的因素——辐照加工单元(加工负荷)内的吸收剂量主要依赖于运行参数(如:电子束特性、束扩展参数、产品传输系统及它们之间的相互关系)以及辐照单元特性和辐照条件。上述运行参数可以通过不同的加速器及有关装置的参数加以控制。

9.4.1 电子束特性

9.4.1.1 影响剂量测量的两个主要的电子束特性是:电子束能量和平均束流。电子束能量影响产品中的深度剂量分布(见附录 A);平均束流及其他的运行参数影响平均剂量率。

9.4.1.2 电子束特性测量主要包括:

a) 电子束能量;

b) 平均束流;

c) 峰值束流(对脉冲调制型加速器);

d) 平均束功率;

e) 峰值功率(对脉冲调制型加速器);

f) 负载周期(占空比)(对脉冲调制型加速器);

g) 脉冲(或重复)速率;

h) 脉冲宽度(对脉冲调制型加速器);

i) 束的横截面。

注 5:通常用平均电子能量(E_a)和最可几能量(E_p)(见附录 C)表征电子束能量。电子能谱分析磁铁可用于准确的能谱分析。

9.4.2 电子束扩展参数

9.4.2.1 采用电磁扫描、散焦元件或散射箔等不同的技术,可以把线束扩展,以扩大辐照区域。

9.4.2.2 电子束扩展的测量主要包括:

a) 扫描宽度;

b) 扫描长度;

c) 在扫描宽度和扫描长度内的剂量变化;

d) 辐照区域内电子束中心的确定。

注 6:束宽等运行参数影响剂量率。扫描的线束沿着扫描宽度产生脉冲剂量。这会影响那些对剂量率敏感的剂量计的使用(见附录 B)。

9.4.3 材料(产品)的传输

9.4.3.1 动态连续辐照传输装置(如传输带、传输车、滚筒及各种线、缆、薄膜连续缠绕产品的传输设备)把产品传送通过辐照区,当其他运行参数保持恒定时,传输速度决定辐照时间。从而当其他参数不变时,传输速度决定产品的吸收剂量。

注 7:某些加速器的传输速度与束流强度相匹配,若其中一个参数发生变化就会自动引起另一个参数相应改变使吸收剂量保持恒定。

9.4.3.2 对于静态辐照装置,当其他运行参数恒定时,辐照时间决定辐照区产品的吸收剂量。

9.4.4 测量装置——吸收剂量测量的准确度依赖于分析剂量计所用的正确操作和校准。

检查的性能，以确保其按照说明书所列的性能规范运行。在其进行维修后或在剂量测量系统校准周期内应重复这种检查。检查时，可用校准过的光密度片、波长标准和测厚仪重复这种检查。

10 运行确认

10.1 目的——电子束装置确认的目的是建立基本数据，评价该装置在其运行的条件范围内是否具有对产品进行准确和可重现的辐照授予所需剂量的能力[2]、[3]。例如用剂量测量：1)确定该装置在给定的几何条件下和参考材料中吸收剂量分布与装置运行参数的关系；2)确定装置正常运行时有关的条件和参数统计涨落对吸收剂量的影响[4]。

10.2 剂量测量系统——辐照装置使用剂量测量系统应按照第7章的要求进行校准。

10.3 绘制剂量分布曲线

10.3.1 在装有均匀材料的加工负荷内，以三维立体的方式布放剂量计绘制吸收剂量分布曲线。在加工负荷内均质材料的体积物质量应该是在典型的生产循环期间或是加工负荷设计的最大体积物质量。

10.3.2 使用适宜的剂量测量方法，在参考辐照的几何条件下(见附录A和附录C)和参考材料中建立深度剂量分布曲线。深度剂量分布的确切形状随装置不同而有差异，它取决于电子束能量与加工负荷辐照的几何条件[6]。穿透深度取决于电子束能量。

10.4 吸收剂量和运行参数

10.4.1 目的——产品中的剂量取决于多个运行参数，例如：产品传输方式和速度、电子束能量、束流、扫描宽度。应使用适宜的剂量测量方法在参考材料中建立全部预定参数的吸收剂量特性。

10.4.1.1 深度剂量分布取决于电子束能量和参考材料的特性。

10.4.1.2 面向电子束的产品表面剂量主要取决于电子束特性、扫描特性(束扩展)和产品传输速度。

10.4.2 深度剂量分布——应用适当的剂量测量方法，针对电子束能量的预定范围、参考材料的堆积密度，以及单、双面辐照工艺，建立参考材料中的深度剂量分布。

10.4.3 表面剂量——建立表面剂量(或参考面剂量)与预定运行范围内的传输速度、电子束特性和电子束扩展等参数之间的关系。

10.4.3.1 确定授予参考材料表面的剂量不均匀度范围。设置传输速度、脉冲速率和扫描频率的运行范围。

注8：电子束辐照装置常使用连续运动的传输装置。参考面中吸收剂量的均匀性依赖于相关的传输速度、束长度、束宽度以及扫描频率。对于脉冲调制型加速器，这些参数必须与脉冲宽度和重复速率相匹配；否则会在参考面内引起不能接受的剂量变化。

注9：在相等的平均束流强度下与脉冲调制型加速器相比，直流高压型加速器在输出脉冲时会授予较高的剂量率。同样，直径小的扫描电子束也会沿着束宽度产生剂量脉冲。如果剂量计对剂量率响应灵敏，这种脉冲剂量将影响剂量计的性能。

10.4.3.2 应在所有其他运行参数保持恒定的条件下，建立表面吸收剂量与传输速度之间的关系。通常，表面剂量与传输速度成反比。

注10：在日常生产加工中，加速器传输速度与束流强度相匹配，若其中一个参数发生变化就会自动引起另一个参数相应改变，使表面(或参考面)的吸收剂量保持恒定。

10.5 剂量可变性

10.5.1 确定该装置在参考几何条件下具有授予一个可重现剂量值的能力，应测量运行参数值的波动对吸收剂量的影响。在参考几何条件并与参数涨落频率相同的时间间隔内，让剂量计在产品传输装置上通过辐照区，以估算剂量变化的大小。选择辐照材料的参考几何条件，应将剂量计放在材料上或材料内不影响测量的重现性。

10.5.2 按照10.3的程序，选择适量的装载有参考材料的加工负荷，绘制其剂量分布曲线，并确定在加工负荷内剂量分布的变化。为了确定本确认所需加工负荷的数量,可从已运行的相同辐照装置的数据中可获取有用信息。

10.6 加工中断或重新启动

10.6.1 加工中断(例如因停电导致传输系统停止),意味着重新启动加工,应对此进行检查确认(例如:检查参考面上的剂量均匀性)。

10.6.1.1 在参考面上放置一排剂量计或一条薄膜剂量计,在传输系统上完成一个停止、启动顺序的照射。

10.6.1.2 依据传输系统上完成的停止、启动顺序照射所授予剂量的详细数据,可以确定停电后连续加工的传输带能否重新启动。12.4 给出了有关加工中断对产品本身的影响(如时间延迟)。

10.6.1.3 如果发现完成一个停止、启动顺序照射后的剂量明显不均匀,应对随后的影响进行评估。

10.6.2 应按照 10.6.1.1～10.6.1.3 中的要求对极限运行参数进行确认。

10.7 加工确认的记录和管理——应记录按照 10.2～10.6 中要求程序进行确认期间所得到的数据。并在质量保证计划中确定重复此程序周期,并及时更新以前运行确认的基本数据。

10.8 装置性能的变化——如果改变了影响吸收剂量极限值大小和位置的加工参数(如:电子束特性、束扩展参数、产品传输参数等)或加工模式,有必要重复运行确认程序、确定其影响范围。

11 性能确认

11.1 目的——产品对吸收剂量的不同要求取决于被辐照产品的种类和辐照工艺。辐照工艺通常与要求的最小吸收剂量有关,有时也与要求的最大吸收剂量有关。对于给定的辐照工艺,应预先按法规(或标准)的要求规定一个或两个剂量限值。因此,性能确认的目的就是要保证满足产品对吸收剂量的要求;对于给定的产品装载模式,应绘制其加工负荷的吸收剂量分布图;确定所有加工参数包括:电子能量、束流、产品传输方式(传输速度或辐照时间)、束宽度、加工负荷特性和辐照条件,以满足预定的吸收剂量要求[2]、[4]、[7]、[8]。

11.2 产品装载模式——建立每种产品相应的装载模式,并对装载模式的规格建立以下文件。

11.2.1 影响吸收剂量分布的产品详细规格(如大小尺寸和组成)和产品包装箱内的取向。

11.2.2 产品在传输装置上的取向以及产品在加工负荷内的排列方式。

11.3 绘制加工负荷中吸收剂量分布曲线。

11.3.1 确定选定产品装载模式中吸收剂量极限值(即最大值和最小值)在辐照单元中的位置。可以通过在多个加工负荷内,按网格的方式均匀布放剂量计的方法来实现(见 ASTM E 2303);也可以将剂量计放置在预期可能出现的极限值位置,将较少的剂量计布放在可能接受中等吸收剂量值的地方。用于绘制剂量分布曲线的剂量计必须能够检测剂量值和在辐照产品内部剂量变化梯度。由于薄膜剂量计的空间分辨本领高,适于测量电子束辐射加工产品中的吸收剂量分布曲线图[9]、[10]。由于产品包装的几何条件或辐照单元中分布的变化、剂量测量系统不确定度的特性和运行参数微小的波动,放置在几个加工负载内相似位置的剂量计会产生一个吸收剂量测量范围。选择适量的辐照单元,测试其剂量分布和确定在辐照单元内剂量分布的变化。

注 11:对管材、电线、电缆、织网和其他不需要对吸收剂量分布曲线研究的产品,可以从控制运行参数和监测产品辐射效应得到吸收剂量后产生的效应。

11.3.2 通过测量的剂量分布曲线图确定运行参数以确保产品接受规定的吸收剂量。为了保证产品得到所需的预置工艺剂量,应给出剂量测量系统测量不确定度。剂量分布测量不确定度与加工参数变化导致了产品内最大剂量和最小剂量的扩展不确定度。通常选择这样的参数,在这些参数下辐照产品或部分产品中超出极限值的概率是已知的[4]、[7],并应对其记录。

11.3.3 部分负载——对于部分负载的加工负荷,采用与完全负载加工相同的确认要求。按 11.3.1 的要求绘制剂量分布曲线,以确保吸收剂量分是恰当和可以接受的。用在加工负荷中的适宜位置放置补偿模型材料的方法可以减小由于部分负载所引起的剂量分布变化。

11.3.4 散装流动模式——对散装流动模式的加速器，则不宜采用11.3.1给出的吸收剂量分布的测量方法。但可以采用将适量的剂量计和产品同时通过辐照区域的方式确定吸收剂量的极限值，并采用足够数量的剂量计，以得到具有统计意义的结果[8]、[10]。也可以使用计算吸收剂量极限值的办法确定吸收剂量的极限值[8]。

11.3.5 参考剂量位置——实际生产中的监测，如果不易测量11.3.1程序中规定的吸收剂量极限值时，可以选用辐照单元外部或内部参考点替代，但是必须确立替代参考点的吸收剂量与吸收剂量极限值的关系，该系统应是可重现的，并建立书面文件。

11.4 剂量变化

11.4.1 在对某一指定加工负荷绘制剂量分布曲线时，应该关注放置在几个加工负荷内相似位置的剂量计可能给出不同的吸收剂量值。

11.4.2 为了评估剂量变化的程度，应将剂量计放置在多个加工负荷中预期的最小和最大吸收剂量位置，并在相同的条件下进行辐照。由于加工负荷形状和堆积密度的改变(源于加工负荷动态通过加速器时内装物料移动)、操作参数的波动和工作剂量计的不确定度会导致吸收剂量测量值与预期值的差异。

11.5 不可接受的剂量不均匀度

11.5.1 如果按照11.3.1或11.3.4测量程序测得的剂量极限值超出了规定范围，可以采用调整运行参数的方法使剂量不均匀度达到可接受的水平。另外可能需要改变加工负荷内产品或加工负荷本身的形状、大小或流动方式。

11.5.2 运行参数——改变电子束特性(如选择最佳电子束能量)可以改变剂量极限值，另外也可以采用衰减器、散射器和反散射器等方法改变剂量极限值。

11.5.3 辐照条件——剂量分布依赖于辐照单元内产品密度、尺寸和不均匀性及辐照装置的电子束能量。为了保证辐照产品的剂量分布在一个可接受的范围内，必要时应采用双面辐照技术。双面辐照与单面辐照的剂量极限值的大小和位置大不相同。双面辐照时加工负荷内产品密度或厚度的微小改变、电子束能量的波动所引起产品内吸收剂量变化明显大于单面辐照。

11.5.4 加工负荷特性——有时需要重新设计加工负荷以获得满意的剂量不均匀度。

11.5.5 如果改变了影响吸收剂量极限值大小和位置的加工参数(例如以改变剂量不均匀度为目的的变化)，应重新测量吸收剂量分布。在运行确认(第10章)期间所获参数，应作为本章研究绘制吸收剂量分布曲线的指南。

11.5.6 上述程序应能适合所有加工参数(即：所有关键加工参数、加工负荷特性和辐照条件)的评价，并可满足绘制剂量分布曲线所需的各类型加工负荷的剂量要求。为便于今后使用，应对所进行的这些评价工作进行记录、归档。

12 日常生产加工

12.1 加工参数

12.1.1 对日常生产加工，应建立类似于性能确认时的运行参数。用在性能确认和日常生产加工中让I/V的比值为一常数的方式，设定加工时的平均束流(I)和传输速度(V)，既为确保授予相同的剂量，如果束流降低20%，则加工速度必须按相同的百分比减慢。

12.1.2 控制、监测和记录运行参数以保证每个通过辐照场的辐照单元按规格加工。

12.1.3 如果参数偏离了加工确认给出的工艺剂量极限值，应采取适当的措施，如立即中断加工并估算和纠正偏离原因。

12.2 日常生产剂量测量——为了保证产品得到所需的工艺剂量，应当建立具有适当的统计控制和书面文件的剂量测试程序及采取一系列有效的保证措施。

注12：对某些辐照加工(如医疗保健产品的辐射灭菌和食品的辐照处理)，在采用监测运行参数的方法的同时必须

进行日常剂量监测。

注 13：对于高分子材料改性的辐射加工，不要求日常剂量监测(见注 2 和注 11)。

12.2.1 剂量计的位置——剂量计，应放置于辐照箱内或表面上预先确定的最小吸收剂量或最大吸收剂量(如果规定了剂量极限值)的位置(见 11.3.1)或在 10.3.2 中确定的参考位置。

12.2.2 放置频率——通常应在运行开始时放置剂量计。对于较长时间的生产运行，应在其他适当的时间间隔放置剂量计。

注 14：在生产运行期间增加剂量计放置频率可减少生产检验操作的不确定性或废品的出现。

12.2.3 散装流动——对于采用散装流动辐照方式的加工(如液体或谷物的连续加工)，在日常生产运行中不可能将剂量计固定在最小或最大吸收剂量的位置上。因此，应在日常辐照运行产品流中的开始、中间和结束阶段增加剂量计的数量。为保证测得的剂量值在一定的置信水平内，每次吸收剂量测量要求使用多个剂量计，并且能测得最小吸收剂量(或最大吸收剂量)。本程序要求剂量计与产品的总辐照时间和流动速度相同。

注 15：若散装材料日常加工中不能使用剂量计，可采用控制加工参数或检验产品性能的方式控制辐照产品质量。例如：可以使用被照射的产品材料或模拟产品确定加工实验中的平均剂量、最小或最大剂量的方法。也可以采用计算剂量极限值的方法。通过监测全部验证过的加工参数和在适当的周期内重复性能确认程序的方法可保证剂量分布恒定。

12.2.4 环境条件的变化——在辐照期间，环境条件(如温度和湿度)的变化可能会影响剂量计的剂量响应，必要时应对其进行修正(见 GB/T 16640)。

12.3 辐照指示标签——辐照指示标签可用于工艺和库存控制。把辐照灵敏指示标签贴在每个加工负荷的表面，以帮助确认该加工负荷是否通过了辐照区域。如果采用多次辐照方式，则应在加工负荷每次通过辐照区前，在面向电子束的一面贴上辐照指示标签，用以证明加工负荷通过电子束的次数，并避免产品重照或漏照。但是，使用辐照指示标签不能代替 12.2 规定的剂量测量程序(见 ISO/ASTM 51539)。

12.4 加工中断——如果加工中断(如停电)，在重新开始加工前应该对加工(剂量的均匀性)和产品(如时间延迟的影响)进行评价。

在确定加工重新开始前，应根据运行确认(见 10.6)收集的数据并考虑加工剂量的不均匀度能否满足要求。如果不能满足要求，有必要放弃这些因加工中断而受影响的加工负荷。

13 测量不确定度

13.1 在测量吸收剂量时，应附有不确定度的评定方法。

13.2 不确定度的分量应按下列类别给出：

13.2.1 A 类：通过对重复性条件测量所得量值的统计方法评定的分量。

13.2.2 B 类：通过非统计分析手段方法评定的分量。

13.3 其他的不确定度分类方法正在广泛的应用，对报告不确定度很有意义。如：使用精度、偏差、随机和系统(非随机)误差描述不同的不确定度类别。

注 16：A 类和 B 类不确定度的分类，是基于由 1995 年出版的 ISO《测量不确定度表示指南》[11] 中评估不确定度的方法。使用这种方法的目的，是促进对在国际比对中测量结果不确定度表述的理解。

注 17：GB/T 16509 给出了辐射加工装置剂量测量中不确定度的可能来源，提供了在使用该剂量测量体系测量吸收剂量时，评估不确定度大小的程序。该标准规定和阐述了测量(包括测量量值的评价)、真值、误差和不确定度的基本概念。阐述了不确定度分量，并提供了评价这些量值的方法。也提供了用于计算合成标准不确定度和评估扩展不确定度的方法。

14 证书

14.1 文件归档

14.1.1 装置文件——记录或注明用于控制和测量授予产品吸收剂量所使用仪器、设备的校准和维护情况(见 GB/T 16640)。

14.1.2 加工参数——记录影响吸收剂量的加工参数(见 11.1)。

14.1.3 剂量计数据——记录或注明安装确认、运行确认、性能确认和日常生产加工中的全部剂量测量数据。包括:日期、时间、产品种类、装载图和全部加工产品的吸收剂量(见 GB/T 16640)。

14.1.4 剂量测量不确定度——注明在记录和报告中测量吸收剂量不确定度的评估。

14.1.5 记录产品加工日期和开始、结束的时间,并记录运行人员的姓名以及影响产品中吸收剂量的辐照设备的特定加工条件。

14.1.6 保证在装置中每批被加工的产品具有能相互区别的明显标识,并在所有记录产品批量加工的文件中使用。

14.2 评审与认可

14.2.1 在产品放行前,应评审剂量测量结果,记录确定的加工参数,并核查对规范的符合性。

14.2.2 被授权的质量保证人员负责出具证书,证明每批产品已按照质量保证规定的工艺剂量进行辐照。

14.2.3 定期审查所有文件记录,以确保记录准确、完整。若发现不足,确保采取纠正措施。

14.3 归档保存

把每次生产运行的所有文件资料归档,包括收发货文件附本,运行计量刻度文件,辐照证书,剂量测量,以及辐照控制记录。按照质量保证计划中的规定时间为档案保存期限,需要时可查阅。

15 关键词

吸收剂量;剂量分布;剂量计;剂量测量系统;电子束;电离辐射;辐照;辐照器特性;辐射;辐射加工;ICS 17.240。

附 录 A
（资料性附录）
电子束深度剂量分布、材料加工产率和辐射加工期间的温升

A.1 范围

本附录给出了不同能量的电子束在均匀材料中的深度剂量分布、不同吸收剂量率下的产品加工速率以及绝热条件下吸收剂量所导致材料温升的估算方法。

A.2 深度剂量分布

A.2.1 本章给出的深度剂量分布曲线（除特殊注明外），均基于单能电子束理论计算的结果。由于电子束通常不是单一能量，而且扫描电子束会沿扫描方向产生能谱变化，因此，实际测量与理论计算的数据相比会出现不同程度的偏离。

A.2.2 电子束在辐照均匀材料中的深度吸收剂量分布曲线开始随材料的深度增加而增加，到达大约电子射程的中点后，其曲线便迅速下降。深度剂量分布曲线的形状取决于初级和次级电子与吸收材料中原子的电子和原子核的碰撞，因此，其形状也与材料的原子组成有关[12]、[13]、[14]、[15]。图 A.1 和图 A.2 给出了理论计算得到的 5 MeV 单能电子在聚乙烯（PE）、聚苯乙烯（PS）、聚氯乙烯（PVC）、聚酯（PET）、聚四氟乙烯（PTFE）、碳（C）、铝（Al）、铁（Fe）和钽（Ta）中的深度剂量分布曲线[3]、[15]。

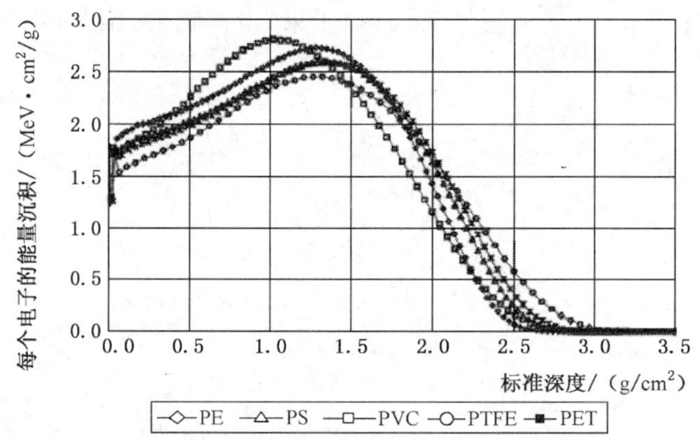

图 A.1 5.0 MeV 单能电子束垂直入射不同的均匀聚合物中计算得到的深度剂量分布曲线

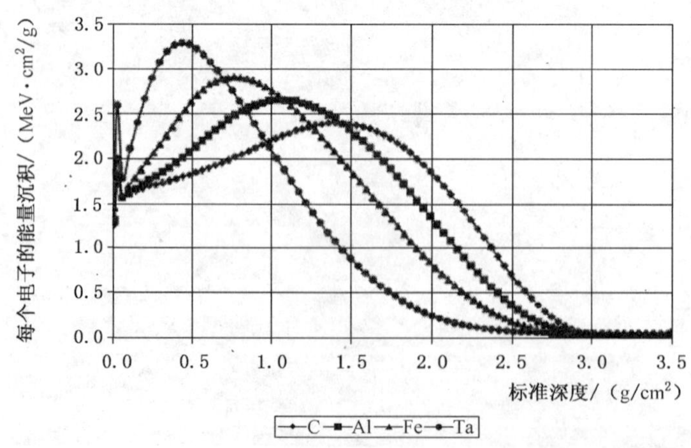

图 A.2 5.0 MeV 单能电子束垂直入射不同的均匀金属中计算得到的深度剂量分布曲线

A.2.3 穿透深度(电子射程)几乎与入射电子的能量成正比,图 A.3～图 A.5 给出了 Monte Carlo 方法计算的 300 keV～12 MeV 单能电子束在聚苯乙烯材料中的深度剂量分布曲线。图 A.1～A.6 以及图 A.7 和图 A.8 中的竖轴表示以 MeV 为单位的单个电子在以 $cm \cdot g^{-1}$ 为单位的单位厚度的能量沉积,它们是 Monte Carlo 程序输出数据文件中所使用的单位[13]。当已知辐射加工的电子束流和面积单位产出率时,这些物理单位能够通过式(A.2)转换为实际的吸收剂量。同时给出束窗膜的等效厚度和介于中间的空气层的等效厚度。当能量低于 1.0 MeV 时束窗膜和空气层的影响比较显著,随着能量增加,其影响逐渐减弱。

注 A1:图 A.1～图 A.6 是采用 Monte Carlo ITS3 输运程序计算得到的针对单能电子束垂直入射在均匀材料薄片中的深度剂量分布曲线[13],其他简单程序也可用于该运算。ASTM E 2232 给出了辐射加工应用中使用和选择计算吸收剂量的数学方法。

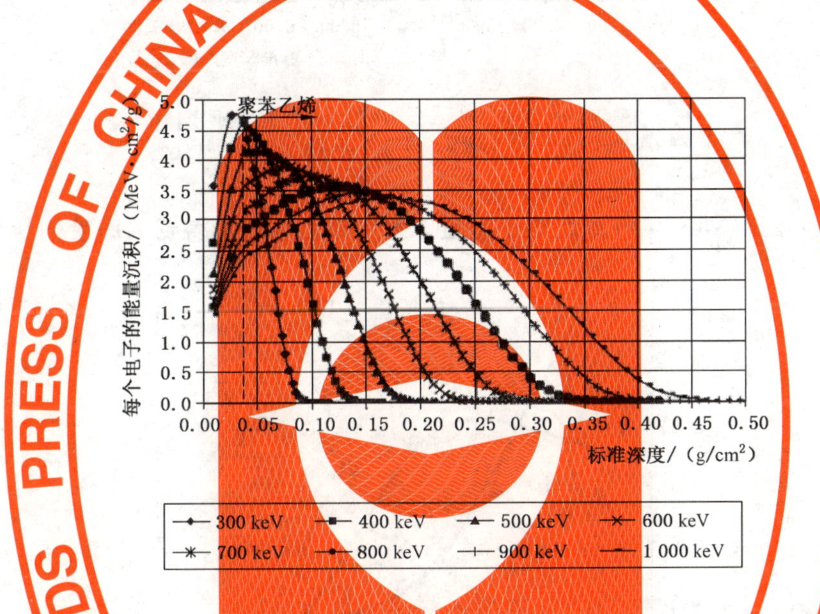

图 A.3 (300～1 000)keV 单能电子束垂直入射聚苯乙烯中计算得到的深度剂量分布曲线

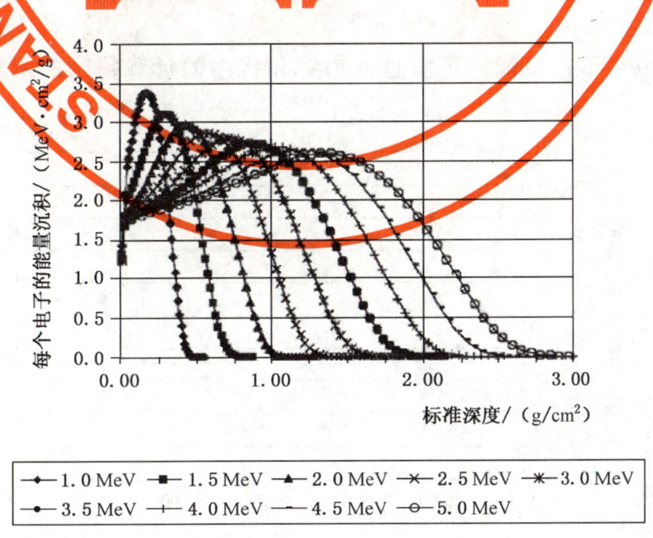

图 A.4 (1.0～5.0)MeV 平行单能电子垂直入射聚苯乙烯计算得到的深度剂量分布曲线

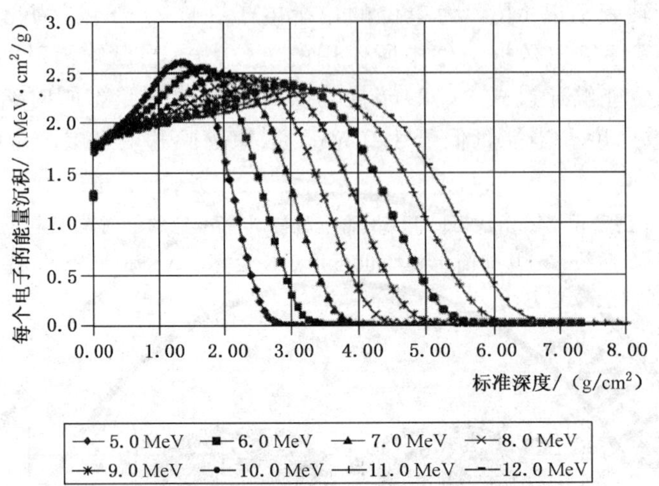

图 A.5 (5.0～12.0)MeV 平行单能电子垂直入射聚苯乙烯计算得到的深度剂量分布曲线

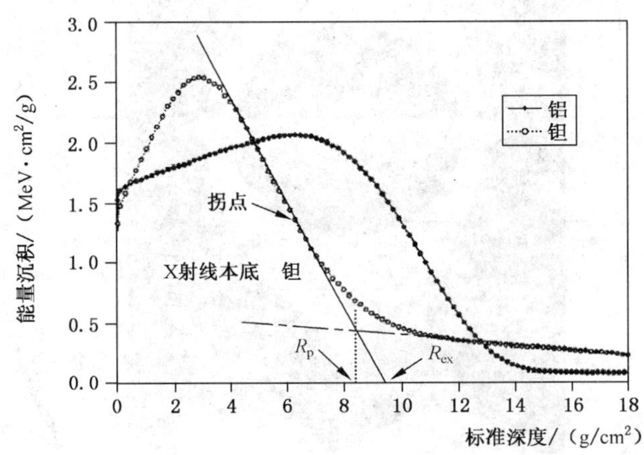

图 A.6 25 MeV 平行单能电子垂直入射铝和钽中的计算得到的深度剂量分布曲线

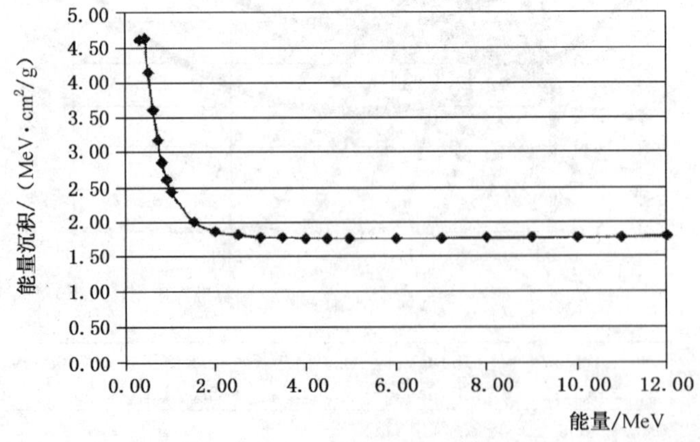

图 A.7 作为对应图 A.3～图 A.5 中(0.3～12)MeV 入射电子能量 Monte Carlo 推算数据的函数在聚苯乙烯吸收体入射表面的电子能量沉积 $D_e(0)$

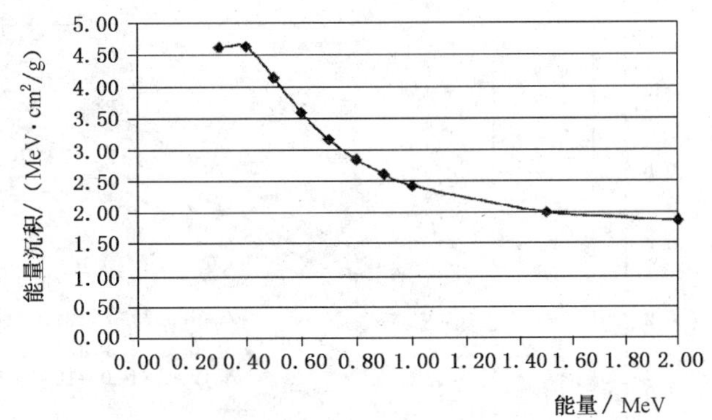

图 A.8　作为对应图 A.3～图 A.4 中(0.3～2.0)MeV 入射电子能量 Monte Carlo 推算数据的函数在聚苯乙烯吸收体入射表面的电子能量沉积 $D_e(0)$

A.2.4　X 射线(韧致辐射)是由电子在材料中减速产生的，该辐射对深度剂量分布有影响，图 A.6 图示了 X 射线对 Monte Carlo 方法计算得到的曲线末端的影响[18]。能量低于 10 MeV 电子束射入低原子序数的材料时(如有机化合物)，该影响通常不明显。此时，R_{ex} 与 R_p 基本相同，通常用 R_P 表示这两个量。

A.2.5　在给定电子束能量下能处理的均匀材料的最大厚度取决于可接受的吸收剂量不均匀度水平，即材料内最大吸收剂量与最小吸收剂量之比(D_{max}/D_{min})。对于材料下面垫有与其组成近似的反散射材料的单面电子束辐射加工工艺，其最佳厚度 R_{opt} 是出射剂量等于入射剂量时对应的材料厚度(见 A2.8)；对于双面加工工艺，由于深度剂量曲线末端的重叠(详见参考文献[5]的 62 页至 64 页)，其最大厚度会大于两倍 R_{opt} 值。

注 A2：若材料厚度两倍于单面辐照时的最佳厚度 R_{opt} 时，双面辐照工艺材料中点的总剂量几乎等于两倍的入射剂量(见图 A.9)。

注 A3：若材料厚度两倍于半值深度 R_{50}(出射剂量等于单面辐照最大剂量的一半时所对应的材料厚度)，双面辐照工艺材料中点的总剂量近似等于单面辐照工艺的最大剂量(见图 A.9)。

注 A4：若材料的厚度两倍于半入射值深度 R_{50e}(出射剂量等于单面辐照入射剂量的一半时所对应的材料厚度)，双面辐照工艺材料中点的总剂量近似等于入射剂量(见图 A.9)。当材料厚度大于两倍半入射值深度 R_{50e} 时，剂量不均匀度将随厚度增加而显著增加。

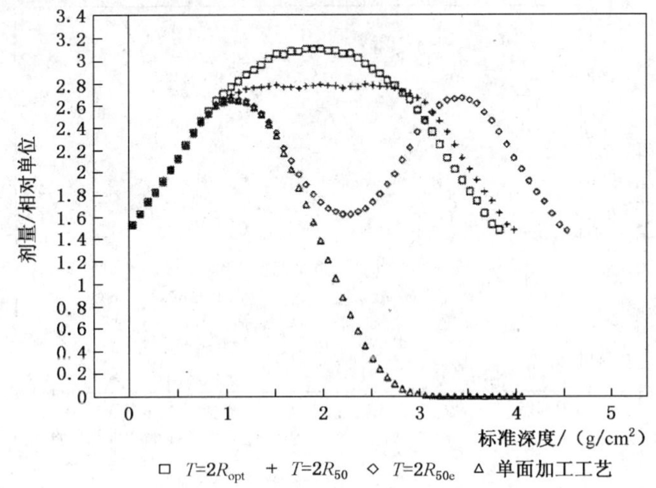

图 A.9　5 MeV 单能电子束双面辐照不同厚度的铝以与单面辐照的理论计算的深度剂量分布曲线叠加(采用参考文献[12]、[15]给出的实验数据)

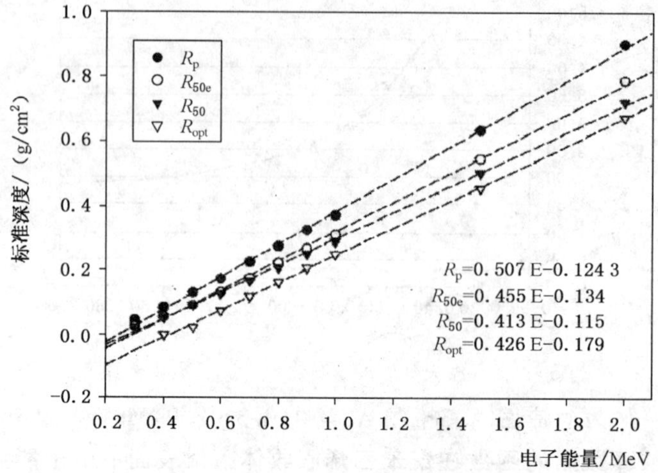

图 A.10 用图 A.3 和图 A.4 推算的聚苯乙烯最佳厚度 R_{opt}、半值深度 R_{50}、实际射程 R_p 与入射电子能量之间的关系曲线

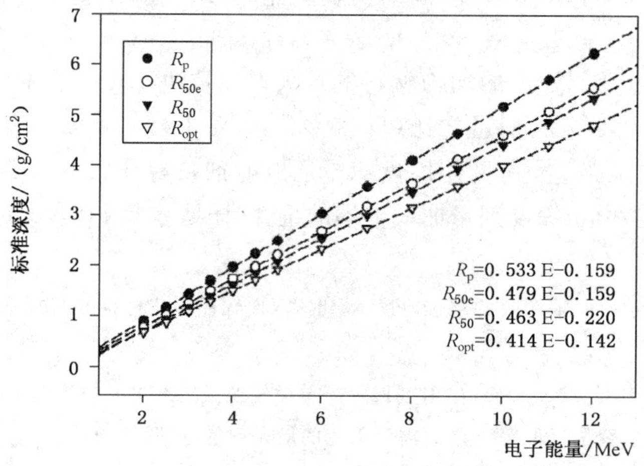

图 A.11 用图 A.4 和图 A.5 推算的聚苯乙烯最佳厚度 R_{opt}、半值深度 R_{50}、实际射程 R_p 与入射电子能量之间的关系曲线

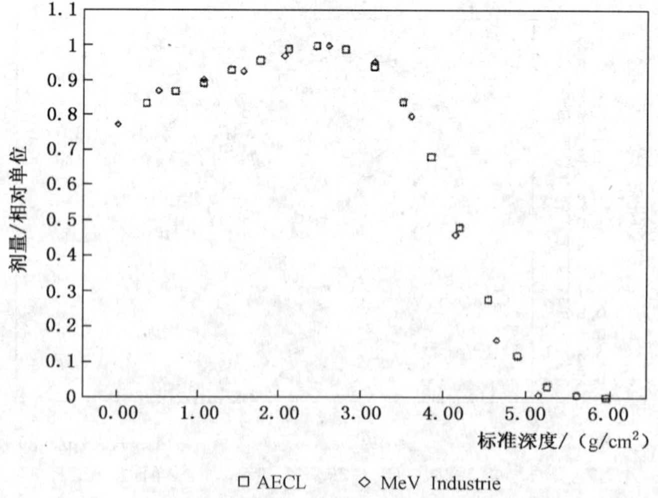

图 A.12 两台电子束装置产生标称能量 10 MeV 电子束照射聚苯乙烯,测量的深度剂量分布曲线

表 A.1 图 A.12 中测量深度剂量分布曲线的关键参数

参 数	MeV Industrie CIRCE	AECL Impela
标称束能量	10	10
能谱	未知	未知
窗膜材料	钛(Ti)	钛(Ti)
窗膜厚/mm	0.1	0.13
窗至能量测量部件的空气厚度/mm	463	1 020

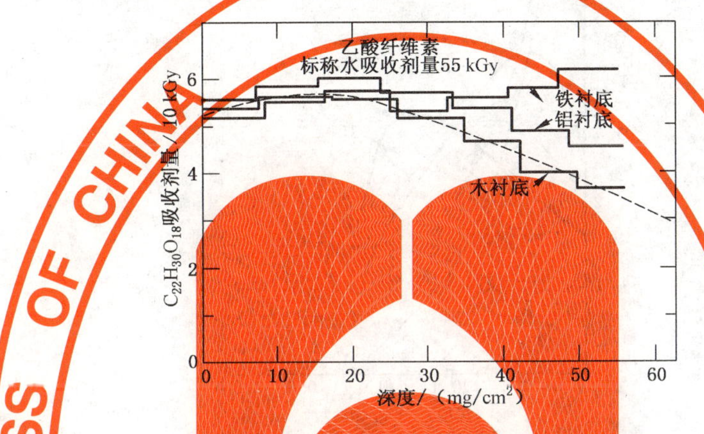

图 A.13 CTA 膜叠层的剂量分布,入射电子能量 400 keV,衬底材料分别是铁、铝和木材

A.2.6 图 A.10 和图 A.11 给出了最佳厚度 R_{opt}、半值深度 R_{50}、实际射程 R_p 以及入射电子能量之间的关系,这些数值源自图 A.3~图 A.5 给出的对聚苯乙烯材料计算的深度剂量分布曲线,当能量在 1 MeV~12 MeV 时,这些厚度参数与能量变化几乎成线性关系。

A.2.7 图 A.12 给出了标称能量为 10 MeV 的电子束照射均匀聚苯乙烯时,测得的深度剂量分布曲线。这些曲线由加速器制造商及电子束装置给出。表 A.1 给出了影响曲线的重要参数,图 A.5 给出了电子束能量为 10 MeV 时测量曲线与理论计算曲线之间存在的显著差异。因此,在进行测量曲线与理论计算曲线比较时,必须考虑由于剂量测量方法得到的测量曲线、电子束能谱及电子束标称能量估算的准确性对曲线特性所带来的影响。与单能电子束相比,由于典型的直线加速器产生的电子束能谱较宽,导致峰值剂量和半值剂量的深度略有降低。但是,宽能谱对实际或外推射程范围数值的影响有限(见 ICRU 第35 号报告)。

A.2.8 由于反射材料对电子的反散射,当材料厚度小于电子的最大射程时,反散材料的组成将会影响出射表面剂量。EDMULT[16]、[17]或 Monte Carlo[18]、[19]、[20]给出的计算程序可以估算这样的影响。

A.2.8.1 若反散射材料的有效原子序数比被辐照材料的高时,出射剂量将大于被辐照材料深度剂量分布曲线显示的剂量,图 A.13 给出了用木材、铝和铁作为衬底的反散射材料时,400 keV 电子在一叠 CTA 薄膜中的深度剂量分布。木材(纤维素)、铝和铁的有效原子序数分别是 6.7、13 和 26。

A.2.8.2 若反散射材料的有效原子序数低于被辐照材料时,出射剂量将小于被辐照材料深度剂量分布曲线显示的剂量[22]。

注 A5:该效应随电子束能量的增加而减小。

A.2.9 若电子束入射角度不是垂直于材料表面,则需修正深度剂量分布曲线的形状。图 A.14 给出了与垂直方向成 0°、15°、30°、45°、60°和 75°角度入射时,2 MeV 电子束在聚苯乙烯中的深度剂量分布曲线。在与材料入射表面垂直的方向上测量每个角度的深度剂量分布。

A.2.10 非均匀材料(如医疗用品或零部件)中剂量分布因受形状、方向性及彼此间空气层的影响,不能采用对于均质材料给出的上述关系,应按 10.3 的要求测量剂量分布。

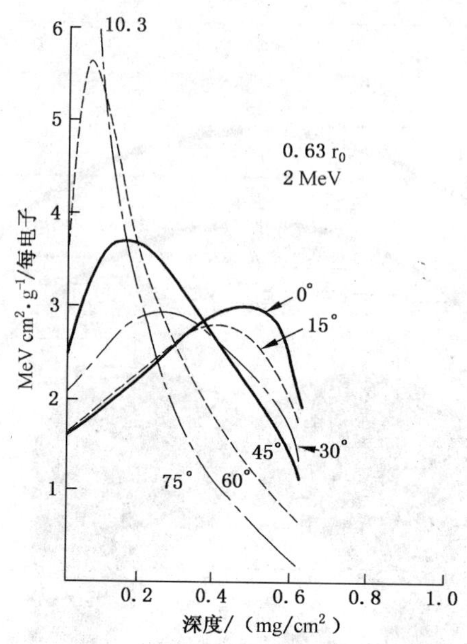

图 A.14 2 MeV 电子与垂直方向成不同角度照射聚苯乙烯的深度剂量分布

A.3 面积加工产率

A.3.1 本章讨论的面积加工产率的概念适用于均匀材料,假如计算时所用剂量规定为电子束垂直入射材料的表面剂量时,则也由于可估算非均匀材料的加工产率。如果材料具有相似的组成和密度,则所有产品垂直于电子束入射的表面将接受近似相等的剂量。

A.3.2 面积加工产率单位时间内电子束照射的产品面积,它正比于束流,反比于吸收剂量,其关系可用式(A.1)表示:

$$A/T = K(z)IF_i/D(z) \qquad \cdots\cdots\cdots\cdots(\text{A.1})$$

式中:

A/T——面积加工产率;

I——电子束流;

F_i——辐照区域内束流的份额;

$D(z)$——被照射材料内指定深度 z 处的吸收剂量;

$K(z)$——面积加工系数。

可用 AT 和 F_i 评价辐照区域而不是区域内单个部分。$K(z)$必须用深度 z 处的吸收剂量 $D(z)$进行计算[23]、[24]。

A.3.3 面积加工系数 $K(z)$正比于每单位面积密度单个电子的能量沉积 $D_e(z)$。对于均匀的薄片材料,$K(z)$可由 EDMULT[16]、[17]或 Monte Carlo[13]、[20]程序计算;对形状或组成较复杂的产品,应使用三维 Monte Carlo 程序。表 A.2 给出了聚苯乙烯材料表面的 $D_e(z)$。

表 A.2 作为对应图 A.3～图 A.5 中(0.3～12)MeV 入射电子能量推算数据的函数在聚苯乙烯吸收体入射表面的电子能量沉积 $D_e(0)$

能量/MeV	$D_e(0)$/(MeV cm²/g)	能量/MeV	$D_e(0)$/(MeV cm²/g)
0.3	4.627	3.5	1.776
0.4	4.640	4	1.763
0.5	4.144	4.5	1.762
0.6	3.591	5	1.761
0.7	3.174	6	1.763
0.8	2.852	7	1.767
0.9	2.612	8	1.777
1	2.432	9	1.777
1.5	2.009	10	1.786
2	1.866	11	1.790
2.5	1.813	12	1.793
3	1.789		

A.3.4 通常给定面向入射电子束的产品表面的 $K(z)$ 和 $D(z)$，该处的吸收剂量也是最小的。在大于 2 MeV时，这些表面值几乎与能量无关；当能量低于 2 MeV 时，这些表面值明显增加。图 A.7 和图 A.8 给出了在聚苯乙烯材料中存在的这种趋势。

注 A6：式(A.1)中，$K(z)$在数值上等于以 eV · m² · kg^{-1}为单位的每单位面积密度每电子的能量沉积 $D_e(z)$，面积加工产率的单位为 m² · s^{-1}，束流的单位为 A，剂量的单位为 Gy，则 $K(z)$的单位为 Gy · m² · (A · s)$^{-1}$。

注 A7：式(A.1)也经常使用其他单位(见表 3)。

注 A8：大于 2 MeV 时，$D_e(z)$的表面值几乎与能量无关，例如，聚苯乙烯或其他具有近似原子组成的碳氢化合物，$D_e(z)$的表面值为 0.17 MeV · m² · kg^{-1}或 1.7 MeV · cm² · g^{-1}；因此，K 的表面值大约是 170 kGy · m² · (A · s)$^{-1}$或 10 kGy · m² · (mA · min)$^{-1}$；对于 1 mA 的束流以及 1 m² · min^{-1}的面积单位产出率而言，后一个值说明表面剂量大约是 10 kGy。该关系式也称为"归一法则"。

表 A.3 式(A.1)中所用量的单位

A/T	I	$D(z)$	$D_e(z)$	$K(z)$
m²/s	A	Gy	eV m² · kg^{-1}	$1D_e(z)$
m²/s	A	Gy	MeV m² · kg^{-1}	$10^6 D_e(z)$
m²/s	A	kGy	MeV m² · kg^{-1}	$10^3 D_e(z)$
m²/s	A	kGy	MeV m² · kg^{-1}	$10^2 D_e(z)$
m²/s	mA	kGy	MeV m² · kg^{-1}	$10^{-1} D_e(z)$
m²/min	mA	kGy	MeV m² · kg^{-1}	$6D_e(z)$

A.3.5 式(A.1)可进行以下调整[见式(A.2)、式(A.3)]，以表示吸收剂量 $D(z)$与其他加工参数的关系。

$$D(z) = K(z)IF_i/(A/T) \quad \cdots\cdots(A.2)$$

$$D(z) = K(z)IF_iT/A \quad \cdots\cdots(A.3)$$

A.3.5.1 式(A.2)表明吸收剂量正比于电子束流 I，反比于面积加工产出率 A/T。式(A.3)表明剂量同时正比于电子注量(单位面积注入的电子数)，电子注量正比于 IF_iT/A(束流乘以加工时间除以被加工材料的面积)。

A.3.5.2 根据A.3.4,面积加工系数 $K(z)$ 正比于单位面积密度和单个电子的能量沉积 $D_e(z)$,因此吸收剂量 $D(z)$ 也正比于这些量。见A.3.4、附录A中注A.6、注A.7和表A.3,表A.2和图A.7和图A.8给出的聚苯乙烯吸收体 $D_e(z)$ 的表面值。

A.3.5.3 $D_e(z)$ 是高能电子的固有特征,吸收剂量同时也与其他处理参数有关,因此,图A.1～图A.6给出的代替吸收剂量值的 $D_e(z)$ 值,仅适合于束流和面积加工产率的特定值。尽管如此,根据式(A.2)和式(A.3),这些图形的纵坐标正比于吸收剂量。

A.4 质量加工产率

A.4.1 质量加工产率是单位时间内可以加工的材料质量。吸收剂量的定义是质量加工产率与束功率关系的基础。质量加工产率可用式(A.4)表示:

$$M/T = PF_p/D_a \qquad \cdots\cdots(A.4)$$

式中:

M/T——质量加工产率,单位为千克每秒($kg \cdot s^{-1}$);

P——电子束功率,单位为瓦(W);

F_p——被辐照产品吸收的束功率的份额;

D_a——剂量,单位为戈瑞(Gy)。

与式(A.1)中的必须在指定深度 z 测量的 $D(z)$ 相比,D_a 是整个被辐照材料的平均剂量。通常平均剂量不同于表面剂量[23]、[24]、[25]。

A.4.2 式(A.4)有助于估算散装流动系统或均匀薄状材料的质量加工产率。此时,F_p 值是对应材料厚度的深度剂量分布曲线下的面积与由于束宽大于产品宽度引起射束损失所作的补偿曲线下的总面积的比值。

对于非均质材料(如医疗用品或零部件),很难给出准确的 F_p,因此式(A.4)不适于这类加工。

A.5 温升

A.5.1 辐照可以导致被处理材料温度上升,这也是量热法测量吸收剂量的基础(见ISO/ASTM 51631)。高功率电子束的高剂量加工中,可用冷却材料的方法控制连续辐照中的温升;对于多次辐照,则可采用每次辐照期间冷却的方法。

A.5.2 若忽略化学反应引起的能量转移以及任何对流、传导、辐射引起的热损,绝热温升 ΔT 计算见式(A.5):

$$\Delta T = D_a/c \qquad \cdots\cdots(A.5)$$

式中:

D_a——指定被辐照材料中的平均剂量,单位为戈瑞(Gy);

c——吸收材料的特定的热容,单位为焦耳每千克开尔文[$J \cdot (kg \cdot K)^{-1}$]。

多数塑料和金属具有的低于水的热容,因此对于相同的剂量,它们的温升均大于水的温升。

A.5.3 对于温升的准确计算,有必要采用剂量值的转换因子(见GB/T 16640附录A)。因为多数剂量计被校准的是测量水的等效剂量,所以材料中吸收剂量与剂量计测量的计量会有明显差异,特别是那些与水差异较大的材料。

注A9:由吸收剂量引起的温升会影响放置在材料上或中间的剂量计的响应。

附 录 B
（资料性附录）
束宽度及束宽度剂量不均匀度的测量

B.1 范围

有多种方法确定束宽度剂量不均匀度。本附录叙述了使用剂量测量的方法测量采用传送带（或车）系统的辐照装置的剂量分散性和剂量不均匀度。图3是沿扫描方向剂量分布的示例。

B.2 程序

B.2.1 将一排（或一长条）薄膜剂量计固定在带有均匀衬底（反散射）材料的定位装置上。既可以使用单个的剂量计，也可以使用条状剂量计。使用单个剂量计将会限制测量的空间分辨率。

B.2.2 剂量计排列的长度应为预计的束宽度。定位装置应可重复固定在传送带（或车）系统距束窗某一确定距离的位置上。

B.2.3 应选用塑料，如聚苯乙烯或聚乙烯作为定位装置的衬底材料。因为金属比热低，辐照时温升高，故不宜采用。

B.2.4 采用已知的运行参数，用剂量计定位装置通过电子束下的方式辐照剂量计。剂量计排列的中心线应与预计的束宽度的中心线重合，剂量计排列的整个长度应足够长，以补偿定位中心时可能存在的偏差。下列参数可能会影响剂量不均匀度：

B.2.4.1 束宽

B.2.4.2 扫描频率

B.2.4.3 射束光斑形状

B.2.4.4 脉冲宽度（脉冲调制型加速器）

B.2.4.5 脉冲重复频率（脉冲调制型加速器）

B.2.4.6 传输速度

B.2.4.7 剂量计定位装置距束窗和距传送带（或车）系统的距离。

B.2.5 测定剂量数值，并以剂量值为测量位置的函数作图。在规范产品流动运行参数（如确定产品移动中心）时必须参考所测位置。

B.2.6 确定束宽及沿扫描方向测量剂量的变化。束宽是剂量轮廓曲线中最大剂量水平区域份额点间的距离。

B.2.7 所测量的束宽应足以覆盖加工负荷的宽度。

附 录 C
（资料性附录）
通过深度剂量分布确定电子束能量

C.1 范围

本附录叙述了一种应用均匀材料中的深度剂量分布确定电子束能量的方法。需要注意的是：使用本附录所给公式确定的能量值会因公式的不同而存在差异。但只要始终采用相同的公式和能量测量技术，这些公式和能量测量技术就可用于电子能量的质量保证和控制。因此，可用这些公式确定装置的能量稳定性。

C.1.1 电子在给定材料中的入射深度正比于它们的初始能量。利用这种关系可以确定电子束能量。

C.2 能量与深度的关系

本附录所给的能量计算公式具有不同的准确度。这是因为被测电子束能谱与公式建立时所依据的能谱（有的公式仅基于单能电子）差异造成的。另外，扫描非单能的电子束在扫描宽度内也会呈现不同的能谱。

C.2.1 用经验推导给出的能量与水和铝的对应关系

C.2.1.1 在水的入射表面，电子束最可几能量 E_p 和电子束平均能量 E_a 与射程 R_p 和深度 R_{50}（见图 4）的经验推导关系为（见 ICRU 第 35 号报告）：

$$E_p(\mathrm{MeV}) = 0.22 + 1.98R_p + 0.0025R_{50}^2 \qquad \text{(C.1)}$$

$$1\mathrm{MeV} < E_p < 50\mathrm{MeV}$$

$$E_a(\mathrm{MeV}) = 2.33R_{50} \qquad \text{(C.2)}$$

$$5\mathrm{MeV} < E_a < 35\mathrm{MeV}$$

式中：R_p 和 R_{50} 分别是电子束在水中的实际射程和半值深度，单位为厘米（cm）。若测量射程材料的有效原子序数和原子量与水近似相等，那么该材料的实际射程和半值深度可做修正，见式（C.3）：

$$R_w = R_m \frac{(r_{0,w} \times \rho_m)}{(r_{0,m} \times \rho_w)} \qquad \text{(C.3)}$$

式中：ρ 是材料的密度，r_0 是连续慢化射程（CSDA），下标 w 和 m 表示水和所使用的材料（见表 C.1 和 ICRU 第 35 号、第 37 号报告）。该修正不适于有效原子序数和原子量明显大于水的其他材料，如铝。

表 C.1 常用参考材料的相关性质

参考材料	密度/(g/cm³)	5 MeV 的 CSDA 射程 r_0/(g·cm⁻²)	10 MeV 的 CSDA 射程 r_0/(g·cm⁻²)	25 MeV 的 CSDA 射程 r_0/(g·cm⁻²)
铝	2.699	3.092	5.859	12.60
石墨	1.700	2.906	5.657	12.84
PMMA	1.190	2.641	5.158	11.77
聚乙烯	0.940	2.461	4.833	11.16
聚苯乙烯	1.060	2.635	5.155	11.82
水	1.000	2.547	4.963	11.27

C.2.1.2 在铝的入射表面，电子束最可几能量 E_p 和电子束平均能量 E_a 与射程 R_p 和深度 R_{50}（见图 4）的经验推导关系见式（C.4）和式（C.5）（见 ICRU 第 35 号报告和参考文献[26]）：

$$E_p(\mathrm{MeV}) = 0.20 + 5.09R_p \qquad \text{(C.4)}$$

$$5\mathrm{MeV} < E_a < 25\mathrm{MeV}$$

$$E_a(\mathrm{MeV}) = 6.2R_{50} \qquad \text{(C.5)}$$

$$10\mathrm{MeV} < E_a < 25\mathrm{MeV}$$

式中：R_p 和 R_{50} 分别是电子束在铝中的实际射程和半值深度，单位为厘米(cm)。

C.2.2 用 Monte Carlo 方法推导出的能量与聚苯乙烯材料的对应关系

C.2.2.1 对于能量低于 1 MeV 的电子束，通常应用测量一叠聚苯乙烯薄片的深度剂量分布确定电子束能量。对于低能电子束，剂量计的厚度可能是全吸收体厚度的主要部分，那么，优先选择与剂量计组成近似的材料以减小材料组成对深度剂量分布的影响。

C.2.2.2 若电子束是单能的，最可几能量与平均能量相等，E 与最佳厚度 R_{opt}、半值深度 R_{50}、半入射深度 R_{50e} 以及实际射程 R_p 存在对应关系(见图 4)。对于聚苯乙烯，附录 A 的 A.2 论述了 Monte Carlo 深度剂量分布推算的对应关系。电子能量在 0.3 MeV 至 12 MeV 的公式如式(C.6)～式(C.13)：

$$0.3\mathrm{MeV} < E < 2.0\mathrm{MeV}$$

$$E = 2.347R_{opt} + 0.420 \qquad \text{(C.6)}$$

$$E = 2.421R_{50} + 0.278 \qquad \text{(C.7)}$$

$$E = 2.198R_{50e} + 0.295 \qquad \text{(C.8)}$$

$$E = 1.972R_p + 0.245 \qquad \text{(C.9)}$$

$$2.0\mathrm{MeV} < E < 12\mathrm{MeV}$$

$$E = 2.415R_{opt} + 0.343 \qquad \text{(C.10)}$$

$$E = 2.160R_{50} + 0.475 \qquad \text{(C.11)}$$

$$E = 2.101R_{50e} + 0.332 \qquad \text{(C.12)}$$

$$E = 1.876R_p + 0.298 \qquad \text{(C.13)}$$

式中：射程的单位：$\mathrm{g \cdot cm^{-2}}$，E 的单位：MeV。对于不同的电子束能量，聚苯乙烯中的最佳厚度 R_{opt}、半值深度 R_{50}、半入射深度 R_{50e} 以及实际射程 R_p 可由 Monte Carlo 深度剂量分布推算得到，其数值见表 C.2。

表 C.2 由 Monte Carlo 方法推算的(0.3～12)MeV 单能电子在聚苯乙烯中的最佳厚度 R_{opt}、半值深度 R_{50}、半入射深度 R_{50e} 以及实际射程 R_p

E/MeV	$R_{50}/(\mathrm{g \cdot cm^{-2}})$	$R_{50e}/(\mathrm{g \cdot cm^{-2}})$	$R_{opt}/(\mathrm{g \cdot cm^{-2}})$	$R_p/(\mathrm{g \cdot cm^{-2}})$	R_p/R_{50}
0.3	0.025 4	0.025 4	0.000 0	0.045 1	1.777 4
0.4	0.055 4	0.055 4	0.000 0	0.085 1	1.536 0
0.5	0.092 3	0.092 4	0.023 1	0.131 0	1.420 3
0.6	0.129 0	0.132 6	0.075 4	0.174 7	1.354 4
0.7	0.167 9	0.176 2	0.119 2	0.224 0	1.333 9
0.8	0.208 5	0.221 8	0.163 2	0.274 6	1.317 1
0.9	0.250 1	0.268 7	0.207 2	0.325 8	1.303 0
1	0.288 8	0.312 1	0.249 1	0.371 7	1.287 3
1.5	0.504 3	0.547 7	0.456 5	0.635 7	1.260 5
2	0.721 7	0.789 0	0.673 8	0.901 1	1.248 5

表 C.2(续)

E/MeV	R_{50}/(g·cm^{-2})	R_{50e}/(g·cm^{-2})	R_{opt}/(g·cm^{-2})	R_p/(g·cm^{-2})	R_p/R_{50}
2.5	0.945 4	1.028 2	0.883 3	1.169 2	1.236 7
3	1.170 8	1.267 2	1.092 0	1.437 3	1.227 6
3.5	1.400 4	1.507 9	1.302 6	1.706 9	1.218 9
4	1.628 3	1.748 3	1.512 5	1.976 6	1.213 9
4.5	1.857 3	1.987 1	1.721 1	2.244 5	1.208 5
5	2.091 4	2.227 0	1.933 3	2.509 1	1.199 7
6	2.554 9	2.707 0	2.349 6	3.049 4	1.193 6
7	3.021 5	3.184 7	2.767 7	3.581 7	1.185 4
8	3.484 3	3.657 9	3.175 9	4.112 3	1.180 3
9	3.950 5	4.133 3	3.591 5	4.642 7	1.175 2
10	4.414 6	4.605 7	3.996 7	5.174 4	1.172 1
11	4.883 5	5.078 2	4.400 8	5.704 1	1.168 0
12	5.344 5	5.547 0	4.796 4	6.233 6	1.166 3
注：假设钛窗膜(0.018 g/cm^2)厚度为 4×10^{-5} m,空气(0.018 g/cm^2),厚度 0.15 m。					

C.2.2.3 对于化学组成不同于聚苯乙烯的材料,式(C.6)～式(C.13)的准确度不高。由于能量降低,束窗膜和空气层变得更加重要,必须考虑它们对被辐照材料深度剂量分布的影响。

注 C1：当采用实际射程 R_p 时,可以用 ICRU 式 C.3 将聚苯乙烯的射程转换为水的等效射程。当能量在 2.0 MeV～12 MeV时,用 ICRU 式 C.1 与用 Monte Carlo 式 C13 给出的结果在 2%以内符合。然而,随着能量降低,偏差会变大。在 1.0 MeV 时,式 C.1 给出的能量值比式 C.13 给出的结果低 4%。若采用半值深度 R_{50},当能量在 8.0 MeV～12 MeV 时,ICRU 中式 C.2 与 Monte Carlo 中式 C.11 的结果在 2%以内符合。然而,随着能量降低,偏差会变大。在 5.0 MeV,式 C.2 给出的能量值比式 C.11 的结果低 6%。式 C.1 和式 C.2 是依据所测量的水中深度剂量分布用经验推导的方法确定的。ICRU 公式和 Monte Carlo 公式之间的一致性证明了 Monte Carlo 方法对较高能量推算的准确度,同时保证了它们在较低能量时给出结果的可靠性。参考文献[12]的数据证明了 Monte Carlo 方法对电子能量低于 2.0 MeV 的适用性。Monte Carlo 公式和 ICRU 公式的对比说明电子束能量低于 2.0 MeV 时,ICRU 中式 C.1 不适用,低于 8.0 MeV ICRU 中式 C.2 不适用。对聚苯乙烯:Monte Carlo 公式为低于 2.0 MeV 电子束能量测量提供了一种准确的方法。若电子束能量分散大,那么由采用式 C.6～式 C.13 测量的深度剂量分布曲线确定的电子束能量会与实际能量存在偏差;由于 Monte Carlo 公式是基于单能电子创建的[4]、[27]、[28],所以来自这些公式能量所得数值的准确度受被测束流电子能谱的限制。

C.2.3 用 Monte Carlo 方法推导出的能量与铝材料的对应关系

C.2.3.1 正如 C3.3 叙述的,当能量超过几个 MeV 时,可采用铝吸收体测定能量。在该范围内,剂量计的厚度比铝小得多,因此它们组成上的差异就不太重要。

C.2.3.2 使用 Monte Carlo ITS3 代码程序[13]、[25]已经计算了较宽范围能量的电子在密度为 2.7 g·cm^{-3}的铝材料中的深度剂量分布,电子能量从 2.5 MeV 扩展至 25 MeV。计算模拟了在空气中距 50 μm 钛窗 15 cm 位置铝块移动的几何条件,记录了三维空间的剂量分布推导结果,并考虑了钛窗散射的影响。模拟的结果及实验数据与先前的 Monte Carlo 计算进行了比较,结果一致性较好(见图 C.1)。

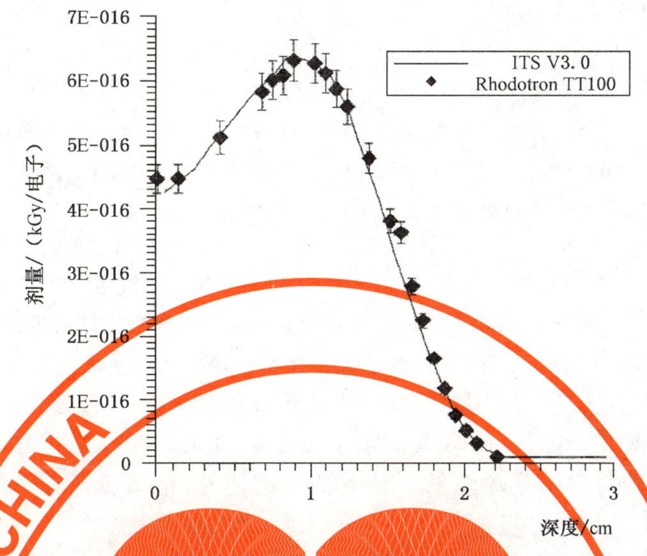

图 C.1 测量和用 ITS3 计算得到的 10 MeV 电子束在铝中的深度剂量分布曲线

C.2.3.3 已经用 Monte Carlo 方法得到了数据计算了具有不同能量 E 的宽束电子在铝中的半值深度 R_{50}、实际射程 R_p 以及外推射程 R_{ex} 数据(见表 C.3 或参考文献[25])。按照表 C.3 计算的以 cm 为单位的铝的 R_p 和 R_{50} 与入射电子能量 E 之间用二次公式表示见式(C.14)～式(C.16)：

$$2.5\text{MeV} < E < 25\text{MeV}$$

$$E = 0.423 + 4.69R_p + 0.0532R_p^2 \qquad \text{(C.14)}$$

$$E = 0.394 + 4.77R_{ex} + 0.0287R_{ex}^2 \qquad \text{(C.15)}$$

$$E = 0.734 + 4.77R_{50} + 0.0504R_{50}^2 \qquad \text{(C.16)}$$

表 C.3 由 Monte Carlo 方法推算的(2.5～25)MeV 单能电子在铝中的半值深度 R_{50}、实际射程 R_p 以及外推射程 R_{ex}

E/MeV	R_{50}/cm	R_p/cm	R_{ex}/cm	R_p/R_{50}
2.5	0.304 6	0.438 6	0.440 4	1.439 8
3	0.390 6	0.544 0	0.544 6	1.392 8
4	0.562 2	0.754 1	0.752 6	1.341 4
5	0.733 3	0.963 3	0.960 1	1.313 7
6	0.903 8	1.171 4	1.167 1	1.296 1
7	1.073 9	1.378 7	1.373 6	1.283 8
7.5	1.158 8	1.481 9	1.476 7	1.278 9
8	1.243 5	1.584 9	1.579 6	1.274 6
9	1.412 6	1.790 3	1.785 1	1.267 4
10	1.581 2	1.994 7	1.990 1	1.261 5
12	1.917 0	2.400 9	2.398 6	1.252 5
15	2.417 1	3.003 6	3.007 7	1.242 7
20	3.241 5	3.991 3	4.013 4	1.231 3
25	4.054 8	4.959 1	5.007 7	1.223 0

C.2.3.4 由于不同纯度铝的密度不同，应该对其密度差异进行修正。上述公式中的 R_{50}、R_p、R_{ex} 应由

其分别测量的数值乘以密度比的结果代替，见式(C.17)。

$$R = R_{measured} \cdot \rho_{alloy} / 2.7\ g \cdot cm^{-3} \qquad \cdots\cdots\cdots\cdots (C.17)$$

注 C2：当能量在 2.5 MeV～25 MeV 时，射程采用实际射程 R_p 时，分别用 ICRU 公式 C.4 与 Monte Carlo 公式 C.13得到的结果在 2%以内符合。当能量在 10 MeV～25 MeV 之间，射程采用半值深度 R_{50} 时，分别用 RISO公式 C.5 与 Monte Carlo 公式 C.16 得到的结果在 2%以内符合。然而，随着能量降低，偏差会变大。在 7.5 MeV，公式 C.5 给出的能量值比公式 C.16 的结果低 4%，在 5.0 MeV，公式 C.5 给出的能量值比公式 C.16 的结果低 9%。ICRU 公式、RISO 公式和 Monte Carlo 公式之间的一致性证明了 Monte Carlo 方法的准确度，同时也为较低能量测量的可靠性提供了保证。这些比较还表明 ICRU 公式 C.4 适用于 2.5 MeV 至 25 MeV 间的任一能量，但 RISO 公式 C.5 不适用于 10 MeV 以下的能量使用。

注 C3：低于 10 MeV 时，由于入射电子产生的本底 X 射线相对较小可被忽略。在实际测量中，外推至 X 轴(剂量为 0)较外推至 X 射线本底容易，因此建议应优先选用公式 C.15。

C.2.3.5 表 C.3 给出的铝的 R_p/R_{50} 比略微依赖于电子能量 E。实际情况中，若该比值的测量值大于根据表 C.3 计算的数值，则射束不是单能的。较宽的能谱使 R_{50} 的降低大于 R_p，因此该比值表征射束中能量分散的表示(见 ICRU 第 35 号报告)。

C.3 能量测量

C.3.1 通用要求

C.3.1.1 与薄膜剂量测量系统结合，可用叠层和楔子这两种不同类型的能量测量模体建立参考材料中深度剂量分布，下面具体介绍模体的结构和剂量计的放置方法。

C.3.1.2 除了铝以外，像聚乙烯、聚苯乙烯、石墨、聚甲基丙烯酸甲酯以及尼龙等低密度材料可用作参考材料。表 C.1 给出其中一些材料的相关性质。

注 C4：需考虑参考材料的纯度和密度用于能量计算公式的合理修正。

C.3.2 叠层法

C.3.2.1 选用适当的参考材料与薄膜剂量计交替构成一个叠层(或只用薄膜剂量计构成参考叠层)(见图 C.2)。

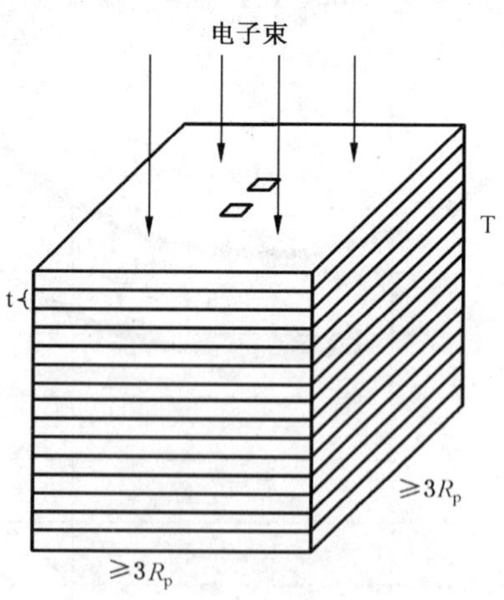

图 C.2 叠层法能量测量模体

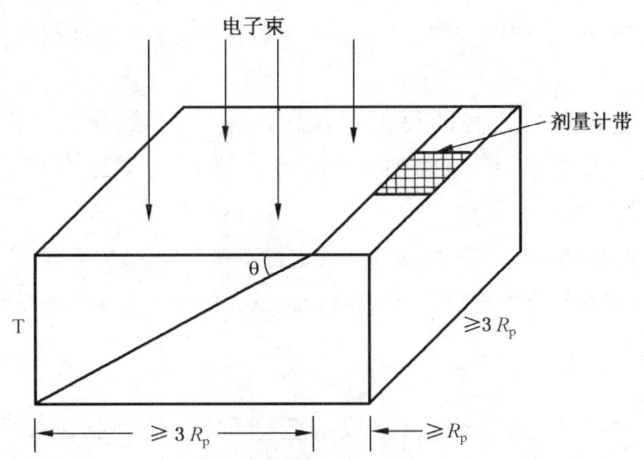

图 C.3 楔形法能量测量模体（$T \geqslant 1.5\ R_p$）

C.3.2.2 薄片的标称厚度应不大于 $R_p/12$，以保证有足够的数据点绘制深度剂量分布曲线。叠层的水平尺寸应不小于 $3R_p \times 3R_p$，以避免边缘效应对剂量计的影响；叠层的总厚度应不小于 $1.5R_p$，且该厚度应包括插入的薄膜剂量计的厚度。

C.3.2.3 薄膜剂量计，如辐射显色薄膜剂量计（见 ISO/ASTM 51275）最适于测量。把经剂量测量系统校准过一组至少两片剂量计放在叠层的上表面，另外几组分别放在叠层薄片之间，剂量计应放置在叠层的中心，远离叠层边缘。

C.3.3 楔形模体

C.3.3.1 楔子应由导电材料制成以避免深度剂量分布测量中的电荷累积[29]、[30]。由于铝和石墨容易加工，它们常被用来作楔形模体。两个楔子叠放在一起形成矩形块（见图 C.3）。

C.3.3.2 楔子的尺寸至少 $3R_p \times 3R_p$，最小厚度至少是电子束实际射程 R_p 的 1.5 倍，以避免边缘效应对剂量计带来的影响。另外，超出楔子斜面的剂量计伸出部分不应小于 R_p。如图 C.3 所示，以便为剂量计提供合适的散射条件。楔子的角度（θ）不应大于 30°。

注 C5：剂量计独立排列可以替代连续的带状剂量计。

C.3.3.3 在两个楔子之间沿斜面中线放置经过校准的带状薄膜剂量计，该剂量片（或带）应覆盖斜面的整个长度，并在电子入射的那一表面上要伸出一小部分。在剂量计（或带）进入楔子斜面的地方作一标记；标记可在剂量计上一已知的位置，其目的是便于今后进行一致性检查。剂量计进入楔子斜面之前，表面剂量应是不变的。剂量计应放置在楔子的中心部位。

C.4 程序

C.4.1 通用要求

C.4.1.1 将能量测量模体放置在传输装置的中心，如果用托盘或运输箱之类的容器盛放模体，应远离容器的边或容器壁。如果可能，尽量使用没有侧边的平底托盘，避免辐照过程中侧面散射的电子进入模体。模体应远离出束窗，以使照射到模体上的电子束接近平行束。但是对于低能电子束，应限制该距离以避免在空气层中过多的能量损失。该距离最好与常规加工的典型产品一致。

注 C6：使用聚苯乙烯叠层测量较低能量时，应将模体放置在距离出束窗 15 cm 处，并与附录 A 讨论的 Monte Carlo 计算和获得电子能量确定公式的输入条件相对应。

注 C7：出束窗膜厚度和空气层的影响随电子能量的降低而显著减小。当电子束能量大于几个兆电子伏特时，这些影响可以忽略。

C.4.1.2 若承载模体的传输装置以匀速方式通过辐照区域时，扫描宽度必须大于模体以保证表面剂量均匀。扫描宽度、束流和传输速度应选择在使吸收剂量位于剂量测量系统的有效范围内。

注 C8：应限制能量测量部件内的最大吸收剂量，以减少温度对剂量计的影响。

注 C9：入射电子束应垂直于材料的表面，否则，电子束的入射角度将影响深度剂量分布曲线。

C.4.2 叠层法

C.4.2.1 确定叠层表面和叠层薄片之间的每组剂量计的平均剂量。

C.4.2.2 把剂量作为剂量片与距叠层表面之间距离的函数作剂量分布图。为了得到准确的距离值，应仔细测量每个薄片的厚度。

注 C10：深度剂量分布也可以以标准深度 z 的函数形式进行图解。式(C.9)和式(C.13)中的 R_p 可用 z 代替。

注 C11：剂量薄膜的厚度可能会影响测量结果，应将薄膜剂量计的标准深度与叠层材料的标准深度相加，以减小深度的影响。

C.4.3 楔形法

C.4.3.1 将楔子放置在传输装置上，让剂量计(或薄膜剂量计)线性排列平行于产品运动方向(垂直于扫描方向)。

C.4.3.2 确定剂量带全部长度的剂量值，深度等于楔子斜面距边沿的长度乘以 $\sin\theta$，θ 为楔子入射表面与薄膜剂量计表面之间的夹角(见 C.3)。

C.4.4 电子能量的计算

依据深度剂量分布曲线，确定电子束在模体参考材料中的实际射程 R_p、外推射程 R_{ex} 以及半值深度 R_{50}。依据所使用的参考材料，按照 C.2 给出的指南计算入射电子的能量。

注 C12：通常在实际中采用实际射程 R_p 确定电子束能量。

附 录 D
（资料性附录）
能量大于 300 keV 的电子加速器的特性

D.1 加速器类型

D.1.1 用于辐射加工的电子加速器主要有直流高压型和脉冲调制型电子加速器。直流高压型（也叫高压型加速器）可以产生最高能量达 5 MeV 的中高能电子；脉冲调制型电子加速器（如：微波功率加速器和射频功率加速器）可以产生更高能量的电子束；还有静电加速器，但该系统较少用于辐射加工。

D.1.2 微波功率加速器的特性[31]~[37]

D.1.2.1 把注入器（电子枪）射出的电子引入加速结构（也叫加速管）中，通过加速结构电子被加速至最终能量。加速束流的功率由微波发生器产生的脉冲微波提供。通常加速结构的共振频率在 1 300 MHz至 3 000 MHz 之间。微波功率由速调管放大器提供。

D.1.2.2 加速结构是带有共振腔的微波波导，微波的相速小于光速。

D.1.2.3 电子束的能量取决于微波功率和入射的电子束流。

D.1.2.4 典型的电子束是脉冲形式的。

注 D1：使用扫描电子束的脉冲加速器，电子束脉冲速率、扫描频率和传输速度之间的关系会影响授予剂量的分布。所以必须考虑这些参数的协调性，避免产生不可接受的剂量变化。

D.1.3 射频功率加速器的特性[38]、[39]

D.1.3.1 把注入器（电子枪）射出的电子引入加速管，通过加速结构电子被加速至最终能量。加速束流的功率由脉冲或连续微波或采用三极（或四极）真空管的射频发射器提供。

D.1.3.2 通常加速结构是单一共振腔，但多个共振腔可以获得更高的能量；也可以让电子重复通过一个共振腔的方式去获取更高的能量。共振频率通常在 100 MHz 至 200 MHz 之间。

D.1.3.3 电子束的能量取决于射频电场的强度、射频功率和射出的电子束流。通常射频功率加速器产生的电子能量在 1 MeV 至 10 MeV 之间。

D.1.4 直流高压型加速器的特性

D.1.4.1 把注入器（电子枪）射出的电子引入加速管，通过加速结构电子被加速至最终能量。注入器被置于顶端，并保持对应最终电子能量的负高压。电子向地电位的方向加速。

D.1.4.2 电子束由恒定直流或脉冲电流组成。

D.1.4.3 电子束能量主要受控于直流在顶端产生的电位或脉冲高压发生器形成的电场强度。尽管静电加速器能产生 25 MeV 的能量，但目前用于辐射加工的直流高压型加速器产生的电子能量通常不大于 5 MeV。

D.1.4.4 注入器、高压电极和电极充电装置放置在一大型压力容器内，容器中充满防止电压击穿的绝缘气体或液体。多数功率系统采用级联整流电路将交流低压转换为直流高压功率。

D.1.5 电子穿行的束流通道是真空的。电子束的导向和聚焦由电磁铁和静电场实现。

D.1.6 给电磁铁提供恒定的电流使射束以恒定的角度偏转，该电磁铁会影响授予产品的射束能谱。超过可接受能量的电子被偏转系统中的准直器吸收。

电子束从加速装置引出后到达辐照产品前通常要展开，以适合辐照装载的尺寸。典型的方法是使用具有可变磁场的电磁铁，使电子束从产品的一边向另一边来回扫描，也可采用散焦元件和散射箔。

D.2 束流特性

D.2.1 电子束有下列参数表征（见第 3 章术语和定义）

D.2.1.1 电子束能量。

D.2.1.2 平均束流。

D.2.1.3 束功率。

D.2.1.4 束宽。

D.2.1.5 束长。

D.2.1.6 扫描频率。

D.2.1.7 扫描均匀度。

D.2.2 脉冲电子束的专有特性

D.2.2.1 负荷周期(占空比)。

D.2.2.2 脉冲(或重复)速率。

D.2.2.3 脉冲宽度。

D.2.2.4 束斑形状。

D.2.2.5 脉冲束流。

参 考 文 献

[1] "Sterilization of Medical Devices—Validation and Routine Control of Sterilization by Irradiation,"European Committee for Standardization [CEN],EN 552,Brussels,1994.

[2] Cleland,M. R. ,O'Neill,M. T. ,and Thompson,C. C. ,"Sterilization with Accelerated Electrons,"*Sterilization Technology*,Van Nostrand Reinhold,New York,1993,pp. 218-253.

[3] Mehta,K. ,Kovacs,A. ,and Miller,A. ,"Dosimetry for Quality Assurance in Electron Beam Sterilization of Medical Devices,"*Med. Device Technol.* ,4,1993,pp. 24-29.

[4] Mehta,K. ,"Process Qualification for Electron-Beam Sterilization,"*Medical Device and Diagnostic Industry*,June,1992,pp. 122-134.

[5] *Dosimetry for Food Irradiation*,IAEA,Vienna,2002,Techn. Reports Series No. 409.

[6] Zagorski,Z. P. ,"Dependence of Depth-Dose Curves on the Energy Spectrum of 5 to 13 MeV Electron Beams,"*Radiation Physics and Chemistry*,Vol 22,1983,pp. 409-418.

[7] McLaughlin,W. L. ,Boyd,A. W. ,Chadwick,K. H. ,McDonald,J. C. ,and Miller,A. ,*Dosimetry for Radiation Processing*,Taylor and Francis,New York,NY,1989.

[8] Ehlermann,D. A. E. ,"Dose Distribution and Methods for its Determination in Bulk Particulate Food Materials," *Health Impact, Identification, and Dosimetry of Irradiated Food*, Bögl, K. W. ,Regulla,D. F. ,and Seuss,M. J. ,Eds. ,A World Health Organization Report,Institut für Strahlenhygiene des Bundesgesund heitsamtes,München,Germany,1988,pp. 415-419.

[9] Saylor,M. C. ,"Development in Radiation Equipment Including the Application of Machine-Generated X-Rays to Medical Product Sterilization,"*Sterilization of Medical Products*,Vol 5,Polyscience Publications Inc. ,Morin Heights,Canada,1991,pp. 327-344.

[10] McLaughlin,W. L. ,Jarrett,Sr. ,R. D. ,and Olejnik,T. A. ,Chapter 8,"Dosimetry,"*Preservation of Food by Ionizing Radiation*,Vol 1,CRC Press,Boca Raton,FL,1983.

[11] "Guide to the Expression of Uncertainty in Measurement,"International Organization for Standardization,1995 ISBN 92-67-10188-9. Available from The International Organization for Standardization,1 rue de Varembé,Case Postale 56,CH-1211,Geneva 20,Switzerland.

[12] Andreo,P. ,Ito,R. ,and Tabata,T. ,"Tables of Charge- and Energy- Deposition Distributions in Elemental Materials Irradiated by Plane-Parallel Electron Beams with Energies Between 0. 1 and 100 MeV,"*Technical Report No.* 1,ISSN 0917-8015,Research Institute for Advanced Science and Technology,University of Osaka Prefecture,Japan,1992.

[13] CCC-467/ITS Code Package,Integrated TIGER Series of Coupled Electron/Photon Monte Carlo Transport Codes. These codes are available from the Radiation Safety Information Computational Center [RSICC],P. O. Box 2008,Oak Ridge,TN 37831-6362 and also from NEA,France.

[14] Galloway,R. A. ,Lisanti,T. F. ,and Cleland,M. R. ,RDI-IBA Technical Information Series,TIS 1548,"Electron Beam Energy Determination by Comparing Calculated and Measured Dose Distributions in Polystyrene Slab Absorber,"RDI-IBA Technology Group,151 Heartland Boulevard, Edgewood,NY 11717,2003.

[15] Cleland,M. ,Galloway,R. ,Genin,F. and Lindholm,M. ,"The use of dose and charge distributions in electron beam processing,"*Radiation Physics and Chemistry*,Vol 63,1985,pp. 729-833.

[16] Tabata,T. ,Ito,R. ,Kuriyama,I. ,and Moriuchi,Y. ,"Simple Method of Evaluating Absorbed Dose in Electron Beam Processing,"*Radiation Physics and Chemistry*,Vol 33 (5),1989,pp.

411-416.

[17] Tabata, T., Ito, R., and Tsukui, S., "Semiempirical Algorithms for Dose Evaluation in Electron Beam Processing," *Radiation Physics and Chemistry*, Vol 35 (4-6), 1990, pp. 821-825.

[18] Vargas-Aburto, C., and Uribe, R., "Monte Carlo Simulation of 25 MeV electrons on aluminum and tantalum," Technical Report, PEBT-03-01, 2003.

[19] Seltzer, S. M., and Berger, M. J., "Energy Deposition by Electron, Bremsstrahlung and Co-60 Beams in Multi-Layer Media," *International Journal of Applied Radiation and Isotopes*, Vol 38, 1987, pp. 349-364.

[20] CCC-331/EGS4 Code, Monte Carlo Simulation of the Coupled Transport of Electrons and Photons. This code is available from the Radiation Safety Information Computational Center (RSICC), P. O. Box 2008, Oak Ridge, TN 37831-6362.

[21] McLaughlin, W. L., Hjortenberg, P. E., and Batsberg Pederson, W., "Low Energy Scanned Electron-Beam Dose Distributions in Thin Layers," *International Journal of Applied Radiation and Isotopes*, Vol 26, 1975, pp. 95-106.

[22] Rosenstein, M., Eisen, H., and Silverman, J., "Electron Depth-Dose Distribution Measurements in Finite Polystyrene Slabs," *Journal of Applied Physics*, Vol 43, 1972, pp. 3191-3202.

[23] Cleland, M. R., and Farrell, J. P., "Methods for Calculating Energy and Current Requirements for Industrial Electron Beam Processing," *Proceedings of the Fourth Conference on the Scientific and Industrial Applications of Small Accelerators*, IEEE 76CH 1175-9 NPS, 1976, pp. 133-141.

[24] Becker, R. C., Bly, J. H., Cleland, M. R., and Farrell, J. P., "Accelerator Requirements for Electron Beam Processing," *Radiation Physics and Chemistry*, Vol 14 (3-6), 1979, pp. 353-375.

[25] Meissner, J., "Monte Carlo Simulation for the Measurement of Electron Energy by Dosimetry," private communication, 1999.

[26] Miller, A., Private communication, Risoe National Laboratory, DK-4 000 Roskilde, Denmark.

[27] Lisanti, T. F., RDI-IBA Technical Information Series, TIS 1552, "Calculating Electron Range Values Mathematically," RDI IBA Technology Group, 151 Heartland Boulevard, Edgewood, NY 11 717, 2003.

[28] Cleland, M. R., Galloway, R. A., Lisanti, T. F., RDI-IBA Technical Information Series, TIS 1556, "Equations Relating Theoretical Electron Range Values to Incident Electron Energies for Water and Polystyrene," RDI IBA Technology Group, 151 Heartland Boulevard, Edgewood, NY 11 717, 2003.

[29] Mehta, K., et al, "Dose Disribution in electron-irradiated PMMA: effect of dose and geometry," *Radiation Physics Chemistry*, Vol. 55, 1999, pp. 773-779.

[30] Mehta, K. et al, "Behavior of non-conducting plastics under e-beam irradiation," *Radiation Physics Chemistry*, Vol 63, 2002, pp. 745-749.

[31] Lapostolle, Pierre M., and Septier, Albert L., eds., *Linear Accelerators*, North Holland Publishing Co. (Amsterdam), 1970.

[32] McKeown, J., "Radiation Processing Using Electron Linacs," *IEEE Transactions on Nuclear Science*, Vol NS-32, 1985, pp. 3292-3296.

[33] McKeown, J., and Sherman, N. K., "Linac Based Irradiators," *Radiation Physics and Chemistry*, Vol 25, 1985, pp. 103-109.

[34] McKeown, J., Labrie, J.-P., and Funk, L. W., "An Intense Radiation Source," *Nuclear In-*

struments and Methods in Physics Research, Vol B10/11, 1985, pp. 846-850.

[35] Sadat, T., "Progress Report on Linear Accelerators," *Radiation Physics and Chemistry*, Vol 35, 1990, pp. 616-619.

[36] Scharf, Waldemar, *Particle Accelerators and Their Uses*, Harwood Academic Publishers, (New York), 1986.

[37] Abramyan, E. A., *Industrial Electron Accelerators and Applications*, Hemisphere Publishing Corporation (Washington), 1988.

[38] Auslender, V. L., and Meshkov, I. N., "Powerful Single-Cavity RF Accelerators and Their Use in the Industrial Radiation Chemical Processing Lines," *Radiation Physics and Chemistry*, Vol. 35 (4-6), 1990, pp. 627-631.

[39] Jongen, Y., Abs, M., Genin, F., Nguyen, A., Capdevila, J. M., and Defrise, D., "The Rhodotron, a New 10 MeV, 100 kW, CW Metric Wave Electron Accelerator," *Nuclear Instruments and Methods in Physics Research*, B79, 1993, pp. 865-870.

ICS 29.020
K 09

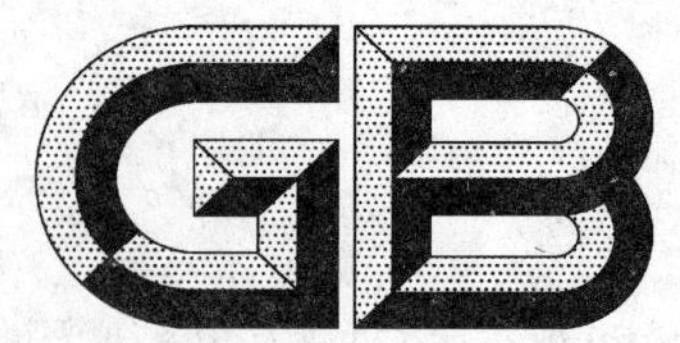

中华人民共和国国家标准

GB/T 16842—2008/IEC 61032:1997
代替 GB/T 16842—1997

外壳对人和设备的防护 检验用试具

**Protection of persons and equipment by enclosures—
Probe for verification**

(IEC 61032:1997,IDT)

2008-01-22 发布 2008-09-01 实施

中华人民共和国国家质量监督检验检疫总局
中国国家标准化管理委员会 发布

前　言

本标准等同采用 IEC 61032:1997(第 2 版)《外壳对人和设备的防护　检验用试具》。本标准与 IEC 61032:1997(第 2 版)的编辑性差异是:

——增加了参考文献;

——在第 6 章图 3～图 6 中,增加了 S 标识,是根据我国国家标准公差的标注习惯和与 GB 4208 中对球的标注一致,增加了 S 标注,并加注对此说明。

本标准代替 GB/T 16842—1997《检验外壳防护用的试具》。

本标准与前一版本相比,主要差异如下:

——标准名称由《检验外壳防护用的试具》改为《外壳对人和设备的防护　检验用试具》;

——将前一版的第 1 章和第 2 章合为第 1 章;

——增加第 2 章规范性引用文件;

——表 1 改变了编排布局;

——表 1 中增加了代码为 1 的带手柄的试球:ϕ50;增加了代码为 18 的小试指:ϕ8.6,长 57.9 和代码为 19 的小试指:ϕ5.6,长 44;将代码为 12 的锥销改为柱销以及代码为 14 的矩形棒改为试棒,对形状不作要求;删去了代码为 15 和 16 的试具链和金属丝:ϕ1.0,长 20;删去了代码为 33 的试棒:ϕ6,顶端为锥形;删去了代码为 42 的矩形棒:125×10;增加了脚注 b)和 c);

——第 6 章,IP 标准试具改为 IP 代码试具;

——新增图 5 试具 1 用以检验防止直径大于 50 mm 的固体异物进入设备内部;

——图 8 中,锥形销改为柱形销;"本锥形销用于检验发热元件的带电部件是否被触及"改为"本柱形销用于检验带电部件或机械部件是否被触及";

——图 9 中,增加 0 类设备,"本锥形销用于检验Ⅱ类设备(见 GB/T 12501)中危险的带电部件是否被触及",改为"本锥形销用于检验 0 类设备和Ⅱ类设备(见 GB/T 12501)中危险的带电部件是否被触及";

——图 10 中,对试棒形状不做规定,"本矩形棒用于检验电气插座的防护外罩能否防护触及内部的危险带电部件",改为"本试棒用于检验电气插座的防护外罩能否防护触及内部的危险带电部件";

——删去了试具 15,用于检验民用声像设备控制机构的带电操作转轴及其紧固螺栓是否被触及的链条;

——删去了试具 16,用于检验电动玩具的带电部件是否被触及的金属丝;

——新增图 12,试具 18,用于模拟大于 36 个月小于 14 岁的儿童触及危险部件;

——新增图 13,试具 19,用于模拟小于 36 个月的儿童触及危险部件;

——删去了试具 33,用于检验电动玩具外壳内的危险机械部件是否被触及的试棒;

——删去了试具 42,用于检验固定式或使携式可见热辐射取暖器的防护罩的防护作用的矩形棒;

——新增第 7 章"试具的设计要求";

——新增附录 A"试具的公差对设备和试验结果的影响";

——新增附录 B"对未来新试具标注公差的准则"。

本标准的附录 A、附录 B 均为资料性附录。

本标准由全国电气安全标准化技术委员会(SAC/TC 25)提出并归口。

本标准由上海电器科学研究所(集团)有限公司负责起草。

本标准参加起草单位:广州电器科学研究院、机械科学研究院、机械工业北京电工技术经济研究所。

本标准主要起草人:季慧玉、刘金琰、郭汀、叶红京、徐元凤。

本标准历次版本发布情况为:

——GB/T 16842—1997。

外壳对人和设备的防护
检验用试具

1 总则

1.1 范围和目的

本标准规定了检验外壳防护所用试具的尺寸及细节，用于检验：

a) 防止人体触及外壳内的危险部件；

b) 防止固体异物进入设备的外壳。

本标准的目的：

a) 把当前各标准规定的物体试具、触及试具以及所需要的新试具汇集于同一出版物；

b) 指导各标准化技术委员会选用试具；

c) 鼓励有关方面根据本标准的要求来规范试具，而不是修改试具的尺寸及细节；

d) 限制试具型式的进一步增多。

1.2 使用说明

选用试具时，优先考虑 IP 代码试具。

使用其他试具，特别是本标准未规定的试具，应限于 IP 代码试具不适用的场合。

注 1：选用某一特定目的的试具是相关标准化技术委员会的职责。

注 2：各标准化技术委员会如欲创立新试具或修改现行的试具，应向本标准的归口单位提出修改本标准的建议。

为防止与试验结果冲突，试具、试验条件、结果判别和程序的应用是相关标准化技术委员会的职责。

基于符合第 1 版标准的试具所做的产品认证，其认证可以继续有效。

2 规范性引用文件

下列文件中的条款通过本标准的引用而成为本标准的条款。凡是注日期的引用文件，其随后所有的修改单（不包括勘误的内容）或修订版均不适用于本标准，然而，鼓励根据本标准达成协议的各方研究是否可使用这些文件的最新版本。凡是不注日期的引用文件，其最新版本适用于本标准。

GB/T 3505—2000 产品几何技术规范 表面结构 轮廓法 表面结构的术语、定义及参数（eqv ISO 4287:1997）

GB 4208—2008 外壳防护等级（IP 代码）（IEC 60529:2001，IDT）

IEC 60050(826) 国际电工词汇（IEV） 第 826 章：建筑物电气装置

IEC 61140 电击防护 装置和设备的通用部分

ISO 4287-1:1984 表面粗糙度 术语 第 1 部分：表面及其参数

3 术语和定义

下列术语和定义适用于本标准。

3.1

外壳 enclosure

能防止设备受到某些外部影响并在各个方向防止直接接触的设备部件（IEV 826-03-12）。

注：本定义引自国际电工词典 IEV 50(826)，在本出版物的范围内需作如下解释：

1) 外壳保护人体或家畜，防止触及危险部件。

2) 无论是附属于外壳上的还是设备内部所构成的隔板、各种形状的开孔以及其他部件，只要能防止或限制指定的试具进入，即可认为是外壳的一部分，但不使用钥匙或工具就能移动者除外。

3.2

危险部件　hazardous part

接近或接触时有危险的部件。

[GB 4208—2008 的 3.5]

3.2.1

危险的带电部件　hazardous live part

受到某些外部条件影响能导致电击的带电部件。

[GB 4208—2008 的 3.5.1]

3.2.2

危险的机械部件　hazardous mechanical part

接触时有危险的运动部件。光滑的旋转轴除外。

[GB 4208—2008 的 3.5.2]

3.2.3

危险的发热和灼热部件　hazardous hot or glowing part

接触时有危险的发热和灼热部件。

3.3

触及试具　access probe

以惯用的方式模仿人体或工具或类似物件的一部分，由人持有用以检验距离危险部件的足够间隙的一种试具。

3.4

物体试具　object probe

模仿固定异物检验物体进入外壳的可能性的试具。

[GB 4208—2008 的 3.9]

3.5

IP 代码试具　IP code probe

用以检验 GB 4208—2008 标准所规定的防护等级的试具。

3.6

其他试具　other probe

与 IP 代码试具不同的试具。

3.7

防止触及危险部件的足够间隙　adequate clearance for protection against access to hazardous parts

能防止触及试具与危险部件接触或接近的距离。

[GB 4208—2008 的 3.7]

注：IEC 60529:2001 规定了检验足够间隙的要求。

4　试具的分类

试具的分类如下。

a)　按照试具的标志分：
——IP 代码试具；
——其他试具。

b)　按照所要检验的防护类别分：
——触及试具；
——物体试具。

c)　按照所要检验的具体危险性分：
——主要用于保护人体，防止触及危险的带电部件或机械部件的试具；

——专门用于保护人体，防止触及危险的机械部件的试具；

——主要用于保护人体，防止触及内部危险部件，包括热危险部件，例如内部的发热或灼热部件的试具；

——用于保护设备防止固体异物进入外壳内的试具。

5 检验用试具清单

检验用试具及其应用的比较见表 1。其他标准宜通过代码(第 2 栏)和简述(第 4 栏)引用本标准的试具，而不是简单复制第 3 栏的相关数字。

表 1 各种试具

1	2	3	4	5
试具和用途[c]	试具代码[a]	图例号	简述/mm	施加力/N
GB 4208—2008 的触及试具(IP 代码试具) 检验防止人体触及危险的带电部件或机械部件	A B C[b] D[b]	1 2 3 4	带手柄试球：Sϕ50 铰接试指 试棒：ϕ2.5，长 100 金属丝：ϕ1.0，长 100	50 10 3 1
GB 4208—2008 的物体试具(IP 代码试具) 检验防止固体异物进入设备	1 2	5 6	试球：Sϕ50 试球：Sϕ12.5	50 30
其他试具 检验防止人体触及危险的带电部件或危险的机械部件	11 12 13 14 15 16 17 18 19	7 8 9 10 — — 11 12 13	非铰接试指 柱销：ϕ4，长 50 锥销：ϕ3～4，长 15 棒：3×1 ——删去 ——删去 金属丝：ϕ0.5 小试指：ϕ8.6，长 57.9 小试指：ϕ5.6，长 44	50 * * 20 — — * 10 10
其他试具 检验防止人体触及危险的机械部件	31 32 33	14 15 —	试锥：ϕ110/60 试棒：ϕ25 ——删去	50 30 —
其他试具 检验防止人体触及发热或炽热部件	41 42 43	16 — 17	试具：ϕ30 ——删去 矩形棒：50×5	* — *

* 不必施加显著的力。

[a] 字母和单一的数字与 IP 代码相关。
两位数字中左起第一位数字表示试具的用途，如各行的开头所示。
第二位数字指同一组内的序号。

[b] 试具 C 和 D 也分别用于检验防止直径大于 2.5 mm 和 1 mm 的固体异物进入设备。

[c] 表中仅仅列出了主要试具和它们的主要应用，其他用途可由相关产品标准规定。

6 试具

6.1 IP 代码试具

6.1.1 IP 代码试具用以检验：

——防止人体触及危险部件；

——防止固体异物进入设备。

6.1.2 触及试具

a) 本试具用以检验防止人体触及危险部件。此试具也用于防止手背触及的防护检验。

单位为毫米

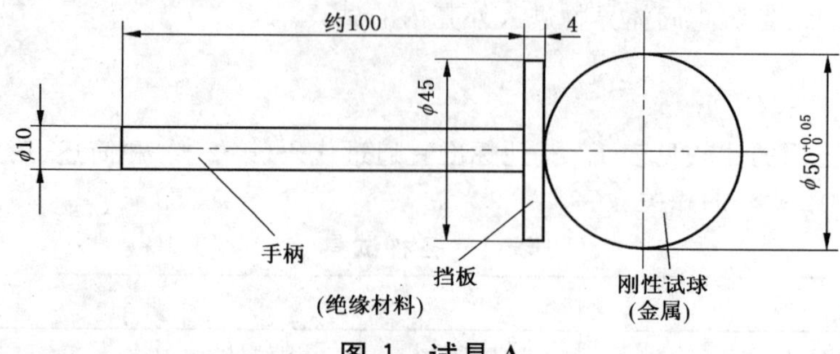

图 1 试具 A

b) 本试具用于检验防止人体触及危险部件的基本防护。此试具也用于防止手指触及的防护检验。

线性尺寸单位为毫米

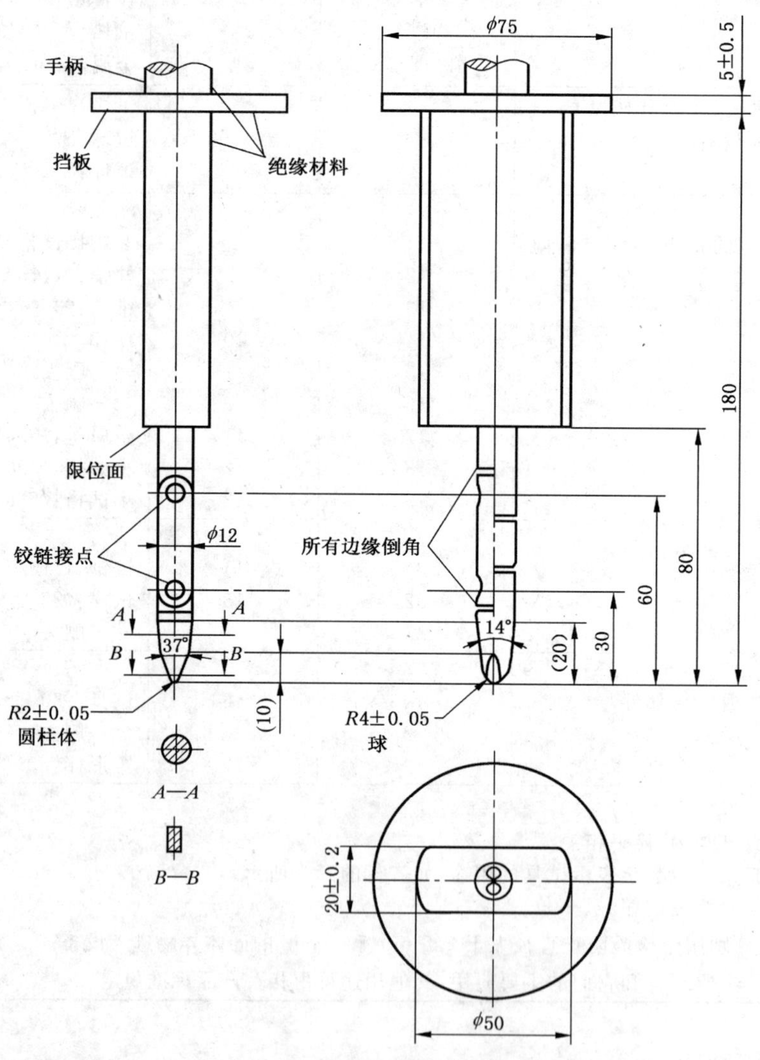

注：材料：如无其他规定，采用金属。未注公差角度的极限偏差：$^{0}_{-10'}$。

未注公差的一般线性尺寸的公差为：25 及以下：$^{0}_{-0.05}$；

25 以上：±0.2。

两个铰接点可在同一平面内沿同一方向在 $90^{\circ}{}^{+10'}_{0}$ 范围内转动。

图 2 试具 B

c) 本试棒是用于检验防止人体触及危险部件的试具。此试具也有用于防止手持工具触及的防护检验。

单位为毫米

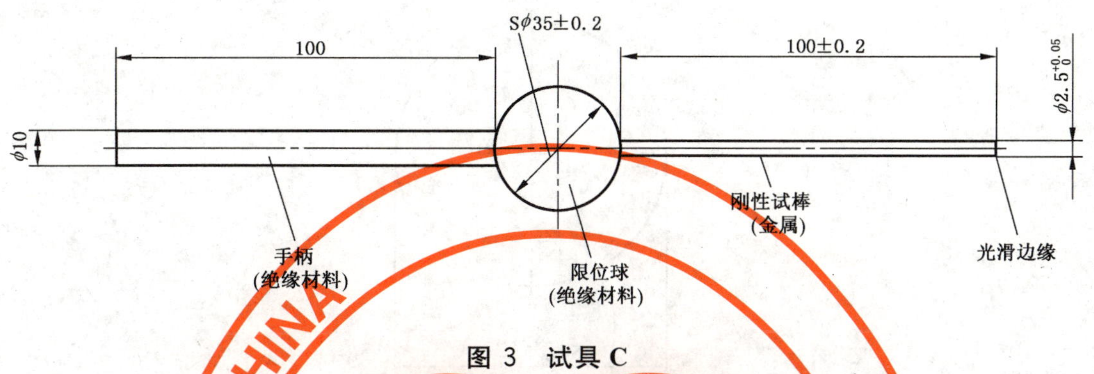

图 3 试具 C

d) 本金属丝是用于检验防止人体触及危险部件的试具。此试具也用于防止手持金属丝触及的防护检验。

单位为毫米

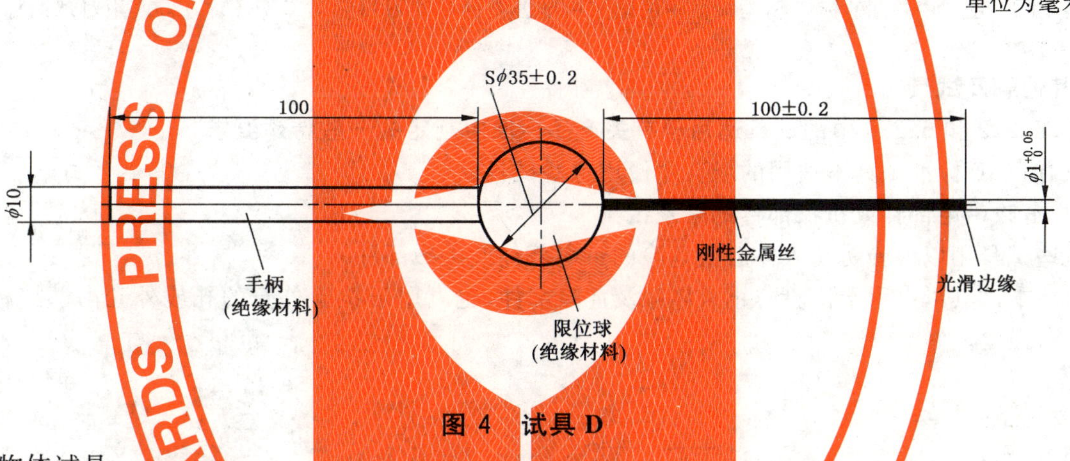

图 4 试具 D

6.1.3 物体试具

a) 本试具球用以检验防止直径大于等于 50 mm 的固体异物进入设备内部。

单位为毫米

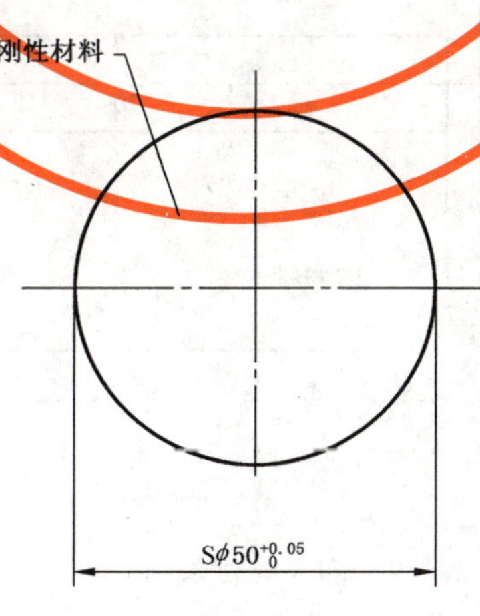

图 5 试具 1

b) 本试具球用以检验防止直径大于等于 12.5 mm 的固体异物进入设备内部。

单位为毫米

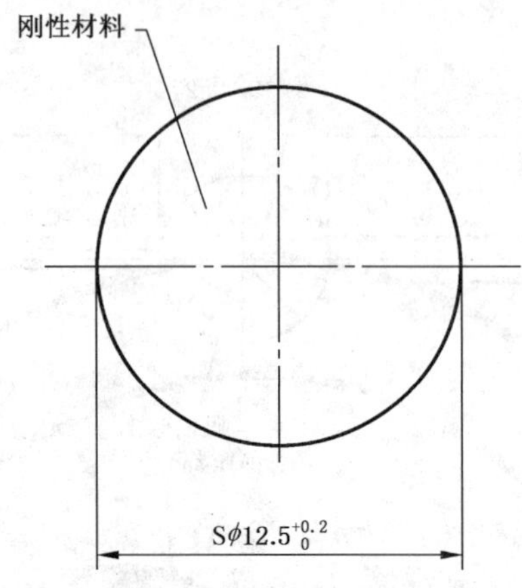

图 6 试具 2

注：图 3～图 6 中的球的标识 S，是根据我国国家标准公差的标注习惯和与 GB 4208—2008 中对球的标志一致增加的。

6.2 其他触及试具

6.2.1 6.2.2 和 6.2.3 中的试具适用于有关产品标准中规定的一些特殊要求

只有在 IP 标准试具不适用的场合才使用这些试具。

6.2.2 危险带电部件或机械部件的触及试具

这些试具用以检验防止人体触及危险的带电部件或机械部件。

a) 本试具可以用于检验防止人体触及危险部件，也可用于检验外壳的孔或外壳内部挡板的机械强度。

单位为毫米

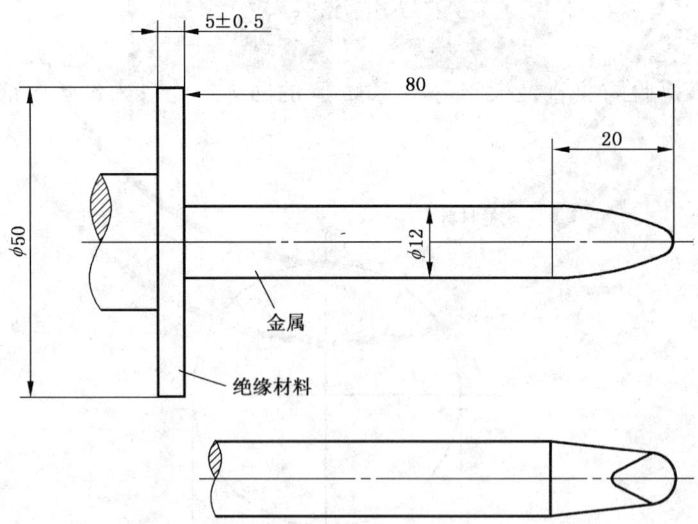

注：指尖的尺寸和公差同图 2。

图 7 试具 11

b) 本柱形销用于检验带电部件或机械部件是否被触及。这些部件在正常使用中容易被螺丝刀或类似的尖头工具无意地触及。

c) 本锥形销用于检验 0 类设备和Ⅱ类设备(见 GB/T 12501)中危险的带电部件是否被触及。

单位为毫米

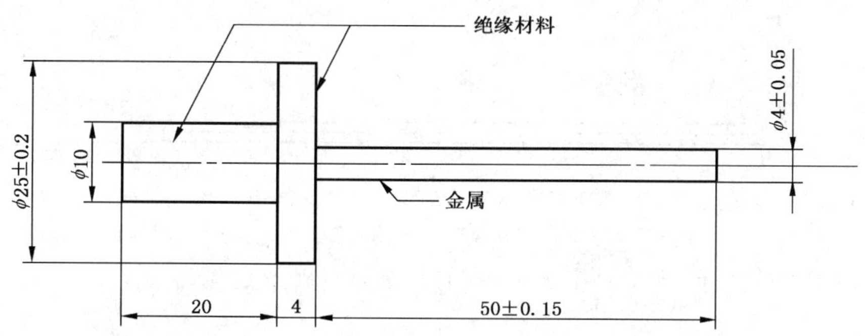

图 8 试具 12

单位为毫米

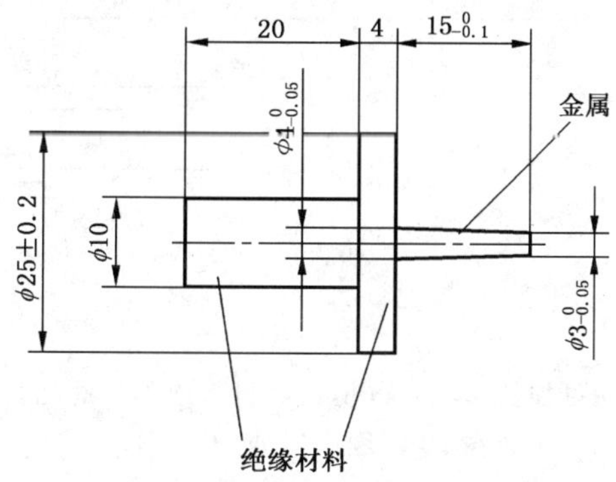

图 9 试具 13

d) 本试棒用于检验通过电气插座的防护外罩能否防护触及内部的危险带电部件。

单位为毫米

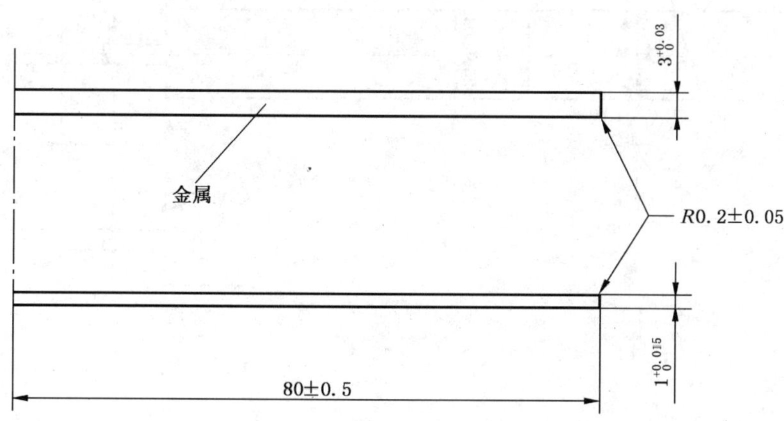

图 10 试具 14

e) 本金属丝用于检验电动玩具的带电部件是否被触及。

单位为毫米

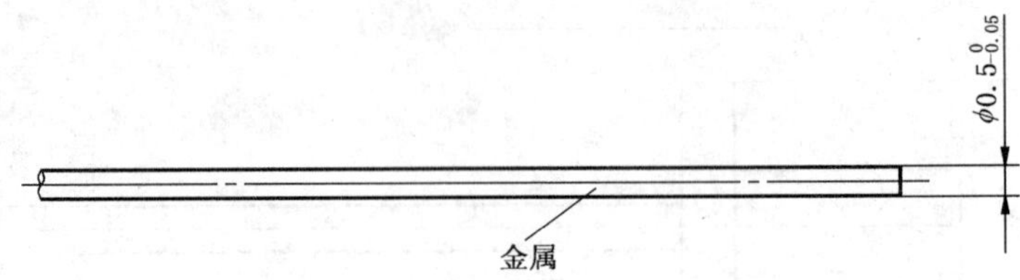

图 11 试具 17

f) 本试具用于模拟大于 36 个月小于 14 岁的儿童是否触及危险部件。

单位为毫米

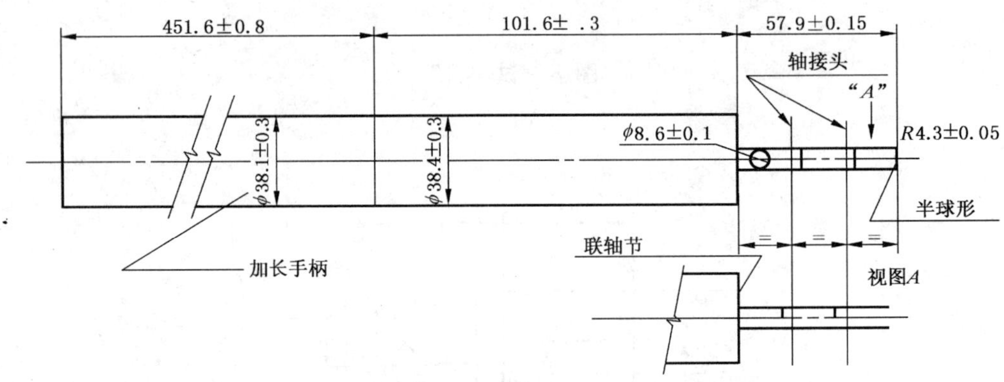

注：试指：金属材料。

手柄：绝缘材料。

加长手柄代表儿童的手臂。手柄可加长 451.6 mm，试具可带或不带此加长手柄，视严酷程度选择。

两个铰接点可在同一平面内沿同一方向在 90°范围内转动。

图 12 试具 18(小试指 ϕ8.6)

g) 本试具用于模拟 36 个月及以下的儿童是否触及危险部件。

单位为毫米

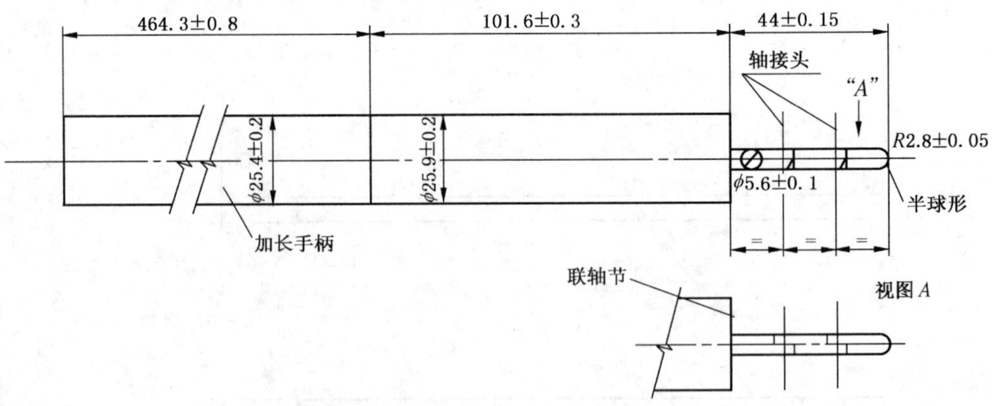

注：试指：金属材料。

手柄：绝缘材料。

加长手柄代表儿童的手臂。

手柄可加长 464.3 mm，试具可带或不带此加长手柄，视严酷程度选择。

两个铰接点可在同一平面内沿同一方向在 90°范围内转动。

图 13 试具 19(小试指 ϕ5.6)

6.2.3 **危险机械部件的触及试具**

用于检验防止人体触及危险的机械部件的试具。

a) 本试具用于检验残剩食品处理装置的碾磨系统的危险机械部件是否被触及。

单位为毫米

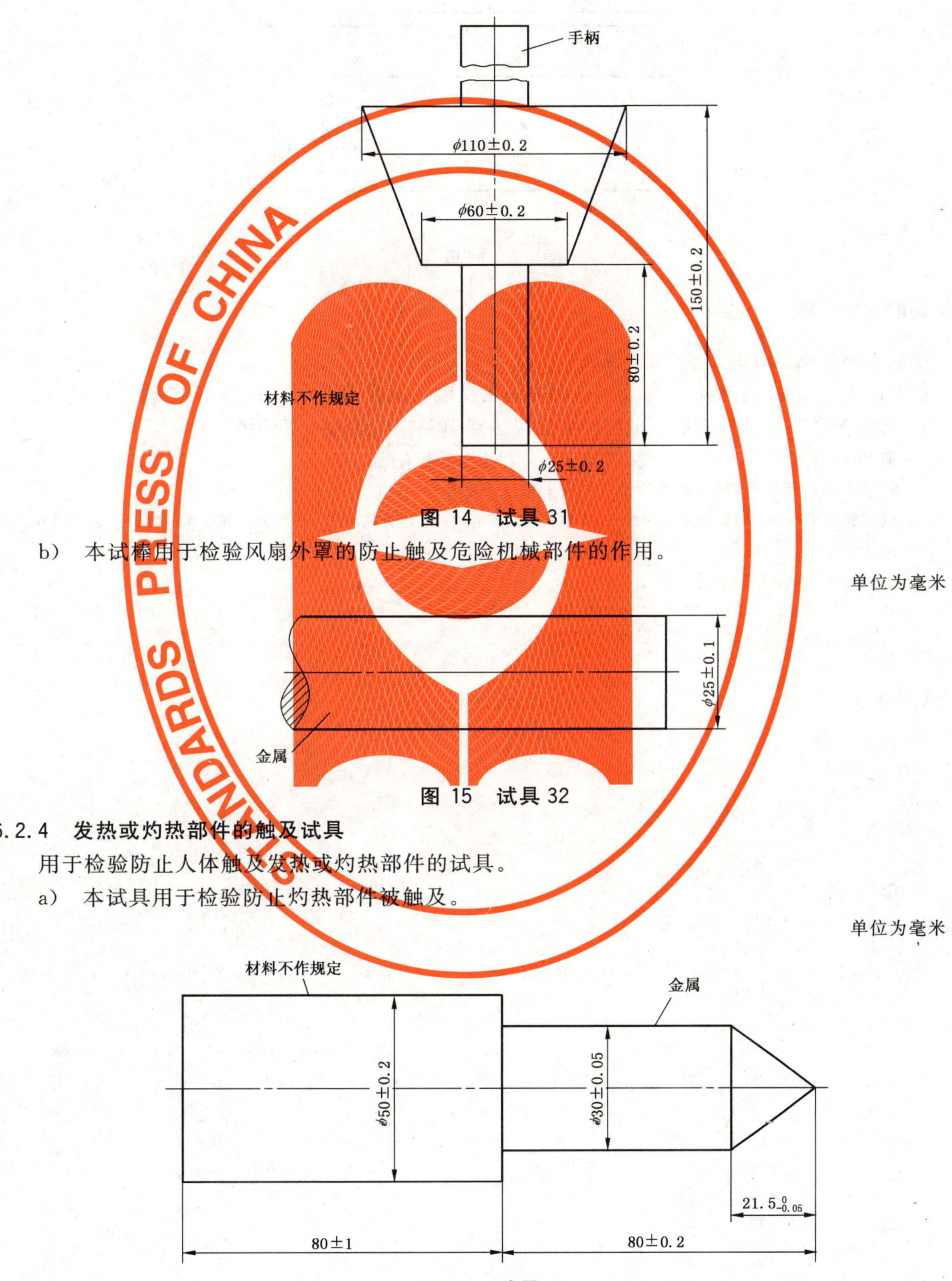

图 14 试具 31

b) 本试棒用于检验风扇外罩的防止触及危险机械部件的作用。

单位为毫米

图 15 试具 32

6.2.4 **发热或灼热部件的触及试具**

用于检验防止人体触及发热或灼热部件的试具。

a) 本试具用于检验防止灼热部件被触及。

单位为毫米

图 16 试具 41

b) 本矩形棒用于检验固定式或便携式可见热辐射取暖器的防护。

单位为毫米

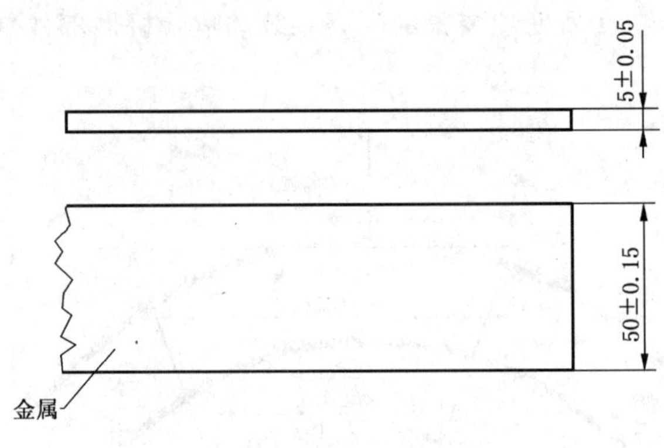

图 17 试具 43

7 试具的设计要求

7.1 应规定测量施加力的方式(如弹簧)。

7.2 按 GB/T 3505 的规定,试具金属部件的表面粗糙度轮廓算术平均偏差 Ra 不应超过 1.6 μm。与试样接触的试具的所有部件最低硬度值应达到 50HCR(洛氏硬度 C 级)。

注 1:如果需要使用电路方式检查,应提供端子与一特低安全电压相连。
除非产品标准另有规定,推荐指示灯电路的电压不小于 40 V 而不大于 50 V。

注 2:试具宜防腐。如果试具由易腐蚀材料制成,尤其在不使用期间应提供保护措施。建议使用油和类似方式保护。

注 3:宜设计手柄,便于安全握持。

附　录　A
（资料性附录）
试具的公差对设备和试验结果的影响

A.1　总则

正确选择试具并按规定的方式去检验电气设备关于触及危险部件的防护。

较小公差可保证试验结果的相容性和重复性，然而，制造成本的经济性要求较宽的公差以允许由于频繁使用产生的磨损。

带危险部件的电气设备的设计者和试具的使用者要意识到这些因素，以及试具应用场合的限制。

原则上来讲，电器器件的相关尺寸（如孔径或间隙）宜设计成在危险部件和具有最大公差的试具之间提供一个充分的安全裕度。

下列示例详细解释了上述问题。

A.2　未限定长度的试具

示例：试具17、32、43。

根据相关产品标准中规定的试验条件，本试验的目的是检验防止人体触及外壳内的危险部件。

这些试具专门展示不能进入外壳（见图A.1）。

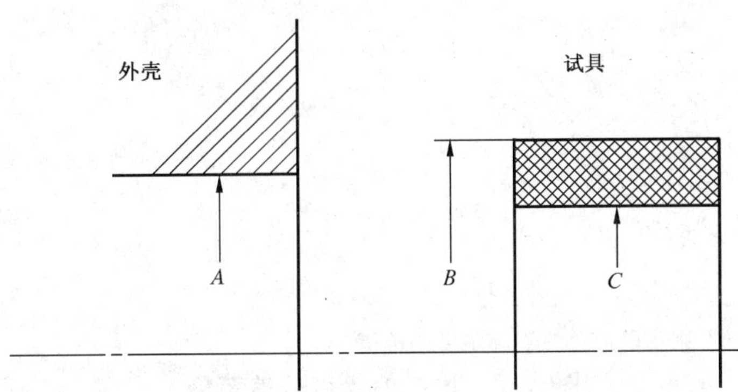

A：试验中外壳的最大孔径。

B：试具的最大尺寸。

C：试具的最小尺寸。

B-*C*：试具的公差范围。

给设备的设计者的说明：*A*<*C*。

给试具使用者的说明：

A>*B*：试验失败；

A<*C*：试验通过；

C<*A*<*B*：如果遵守*A*<*C*，则可以避免的不确定度的范围。

图 A.1　柱形试具直径的公差范围

A.3　限定长度的试具

示例：试具C、D、14和试具B、11、31、41的圆柱部分。

这些试具模拟人体部分或由人握持的工具。

根据相关产品标准中规定的试验条件，试验的目的是检验防止人体触及外壳内的危险部件。

试具可以穿过开孔到止面，但是试具和危险部件之间应留有足够的间隙(见图 A.2)。

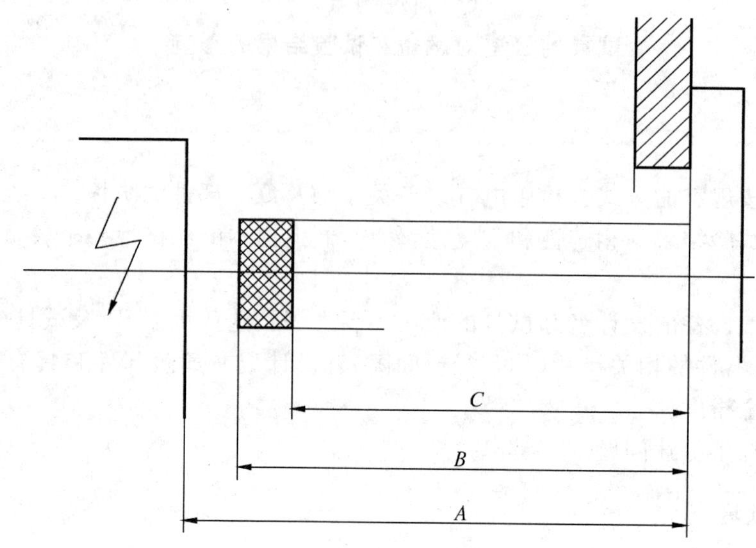

A:试验中危险部件的最短距离。

B:试具的最大尺寸。

C:试具的最小尺寸。

B-*C*:试具的公差范围。

给设计者的说明：

A＞*B*:包括高电压设备下的特定间隙。

给试具使用者的说明：

A≤*C*:试验失败；

A＞*B*:试验通过；

C＜*A*≤*B*:如果遵守 *A*＞*B*，则可以避免的不确定度的范围。

图 A.2　试具的长度公差范围

A.4　带锥形部分的试具

示例：试具 B、11、13、41、41。

A.3 的基本原则适用。

锥形部分的穿透深度受试具的直径限制，然而对于锥角小的试具，不确定度的范围较宽，如图 A.3 所示。

如果需要使用带锥形部分的试具，设计者应仔细地阅读本附录开始部分所作的总体说明。

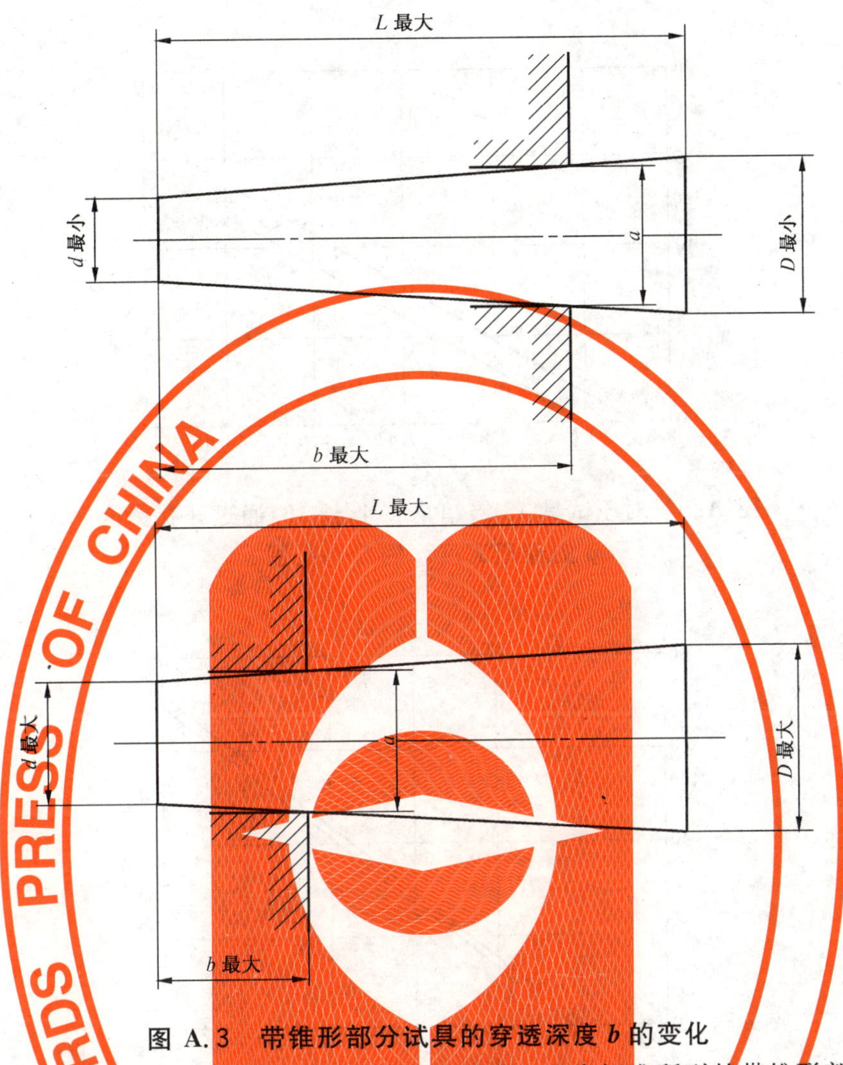

图 A.3　带锥形部分试具的穿透深度 *b* 的变化

下列图表表示了穿透深度 b 及其偏离度作为开孔宽度 a 和本标准所列的带锥形部分试具 b 尺寸公差的函数(见图 A.4～图 A.7)。

单位为毫米

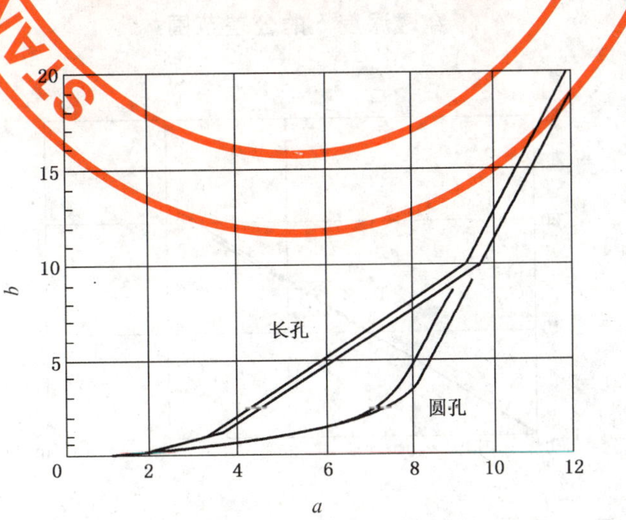

图 A.4　对于试具 B 铰接试指和试具 11 非铰接试指,通过开孔宽度 *a* 的穿透深度 *b* 的公差范围

单位为毫米

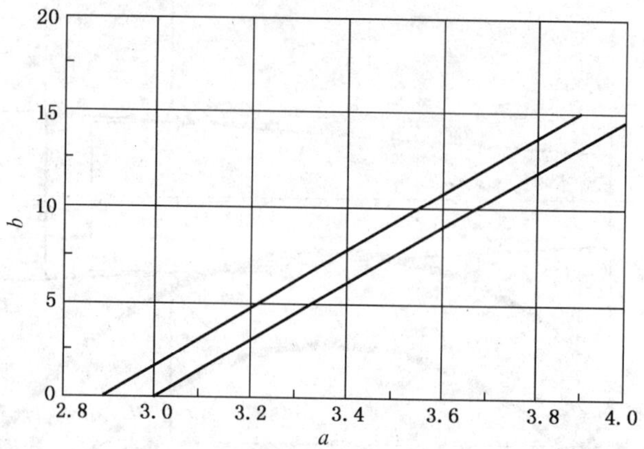

图 A.5 对于试具 13 锥销 ϕ3～4,长 15,通过开孔宽度 *a* 的穿透深度 *b* 的公差范围

单位为毫米

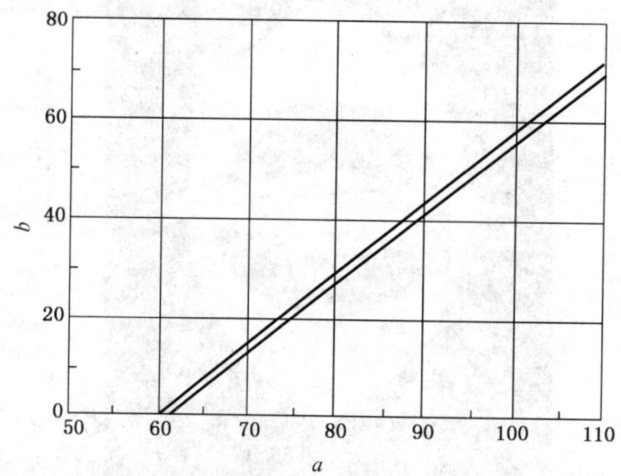

图 A.6 对于试具 31 试锥 ϕ110/60,通过开孔宽度 *a* 的穿透深度 *b* 的公差范围

单位为毫米

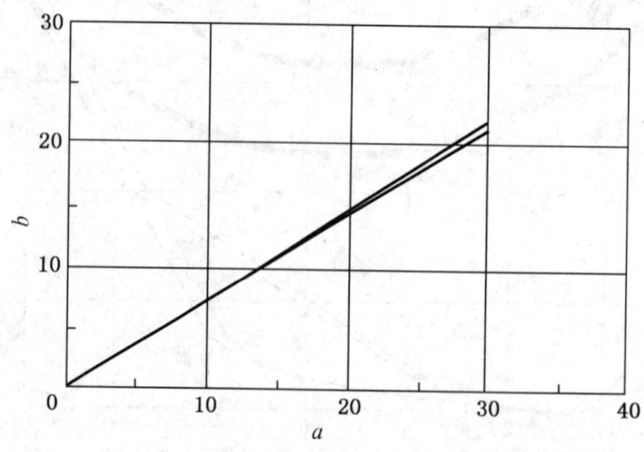

图 A.7 对于试具 41 试具 ϕ30,通过开孔宽度 *a* 的穿透深度 *b* 的公差范围

附 录 B
（资料性附录）
对未来新试具标注公差的准则

B.1 尺寸

B.1.1 试具活动部件的尺寸宜按 GB/T 1804—2000 的表 1、表 2 和表 3 的规定标注公差，说明如下：

——线性尺寸宜按表 1 标注公差并称作：

• 金属部件为精密 f 公差等级；

• 绝缘或未规定部件为中等 m 公差等级。

——边缘倒角（外半径和斜面高度）宜具备表 2 规定的精密 f/中等 m 公差等级。

——角度尺寸宜具备表 3 规定的精密 f/中等 m 公差等级。

B.1.2 非活动部件如手柄、防护装置等的尺寸，可不作公差规定。

B.2 施加力

施加到试具上的力，可允许±10%的偏差。

参考文献

GB/T 1804—2000　一般公差　未注公差的线性和角度尺寸的公差(eqv ISO 2768-1:1989)

ICS 29.140.30
K 71

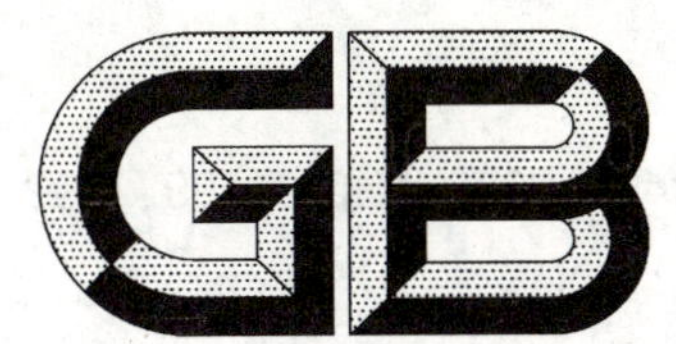

中华人民共和国国家标准

GB 16843—2008/IEC 61199:1999
代替 GB 16843—1997

单端荧光灯的安全要求

Single-capped fluorescent lamps—Safety specifications

(IEC 61199:1999,IDT)

2008-06-13 发布　　2009-07-01 实施

中华人民共和国国家质量监督检验检疫总局
中国国家标准化管理委员会　发布

前　言

本标准的全部技术内容为强制性。

本标准等同采用 IEC 61199:1999《单端荧光灯的安全要求》(英文版)。

本标准等同翻译 IEC 61199:1999。

为便于使用,本标准做了下列编辑性修改:

——“本国际标准”一词改为“本标准”;

——用小数点“.”代替作为小数点的“,”;

——删除 IEC 61199:1999 的前言;

——对于 IEC 61199:1999 引用的其他国际标准中有被等同采用为我国标准的,本部分引用我国的这些国家标准或行业标准代替对应的国际标准,其余未等同采用为我国标准的国际标准,在本部分中均被直接引用(见 1.2)。

本标准代替 GB 16843—1997《单端荧光灯的安全要求》。

本标准与原标准 GB 16843—1997 相比,主要差异在:范围、引用标准、评定、附录。

本标准的附录 A、附录 B、附录 C、附录 D、附录 E、附录 F、附录 G 是规范性附录。附录 H 为资料性附录。

本标准由中国轻工业联合会提出。

本标准由全国照明电器标准化技术委员会(SAC/TC 224)归口。

本标准起草单位:中国质量认证中心、浙江阳光集团股份有限公司、浙江晨辉照明有限公司、欧司朗(中国)照明有限公司、广东东松三雄电器有限公司、绍兴出入境检验检疫局、中山惠视科技照明有限公司、北京电光源研究所。

本标准起草人:陈松、陈尚瑜、李锴、邢合萍、徐国荣、吕军、赵国松、陆光明、苏挺、刘剑平、张贤庆、林岩、陈振峰、苏佐刚、屈素辉、杨小平、赵秀荣、江姗。

本标准所代替标准的历次版本发布情况为:

——GB 16843—1997。

单端荧光灯的安全要求

1 一般要求

1.1 范围

本标准规定了使用下列灯头的普通照明单端荧光灯的安全要求：

2G7、2GX7、GR8、2G10、G10q、GR10q、GX10q、GY10q、2G11、G23、GX23、G24、GX24 和 GX32。

本标准规定了制造商根据成品灯的检验记录确定全部产品符合本标准要求的具体方法。此方法也可以用于产品认证。本标准还规定了评定批量产品的检验程序细则。

注：本标准的合格条件仅涉及安全指标，不考虑普通照明用单端荧光灯关于光通量、颜色、启动及工作特性等性能指标。对于上述数据见 IEC 60901。

1.2 规范性引用文件

下列文件中的条款通过本标准的引用而成为本标准的条款。凡是注日期的引用文件，其随后所有的修改单(不包括勘误的内容)或修订版均不适用于本标准，然而，鼓励根据本标准达成协议的各方研究是否可使用这些文件的最新版本。凡是不注日期的引用文件，其最新版本适用于本标准。

GB/T 5169.10 电工电子产品着火危险试验 第2-10部分：灼热丝/热丝基本试验方法 灼热丝装置和通用试验方法(GB/T 5169.10—2006，IEC 60695-2-10：2000，IDT)

GB 7000.1—2007 灯具 第1部分：一般要求和试验(idt IEC 60598-1：2003 Luminaires—Part 1：General requirements and tests)

IEC 60061-1 灯头、灯座及检验其互换性和安全性的量规 第1部分：灯头

IEC 60061-2 灯头、灯座及检验其互换性和安全性的量规 第2部分：灯座

IEC 60061-3 灯头、灯座及检验其互换性和安全性的量规 第3部分：量规

IEC 60410 计数检查抽样方案及程序

IEC 60529：1989 外壳防护等级(代码：IP)

IEC 60901 单端荧光灯 性能要求

1.3 定义

本标准采用下述定义。

1.3.1

单端荧光灯 single-capped fluorescent lamp

单灯头低压汞蒸气放电灯，其大部分光是由放电产生的紫外线激活荧光粉涂层而发射出来的。

1.3.2

类别 group

具有相同电气和阴极特性，相同几何尺寸和启动方法的灯。

1.3.3

型号 type

具有相同光特性和颜色的同一类别的灯。

1.3.4

种类 family

材料、零部件、管径和/或加工方法相同的灯。

1.3.5

标称功率　nominal wattage

灯上标明的功率。

1.3.6

型式试验　design test

根据有关条款要求，对一个种类、一种类别或若干类别的试样所进行的检验其设计合格性的试验。

1.3.7

例行试验　periodic test

每隔一段时间为检验某一产品在某些方面是否偏离设计规定所做的一项或一系列试验。

1.3.8

交收试验　running test

为评定提供数据而经常做的试验。

1.3.9

批量　batch

指同一次提交的、用作试验或检验合格性的同一种类和/或同一类别灯的全部数量。

1.3.10

全部产品　whole production

指按照本标准在12个月内生产的各种型号灯的总和，并且这些灯列在由生产厂提供的清单内，是认证证书的组成部分。

2　安全要求

2.1　总则

灯的设计和结构应保证在正常使用中，灯不会对使用者或环境造成危害。

通常，进行所有规定的试验来检验合格性。

2.2　标志

2.2.1　下述标志应清晰而耐久地标在灯上。

a)　来源标志(可采用商标、制造商或销售者名称等形式)；

b)　标称功率(标上"W"或"瓦特")或其他能表征灯特性的标志。

2.2.2　根据下述方法检验标志的合格性。

a)　用目视法检验是否有标志和标志的清晰度；

b)　用下述方法检验未使用过的灯上标志的耐久性。

用湿的软布在灯的标志上擦拭15 s之后，标志仍应清晰。

2.3　灯头的机械要求

2.3.1　结构和组装

灯头的结构及灯头与灯管的组装，应使整个灯在工作期间或之后各部分均保持完好的连接。

按照附录A对其进行试验，检验其合格性。

试验之后，灯头不应出现任何影响安全性的损坏。

2.3.2　灯头的尺寸要求

2.3.2.1　灯头应符合IEC 60061-1的尺寸要求。

2.3.2.2　采用表1所示的量规检验其合格性。

2.3.3　插脚连接与连接键

2.3.3.1　插脚连接

对于灯头上有四只插脚的灯，灯阴极和插脚的连接应符合附录E对相关灯头的要求。

在有关插脚之间进行导电性试验和/或用目视法检验其合格性。

2.3.3.2 **连接键**

带有连接键的这类灯头，可确保与类似型号灯不可互换。该灯头应符合 IEC 60901 有关灯中规定的灯头/连接键的要求。附录 F 介绍了在设计灯与某一镇流器配套工作时，使用哪一种灯头/连接键。

使用适当的测量系统和/或目视法检验其合格性。

2.4 **绝缘电阻**

2.4.1 灯头的金属部件(如果有的话)和全部连接在一起的插脚之间的绝缘电阻应不小于 2 MΩ。

2.4.2 使用 500 V 的直流电压，用适当设备检验其合格性。

在灯头外壳完全由绝缘材料制作的情况下，按照 IEC 60061-2 的要求，灯头以最小包容尺寸与灯座连接时，试验应在全部连接在一起的插脚和包裹易触及表面的金属箔之间进行。

2.5 **介电强度**

2.5.1 在 2.4 中规定的相同部位之间的绝缘体应承受 2.5.2 中规定的试验电压。试验期间，不应发生闪烁或击穿现象。

2.5.2 合格性检验应采用频率为 50 Hz 或 60 Hz 的 1 500 V 正弦交流电压，历时 1 min。开始加压不要超过上述规定值的一半，然后迅速提高到规定值。

没有产生电压降的辉光放电可忽略不计。

2.6 **可能会意外带电的部件**

2.6.1 与带电部件绝缘的金属部件不应或不应可能带电。

2.6.2 除灯头插脚之外，带电部件不应突出灯头的任何部位。

2.6.3 合格性用适当的检验系统检验，其中包括使用目视法检验。此外，还应有规律地每天进行设备检查，或验收有效性的检查(见 3.5.4)。

2.7 **耐热与防火**

2.7.1 灯头的绝缘材料应具有充分的耐热性能。

2.7.2 用下述试验检验其合格性。

2.7.2.1 将试样放进加热箱内，按照附录 G 规定的温度，历时 168 h。

试验结束后，试样不应出现任何削弱其安全性的变化，尤其不应出现下述情况：

——2.4 和 2.5 要求的防触电保护性能降低；

——灯头插脚松动、破裂、鼓胀和皱缩，通过目视法检验。

试验结束之后，其尺寸应符合 2.3.2 的要求。

2.7.2.2 使用图 G.1 所示的装置进行球压试验。

将试样表面水平放置，用直径 5 mm 的钢球以 20 N 的力压其表面。如果试验时该表面出现弯曲，则将球压的部分支撑起来。

该试验应在温度为 125 ℃±5 ℃的加热箱内进行。

1 h 之后将钢球移开，测量压痕的直径，该直径应不超过 2 mm。

陶瓷部件不进行此项试验。

2.7.3 灯头的绝缘材料应具有耐异常高温和防燃烧性能。

2.7.4 进行下述试验检验其合格性。

用加热到 650 ℃镍铬灼热丝对试样进行试验。该试验装置在 GB/T 5169.10 中有说明。

受试样品应垂直安装在支架上，紧贴灼热丝端部，并施加 1 N 的力。试验最佳部位是距离试样上部边缘 15 mm 或大于 15 mm 的位置。灼热丝进入试样的深度用机械方法限制到 7 mm。30 s 之后，试样与灼热丝脱离接触。

试样从灼热丝上移开后，试样上的任何燃烧火焰均应在 30 s 之内熄灭，并且任何燃烧着的或熔化的下落物质不应点燃水平放置在试样下面的、距离为 200 mm±5 mm 的五层薄纸。

灼热丝温度和加热电流在试验开始之前应恒定 1 min。但要保证在此期间热辐射不应影响试样。采用铠装高灵敏热电偶丝测量灼热丝顶部温度，热电偶的结构与校准应符合 GB/T 5169.10 的要求。

注：为了人身安全，在灼热丝试验时要采取措施防止下述危险发生：

——发生爆炸或失火；

——吸入烟雾和/或有毒物质；

——产生有毒废料。

2.8 灯头的爬电距离

2.8.1 灯头插脚与灯头上金属部件（如果有的话）之间的最小爬电距离应符合 IEC 60061-1 的要求。有关灯头参数表的活页编号见表 1。

2.8.2 在最不利的位置对其测量，来检验其合格性。

2.9 灯头温升

2.9.1 对于内装启动装置的灯和外用启动器的灯，其高于环境温度的灯头温升不应超过表 B.2 中规定的有关数值。

2.9.2 按照附录 B 中规定的程序检验其合格性。合格条件在 D.4 中给出。

2.9.3 如果某一类别灯的灯头温升是一给定的灯种类中最高的，则只需试验该类别灯的灯头温升来判别全部相同灯头的灯的合格性。

2.10 抗无线电干扰电容器

内装有启动装置和/或装有抗无线电干扰电容器的灯，其电容器应符合下述要求。

2.10.1 防潮

该电容器应具有防潮性能，用下述试验检验其合格性。

潮湿处理之前，应将电容器放置在温度不超过潮湿试验箱内温度 0 ℃～+4 ℃的环境中至少 4 h。

电容器在经受相对湿度为 91%～95%、环境温度为 20 ℃～30 ℃（温差在±1 ℃之内）的 48 h 潮湿处理之后，应能承受 2 000 V 直流电压 1 min 而不损坏。

试验电压加在电容器两端。开始时，电压不要超过规定值一半，然后逐渐加到规定值。

2.10.2 防火与防燃

电容器应具有防火与防燃的性能。采用下述试验检验其合格性：

对每一个电容器施加逐渐增大的交流电压，直至电容器击穿。进行此项试验的电源应具有大约 1 kVA 的短路功率。

此后，每一电容器与一电感镇流器串联相接，该镇流器的额定功率能与有关的灯配套工作，在镇流器额定电压下工作 5 min。

在此试验期间，电容器不应起火或燃烧。

2.11 灯具设计参数

灯具的设计参数见附录 C。

2.12 镇流器设计参数

镇流器设计参数见附录 H。

3 评定

3.1 总则

本章规定了制造商根据成品灯的检验记录确定全部产品符合本标准要求的具体方法。此方法也可以用于产品认证。3.2、3.3 和 3.5 给出了采用制造商记录进行评定的细则。

3.4 和 3.6 给出了用于对批量产品进行有限评定的批量检验程序细则。该试验程序包括批量试验要求，从而使批量评定适用于含有安全性能不合格产品的批次。由于某些安全要求不能用批量试验进行检验，而且未必可能预先了解制造商产品的质量，所以，批量试验不能用于产品认证，也不能用于对批量产品的验收。如果某一批量产品试验合格,检验机构就不能仅以安全原因判定该批量产品不合格。

3.2 采用制造商记录方法对全部产品评定

3.2.1 制造商应提供证据表明他的产品符合3.3特定评定要求。为此制造商应提供与本标准要求有关的成品试验的全部结果。

3.2.2 试验结果可以从工作记录中提取,但这些记录可能并不是以已整理好的方式呈交的。

3.2.3 一般来说,评定工作应是对符合3.3要求的单个工厂而言。然而,如果若干个工厂在同一质量管理下,他们可以组合在一起。就认证而言,对于这些指定的工厂可发放一个证书。但认证机构有权参观每一工厂,以便检查相关现场记录和质量控制程序。

3.2.4 就认证而言,制造商应提交一份清单,清单内应有来源标志和本标准范围内的、指定工厂生产的相应灯的种类、类别和型号。证书中应包括制造商清单列出的其制造的全部灯产品。有关增加和删减产品的通知可随时发出。

3.2.5 在提交试验结果时,制造商可以根据表2第4栏归并不同灯种类、类别和/或型号的试验结果。

全部产品评定要求制造商的质量控制程序应符合已被认可的最终检验的质量体系要求。在依据在线检验和试验的质量体系范围内,制造商可以通过在线检验而不是成品试验的方法说明其产品符合标准的某些要求。

3.2.6 制造商应提供与表2第5栏所示每一条款要求相关的充分的试验记录。

3.2.7 制造商记录中的不合格的数目不应超过表3或表4中所示的与表2第6栏中合格质量水平(AQL)值有关的限值。

3.2.8 重复评定的周期不必局限于预定的年限,而可以是紧接着前一次评定的日期的连续的12个月。

3.2.9 过去符合,但现在不再符合规定标准的制造商,只要能提供下述证据,就应有申请符合本标准的资格。

a) 刚从其试验记录证实有上述趋向,就采取了补救措施。

b) 在下述时间之内恢复了规定的验收质量合格水平:

1) 2.3.1和2.9为6个月;

2) 其他条款为1个月。

采取上述a)和b)修正措施之后,如果确定合格,则这些种类、类别和/或型号的不合格的试验记录中其不合格那段时间将从12个月累计中除去,与修正期有关的试验结果将保留在记录中。

3.2.10 对于不符合3.2.5规定的试验记录分类中某一条款要求的制造商,如果通过附加试验证明问题只存在某些种类、类别和/或型号中,则不取消其全部灯种类、类别和/或型号的生产资格。这种情况下,这些种类、类别和/或型号或是按符合3.2.9处理,或是从种类、类别和/或型号清单中删去。制造商可以声称这样是符合本标准的。

3.2.11 按照3.2.10从清单中(见3.2.4)删去的一个种类、类别和/或型号的灯,在下述情况下可以恢复,即如果用一些灯做试验得到满意的结果,所用的灯的数量等于表2规定的发生不合格的条款中的最小年样品量,这类样品可在一较短的期间内收集。

3.2.12 关于新产品,可能与现有灯种类、类别和/或型号有相同的特性,只要制造商一开始就把新产品包括在抽样计划中,这些特性可以看作是合格的,任何没有涉及的特性,在开始生产之前应该进行试验。

3.3 制造商特定试验记录的评定

表2规定了试验类型和其他用于评定不同条款要求的合格性的方法。

只有当产品的物理或机械结构,材料或制造工艺发生较大变化时,才需要重复进行型式试验,并且仅对由于变化而受影响的性能进行试验。

3.4 批量拒收条件

不需要考虑受试样品总量,只要达到表5和附录D所示任一不合格数,则拒收的条件已满足。当达到某一特定试验的不合格数时,则该批产品拒收。

3.5 全部产品试验的抽样程序

3.5.1 采用表2的条件。

3.5.2 全部产品的交收试验至少每天进行一次，也可以根据在线检验和试验进行。

只要符合表2的条件，各种试验进行的频率可以不同。

3.5.3 全部产品的试验应在生产完成后随机抽取的样品上进行，样品数不少于表2第5栏所示。抽取用于某一项试验的灯不再用于其他项试验。

3.5.4 对意外带电部件的全部产品试验要求(见2.6)，制造商应证实有连续100%的检验。

3.6 批量试验的抽样程序

3.6.1 试验用灯应根据双方同意的方法抽取，以便保证有适当的代表性。抽样应是随机进行的，尽可能从批量产品总箱数的1/3中抽取，总箱数最少为10箱。

3.6.2 为了防备发生意外破损，除试验灯数量外，还应抽取一定数量的灯。这些灯仅在需要补足试验用灯数量时，代替试验灯。

灯在发生意外破损时，如果不替换也不影响试验结果，并且灯的数量符合随后的试验要求，则不必进行替换。如果替换了，这些破损灯在计算结果时可忽略不计。

经过运输，从包装箱内取出的玻壳已破损的灯不应计入试验用灯中。

3.6.3 批量样品的灯数量

最少500只灯(见表5)。

3.6.4 试验次序

试验应以表5所列的条款号的顺序进行，一直到2.6(包括2.6)。随后的试验可能对灯有损坏，那么每一试验样品应分别从原始试样中提取。

表1 IEC 60061活页编号

灯头型号	标准中的活页编号	
	IEC 60061-1 灯头	IEC 60061-3 量规
2GX7	7004-103	7006-102
2G7	7004-102	7006-102
2G11	7004-82	7006-82
G10q	7004-54	7006-79
2G10	7004-118	7006-118
GR8	7004-68	7006-68A,68B,68E
GR10q	7004-77	7006-77A,68B,68E
GX10q	7004-84	7006-79,84,84A,和84B
GY10q	7004-85	7006-79,85,和85A
G23	7004-69	7006-69
GX23	7004-86	7006-86
G24,GX24	7004-78	7006-78
GX32	7004-87	7006-87

表2 试验记录的分类、抽样和合格质量水平(AQL)

1 条款编号	2 试验项目	3 试验类型	4 各类灯试验记录的归并	5 各项归并年度最小样品数		6 AQL* %
				年度主要生产的灯	年度非主要生产的灯	
2.2.2a)	标志清晰度	交收试验	具有相同标志方法的全部种类	200	32	2.5
2.2.2b)	标志耐久性	例行试验	具有相同标志方法的全部种类	50	20	2.5

表 2（续）

1 条款编号	2 试验项目	3 试验类型	4 各类灯试验记录的归并	5 各项归并年度最小样品数 年度主要生产的灯	 年度非主要生产的灯	6 AQL* %
2.3.1（参照附录 A）	灯头结构和灯管的组装（未使用的灯）	例行试验或型式试验	采用相同连接方式和相同管径的全部种类	125	80	0.65
				或使用 D.1		—
	灯头结构和灯管组装（加热试验之后）	型式试验	采用相同连接方式和相同管径的全部种类	使用 D.1		—
2.3.2.2	灯头的尺寸要求	例行试验	采用相同连接方式和相同管径的全部种类	32		2.5
2.3.3.1	灯头插脚连接	例行试验	按型号和类别	125	80	0.65
2.3.3.2	灯头连接键	例行试验	按型号和类别	125	80	0.65
2.4	绝缘电阻	型式试验	使用相同灯头的全部种类	使用 D.2		—
2.5	介电强度	型式试验	使用相同灯头的全部种类	使用 D.2		—
2.6	意外带电部件	100%目视法	按型号和类别			
2.7.2	耐热	型式试验	全部种类	使用 D.3		—
2.7.4	防火	型式试验	全部种类	使用 D.3		—
2.8	灯头爬电距离	型式试验	全部种类	使用 D.3		—
2.9	灯头温升	型式试验	按照 2.9.3 抽取灯	使用 D.4		—
2.10	电容器试验	型式试验	使用同一种电容的全部种类	使用 D.3		—

* 本条的用法请参见 IEC 60410。

表 3 AQL＝0.65%时的合格判定数

第一部分

制造商记录中灯的数量	合格判定数
80	1
81～125	2
126～200	3
201～260	4
261～315	5
316～400	6
401～500	7
501～600	8
601～700	9
701～800	10
801～920	11
921～1 040	12
1 041～1 140	13
1 141～1 250	14
1 251～1 360	15
1 361～1 460	16
1 461～1 570	17
1 751～1 680	18
1 681～1 780	19
1 781～1 890	20
1 891～2 000	21

第二部分

制造商记录中灯的数量	接收质量限（用记录灯数量的百分比表示）
2 001	1.03
2 100	1.02
2 400	1.00
2 750	0.98
3 150	0.96
3 550	0.84
4 100	0.92
4 800	0.90
5 700	0.88
6 800	0.86
8 200	0.84
10 000	0.82
13 000	0.80
17 500	0.78
24 500	0.76
39 000	0.74
69 000	0.72
145 000	0.70
305 000	0.68
1 000 000	0.67

表 4 AQL＝2.5%的合格判定数

第一部分

制造商记录中灯的数量	合格判定数
20	1
21～32	2
33～50	3
51～65	4
66～80	5
81～100	6
101～125	7
126～145	8
146～170	9
171～200	10
201～225	11
226～255	12
256～285	13
286～315	14
316～335	15
336～360	16
361～390	17
391～420	18
421～445	19
446～475	20
476～500	21
501～535	22
536～560	23
561～590	24
591～620	25
621～650	26
651～680	27
681～710	28
711～745	29
746～775	30
776～805	31
806～845	32
846～880	33
881～915	34
916～955	35
956～1 000	36

第二部分

制造商记录中灯的数量	接收质量限(用记录灯数量的百分比表示)
1 001	3.65
1 075	3.60
1 150	3.55
1 250	3.50
1 350	3.45
1 525	3.40
1 700	3.35
1 925	3.30
2 200	3.25
2 525	3.20
2 950	3.15
3 600	3.10
4 250	3.05
5 250	3.00
6 400	2.95
8 200	2.90
11 000	2.85
15 500	2.80
22 000	2.75
34 000	2.70
60 000	2.65
110 000	2.60
500 000	2.55
1 000 000	2.54

表 5　批量样本量和拒收数

条款号	试验项目	试样数量	拒收数
2.2.2a)	标志清晰度	200	11
2.2.2b)	标志耐久性	50	4
2.3.1	灯头结构和组装 (未使用灯)	125 或 D.1 有关规定	3
2.3.2.2	灯头尺寸要求	32	3
2.3.3.1	插脚连接	125	3
2.3.3.2	灯头连接键	125	3
2.4	绝缘电阻	采用 D.2	
2.5	介电强度	采用 D.2	
2.6	意外带电部件	500	1
2.3.1	灯头结构和组装 (加热试验之后)	采用 D.1	
2.7.2	耐热	采用 D.3	
2.7.4	防火	采用 D.3	
2.8	灯头爬电距离	采用 D.3	
2.9	灯头温升	此试验不适用	
2.10	抗干扰电容器	采用 D.3	

附 录 A
（规范性附录）
评定灯头结构和组装的试验

A.1 GR8、G10q 和 GR10q 灯头

A.1.1 未使用的灯

灯在插入或拔出灯座时可能会使灯头某部位拉开，所以应进行下述型式试验，合格条件见 D.1。

在认定灯头可能拉开的各部位施用 80 N 的拉力，拉力应持续 1 min，不要猛拉。试验结束后，灯头应是安全的，并且不应出现任何接合处裂开的现象，或者 IEC 60529 所示的试验指可以插入并接触到带电部件的缝隙。

对灯头各部位施加拉力的方法不能削弱其结构，如果必要，制造商和检验机构可磋商准备特制试样。

对于装有 G10q 灯头的灯，应进行下述附加例行试验。灯头应容易地围绕通过玻管所在平面标称角度 α 内旋转，并至少可旋转 $\pm 5°$。灯头旋转角度最大时，导线不应短路。在灯头转到最不利的位置时，用试验指也不能插入并接触到带电部件。

A.1.2 加热试验之后的灯

对于按照附录 G 规定的温度在加热箱内加热 2 000 h±50 h 的灯，在进行型式试验时，应采用 A.1.1 规定的全部试验和要求。合格条件见 D.1。

A.2 2G7、2GX7、GX10q、GY10q、2G10、2G11、G23、GX23、G24、GX24 和 GX32 灯头

A.2.1 未使用的灯

采用下述例行试验检验其合格性。

不论灯管或灯头在施用 40 N 轴向拉力或 3 N·m 弯矩时都不应松动。施加弯矩时应均匀地握住玻管的最靠近灯头的部位进行。支点位于灯头的基准平面（与灯座交接平面）。不应突然施加拉力和弯矩，应逐渐地从零增加至规定值。

A.2.2 加热试验之后的灯

按照附录 G 规定的温度在加热箱内加热 2 000 h±50 h 的灯，灯头应经受拉力和弯矩试验（拉力和弯矩值正在研究）。合格条件见附录 D.1。

附 录 B
（规范性附录）
灯头最高温升和测试方法

B.1 一般试验要求

B.1.1 灯应在无对流风、温度 25 ℃±5 ℃的环境中燃点，灯头插脚垂直朝上用轻质尼龙绳悬挂。

B.1.2 灯应是经特别准备的去激活的成品灯，即没有阴极发射材料。

B.1.3 与灯头相应插脚间的电气连接应使用截面积为 1 mm^2±5%的铜导线。

B.1.4 灯与相应基准镇流器配套工作，该基准镇流器应在 1.1 倍额定电压下工作。

B.1.5 启动器应短路，即阴极串联工作。

B.1.6 试验应持续至达到温度稳定为止。

B.1.7 必要时，灯头表面应适当处理以保证与温度测量装置（如热电偶）接触良好。

B.2 特殊试验要求

B.2.1 2G7，2GX7，GX10q，GY10q，2G10，2G11，G23，GX23，G24，GX24 和 GX32 灯头

温升应在灯头表面最热点，即在玻管方向距离灯头基准平面 X 点进行测量，X 的值如表 B.1 所示。

表 B.1 测量点

灯头型号	距离 X/mm
2G7 2GX7	8*
GX10q，GY10q	8
G23，GX23	8
2G10，2G11，G24，GX24	12*
GX32	16*
* 待定。	

B.2.2 GR8，GR10q 和 G10q 灯头

B.2.2.1 GR8 和 GR10q 灯头（10 W 除外的所有功率的灯）

温升应在与灯头伸出的两只玻管等距的灯头表面上的一点进行测量，该点位于连接两只玻管轴线的直线上。

B.2.2.2 GR10q（10 W）

温升应在与灯头插脚相对的灯头表面的中心位置测量。

B.2.2.3 G10q 灯头

尚在研究之中。

表 B.2 灯头最高温升

灯头型号	灯额定功率/W	最高的温升/K
G23，G24，GX23，GX24，GX32	所有功率	75
2G7，2GX7，2G10，2G11	所有功率	75
GX10q，GY10q	所有功率	75
G10q	所有功率	—*

表 B.2(续)

灯头型号	灯额定功率/ W	最高的温升/ K
GR8	16	45
GR8	28	35
GR10q	10,28 和 38	35
GR10q	16 和 21	45

* 待定。

附　录　C
（规范性附录）
灯具设计参数

C.1　灯安全工作导则

为保证灯安全工作，有必要遵守下述建议。

C.2　在异常条件下工作时的灯头最高温度

灯具设计者保证灯头在异常条件使用时，不超过表 C.1 所示的最高灯头温度值。

试验灯具时，应采用特制的其启动器短路，即阴极串联工作的灯。

测量点在 B.2 中给出。

合格性应根据 GB 7000.1—2007 中 12.5.1 规定的相关试验进行。

表 C.1　灯头最高温度

灯头型号	灯额定功率/ W	最高的温度/ ℃
G23,G24,GX23,GX24,GX32	所有功率	140[a]
2G7,2GX7,2G10,2G11	所有功率	140[a]
GX10q,GY10q	所有功率	120[a]
G10q	所有功率	120[a]
GR8	所有功率	110[a]
GR10q	所有功率	110[a]

[a] 待定。

C.3　灯头/灯座——键连接

灯具设计者应保证，如果可行的话，在灯具中安装一个灯/镇流器组合体用的带有正确连接键的灯座。

用目视法检验其合格性。

附 录 D
（规范性附录）
型式试验的合格条件

D.1 灯头结构和组装（见 2.3.1）

样品数量:32　　不合格数:2

D.2 绝缘电阻和电气强度（见 2.4 和 2.5）

各项试验分开进行

第一批试样:125　　不合格数:2

如果有一只不合格,则进行第二次。

第二批试样:125　　不合格数:2（在全部样品中）

D.3 耐热（见 2.7.2），防火（见 2.7.4），灯头爬电距离（见 2.8），电容试验（见 2.10）

各项试验分开进行。

第一批试样:5　　不发生失败,则认可。

不合格数:2

如果有一只不合格,则进行第二次。

第二批试样:5　　不合格数:2（在全部样品中）

D.4 灯头温升（见 2.9）

第一批试样:5　　如果全部试样的温升低于极限至少 5 K，则认可。

如果发生其他情况,进行第二次。

第二批试样:5　　不合格数:2（在全部样品中灯头温升超过表 B.2 中的极限值）。

附 录 E
（规范性附录）
阴极与插脚的连接方式

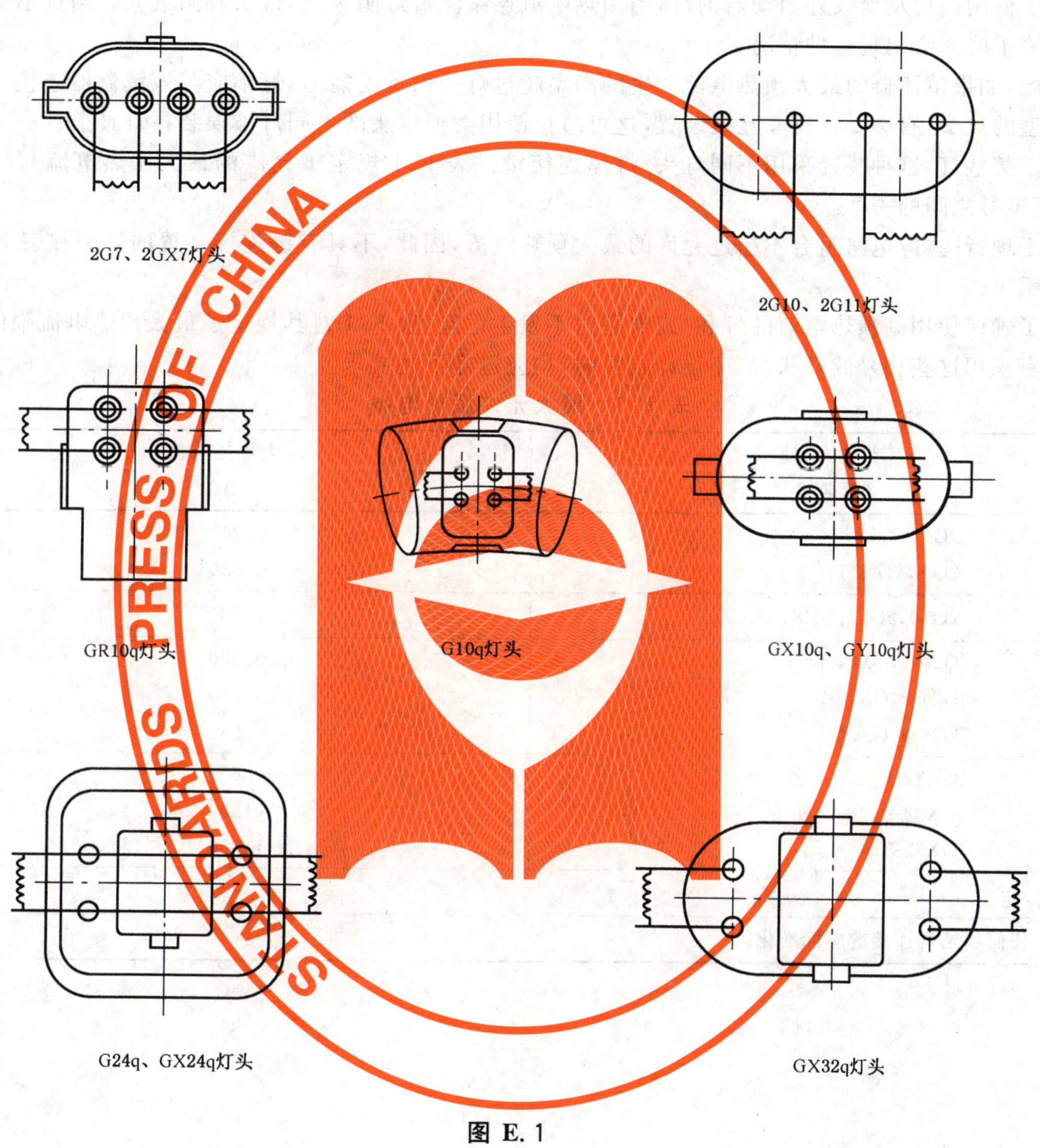

图 E.1

附 录 F
（规范性附录）
灯的非互换性要求

对于使用内启动器或外启动器的灯，当预热电流连续流过灯阴极时，灯头升温最大。当灯不能启动而寿命终了时就会出现这种情况。

因此，如果镇流器的最大预热电流产生的高温超过灯头的承受能力，灯不应与该镇流器连接。对于某些类型的灯头，有必要具有非互换装置，这可防止使用类似灯头的不同灯被误装在灯具上。

对于某些灯，这种装置采用不同灯头/灯座连接键。表 F.1 规定了允许的最大预热电流与特定灯头/灯座型号之间的关系。

由于现行的灯/电路组合不超过允许的最大预热电流，因此，不具有键连接装置的灯头在表 F.1 中也同时示出。

为了确保使用高预热电流的灯和/或电路时不发生危险，表 F.1 对其规定了最大预热电流限值。

所有采用这些型号的灯头/灯座设计新灯时，均应遵守下述要求。

表 F.1 最大允许预热电流

灯头/灯座 （键名称）	最大预热电流/ A
2G7,G23 2GX7,GX23	0.240* 0.530*
2G10,2G11,GR8,GR10q	0.780*
G24-1,GX24-1 G24-2,GX24-2 G24-3,GX24-3	0.280* 0.380* 0.550*
GX32-1 GX32-2 GX32-3	0.650* 0.850* 1.080*
* 待定。	
注：任何新结构连接键应标准化。	

附 录 G
（规范性附录）
加热试验温度

表 G.1 试验温度

灯头型号	灯额定功率/W	温度/℃
G23,G24,GX23,GX24,GX32	所有功率	160*
2G7,2GX7,2G10,2G11	所有功率	160*
GX10q,GY10q	所有功率	140*
G10q	所有功率	140*
GR8	所有功率	130*
GR10q	10	140*
GR10q	16、21、28、38	130*

* 待定。

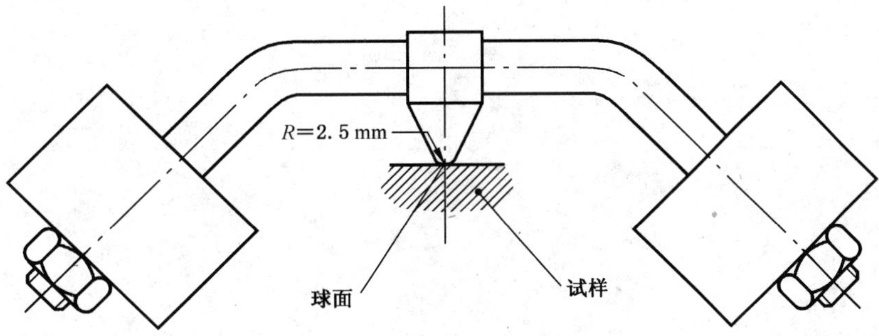

图 G.1 球压装置

附 录 H
（资料性附录）
镇流器设计参数

H.1 灯安全工作导则

为了确保灯安全工作，有必要遵循下列建议。

H.2 在异常工作条件下灯端温度

在灯不能启动情况下，无论阴极预热持续时间长短均不应导致灯两端过热。

在灯的一个阴极发射材料耗尽或损坏的情况下，当灯继续工作（局部整流）时，应在电路中采取适当的措施，防止灯两端过热。

参 考 文 献

GB 7000.1 灯具 第1部分:一般要求和试验(GB 7000.1—2007,idt IEC 60598-1:2003 Luminaires—Part 1:General requirements and tests)

ICS 29.140.30
K 71

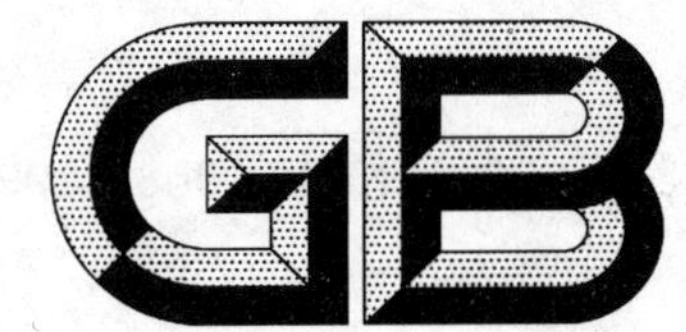

中华人民共和国国家标准

GB 16844—2008/IEC 60968:1999
代替 GB 16844—1997

普通照明用自镇流灯的安全要求

Self-ballasted lamps for general lighting services—Safety requirements

(IEC 60968:1999,IDT)

2008-06-13 发布　　2009-07-01 实施

中华人民共和国国家质量监督检验检疫总局
中国国家标准化管理委员会　发布

前 言

本标准的全部技术内容为强制性。

本标准等同采用 IEC 60968:1999《普通照明用自镇流灯的安全要求》(英文版)。

本标准等同翻译 IEC 60968:1999。

为便于使用,本标准做了下列编辑性修改:

——“本国际标准”一词改为“本标准”;

——用小数点“.”代替作为小数点的“,”;

——删除 IEC 60968:1999 的前言。

本标准代替 GB 16844—1997《普通照明用自镇流灯的安全要求》。

本标准与原标准 GB 16844—1997 相比,主要差异在:标志、互换性、防触电保护、绝缘电阻、介电强度、机械强度、灯头温升。

考虑到我国国情,根据制造商要求,本标准未删除 E26 灯头的内容,仅供制造商产品出口时参考使用。

本标准由中国轻工业联合会提出。

本标准由全国照明电器标准化技术委员会(SAC/TC 224)归口。

本标准起草单位:中国质量认证中心、浙江阳光集团股份有限公司、浙江晨辉照明有限公司、厦门通士达照明有限公司、欧司朗(中国)照明有限公司、广东东松三雄电器有限公司、保定蓝波节能灯具有限公司、中山市欧普照明股份有限公司、北京电光源研究所。

本标准主要起草人:陈松、朱浦达、邢合萍、许文申、徐国荣、吴国明、赵国松、陆光明、秦碧芳、苏挺、刘剑平、张贤庆、林岩、宫新强、王耀海、周明兴、屈素辉、杨小平、赵秀荣、江姗。

本标准所代替标准的历次版本发布情况为:

——GB 16844—1997。

普通照明用自镇流灯的安全要求

1 概述

1.1 范围

本标准适用于家庭和类似场合作普通照明用的、把控制启动和稳定燃点部件集成为一体的管形荧光灯和其他气体放电灯(自镇流灯)。本标准对该种灯规定了安全和互换性要求,以及试验方法和检验其是否合格的条件。

适用范围如下:

——额定功率不超过 60 W;

——额定电压 100 V~250 V;

——爱迪生螺口灯头或卡口灯头。

本标准的要求只涉及型式试验。

关于全部产品的检验和批量产品的检验方法正在考虑之中。

1.2 规范性引用文件

下列文件中的条款通过本标准的引用而成为本标准的条款。凡是注日期的引用文件,其随后所有的修改单(不包括勘误的内容)或修订版均不适用于本标准,然而,鼓励根据本标准达成协议的各方研究是否可使用这些文件的最新版本。凡是不注日期的引用文件,其最新版本适用于本标准。

GB 17935 螺口灯座(GB 17935—2007,IEC 60238:2004,IDT)

QB/T 2512 灯头温升的测量方法(QB/T 2512—2001,idt IEC 60360:1998)

IEC 60061 灯头、灯座及检验其安全性和互换性的量规

IEC 60061-1 灯头、灯座及检验其安全性和互换性的量规 第1部分:灯头

IEC 60061-3 灯头、灯座及检验其安全性和互换性的量规 第3部分:量规

IEC 60695-2-1:1980 着火危险试验 第2部分:试验方法 灼热丝试验和导则

2 术语和定义

本标准采用下列术语和定义。

2.1

自镇流灯 self-ballasted lamp

即含有灯头、光源及使灯启动和保持稳定燃点所必须的元件并使之为一体的灯,灯不被永久破坏是不能拆卸的。

2.2

型号 type

具有相同额定光电参数而灯头型号可以不同的灯。

2.3

额定电压 rated voltage

灯上标明的电压或电压范围。

2.4

额定功率 rated wattage

灯上标明的功率。

2.5

额定频率　rated frequency

灯上标明的频率。

2.6

灯头温升　cap temperature rise

（Δt_s）

指与灯装配在一起的标准试验灯座表面的温升(超过环境温度)，测量时应按照 QB/T 2512 介绍的标准测试方法进行。

2.7

带电部件　live part

在正常使用时可能引起触电的导电部件。

2.8

型式试验　type test

为检验某一产品的设计是否符合有关标准的技术要求，对型式试验样品进行的一次或一系列的试验。

2.9

型式试验样品　type test sample

为进行型式试验而由制造商或销售商提供的由一组或数组类似的部件组成的样品。

3　一般要求和一般试验要求

3.1　自镇流灯的设计和结构应当保证灯在正常使用中功能可靠，对用户和周围环境不会产生危害。

一般来讲，检验合格性时要对所有规定项目都进行试验。

3.2　除另有规定外，全部的测试项目均应在温度为 25 ℃±1 ℃的无对流风的试验室中，用额定电压和额定频率进行检验。

如灯上标明的是电压范围，则取该电压范围的平均值作为额定电压。

3.3　自镇流灯的各个部件均是工厂封装的，是不能修理的，不应将其打开来进行试验。如果需要检验灯和测试其电路，则应与制造商或销售商协商，让其提供专为进行模拟故障状态试验的灯(见第 12 章)。

4　标志

4.1　灯上应清晰、耐久地标有下列强制性标志。

1)　来源标志(可采取商标、制造商或销售商名称的形式)；

2)　额定电压或电压范围(以“V”或“伏特”表示)；

3)　额定功率(以“W”或“瓦特”表示)；

4)　额定频率(以“Hz”表示)。

4.2　制造商应在灯上，或在包装上，或在使用说明书上提供以下补充信息：

1)　灯的电流；

2)　灯的燃点位置(如果有限制)；

3)　如果所替换灯的质量大大超过被替换灯质量，则应该注明增加的质量可能会降低某些灯具的机械稳定性；

4)　灯在使用时应遵循的特定条件和限制，如灯用于调光电路中。如灯不适用于调光电路，可用下述符号表示。

4.3 按照下列条款检验其合格性。

1) 用目视法检验有无 4.1 要求的标志及标志的清晰度；

2) 按照下述方法检验标志的耐久性：用一蘸有水的布轻轻擦拭标志 15 s，待其干后，再用一块蘸有己烷的布擦拭 15 s，试验之后，标志仍应清晰；

3) 采用目视法检验有无 4.2 所要求的信息。

5 互换性

5.1 为了保证互换性，灯应采用符合 IEC 60061-1 规定的灯头。

5.2 使用表 1 所规定的检验其互换性的量规来检验成品灯的灯头尺寸。

表 1 中的量规均引自 IEC 60061-3。

表 1 检验互换性的量规和灯头尺寸

灯头	用量规检验的灯头尺寸	量规活页号
B22d 或 B15d	A 最大值和 A 最小值 D_1 最大值 N 最小值 销钉的径向位置	7006-10 和 7006-11
	销钉插入灯座中的长度	7006-4A
	销钉在灯座中的固定位置	7006-4B
E27	螺纹最大尺寸	7006-27B
	灯头螺纹外径最小尺寸	7006-28A
	接触性	7006-50
E26	螺纹最大尺寸	7006-27D
	灯头螺纹外径最大尺寸	7006-27E
E14	螺纹最大尺寸	7006-27F
	灯头螺纹外径最小尺寸	7006-28B
	接触性	7006-54

5.3 装有 B22d 灯头或 E27 灯头的自镇流灯，其质量应不超过 1 kg，且灯与灯座之间的弯矩应不大于 2 N·m。

通过测量检验其合格性。

6 防触电保护

自镇流灯的结构设计应保证，在不装有任何灯具形状的辅助外壳情况下，当灯旋入符合 GB 17935 规定的灯座后，不能触及灯头内的金属件或灯头上的带电金属部件。

采用图 1 规定的试验指检验其合格性,如果有必要,施加 10 N 的力。

采用爱迪生螺口灯头的灯,其结构设计应符合普通照明用(GLS)灯泡防止意外接触的要求。

可采用 IEC 60061-3 现行版本中 7006-51A 规定的用于检验 E27 灯头、7006-55 规定的用于检验 E14 灯头的量规来检验其合格性。

注:对采用 E26 灯头的自镇流灯的检验要求正在考虑之中。

对采用 B22 或 B15 灯头的自镇流灯的检验与采用同样灯头的白炽灯的检验要求相同。

除了灯头上的载流金属部件以外,灯头外部的金属部件都不应带电或容易带电。试验中,任何可拆卸的导电材料均在不使用工具的情况下,置于最不利的位置。

采用绝缘电阻和介电强度试验(见第 7 章)来检验其是否合格。

7 潮湿处理后的绝缘电阻和介电强度

灯的载流金属部件与灯的易触及部件之间,要有充分的绝缘电阻和介电强度。

7.1 绝缘电阻

灯应先在相对湿度为 91%～95%的潮湿箱内放置 48 h,箱内空气温度要控制在 20 ℃～30 ℃之间的任一值上,温度偏差在 1 ℃之内。

绝缘电阻试验应在潮湿箱内进行,施加大约 500 V 的直流电压 1 min 后测定。灯头的载流金属件与灯的易触及部件(测试时在灯的易触及的绝缘件上包一层金属箔)之间的绝缘电阻应不小于 4 MΩ。

注:卡口灯头外壳与触点之间的绝缘电阻正在研究中。

7.2 介电强度

在绝缘电阻测试后立即进行介电强度试验。试验时,在上述规定的相同部位上施加下述交流电压,试验 1 min。

——ES 灯头:螺口灯头的壳体与灯的其他易触及部件之间(在易触及的绝缘件上包一层金属箔):

HV 型(220 V～250 V):4 000 V(有效值)

BV 型(100 V～120 V):$2U$+1 000 V

U=额定电压

试验期间,应将灯头外壳和眼片短路。

开始时,所加电压不超过规定电压值的一半,然后逐渐将电压升至上述规定值。

试验应在潮湿箱内进行,试验中不允许出现闪络或击穿现象。

注:金属箔与载流部件之间的距离正在研究中。

——卡口灯头:外壳与电触点之间的介电强度(正在研究之中)。

8 机械强度

抗扭矩

在进行下述扭矩试验时,灯头应与灯体或与灯上用来旋进或旋出的部位牢固地连结:

B22d	3 N·m
B15d	1.15 N·m
E26 和 E27	3 N·m
E14	1.15 N·m

试验采用图 2 和图 3 所示的试验灯座。

扭力不应突然施加,而应逐渐从零增加到规定值。

对于不采用粘结方式固定的灯头,可允许在灯头与灯体之间有相对位移,但应不超过 10°。机械强度试验之后,样品应符合接触性的要求(见第 6 章)。

9 灯头温升

按照 QB/T 2512 测量成品灯的灯头温升 t_s 时，其温升在灯的启动期间、稳定期和稳定以后的时间内均不应超过下列规定值：

B22d　　125 K

B15d　　120 K

E27　　120 K

E14　　120 K

E26　　正在研究中

所有试验应采用额定电压进行。如果灯上只标有电压范围，则应采用该电压范围的平均值进行试验，但电压范围的上下极限值与其平均电压值偏差不应大于 2.5%。对于宽电压范围的灯，试验时则采用其范围中的最高值。

10 耐热性

自镇流灯应具有充分的耐热性。提供防触电保护的绝缘材料的外部部件以及固定带电部件的绝缘材料部件均应具有充分的耐热性。

采用图 4 所示的球压试验装置检验其是否合格。

试验应在加热箱中进行，箱内温度应比第 9 章有关部件正常工作温度高 25 ℃±5 ℃。对于固定带电部件的绝缘部件来说至少应为 125 ℃。其他部件应为 80 ℃[1)]。受试部件的表面应水平放置，将直径 5 mm的钢球以 20 N 的力压在受试部件表面上。

试验之前，先将试验负载和支撑装置放置在加热箱内加热足够时间，以保证使其达到稳定的试验温度。

施加试验负载之前，受试部件要放进加热箱内加热 10 min。

试验时，如果受试表面出现弯曲，则应将钢球所压的部件支撑起来。为此，如果不能在一个完整的样品上进行试验，则可从其上面取下适当的部分来进行试验。

样品厚度至少要 2.5 mm，如果该样品达不到这样的厚度，可将两个以上的样品重叠在一起。

1 h 之后，从受试部件上取走钢球，将受试部件放入冷水中浸泡 10 s，待其冷却到接近室温后，测量受试部件上的压痕，其直径应不超过 2 mm。

如果出现弯曲表面使压痕呈椭圆形，则应测量其短轴，长度为压痕直径。

如果有疑问，则测量压痕深度，并用公式 $\phi=2\sqrt{P(5-P)}$ 计算直径，公式中 P 为压痕深度。

陶瓷材质部件不进行此项试验。

11 防火与防燃

固定带电部件的绝缘部件以及提供防触电保护的绝缘材料的外部部件，应能承受 IEC 60695-2-1 规定的灼热丝试验：

——试样为成品灯。为了进行试验可以从灯上去掉无关部分，但应保证试验条件与实用中的条件基本一致。

——将试样安装在支架上，施加 1 N 力将其压在灼热丝顶部，灼热丝距试件上部距离最好为 15 mm 或大于 15 mm，同时要处于受试表面的中心。灼热丝穿透试件的深度要用机械法限制到 7 mm。如果因为试样太小，而不能按上述要求进行试验时，则可取一块相同的材料作为试验样品，该样品为 30 mm 的正方形，其厚度为成品试样最小厚度。

1） 正在研究之中。

——灼热丝丝顶部的温度为650℃。30 s后将试样从灼热丝顶部移开。

在开始试验之前,灼热丝的温度和加热电电流应恒定1 min。但要保证在此期间热辐射不应影响试样。采用铠装高灵敏热电偶丝测量灼热丝顶部温度,热电偶的结构与校准应符合IEC 60695-2-1的要求。

——试样从灼热丝上移开后,试样上的任何燃烧火焰均应在30 s内熄灭,并且任何燃烧着的下落物质不应点燃水平放置在试样下面的,距离为200 mm±5 mm的薄纸。

陶瓷材质部件不进行此项试验。

12 故障状态

自镇流灯在特定使用中可能会出现故障状态,但在故障状态下工作不应降低其安全性能。

依次进行下述故障状态试验,以及由此而伴生的其他故障状态。每个故障状态试验使用一个试样。

a) 在开关启动线路中,启动器被短路;

b) 电容器之间短路;

c) 因一阴极损坏,灯不启动;

d) 虽然阴极线路完整,但灯不启动(去激活灯);

e) 灯工作,但一阴极已去激活或损坏(整流效应);

f) 断开或跨接线路中的其他触点,而线路图表明这种异常状态可能降低灯的安全性能。

对灯及其线路图进行检查,一般可以显示可能出现的故障状态。进行故障状态试验时,应按最便利的顺序依次进行。

制造商或销售商应提交有关进行故障状态试验的专用灯,并且尽可能提供通过操作灯外部的开关,即可进行故障状态试验的方法。

不能短路的零部件或装置不应跨接。同样地,不能开路的零部件或装置不应断开。

制造商或销售商应提供证明,灯的零部件具有不降低其安全性的性能,如说明其符合有关标准。

关于故障状态a)、b)或f),合格性通过下述方法检验:将受试灯在室温下燃点,施加的电压为额定电压的90%和110%,如果是电压范围,则采用该电压范围平均值的90%和110%,一直达到稳定状态,然后进行故障状态试验。

关于故障状态c)、d)或e),操作方法与上述相同,但是试验一开始就引入故障状态。

然后对灯进行历时8 h的试验,在此试验期间,灯不应起火或产生易燃气体,而且带电部件不应变成可触及的。

采用高频火花发生器检验从零部件释放出的气体是否是易燃的。

根据第6章要求的试验来检验可触及的部件是否变为带电体。采用大约1 000 V的直流电压来检验绝缘电阻(见7.1)。

单位为毫米

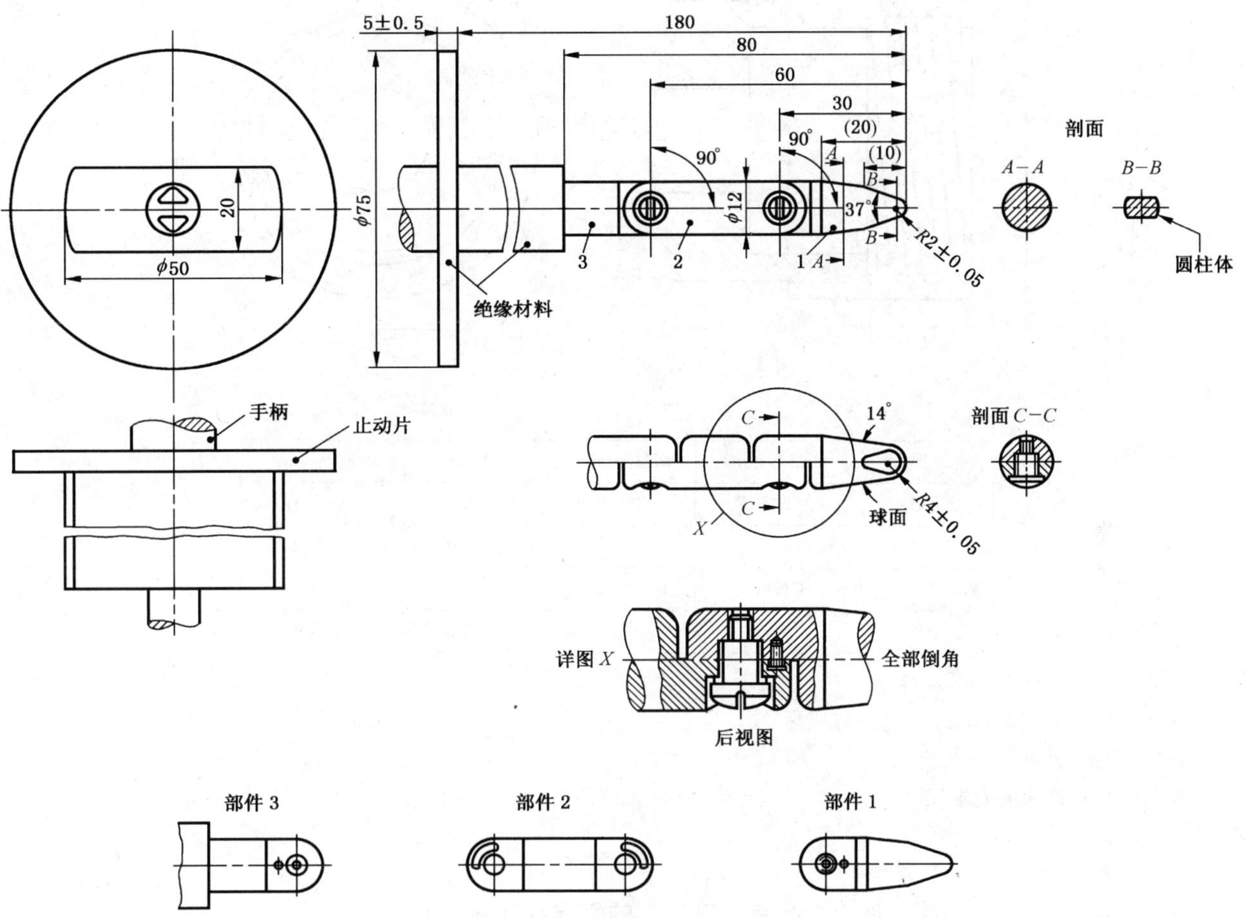

没有具体规定的有关尺寸公差：

角度：$^{0}_{-10'}$。

长度：不大于 25 mm：$^{0}_{-0.05}$mm；大于 25 mm：±0.2 mm。

试验指材料：例如经过热处理的钢。

试验指的两个接合处可以弯曲，但只能向一方向弯曲。

为了把弯曲角度限制在 $90°^{+10°}_{0}$，采用销子和凹槽来控制只是其中办法之一。因此，这些部件的尺寸与公差在图中没有作规定，实际设计中必须保证可弯曲角度 90°，公差为 0～+10°。

图 1　标准试验指

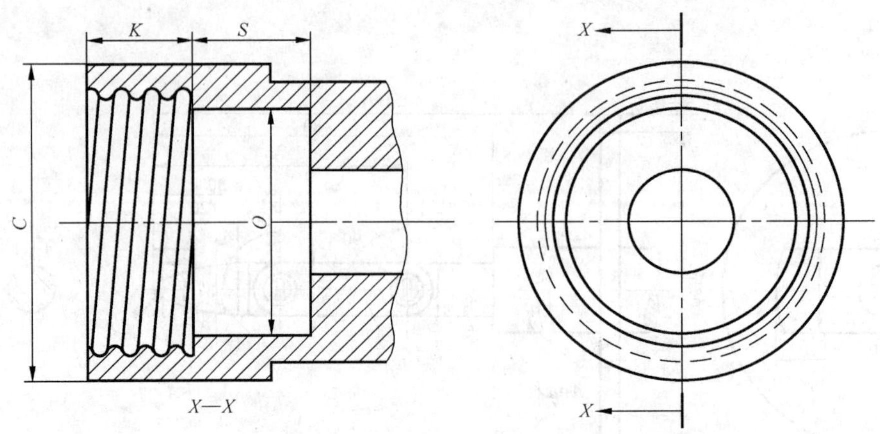

尺寸	E14/mm	E26/mm	E27/mm	公差/mm
C	20.0	32.0	32.0	最小值
K	11.5	11.0	11.0	±0.3
O	12.0	23.0	23.0	±0.1
S	7.0	12.0	12.0	最小值

其螺纹应符合 IEC 60061 规定的灯座螺纹。

长度以毫米为单位。

附图仅表示灯座的基本尺寸。

图 2　装有螺口灯头的灯作扭矩试验用灯座

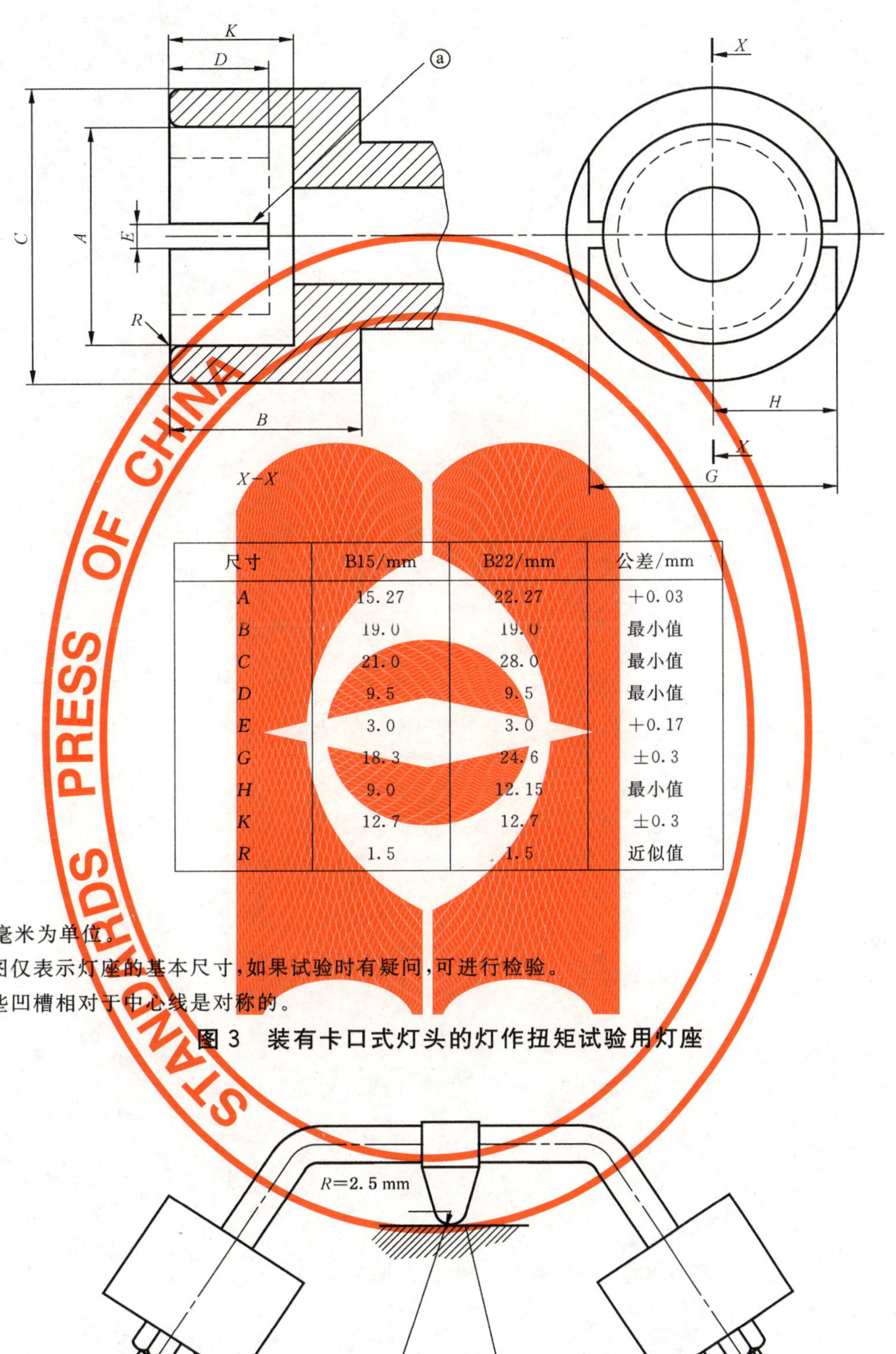

尺寸	B15/mm	B22/mm	公差/mm
A	15.27	22.27	+0.03
B	19.0	19.0	最小值
C	21.0	28.0	最小值
D	9.5	9.5	最小值
E	3.0	3.0	+0.17
G	18.3	24.6	±0.3
H	9.0	12.15	最小值
K	12.7	12.7	±0.3
R	1.5	1.5	近似值

长度以毫米为单位。

注：附图仅表示灯座的基本尺寸，如果试验时有疑问，可进行检验。

ⓐ：这些凹槽相对于中心线是对称的。

图 3　装有卡口式灯头的灯作扭矩试验用灯座

图 4　球压试验装置

ICS 13.030.40
J 88

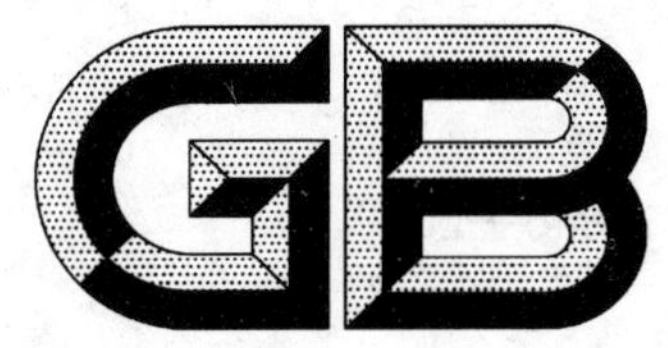

中华人民共和国国家标准

GB/T 16845—2008
代替 GB/T 16845.1～16845.3—1997

除尘器　术语

Dust collector—Terminology

2008-07-02 发布　　　　2009-01-01 实施

中华人民共和国国家质量监督检验检疫总局
中国国家标准化管理委员会　发布

前　言

本标准是对 GB/T 16845.1—1997《除尘器　术语　第 1 部分：共性术语》、GB/T 16845.2—1997《除尘器　术语　第 2 部分：惯性式、过滤式、湿式除尘器术语》、GB/T 16845.3—1997《电除尘器　术语　第 3 部分：除尘器术语》三部分标准的修订。与 GB/T 16845.1～16845.3—1997 相比主要变化如下：

——增加了“侧进风”、“分室定位回转反吹”、“回转管脉冲（喷吹）”、“比集尘面积”、“粉尘驱进速度”、“粉尘比电阻”、“室”、“台”、“电晕闭塞”、“闪络”等术语；

——修改、完善“电除尘器”、“机械除尘器”、“压力降”、“供电分区”、“电场”、“防雨棚”、“气流分布装置”、“阳极板”、“电弧放电”等术语；

——删除了“公称过滤面积”、“耐结露滤料”、“漏风量”、“气布比”、“脉冲周期”等术语；

——将附录 A、附录 B 改为中文索引和英文索引。

本标准自实施之日起代替 GB/T 16845.1～16845.3—1997。

本标准由中国机械工业联合会提出。

本标准由全国环保产品标准化技术委员会归口。

本标准起草单位：浙江菲达环保科技股份有限公司、中钢集团天澄环保科技股份有限公司。

本标准主要起草人：郦建国、陈隆枢、朱建波、赵辉、宣伟桥、汤丰、袁伟锋。

本标准所代替标准的历次版本发布情况为：

——ZB J88 001.1～ZB J88 001.3—1988；

——GB/T 16845.1～16845.3—1997。

除尘器 术语

1 范围

本标准规定了除尘器的术语，包括基本术语，惯性除尘器、过滤式除尘器、湿式除尘器术语和电除尘器术语。

本标准适用于除尘器。

本标准不适用于工业通风和空气调节领域的空气过滤器及家用吸尘器。

2 术语和定义

2.1 基本术语

2.1.1

除尘器 dust collector; dust separator

从含尘气体[1]中分离、捕集粉尘[2]的装置或设备。

2.1.1.1

惯性除尘器 inertial dust collector

利用粉尘的惯性将粉尘从含尘气体中分离出来的除尘器。

2.1.1.2

过滤式除尘器 porous layer dust collector

利用多孔介质的过滤作用捕集含尘气体中粉尘的除尘器。

2.1.1.3

湿式除尘器 wet dust collector; wet scrubber

利用液体的洗涤作用使粉尘从含尘气体中分离出来的除尘器。

2.1.1.4

电除尘器 electrostatic precipitator

利用高压电场对荷电粉尘的吸附作用，把粉尘从含尘气体中分离出来的除尘器。即在高压电场内，使悬浮于含尘气体中的粉尘受到气体电离的作用而荷电，荷电粉尘在电场力的作用下，向极性相反的电极运动，并吸附在电极上，通过振打或冲刷从金属表面上脱落，同时在重力的作用下落入灰斗的除尘器。

2.1.1.5

机械除尘器 machinery dust collector

利用机械的方式将粉尘从含尘气体中分离、捕集下来的除尘器。即为惯性除尘器、过滤式除尘器和湿式除尘器的总称，电除尘器不属于机械除尘器。

2.1.1.6

干式除尘器 dry dust collector

不使用液体（水）捕集含尘气体中粉尘的惯性除尘器、过滤式除尘器和干式电除尘器的总称。

2.1.2

除尘效率 collection efficiency; overall efficiency of separator

单位时间内，除尘器捕集到的粉尘质量占进入除尘器的粉尘质量的百分比。

---

1) 当含尘气体中粉尘的粒径较小以致其沉降速度可以忽略时，含尘气体也可称为气溶胶，在本标准中不采用气溶胶这个词汇。

2) 粉尘（固体颗粒物）按粒径和来源可称为尘粒、粉尘、烟尘等，在本标准中统称为粉尘。

2.1.3

分级(除尘)效率　grade(collection) efficiency

除尘器对某一粒径(或粒径范围)粉尘的除尘效率。

2.1.4

穿透率　penetration

透过率

单位时间内,除尘器排出的粉尘质量占进入除尘器粉尘质量的百分比。

2.1.5

压力降　pressure drop

阻力　resistance

压力损失　pressure loss

除尘器进口断面与出口断面的气流平均全压之差。

2.1.6

切割粒径　cut size

分离界限粒径

除尘器的分级效率等于50%时对应的粉尘粒径。

2.1.7

中位径　median diameter

a)　中位径记作 x_{50},它是在粒径分布中,小于它和大于它的颗粒各占50%时的粉尘粒径;

b)　在粒径分布中,把粉尘分成质量相同(等)两部分时所对应的粉尘粒径称为质量中位径;

c)　在粒径分布中,把粉尘分成数量相同(等)两部分时所对应的粉尘粒径称为数量中位径。

2.1.8

处理气体流量　flow rate of the treated gas

在单位时间内,进入除尘器的含尘气体流量,可以是体积流量或质量流量。

2.1.8.1

工况[实际]气体流量　flow rate of the actual treated gas

在实际工作温度、湿度、压力下进入除尘器的含尘气体流量。

2.1.8.2

标准状态下气体流量　flow rate of the treated gas for standard conditions

换算为标准状态(273 K,101.325 kPa)下进入除尘器的含尘气体流量。

2.1.8.3

标准状况下干气体流量　flow rate of the dry treated gas for standard conditions

换算为减去水分后标准状态(273 K,101.325 kPa)的处理气体流量。

2.1.9

含尘浓度　dust concentration

单位体积气体中所含有的粉尘质量。

可以转变为标准状态下单位体积气体中所含有的粉尘质量,也可以换算为减去水分后标准状态下单位体积干气体中所含有的粉尘质量。

2.1.10

漏风率　air leak percentage

实测漏风率　measured air leak percentage

除尘器出口标准状态下气体流量与进口标准状态下气体流量之差占进口标准状态下气体流量的百分比。

2.1.11

能耗　power or energy consumption

除尘器正常运行时所消耗的各种能量(水、电、油、压缩空气、蒸汽等),及克服其除尘器阻力所消耗的能量。

2.1.12

设备质量　mass of dust collector

除尘器在进、出口法兰之间,下至排灰口法兰以上的整体质量,不包括运行时机体内的灰、水。

2.1.13

壳体耐压强度　compressive strength of casing

除尘器壳体在允许变形范围内,所能承受的最大内外压差。

2.1.14

除尘器气密性　airtightness of dust collector

除尘器壳体的气体密封性能,是除尘器壳体在承受运行压力条件下保持不发生泄漏的性能。其指标常以除尘器壳体所有外接法兰被密封状态下,当除尘器内外压差达到规定值后的气体泄漏率来表示。

2.1.15

除尘器的接口尺寸　joint dimension of dust collector

除尘器与外接设备连接接口的配合尺寸。包括除尘器进、出口法兰,排灰口法兰以及供压缩空气、供水、供蒸汽管道接口法兰的坐标位置、构造形式,连接方法及相关尺寸。

2.2　惯性、过滤式、湿式除尘器术语

2.2.1　惯性除尘器术语

2.2.1.1

重力沉降室(除尘器)　gravity dust collector

粉尘在重力作用下沉降而被分离的一种惯性除尘器。

2.2.1.2

挡板式除尘器　impingement dust collector

含尘气流在挡板(或叶片)作用下改变方向,粉尘由于惯性而被分离出来的除尘器。

2.2.1.3

离心式除尘器　centrifugal dust collector

利用含尘气体的旋转流动,使粉尘在惯性力的作用下沿径向移动而被分离出来的除尘器。

2.2.1.3.1

旋风除尘器　cyclone collector

气流在筒体内旋转一圈以上且无二次风加入的离心式除尘器。

2.2.1.3.2

左旋　counterclock wise rotation

俯视旋风除尘器条件下,气流沿逆时针方向旋转。

2.2.1.3.3

右旋　clock wise rotation

俯视旋风除尘器条件下,气流沿顺时针方向旋转。

2.2.1.3.4

旋风子　cyclonic collection tube

使含尘气流旋转并分离粉尘的器件。

2.2.1.3.5

多管旋风除尘器　multiple cyclones;multiclone

将若干规格相同的旋风子并联组合为一体的旋风除尘器,使用共同的进、出风管道和灰斗。

2.2.1.3.6

旋流除尘器　rotary-flow dust collector

一种加入二次风以增加旋转强度的离心式除尘器。

2.2.2　过滤式除尘器术语

2.2.2.1

过滤　filtration

利用多孔介质捕集粉尘的过程。

2.2.2.2

清灰　cleaning

去除过滤介质上所粘附的粉尘层,恢复过滤介质过滤能力的过程。

2.2.2.3

反吹　reverse blow

使干净或净化后的气体沿与过滤状态相反的路线流过过滤介质以实现清灰的过程。

2.2.2.4

沉降　settling

粉尘在自身重力作用下,自上向下的运动状态。

2.2.2.5

颗粒层除尘器　gravel bed filter

利用颗粒状材料构成的过滤层捕集粉尘的除尘器。

2.2.2.5.1

垂直层　vertical bed

垂直放置的颗粒层。含尘气流水平通过。

2.2.2.5.2

水平层　horizontal bed

水平放置的颗粒层。含尘气流自上而下通过。

2.2.2.5.3

固定床　fixed bed

除尘过程中颗粒物不流动的颗粒层。

2.2.2.5.4

移动床　moved bed

除尘过程中颗粒物缓慢流动的颗粒层。

2.2.2.5.5

振动反吹清灰　vibrating and reverse blow cleaning

使干净气体反向吹过颗粒层,同时振动颗粒层,使颗粒上沉淀的粉尘脱落。

2.2.2.5.6

旋耙反吹清灰　revolving rake and reverse blow cleaning

使干净气体反向吹过颗粒层,同时旋转梳耙搅动颗粒层,使颗粒上沉淀的粉尘脱落。

2.2.2.5.7

沸腾反吹清灰　boiling and reverse blow cleaning

将干净气体反向吹过颗粒层,使颗粒处于悬浮状态,通过颗粒之间的摩擦作用使附着的粉尘脱落。

2.2.2.6

袋式除尘器　bag filter

袋滤器

利用由过滤介质制成的袋状或筒状过滤元件来捕集含尘气体中粉尘的除尘器。

2.2.2.6.1

分室　sectional;compartment

袋式除尘器分隔成若干单元,各单元可单独完成过滤与清灰功能的结构。

2.2.2.6.2

在线清灰　on-line cleaning

不切断过滤气流的滤袋清灰方式。

2.2.2.6.3

离线清灰　off-line cleaning

切断过滤气流的滤袋清灰方式。

2.2.2.6.4

二状态清灰　two states cleaning

具有"过滤"、"清灰"两种工作状态的清灰方式。

2.2.2.6.5

三状态清灰　three states cleaning

具有"过滤"、"清灰"、"沉降"三种工作状态的清灰方式。

2.2.2.6.6

上进风　top inlet

含尘气流从袋室上部进入,气流与粉尘沉降方向一致。

2.2.2.6.7

下进风　bottom inlet

含尘气流从袋室下部进入,气流与粉尘沉降方向相反。

2.2.2.6.8

侧进风　side entry

含尘气流从袋室侧面进入,含尘气流与粉尘沉降方向垂直。

2.2.2.6.9

制造漏风率　air leak percentage in manufacturing

由于制造、安装缺陷所造成的漏风率(%)。

2.2.2.6.10

折算漏风率　conversion air leak percentage

按规定方法将实测漏风率折算为除尘器内外压差达某一规定值时的漏风率。

2.2.2.6.11

过滤风速　filtration velocity

含尘气流通过滤料有效面积的表观速度(m/min)。

[GB/T 6719—1986 中表 1]

2.2.2.6.12

过滤面积　filtration area

起滤尘作用的有效面积(m^2)。

[GB/T 6719—1986 中表 1]

2.2.2.6.13

内滤 inside filtration

含尘气流由袋内流向袋外，利用滤袋内侧捕集粉尘。

[GB/T 6719—1986 中 3.4.1]

2.2.2.6.14

外滤 outside filtration

含尘气流由袋外流向袋内，利用滤袋外侧捕集粉尘。

[GB/T 6719—1986 中 3.4.2]

2.2.2.6.15

滤袋框架(骨架) bag frame(cage)

支撑滤袋，使之在过滤或清灰状态下保持袋内气体流动空间的部件。

2.2.2.6.16

防瘪环 anticollapse ring

支撑内滤式滤袋使之保持袋内一定空间的圆环。

2.2.2.6.17

消静电滤料 anti-static electricity filter materials

可减少表面电荷积累的滤料。

2.2.2.6.18

覆膜滤料 filmed filter fabric

在滤料表面上贴覆一层微孔薄膜的过滤材料。

2.2.2.6.19

涂层滤料 coated filter fabric

滤料表面进行涂层处理的滤料。

2.2.2.6.20

粉尘层剥离性 property of cake separated from filtration materials

清灰时粉尘层脱离滤料的难易程度。

2.2.2.6.21

(滤料除尘效率的)标定值 rated collection efficiency of filter fabric

在特定过滤风速下，用试验粉尘对滤料所测得的除尘效率数值。

2.2.2.6.22

机械振动类(袋式除尘器) mechanical shaking type (bag filter)

利用机械装置(含手动、电磁或气动装置)使滤袋产生振动而清灰的袋式除尘器。

[GB/T 6719—1986 中 2.1]

2.2.2.6.23

分室反吹类(袋式除尘器) sectional (compartment) reverse blow type (bag filter)

利用分室结构，用阀门逐室切换气流，在反向气流作用下，迫使滤袋缩瘪或鼓胀而清灰的袋式除尘器。

[GB/T 6719—1986 中 2.2]

2.2.2.6.24

喷嘴反吹类(袋式除尘器) nozzle reverse blow type (bag filter)

气流通过移动的喷嘴进行反吹，使滤袋变形、抖动而清灰的袋式除尘器。

2.2.2.6.25

振动、反吹并用类(袋式除尘器) combine shaking and reverse blow type (bag filter)

机械振动(含电磁振动或气动振动)和反吹两种清灰方式并用的袋式除尘器。

[GB/T 6719—1986 中 2.4]

2.2.2.6.26

气环反吹 annular nozzle reverse blow

以套在滤袋外面的环缝形喷嘴沿滤袋上下移动反吹清灰。

2.2.2.6.27

回转反吹 rotary reverse blow

高压空气通过旋臂的喷嘴对同心圆布置的滤袋反吹清灰。

2.2.2.6.28

分室定位回转反吹 sectional (compartment) rotary fixed reverse blow

利用回转机构对分隔的袋室逐个定位进行反吹清灰。

2.2.2.6.29

脉冲喷吹类(袋式除尘器) pulse jet type (bag filter)

利用脉冲喷吹机构在瞬间释放压缩气体,使滤袋急剧鼓胀,依靠冲击振动清灰的袋式除尘器。

2.2.2.6.30

环隙脉冲(喷吹) ring slot pulse jet

采用环隙型引射器的脉冲喷吹清灰方式。

2.2.2.6.31

气箱脉冲(喷吹) pneumatic box pulse jet

利用脉冲气流对同一室内滤袋同时进行清灰的脉冲清灰方式。

2.2.2.6.32

回转管脉冲(喷吹) rotary tube pulse jet

利用持续回转的喷吹管对同心圆布置的滤袋进行喷吹的清灰方式。

2.2.2.6.33

脉冲阀 pluse valve

受电磁或气动等先导阀的控制,能在瞬间启、闭高压气源产生气脉冲的膜片阀。

2.2.2.6.34

气脉冲宽度 pulse width of pneumatic pulse

脉冲阀开启一次的持续时间。

2.2.2.6.35

电脉冲宽度 electrical pulse duration

电控仪每位输出控制信号持续的时间。

2.2.2.6.36

脉冲间隔 pulse interval

喷吹间隔

相邻两个脉冲阀喷吹动作的时间间隔。

2.2.2.6.37

(脉冲阀)流通能力 throughout capacity (of pulse valve)

在一定条件下,脉冲阀通过气体流量的能力。

2.2.2.6.38

清灰周期 dust cleaning period

同一条(排)滤袋相邻两次清灰间隔的时间。

2.2.2.6.39

引射器 director

诱导二次气流的元件。

2.2.3 湿式除尘器的术语

2.2.3.1

冲激式除尘器 impact dust scrubber

含尘气体冲击液体,激起雾滴,粉尘被液体、液滴捕集的湿式除尘器。

2.2.3.2

文丘里除尘器 venturi scrubber

含尘气流经过喉管形成高速湍流,使液滴雾化并与粉尘碰撞、凝聚后被捕集的湿式除尘器。

2.2.3.3

旋风水膜除尘器 cyclone scrubber

在筒体内壁形成一层流动水膜,含尘气流中粉尘靠离心作用甩向筒壁被水膜所捕集的湿式除尘器。

2.2.3.4

泡沫除尘器 bubbling scrubber

依靠含尘气体流经筛板产生的泡沫捕集粉尘的湿式除尘器。

2.2.3.5

洗涤过滤式除尘器 filtering scrubber

利用不断被液体冲洗的过滤介质捕集含尘气体中粉尘的湿式除尘器。

2.2.3.6

脱水器 dewatering equipement

利用惯性、离心等作用,脱除气流中液滴的设备。

2.2.3.7

水气比 water to air ratio

净化单位体积(标准状态)的含尘气体所需用的水量(L/m³ 或 L/1 000 m³)。

2.2.3.8

补充水量 quantity of replenished water

由于蒸发、流失等原因需增加的水量(L/h 或 t/h)。

2.2.3.9

脱水效率 dewatering efficiency

脱水率

脱水器捕集到的液滴质量与进入脱水器的液滴总质量之比(%)。

2.2.4 其他术语

2.2.4.1

试验粉尘 test dust

指定的具有特定物理、化学性质和特定粒径分布范围的粉尘。

2.2.4.2

除尘机组 dust collecting unit

通风机与除尘器直接连接成一体的设备。

2.2.4.3

复合除尘器　complex of dust collector

把不同除尘机理综合在一起组成的除尘器，如电-旋风除尘器、喷雾-冲激除尘器、干-湿一体除尘器、电-袋复合除尘器等。

2.2.4.4

钢耗量　consumption of metals required

除尘器本体质量(在进、出口法兰之间，排灰口法兰以上的，不包括支架和保温层，包括必要的工艺性扶梯平台的设备质量)与处理气体量(或过滤面积)之比。

2.3　电除尘器术语

2.3.1　电除尘器基本术语

2.3.1.1

电除尘器内的烟气速度　precipitator gas velocity

烟气流经电场的平均速度。是指电除尘器单位时间内处理的烟气量和电场流通面积的比值(m/s)。

2.3.1.2

停留时间　treatment time

烟气流经有效电场的时间，单位为 s。

2.3.1.3

电场有效长度　effective length

烟气流方向上测得的阳极板的总长度。

2.3.1.4

电场有效高度　effective height

有电场效应的阳极板高度。

2.3.1.5

电场有效宽度　effective width

电除尘器同性电极中心距与烟气通道数的乘积。

2.3.1.6

有效流通面积　effective cross-sectional area

电场有效宽度乘以电场有效高度。

2.3.1.7

烟气通道　gas passage

相邻两排阳极板所形成的通道。

2.3.1.8

集尘面积(有效)　collecting area (effective)

有电场效应的阳极板的投影面积的总和。它等于电场有效长度、电场有效高度与 2 倍烟气通道数的总乘积。

2.3.1.9

比集尘面积　specific collecting area

单位流量的烟气所分配到的集尘面积。它等于集尘面积与烟气流量之比，单位为 $m^2/(m^3/s)$。

2.3.1.10

粉尘驱进速度　dust drift velocity

荷电粉尘在电场力作用下向阳极板表面运动的速度。它是对电除尘器性能进行比较和评价的重要参数，也是电除尘器设计的关键数据。

2.3.1.11

粉尘比电阻 dust resistivity

衡量粉尘导电性能的指标，它对电除尘器性能影响最为突出。粉尘的比电阻在数值上等于单位面积的粉尘在单位厚度时的电阻值(Ω·cm)。

2.3.1.12

灰斗容量 hopper capacity

从阳极系统以下 0.3 m 处平面到灰斗出口法兰间测得的所有灰斗的总容量。

2.3.2 **电除尘器构造术语**

2.3.2.1

供电分区 bus section

电除尘器电场的最小供电单元。具有独立的支承绝缘系统，由独立电源单独供电。

2.3.2.2

电场 field

气流方向上的一级供电区域，由一组阳极和阴极以及专为其供电的高压电源组成。实施供电后可使气体电离，粉尘荷电并产生电场效应。

在电除尘器中，各电场可以并联布置，也可以串联布置。串联布置的各电场沿气流方向依次称为第一级电场，第二级电场，…第 n 级电场。

2.3.2.3

室 chamber

电除尘器中的纵向分区，其内设有电场。当一台电除尘器具有两个(或两个以上)室时，各室平行排列，各室之间一般由挡风板来分隔气流。

2.3.2.4

台 set

具有一个完整的独立外壳的电除尘器。由一个或几个电场和室组成。

2.3.3 **电除尘器外壳结构术语**

2.3.3.1

绝缘子室 insulator compartment

支承高压系统的绝缘子封闭罩。

2.3.3.2

防雨棚 weather enclosure

设置在电除尘器屋顶的相关部位，用于防护有关装置免遭风雨侵袭和为维修人员提供遮护的非密闭性棚罩。

2.3.3.3

人孔门 access door

安装于除尘器壳体上，供检修人员进、出的活动密封门。应设有安全联锁装置。

2.3.3.4

安全接地装置 safety grounding device

一种在检修人员进入电除尘器之前将高压系统接地的装置。

2.3.3.5

气流分布装置 gas distribution device

装于进、出口封头内，用以改善进入电场的气流分布，使之均匀的装置。如可调式导流板或多孔板等。

2.3.3.6

挡风板　anti-sneakage baffle

设置在电除尘器内用以防止烟气不经电场而旁通流走的挡板。

2.3.3.7

导流叶片　turning vanes

设置在进、出口封头用来引导气流流向，以改善气流流型和含尘浓度分布的叶片。

2.3.3.8

气流分布振打装置　gas distribution device rapper

使气流分布板产生冲击振动或抖动，以使沉积在该板上的粉尘振落的装置。

2.3.3.9

支承　support bearing

位于壳体底部与电除尘器支架之间，为适应壳体热膨胀需要而设置的装置。

2.3.3.10

支架　support structure

支承电除尘器的构件。

2.3.3.11

平台　platform

位于壳体外侧，供设备检修及人员走动的设施，平台边缘一般均应设置栏杆和护板。

2.3.4　阳极系统(收尘系统)术语

2.3.4.1

阳极板(集尘板)　collecting plate

极板　plate electrode

阳极系统的组成单元。是电除尘器的接地电极，带负电荷的粉尘在电场力的作用下移向并被吸附其上。

2.3.4.2

阳极振打装置　collecting electrode rapper

使阳极板产生冲击振动或抖动，以使沉积在阳极板上的粉尘振落的装置。

2.3.5　阴极系统(电晕放电系统)术语

2.3.5.1

阴极线　discharge electrode

极线　wire electrode

电晕线　emitting-electrode

与阳极板相对设置，由负高压电源供电，在除尘器内建立电场，使气体电离，粉尘荷电并产生电场效应的构件。

2.3.5.2

阴极振打装置　discharge electrode rapper

使阴极产生冲击振动或抖动，以使沉积在阴极上的粉尘振落的装置。

2.3.5.3

阴极系统支承绝缘子　high voltage system support insulator

对阴极系统在结构上起支承作用，在电气上起绝缘作用的器件。

2.3.5.4

振打绝缘轴　shaft insulator

在电气上起绝缘作用，在机械上传递阴极系统所需的扭矩、振动或冲击力的绝缘器件。

2.3.6 电气术语

2.3.6.1

高压硅整流变压器　high voltage silicon transformer-rectifier

集升压变压器、硅整流器为一体的供电除尘器用的变压器。

2.3.6.2

高压控制柜　high voltage control cubicle

用于控制并调节高压硅整流变压器输出直流电压的电控设备。

2.3.6.3

高压隔离开关　high voltage isolating switch

用来隔离直流高压电源或转换直流高压电源连接方式的不带负荷操作的开关。

2.3.6.4

阻尼电阻器　damping resistor

用于消除整流变压器次级端产生的高频振荡，保护整流器或高压电缆不被击穿的电阻器。

2.3.6.5

低压控制设备　low voltage control equipment

用于控制振打、卸灰、加热，并具有保护、检测功能的电控设备。

2.3.6.6

高压电缆　high voltage cable

直流电压在 60 kV 及以上电压等级的电除尘器专用电缆。

2.3.6.7

安全联锁　key interlocking system

由钥匙旋转的主令电器与机械锁组成的安全联锁系统。

2.3.6.8

火花跟踪　spark tracing

自动控制整流输出电压接近火花放电电压的一种控制方式。

2.3.6.9

上位机控制系统　energy management control system

由中央控制器、高压控制柜、振打控制器、烟气浊度监测仪组成的全自动微机智能监控系统。

2.3.6.10

辉光放电　glow discharge

当电场强度超过某值时，以发光表现出来的气体中的电传导现象，此时没有大的嘶声或噪声，也没有显著的发热或电极的蒸发。

2.3.6.11

电晕　corona

发生在不均匀的、场强很高的电场中辉光放电。

[GB/T 2900.1—1992 中 2.5.10]

2.3.6.12

火花放电　spark discharge

由于分隔两端子的空气或其他电介质材料突然被击穿，引起带有瞬间闪光的短暂放电现象。

[GB/T 2900.1—1992 中 2.5.13]

2.3.6.13

电弧放电　arc discharge

火花放电之后，电场强度继续升高直至出现贯穿整个电场间隙的持续放电现象。发生火花放电时电流密度很大并伴有高温和强光。

2.3.6.14

反电晕　back corona

沉积在集尘极表面的高比电阻粉尘层内部的局部放电现象。

2.3.6.15

电晕电流　corona current

发生电晕时，从电极间流过的电流。

2.3.6.16

电晕功率　corona power

电场的平均电压和平均电晕电流的乘积。

2.3.6.17

电晕闭塞 corona block

电晕封闭

当电场中的烟尘浓度（或空间电荷强度）达到某一极值时，在静电屏蔽作用下使电晕电流几乎降到零的现象。

注：发生电晕闭塞时电场条件极端恶化，收尘效率急剧下降。

2.3.6.18

闪络　flashover

在高电压作用下，气体或液体介质沿固态绝缘体表面发生的从一个电极发展到另一个电极的放电现象。发生闪络后，电极间的电压迅速下降到零或接近于零。

2.3.6.19

一次电压　primary voltage

施加于高压整流变压器一次绕组的交流电压（有效值）。

2.3.6.20

一次电流　primary current

通过高压整流变压器一次绕组的交流电流（有效值）。

2.3.6.21

二次电压　secondary voltage

高压整流变压器施加于电除尘器电场的脉动直流电压（平均值）。

2.3.6.22

二次电流　secondary current

高压整流变压器通向电除尘器电场的直流电流（平均值）。

2.3.6.23

空载电压　no-load voltage

施加于空气介质的电除尘器电场的二次电压。

2.3.6.24

空载电流　no-load current

当以空载电压施加于电场时流过的二次电流。

2.3.6.25

伏安特性　voltage-current characteristic

二次电流与二次电压之间的关系曲线。

中 文 索 引

英 文 索 引

A

B

C

D

E

F

G

H

I

J

K

L

M

参 考 文 献

[1] GB 2900.1—1992 电工术语 基本术语
[2] GB/T 6719—1986 袋式除尘器分类及规格性能表示方法

ICS 11.040.50
C 41

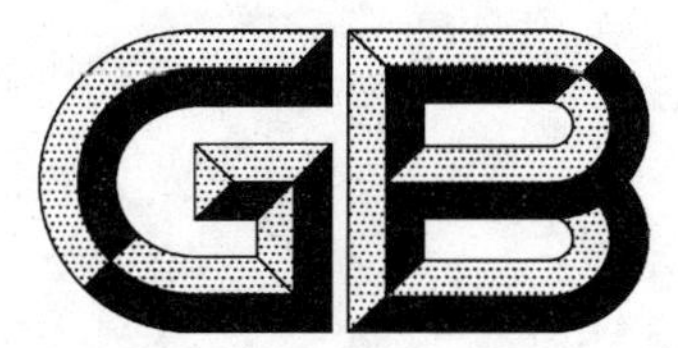

中华人民共和国国家标准

GB/T 16846—2008/IEC 61157:1992
代替 GB 16846—1997

医用超声诊断设备声输出公布要求

Requirement for the declaration of the acoustic output of medical diagnostic ultrasonic equipment

(IEC 61157:1992,IDT)

2008-03-24 发布　　　　2009-01-01 实施

中华人民共和国国家质量监督检验检疫总局
中国国家标准化管理委员会　发布

前　言

本标准等同采用国际电工委员会标准 IEC 61157:1992《医用超声诊断设备声输出公布要求》。

本标准代替 GB 16846—1997《医用超声诊断设备声输出公布要求》。

本标准与 GB 16846—1997 相比主要变化如下：

——为了不与已修订的强制性标准 GB 9706.9 产生矛盾，本标准修订为推荐性标准；

——删除了 IEC 前言；

——第 3 章“定义和符号”中，为了与 GB 9706.9 保持一致，3.11 医用超声诊断设备和 3.22 换能器组件两个定义，在这里直接采用 GB 9706.9 中 2.1.143 和 2.1.145 的定义；

——第 5 章“公布数值的取样”中关于不确定度的描述，按照 JJF 1059—1999《测量不确定度评定与表示》的规定，将“随机和系统不确定度”修改为“A 类和 B 类不确定度”；

——第 7 章“试验方法”的内容修改为：“声输出测量根据 GB/T 16540 采用水听器法，或对声功率测量根据 IEC 61161 采用辐射力天平法”；

——附录 C(资料性附录)“原理性阐述”中关于不确定度的描述，按照 JJF 1059—1999《测量不确定度评定与表示》的规定，将“随机和系统不确定度”修改为“A 类和 B 类不确定度”；

——删除了附录 D(资料性附录)“水听器测量中声强计算的实例”，附录 D 并不是原 IEC 61157:1992 的技术内容；

——对原标准中翻译不准确的条文做了若干文字上的修改，使修订后的标准更加忠实于 IEC 61157:1992原文。

本标准的附录 A 是规范性附录，附录 B、附录 C 是资料性附录。

本标准由国家食品药品监督管理局提出。

本标准由全国医用超声设备标准化分技术委员会归口。

本标准起草单位：国家武汉医用超声波仪器质量监督检测中心。

本标准主要起草人：王志俭、忙安石。

本标准于 1997 年 6 月首次发布。

引　言

本标准规定了由制造商公布医用超声诊断设备声输出的要求，技术说明中的数值表示给定的单一或复合工作模式下的最大输出水平，且数值是在水中测量而导出。

产生低值声输出水平的设备可免除本标准的完整公布要求。

医用超声诊断设备声输出公布要求。

医用超声诊断设备声输出公布要求

1 范围

本标准适用于医用超声诊断设备。

本标准确定了下列声输出资料公布的要求：

——制造商在技术数据表格中向设备的潜在购买者所提供的资料；

——制造商在随机文件/手册中所公布的资料；

——制造商在有关单位提出请求后，而提供的背景资料。

本标准对于产生低值声输出水平的设备，给出了免予公布的条件。

2 规范性引用文件

下列文件中的条款通过本标准的引用而成为本标准的条款。凡是注日期的引用文件，其随后所有的修改单(不包括勘误的内容)或修订版均不适用于本标准，然而，鼓励根据本标准达成协议的各方研究是否可使用这些文件的最新版本。凡是不注日期的引用文件，其最新版本适用于本标准。

GB/T 16540—1996 声学 0.5～15 MHz 频率范围内的超声场特性及其测量 水听器法(eqv IEC 61102:1991)

IEC 61161:2006 超声 声功率测量-辐射力天平和性能要求

3 定义和符号

下列定义适用于本标准。

图 1 至图 4 给出了下列某些定义参量的图示。

3.1

随机文件 accompanying literature

制造商随每台医用超声诊断设备一起提供的操作和指导手册。

3.2

声初始系数 acoustic initialization fraction

系统处于初始模式时的峰值负声压，与某个指定工作模式中任何系统设置下最大峰值负声压的比值。在产生最大脉冲声压平方积分值(或对连续波系统，最大平均声压平方值)的位置处进行测量确定该比值。该比值常用百分数形式表示。

注：初始模式下的系统工作模式可能不同于指定的工作模式。

3.3

声输出冻结 acoustic output freeze

没有超声回波信息的实时更新，系统处于声输出禁止的状态。

3.4

声开机系数 acoustic power-up fraction

系统处于开机模式时的峰值负声压，与某个指定工作模式中任何系统设置下最大峰值负声压的比值。在产生最大脉冲声压平方积分值(或对连续波系统，最大平均声压平方值)的位置处进行测量确定该比值，该比值常用百分数形式表示。

注：开机模式下的系统工作模式可能不同于指定的工作模式。

3.5

带宽　bandwidth

在声压的频谱图上，幅度首次比峰值幅度低 3 dB 处的两个频率 f_1 和 f_2 的差值。

3.6

复合工作模式　combined-operating mode

由一个以上的单一工作模式组合而成的系统工作模式。

注：复合工作模式的实例：实时 B 型组合 M 型(B+M)，实时 B 型组合脉冲多普勒(B+D)，彩色 M 型(cM)，实时 B 型组合 M 型和脉冲多普勒(B+M+D)，实时 B 型组合实时的血流成像多普勒(B+rD)，也就是血流成像用不同类型的声脉冲来产生多普勒信息和成像信息。

3.7

单一工作模式　discrete-operating mode

医用超声诊断设备的工作模式，超声换能器或超声换能器阵元组的激励目的是仅实现一种诊断方式。

注：单一工作模式的实例：A 型(A)，M 型(M)，静态 B 型(sB)，实时 B 型(B)，连续波多普勒(cwD)，脉冲多普勒(D)，静态血流成像(sD)和仅采用一种声脉冲的实时血流多普勒成像(rD)。

3.8

内含模式　inclusive mode

声输出水平(p_- 和 I_{spta})小于其对应的指定单一工作模式的复合工作模式。

3.9

初始模式　initialization mode

开始新患者诊断时，对应于工作模式和系统设置的系统规定状态。

3.10

制造商　manufacturer

制造、销售或代理医用超声诊断设备的公司。

3.11

医用超声诊断设备(或系统)　medical diagnostic ultrasonic equipment(or system)

使用超声对人体监测检查实现医学诊断的医用电气设备。

注：为了与 GB 9706.9 保持一致，在这里直接采用 GB 9706.9—2008 中 2.1.145 超声诊断设备的定义。原定义为：超声设备主机和换能器组件的联合体构成一个完整的诊断系统。

3.12

非扫描模式　non-scanning mode

系统的一种工作模式，其一组超声脉冲序列沿相同的声学路径激发超声扫描线。

注：脉冲系列不必由相同的脉冲所组成，如多段聚焦系统。

3.13

输出波束面积　output beam area

由输出波束尺寸所推导出的超声波束面积。

单位：平方厘米(cm^2)

3.14

输出波束尺寸　output beam dimensions

在换能器输出端面，并垂直于波束准直轴的指定方向上超声波束的尺寸(−6 dB 脉冲波束宽度)。

单位：毫米(mm)

3.15

输出波束声强　output beam intensity

时间平均输出功率除以输出波束面积。

符号：I_{ob}

单位：毫瓦每平方厘米（mW/cm^2）

3.16

患者输入面　patient entry plane

垂直于波束准直轴，或对自动扫描仪而言，垂直于扫描平面对称轴线的平面，且该平面和上述轴线的交点是超声进入患者体内的点，见图1。

3.17

开机模式　power-up mode

系统电源接通时，对应于自动确定的工作模式和系统设置的一种规定状态。若该规定状态由操作者决定，则称开机模式“不适用”（简称为 n/a）。

注：规定的状态通常为某单一或复合工作模式。

3.18

脉冲波束宽度　pulse beam width

在某指定面上，通过该面上最大脉冲声压平方积分（p_i）点的指定方向上，p_i 最大值乘以某指定系数后 p_i 值两点之间的距离，该两点位于最大 p_i 值的两侧，且相距最远，若未给出指定面的位置，则该平面通过整个声场中的空间峰值时间峰值声压点。

对－6 dB 和－20 dB 脉冲波束宽度其相应的指定系数分别为 0.25 和 0.01。

注1：对连续波系统，上述定义中的术语脉冲声压平方积分（p_i）用平均平方声压值取代。

注2：指定的面通常为垂直于波束准直轴的平面，带有圆柱形敏感阵元的超声换能器是圆柱面，带有球形敏感阵元的超声换能器为球面。

符号：W_{pb6}、W_{pb20}

单位：毫米（mm）

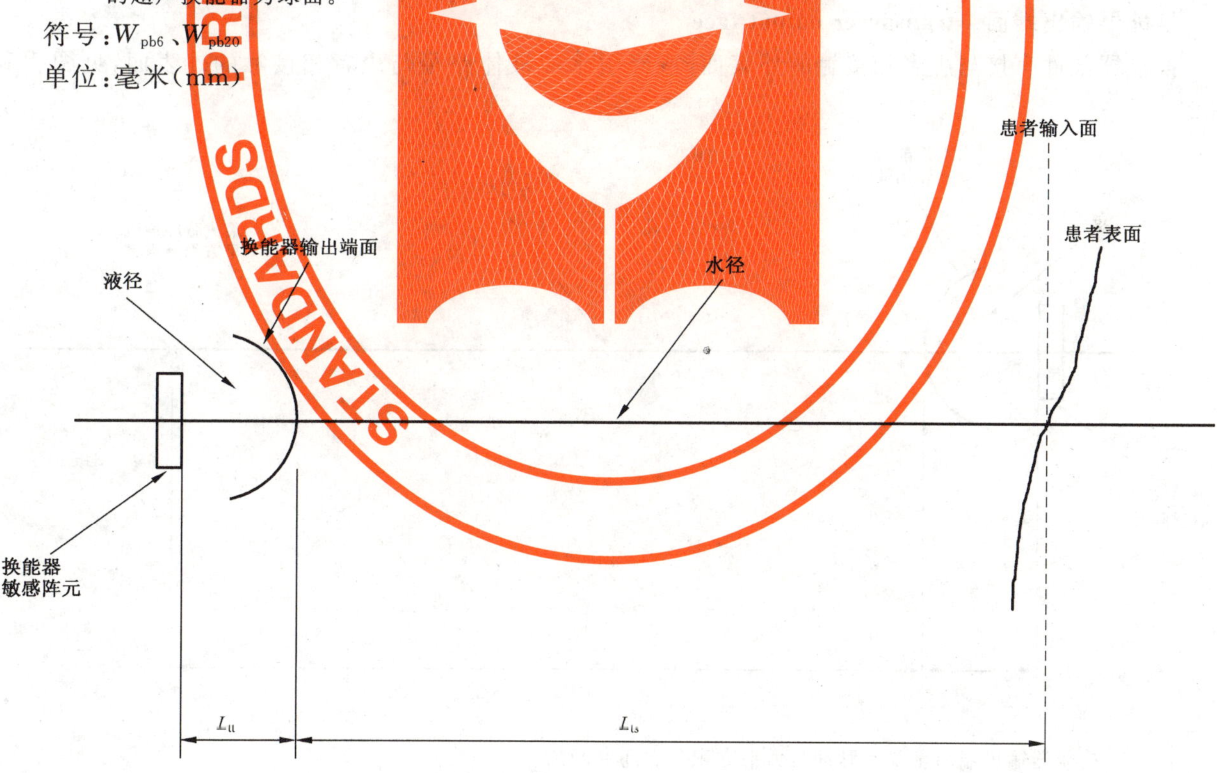

L_{ts}——换能器投射距离；

L_{tt}——换能器至换能器输出端面的距离。

图1　应用于患者时，带水径投射距离的机械扇扫扫描仪中各类定义的表面和距离之间关系的示意图

3.19

参考方向　reference direction

对具有扫描模式的系统，该方向垂直于超声扫描线的波束准直轴，并位于扫描平面内。对仅具有非扫描模式的系统，该方向垂于波束准直轴并平行于最大的－6 dB脉冲波束宽度方向。

3.20

扫描方向　scan direction

对具有扫描模式的系统，该方向位于扫描平面内并垂直于一指定的超声扫描线。

3.21

扫描模式　scanning mode

系统的一种工作模式，其一组超声脉冲序列沿不同的声学路径激发超声扫描线。

注：脉冲系列不必由相同的脉冲所组成，如多段聚焦系统。

3.22

换能器组件　transducer assembly

换能器主体(探头)、相关的电子电路和壳体中含有的任何液体及连接换能器探头与超声主机的一体化电缆线。

注：为了与GB 9706.9保持一致，在这里直接采用GB 9706.9—2007中2.1.143换能器组件的定义。原定义为：医用超声诊断设备中由超声换能器和/或超声换能器阵元组及不可缺少部分诸如声透镜、支座等构成的组件，换能器组件通常是可以和超声设备主机相分离的。

3.23

换能器输出端面　transducer output face

换能器部件直接与患者相接触的外表面，或经由水或液体路径与患者相接触的外表面，见图1和图2。

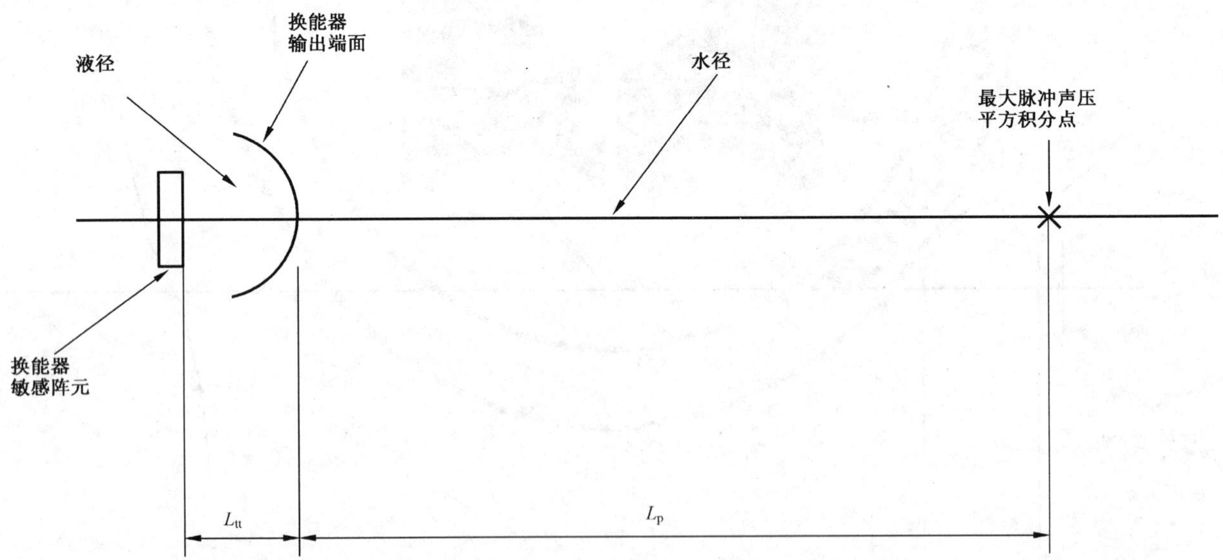

L_p——换能器输出端面至最大脉冲压力平方积分点间的距离。

图2　声输出测量期间，机械扇扫扫描仪中各类定义的表面和距离之间关系的示意图

3.24

换能器投射距离　transducer stand-off distance

换能器输出端面和患者输入面之间的最短距离。

术语“接触”的意思是换能器输出端面和患者直接接触，此时投射距离为零。见图1。

符号：L_{ts}

单位：毫米(mm)

3.25

换能器至换能器输出端面的距离　transducer to transducer-output-face distance

沿波束准直轴方向从超声换能器或超声换能器阵元组的敏感表面至换能器输出端面之间的距离。见图1和图2。

符号：L_{tt}

单位：毫米(mm)

3.26

典型测试数据　type testing values

声输出参量在指定系统中最大的可能声输出水平。

3.27

超声扫描线　ultrasonic scan line

自动扫描系统中，特定超声换能器阵元组的波束准直轴，或超声换能器或超声换能器阵元组单次或多次激励的波束准直轴，见图3。

注：在此，超声扫描线指的是声脉冲路径，而不是系统显示器屏幕上图像中的一条线。

3.28

超声设备主机　ultrasonic instrument console

与换能器组件相连接的电子装置部分。

下列定义与GB/T 16540—1996(eqv IEC 61102:1991)中的相同或相符合。

3.29

声脉冲波形　acoustic pulse waveform

声场中某指定位置处瞬时声压的时间波形，显示的持续时间应足够长，包括单脉冲或猝发脉冲或连续波中一个或多个周期中的全部有效信息。

3.30

算术平均声工作频率　arithmetic-mean acoustic-working frequency

声场中某一指定位置处，水听器的输出声信号频谱图中指定幅度首次低于峰值幅度3 dB处，频率f_1和f_2的算术平均值。

符号：f_{awf}

单位：兆赫(MHz)

3.31

波束准直轴　beam-alignment axis

仅用于定向目的，波束准直轴是连接两个半球面上两个空间峰值时间峰值声压点之间的直线；这两个半球面的中心近似位于超声换能器或超声换能器阵元组几何中心，第一个半球面的曲率半径近似为$A_g/\pi\lambda$。在此，A_g是超声换能器或超声换能器阵元组的几何面积，λ是对应于标称频率的超声波长，第二个半球面的曲率半径为$2A_g/\pi\lambda$或$3A_g/\pi\lambda$，取更适用者。针对定向目的，可将该线延长至超声换能器或超声换能器阵元组的端面上。

在大多数实际应用中，采用两个垂直于超声传播方向的平面。在单值峰值不位于半球表面的情形下，则选择另一个不同的能产生单值峰值的曲率半径。

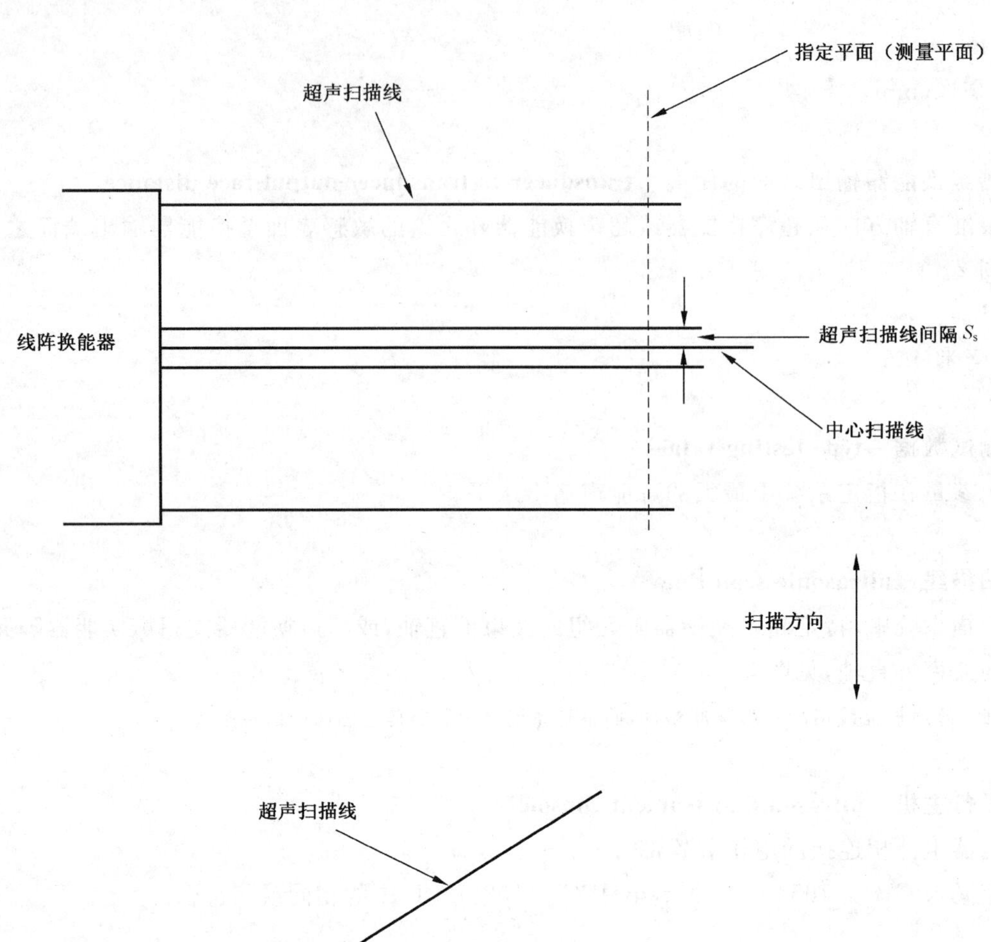

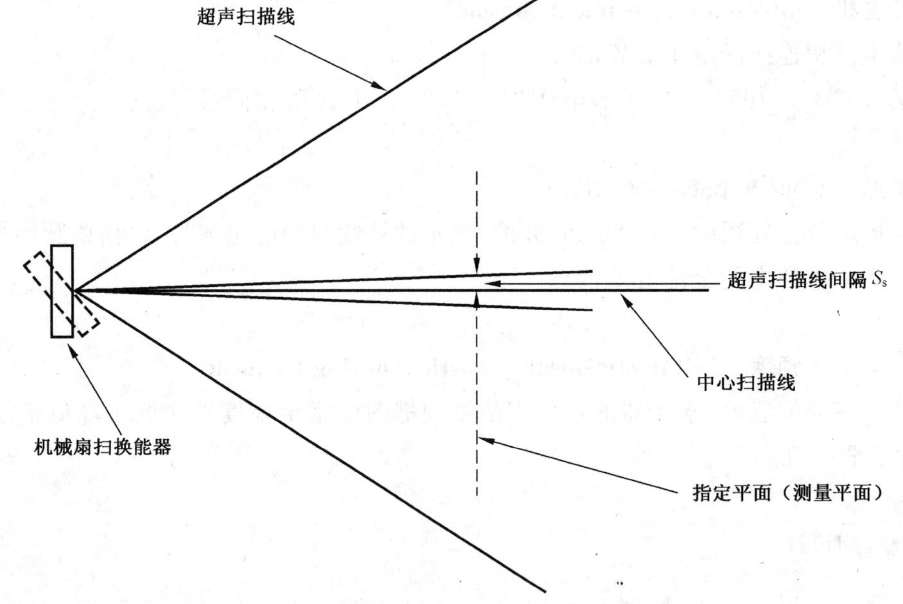

指定平面是对应于最大脉冲声压平方积分(或对连续波系统为最大平均平方声压)的平面，
在该平面中根据 GB/T 16540 进行测量

图 3　线阵扫描仪和机械扇扫扫描仪中各类定义的参数及扫描线分布的示意图

3.32

中心扫描线　central scan line

对自动扫描系统，最靠近扫描平面对称轴的那根超声扫描线。

3.33

标称频率　nominal frequency

由设计者或制造商给定的超声换能器或超声换能器阵元组的超声工作频率。

3.34

峰值负(或峰值稀疏)声压 peak-negative(or peak-rare factional)acoustic pressure

在声波重复周期内,声场中或指定平面处负值瞬时声压的最大值,峰值负声压用一正数表示。见图4。

符号:p_{-}(或 p_{r})

单位:帕(Pa)

3.35

脉冲声压平方积分 pulse-pressure-squared integral

声场中特定点处,在整个声脉冲波形范围内对瞬时声压平方的时间积分。

符号:P_{i}

单位:帕二次方秒($Pa^2 \cdot s$)

3.36

脉冲重复周期 pulse repetition period

两个连续的脉冲或猝发脉冲之间的时间间隔,适用于单阵元的非扫描系统和自动扫描系统。

单位:秒(s)

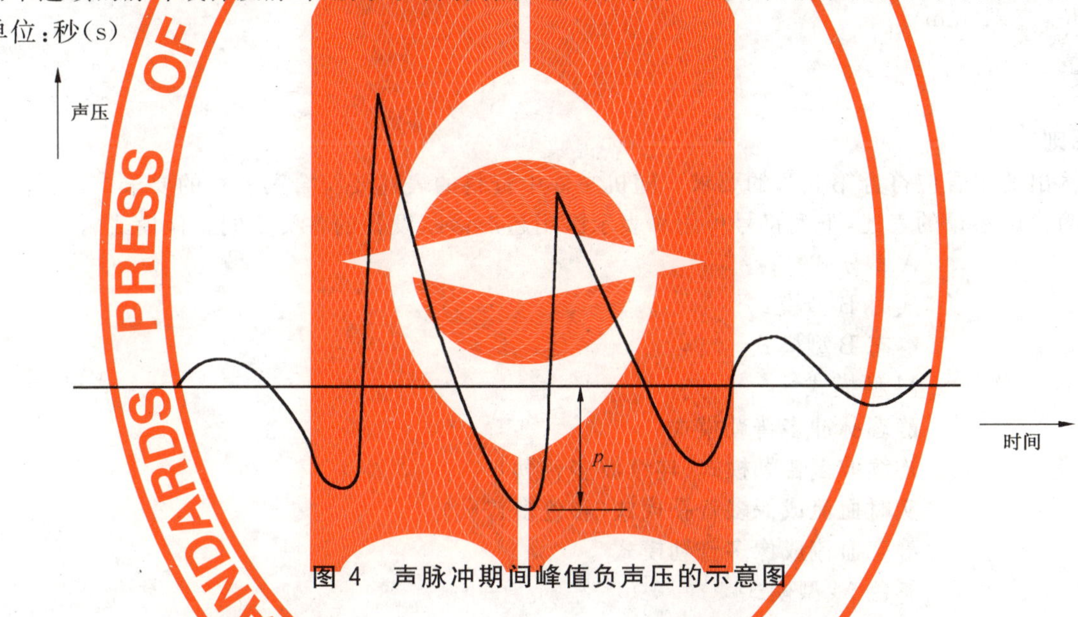

图4 声脉冲期间峰值负声压的示意图

3.37

脉冲重复频率 pulse repetition rate

脉冲重复周期的倒数。

符号:prr

单位:赫兹(Hz)

3.38

扫描平面 scan plane

对自动扫描系统而言,包括所有超声扫描线的平面。

3.39

扫描重复周期 scan repetition period

在两幅相邻的帧面、扇面或扫描上两相同点之间的时间间隔,仅适用于自动扫描系统。

单位:秒(s)

3.40

扫描重复频率 scan repetition rate

扫描重复周期的倒数。

符号：srr

单位：赫兹(Hz)

3.41

空间峰值时间平均导出声强　spatial-peak temporal-average derived intensity

声场中指定平面上，时间平均导出声强的最大值。系统在复合工作模式下，时间平均的时间间隔取得足够长，包括可能不发生扫描的那一段时间。

注："导出"用来限定对声强的定义方式。

符号：I_{spta}

单位：毫瓦每平方厘米，mW/cm^2

3.42

超声扫描线间隔　ultrasonic scan line separation

自动扫描系统中，同一类型的两个指定相邻的超声扫描线与指定平面的两个交点之间的距离。见图3。

符号：S_s

单位：毫米(mm)

4　要求

4.1　总则

声输出的报告应符合第5章的要求。随机文件中资料的表述要符合第8章的要求。

为简化声参量的表述，下列符号可用来表示医用超声诊断设备的各类不同工作模式。

A	A型模式
B	实时B型模式
sB	静态B型模式
M	M型模式
D	静态脉冲多普勒模式
cwD	连续波多普勒模式(连续波多普勒)
rD	实时血流成像多普勒模式(彩色多普勒)
sD	静态血流成像多普勒模式
cM	彩色M型模式
B+M	B型和M型复合模式
B+D	B型和脉冲多普勒复合模式
B+rD	B型和实时血流成像多普勒复合模式
B+D+M	B型和脉冲多普勒和M型的复合模式

任何与上述不同的单一工作模式或复合工作模式，应采用类似的注释加以说明，意义不明确时应参照上述内容给出定义。

所有单一工作模式，技术内容的通用要求为：

——声输出资料的给出应符合4.2的规定要求；

——内含模式应加以说明(复合工作模式其声输出参量(p_-和I_{spta})不超过该指定单一工作模式下的水平)。

注：构成复合工作模式的各模式中，不必包含该指定的单一工作模式。

复合工作模式，技术内容的通用要求为：

——若系统仅能工作在一个复合工作模式下，声输出资料中应加以说明；

——若任何复合工作模式的p_-或I_{spta}大于系统工作在单一工作模式下相应数值的较大(或最大)值，声输出资料中应加以说明；

——若复合工作模式的(p_- 和 I_{spta})小于系统指定的单一工作模式的水平,则该复合工作模式应作为特定单一工作模式的内含模式加以说明;

——在说明复合工作模式的声输出资料时,宜尽量详细说明一个或多个起主要作用的单一工作模式的声输出来达到这一目的;

——构成复合工作模式的一个或多个单一工作模式的有关脉冲,确定了声输出参量(p_- 和 I_{spta}),而复合工作模式又由该声脉冲序列构成,则该复合工作模式由上述起主要作用的单一工作模式组成。在此情形下,复合工作模式的声输出技术内容应基于起主要作用的单一工作模式。

某些系统在诊断应用时,只能工作在复合工作模式下,但其内部测试任选项允许其在测量目的下工作在单一工作模式。对这类系统,能够确定各种声脉冲类型或单一工作模式下的声输出资料,对复合工作模式而言,利用对脉冲序列的知识,可以可靠地评估复合工作模式下的输出。在需确定复合工作模式下的输出时,均可采用这种评估方法。

单一或复合工作模式可能是由激励一条声扫描线的不同类型的声脉冲序列所构成,如工作在多段聚焦下的系统。在该情形下,声压参量应从产生最大声输出参量的特定脉冲序列中导出,如:从某一特定聚焦区域的激励脉冲中确定。然而,I_{spta}应包括所有聚焦区域的激励脉冲,并考虑邻近超声扫描线的叠加因素。

若系统产生最大声压(p_-)时的设置不同于产生最大导出声强(I_{spta})时的设置,则对该类设备的声输出可能需要详细提交两组声压和导出声强参量。当根据4.2需要用两组声输出参量来详细说明某个工作模式的输出时,应在表示两组数值的符号上用脚注加以区别。例如,对某些多普勒系统,符号 D_p 表示产生最大声压(p_-)条件下的参量和设置,而 D_I 表示产生最大声强(I_{spta})条件下的参量和设置。

4.2 声输出资料公布的要求

资料应由制造商按下述三种方式提供:技术数据表格,随机文件/手册,接到请求时提供的背景资料。

4.2.1 在技术数据表格中公布的资料

制造商提交给设备的潜在购买者的技术数据表格中应包括下列资料:

对每一种换能器组件和超声设备主机,应给出下列a)至e)五个参量为一组的数据。

参量a)至d)的最大值应从根据4.2.2公布的所有模式的完整资料中选取,数据的公布内容应包括所公布产生每种最大数值时的模式。

a) 最大时间平均声功率输出(最大功率)——对扫描系统,应是所有声脉冲的总声功率输出,还应声明声功率输出是否能由使用者控制;

b) 峰值负声压——位于整个声场中,垂直于波束准直轴,且包含最大脉冲声压平方积分点(或对连续波系统为最大平均平方声压点)的平面上;

c) 输出波束声强;

d) 空间峰值时间平均导出声强——对整个声场而言;

e) 标称频率。

4.2.2 在随机文件/手册中公布的资料

下列资料应在设备的随机文件中提供,应给出所有单一工作模式的资料,若系统仅能工作在复合工作模式下,则参见4.1。在第三方提出请求时,本条中的所有内容均应根据4.2.3提供更详尽的资料。

声参量a)至d)所示应为特定换能器组件和超声设备主机的最大数值,若未加说明,其余参量所涉及的工作条件对应于产生这些最大声参量的条件。

注:附录A给出自动扫描系统声输出公布的实例。

下列资料应公布:

a) 最大时间平均声功率输出(最大功率)——对扫描系统,应是所有声脉冲的总声功率输出;

b) 峰值负声压(p_-)——位于整个声场中,垂直于波束准直轴,且包含最大脉冲声压平方积分点(或对连续波系统而言,最大平均平方声压点)的平面上;

c) 输出波束声强 I_{ob};

d) 空间峰值时间平均导出声强(I_{spta})——对整个声场而言。对扫描系统而言,应针对中心扫描线(包括叠加扫描线的作用);

e) 超声设备主机的设置(系统设置)——对上述 a)至 d)所产生数据的设置条件,若 a)、b)、c)、d)下系统设置各不相同,则对不同的参量应分别说明系统设置状况;

f) 换能器输出端面至最大脉冲声压平方积分点(对连续波系统为最大平均平方声压)之间的距离(L_p)。在超声场中若空间蜂值时间平均导出声强点的位置不同于最大脉冲声压平方积分点的位置(对连续波系统为最大平均平方声压点),则换能器输出端面至 I_{spta} 点之间的距离也应给出;

注:上述情形可能发生在多段聚焦和/或扇形扫描系统中。

g) −6 dB 脉冲波束宽度(W_{pb6})——位于最大脉冲声压平方积分点(对连续波系统为最大平均平方声压点)处。若在不同的方向上波束宽度的差异大于最大波束宽度的 10%,则应给出两个正交方向上波束宽度值,这些方向应平行于(∥)和垂直于(⊥)参考方向。对扫描模式而言应是中心扫描线的波束宽度;

h) 脉冲重复频率(prr)——对非扫描模式而言;扫描重复频率(srr)——对扫描模式而言;

i) 输出波束尺寸——应详细说明平行于(∥)和垂直于(⊥)参考方向的尺寸。对扫描模式而言应是中心扫描线的尺寸。在许多情形下,尤其是接触式系统中,可以采用超声换能器或超声换能器阵元组的几何尺寸;

j) 算术平均声工作频率(f_{awf})——水听器置于最大脉冲声压平方积分点(对连续波系统,为最大平均平方声压点)处测得;

k) 声开机系数;

l) 开机模式——在使用者定义开机模式的系统中,应声明“使用者定义”或“不适用”(n/a);

m) 声初始系数——若适用;

n) 初始模式——若适用,在使用者定义初始模式的系统中,应声明“使用者定义”或“不适用”(n/a);

o) 声输出冻结——若系统具备声输出冻结功能,应声明“有”,否则应声明“无”;

下列资料建议公布:

p) 换能器至换能器输出端面的距离(L_{tt})——若适用;

q) 换能器投射距离(L_{ts})典型值——若换能器组件在正常使用时与患者直接接触,则应说明为“接触式”系统。

若设备(前面板)产生最大声压[上述 b)]的系统设置(诸如多普勒系统中的采样深度和采样容积长度),不同于产生最大空间峰值时间平均导出声强[上述 d)]时的设置,则对参数 b)、d)至 k)和 m)应详细提供两组数据。一组应包括最大声压 p_- 和系统设置或系统参量,而第二组应包括最大空间峰值时间平均导出声强及相应的系统设置或系统参量,而且每组均应给出所有要求参量的数值,这意味着两组参量的技术内容中对参量 a)、c)、l)和 n)至 q)是相同的。这将确保一组声参量的数据值对应于给定设备的特定工作条件,从目前的理解水平而言,该组数据宜尽量完整。例如,对应于产生最大 I_{spta} 系统设置下的一组数据中,其声压要小于产生最大声压系统设置下的第二组数据中的声压值。

上述参量 a)和 c)的系统设置可能不同于参量 b)和 d)的系统设置,则如附录 A 表 A.1 所示,可以在声初始系数之后,给出最大声功率和 I_{ob},最大声功率和 I_{ob}所对应的系统设置可以用脚注或以另起一列的形式给出。

4.2.3 背景资料

所列举的任何背景资料均可从制造商处索取。在提供背景资料时，每一模式下的有关资料应根据4.2.2的要求提供。

若适用，参数所涉及的工作条件应对应于4.2.2中产生最大声输出水平下的系统设置，对仅能工作在复合工作模式下的自动扫描仪，根据4.2.3.1和4.2.3.2的要求提供任何资料，应包括组成该复合工作模式的每一种声脉冲的类型。

当一个模式有四种以上不同类型的声脉冲构成时，背景资料应限制在产生最大轴向脉冲声压平方积分的四种脉冲类型。

4.2.3.1 所有单一工作模式

接到请求时，建议提供下列资料：

a) 峰值负声压(p_-)和脉冲声压平方积分(连续波系统为平均平方声压)，与距换能器输出端面距离之间函数关系的变量轴向图，轴向图从换能器输出端面向前延伸与波束准直轴重合，终止于换能器输出端面至最大脉冲声压平方积分点(连续波系统为最大平均平方声压点)距离的1.3倍处。轴向图中至少应包括五个等间隔采样点，且宜包括最大脉冲声压平方积分点(连续波系统为最大平均平方声压点)；

注：系数1.3是不严格的，之所以选择该值是为保证轴向图能延展至峰值正声压点。

b) 整个声场中，最大脉冲声压平方积分点(连续波系统力最大平均平方声压点)处的声脉冲波形；

c) 水听器置于最大脉冲声压平方积分点(连续波系统为最大平均平方声压点)处所测的声脉冲波形带宽。

4.2.3.2 所有扫描模式

接到请求时应提供下列资料：

a) 一次扫描重复周期期间，超声扫描线的数目；

b) 在扫描方向上扫描平面内，测量最大脉冲声压平方积分点处超声扫描线的间隔；

c) 需要详细说明工作顺序的任何其他资料。例如，若适用，扫描平面的转换速率。

接到请求时，建议提供下列资料：

d) 一次扫描重复期间，换能器激励的数目；

e) 仅能工作于复合工作模式下的系统，一次扫描重复期间的脉冲序列。

5 公布数值的取样

若声输出水平不符合第6章规定的免予公布的条件，则应根据第4章要求，对特定换能器组件和超声设备主机的组合，列举每种工作模式下最大可能的声输出水平下的典型测试数据。

最大可能值应是下列两项的线性叠加，第一项为系统设定在最大声输出设置下，对同一系统测量的最大一组数据，第二项为测量步骤的不确定度。应根据A类和B类不确定度平方之和的平方根来评估(前者涉及某个系统的测量结果，后者以95%置信水平表示)见附录C。

除4.2指定的声参量外，也可提供其他声输出资料。当附加资料包括GB/T 16540—1996中的参量时，则应根据本标准的要求加以说明。若提供任何其他参量的数值时，则应给出有关测量条件。

在随机文件中，按4.2.2提供资料。另外，制造商也可针对换能器组件和超声设备主机的特定组合对4.2.2中a)至q)的任何参量给出其特征值，在该情形下，参量的每一特征值应是：测量值和所测参量95%置信水平下的不确定度两者的线性叠加，总不确定度应包括A类和B类不确定度两个分量。

若制造商未给出指定的资料，则制造商应声明每一换能器组件和超声设备主机的声输出水平与典型规范值符合。若换能器组件和超声设备主机符合本标准第6章免予完整公布的要求，则制造商应声明每一换能器组件和超声设备主机的声输出都符合免予公布条件，这类声明的形式应类似于第6章的规定。

若换能器组件由原设备供货商以外的其他公司提供，则其他供货商应：

——或：说明换能器组件和超声设备主机在特定的单一和复合工作模式下的声输出参量的典型测试值；

——或：保证声输出水平不超出原制造商的规定，并在声明中对此加以说明，给出原制造商的典型数据。

若新供货商提供换能器组件与符合第6章免予公布要求规定的系统相配套时，新供货商应确保超声设备主机和新换能器组件配套后仍能满足第6章规定。若新换能器和超声设备主机不再满足本标准免予公布的规定要求，新供货商应根据本标准的要求提供声输出资料。

6 免予公布的规定

若满足下列条件，免予制造商根据第4章的规定进行声输出资料的公布：

特定换能器部件和超声设备主机的组合在所有工作模式下，峰值负声压、输出波束声强和空间峰值时间平均声强的最大可能值（见第5章）应满足下列所有三项不等式：

$$p_{-} < 1\ \text{MPa}$$

$$I_{ob} < 20\ \text{mW/cm}^2$$

$$I_{spta} < 100\ \text{mW/cm}^2$$

对满足这三项免予条件的换能器组件和超声设备主机，在其技术数据表格和随机文件/手册所公布的资料中应声明峰值负声压不超过1 MPa，输出波束声强不超过20 mW/m^2，空间峰值时间平均声强不超过100 mW/cm^2。另外，在上述两类资料中，应注明其标称频率。

7 试验方法

声输出测量根据GB/T 16540采用水听器法，或对声功率测量根据IEC 61161采用辐射力天平法。

8 标记

每一台超声设备主机和换能器组件上应标上其型号和序列号。

8.1 结果的表示

按4.2.2的规定在随机文件/手册中所提交的资料采用下列格式：

——特定换能器的所有资料以单页的形式提供；

——给出制造商名称；

——给出型号，及相关的概括性说明。

给出的表格资料中，每列表示一项工作模式（单一或复合工作模式）。

其他的声输出资料诸如空间峰值脉冲平均导出声强（I_{sppa}）等也可列出，在此情况下，要在表格中增加额外的行数。

表格的通用格式要遵循附录A中的示例。

附 录 A
（规范性附录）
声输出资料公布的示例

本附录按标准规定给出了 3.5 MHz 相控阵扇形扫描仪声输出的报告示例。本报告应附加在设备的随机文件中，表 A.1 中的数据不是取之于任何特定的系统，因此，也不是任何意义下的典型值。该相控阵能够工作在 B 型、M 型、B+M 型、D 型、B+D 型模式下，仅给出三个单一工作模式 B 型、M 型和 D 型的资料。对多普勒模式，由于最大声压 p_- 的系统设置不同于产生最大 I_{spta} 数值的设置，故给出两组数据。因此根据 4.1 给出了两列分别以 D_p 和 D_i 表示的多普勒资料。

表 A.1　根据本标准，随机文件中 3.5 MHz 相控阵扇形扫描仪声输出的报告示例

制造商：×××

×××相控阵扇形扫描，×××型 3.5 MHz 通用型探头的声输出资料

模式	B	M	D_p	D_i
p/MPa	2.2	2.2	1.8	0.5
I_{spta}/（mW/cm²）	5.0	180	500	900
系统设置[a]	聚焦 F_1 输出 0 dB	聚焦 N 输出 0 dB	SVL=1 mm RGB=150 mm	SVL=10 mm RGB=100 mm
L_p/mm	50	50	42	44
W_{pb6}(//)/mm (⊥)/mm	1.2 1.4	1.2 1.4	1.3 1.2	1.4 1.4
prr/kHz	—	0.8	3.1	6.0
srr/Hz	10	—	—	—
输出波束尺寸[b]/mm	ϕ19	ϕ19	ϕ19	ϕ19
f_{awf}/MHz	3.6	3.6	3.0	3.0
APF[c]/%	100	100	122	440
AIF[d]/%	100	100	122	440
最大功率[e]/mW	2.1	1.3	6.0[f]	6.0[f]
I_{ob}/(mW/cm²)	0.7	0.5	2.1[f]	2.1[f]
开机模式	B	B	B	B
初始模式	B	B	B	B
声输出冻结	是	是	是	是
L_{tt}/mm	7	7	7	7
L_{ts}/mm	接　触　式			
内含模式	—	B+M	B+D	B+D

[a] RGB——距离选通深度，SVL——采样容积长度。

[b] ϕ——表示直径。

[c] 声开机系数。

[d] 声初始系数。

[e] 功率以 3 dB 为一档，可由使用者控制。

[f] 系统设置——聚焦 F_1，输出 0 dB，SVL=10 mm，RGB=100 mm。

附　录　B
（资料性附录）
复杂系统的公布要求

附录A中给出了符合本标准典型公布要求的示例，所涉及的是一台复杂的医用超声诊断设备，具有三个单一工作模式，至少两个以上复合工作模式，且每根扫描线能够进行多段聚焦。

对具备多探头和多种复合工作模式的复杂系统，下列实例提供了标准公布要求的更具体的导则。

假定某系统配备10个探头，均具备11项或更多的工作模式，其中四项为单一B、M、rD和D模式，其余的为复合工作模式。

假定对所有探头均进行了测量，已知所有模式下 p_{-} 和 I_{spta} 的最大值和其相应的系统（前面板）设置。

按照下列各项确定对公布的需要：

B模式　要求作为单一模式公布，由于 p_{-} 和 I_{spta} 对应于不同的系统设置，要求有两组数据；

M模式　要求作为单一模式公布，由于 p_{-} 和 I_{spta} 对应于相同的系统设置，要求一组数据；

D模式　要求作为单一模式公布，由于 p_{-} 和 I_{spta} 对应于不同的系统设置，要求有两组数据；

rD模式　要求作为单一模式公布（对于工作在复合模式下，采用一种以上诊断方式的大多数彩色血流成像系统而言，该模式是不常见），由于 p_{-} 和 I_{spta} 对应于不同的系统设置，要求有两组数据；

B+D、B+M、B+M+D、M+D、B+rD、M+rD、cM模式

仅在特定复合工作模式的 p_{-} 超过四项单一工作模式的最大值，或 I_{spta} 超过四项单一工作模式的最大值时，要求进行公布。在上述所有情形下，最大的 p_{-} 发生在单一B模式，最大的 I_{spta} 发生在单一D模式，故所有这些模式均不需要公布。然而，B+M模式的 p_{-} 和 I_{spta} 值小于其相应的单一M模式，因此B+M模式是M模式的内含模式，并应加以说明。同样B+D、B+M+D、M+D和M+D为D模式的内含模式。B+rD、M+rD、cM模式的 p_{-} 和 I_{spta} 值均小于四项单一工作模式对应的最大值，但这三个复合工作模式中的一对 p_{-} 和 I_{spta} 值，并不都小于四项单一工作模式中任何一对的相应值。故B+rD、M+rD、cM不满足内含模式的条件，也不满足作为复合工作模式公布的条件，它们根本不需要公布。

对该系统。每一探头的数据表格均由七列数据组成（三套中有两组数据，一套中有一组数据），所有数据均为单一工作模式，能够方便地汇总在单页表格中。在上例中，配备10个探头的系统，其随机文件中要求附加10页数据表格。

附　录　C
（资料性附录）
原理性阐述

医用超声诊断设备的声输出水平和医疗实践中使用这类设备的潜在危害影响，已引发了广泛的讨论。在制定辐照和剂量的国家标准工作中，本标准迈出了第一步。在此要求医用超声诊断设备的制造商，能够向设备的使用者和潜在使用者提供声输出资料。其采用的测量步骤基于可行的方法，制造商基于共同的基础公布声输出资料。

本标准的目的是提供超声场特性的技术概述和一套可溯源的声参数资料，资料有三种类型。首先是制造商向潜在的购买者在技术数据表格中所提交的最低限度的资料；第二是制造商为每一套系统所提供的资料，其有限的内容描述声场特性；第三是提供给专家的基础数据，是系统技术性能的背景资料，在使用者或有关团体提出请求时才予以提供。在标准中，要求制造商公布前两类资料，大多数背景资料并不要求公布，但仍希望制造商对合理的请求给予答复，公布的要求中包括这些非强制性方面是因为在标准制定过程中，认识到某类资料尤其是背景资料涉及商业价值和所有权问题，因此，决定了公布中的非强制性部分。然而期望制造商仍能按要求提供资料，通过与资料索取团体达成保密协议来解决上述问题。

在随机文件中的有关资料可用于：

a）　生物效应研究中的辐照方案；

b）　追溯性/预期性病变研究中的辐照数据；

c）　有证据或怀疑装置或其他超声诊断设备可能危害患者时（这类情形未发生过，但将来可能会发生）对装置安全性的大致评估；

d）　对诊断性能等效的设备，在考虑其安全性时，这类资料供使用者选择低声输出的系统。

技术数据表格中辐照资料应有助于潜在的购买者在购买系统时做出正确的选择。

选定峰值负声压的原因是它和超声的非热效应关系最密切，而总功率输出波束声强，空间峰值时间平均声强和波束宽度与热效应关系最密切。

描绘水中传播的超声场特性的一个主要问题是由于有限振幅（非线性）效应引起的脉冲波形失真，将水中测量的声参量与线性衰减模型相结合来估计组织中的超声辐照可能产生严重的误差。相类似地，由于“激波损耗”，水中所测得声参量也可能产生误差。故在采用声输出资料时要多加注意。但是，在可靠的、有效的测量法或组织内辐照估计法建立之前，水中超声场测量被认为是唯一的可用作参考方法的测量法。

本标准的基本原理是从峰值负声压和脉冲声压平方（对连续波系统为平均平方声压）这两个声参量的轴向图推导出的声参量。从这些图中，在脉冲声压平方积分最大值的轴向位置处，确定峰值负声压，并用作公布要求。除了在用户索取时提供的整套声参量之外，未明确要求或规定时，随机文件中所公布的选定声参量组，可以用合理的置信度推导。即使在标准起草时未了解的这些要求，在该步骤中也要给出关于声输出的充足资料来满足未来的要求。

由于系统最初开机时，了解系统的声输出状态是很重要的，因此标准要求声开机模式和声开机系数的公布。开机时的声输出水平通常取决于系统上次关机时的状态，其值介于最大值至任一中间值之间。

相类似，由于系统重新开始一个新患者的诊断时，了解系统的声输出状态是很重要的，因此标准要求声初始模式和声初始系数的公布。也可能存在其他的初始条件，诸如换上新的探头，但本标准中未明确涉及该类情形。

为避免过量或不必要的文件量，本标准要求公布的内容为单一工作模式，和输出超出任何单一工作模式的复合工作模式声输出资料，该单一工作模式不必是上述复合工作模式的构成分量，这可能仅要求制造商确保复合工作模式下的声输出参量(p_- 和 I_{spta})不超过单一工作模式的对应值。

本标准中,取样是基于公布最大的可能值,该值是由总测量不确定度与同一系统的最大一组测量数据相叠加而得。选定最大值而不是平均值是为了确保取样量小时考虑到最坏的情形,确定最大可能值的典型步骤如下:

假定,对三个所称同一的系统进行测量,进行相应组的声参量测量获得三组数据。尽管没有明确的,确定每个参量的平均值用来计算 95%置信水平下测量结果的 A 类不确定度。根据测量过程中所有方面包括水听器或辐射力天平校准的 B 类不确定度分量,计算得 95%置信水平下的 B 类不确定度。A 类和 B 类不确定度平方之和再开方求得每个测量参数的合成不确定度,即 95%置信水平下的合成不确定度。从三组测量数据中,对每一参数选其最大值再与相应的合成不确定度(以绝对单位表示)相叠加,最终的结果表示声参量最大可能值(参见 JJF 1059—1999《测量不确定度评定与表示》)。

某些医用超声诊断设备的标称频率可能超过 15 MHz,超出了有关标准所规定测量方法的上限频率,而且许多眼科显微和其他扫描仪均工作在 15 MHz 以上的标称频率,测量标准的发展将伴随着频率范围的扩大,并且可以预期,基于 IEC 61102 的新方法也将相应扩展,同时,IEC 61102 技术内容要符合所有的测量要求也是不可能的,故没有理由对本标准强行规定一个频率范围。

本标准中涉及免予公布的章节,只要低于某个声输出水平,则制造商不必提供技术数据。选定这组数据的基础是将产生热或空化现象生物危害的可能性降低至可忽略不计的程度。设备的免予公布条件,对输出波束声强为 20 mW/cm^2 以下,对空间峰值时间平均声强的免予公布水平为 100 mW/cm^2,对峰值负声压规定为 1 MPa。上述数值获得本领域内的专家一致认可,事实上可能不要求这么低,但对安全面言,应考虑留有余地。

免予公布规定适用于声压和两项声强条件均符合要求的换能器组件和超声设备主机的单独组合。对配备多换能器组件(探头)的系统,声输出公布可能有两种形式,对免予公布的探头,只需声明其输出水平低于上述极限;对未能免予公布的探头,根据第 4 章的要求提供声输出资料的完整公布。

ICS 33.180.10
M 33

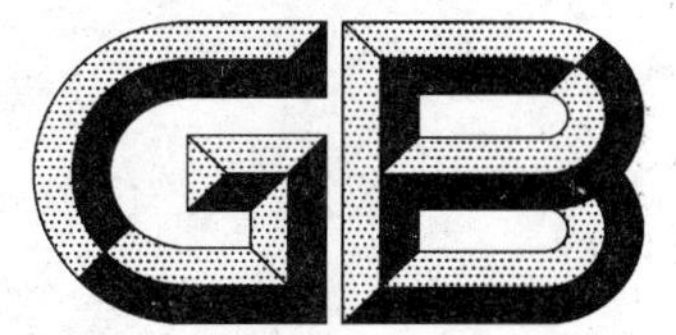

中华人民共和国国家标准

GB/T 16849—2008
代替 GB/T 16849—1997

光纤放大器总规范

Generic specification of optical fiber amplifier

2008-10-07 发布 2009-04-01 实施

中华人民共和国国家质量监督检验检疫总局
中国国家标准化管理委员会 发布

前　言

本标准参考 IEC 61291-1:2006《光放大器　第1部分:总规范》、IEC 60825-1《激光产品的安全　第1部分:设备分类和要求》、IUT-TG.661:1998《光放大器及子系统相关参数的定义和试验方法》和Telcordia GR-1312-CORE:1999《光纤放大器和专有密集波分复用系统总规范》对 GB/T 16849—1997《光纤放大器总规范》进行修订。

本标准在修订过程中考虑了与 GB/T 18898.1—2002《掺铒光纤放大器　第1部分:C波段掺铒光纤放大器》、GB/T 20148—2006《喇曼光纤放大器技术条件》的协调一致。

本标准代替 GB/T 16849—1997《光纤放大器总规范》。

本标准与 GB/T 16849—1997 相比,主要变化如下:

——对原概述中的4.1.1、4.1.2内容进行修改;对4.2.47定义进行了修改;

——增加了部分通用参数定义:反向增益、最大增益、最大增益波长、最大小信号增益波长、小信号增益波长变化、波长带、有用信号波长带、可调波长范围、最大增益随温度变化、增益稳定度、偏振相关增益、偏振模色散、主偏振态、最大输入反射、最小输入反射、载噪比、单波长应用增益斜率,把复合三阶畸变、复合二阶畸变(待研究)定义后变成载波复合三次差拍比、载波复合二次差拍比;

——增加了适用于数字多波道传输应用光纤放大器参数定义;

——增加了适用于喇曼光纤放大器及其参数定义;

——对带光放大器的子系统参数定义部分,增加了"工作波长信号范围"参数定义;把4.3.2.2"ASE功率电平"改为"输出ASE功率电平",4.3.2.2"ASE功率电平"改为"输入ASE功率电平";删去与通用参数定义相同的参数定义:供电和制控要求、最大功耗、工作温度、最大工作相对湿度、最大工作振动水平、贮存温度、最大贮存相对湿度、最大运输振动/冲击水平、可靠性、安全、远端本地告警控制、光连接、输出光回波损耗、泄漏到输出端泵浦功率、输入光回波损耗、泄漏到输入端泵浦功率。

——对第3章分类重新编写并编为第5章;

——对第6章试验方法内容进行补充和完善;

——增加第7章电磁兼容要求和第9章可靠性试验;

——对附录A、缩写词一览表进行补充增加并编在第3章。

本标准由中华人民共和国工业和信息化部提出。

本标准由中国通信标准化协会归口。

本标准起草单位:武汉邮电科学研究院。

本标准主要起草人:梁臣桓、陈永诗、付成鹏。

本标准于1997年首次发布。本次为第一次修订。

光纤放大器总规范

1 范围

本标准规定了光纤放大器(OFA)的术语和定义、分类和要求；确定了试验方法和可靠性试验。

本标准适用于稀土元素掺杂的有源光纤 OFA 器件、带光纤放大器子系统，以及喇曼光纤放大器(RFA)器件。

2 规范性引用文件

下列文件的条款通过本标准的引用而成为本标准的条款。凡是注日期的引用文件，其随后的所有的修改单(不包括勘误的内容)或修订版本均不适用于本标准，然而，鼓励根据本标准达成协议的各方研究是否可使用这些文件的最新版本。凡是不注日期的引用文件，其最新版本适合于本标准。

GB/T 9771.1～9771.5 通信用单模光纤系列

GB/T 16850.1—1997 光纤放大器试验方法基本规范 第1部分：增益参数的试验方法

GB/T 16850.2—1999 光纤放人器试验方法基本规范 第2部分：功率参数的试验方法

GB/T 16850.3—1999 光纤放大器试验方法基本规范 第3部分：噪声参数的试验方法

GB/T 16850.4—2006 光纤放大器试验方法基本规范 第4部分：模拟参数——增益斜率的试验方法

GB/T 16850.5—2001 光纤放大器试验方法基本规范 第5部分：反射参数的试验方法

GB/T 16850.6—2001 光纤放大器试验方法基本规范 第6部分：泵浦泄漏参数的试验方法

GB/T 16850.7—2001 光纤放大器试验方法基本规范 第7部分：带外插入损耗的试验方法

GB/T 17626 电磁兼容 试验和测量技术

YD/T 1200—2002 MU 型单模光纤活动连接器技术条件

YD/T 1272.1—2003 光纤活动连接器 第1部分：LC 型

YD/T 1272.3—2005 光纤活动连接器 第3部分：SC 型

YD/T 1272.4—2007 光纤活动连接器 第4部分：FC 型

IEC 60825-1:2007 激光产品的安全 第1部分：设备分类和要求

IEC 60825-2:2007 激光产品的安全 第2部分：光纤通信系统的安全(OFCS)

IEC 61290-7-1:2007 光纤放大器 试验方法 第7-1部分：频带外介入损耗 滤波光功率表法

IEC 61290-10-1:2003 光学放大器 试验方法 第10-1部分：多道参数 使用光学开关和光谱分析仪的脉冲法

IEC 61290-10-2:2007 光纤放大器 试验方法 第10-2部分：多通道参数 使用选通光频谱分析仪的脉冲法

IEC 61290-10-3:2003 光学放大器 试验方法 第10-3部分：多道参数 探测法

IEC 61290-11-1:2008 光学放大器 试验方法 第11-1部分：偏振模式分散参数 琼斯矩阵特征分析法(JME)

IEC 61290-11-2:2005 光学放大器 试验方法 第11-2部分：偏振模式分散参数 Poincare 球面分析方法

ITU-T G.662:1998 光纤放大器件和子系统的通用特性

Telcordia GR-1312-CORE:1999 光纤放大器和专有密集波分复用系统总规范

3 术语和定义、缩略语

3.1 术语和定义

下述术语和定义适合于本标准。

3.1.1 光纤放大器(OFA)通用参数定义

3.1.1.1

增益　gain

从 OFA 输出端口输出的信号光功率与输入端口输入的信号功率的比值,以分贝(dB)为单位。

注 1:增益包括输入光纤跳线和 OFA 输入端口之间的连接损耗。

注 2:要求跳线与用作 OFA 输入端口和输出端口的光纤是同样类型。

注 3:要注意从信号光功率中排除 ASE 噪声功率。

3.1.1.2

小信号增益　small-signal gain

放大器工作在线性范围区时的增益,这时,在给定的信号波长和泵浦光功率电平下,它基本上与输入信号光功率无关。

注:这种性能可在离散波长上或作为波长的函数加以描述。

3.1.1.3

反向增益　reverse gain

用 OFA 的输入端作为输出端,输出端作为输入端测得的增益。

3.1.1.4

反向小信号增益　reverse small-signal gain

用 OFA 的输入端作为输出端,输出端作为输入端测得的小信号增益。

3.1.1.5

最大增益　maximum gain

OFA 工作在标称工作条件下,所能达到的最高增益。

3.1.1.6

最大小信号增益　maximum small-signal gain

OFA 在标称的工作条件下,所能达到的最高的小信号增益。

3.1.1.7

最大增益波长　maximum gain wavelength

发生最大增益处的波长。

3.1.1.8

最大小信号增益波长　maximum small-signal gain wavelength

发生最大小信号增益处的波长。

3.1.1.9

波长变化　wavelength variation

在给定的波长范围上,增益峰-峰值变化。

3.1.1.10

小信号增益波长变化　small-signal gain wavelength variation

在给定的波长范围上,小信号增益峰-峰值变化。

3.1.1.11

波长带　wavelength band

在规定的输出功率范围内,当相应的输入信号功率处于规定的输入功率范围时,能保持 OFA 输出信号功率的波长范围。

3.1.1.12

有用信号波长带(仅对带光滤波器的预放大器而言) available signal wavelength band (for pre-amplifiers with optical filter only)

包括有用光滤波器在内的预放大器波长带。

3.1.1.13

可调波长范围(对带可调光滤波器的预放大器或OARs) tunable wavelength range (for pre-amplifiers or OARs with tunable optical filter only)

包括预放大器内部(或OAR子系统内部)可调滤波器波长在内的可调谐波长带范围。

3.1.1.14

小信号增益波长带 small-signal gain wavelength band

小信号增益比最大小信号增益低3 dB时的波长范围。

3.1.1.15

最大增益随温度变化 maximum gain variation with temperature

温度在规定范围内变化时引起的最大增益变化,以分贝(dB)为单位。

3.1.1.16

最大小信号增益随温度的变化 maximum small-signal gain variation with temperature

温度在规定范围内变化时引起的最大小信号增益的变化,以分贝(dB)为单位。

3.1.1.17

增益稳定度 gain stability

在标称工作条件下,对于某个规定的试验周期,用最大和最小增益之差,以分贝(dB)为单位表示的增益波动程度。

3.1.1.18

小信号增益稳定性 small-signal gain stability

在标称工作条件下,对于某个规定的试验周期,用最大和最小的小信号增益之差,以分贝(dB)为单位表示的小信号增益波动的程度。

3.1.1.19

大信号输出稳定性 large-signal output stability

在标称的工作条件和规定的大输入信号光功率情况下,对于某个规定的试验周期,用最大和最小的输出信号光功率之比表示输出光功率波动的程度,以分贝(dB)为单位。

3.1.1.20

偏振相关增益 polarization-dependent gain (PDG)

在标称工作条件下,由于输入信号光偏振态变化引起的OFA增益的最大变化。

注:OFA中PDG光源与所用无源器件损耗偏振有关。

3.1.1.21

饱和输出功率 saturation output power(gain compression power)

在信号波长上,其增益相对于小信号增益减小3 dB时输出信号光功率。

注:应说明规定该参数的波长。

3.1.1.22

标称输出信号功率 nominal output signal power

在标称工作条件下,一个规定的输入信号光功率所对应的最小输出信号光功率。

注:应说明规定该参数的波长。

3.1.1.23

最大输入信号功率　maximum input signal power

在正常工作时允许输入信号的最大光功率。

3.1.1.24

最大输出信号功率　maximum output signal power

在标称工作条件下，从 OFA 能够得到的最高输出信号光功率。

3.1.1.25

输入功率范围　input power range

当 OFA 的输出光功率在规定的输出功率范围之内，并使其性能得以保障时，OFA 的输入信号光功率所在的光功率电平范围。

3.1.1.26

输出功率范围　output power range

当 OFA 输入信号光功率在规定的输入功率范围内，并使其性能得以保障时，OFA 的输出信号光功率所在的光功率电平范围。

3.1.1.27

噪声系数　noise figure

NF

受限于散弹噪声信号通过 OFA 传输引起的具有单一量子效率和无附加噪声光检测器输出端信噪比(SNR)的降低，即输入端 SNR 与输出端 SNR 之比，以分贝(dB)为单位。

注 1：应指出规定噪声系数的工作条件。

注 2：该特性可在离散波长下或作为波长的函数加以描述。

注 3：OFA 的噪声来自不同的方面，例如：信号-ASE 差拍噪声、ASE-ASE 差拍噪声，内部反射噪声，信号散弹噪声，ASE 散弹噪声，每一种来源的大小都与不同的条件有关，为了正确估算噪声系数，必须规定这些条件。

注 4：习惯上把噪声系数取正值。

注 5：在模拟传输应用 OFA 情况下，噪声系数也可以用输入和输出之间载噪比来表示。

3.1.1.28

噪声因子　noise factor

F

用线性形式表示的噪声系数。

3.1.1.29

信号-自发辐射噪声系数　signal-spontaneous noise figure

$NF_{sig\text{-}sp}$

噪声系数中信号-自发差拍噪声的部分，以分贝(dB)为单位。

3.1.1.30

(等效)自发辐射-自发辐射光谱带宽　equivalent spontaneous-spontaneous optical bandwidth

$B_{sp\text{-}sp}$

等效自发辐射-自发辐射光谱带宽就是 ASE 谱功率密度的平方在 ASE 谱宽内的积分与在信号光频率 ν_{sig} 处 ASE 谱功率密度的平方 $\rho_{ase}{}^{2}(\nu_{sig})$ 倒数的乘积，公式(1)表示。

$$B_{sp\text{-}sp} = \rho_{ase}{}^{-2}(\nu_{sig}) \cdot \int_{B_{ase}} \rho_{ase}{}^{2}(\nu)\,d\nu \quad \cdots\cdots (1)$$

注 1：在 OFA 输出端使用一个光滤波器，可减小等效自发辐射-自发辐射光谱带宽。

注 2：该参数与自发辐射-自发辐射差拍噪声有关，因此，它要求应用 ASE 谱功率密度的平方。

3.1.1.31

偏模色散　polarization mode dispersion;PMD

当光信号通过光纤、器件或子系统(如光纤放大器)传播时,由于两个主偏振态(PSP)之间的平均传播的时延差,即群时延差(DGD)的影响,使得脉冲形变和均方根展宽,而且使每个主偏振态的波形畸变,称做偏振模色散(PMD)。偏振模色散和偏振相关损耗(PDL)及偏振相关增益(PDG)一起可引起波形畸变而导致不能容忍的比特误差率的增加。

注:PMD可能与温度和工作条件有关。

3.1.1.32

主偏振态　principal states of polarization;PSP

在给定的频率或波长上,对应的输出偏振态(SOPs)的两个正交输入偏振态对于一阶光频率无关。

注1:光纤、器件或子系统是典型的两个主偏振态特征,该特征是材料固有双折射导致其自身外部和内部的应力。

注2:两个主偏振态(PSPs)之间的群时延差(DGD)可随时间及波长而变化。

注3:与主偏振态之一相一致的那些偏振态信号将不受偏振模色散量的影响,至少对一阶光频信号是这样。

3.1.1.33

前向ASE功率电平　forward ASE power level

在标称工作条件下,从输出端输出的与ASE有关的规定波长范围内的ASE噪声光功率。

注1:该参数对于PA或LA特别重要,它主要取决于所用的滤波器。

注2:应该说明规定ASE电平的工作条件(例如增益和输入信号光功率)。

注3:对于分布式RFA的前向ASE是指与信号光传播方向相同的ASE光功率,分立式的参考面为信号输出端口的ASE光功率。

3.1.1.34

反向ASE功率电平　reverse ASE power level

在标称工作条件下,从输入端输出的与ASE有关的规定波长范围内的ASE噪声光功率。

注:对于RFA,应说明分布式的反向ASE是指与信号光传播方向相反的ASE光功率,分立式的参考面为信号输入端口的ASE光功率。

3.1.1.35

ASE谱宽　ASE bandwidth

从输出的ASE功率谱的峰值下降30 dB~40 dB时两个波长之间的波长范围。

注:由于测量的功率谱的可能畸变,例如由泵浦泄漏引起,可能需要进行适当的外推。

3.1.1.36

输入光反射　input optical reflectance

在标称工作条件和工作波长上,从输入端口被OFA反射的入射光功率与总入射光功率之比,以分贝(dB)为单位。

注:用给定的输入信号光功率进行测量。

3.1.1.37

输出光反射　output optical reflectance

在标称工作条件和工作波长上,从输出端口被OFA反射的入射光功率与总入射光功率之比,以分贝(dB)为单位。

注:用给定的输入信号光功率进行测量。

3.1.1.38

最大输入反射　maximum input reflectance

在标称规定的条件下和工作波长的所有输入光偏振态上,从输入端被OFA反射的入射光功率与总入射光功率之比的最大值,以分贝(dB)为单位。

注:用给定的输入信号光功率进行测量。

3.1.1.39

最小输入反射　minimum input reflectance

在标称规定的条件下和工作波长的所有输入光偏振态上，从输入端被OFA反射的入射光功率与总入射光功率之比的最小值，以分贝(dB)为单位。

注：用给定的输入信号光功率进行测量。

3.1.1.40

输入端最大光反射容限　maximum optical reflectance tolerable at input

在器件仍然满足其规范时，从OFA的输入端口看到的最大反射。

注1：用给定的输入信号光功率进行测量。

注2：噪声系数是对反射率最敏感的参数。

3.1.1.41

输出端最大光反射容限　maximum optical reflectance tolerable at output

在器件仍然满足其规范时，从OFA的输出端口看到的最大反射。

注1：用给定的输入信号光功率进行测量。

注2：噪声系数是对反射率最敏感的参数。

3.1.1.42

输入端和输出端最大容许反射　maximum reflectance tolerable at input and output

在器件仍然满足其规范时，同时放在一个OFA输入端和输出端的两个一样的反射器的最大反射。

注1：用给定的输入信号光功率进行测量。

注2：噪声系数是对反射率最敏感的参数。

3.1.1.43

输出端泵浦泄漏功率　pump leakage to output

在标称工作条件下，从OFA或OAT、RFA输出端口泄漏的泵浦光功率。

注1：用给定的输入信号光功率进行测量。

注2：最大泄漏到输出端的泵浦功率发生在没有输入信号时。

3.1.1.44

输入端泵浦泄漏功率　pump leakage to input

在标称工作条件下，从OFA或OAR、RFA输入端口泄漏的泵浦光功率。

注1：用给定的输入信号光功率进行测量。

注2：输入端的泵浦最大泄漏功率发生在没有输入信号时。

注3：对RFA，应说明分布式的参考面为传输光纤的输入端口，分立式的参考面为信号输入端口。

3.1.1.45

带外插入损耗　out-of-band insertion loss

在规定的带外波长上，信号光的OFA插入损耗。

3.1.1.46

带外反向插入损耗　out-of-band reverse insertion loss

在规定的带外波长上，将规定的OFA输入端口和输出端口对换，所测得的信号光的OFA插入损耗。

3.1.1.47

带内插入损耗　in-band insertion loss

在无电功率的条件下，OFA在给定输入光信号波长和给定信号光功率电平下的插入损耗。

注1：这种特性可在离散波长下或作为波长的函数加以描述。

注2：在测量该参数时，要注意排除输出的ASE的噪声。

注3：带内插入损耗是输入信号功率电平的函数。

3.1.1.48

供电和控制要求 powering and control requirements

电流和/或电压和对于 OFA 工作在标出的最大额定值内所需要的电信号一样，应该包括电光源需要的容差和开关程序。

3.1.1.49

最大功耗 maximum power consumption

OFA 工作在绝对最大额定值时需要的电功率。

3.1.1.50

外形尺寸和重量 external dimensions and weight

OFA 最大的高度、长度、宽度和重量。

3.1.1.51

环境条件 environmental conditions

在 OFA 仍然能够满足所规定参数值的情况下，OFA 允许贮存、工作或运输的环境要求，包括温度范围、湿度和振动水平。

3.1.1.52

工作温度 operating temperature

OFA 能够运行且仍满足其所有规定参数值的温度范围。

3.1.1.53

最大工作相对湿度 maximum operating relative humidity

OFA 能够运行且仍满足其所有规定参数值的最大相对湿度。

3.1.1.54

最大工作振动水平 maximum operating vibration level

OFA 能够运行且仍满足其所有规定参数值的最大振动水平。

3.1.1.55

贮存温度 storage temperature

OFA 能够贮存且仍满足其所有规定参数值的温度范围。

3.1.1.56

最大贮存相对湿度 maximum storage relative humidity

OFA 能够贮存且仍满足其所有规定参数值的最大相对湿度。

3.1.1.57

最大运输振动/冲击水平 maximum transport vibration/shock level

OFA 仍能满足其所有规定参数值时，OFA 所能承受的运输时的最大振动/冲击水平。

3.1.1.58

可靠性 reliability

即为器件工作寿命的估算。OFA 的可靠性由下面两个参数之一来表示：平均无故障时间(MTBF)或失效率(FIT)。MTBF 是在规定的工作和环境条件下，OFA 没有任何故障而连续工作的平均周期；FIT 是器件在 10^9 h 内，在规定的工作和环境条件下的失效次数。

注：可靠性试验请查看 Telcordia GR-1312-CORE:1999 中的第 10 章。

3.1.1.59

安全 safety

为了 OFA 的安全运行，安装人员、操作人员和制造人员应共同遵循的预防措施或通过的安全标准。

注：除非另有规定，本标准应采用 IEC 60825-1:2007 和 IEC 60825-2:2007。

3.1.1.60

最大总输出功率　maximum total output power

OFA 工作在绝对最大额定值时，在输出端口的最高光功率电平。

3.1.1.61

远端和本地告警控制　remote and local alarm control

能够检查 OFA 的运行、探测和发送可能产生故障的信号的功能。

3.1.1.62

光连接　optical connections

用作 OFA 输入和输出端口的连接器类型和/或光纤类型。

注：光连接器和连接光纤的光学、机械和环境特性及性能应分别符合 YD/T 1200—2002、YD/T 1272.1—2003、YD/T 1272.3—2005、YD/T 1272.4—2007，GB/T 9771.1～9771.5 中的有关规定。

3.1.1.63

载噪比(对于模拟传输)　**carrier to noise ratio**

载波电平与系统噪声电平均方根值之比，以分贝(dB)为单位。

3.1.1.64

载波复合三次差拍比(对于模拟传输)　**carrier to composite third-order distortion ratio**

在系统指定点，载波电平与围绕在载波中心附近群集的复合三次差拍产物电平的峰值之比，以分贝(dB)为单位。

3.1.1.65

载波复合二次差拍比(对于模拟传输)　**carrier to composite second-order distortion ratio**

在系统指定点，载波电平与围绕在载波中心附近群集的复合二次差拍产物电平的峰值之比，以分贝(dB)为单位。

3.1.1.66

单波长应用增益斜率(对于模拟传输)　**gain-slope under single wavelength operation**

给定波长信号和输入功率的情况下，探测波长处的小信号增益对波长的导数。

注：探测信号的总平均功率电平必须至少低于输入信号功率电平 20 dB，使其对增益谱曲线影响最小。

3.1.2　适用于多波道 OFA 参数定义

多波长信号入射到 OFA 时，产生了多波道的 OFA，在多波道应用中，大多数单波道应用的参数定义可适用，但某些参数的定义需要调整。当这些定义被延长使用时，“波道”这个词将加到相关参数上，特别是噪声系数和信号自发辐射噪声系数。

3.1.2.1

输入参考面　input reference plane

如图 1 所示，输入参考面在 OFA 的输入端定义。来自发送机 T_{x1}、T_{x2}……T_{xn} 的 n 个信号，每个分别具有单一波长 λ_1、λ_2……λ_n，由光复用器(OM)进行合波，每个信号分别具有单一功率 P_{i1}、P_{i2}……P_{in}，输送到 OFA 的输入端。

3.1.2.2

输出参考面　output reference plane

如图 1 所示，输出参考在 OFA 的输出端定义。N 个输入信号被 OFA 放大后，每个分别具有单一功率 P_{01}、P_{02}……P_{0n}，从 OFA 输出端输出，经光解复用器(OD)分离出 λ_1、λ_2……λ_n 的 n 个信号，由接收机 R_{x1}、R_{x2}……R_{xn} 接收。在输出参考面上还应考虑被放大了的自发辐射 ASE 具有噪声光功率谱密度 $P_{ASE}(\lambda)$。

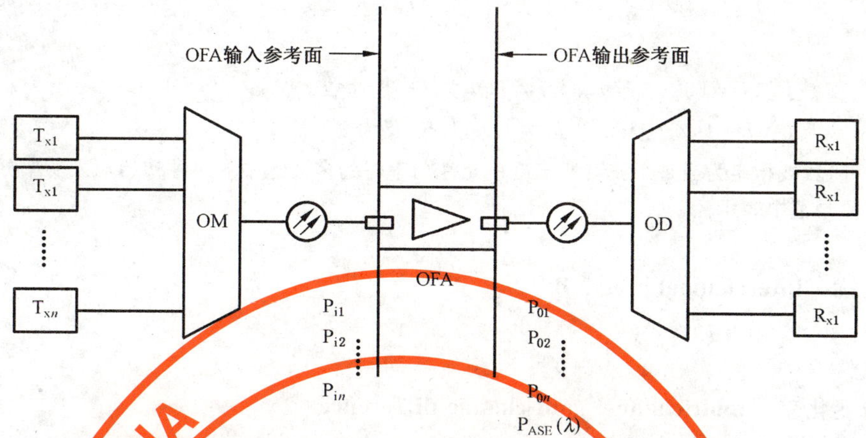

图 1 多波道应用中的 OFA

3.1.2.3

波道增益 channel gain

在规定的多波道配置中，每一波道（在波长 λ_j 上）的增益，由公式（2）表示。

$$G_j = P_{oj} - P_{ij} \quad \cdots\cdots(2)$$

式中：

G_j——表示第 j 波道的增益，单位为分贝（dB），$j=1$、2……n，n 为总波道数；

P_{oj}——表示第 j 波道的输出功率（dBm），$j=1$、2……n，n 为总波道数；

P_{ij}——表示第 j 波道的输入功率（dBm），$j=1$、2……n，n 为总波道数。

注：由于 OFA 饱和功率是由所有波长输入信号复合效应确定，所以波道增益与所有信号输入功率相关。

3.1.2.4

多波道增益变化 multichannel gain variation

相互波道间增益差 inter-channel gain difference

在规定的多波道配置中，任意两波道之间的波道增益差，定义为多波道增益变化，由公式（3）表示。

$$\Delta G_{ji} = G_j - G_i \quad \cdots\cdots(3)$$

式中：

ΔG_{ji}——表示第 j 波道和第 i 波道间的增益变化，单位为分贝（dB），j、$i=1$、2……n，但 $j \neq i$，n 为总波道数；

G_j——表示第 j 波道的波道增益，单位为分贝（dB），$j=1$、2……n，但 $j \neq i$，n 为总波道数；

G_i——表示第 i 波道的波道增益，单位为分贝（dB），$i=1$、2……n，但 $j \neq i$，n 为总波道数。

注：通常情况下，考虑到波道对复合的所有可能，这一参数被规定为波道增益变化最大值，表示为多波道增益变化最大绝对值，输入功率通常将取规定的最大值和最小值，也可以是规定达到中心增益值或总输出功率时的输入功率。

最大多波道增益变化（又称增益平坦度）由公式（4）表示。

$$\Delta G_{max} = MAX_{j,i}\{|\Delta G_{ji}|\} \quad \cdots\cdots(4)$$

式中：

ΔG_{max}——表示第 j 波道和第 i 波道之间的最大波道增益变化，单位为分贝（dB）。

3.1.2.5

增益交叉饱和 gain cross-saturation

在规定的多波道配置中，当所有其他波道输入功率保持恒定时，某一给定波道的输入功率的变化 ΔP_i 对于另外波道的增益变化 ΔG_j 的比率。

增益交叉饱和由公式（5）表示。

$$GXS_{ji} = \Delta G_j / \Delta P_i \qquad (5)$$

式中：

j——表示第 j 波道，$j=1$、2……n，但 $j \neq i$，n 为总波道数。

i——表示第 i 波道，$i=1$、2……n，但 $j \neq i$，n 为总波道数。

注：通常，这一参数被指定为当每个波道处于最小允许功率时的多波道中的一种初始输入功率分配，其他分配可在相应的产品规范中表示。

3.1.2.6

相互波道干扰　interchannel crosstalk

在研究中。

3.1.2.7

多波道增益变化差　multichannel gain-change difference

相互波道间增益变化差　inter-channel gain-change difference

对于某一规定的波道配置，在两个规定的波道输入功率设定值中，某一波道增益变化值与相关的另一波道增益变化值之间的差，定义为多波道增益变化差，由公式(6)表示。

$$GD_{ji} = [G_j^{(1)} - G_j^{(2)}] - [G_i^{(1)} - G_i^{(2)}] \qquad (6)$$

式中：

GD_{ji}——第 j 波道和第 i 波道的增益变化差，单位为分贝(dB)；

$G_j^{(1)}$、$G_j^{(2)}$——表示第 j 波道在两个规定的波道输入功率设定值之一上的波道增益，$j=1$、2……n，n 为总波道数；

$G_i^{(1)}$、$G_i^{(2)}$——表示第 i 波道在两个规定的波道输入功率设定值之一上的波道增益，$i=1$、2……n，n 为总波道数。

注 1：通常，两个规定的波道输入功率设定值中：(1)为所有输入功率调至最小值，(2)为所有输入功率调至最大值。

注 2：通常应规定的多波道最大增益变化差，不同输入设定值的情况应在相应的产品规范中加以定义。

注 3：前向 ASE 功率与相应使用的预放大器或线路放大器有关，因此波道输入功率将包含前向 ASE 成分。

注 4：当不能使用增益斜率定义时，该参数可用作替代多波道增益斜率。

3.1.2.8

多波道增益斜率　multichannel gain tilt

相互波道间增益变化率　inter-channel gain-change ratio

在第 j 波道中，由第(1)输入多波道功率设定值变到第(2)输入波道功率设定值时，每一波道增益变化相对于参考波道增益变化的比率。

多波道增益斜率由公式(7)表示。

$$GT_j = [G_j^{(1)} - G_j^{(2)}] / [G_r^{(1)} - G_r^{(2)}] \qquad (7)$$

式中：

$G_r^{(1)}$、$G_r^{(2)}$——是参考波道 r 在两个规定的波道输入功率设定值之一上的波道增益。

注 1：多波道增益斜率通常用作预计基于参考波道变化的各种输入波道功率设定值的每一波道的增益。

注 2：通常，把输入波道功率设定值调到：(1)为所有功率中等于最大允许值，(2)为所有功率中等于最小允许值。

注 3：参考波道可在适合产品规范中规定，参考波道的多波道增益斜率用 dB/dB 来定义。

注 4：在混合多级放大的情况下，应减少使用多波道斜率对不同情况下波道增益的预测，在不均匀增益段和特殊的情况下应使用具有自动增益控制的放大器。

3.1.2.9

波道增/减(稳态)增益响应　channel addition/removal(steady-state)gain response

对于某一规定的多波道配置，由于增/减一个或多个别的波道而引起任一波道所产生的波道增益的稳态变化，以分贝(dB)为单位。

注 1：通常，当每一输入波道的最终和最初功率等于最小允许值时，最大波道增/减增益响应为规定的参数。因此，不同的最终或最初功率可在适合的产品规范里标出。

注 2：当加上所有波道或在所有波道中减到仅剩下一个波道时，通常会预期发生最坏情况的波道增/减增益响应。

3.1.2.10

波道增/减瞬时增益响应　channel addition/removal transient gain response

对于规定的多波道配置，在波道增/减后瞬时期间，由于增/减一个或多个别的波道而引起任一波道的最大波道增益的变化，以分贝(dB)为单位。

注 1：通常，当每一输入波道的最终和最初功率等于最小允许值时，最大波道增/减增益响应为规定的参数。因此，不同的最终或最初功率可在适合的产品规范里标出。

注 2：当加上所有波道或在所有波道中减到仅剩下一个波道时，通常会预期发生最坏情况的波道增/减增益响应。

注 3：正向最大波道增益变化率通常是相对于超调节的，而负向最大波道增益变化率通常是相对于未达调节的。

3.1.2.11

波道增/减瞬时响应时间　channel addition/removal transient response time

从波道增/减到该波道或别的波道的输出功率达到并维持在稳态值$+N$ dB～$-N$ dB的时间间隔。

注 1：N值应在相应的产品规范中规定。

注 2：该定义适用于波道数的瞬时变化，意思是，每增/减波道持续时间与响应时间可忽略不计。

3.1.2.12

波道噪声系数　channel noise figure

对于规定的多波道配置中，在规定的光带宽中每波道的噪声系数称为波道噪声系数，以分贝(dB)为单位。

3.1.2.13

波道信号自发辐射噪声系数　channel signal-spontaneous noise figure

在规定的多波道配置中，每波道的信号自发辐射噪声系数称为波道信号自发辐射噪声系数，以分贝(dB)为单位。

3.1.2.14

波道配置　channel allocation

波道配置由给定波道数、标称中心频率(标称中心波道波长)和它们的中心频率(波长)偏差组成。

3.1.2.15

多径干扰(MPI)品质因数　multi-path interference (MPI) figure of merit

由所有基带频率积累的多径干扰引起的噪声因子的贡献。

注：例如：多径干扰可以由光路中逐次元件反射引起。

3.1.2.16

频率无关噪声因子贡献　frequency-independent contribution to noise factor

除了多径干涉噪声之外的噪声因子。

3.1.3　带光放大器子系统参数定义

本条中包括的定义涉及基于 OFA 子系统，即带光放大器的发射机(OAT)和带光放大器的接收机(OAR)的参数。

3.1.3.1　带光放大器的发射机子系统(OAT)参数定义

3.1.3.1.1

信号波长　signal wavelength

传送信号光的波长。

3.1.3.1.2

信号线宽　signal linewidth

信号光谱的半高全宽 FMHM。

3.1.3.1.3

输出连接器后的信号功率　signal power after output connector

从 OAT 光输出端口发射的信号光功率。

3.1.3.1.4

工作信号波长范围　operating signal wavelength rang

OAT 输出信号功率能够保持在规定的输出功率范围内的波长范围。

3.1.3.1.5

输出 ASE 功率电平　output ASE power level

在标称工作条件下，从 OAT 光输出端口输出的 ASE 光功率。

3.1.3.1.6

最大返回光功率　maximum return optical power

在 OAT 仍然满足它的指标时，允许返回 OAT 输出端口的最大光功率。

3.1.3.2　**带光放大器的接收机子系统(OAR)参数定义**

3.1.3.2.1

灵敏度　sensitivity

为达到固定的误码率 BER 值(如 10^{-10})，紧靠在输入连接器前的光纤点所需的输入信号最小光功率。

3.1.3.2.2

工作信号波长范围　operating signal wavelength range

在规定的 BER(如 10^{-10})和规定的比特率上；OAR 具有规定的灵敏度和过载输入功率的波长范围。

3.1.3.2.3

ASE 滤波器谱宽　ASE filter bandwidth

ASE 滤波器的 FWHM 宽度。

注：ASE 滤波器的谱宽确定了输入信号的最大线宽。

3.1.3.2.4

最大输入光功率　maximum input optical power

在 OAR 仍能满足其规范时，能够进入 OAR 输入端口的最大光功率。

3.1.3.2.5

输入 ASE 功率电平　input ASE power level

在标称工作条件下，从 OAR 光输入端口输出的 ASE 光功率。

3.1.4　**喇曼光纤放大器及其参数定义**

3.1.4.1

分布式喇曼光纤放大器　Distributed Raman Fiber Amplifier

基于传输光纤中的受激喇曼散射效应，以传输光纤本身作为增益介质，在喇曼泵浦单元(Raman Pump Unit，以下简称 RPU)的作用下，使信号在整个传输线路上都得到放大的一种光纤放大器。在实际参数测量过程中，把喇曼泵浦模块与传输光纤一起作为一整体来测量，DRFA 符号如图 2a)、图 2b)、图 2c)所示。

3.1.4.2

分立式喇曼光纤放大器　Discrete Raman Fiber Amplifier (DRFA)

基于光纤中的受激喇曼散射效应，以色散补偿光纤或高非线性光纤作为增益介质，在喇曼泵浦模块的作用下，使信号得到放大的一种光纤放大器。分立式喇曼光纤放大器被想象成一个“黑盒子”，如图 3 所示，至少具有两个光端口和供电的电连接口(图中未给出)。

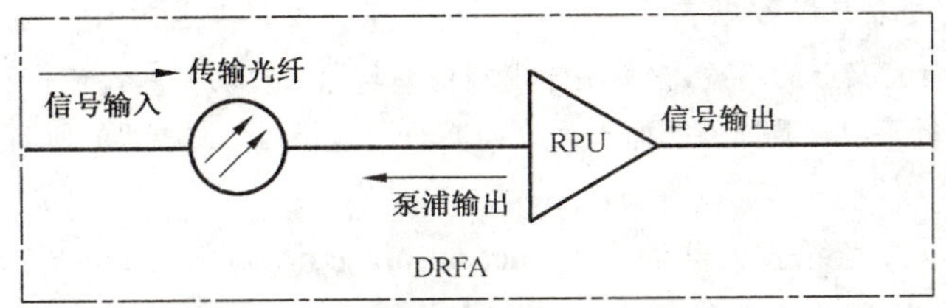

a) 后向 DRFA

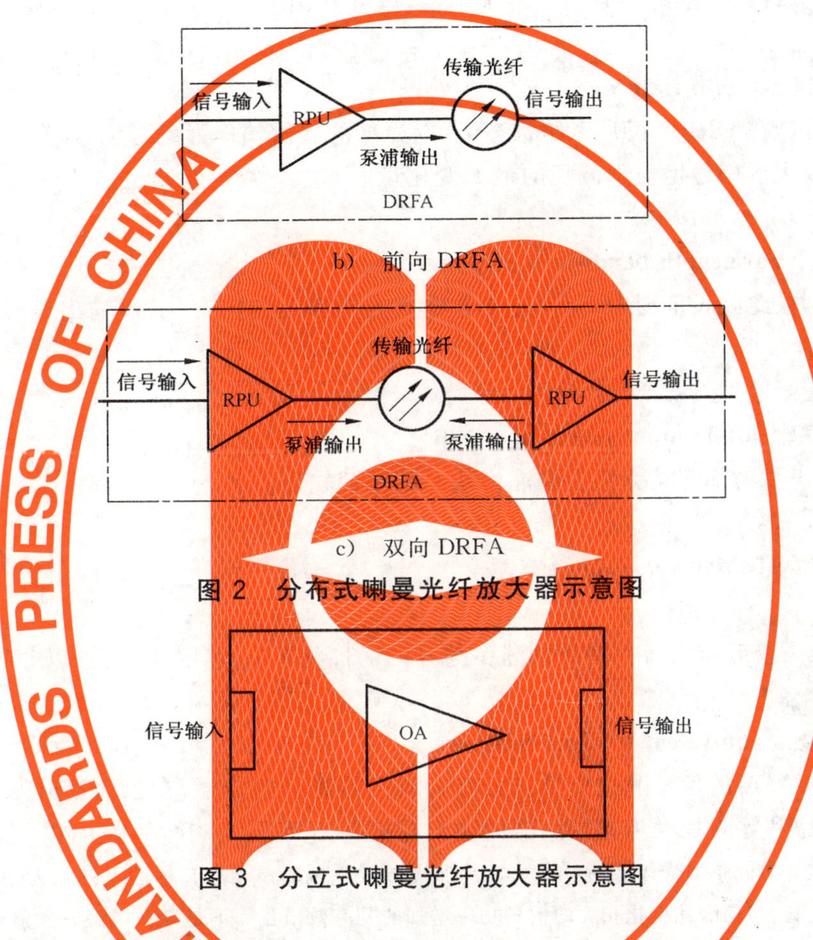

b) 前向 DRFA

c) 双向 DRFA

图 2 分布式喇曼光纤放大器示意图

图 3 分立式喇曼光纤放大器示意图

3.1.4.3

混合喇曼光纤放大器 hybrid Raman Fiber Amplifier

基于分布式喇曼光纤放大器与掺铒光纤放大器(或分立式喇曼光纤放大器)混合应用的一种放大器，根据应用情况不同，可分为下面三种混合放大器：

——带后向 DRFA 和 EDFA(或分立式 RFA)的混合结构喇曼光纤放大器；

——带前向 DRFA 和 EDFA(或分立式 RFA)的混合结构喇曼光纤放大器；

——带双向 DRFA 和 EDFA(或分立式 RFA)的混合结构喇曼光纤放大器。

3.1.4.4

泵浦光反射 pump optical reflectance

在标称工作条件下，从泵浦输出端口被传输光纤端面反射的泵浦光功率与总输出泵浦光功率之比，以分贝(dB)为单位。

注：用给定的输出泵浦光功率进行测量。

3.1.4.5

开-关增益(仅对分布式光纤放大器而言) **on-off gain**(only applicable to distributed amplifier)

分布式放大器的放大光纤输出端在泵浦打开时的信号光功率相对于关闭时信号光功率的增加值，

以分贝(dB)为单位。有时称为"有效增益"。

注：开-关增益不同于通常意义上的增益，它不是输出端功率与输入端功率的比值，因为通常意义上的增益包括了光纤的衰减，而且光纤衰减被看成系统而不是放大器的一部分。开关增益的值高于通常意义上的增益。

3.1.4.6

净开-关增益(仅对分布式光纤放大器而言) **net on-off gain**(only applicable to distributed amplifier)

分布式放大器的放大光纤输出端在泵浦打开时的信号光功率相对于没有安装为获得分布放大效果的附加光纤装置时光纤输出端的信号功率的增加值，以分贝(dB)为单位。

3.1.4.7

净增益平坦度 net gain flatness

一定波长范围内，在DRFA正常工作状态下，以光纤的起始端作为参考输入端，在一定的输入信号功率范围内，光纤放大器信号增益随波长的最大变化量。

3.1.4.8

功率波长带宽 wavelength bandwidth of power

一个波长范围，在此波长范围内，当信号光在输入光功率范围内变化时，输出信号光功率在规定范围内。

3.1.4.9

泵浦输出总功率 total output power of pump

DRFA泵浦输出总功率定义为喇曼泵浦模块总的泵浦输出功率。

3.1.4.10

等效噪声指数 effective noise figure

NF_{eff}

RFA的等效噪声指数定义为在喇曼泵浦关与开的两种状态下，信噪比之比，以分贝(dB)为单位。

3.1.4.11

等效总噪声系数 equivalent total noise figure

受限于瑞利散射噪声的信号通过提供给分布式放大器光纤的传播，在泵浦打开与关闭状态下引起的具有单一量子效率和零附加噪声光探测器的输出端信噪比(SNR)的降低程度，以分贝(dB)为单位。

注1：有效噪声系数不同于通常意义上的噪声系数，通常意义上的噪声系数是指放大器输入端的噪声系数与输出噪声系数之比，与信噪比变化相关的信号功率增加的是有效增益而不是增益，特别是，能够从不同的ASE噪声功率与增益之间的计算出来的信号-自发辐射噪声指数对有效噪声指数中贡献被输入端与输出端的大量无源损耗衰减了，因此对于分布式喇曼放大来说，有效噪声指数是负值，以分贝(dB)为单位。

注2：有效噪声指数可以理解为放在光纤末端的能够产生分布式放大器相同的有效增益与ASE输出功率的分立式光纤放大器的噪声指数，由于产生的ASE噪声在分布式光纤放大器的内部，产生的ASE噪声会随传输光纤而部分的衰减，因此分布式放大器产生的ASE噪声功率会小于同样的分立式放大器产生的ASE噪声功率。

3.1.4.12

等效信号-自发辐射噪声系数 equivalent signal-spontaneous noise figure

信号-自发辐射差拍噪声对等效总噪声系数的贡献。

3.1.4.13

偏振度 degree of polarization

DOP

该偏振度适用于喇曼光纤放大器泵浦器件，对于每种光泵浦源的发射波长，该值由公式(8)表示。

$$DOP=(P_{max}-P_{min})/(P_{max}+P_{min}) \qquad (8)$$

式中：

P_{max}——是在发射规定的带宽的测量波长上泵浦源在全偏振态上的最大输出功率；

P_{min}——是在发射规定的带宽的测量波长上泵浦源在全偏振态上的最小输出功率。

注 1：由于喇曼放大器利用的喇曼效应与偏振相关，因此偏振度可能受放大器偏振相关增益的影响。

注 2：由于喇曼放大器通常由具有多波长和多模激光器来进行泵浦，因此需要分别确定在每个发射波长上的偏振度，而不刚好是总的光输出偏振度。

3.1.4.14

泵浦光的偏振度　degree of polarization of pump

描述喇曼泵浦偏振程度的物理量，采用通过 Jones 矩阵计算出输出光的斯托克斯参量（S_0，S_1，S_2，S_3），$S_1=I_x-I_y$，I_x 为沿 X 轴偏振光强度分量，I_y 为沿 Y 轴偏振光强度分量，$S_2=I_{\pi/4}-I_{-\pi/4}$，$I_{\pi/4}$ 为沿 $+\pi/4$ 方向的线偏振光强度分量，$I_{-\pi/4}$ 为沿 $-\pi/4$ 方向的线偏振光强度分量，$S_3=I_1-I_r$，I_1 为左旋圆偏振光强度分量，I_r 为右旋圆偏振光强度分量同时 $S_0=I_1+I_r=I_{\pi/4}+I_{-\pi/4}=I_x+I_y$，为了计算方便一般把上述公式化为公式(9)表达：

$$\begin{cases} S_1 = 2I_x - S_0 \\ S_2 = 2I_{\pi/4} - S_0 \\ S_3 = 2I_1 - S_0 \end{cases} \qquad (9)$$

然后由斯托克斯参量计算输出光的偏振度(*DOP*)，见公式(10)。

$$DOP = \frac{\sqrt{S_1{}^2 + S_2{}^2 + S_3{}^2}}{S_0} \qquad (10)$$

3.1.4.15

双瑞利散射品质因数　double rayleigh scattering figure of merit

由于在所有基带频率上积累的瑞利散射通过多径干扰引起的噪声因子的贡献。

注：双瑞利散射专门对于分布式喇曼光纤放大器而言，因为长的放大光纤长度提供大量的散射和增益。其他带高增益和长光纤的放大器也可以表示该效应。在较高增益电平上，贡献较大。

3.1.4.16

信号光插入损耗　insertion loss of signal

在标称波长范围内，在关闭泵浦状态下，信号光经喇曼泵浦模块的输入输出端口后功率的变化，以分贝(dB)为单位。

3.2　缩略语

下面缩略语适用于本标准。

ASE	amplified spontaneous emission	放大自发辐射
BA	booster (power) amplifier	功率放大器
BER	bit error ratio	比特误差率(误码率)
DGD	differential group delay	群时延差(差分群时延)
DOP	degree of polarization	偏振度
DRFA	distributed raman fiber amplifier	分布式喇曼光纤放大器
EDFA	erbium-doped fiber amplifier	掺铒光纤放大器
EMC	electromagnetic compatibility	电磁兼容
ESD	electrostatic discharge	静电放电
FIT	failure in time	失效率
FWHM	full-width half-maximum	半高全宽
LA	line amplifier	线路放大器
NF	noise figure	噪声系数
MPI	multipath interference	多径干涉
MTBF	mean time between failures	平均无故障时间

OA	optical amplifier	光放大器
OAR	optical amplified receiver	带光放大的接收机
OAT	optically amplified transmitter	带光放大的发送机
OD	optical demultiplexer	光解复用器
OFA	optical fiber amplifier	光纤放大器
OM	optical multiplexer	光复用器
OSA	optical spectrum analyzer	光谱分析仪
PA	pre-amplifier	预放大器
PDG	polarization dependent gain	偏振相关增益
PDL	polarization dependent loss	偏振相关损耗
PMD	polarization mode dispersion	偏振模色散
POWA	planar optical waveguide amplifier	平面光波导放大器
PSP	principal state of polarization	主偏振态
Rx	optical receiver	光接收机
RFA	raman fiber amplifier	喇曼光纤放大器
SNR	signal-to-noise ratio	信噪比
SOA	semiconductor optical amplifier	半导体光放大器
SOP	state of polarization	偏振态
Tx	optical transmitter	光发送机

4 概述

4.1 光纤放大器(OFA)是一种在适合有源介质中,借助泵浦激励把光信号直接放大的器件,目前主要有掺铒光纤放大器(EDFA)和喇曼光纤放大器(RFA)。光纤放大器被想像为一个"黑盒子",它至少具有两个光端口和供电的电连接口(图中未给出电接口),如图4a)所示。

4.2 OAT被想像为一个OA和发射机组合在一起的子系统,对于OAT仅能定义其光输出端口参数,如图4b)。

4.3 OAR被想像为一个OA和接收机组合在一起的子系统,如图4c)所示,对于OAR仅能定义其输入端口参数。

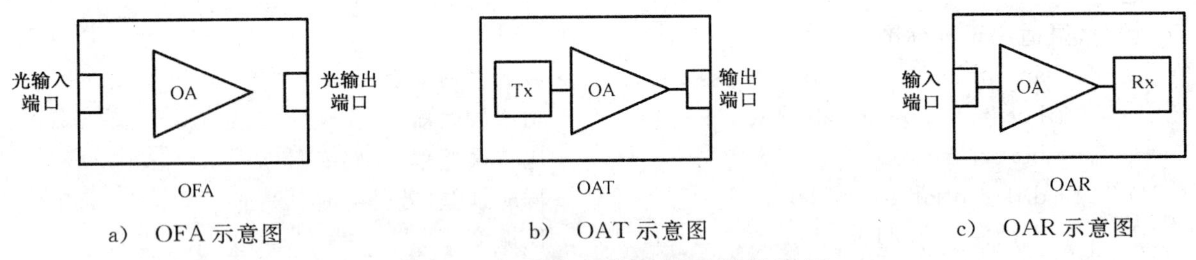

a) OFA示意图　　b) OAT示意图　　c) OAR示意图

图4 光纤放大器及子系统示意图

注:光端口一般分为输入端口和输出端口,可由无端接光纤或光连接器组成。某一连接的典型损耗和相应的误差将包括在OFA的增益、噪声系数和OFA其他参数值之内。

4.4 某一给定特定器件的某一参数值,必须规定某些合适的工作条件。两种不同的工作条件通常是指标称工作条件和极限工作条件。标称工作条件是由制造者对OFA的正常运行而提出的条件,极限工作条件是由用户按照制造者规定的绝对最大额定值将所有的可调参数(例如:温度、增益、泵浦激光器注入电流等)调到最大时的运行条件。

4.5 OFA放大了在标称工作波长区域的信号,工作波长带外的其他信号在某些应用中也能通过该器件,这些带外信号的作用和它们的波长或波长区域可在详细规范中规定。对于A、C类OFA,工作波长在1 550 nm区域。

所有增益的测量都是以尾纤输出信号光功率与输入信号光功率之比，以分贝(dB)为单位。如果使用连接器，信号是在连接到OFA光端口的连接器的尾纤中测量，测得的输入和输出光功率电平仅是指信号光功率，而不包括泵浦光和自发辐射光。

5 分类

5.1 分类原则

不同OFA应用等级(类别)可以按照使用技术和放大器本身应用进行分类。

5.2 类型及代号

这些分类由大写英文字母、一位数字和小写英文字母三部分组成，如下面所示：

大写字母	数字	小写字母

5.2.1 英文大写字母表示不同有源介质的OA：

A——用铒离子掺杂的硅基光纤作为有源光纤的OFA，称为掺铒光纤放大器(EDFA)；

B——用其他掺杂有源光纤的OFA；

C——喇曼光纤放大器(RFA)；

D——半导体放大器(SOA)；

F——平面光波导放大器(POWA)。

5.2.2 数字1、2、3、4、5、6、7、8分别表示：

1——功率放大器(BA)：是直接用在光发射端机后面以提高其信号功率电平的高饱和功率的OA器件；

2——预放大器(PA)：是直接用在光接收端机之前以改善其灵敏度的具有很低噪声的OA器件；

3——线路放大器(LA)：是用在无源光纤段之间以增加中继长度或光接入网相应的点到多点连接中以补偿分支损耗的低噪声OA器件；

4——带光放大器的发射机(OAT)：是一个由功率放大器和光发射机集成在一起的OA子系统，结果成为较高功率发射机；

5——带光放大器的接收机(OAR)：是一个由预放大器和光接收机集成在一起的OA子系统，结果成为较高灵敏度接收机；

6——分布式喇曼光纤放大器(见4.5.1)；

7——分立式喇曼光纤放大器(见4.5.2)；

8——混合式喇曼光纤放大器(见4.5.3)。

5.2.3 小写英文字母表示用于各种传输类型中的OFA：

a——模拟单波道(波长)传输应用放大器；

b——数字单波道(波长)传输应用放大器；

c——数字多波道(波长)传输应用放大器。

例子：A2b：是表示使用铒离子掺杂二氧化硅系光纤作为有源光纤的数字单波道传输用光纤预放大器。

6 要求

6.1

每一类型OFA器件和带光放大器的子系统的传输、运行、可靠性、环境性能都应在适当的详细规范或产品标准中规定，它们的传输和运行特性参数至少满足ITU-TG.662(98-10)建议中的规定。

6.2

下面列出的有关要求应在适当的详细规范或产品标准提供。

6.2.1 优选值

6.2.2 样品

6.2.3 产品贮存和运输识别

6.2.3.1 标志

6.2.3.2 标签(厂商标牌)

6.2.3.3 包装

7 电磁兼容要求

应根据OFA器件及带光放大器子系统和喇曼光纤放大器的使用条件和环境条件规定出电磁兼容的要求,其试验按GB/T 17626系列标准规定进行。

8 试验方法

本标准定义的大部分参数测量的试验方法在GB/T 16850系列标准或IEC 61290系列标准中给出,见表1所示。每个试验方法通常给出相关参数的测量,并一起给出相应的参考试验方法。

表1 参数和相关的试验方法或标准

参数名称	标准号	试验方法
增益	GB/T 16850.1—1997	1. 光谱分析仪法 2. 电谱分析仪法 3. 光功率计法
光功率	GB/T 16850.2—1999 eqv IEC 61290-2:1998	1. 光谱分析仪法 2. 电谱分析仪法 3. 光功率计法
噪声系数	GB/T 16850.3—1999	1. 光谱分析仪法 2. 电谱分析仪法
增益斜率	GB/T 16850.4—2006	宽带光源法
反射	GB/T 16850.5—2001	1. 光谱分析仪法
泵浦泄漏	GB/T 16850.6—2001	光解复用器法
插入损耗	GB/T 16850.7—2001 eqv IEC 61290-7-1:1998	滤波光功率表法
多波道参数:增益、噪声系数	IEC 61290-10-1:2003	1. 使用光开关和光谱分析仪的脉冲法
	IEC 61290-10-2:2007	2. 使用选通光频谱分析仪的脉冲法
	IEC 61290-10-3:2003	3. 探针法
偏振模色散	IEC 61290-11-1:2008	1. 琼斯矩阵特征分析法(JHE)
	IEC 61290-11-2:2005	2. poincare 球面分析法

9 可靠性试验

本标准的OFA器件、带光放大器子系统及喇曼光纤放大器的可靠性试验按Telcordia GR-1312-CORE:1999中的第10章规定进行。

ICS 13.110
J 09

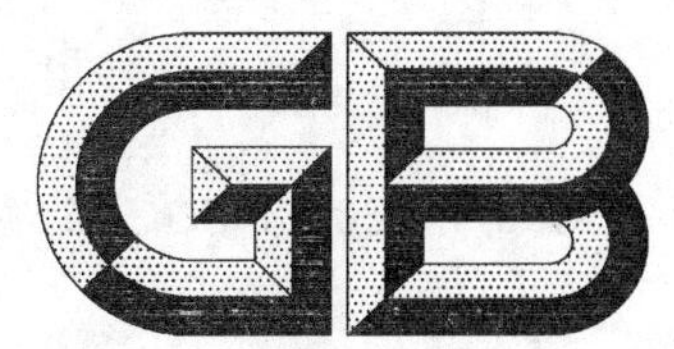

中华人民共和国国家标准

GB/T 16855.1—2008/ISO 13849-1:2006
代替 GB/T 16855.1—2005

机械安全 控制系统有关安全部件 第1部分:设计通则

Safety of machinery—Safety-related parts of control systems—Part 1:General principles for design

(ISO 13849-1:2006,IDT)

2008-08-25 发布　　2009-04-01 实施

中华人民共和国国家质量监督检验检疫总局
中国国家标准化管理委员会　发布

前　言

GB/T 16855《机械安全　控制系统有关安全部件》由以下3部分组成：

——第1部分：设计通则；

——第2部分：确认；

——第100部分：GB/T 16855.1的应用指南。

本部分是GB/T 16855的第1部分。

本部分等同采用ISO 13849-1:2006《机械安全　控制系统有关安全部件　第1部分：设计通则》(英文版)。

本部分等同翻译ISO 13849-1:2006。为便于使用，本部分做了下列编辑性修改：

——删除了国际标准的前言并按照我国标准的要求重新起草了前言；

——用“本部分”代替“ISO 13849的本部分”；

——用小数点“.”代替作为小数点的逗号“,”；

——修改了规范性引用文件的导语；

——对ISO 13849-1:2006引用的其他标准中，用已被等同采用为我国的标准代替对应的国际标准，未被等同采用为我国标准的直接引用国际标准。

本部分代替GB/T 16855.1—2005。与GB/T 16855.1—2005相比，主要内容修改如下：

——增加了术语：性能等级(PL)、所需的性能等级(PL_r)、诊断覆盖率(DC)、平均危险失效时间($MTTF_d$)、危险失效、共因失效、系统失效、伤害、危险、危险状态、风险、遗留风险、风险评价、风险分析、风险评定、机器的预定使用、可预见的误用、安全功能、监测、可编程电子系统、保护措施、任务时间、检测频率、要求频率、维修率、机器控制系统、安全完整性等级、有限可变语言、全可变语言、应用软件、嵌入式系统；

——删除了术语：控制系统安全性、控制系统安全功能；

——第4章中增加了确定所需的性能等级(4.3)、所达到的性能等级(PL)的估计及其与SIL的关系(4.5)、软件的安全要求(4.6)和检验所达到的PL是否满足PL_r的要求(4.7)；

——第6章内容增加了类别与DC_{avg}、CCF和每个通道$MTTF_d$的关系；

——将原标准中的第10章细分为技术文件(第10章)和使用信息(第11章)两章；

——修改了附录A、附录B、附录C和附录D，并增加了附录E、附录F、附录G、附录H、附录I、附录J和附录K。

本部分的所有附录均为资料性附录。

本部分由全国机械安全标准化技术委员会(SAC/TC 208)提出并归口。

本部分起草单位：机械科学研究总院中机生产力促进中心。

本部分主要起草人：张晓飞、李勤、宁燕、富锐、付大为、张维、杨岭、盛晓敏、程红兵。

本部分所代替标准的历次版本发布情况为：

——GB/T 16855.1—1997、GB/T 16855.1—2005。

引　言

机械安全标准的结构如下：

a)　A 类标准(基础安全标准)，给出适用于所有机械的基本概念、设计原则和一般特征。

b)　B 类标准(通用安全标准)，涉及机械的一种安全特征或使用范围较宽的一类安全防护装置：

——B1 类，特定的安全特征(如安全距离、表面温度、噪声等)标准；

——B2 类，安全装置(如双手操纵装置、联锁装置、压敏装置、防护装置)标准。

c)　C 类标准(机器安全标准)，对一种特定的机器或一组机器规定出详细的安全要求的标准。

依照 GB/T 15706.1 中的规定，本部分属于通用安全标准(B1 类)。

对于按照 C 类标准设计和制造的机器，当 C 类标准中的条款与 A 类或 B 类标准中所述的条款不一致时，优先采用 C 类标准。

本部分的目的是在控制系统的设计和评价中给出对所涉及的控制系统的指南，并为正在准备制定希望符合欧盟指令 98/37/EC《机械指令》附录 I“基本安全要求”的 B2 类或 C 类标准的各技术委员会(TC)提供指南。本部分不对符合其他欧盟指令给出具体指南。

作为机器全面风险减小策略的一部分，设计者通常愿意通过应用具有一种或多种安全功能的防护装置来达到某种程度的风险减小。

用于提供安全功能的机器控制系统部件称为控制系统有关安全部件(SRP/CS)，它们由硬件和软件组成，既可独立于机器控制系统，也可是与机器控制系统的组成部分。除了提供安全功能以外，SRP/CS 也能提供操作功能(例如：双手操纵装置作为过程启动的一种手段)。

控制系统有关安全部件在预期条件下执行安全功能的能力分为 5 级，称之为性能等级(PL)。这些性能等级由每小时发生危险失效的概率来定义(见表 3)。

安全功能危险失效的概率取决于几个因素，包括：软硬件结构、故障检测装置的范围[诊断覆盖率(DC)]、部件的可靠性[平均危险失效时间($MTTF_d$)、共因失效(CCF)]、设计流程、工作压力、环境条件和操作程序等。

为了帮助设计者对所达到的 PL 容易进行评价，本部分采用了根据故障条件下具体设计准则和具体行为来进行结构分类的方法。这些类别分为 5 类，称之为 B 类、1 类、2 类、3 类和 4 类。

性能等级和类别适用于如下控制系统有关安全部件，例如：

——保护装置(例如：双手操纵装置、联锁装置)、电敏保护装置(例如：光栅)、压敏装置；

——控制单元(例如：控制功能、数据处理、监测等的逻辑单元)；

——动力控制元件(例如：继电器、阀门等)。

以及所有机械上执行安全功能的控制系统——从简单装置(例如：小型厨房炊机具或自动门等)到复杂制造业设备(例如：包装机械、印刷机械、压力机等)。

本部分的目的是提供明确的基础用以评价应用 SRP/CS(以及机器)的设计和性能，例如：第三方评价、自我评价或独立实验室评价。

应用 IEC 62061 和本部分时推荐的信息

IEC 62061 和本部分规定了设计和执行机器控制系统有关安全部件的要求。根据这两个标准的范围，采用其中任何一个标准都可假定满足了相关的基本安全要求。表 1 概括了 IEC 62061 和本部分的范围。

表 1 IEC 62061 和本部分的应用推荐

	执行有关安全控制功能的技术	GB/T 16855.1	IEC 62061
A	非电,例如:液压	X	没有包括
B	机电,例如:继电器和(或)简单电子器件	限制在指定结构[a]内且最大为 PL=e	所有结构,最大为 SIL3
C	复杂电子器件,例如:可编程的	限制在指定结构[a]内且最大为 PL=d	所有结构最大为 SIL3
D	A 与 B 组合	限制在指定结构[a]内且最大为 PL=e	X[c]
E	C 与 B 组合	限制在指定结构内且最大为 PL=d	所有结构最大为 SIL3
F	C 与 A 组合,或 C 与 A、B 组合	X[b]	X[c]
X 表示此项由该栏标题中所示的标准处理。			

[a] 指定结构在 6.2 中规定,目的是给出量化性能等级的简单方法。

[b] 对于复杂电子器件:采用按照本部分的指定结构,且最大为 PL=d,或者 IEC 62061 中的任意结构。

[c] 对于非电技术,采用本部分中的部件作为子系统。

机械安全　控制系统有关安全部件
第1部分:设计通则

1　范围

本部分提供了包括软件设计在内的控制系统有关安全部件(SRP/CS)设计和集成的安全要求和指导原则。对于这些SRP/CS的部件,本部分规定了包括执行安全功能所需的性能等级在内的特征。本部分适用于所有种类机械的SRP/CS,不管其采用的何种技术和能量(电、液压、气动、机械等)。

本部分未规定特殊应用中的安全功能或性能等级。

本部分提供了采用可编程电子系统的SRP/CS的具体要求。

本部分未提供设计SRP/CS的部件的具体要求。然而,可使用已给出的原则,例如:类别或性能等级。

注1:SRP/CS的部件示例:继电器、电磁阀、位置开关、PLC、电动机控制单元、双手操纵装置、压敏设备等。对于这些产品的设计,重要的是要参考特别适用的标准,例如:GB/T 19671、GB/T 17454.1和GB/T 17454.2。

注2:所需的性能等级的定义见3.1.24。

注3:本部分提供的关于可编程电子系统的要求与IEC 62061中给出的设计和开发机械有关安全的电气、电子和可编程控制系统的方法原理是一致的。

注4:对于PL_r=e的嵌入软件中的有关安全部件见GB/T 20438.3—2007中的第7章。

注5:也可见表1。

2　规范性引用文件

下列文件中的条款通过本标准的引用而成为本标准的条款。凡是注日期的引用文件,其随后所有的修改单(不包括勘误的内容)或修订版均不适用于本部分,然而,鼓励根据本部分达成协议的各方研究是否可使用这些文件的最新版本,凡是不注日期的引用文件,其最新版本适用于本部分。

GB/T 15706.1—2007　机械安全　基本概念与设计通则　第1部分:基本术语和方法(ISO 12100-1:2003,IDT)

GB/T 15706.2—2007　机械安全　基本概念与设计通则　第2部分:技术原则(ISO 12100-1:2003,IDT)

GB/T 16855.2—2007　机械安全　控制系统有关安全部件　第2部分:确认(ISO 13849-2:2003,IDT)

GB/T 16856.1—2008　机械安全　风险评价　第1部分:原则(ISO 14121-1:2007,IDT)

GB/T 20438.3—2006　电气/电子/可编程电子安全相关系统的功能安全　第3部分:软件要求(IEC 61508-3:1998,IDT)

GB/T 20438.4—2006　电气/电子/可编程电子安全相关系统的功能安全　第4部分:定义和缩略语(IEC 61508-4:1998,IDT)

IEC 60050-191:1990　国际电工词汇　第191章:可靠性与业务质量

3　术语、定义、符号和缩写

3.1　术语和定义

GB/T 15706.1—2007、IEC 60050-191:1990确立的以及下列术语和定义适用于本部分。

3.1.1

控制系统有关安全部件　safety-related part of a control system

SRP/CS

控制系统中响应有关安全输入信号并产生有关安全输出信号的部件。

注1：控制系统有关安全部件的组成，以有关安全的输入信号被触发为起始点（例如：致动凸轮和位置开关滚轮等），以控制元件的动力输出（例如：接触器的主触点等）为终止点。

注2：如果监测系统用于诊断，也可认为它们是SRP/CS。

3.1.2

类别　category

Cat.

控制系统有关安全部件在防止故障能力以及故障条件下后续行为方面的分类，它通过部件的结构布置、故障检测和（或）部件可靠性来达到。

3.1.3

故障　fault

产品不能执行所需功能的状态，预防性维修或其他计划性活动或缺乏外部资源的情况除外。

注1：故障通常是产品本身失效后的状态，但也可能在失效前就存在。

[IEC 60050-191:1990,05-01]

注2：本部分中，"故障"意思是随机故障。

3.1.4

失效　failure

产品执行所要求功能能力的终止。

注1：失效后，产品就有故障。

注2："失效"是事件，区别于作为一种状态的"故障"。

注3：定义的概念不使用与仅由软件组成的产品。

[IEC 60050-191:1990,04-01]

注4：本部分不包括只影响控制器进程的失效。

3.1.5

危险失效　dangerous failure

使控制系统有关安全部件（SRP/CS）处于潜在的危险状态或丧失功能状态的失效。

注1：潜在是否成为事实取决于系统的通道结构；冗余系统中，危险硬件失效不太可能导致全面的危险状态或功能丧失状态

注2：改自GB/T 20438.4—2006中的定义3.6.7。

3.1.6

共因失效　common cause failure

CCF

同一事件引起的不同产品的失效，这些失效相互之间没有因果关系。

[IEC 60050-191-am1:1999,04-23]

注：共因失效不宜与共模失效相混淆（见GB/T 15706.1—2007,3.34）。

3.1.7

系统失效　systematic failure

原因确定的失效，只有对设计或制造过程、操作规程、文档或其他相关因素进行修改后，才有可能排除这种失效。

注1：没有修正的矫正性维护通常不能消除失效原因。

注2：系统失效可通过模拟失效原因引起。

[IEC 60050-191:1990,04-19]

注3:以下情况中系统失效的原因包括人员错误:

——安全要求规范;

——硬件的设计、制造、安装和操作;

——软件的设计和执行等。

3.1.8

抑制　muting

SRP/CS安全功能暂时的自动暂停。

3.1.9

手动复位　manual reset

重新启动机器前,控制系统有关安全部件(SRP/CS)中用作手动恢复一种或多种安全功能的功能。

3.1.10

伤害　harm

对健康产生的生理上的损伤或危害。

[GB/T 15706.1—2007,3.5]

3.1.11

危险　hazard

潜在的伤害源。

注1:"危险"一词可由其起源(例如:机械危险和电气危险),或其潜在伤害的性质(例如:电击危险、切割危险、中毒危险和火灾危险)进行限定。

注2:本定义中的危险包括:

——在机器的预定使用期间,始终存在的危险(例如:危险运动部件的运动、焊接过程中产生的电弧、不健康的姿势、噪声、高温);

——或者意外出现的危险(例如:爆炸,意外启动引起的挤压危险,泄漏引起的喷射,加速/减速引起的坠落)。

[GB/T 15706.1—2007,3.6]

3.1.12

危险状态　hazardous situation

指人员暴露于具有至少一种危险的环境。这类暴露可能会立即或在一定时间之后对人员产生伤害。

[GB/T 15706.1—2007,3.9]

3.1.13

风险　risk

伤害发生概率和伤害发生的严重程度的综合。

[GB/T 15706.1—2007,3.11]

3.1.14

遗留风险　residual risk

采取保护措施之后仍然存在的风险。

见图2。

注:改自GB/T 15706.1—2007中的定义3.12。

3.1.15

风险评价　risk assessment

包括风险分析和风险评定在内的全过程。

[GB/T 15706.1—2007,3.13]

3.1.16

风险分析　risk analysis

机器限制的确定,危险的识别和风险的评估的组合。

[GB/T 15706.1—2007,3.14]

3.1.17

风险评定　risk evaluation

以风险分析为基础,判断是否已达到减小风险的目标。

[GB/T 15706.1—2007,3.16]

3.1.18

机器的预定使用　intended use of a machine

按照使用说明书提供的信息使用机器。

[GB/T 15706.1—2007,3.22]

3.1.19

可预见的误用　reasonably foreseeable misuse

不是按设计者预定的方法而是按照容易预见的人的习惯来使用机器。

[GB/T 15706.1—2007,3.23]

3.1.20

安全功能　safety function

其失效后会立即造成风险增加的机器功能。

[GB/T 15706.1—2007,3.28]

3.1.21

监测　monitoring

部件或元件执行其功能的能力下降或过程条件的改变使风险增加时,保证触发保护措施的安全功能。

3.1.22

可编程电子系统　programmable electronic system

PES

基于一个或多个可编程电子装置的控制防护或监视系统,包括系统中所有的部件诸如电源、传感器和其他输入装置,接触器及其他输出装置。

注:改自 GB/T 20438.4—2006 中的 3.3.2。

3.1.23

性能等级　performance level

PL

在可预期条件下,用于规定控制系统有关安全部件执行安全功能的离散等级。

注:见 4.5.1。

3.1.24

所需的性能等级　required performance level

PL_r

每种安全功能为达到所需的风险减小所应用的性能等级(PL)。

见图 2 和 A.1。

3.1.25

平均危险失效时间　mean time to dangerous failure

$MTTF_d$

预期的危险失效平均时间。

注:改自 IEC 62061:2005 中的定义 3.2.24。

3.1.26

诊断覆盖率 diagnostic coverage

DC

诊断有效性的度量,它可以是可诊断的危险失效的失效率与所有的危险失效的失效率之间的比率。

注1:诊断覆盖率存在于整个有关安全系统中或其部件中。例如:诊断覆盖率可存在于传感器、逻辑系统和(或)执行元件中。

注2:改自 GB/T 20438.4—2006 中的定义 3.8.6。

3.1.27

保护措施 protective measure

用于达到风险减小的措施。

示例1 通过设计者实现:本质安全设计、安全防护和附加保护措施、使用信息。

示例2 通过用户实现:组织(安全工作程序、监督、工作许可制度)、附加安全防护装置的提供和使用;个人防护装置的使用;培训。

注:改自 GB/T 15706.1—2007 中的定义 3.18。

3.1.28

任务时间 mission time

T_M

SRP/CS 预定使用的时间周期。

3.1.29

检测频率 test rate

r_t

SRP/CS 中检测故障的自动检测频率,即诊断检测时间间隔的倒数。

3.1.30

要求频率 demand rate

r_d

要求 SRP/CS 进行有关安全动作的频率。

3.1.31

维修率 repair rate

r_r

从在线检测发现危险失效或系统出现明显故障到系统/部件维修或替换后重启之间时间间隔的倒数。

注:维修时间不包括进行失效检测所需要的时间段。

3.1.32

机器控制系统 machine control system

响应来自机器元件、操作者、外部控制设备或它们的组合的输入信号,并产生输出信号使机器按照预定方式工作的系统。

注:机器控制系统能可使用任何技术或各种技术的组合(例如:电气/电子、液压、气动、机械等)。

3.1.33

安全完整性等级 safety integrity level

SIL

一种离散的等级(四种可能等级之一),用于规定分配给 E/E/PE 有关安全系统的安全功能的安全完整性要求。在这里安全完整性等级 4 是最高的,安全完整性等级 1 是最低的。

[GB/T 20438.4—2006,3.5.6]

3.1.34

有限可变语言　limited variability language

LVL

能够结合预定义和专用的库函数来实现安全要求规范的一种语言。

注1：改自IEC 61511-1:2003。

注2：GB/T 15969.3中给出了LVL(梯形逻辑、功能框图)的典型应用示例。

注3：采用LVL的典型系统示例:PLC。

3.1.35

全可变语言　full variability language

FVL

能够实现多样功能和应用的一种语言。

示例　C、C＋＋、汇编语言。

注1：改自IEC 61511-1:2003中的定义3.2.80.1.3。

注2：使用FVL的典型系统示例:嵌入式系统。

注3：在机械领域,FVL通常用在嵌入式软件中,很少用在应用软件中。

3.1.36

应用软件　application software

由机器制造商完成的、面向应用的软件。通常包括逻辑序列、范围、表达式,它们控制着相应输入、输出计算和结果,以满足控制系统有关安全部件(SRP/CS)的要求。

3.1.37

嵌入式软件　embedded software

固件　firmware

系统软件　system software

由控制器制造商提供的作为系统的一部分,并且机器的使用者无法修改的软件。

注：嵌入式软件通常由FVL编写。

3.2　符号及缩写

见表2。

表2　符号及缩写

符号及缩写	描　　述	定义或出处
a, b, c, d, e	性能等级标志	表3
AOPD	有源光电保护装置(例如:光幕)	附录H
B, 1, 2, 3, 4	类别标志	表7
B_{10d}	直到有10%零件危险失效时的周期数(针对气动元件和机电元件)	附录C
Cat.	类别	3.1.2
CC	换流器	附录I
CCF	共因失效	3.1.6
DC	诊断覆盖率	3.1.26
DC_{avg}	平均诊断覆盖率	E.2
F, F1, F2	暴露于危险的频率和(或)时间	A.2.2
FB	功能模块	4.6.3

表 2（续）

符号及缩写	描　　述	定义或出处
FVL	全可变语言	3.1.35
FMEA	失效模式及影响分析	7.2
I, I1, I2	输入装置，例如：传感器	6.2
i, j	计算指数	附录 D
I/O	输入/输出	表 E.1
i_{ab}, i_{bc}	相互连接方式	图 4
K1B、K2B	接触器	附录 I
L, L1, L2	逻辑单元	6.2
LVL	有限可变语言	3.1.34
M	电动机	附录 I
MTTF	平均失效时间	附录 C
$MTTF_d$	平均危险失效时间	3.1.25
n, N, $\tilde{N}$	项目编号	6.3，D.1
N_{low}	SRP/CS 组合中在 PL_{low} 时 SRP/CS 的编号	6.3
O, O1, O2, OTE	输出装置，例如：致动器	6.2
P, P1, P2	避免危险的概率	A.2.3
PES	可编程电子系统	3.1.22
PL	性能等级	3.1.23
PLC	可编程逻辑控制器	附录 I
PL_{low}	SRP/CS 组合中 SRP/CS 的最低性能等级	6.3
PL_r	所需的性能等级	3.1.24
r_d	要求频率	3.1.30
RS	旋转传感器	附录 I
S, S1, S2	伤害的严重程度	A.2.1
SW1A, SW1B, SW2	位置开关	附录 I
SIL	安全完整性等级	表 4
SRASW	有关安全应用软件	4.6.3
SRESW	有关安全嵌入式软件	4.6.2
SRP	有关安全部件	一般要求
SRP/CS	控制系统有关安全部件	3.1.1
TE	试验要求	6.2
T_M	任务时间	3.1.28

4　设计方面的考虑

4.1　设计中的安全目标

SRP/CS 的设计和构造应充分考虑 GB/T 15706 和 GB/T 16856 中的原则（见图 1 和图 3）。还应考虑所有预定使用和可预见的误用。

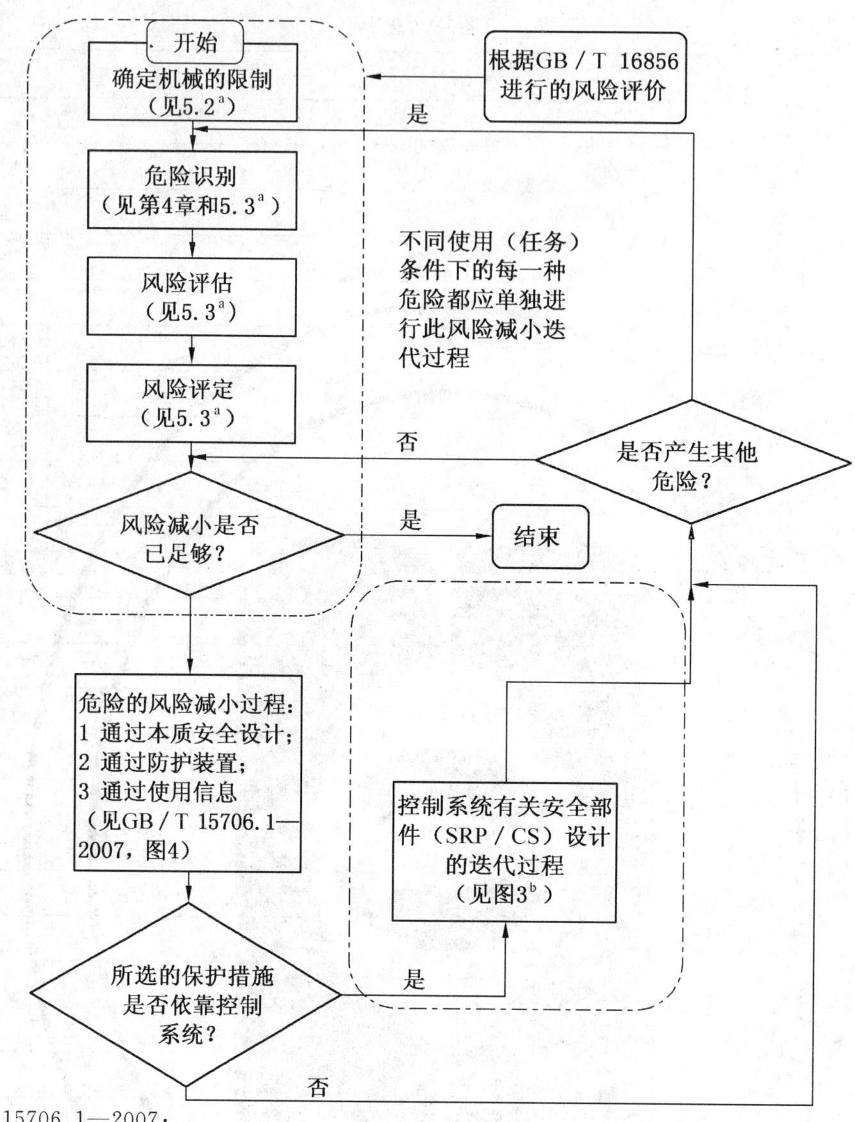

[a] 参见 GB/T 15706.1—2007;

[b] 参见本部分。

图 1 风险评价/风险减小概况

4.2 风险减小策略

4.2.1 概述

GB/T 15706.1—2007 中的第 5 章给出了关于机器风险减小的策略。GB/T 15706.2—2007 中的第 4 章(固有设计措施)和第 5 章(安全防护装置和附加保护措施)给出了更进一步的指导。风险减小策略涵盖了机器的整个寿命周期。

机器的危险分析和风险减小过程要求通过以下措施逐步消除或减小危险:

——通过设计消除危险或减小风险(见 GB/T 15706.2—2007,第 4 章);

——通过防护装置和可能的附加保护措施减小风险(见 GB/T 15706.2—2007,第 5 章);

——通过使用信息中关于遗留风险的规定减小风险(见 GB/T 15706.2—2007,第 6 章)。

4.2.2 控制系统对风险减小的作用

下面机器的设计过程的目的是达到安全目标(见 4.1)。对于提供所需的风险减小的 SRP/CS,其设计是机器全部设计过程中的一个完整子过程。SRP/CS 以能达到所需的风险减小的 PL 来提供安全功能。在所提供的安全功能中,无论作为本质安全设计的一部分,还是作为安全防护装置或保护装置,SRP/CS 的设计都是风险减小策略的一部分。该设计过程是一个迭代的过程,见图 1 和图 3。

对于每种安全功能,应在安全要求技术规范中规定和记录其特征(见第 5 章)和所需的性能等级。

本部分中的性能等级定义为每小时危险失效的概率。5 种性能等级(a～e)用每小时危险失效概率的规定范围来表示(见表 3)。

表 3　性能等级(PL)

PL	每小时平均危险失效概率/(1/h)
a	$\geqslant 10^{-5} \sim < 10^{-4}$
b	$\geqslant 3\times 10^{-6} \sim < 10^{-5}$
c	$\geqslant 10^{-6} \sim < 3\times 10^{-6}$
d	$\geqslant 10^{-7} \sim < 10^{-6}$
e	$\geqslant 10^{-8} \sim < 10^{-7}$
注：除了每小时平均危险失效概率外,其他措施也是达到 PL 所必需的。	

从对机器进行风险评价(见 GB/T 16856)开始,设计者应确定 SRP/CS 的安全功能对相应的风险减小的作用。该作用并不减小受控机器的所有风险(例如:并不涵盖机械压力机或洗衣机的所有风险),而是应用特定的安全功能减小一部分风险。该功能的示例,如压力机上的电敏保护装置或洗衣机门锁功能触发的停止功能。

风险减小可通过采用各种保护措施(SRP/CS 及非 SRP/CS)来实现,最终达到安全状态(见图 2)。

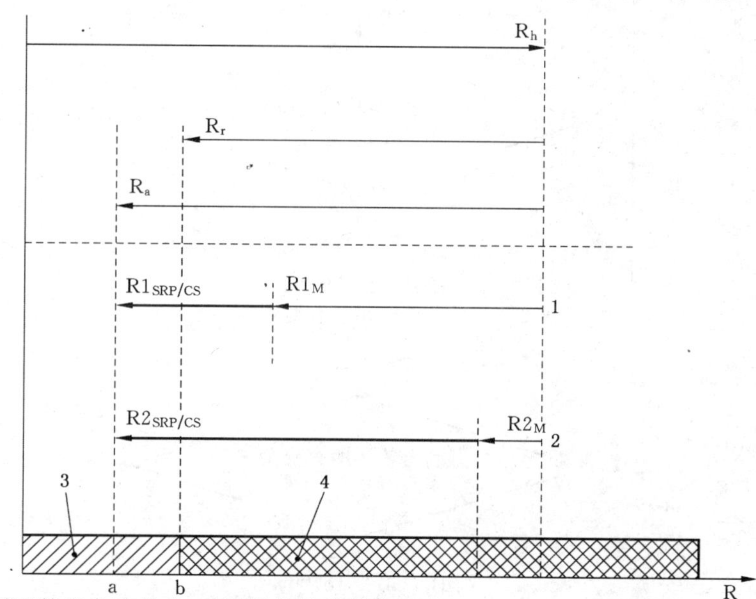

R_h——对于特定危险状态,采用保护措施前的风险;

R_r——需要保护措施减小的风险;

R_a——保护措施实际减小的风险;

1——方案 1:绝大部分风险减小由保护措施(例如:机械方法)实现,小部分由 SRP/CS 实现;

2——方案 2:绝大部分风险减小由 SRP/CS(例如:光幕)实现,小部分由保护措施(例如:机械方法)实现;

3——充分减小的风险;

4——没有充分减小的风险;

R——风险;

a——实施方案 1 和方案 2 后的遗留风险;

b——充分减小的风险;

$R1_{SRP/CS}$、$R2_{SRP/CS}$——SRP/CS 的安全功能实现的风险减小;

$R1_M$、$R2_M$——保护措施而不是 SRP/CS 实现的风险减小(例如:机械方法)。

注:关于风险减小的更多信息见 GB/T 15706。

图 2　每种危险的风险减小过程概况

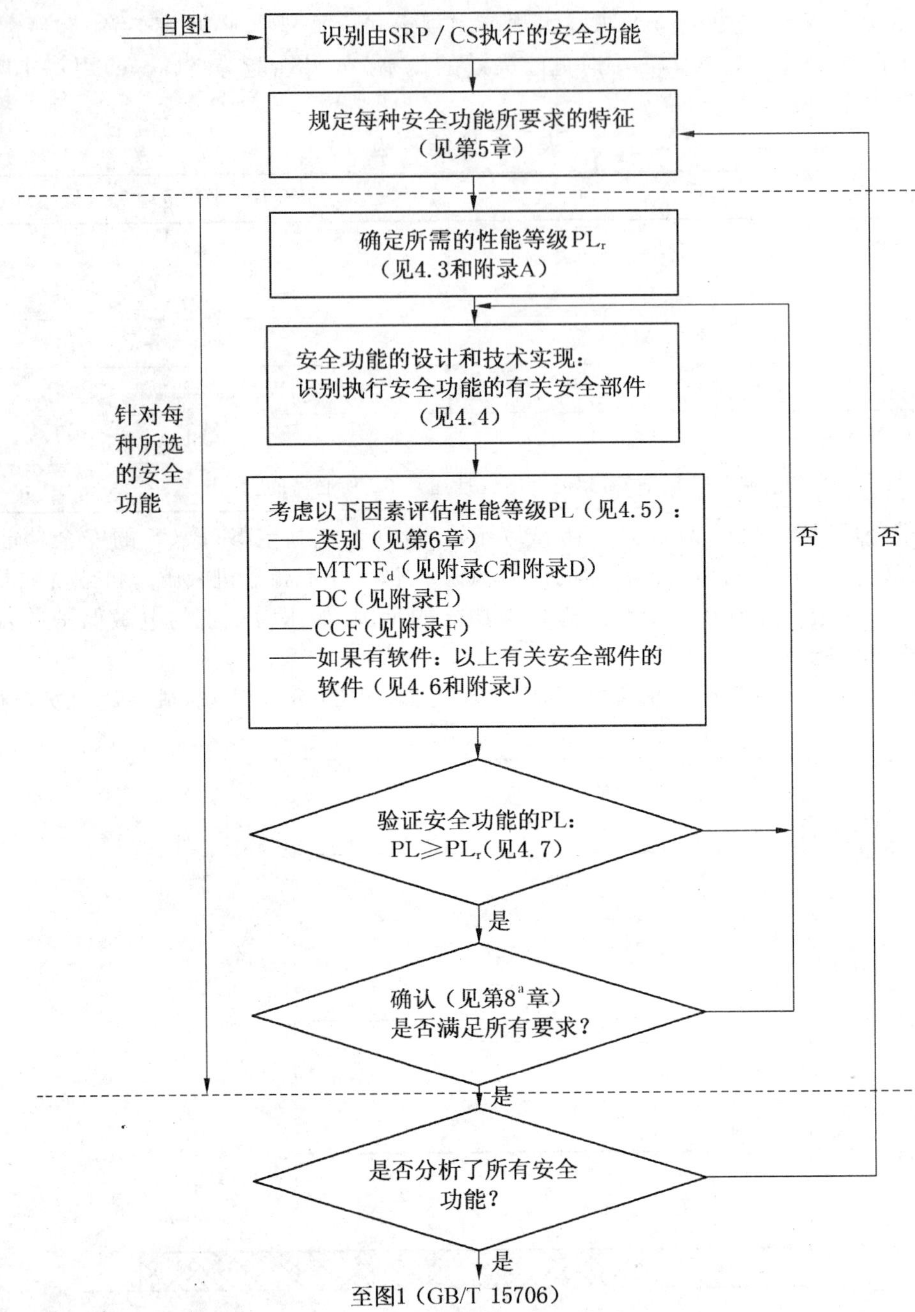

a GB/T 16855.2 提供了确认的附加帮助。

图 3 控制系统有关安全部件(SRP/CS)设计的迭代过程

4.3 确定所需的性能等级(PL_r)

对于每种所选的由 SRP/CS 执行的安全功能，应确定和记录所需的性能等级(PL_r)(确定 PL_r 的指南见附录 A)。所需的性能等级的确定取决于风险评价的结果，并且参考了控制系统有关安全部件实现的风险减小量(见图 2)。

SRP/CS 实现的风险减小总和越多，PL_r 就越高。

4.4 SRP/CS 的设计

确定机器安全功能是风险减小过程的一部分，包括确定控制系统的安全功能，例如：防止意外启动。

单一安全功能可能由一个或多个 SRP/CS 来实现，几种安全功能可能由一个或多个 SRP/CS 来共同实现(例如：逻辑单元、动力控制元件)。单个 SRP/CS 也可能实现多种安全功能和标准控制功能。设计者可能会单独使用任何可用的技术或组合使用这些技术。SRP/CS 也可能提供操作功能(例如：

AOPD 作为循环启动的一种方式)。

图 4 中给出的典型安全功能图示说明了控制系统有关安全部件(SRP/CS)由以下几方面的组成:

——输入(SRP/CS_a);

——逻辑/处理(SRP/CS_b);

——输出/动力控制元件(SRP/CS_c);

——相互连接方式(i_{ab},i_{bc})(例如:电的、光学的)。

注 1:在同一机器内,重要的是区别不同安全功能以及执行这些安全功能的 SRP/CS。

识别控制系统安全功能之后,设计者应鉴别出 SRP/CS(见图 1 和图 3),必要时应把它们分配给输入、逻辑电路、输出以及有冗余时的单独通道,然后估计性能等级 PL(见图 3)。

注 2:指定结构在第 6 章中给出。

注 3:有关安全部件包括所有的相互连接方式。

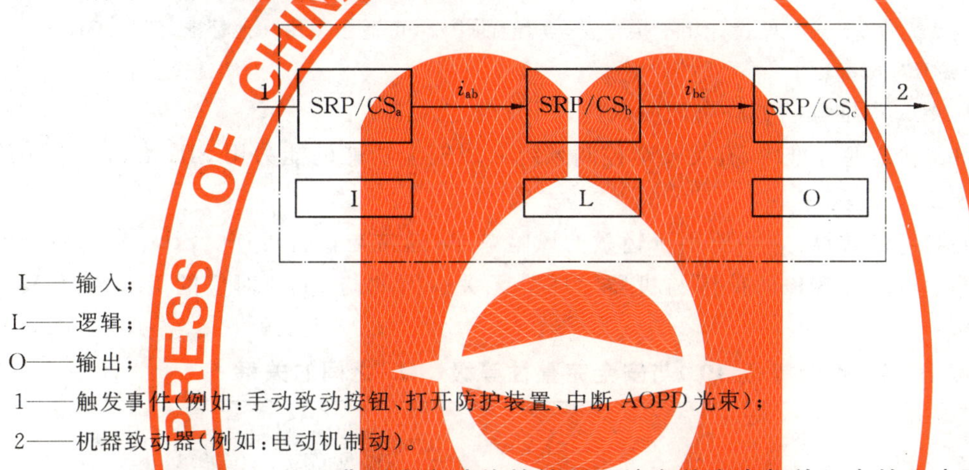

I——输入;

L——逻辑;

O——输出;

1——触发事件(例如:手动致动按钮、打开防护装置、中断 AOPD 光束);

2——机器致动器(例如:电动机制动)。

图 4　处理典型安全功能的控制系统有关安全部件组合的示意图

4.5　所需的性能等级 PL 的估计及其与 SIL 的关系

4.5.1　性能等级 PL

在本部分中,有关安全部件完成安全功能的能力通过确定性能等级 PL 来表示。

对于所选的完成安全功能的每个 SRP/CS 和(或)SRP/CS 的组合,都应完成其 PL 的估计。

应通过估计以下参数来确定 SRP/CS 的 PL:

——单个元件 $MTTF_d$ 的值(见附录 C 和附录 D);

——DC(见附录 E);

——CCF(见附录 F);

——结构(见第 6 章);

——安全功能在故障条件下的性能(见第 6 章);

——有关安全的软件(见 4.6 和附录 J);

——系统性失效(见附录 G);

——预期环境条件下,完成安全功能的能力。

注 1:其他参数,例如:运行情况、需求比率、试验比率等都有一定的影响。

这些与评估过程有关的参数可分为以下两组:

a)　定量的参数(单个零件的 $MTTF_d$ 值、DC、CCF、结构);

b)　影响 SRP/CS 性能的不可计量参数(故障条件下安全功能的性能、有关安全的软件、系统性失效以及环境条件)。

可定量的参数中,可靠性(例如:$MTTF_d$、结构)的影响随所采用的技术而变化。例如:采用某种技术的具有高可靠性的单通道有关安全部件,(在一定限制范围内)可能在采用其他技术的较低可靠性容错结构中提供相同或更高的 PL。

任何类型系统(例如:复杂结构)PL 的可计量参数有几种方法来估计,例如:马尔可夫模型、广义随机 Petri 网(GSPN)、可靠性方框图[见 GB/T 20438 等]。

为更容易评价 PL 的可计量参数,本部分给出了一种基于 5 种指定结构定义的简化的方法,这些指定结构满足特殊设计准则和故障条件下性能(见 4.5.4)。

对于按照第 6 章设计的 SRP/CS 或 SRP/CS 组合,危险失效的平均概率可根据图 5 的方法和附录 A 至附录 H、附录 J 和附录 K 给出的程序来估计。

对于偏离指定结构的 SRP/CS,应提供详细计算以证明其达到了所需的性能等级(PL_r)。

在 SRP/CS 被当作简单结构,且所需的性能等级为 a～c 的应用中,可采用设计基本原理来定性估计 PL。

注 2:对于复杂控制系统的设计,例如:设计用于执行安全功能的 PES,可适当采用其他标准(例如:GB/T 20438、GB/T 19436 或 IEC 62061)。

可应用 4.6 和附录 G 中推荐的方法来证明以达到 PL 的定性参数。

在根据 IEC 61508 制定的标准中,有关安全控制系统完成安全功能的能力用 SIL 给出。表 4 给出了两种概念(PL 和 SIL)的关系。

PLa 级与 SIL 无对应的等级,它主要用于轻微的风险减小,通常与伤害可逆。SIL4 专门用于流程工业中可能的灾难事件,所以 SIL 的范围与机器的风险无关。因此与 SIL3 对应的 PLe 级为最高的等级。

表 4　性能等级(PL)与安全完整性等级(SIL)之间的关系

PL	SIL (参见 GB/T 20438.1) 工作模式为高/连续
a	无对应等级
b	1
c	1
d	2
e	3

因此,应主要采用以下两种保护措施来减小风险:

——减小在元件级的故障概率。其目的是减小影响安全功能的故障或失效的可能性。这可通过增加元件可靠性来实现,例如:为了把致命故障或失效减到最少或排除故障(见 GB/T 16855.2),选用经验证的零件和(或)应用经验证的安全原则。

——改善 SRP/CS 的结构,其目的是避免故障的危险影响。一些故障是可以检测到的,而且需要冗余和(或)监测结构。

可单独或组合应用这两种措施。对某些技术,通过选择可靠的零件或排除故障可实现风险减小;但对于其他技术,可能需要冗余和(或)监测系统来实现风险减小。另外,还应考虑共因失效(CCF)(见图 3)。

结构约束见第 6 章。

4.5.2　每个通道的平均危险失效时间($MTTF_d$)

每个通道的平均危险失效时间的值用 3 种等级给出(见表 5),且应单独考虑每个通道(例如:单通道,冗余系统的每个通道)。

根据 $MTTF_d$,可考虑最大值为 100 年。

表 5 每个通道的平均危险失效时间($MTTF_d$)

每个通道的指标	每个通道的范围
低	3 年≤$MTTF_d$<10 年
中	10 年≤$MTTF_d$<30 年
高	30 年≤$MTTF_d$<100 年

注 1:每个通道 $MTTF_d$ 范围的选择基于该领域内最新技术的失效率,这种技术构建了一种适合对数 PL 标度的对数标度。现实中,SRP/CS 的 $MTTF_d$ 值预期不能小于 3 年,否则这意味着一年以后市场上 30%的系统不合格且需要更换。每个通道的 $MTTF_d$ 值大于 100 年也不合适,因为高风险下的 SRP/CS 不宜只依靠零件的可靠性。为了加强 SRP/CS 预防系统性和随机失效的能力,推荐采用附加方法,例如:要求冗余和试验。为了更可行,范围的数量限制在 3 个内。$MTTF_d$ 值最大为 100 年的每个通道的限制应参考执行安全功能的 SRP/CS 的单个通道。更高的 $MTTF_d$ 值可用于单个零件(见表 D.1)。

注 2:本表中给出的边界值可假定其精确度在 5%范围内。

对于零件 $MTTF_d$ 的估计,寻找数据的先后程序应按以下顺序给出:

a) 采用制造商的数据;

b) 使用附录 C 和附录 D 的方法;

c) 选为 10 年。

4.5.3 诊断覆盖率(DC)

DC 的值分 4 级给出(见表 6)。

一般地,可使用失效模式及影响分析(FMEA,见 GB/T 7826)或类似方法来估计 DC。因此,宜考虑所有相关的故障和(或)失效模式,建议对照所需的性能等级(PL_r)检查执行安全功能的 SRP/CS 组合的 PL。估计 DC 的简化方法见附录 E。

表 6 诊断覆盖率(DC)

指 标	范 围
无	DC<60%
低	60%≤DC<90%
中	90%≤DC<99%
高	DC≤99%

注 1:对于由几个部件组成的 SRP/CS,表 5、第 6 章和 E.2 中对 DC 采用了平均值 DC_{avg}。

注 2:DC 范围的选择基于三个关键值 60%、90%和 99%,也在涉及诊断覆盖率试验的其他标准(例如:GB/T 20438)中确立。调查表明,试验有效性的特征量度是(1-DC)而不是 DC 本身。(1-DC)的关键值 60%、90%和 99%形成一种适合对数 PL 标度的对数标度。小于 60%的 DC 值只能轻微影响被测系统的可靠性,因此称为“无”。复杂系统的 DC 值很难超过 99%。为了切实可行,范围的数量限制在 4 个以内。本表中给出的边界值可认为精确度在 5%范围内。

4.5.4 概述

可通过考虑所有相关参数和适当计算方法来估计 PL(见 4.5.1)。

本章给出了基于指定结构来估计 SRP/CS 的 PL 的简化程序。为得到 PL 的估计值,其他类似的结构可转换为本章中这样的指定结构。

指定结构以方框图表示,并在 6.2 中的每个类别中列出。关于方框法和有关安全方框图的信息在 6.2 和附录 B 中给出。

指定结构给出了每一类别的系统结构的逻辑表示。技术实现(例如:功能电路图)可能看起来完全不一样。

指定结构是针对 SRP/CS 组合而画的,它起始于触发有关安全信号,终止于动力控制元件的输出(也可见 GB/T 15706.1—2007)。指定结构也可用来描述控制系统中响应输入信号并产生有关安全输出信号的部件或子部件。因此，“输入”单元可代表光幕(AOPD)和控制逻辑元件的输入电路或输入开关等。“输出”可代表输出信号开关装置(OSSD)或激光扫描仪等的输出。

指定结构做了以下典型的假设：

——任务时间为20年(见第10章)；

——在任务时间内失效率恒定；

——对于类别2，需求比率≤试验比率的1 %；

——对于类别2，$MTTF_{d,TE}$大于$MTTF_{d,L}$的一半。

注：当每个通道的方框不能分开时，可应用以下原则：综合试验通道(TE，OTE)的$MTTF_d$大于综合功能通道(I，L，O)$MTTF_d$的一半。

该方法考虑把类别作为清楚规定了DC_{avg}的结构。每个SRP/CS的PL取决于结构、每个通道的平均危险失效时间($MTTF_d$)以及DC_{avg}。

还宜考虑共因失效(CCF)(指南见附录F)。

带有软件的SRP/CS，4.6的要求适用。

如果没有或不使用定量的数据(例如：复杂程度低的系统)，所有相关的参数宜选用最坏情况下的值。

SRP/CS组合或单个SRP/CS可能只有一个PL。在6.3中考虑了几个具有不同PL的SRP/CS组合。

在PL_r为a～c的应用中，有足够的方法来避免故障；更高风险的PL_r为d～e的应用中，SRP/CS的结构能提供方法以避免、检测或耐受故障。实际的方法包括冗余、差异化、监测等(也可见GB/T 15706.2—2007的第3章和GB 5226.1—2002)。

图5给出了与每个通道的$MTTF_d$组合的类别以及为了达到安全功能要求的PL的DC_{avg}的选择。

对于PL的估计，图5给出了与DC_{avg}一起的类别(水平轴)和每个通道的$MTTF_d$(柱形图)。图中的阴影代表了每个通道的$MTTF_d$的3个范围(低、中、高)，它可选择用来达到要求的PL。

在使用图5中的简单方法(代表了基于第6章中指定结构的不同马尔可夫模型的结果)以前，应确定SRP/CS的类别以及每个通道的DC_{avg}和$MTTF_d$(见第6章和附录C～附录E)。

对于类别2、类别3和类别4，应采用足以防止共因失效的措施(指南见附录F)。考虑到这些参数，图5提供了确定由SRP/CS实现的PL的方法图解。类别(包括共因失效)和DC_{avg}的组合确定选择图5中的那一列。根据每个通道的$MTTF_d$，应选出有关直方柱的3个不同阴影区域中的一个。

这些区域的纵向位置确定能在竖轴上读出的要求的PL。如果该区域有两种或三种可能的PL，表7中给出了所达到的PL。数字更精确的PL的选择取决于每个通道$MTTF_d$的精确值，见附录K。

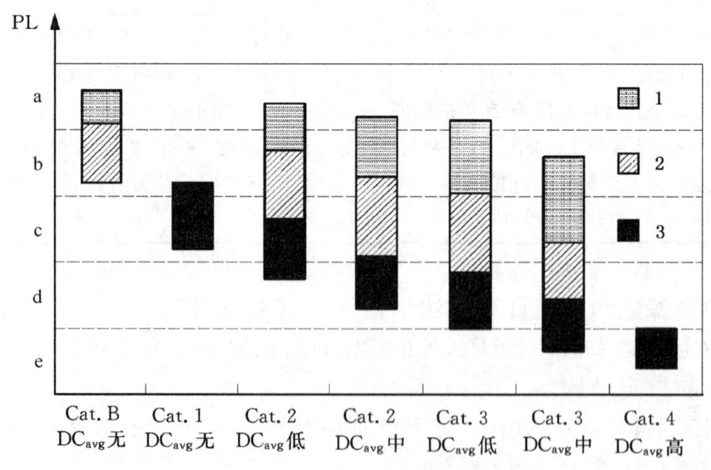

PL——性能水平；

1——每个通道的$MTTF_d$=低；

2——每个通道的$MTTF_d$=中；

3——每个通道的$MTTF_d$=高。

图5 PL和每个通道的类别、DC_{avg}和$MTTF_d$的关系

表7 估计由SRP/CS达到的PL的简单程序

类 别	B	1	2	2	3	3	4
DC_{avg}	无	无	低	中	低	中	高
每个通道的 $MTTF_d$							
低	a	不包括	a	b	b	c	不包括
中	b	不包括	b	c	c	d	不包括
高	c	c	c	d	d	d	e

4.6 软件的安全要求

4.6.1 一般要求

有关安全的嵌入式软件或应用软件的所有寿命周期内的活动，应主要考虑避免软件寿命周期内出现的故障(见图6)。以下要求的主要目标是有易读、易理解、可测试及可维护的软件。

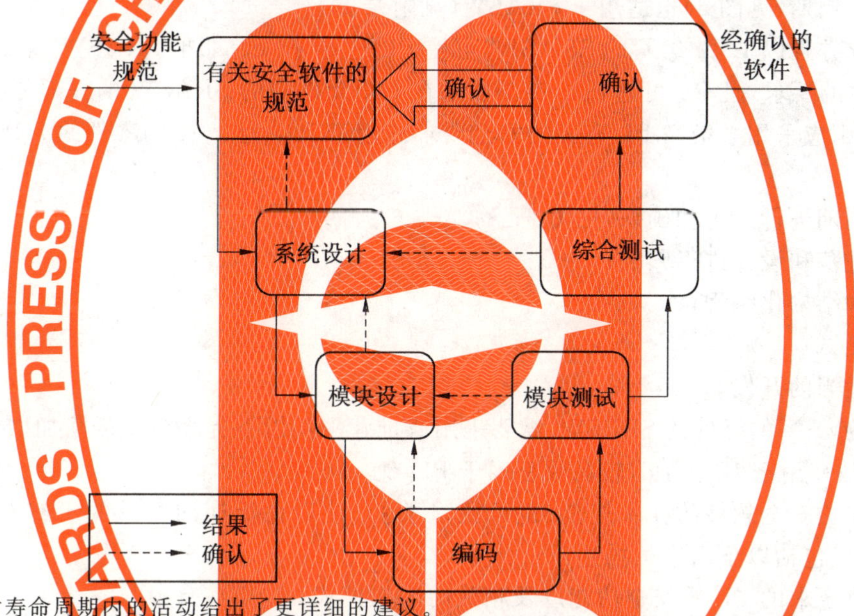

注：附录J对寿命周期内的活动给出了更详细的建议。

图6 软件安全寿命周期的简单V模型

4.6.2 有关安全的嵌入式软件(SRESW)

对于用于 PL_r 为a～d的元件的SRESW，应采用以下基本方法：

——对软件安全寿命周期内的活动进行检验和确认，见图6；

——对技术规范和设计进行归档；

——模块化和结构化设计和编码；

——系统性失效的控制(见G.2)；

——使用基于软件方法用于控制随机的硬件失效时，正确执行的检验；

——功能测试，例如：黑盒子测试；

——修改后，合适的软件安全寿命周期内的活动。

对于用于 PL_r 为c或d的零件的SRESW，应采用以下附加方法：

——满足一定的计划管理和质量管理系统的要求，例如：GB 20438 或 GB/T 19001 中的要求；

——对软件安全寿命周期内所有的相关活动进行归档；

——用以识别所有的结构项目和与SRESW有关的释放文件的结构管理；

——符合安全要求和设计的结构规范；

——使用合适的编程语言和便于使用的基于计算机的工具；

——模块化和结构化编程，区别于非有关安全软件、具有充分定义接口的受限模块大小，采用设计和编码标准；

——用控制流程分析，通过遍查/复查来验证编码；

——扩展的功能测试，例如：灰盒子测试、性能测试或仿真；

——冲击分析以及修改后软件安全周期内适当的活动。

对于 PL_r=e 的元件，SRESW 应满足 GB/T 20438.3 第 7 章中适用于 SIL3 的要求。在规范、设计和编码中采用多样性时，对于用在类别 3 或类别 4 的 SRP/CS 中的两个通道，可用上述用于 PL_r 为 c 或 PL_r 为 d 的方法达到 PL_r=e。

注 1：这类方法的具体描述见 GB/T 20438.7—2006 等。

注 2：对于在设计和编码中具有多样性的 SRESW，类别 3 或类别 4 的 SRP/CS 使用的零件，通过只考虑结构方面代替每行编码的检查来复查软件局部等方法可减小采取措施避免系统性失效这方面的努力。

4.6.3 有关安全的应用软件(SRASW)

软件安全寿命周期(见图 6)也适用于 SRASW(见附录 J)。

满足以下要求并且以 LVL 编写的 SRASW，可使 PL 达到 a～e。如果 SRASW 以 LVL 编写，则应满足用于 SRESW 的要求，且 PL 可达到 a～e。如果在一个元件中的 SRASW 的一部分影响到几种 PL 不同的安全功能，则应采用与最高 PL 有关的安全要求。用于 PL_r 为 a～e 的零件的 SRESW，应采用以下基本措施：

——对开发周期进行检查和确认，见图 6；

——对技术规范和设计进行归档；

——模块化和结构化编程；

——功能性测试；

——修改后适当的开发。

对用于 PL_r 为 c～e 的元件的 SRESW，需要采用或推荐采用以下提高效率的附加措施(较低效率用于 PL_r 为 c，中等效率用于 PL_r 为 d，较高效率用于 PL_r 为 e)。

a) 应复查有关安全软件的技术规范(也可见附录 J)，使寿命周期内涉及的所有人员可以得到该规范，且应包括以下内容的描述：
   1) 具有要求的 PL 的安全功能以及相关的工作模式；
   2) 性能准则，例如：反应时间；
   3) 具有外部信号界面的硬件结构，以及
   4) 外部失效的探测和控制。

b) 工具、库和语言的选择：
   1) 可放心使用的合适工具：对于达到 PL=e 的一个元件及其工具，该工具应满足适当的安全标准；如果使用了带有不同的工具的两种不同零件，则可放心使用。采用的技术特征应能检测可导致系统性错误(例如：数据类型不匹配、意义不明确的动态存储地址、不完善的命令界面、递归、指针算法等)的条件。检查宜主要在编译时间内而不能仅在运行时间内进行。工具宜加强语言子集和编码指南，或者至少督促或引导开发者使用它们。
   2) 只要合理可行，宜采用经确认的功能模块(FB)库——无论是工具制造商提供的有关安全的 FB 库(强烈推荐 PL=e)，还是符合本部分且用途已被确认的详细 FB 库。
   3) 宜采用合理的适用于模块化方法的 LVL-子集，例如：GB/T 15969.3 中认可的语言子集。强烈推荐采用图示语言(例如：功能模块图、梯形图)。

c) 软件设计的特征应是：
   1) 半正式的方法描述数据和控制流，例如：状态图或程序流程图；
   2) 主要由源自有关安全的经确认的功能模块库的功能模块实现模块化和结构化设计；

3) 限制了编码大小的功能模块；
4) 编码在功能模块内执行，功能模块宜有一个入口和一个出口点；
5) 三个阶段的结构模型，输入⇒处理⇒输出(见图7和附录J)；
6). 在唯一一个程序位置安全输出的安排；
7) 使用用于检测外部失效的技术和用于在输入、处理和输出模块内置于安全状态的预防性编程技术。

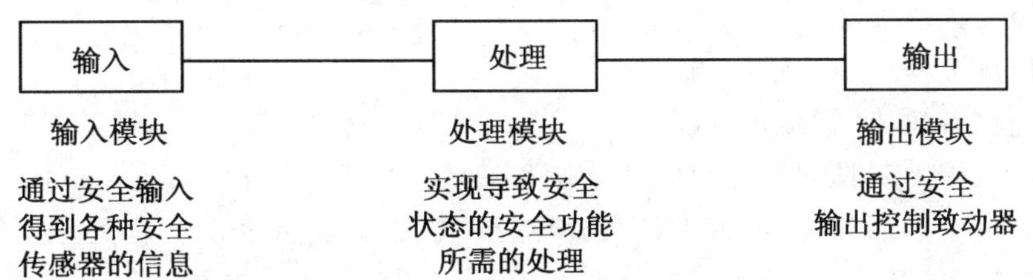

图7 软件的一般结构模型

d) 当SRASW和非SRASW组合在一个元件中时：
1) SRASW和非SRASW应在与有明确定义的数据链接的不同功能块中编码；
2) 不应存在非有关安全数据和有关安全数据的逻辑组合，因为这可导致有关安全信号的完整性下降。例如：结果控制有关安全信号的地方采用逻辑"非"组合有关安全和非有关安全的信号。

e) 软件执行/编码：
1) 代码宜易读、易懂及可测试，为此宜使用符号变量(代替显式硬件地址)；
2) 应使用合理的或公认的编码指南(也可见附录J)；
3) 宜使用应用层(预防性编程)可用的数据完整性和真实性检查(例如：范围检查)；
4) 代码宜接受仿真测试；
5) PL=d或PL=e时，宜通过控制和数据流分析检验。

f) 测试：
1) 合适的确认方法是功能性行为和性能准则(例如：时序性能)的黑盒子测试；
2) PL=d或PL=e时，推荐由分析边界值开始进行试验；
3) 建议制定试验计划，且宜包括具有完成准则和所需工具的试验用例；
4) I/O测试应保证在SRASW内正确使用有关安全信号。

g) 文件：
1) 应对所有寿命周期和修改活动进行归档；
2) 文件应完整、可用、易读和易懂；
3) 源程序正文中的代码文档应包括具有合法实体的模块标题，功能和I/O描述，版本和所使用的库函数模块的版本，以及网络/声明及公告中足够的注释。

h) 验证：[1)]
例如：复查、检查、遍查或其他的合适活动。

i) 结构管理：
强烈建议建立程序和数据的备份，以识别和归档文件、软件模型、验证/确认结果以及与SRASW具体版本有关的工具结构。

j) 修改SRASW后，应进行影响分析以保证规范性。修改后应执行合适的寿命周期内的活动。应控制修改访问权限且应归档修改历史。

注：修改不影响已在使用的系统。

1) 验证只对于专用代码才是必要的，对于经验证的库函数则不是必需的。

4.6.4 基于软件的参数化

应考虑把基于软件的有关安全参数参数化，作为软件安全要求规范中要描述的SRP/CS设计的一个有关安全方面。应采用SRP/CS供应商提供的专门软件工具进行参数化。该工具应有自己的标识（名称、版本等）且应防止未经授权的修改，例如：采用密码。

应保持所有用于参数化的数据的完整性。这应通过采取措施控制以下方面来达到：

——控制有效输入的范围；

——传输前控制数据损坏；

——从参数传输进程中控制错误的影响；

——控制不完整参数传输的影响，以及

——控制参数化所用工具的硬件和软件故障和失效的影响。

参数化工具应满足本部分中对SRP/CS的所有要求，或者也可以设定有关安全参数应使用特别的程序。该程序应包括通过以下两种方式之一来确认SRP/CS的输入参数：

——修改后的参数重新发送至参数化工具，或者

——确认参数完整性的其他合适方式。

也包括随后的确认，例如：通过合适的技术熟练人员来确认、通过参数化工具自动检查的方式来确认等。

注1：当使用不是专门预定用于该目的的装置进行参数化时，这一点尤其重要（例如：个人电脑或相当的装置）。

在传输/转发过程中，用于编码/译码的软件模块以及用户用于有关安全参数可视化的软件模块，应至少在功能方面采用多样性以避免系统性失效。

基于软件参数化的文件应显示所使用的数据（例如：预定义的参数集），用于识别与SRP/CS有关的参数所必需的信息，完成参数化的人员以及其他相关信息（例如：参数化日期）。

应对基于参数化的软件进行以下的检验：

——检验每个有关安全参数的正确设置（最小值、最大值和典型值）；

——检验有关安全参数是否进行了合理性检查，例如：使用无效值等；

——检验是否防止了有关安全参数未经授权的修改；

——检验用于参数化的数据/信号的产生和处理是否能够保证不导致安全功能丧失。

注2：这对于利用不是特定预定用于该目的装置进行参数化时尤其重要（例如：个人电脑或相当的装置）。

4.7 检验达到的PL是否满足PL_r

对于每种单独的安全功能，有关的SRP/CS的PL应与4.3（见图3）中确定的所需的性能等级（PL_r）匹配。如果情况并非如此，需要采用图3中描述的迭代过程。

作为安全功能一部分的不同SRP/CS，其PL应大于或等于该安全功能所需的性能等级（PL_r）。

4.8 设计的人类功效学方面

操作者与SRP/CS之间的界面的设计和实现应使得所有预定使用和机器可预见的误用过程中没有人员有危险（也可见GB/T 15706.2、EN 614-1、ISO 9355-1、ISO 9355-2、ISO 9355-3、EN 1005-3、GB 5226.1—2002中的第10章、GB/T 4205和GB 18209）。

人类工效学原则的使用应使得机器和控制系统，包括有关安全部件都容易使用，从而使得操作者不能尝试危险的动作。

GB/T 15706.2—2007，4.8中给出的遵守人类工效学原则的安全要求适用。

5 安全功能

5.1 安全功能技术规范

本章给出了SRP/CS能提供的安全功能的清单和详细细节。为了实现具体应用中控制系统需要的安全措施，在设计（或C类标准制定）时应包括这些功能中必要的功能。

示例:有关安全的停止功能、防止意外启动、手动复位功能、抑制功能、止-动功能。

注:机械控制系统提供操作和(或)安全功能。操作功能(例如:启动、正常停止)也是安全功能,但是这只能在对机械进行了完整的风险评价后才能确定。

表 8 和表 9 分别列出了一些典型的安全功能及其某些特征、安全功能及有关安全参数,并参考其他与安全功能、特征或参数有关的标准。设计者(或 C 类标准的制定者)应保证所有的应用要求满足表中列出的相应的有关安全功能。

本章给出了某些安全功能特征的附加要求。

必要时,特征和安全功能的要求应适用于不同能量源。

表 8 和表 9 中大部分引用标准与电气标准有关,因此其他技术(例如:液压、气动)的应用要求也适用于该范围。

表 8 适用于典型机器安全功能和它们某些特征的一些标准

安全功能/特征	要求			附加要求
	本部分	GB/T 15706.1—2007	GB/T 15706.2—2007	
由防护装置触发的有关安全的停止功能[a]	5.2.1	3.26.8	4.11.3	IEC 60204-1:2005 中的 9.2.2,9.2.5.3,9.2.5.5
手动复位功能	5.2.2	—	—	IEC 60204-1:2005 中的 9.2.5.3,9.2.5.4
启动/重启功能	5.2.3	—	4.11.3,4.11.4	IEC 60204-1:2005 中的 9.2.1,9.2.5.1,9.2.5.1,9.2.6
局部控制功能	5.2.4	—	4.11.8,4.11.10	IEC 60204-1:2005 中的 10.1.5
抑制功能	5.2.5	—	—	—
止-动功能	—	—	4.11.8 b)	IEC 60204-1:2005 中的 9.2.6.1
使动装置功能	—	—	—	IEC 60204-1:2005 中的 9.2.6.3,10.9
防止意外启动	—	—	4.11.4	GB/T 19670 以及 IEC 60204-1:2005 中的 5.4
受困人员的撤离和营救	—	—	5.5.3	—
绝缘和能量耗散功能	—	—	5.5.4	GB/T 19670 IEC 60204-1:2005 中的 5.3,6.3.1
控制模式和模式选择	—	—	4.11.8,4.11.10	IEC 60204-1:2005 中的 9.2.3,9.2.4
不同控制系统有关安全部件之间的相互作用	—	—	4.11.1 (最后一句)	IEC 60204-1:2005 中的 9.3.4
有关安全输入值参数化的监测	4.6.4	—	—	—
急停功能[b]	—	—	5.5.2	GB 16754 以及 IEC 60204-1:2005 中的 9.2.5.4

[a] 包括联锁防护装置和限制装置(例如:超速、超温、超压等)。

[b] 补充保护措施,见 GB/T 15706.1—2007。

表9 给出某些安全功能和有关安全参数要求的一些标准

安全功能/有关安全参数	要求		附加信息
	本部分	GB/T 15706.2—2007	
响应时间	5.2.6	—	GB/T 19876—2005 中的 3.2,A.3,A.4
有关安全参数,例如:速度、温度或压力	5.2.7	4.11.8 e)	IEC 60204-1:2005 中的 7.1,9.3.2,9.3.4
动力源的波动、损失和恢复	5.2.8	4.11.8 e)	IEC 60204-1:2005 中的 4.3,7.1,7.5
指示和警告	—	4.8	GB 1251.1 GB/T 1251.2 GB 1251.3 GB 18209.1 IEC 60204-1:2005 中的 10.3,10.4 GB/T 15969 IEC 62061

在识别和规定安全功能时,应至少考虑以下因素:

a) 每种特定危险或危险状态的风险评价结果;

b) 机器的工作特征,包括:

——机器的预定使用(包括可预见的误用);

——工作模式(例如:局部模式、自动模式、与机器区域或部件有关的模式);

——周期,以及

——响应时间;

c) 紧急操作;

d) 不同工作过程和手动行为(例如:修理、调整、清洗、故障查找等)交互作用的描述;

e) 预定用于实现安全功能或预防作用的机器行为;

f) 机器能工作或不能工作的条件(例如:工作模式);

g) 工作频率;

h) 能同时激活并能导致相互矛盾操作的功能的优先级。

5.2 安全功能详述

5.2.1 有关安全的停止功能

除了表8中的要求外,还应包括下列要求。

有关安全的停止功能(例如:由安全防护装置触发)致动后,一旦有必要,应使机器进入安全状态。这种停止功能应优先于由操作原因引起的停止。

当一组机器按照协同方式一起工作时,应规定监督控制和(或)其他存在停止条件的机器的信号发射。

注:有关安全的停止功能可导致操作问题和重启困难,如:应用在电弧焊中。为了减小这种停止功能失效的可能性,可使这种停止功能优先于正常操作的停止,从而决定实际的操作并准备快速容易的从停止位置重启(例如:产品没有任何损坏)。一种解决办法是当循环达到可能容易重启的规定位置时,防护装置的闭锁松开的地方使用带防护装置的联锁装置。

5.2.2 手动复位功能

除了表8中的要求外,还应包括下列要求。

防护装置发出停止指令后,停止状态应保持到有安全重启状态为止。

通过复位防护装置,解除停止指令,再重新恢复安全功能。如果风险评价显示可行,这种停止指令的解除应由手动、独立而慎重的操作(手动复位)来确认。

手动复位功能应：

——通过 SRP/CS 内的一个独立的手动操作装置来提供；

——只有所有安全功能和防护装置处于工作状态时才能实现复位；

——自身不能引起运动或危险状态；

——谨慎操作；

——使控制系统能接受独立的启动指令；

——只有致动器从其接通(on)位置脱开才能完成。

提供手动复位功能的有关安全部件性能等级的选择，应使得手动复位功能不削弱相关安全功能的安全要求。

复位致动器应安装在危险区以外，并具有良好可见度的安全位置，以便检查是否有人处在危险区内。

当危险区不完全可见时，需要专门的复位程序。

注：一种解决办法是采用第二个复位致动器。复位功能由处于危险区内的第一个致动器和处于危险区外的第二个致动器(靠近安全防护装置)联合触发。该复位程序需要在控制系统接收单独启动指令前有限的时间内实现。

5.2.3 启动/重启功能

除了表 8 中的要求外，还应包括下列要求。

只有危险状态不可能存在的情况下，重启功能才能自动发生。特别是对于具有启动功能的联锁防护装置，见 GB/T 15706.2—2007 中的 5.3.2.5。

启动和重启的这些要求也应适用于能够遥控的那些机器。

注：传感器反馈给控制系统的信号能够触发自动重启。

示例：在自动化机器操作中，传感器反馈给机器控制系统的信号通常用作控制流程。如果工件离开其位置，则流程停止。如果联锁防护装置的监控不能优先于自动流程控制，则操作者调整工作件时可能存在机器重启的危险。因此，在防护装置再次关闭，且维护人员已离开危险区域之前，不应允许遥控重启。控制系统提供的防止意外启动的作用取决于风险评价的结果。

5.2.4 局部控制功能

除了表 8 中的要求外，还应包括下列要求。

当机器通过诸如便携式控制装置或悬吊式操纵装置进行局部控制时，应满足以下要求：

——选用的局部控制应位于危险区之外；

——局部控制应只有在风险评价定义的区域才有可能触发危险状态；

——局部控制和主要控制之间的切换不应产生危险状态。

5.2.5 抑制功能

除了表 8 中的要求外，还应包括下列要求。

抑制不应导致任何人暴露于危险状况下。抑制期间安全环境应由其他方式提供。

抑制结束时，SRP/CS 的所有安全功能都应恢复。

提供抑制功能的有关安全部件的性能等级的选择应使得抑制功能不会削弱有关安全功能必需的安全水平。

注：在某些应用中，需要一个抑制指示信号。

5.2.6 响应时间

除了表 9 中的要求外，还应包括下列要求。

SRP/CS 的响应时间应在 SRP/CS 的风险评价显示需要确定时确定(也可见 11 章)。

注：控制系统的响应时间是机器全部响应时间的一部分。必需的机器全部响应时间能够影响有关安全部件的设计，例如：需要提供制动系统。

5.2.7 有关安全参数

除了表 9 中的要求外，还应包括下列要求。

当有关安全参数,例如:位置、速度、温度或压力等偏离了当前的限制时,则控制系统应启动相应的措施(例如:启动停止功能、警告信号、警报等)。

如果可编程电子系统中有关安全数据手动输入错误能够导致危险状态,那么应在控制系统有关安全部件中提供数据检查系统,例如:极限值、格式化和(或)逻辑输入值的检查。

5.2.8 能量源的波动、损失和恢复

除了表 9 中的要求外,还应包括下列要求。

当能量级的波动超出了设计工作范围时(包括能量供应损失),SRP/CS 应连续提供或触发能使机器系统其他部件保持安全状态的输出信号

6 类别以及与 DC_{avg}、CCF 和每个通道 $MTTF_d$ 的关系

6.1 一般要求

SRP/CS 应满足 6.2 中规定的 5 种类别中的一种或多种类别的要求。

类别是用作达到规定 PL 的基本参数。它们根据第 4 章中描述的设计考虑,规定了 SRP/CS 在耐故障方面所要求的行为。

B 类是基本的类别。当出现故障时,能导致安全功能的损失。在 1 类中,主要是通过选择和应用合适的元件来实现改进耐故障的能力。在 2 类、3 类和 4 类中,提高规定安全功能方面的性能主要是通过改进 SRP/CS 的结构来实现。其中,在 2 类中是通过定期检查正在被执行的规定安全功能来实现;在 3 类和 4 类中是通过保证单一故障不会导致安全功能的损失来实现。在 3 类和 4 类中,只要合理可行,这类故障就会被检测到。在 4 类中,应规定耐故障积累的能力。

表 10 中给出了 SRP/CS 的各个类别、要求和在故障情况下系统性能。

就某些部件失效原因而论,如果有可能就会排除一定的故障(见第 7 章)。

具体 SRP/CS 的类别的选择主要取决于:

——该部件提供的安全功能实现的风险减小;

——要求的性能等级(PL_r);

——采用的技术;

——该部件发生故障时产生的风险;

——在该部件中消除故障发生的可能性(系统性故障);

——该部件中发生故障的概率以及相关参数;

——平均危险失效时间($MTTF_d$);

——诊断覆盖率(DC),以及

——在 2 类、3 类和 4 类中的共因失效(CCF)。

6.2 类别规范

6.2.1 概述

每个 SRP/CS 应满足相关类别的要求,见 6.2.3 至 6.2.7。

以下的典型结构满足了各自类别的要求。

以下的图形给出的不是示例而是通用结构。通常可能偏离这些结构,但是任何偏离都应通过适当的分析工具(例如:马尔可夫模型)证明其是合理的,因此该系统满足要求的性能等级(PL_r)。

指定结构不仅能当作电路图,也能当作逻辑图。对于 3 类和 4 类,这就意味着并不是所有的部件都需要有物理上的冗余,而是需要有冗余的方法保证故障不能导致安全功能的损失。

图 8～图 12 中的直线和箭头代表逻辑连接方式和可能的逻辑诊断方法。

6.2.2 指定结构

SRP/CS 的结构是对 PL 有重大影响的关键特征。即使可能的结构变化很大,基本概念也通常是类似的。因此,出现在机械领域的大部分结构能够映射到一种类别。每种类别都能够用有关安全模块

图象征性表出。这些典型表示称为指定结构并在以下每种类别的范围内列出。

图5中给出的取决于DC_{avg}、类别和每个通道的$MTTF_d$的PL是基于指定结构的，这一点很重要。如果图5用作估计PL，则SRP/CS的结构宜证明其与要求类别的指定结构是等效的。各自类别的特征设计通常等效于类别的各自指定结构。

注：某些情况下，由于特殊的技术方法或C类标准中的规定，类别只能要求SRP/CS的有关安全的性能，而不需要附加的PL_r。对于这种特殊情况，安全由结构专门提供，MTTF、DC和CCF的要求不适用。

6.2.3 B类

根据相关标准，运用具体应用的基本安全原则，对SRP/CS的设计、构造、选择、装配和组合至少应与有关标准保持一致并在具体应用中适应基本安全原则：

——预期的工作压力，例如：制动能力和频率的可靠性；

——工艺物料的影响，例如：洗衣机的洗涤剂；

——其他相关的外部影响，例如：机械振动、电磁影响、动力源波动或干扰。

B类系统中没有诊断覆盖率（DC_{avg}＝无），且每个通道的$MTTF_d$可低至中等水平。在这种结构中（通常是单通道系统），不考虑CCF。

B类可实现的PL最大值为PL＝b。

注：故障发生时能够引起安全功能失效。

电磁兼容的具体要求见相关的产品标准，例如：动力传动系统见GB 12668.3。特别是对于SRP/CS的功能安全，抗扰度要求也是相关的要求。如果没有产品标准，至少宜满足GB/T 17999.2中的抗扰度要求。

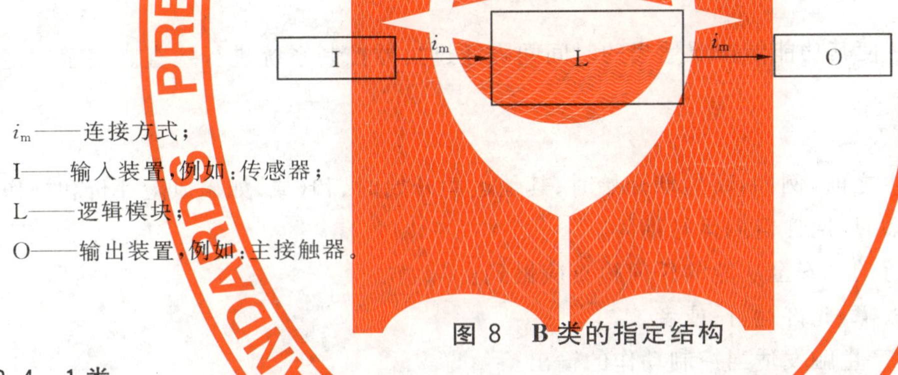

i_m——连接方式；

I——输入装置，例如：传感器；

L——逻辑模块；

O——输出装置，例如：主接触器。

图8 B类的指定结构

6.2.4 1类

对于1类，应满足6.2.3中B类的要求和以下要求：

属于1类的SRP/CS应采用经验证的元件和经验证的安全原则来设计和构造（见GB/T 16855.2）。

有关安全的应用中，“经验证的元件”是指下列之一：

a) 在过去类似的应用中取得了成功效果的元件，或者

b) 在有关安全的应用中，采用证明了其适用性和可靠性的原则而制造的且经过验证的元件。

如果最新开发的元件和形成的安全原则满足b)中的条件，那么可认为它们与“经验证的”等效。

决定是否接受一个特殊元件作为“经验证的”元件取决于实际应用。

注1：复杂电子元件（例如：PLC、微处理器、专用集成电路）不能认为是等效于经验证的元件。

每个通道的$MTTF_d$应是高的。

1类可达到的最大PL为PL＝c。

注2：1类系统中没有诊断覆盖率（DC_{avg}＝无）。在这种结构中（单通道系统），不考虑CCF。

注3：故障的发生能够导致安全功能的损失。然而，1类中每个通道的$MTTF_d$比B类中的高。因此，安全功能的损失可能小一些。

明确区别“经验证的”和“故障排除”（见第7章）很重要。一个被当作经验证的元件的条件取决于其

应用。例如：对机床而言，带强制断路触点的位置开关可认为是经验证的元件；但对于食品工业——牛奶业，它是不合适的应用。例如：在几个月后，乳酸能造成该位置开关的损坏。故障排除可导致很高的PL，但允许该故障排除的适当措施宜在装置整个寿命周期内应用。为了确保能做到这样，可能需要控制系统以外的附加措施。对于位置开关，这些措施有如下示例：

——在开关调整后确保其固定牢固的方法；

——确保凸轮固定牢固的方法；

——确保凸轮横向稳定性的方法；

——避免位置开关超行程的方法，例如：减振器和调准装置的足够的配合强度；

——保护位置开关免受外部损坏的方法。

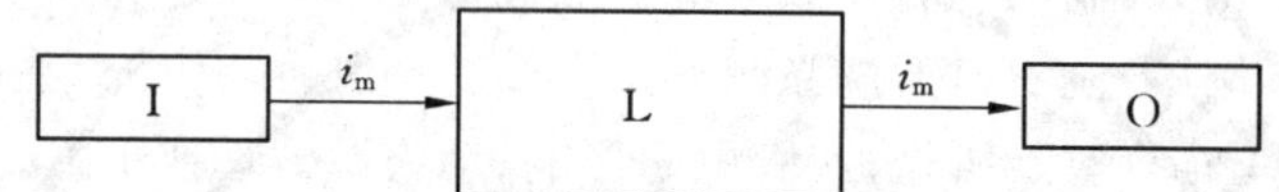

i_m——连接方式；

I——输入装置，例如：传感器；

L——逻辑模块；

O——输出装置，例如：主接触器。

图 9　1类的指定结构

6.2.5　2类

对于2类，应满足6.2.3中B类的要求和6.2.4中“经验证的安全原则”的要求。另外还应满足以下要求：

2类SRP/CS的设计应使其功能能按照适当的时间间隔通过机器控制系统进行检查。安全功能的检查应在以下情况下进行：

——在机器启动时，以及

——某种危险状况发生之前，例如：新周期开始时、其他运动开始时、和(或)如果风险评价和操作类型表明有必要的话，周期性定期运行期间。

该检查可能是自动进行的。安全功能的任何检查应做到：

——如果没有检测到故障，允许运行；或者

——如果检测到故障，产生触发适当控制动作的输出。

只要可能，这种输出应产生一种安全状态。安全状态应保持到故障清除为止。当不可能产生安全状态时(例如：终级开关装置中的触点焊合)，该输出应发出危险警告。

对于2类的指定结构，如图10所示，$MTTF_d$ 和 DC_{avg} 的计算宜仅考虑功能通道的模块(即：图10中的I、L和O)，而不考虑测试通道的模块(即：图10中的TE和OTE)。

整个SRP/CS的诊断覆盖率(DC_{avg})，包括故障检测应是低的。每个通道的 $MTTF_d$ 应高低可选，它取决于要求的性能等级(PL_r)。应采取防止CCF的措施(见附录F)。

检查自身不应导致危险状况(例如：由于响应时间的增加)。检查设备和提供安全功能的有关安全部件可以是一体的或是分离的。

2类可达到的最大PL为PL=d。

注1：因为安全功能的检查不能应用于所有元件，所以2类不适用某些情况。

注2：2类系统性能允许下列情况：

——两次检查之间出现故障能导致安全功能的损失；

——通过检查可检测到安全功能的损失。

注3：支持2类功能有效性的原则是所采用的技术条款，例如：检查频率的选择能够降低危险状况发生的可能性。

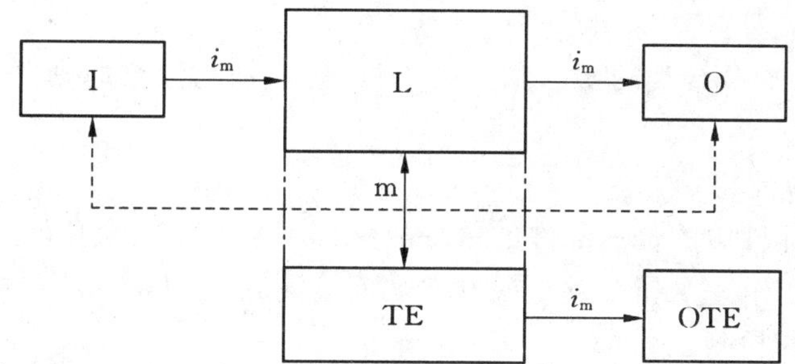

虚线代表合理可行的故障检测。

i_m——连接方式；

I——输入装置，例如：传感器；

L——逻辑模块；

m——监测；

O——输出装置，例如：主接触器；

TE——试验设备；

OTE——TE的输出。

图10　2类的指定结构

6.2.6　3类

对于3类，应满足6.2.3中B类的要求和6.2.4中"经验证的安全原则"的要求。另外还应满足以下要求：

3类的SRP/CS的设计应使得任何这些部件中的单一故障都不会导致安全功能丧失。只要合理可行，在有关安全功能的下一个指令发出时或发出之前应检测出单一故障。

包括故障检测在内的整个SRP/CS的诊断覆盖率(DC_{avg})应是低的。每个冗余通道的$MTTF_d$应高低可选，它取决于PL_r。应采取防止CCF的措施(见附录F)。

注1：检测单一故障的这种要求并不意味着所有故障都将查出。因此，未发现的故障累积能够导致意外输出信号使机器处于危险状态。查明故障典型可行的示例，就是利用机械反馈引导继电器接触并进行冗余电子信号输出的监控。

注2：如果由于技术和应用需要，C类标准的制定者需要给出故障检测的更详细规定。

注3：3类系统性能允许下述情况：

——当发生单一故障时，安全功能总是有效；

——某些而不是所有故障将被检测到；

——未发现故障的累积能导致安全功能的损失。

注4：所采用的技术将影响执行故障检测的可能性。

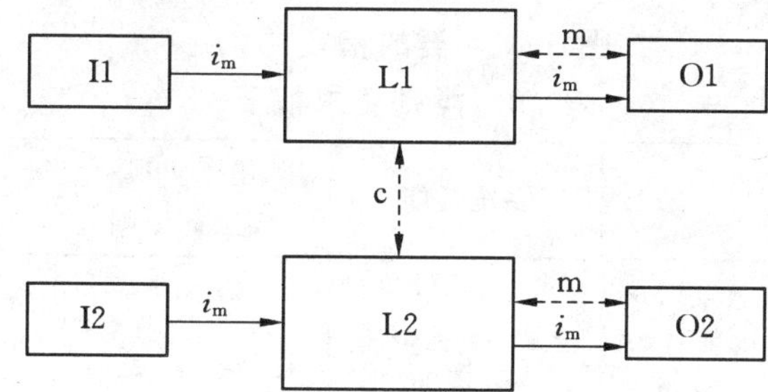

虚线代表合理可行的故障检测。

i_m　连接方式；

c——交叉监测；

I1、I2——输入装置，例如：传感器；

L1、L2——逻辑模块；

m——监测；

O1、O2——输出装置，例如：主接触器。

图11　3类的指定结构

6.2.7 4类

对于4类,应满足6.2.3中B类的要求和6.2.4中“经验证的安全原则”的要求。另外还应满足以下要求:

4类SRP/CS的设计应使得:

——在这些有关安全部件中的任一部件的单一故障都不会导致安全功能的损失;

——在有关安全功能的下一个指令发出或发出之前检测到单一故障,例如:在开关接通时或机器工作循环结束时立即检测。

但是如果不可能进行这种检测时,那么未发现故障的累积也不应导致安全功能的丧失。

出现包括故障累积的整个SRP/CS的诊断覆盖率(DC_{avg})应是高的。每个冗余通道的$MTTF_d$应是高的。应采取防止CCF的措施(见附录F)。

注1:4类系统的工况应允许:

——发生单一故障时,安全功能总是有效;

——及时检测到故障以防安全功能的损失;

——考虑未检测到的故障的累积。

注2:3类和4类之间的差别是4类中的DC_{avg}更高,并且每个通道的要求的$MTTF_d$仅为“高”。

实际应用中,可能需要充分考虑两种故障的组合。

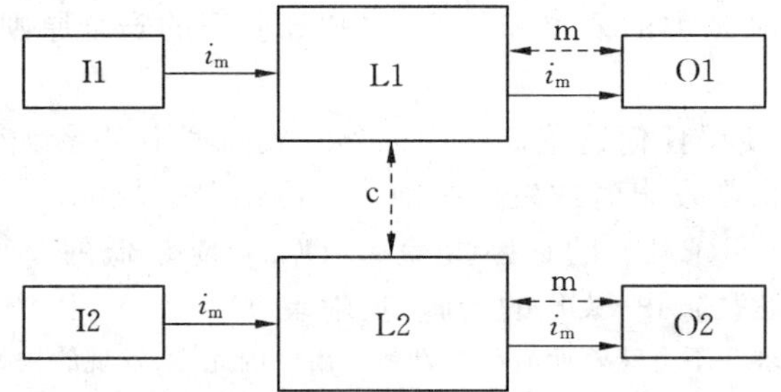

用于监测的实线代表诊断覆盖率,该诊断覆盖率大于3类中指定结构的诊断覆盖率。

i_m——连接方式;

c——相互监测;

I1、I2——输入装置,例如:传感器;

L1、L2——逻辑模块;

m——监测;

O1、O2——输出装置,例如:主接触器。

图12 4类的指定结构

表10 类别要求摘要

类别	要求摘要	系统性能	用于实现安全的原则	每个通道的$MTTF_d$	DC_{avg}	CCF
B (见6.2.3)	SRP/CS和(或)其保护装置以及它们的元件都应根据相关标准进行设计、构造、选择、装配和组合,以使其能承受预期的影响。应使用基本安全原则	故障的发生能导致安全功能的丧失	主要特征是元件的选择	低至中	无	无关
1 (见6.2.4)	应采用B类的要求。应使用经验证的元件和经验证的安全原则	故障的发生能导致安全功能的损失,但发生的概率低于B类的概率	主要特征是元件的选择	高	无	无关

表 10（续）

类别	要求摘要	系统性能	用于实现安全的原则	每个通道的 $MTTF_d$	DC_{avg}	CCF
2 （见 6.2.5）	应采用 B 类的要求和经验证的安全原则 应通过机器控制系统以适当的时间间隔检查安全功能	在两次检查之间发生故障能导致安全功能的丧失 通过检查来检测安全功能的丧失	主要以结构为特征	低至高	低至中	见附录 F
3 （见 6.2.6）	应采用 B 类的要求和经验证的安全原则 有关安全部件的设计应使： ——在这些部件中的任何一个部件的单一故障都不会导致安全功能的损失，以及 ——只要合理可行，都可检测到单一故障	当发生单一故障时，安全功能总是有效 某些但不是全部故障将被检测到 未检测到故障的积累能导致安全功能的丧失	主要以结构为特征	低至高	低至中	见附录 F
4 （见 6.2.7）	应采用 B 类的要求和经验证的安全原则 有关安全部件的设计应使： ——在这些部件中的任何一个部件的单一故障都不会导致安全功能的损失，以及 ——在下一个有关安全功能指令发出时或发出前检测到单一故障。如果不可能，则未检测到的故障的积累不应导致安全功能的损失	发生单一故障时，安全功能总是有效 故障积累的检测减小了安全功能损失的概率（高 DC） 故障将被及时检测到，以防安全功能的丧失	主要以结构为特征	高	高（包括故障积累）	见附录 F
注：全部要求见第 6 章。						

6.3 用于实现全部 PL 的 SRP/CS 组合

安全功能能通过几个 SRP/CS 的组合来实现：输入系统、信号处理单元、输出系统。这些 SRP/CS 可能指定一种和（或）多种类别。对于每个所使用的 SRP/CS，应按照 6.2 选择一种类别。对于这些 SRP/CS 的总组合，总的 PL 应根据表 11 来确定。这种情况下，需要对 SRP/CS 的组合进行确认（见图 3）。

根据 6.2，控制系统有关安全部件的组合起始于有关安全信号的触发点，终止于动力控制单元的输出。但组合的 SRP/CS 可由几个线性（串联）或冗余（并联）方式连接的部件组成。所有部件的各自性能等级（PL）都已算出时，为了避免更复杂的估计应由组合 SRP/CS 实现。以下的估计用于串联的 SRP/CS。

假定作为一个整体执行安全功能的串联 SRP/CS 分为 N 个单独的 SRP/CS_i。对于每个 SRP/CS_i，其 PL_i 已经算出。此情形由图 13 给出图示（也可见图 4 和图 H.2）。

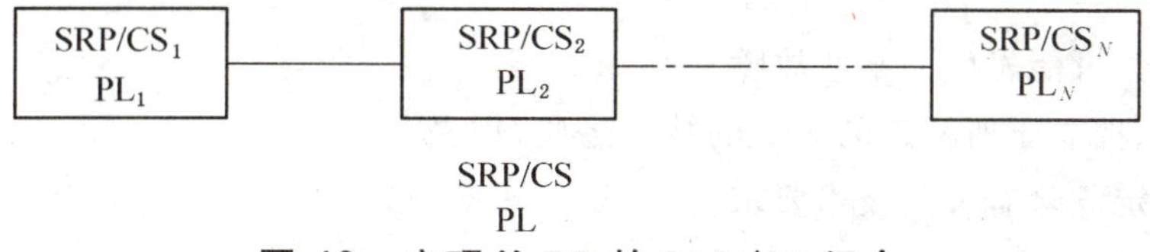

图 13 实现总 PL 的 SRP/CS 组合

以下方法用于执行安全功能的整个 SRP/CS 组合的 PL 的计算：

a) 确定最低的 PL_i：PL_{low}；

b) 确定 SRP/CS_i 的个数 N_{low}，$N_{low} \leqslant N$ 且 $PL_i = PL_{low}$；

c) 查询表 11 中的 PL。

表 11 串联 SRP/CS 的 PL 计算

PL_{low}	N_{low}	⇒	PL
a	>3	⇒	无，不允许
	≤3	⇒	a
b	>2	⇒	b
	≤2	⇒	b
c	>2	⇒	b
	≤2	⇒	c
d	>3	⇒	c
	≤3	⇒	d
e	>3	⇒	d
	≤3	⇒	e
注：本查询表中用于计算的值基于每个 PL 中点的可靠性值。			

7 故障考虑和故障排除

7.1 概述

根据所选的类别，有关安全部件的设计应实现要求的性能等级(PL_r)。应评价部件耐故障的能力。

7.2 故障考虑

GB/T 16855.2 中列出了不同技术的重要故障和失效。故障清单并不是唯一的，必要时应考虑和列出附加的故障。此时，也宜明确描述评定的方法。对于 GB/T 16855.2 中没有提及的新元件，应进行失效模式及影响分析(FMEA，见 GB/T 7826)以确定这些元件要考虑的故障。

通常，应考虑以下的故障判别准则：

——如果由于一个故障的结果而导致更多元件失效，则第一个故障和随后所发生的故障均应视为单一故障；

——有共同原因造成的两个或两个以上单独的故障应视为单一故障(即通常所说的 CCF)；

——由各自原因同时发生的两个或多个独立故障被认为是极不可能的，因此无需考虑。

7.3 故障排除

如果不假定某些故障能够被排除，则未必能评定 SRP/CS。关于故障排除的详细信息见 GB/T 16855.2。

故障排除是技术上的安全要求和理论上的故障发生可能性之间的折衷。

故障排除可根据：

——在技术上不大可能发生的某些故障；

——普遍认可的、独立于所考虑的应用的技术经验，以及

——与应用和特定危险有关的技术要求。

如果已排除故障，在技术文件中应给出详细的理由。

8 确认

应对SRP/CS的设计进行确认(见图3)。确认应证明SRP/CS的组合提供的每种安全功能满足本部分的所有相关要求。

确认的详细要求见GB/T 16855.2。

9 维护

为了保持有关安全部件的规定性能,预防性或修复性维护通常是必要的。随着时间的推移,规定的性能会产生退化,并能导致安全性能恶化甚至导致危险状态。SRP/CS的使用信息应包括SRP/CS的维护说明(包括定期检查)。

控制系统有关安全部件的可维护性的规定应遵循GB/T 15706.2—2007,4.7中规定的原则。维护的全部信息应符合GB/T 15706.2—2007中6.5.1e)的要求。

10 技术文件

设计SRP/CS时,设计者至少应对以下与有关安全部件有关的信息进行归档:

——SRP/CS提供的安全功能;

——每种安全功能的特征;

——有关安全部件确切的起始点和终止点;

——环境条件;

——性能等级(PL);

——所选的类别;

——与可靠性有关的参数($MTTF_d$、DC、CCF和任务时间);

——防止系统性失效的措施;

——所使用的技术;

——考虑所有与安全有关的所有故障;

——故障排除的理由(也可见GB/T 16855.2);

——设计原理(例如:故障考虑、故障排除等);

——软件文件;

——防止可预见的误用的措施。

注:一般来说,技术文档预期是为制造商内部提供的,而不向机器的用户提供。

11 使用信息

应采用GB/T 15706.2—2007的6.5.2中的原则和其他相关标准(例如:IEC 60204-1:2005中的第17章)中适用的部分。尤其是应向使用者提供安全使用SRP/CS的那些重要信息。这包括,但不限于下列信息:

——有关安全部件类别的选择和任何故障排除的限制;

——SRP/CS和任何故障排除的限制(见7.3)。在保持所选类别和安全性能的情况下,当故障排除是必不可少时,应给出适当的信息(例如:改进、维护和维修的信息),以保证故障排除的连续合理性;

——规定性能的偏差对安全功能的影响;

——SRP/CS与保护装置的接口的明确阐述;

——响应时间;

——操作限制(包括环境条件);

——指示和警报；
——安全功能的抑制和暂停；
——控制模式；
——维护(见第9章)；
——维护检查清单；
——内部零件的易接近性和可换性；
——方便、安全的故障查找方式；
——说明用于制定引用文件的与使用相关的信息；
——相关的检查测试间隔。

应提供关于SRP/CS的类别和性能等级的如下具体信息：

——本部分中带日期的引用文件(即："GB/T 16855.1—2008")；
——类别：B类、1类、2类、3类或4类；
——性能等级：a、b、c、d或e。

示例：根据GB/T 16855.1的本版本中B类和性能等级a设计的SRP/CS，其引用文件如下：

GB/T 16855.1—2008，B类、PL = a

附　录　A
（资料性附录）
要求的性能等级(PL_r)的确定

A.1　PL_r 的选择

本附录是关于所考虑的控制系统有关安全部件对风险减小的作用。这里给出的方法只是减小风险的一种估计方法，目的是作为设计者和标准制定者在根据 SRP/CS 执行的每种必需的安全功能确定 PL_r 时的指南。

风险评价可假定一种优先于预定安全功能规定的情形：在确定预定安全功能的 PL_r 时，可考虑通过其他独立于控制系统的技术措施（例如：机械防护装置）或附加安全功能来实现风险减小。在这种情况下，执行这些措施后，可选择图 A.1 中的起始点进行风险评价（也可见图 2）。伤害的严重度（用 S 表示）比较容易估计（例如：划伤、断肢、死亡等）。对于发生的频率，采用辅助参数来改进估计。这些参数是：

——暴露于危险的频率和时间(F)，以及

——避免危险或限制伤害的可能性(P)。

经验表明：这些参数可组合成如图 A.1 所示的由低到高的风险等级。需要强调的是，这仅是给出风险估计的一个定性过程。

A.2　用于选择风险估计参数 S、F 和 P 的指南

A.2.1　伤害严重度 S1 和 S2

在估计由安全功能失效引起的风险时，仅考虑轻微伤害（通常是可恢复的）、严重伤害（通常是不可恢复的）和死亡。

为了做出决定，在确定 S1 和 S2 时宜把事故的通常后果和正常的复原过程考虑进去。例如：把无并发症的擦伤和（或）划伤可定为 S1，而把断肢或死亡定为 S2。

A.2.2　暴露于危险的频率和（或）时间 F1 和 F2

不能规定对选择用于参数 F1 或 F2 的通常有效时间段。但在有疑问的情况下，以下说明可能有助于做出正确的选择。

如果人员频繁的或连续的暴露于危险中，宜选用 F2。这与是否是同一个人或不同的人连续暴露于危险无关，例如：使用电梯。频率参数宜根据接近危险的频率和持续时间来选择。

如果设计者知道对安全功能的需求，则可选择用这个要求的频率和持续时间来代替接近危险的频率和持续时间。在本部分中，在安全功能方面要求的频率假定为每年至少一次。

暴露于危险的持续时间宜根据能发现的与设备的总时间周期有关的暴露时间平均值来估计。例如：循环操作期间，为了进给和移动工件，有必要经常接近机器的刀具，则宜选择 F2。如果只是有时需要接近，则宜选择 F1。

注：如果频率为每小时大于一次且没有其他理由，则宜选择 F2。

A.2.3　避免危险的可能性 P1 和 P2

重要的是要知道：在导致事故之前，能否识别和避免危险状况。例如：重点考虑危险是否能直接通过其物理特征来识别，或者只能通过技术手段（例如：指示器）来识别。影响参数 P 的选择的其他重要因素包括，例如：

——操作有无监控；

——由专业人员或非专业人员操作；

——产生危险的速度(例如:迅速或缓慢);

——避免危险的可能性(例如:通过撤离);

——与过程有关的实际安全经验。

当危险状况发生时,如果有避免事故或明显减小其影响的实际机会,则只宜选择 P1;如果几乎没有避免危险的机会,则宜选择 P2。

图 A.1 给出了根据风险评价确定有关安全部件 PL_r 的指南。宜按下图来考虑每种安全功能。风险评价方法基于 GB/T 16856,且宜按照 GB/T 15706.1 的规定使用。

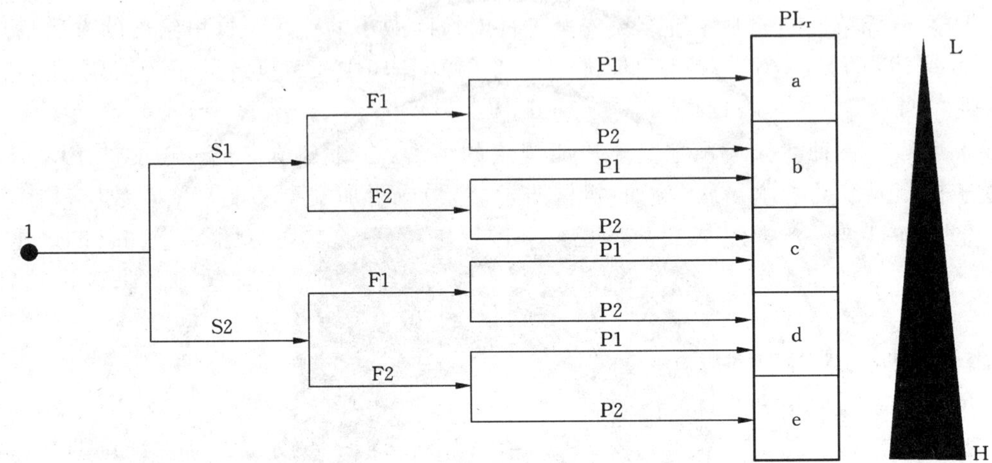

1——估计安全功能对风险减小的作用的起始点;

L——对风险减小的作用小;

H——对风险减小的作用大;

PL_r——要求的性能等级。

风险参数:

S——伤害的严重度;

S1——轻微(通常是可恢复的伤害);

S2——严重(通常是不可恢复的伤害或死亡);

F——暴露于危险的频率和(或)持续时间;

F1——很少—不常和(或)暴露时间短;

F2——频繁—连续和(或)暴露时间长;

P——避免危险或限制伤害的可能性;

P1——在特定条件下的可能性;

P2——几乎不可能。

图 A.1 用于确定安全功能要求的 PL_r 的风险图

附 录 B
（资料性附录）
模块法和有关安全的模块图

B.1 模块法

该简化方法需要SRP/CS面向块的逻辑表示。SRP/CS宜根据以下要求分为数量不多的模块：

——模块宜代表与执行有关全功能的SRP/CS逻辑单元；

——执行安全功能的不同通道宜分为不同的模块——如果一个模块不再执行其功能，不宜影响经由其他通道的模块执行的安全功能；

——每个通道可由一个或多个模块组成——在指定结构中每个通道3个模块（输入、逻辑单元和输出）并不是强制要求的数目，而只是每个通道内逻辑划分的简单示例；

——SRP/CS的每个硬件单元宜完全归属于一个模块，这样才能允许对建立在属于该模块的硬件单元的$MTTF_d$基础上的该模块的$MTTF_d$进行计算（例如：通过失效模式和影响分析或部件计数法，见附录D.1）。

——仅用于诊断（例如：试验设备）且在其发生危险失效时不影响不同通道中安全功能执行的那些硬件单元，可以与不同通道中安全功能执行必需的硬件单元分开。

注：本部分中，"模块"并不对应于功能模块或可靠性模块。

B.2 有关安全的模块图

由模块法定义的模块可在有关安全的模块图中用图形方式表示SRP/CS的逻辑结构。对于这种图形表示，下列要求可作为指南：

——在串联模块中，一个模块的失效导致整个通道的失效（例如：如果SRP/CS中一个通道中的一个硬件单元发生危险失效，则整个通道也许就不再能执行安全功能）；

——在并联模块中，只有所有的通道发生危险失效才导致安全功能的丧失（例如：由几个通道执行的安全功能只要至少有一个通道没有失效就可执行）；

——那些仅用于检测目的且其发生危险失效时不影响不同通道安全功能执行的模块，可与不同通道中的模块分离开。

示例见图B.1。

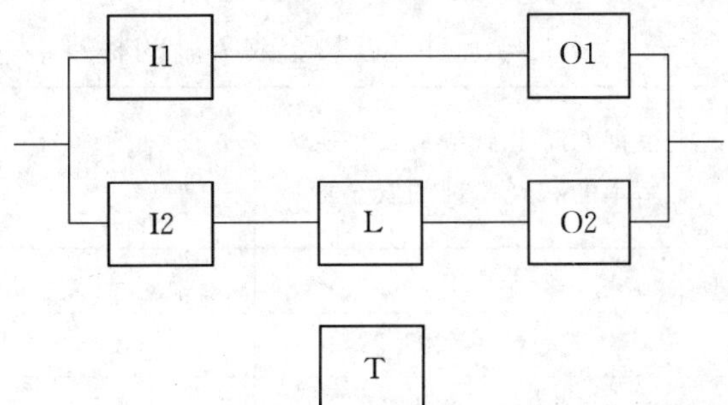

I1和O1构成了第一个通道（串联）；I2、L和O2构成了第二个通道（串联）。两个通道以冗余方式执行安全功能（并联）。T仅用于检测。

I1、I2——输入装置，例如：传感器；

L——逻辑模块；

O1、O2——输出装置，例如：主接触器；

T——检测装置。

图B.1 有关安全功能模块图示例

附　录　C
（资料性附录）
单个元件 $MTTF_d$ 值的计算或估计

C.1　概述

本附录给出几种用于计算或估计单个元件 $MTTF_d$ 值的方法：C.2 中给出的方法建立在不同种类元件良好的工程实践基础上；C.3 中给出的方法适用于液压元件；C.4 给出了根据 B_{10}（见 C.4.1）计算气动元件、机械元件和机电元件的 $MTTF_d$ 的方法；C.5 列出了用于电气元件的 $MTTF_d$ 的值。

C.2　良好的工程实践方法

如果满足以下准则，则能根据表 C.1 估计用于元件的 $MTTF_d$ 值和 B_{10d} 值：

a)　元件是根据符合 GB/T 16855.2—2007 中的基本原则和经验证的原则或根据元件设计的相关标准（见表 C.1）而制造的（元件数据表中确认的）。

注：该信息能在元件制造商的数据表中找到。

b)　元件制造商为使用者规定适当的应用和工作条件。

c)　SRP/CS 的设计满足 GB/T 16855.2—2007 中用于元件执行和工作的基本的和经验证的安全原则。

C.3　液压元件

如果满足以下准则，则单个液压元件（例如：阀门）的 $MTTF_d$ 值估计在 150 年：

a)　液压元件是根据 GB/T 16855.2—2007 中的基本的和经验证的原则或根据表 C.1 和表 C.2 中用于液压元件设计的原则制造的（元件数据表中确认的）。

注：该信息能在元件制造商的数据表中找到。

b)　液压元件制造商为使用者规定适当的应用和工作条件。SRP/CS 的制造商应根据 GB/T 16855.2—2007、表 C.1 和表 C.2，负责对液压元件的执行和工作提供与基本的和经验证的安全原则的应用有关的信息。

如果不能达到 a)或 b)的要求，制造商应给出单个液压元件的 $MTTF_d$ 值。

表 C.1　与元件 $MTTF_d$ 或 B_{10d} 的标准

项　目	根据 GB/T 16855.2—2007，基本的和经验证的安全原则	其他相关标准	典型值： $MTTF_d$（年） B_{10d}（周期）
机械元件	表 A.1 和 A.2	—	$MTTF_d$ = 150
液压元件	表 C.1 和 C.2	EN 982	$MTTF_d$ = 150
气动元件	表 B.1 和 B.2	EN 983	B_{10d} = 20 000 000
小载荷（机械载荷）继电器和接触式继电器	表 D.1 和 D.2	EN 50205 IEC 61810 IEC 60947	B_{10d} = 20 000 000
最大载荷继电器和接触器	表 D.1 和 D.2	EN 50205 IEC 61810 IEC 60947	B_{10d} = 400 000

表 C.1(续)

项目	根据 GB/T 16855.2—2007,基本的和经验证的安全原则	其他相关标准	典型值: $MTTF_d$(年) B_{10d}(周期)
小载荷(机械载荷)接近开关	表 D.1 和 D.2	IEC 60947 EN 1088	B_{10d}= 20 000 000
最大载荷接近开关	表 D.1 和 D.2	IEC 60947 EN 1088	B_{10d}= 400 000
小载荷(机械载荷)接触器	表 D.1 和 D.2	IEC 60947	B_{10d}= 20 000 000
额定载荷接触器	表 D.1 和 D.2	IEC 60947	B_{10d}= 2 000 000
与载荷无关的位置开关[a]	表 D.1 和 D.2	IEC 60947 EN 1088	B_{10d}= 20 000 000
与载荷无关的位置开关(单独带有的致动器、防护锁)[a]	表 D.1 和 D.2	IEC 60947 EN 1088	B_{10d}= 2 000 000
与载荷无关的急停装置[a]	表 D.1 和 D.2	IEC 60947 GB 16754	B_{10d}= 100 000
具有最大工作需要的急停装置[a]	表 D.1 和 D.2	IEC 60947 GB 16754	B_{10d}= 6 050
与载荷无关的按钮(例如:使能开关)[a]	表 D.1 和 D.2	IEC 60947	B_{10d}= 100 000
B_{10d}的定义和用法见 C.4。 注 1:B_{10d}被估计为 B_{10} 的二倍(50%的危险失效率)。 注 2:"小载荷"是指,例如:额定载荷值的 20%(更多信息见 GB/T 16855.2)。			
[a] 假如直接打开动作的排除故障是可能的。			

C.4 气动、机械和机电元件的 $MTTF_d$

C.4.1 概述

对于气动元件、机械元件和机电元件(气动阀、继电器、接触器、位置开关、位置开关的凸轮等),可能难以计算出本部分所要求的,以年来表示的平均危险失效时间(元件的 $MTTF_d$)。多数时候,这类元件的制造商只给出元件危险失效的数量达到 10%时的平均周期数(B_{10d})。本章给出了用制造商给出的 B_{10d}或 T(寿命)来计算元件 $MTTF_d$ 的方法,B_{10d}和 T 与应用中的周期有紧密的联系。

假如满足以下准则,则能根据 C.4.2 估计单个气动元件、机电元件或机械元件的 $MTTF_d$ 值:

a) 元件是根据 GB/T 16855.2—2007 的表 B.1 或表 D.1 中的基本的和经验证的原则制造的(元件数据表中确认的)。

注:该信息能在元件制造商的数据表中找到。

b) 用于 1 类、2 类、3 类或 4 类的元件是根据 GB/T 16855.2—2007 的表 B.2 或表 D.2 中的基本的和经验证的原则制造的(元件数据表中确认的)。

注:该信息能在元件制造商的数据表中找到。

c) 元件制造商为使用者规定适当的应用条件和工作条件。SRP/CS 的制造商应根据 GB/T 16855.2—2007中的表 B.1 和表 D.1,负责提供用于元件的执行和工作的基本安全原则方面的信息。对于 1 类、2 类、3 类或 4 类,则应告知使用者,其有责任履行 GB/T 16855.2—2007 的表 B.2 和 D.2 中的用于元件执行和工作的经验证的安全原则。

C.4.2 根据 B_{10d} 计算元件的 $MTTF_d$

元件制造商宜根据相应的产品测试方法标准(例如:IEC 60957-5-3、ISO 19973 和 IEC 61810 等)来确定 10%的元件达到危险失效时的平均周期数(B_{10d})[2]。应定义出元件的危险失效模式,例如:在终点位置阻塞或开关时间改变。如果不是所有的元件都在测试过程中危险失效(例如:被测试的 7 个元件只有 5 个元件发生危险失效),则应考虑对没有发生危险失效的元件进行分析。

通过 B_{10d} 和 n_{op}(年平均操作次数),可计算出元件的 $MTTF_d$:

$$MTTF_d = \frac{B_{10d}}{0.1 \times n_{op}} \quad \text{(C.1)}$$

式中:

$$n_{op} = \frac{d_{op} \times h_{op} \times 3\ 600\ \text{s/h}}{t_{周期}} \quad \text{(C.2)}$$

元件应用时做以下的假设:

h_{op}——平均工作时间,单位以小时每天计;

d_{op}——平均工作时间,单位以天每年计;

$t_{周期}$——元件两个相继周期起的起始点(例如:阀的切换)之间的平均工作时间,单位以秒每周期计。

元件的工作时间限制在 T_{10d} 内,10%元件发生危险失效的平均时间为:

$$T_{10d} = \frac{B_{10d}}{n_{op}} \quad \text{(C.3)}$$

注:公式的解释见 C.4.2。

通过使用年平均操作次数 n_{op},10%的元件发生危险失效时的平均周期数 B_{10d} 能转变为 10%的元件发生危险失效时的平均时间 T_{10d}:

$$T_{10d} = \frac{B_{10d}}{n_{op}} \quad \text{(C.4)}$$

本部分中的可靠性计算方法假定元件的失效为时间的指数分布:$F(t)=1-\exp(-\lambda dt)$。对于气动和机电元件,更可能是威布尔分布。但如果元件的工作时间被限制在 10%的元件发生危险失效的平均时间内(T_{10d}),则可把该工作时间内的恒定危险失效率(λ_d)可估计为:

$$\lambda_d \approx \frac{0.1}{T_{10d}} = \frac{0.1 \times n_{op}}{B_{10d}} \quad \text{(C.5)}$$

等式(C.5)考虑了在与 B_{10d}[周期] 相对应的 T_{10d}[年] 后有 10%的元件在假设的应用中失效的恒定失效率。准确的说:

$$F(T_{10d}) = 1 - \exp(-\lambda_d T_{10d}) = 10\%,\text{其中 } \lambda_d = -\frac{\ln(0.9)}{T_{10d}} = \frac{0.105\ 36}{T_{10d}} \approx \frac{0.1}{T_{10d}} \quad \text{(C.6)}$$

对于指数分布,由于 $MTTF_d = 1/\lambda_d$,代入后得:

$$MTTF_d = \frac{T_{10d}}{0.1} = \frac{B_{10d}}{0.1 \times n_{op}} \quad \text{(C.7)}$$

C.4.3 示例

对于气动阀,制造商确定以 6×10^7 个周期的平均值作为 B_{10d}。该阀门在一年中工作 220 天,每天切换两次。阀门两次相继切换的起始点之间的平均时间估为 5 s。这就产生了以下的值:

——$d_{op}=220\text{d/a}$;

——$h_{op}=16\text{h/d}$;

——$t_{周期}=5\text{s/cycle}$;

——$B_{10d}=6\times10^7$ 个周期。

---

2) 如果没有给出 B_{10} 的危险分数,则可使用 B_{10} 的 50%,因此推荐采用 $B_{10d}=2B_{10}$。

把这些值代入下列方程式进行计算：

$$n_{op}=\frac{d_{op}\times h_{op}\times 3\ 600}{t_{周期}}=\frac{220\times 16\times 3\ 600}{5}=2.53\times 10^{6}\ 周期/年 \qquad (C.8)$$

$$T_{10d}=\frac{B_{10d}}{n_{op}}=\frac{60\times 10^{6}}{2.53\times 10^{6}}=23.7\ 年 \qquad (C.9)$$

$$MTTF_{d}=\frac{23.7\ 年}{0.1}=237\ 年 \qquad (C.10)$$

根据表5可给出该元件的 $MTTF_d$ 为“高”。阀门的有效工作时间23.7年仅为假设。

C.5 电气元件的 $MTTF_d$ 数据

C.5.1 概述

表C.2至表C.7给出了电子元件 $MTTF_d$ 的某些典型平均值。这些数据来源于SN 29500系列数据库[51]。所有数据均为普通类型的。各种不同的数据库(见参考文献目录中未全收列的参考文献)可用于表示各种不同的电子元件的 $MTTF_d$ 值。如果SRP/CS的设计者具有所用元件的可靠的专用数据，则强烈推荐以专用数据代替所用的数据。

表C.2至表C.7中给出的值对于温度为40 ℃时的电流和电压的额定载荷有效。

在这些表的MTTF栏中，来源于SN 29500的值用于通用元件所有可能的失效模式，这些失效模式并不一定造成危险失效。在 $MTTF_d$ 栏中，典型的假设是：并不是所有的失效模式都会导致危险失效。这主要取决于实际应用。准确确定元件“典型”$MTTF_d$ 值的方法是进行失效模式及影响分析(FMEA)。某些元件，例如用作开关的晶体管，可能会遇到短路或断路而失效。这两种失效模式中只有一种可能是危险的；因此，在“备注”栏中假设危险失效的概率只有50%，这就意味着元件的 $MTTF_d$ 是给出的MTTF值的两倍。对于用途不确定、在最坏情况下使用的元件，其 $MTTF_d$ 在 $MTTF_d$ 一栏的“最坏情形”栏中给出，它的安全裕度为10。

C.5.2 半导体

见表C.2和表C.3。

表C.2 晶体管(用作开关)

晶体管	示　例	元件的MTTF/年	元件的 $MTTF_d$/年		备　注
			典型情形	最坏情形	
两极	TO18、TO92、SOT23	34 247	68 493	6 849	危险失效概率50%
两极、低功率	TO5、TO39	5 708	11 416	1 142	危险失效概率50%
两极、功率	TO3、TO220、D-Pack	1 941	3 881	388	危险失效概率50%
FET	MOS交叉点	22 831	45 662	4 566	危险失效概率50%
MOS、功率	TO3、TO220、D-Pack	1 142	2 283	228	危险失效概率50%

表C.3 二极管、功率半导体和集成电路

二极管	示　例	元件的MTTF/年	元件的 $MTTF_d$/年		备　注
			典型情形	最坏情形	
一般用途	—	114 155	228 311	22 831	危险失效概率50%
干扰抑制器	—	15 981	31 963	3 196	危险失效概率50%

表 C.3(续)

二极管	示　例	元件的 MTTF/年	元件的 $MTTF_d$/年		备　注
			典型情形	最坏情形	
齐纳二极管 $P_{tot}<1$ W	—	114 155	228 311	22 831	危险失效概率 50%
整流二极管	—	57 078	114 155	11 416	危险失效概率 50%
桥式整流器	—	11 415	22 831	2 283	危险失效概率 50%
闸流晶体管	—	2 283	4 566	457	危险失效概率 50%
双向三极管开关、二端交流开关	—	1 484	2 968	297	危险失效概率 50%
集成电路(可编程的和不可编程的)	采用制造商的数据				危险失效概率 50%

C.6 无源元件

见表 C.4～表 C.7。

表 C.4 电容

电容	示例	元件的 MTTF/年	元件的 $MTTF_d$/年		备　注
			典型情形	最坏情形	
标准的无源电容	KS、KP、KC、KT、MKT、MKC、MKP、MKU、MP、MKV	57 078	114 155	11 416	危险失效概率 50%
陶瓷电容	—	22 831	45 662	4 566	危险失效概率 50%
铝电解质电容	非固态电解质	22 831	45 662	4 566	危险失效概率 50%
铝电解质电容	固态电解质	37 671	75 342	7 534	危险失效概率 50%
钽电解质电容	非固态电解质	11 415	22 831	2 283	危险失效概率 50%
钽电解质电容	固态电解质	114 155	228 311	22 831	危险失效概率 50%

表 C.5 电阻

电　阻	示　例	元件的 MTTF/年	元件的 $MTTF_d$/年		备　注
			典型情形	最坏情形	
碳膜	—	114 155	228 311	22 831	危险失效概率 50%
金属膜	—	570 776	1 141 552	114 155	危险失效概率 50%
金属氧化物和线绕电阻	—	22 831	45 662	4 566	危险失效概率 50%
可变电阻	—	3 767	7 534	753	危险失效概率 50%

表 C.6 感应器

感应器	示例	元件的 MTTF/年	元件的 $MTTF_d$/年		备　注
			典型情形	最坏情形	
MC 应用	—	37 671	75 342	7 534	危险失效概率 50%
低频感应器和变压器	—	22 831	45 662	4 566	危险失效概率 50%
主变压器、用于开关方式以及动力供应的变压器	—	11 415	22 831	2 283	危险失效概率 50%

表 C.7 光耦合器

光耦合器	示例	元件的 MTTF/年	元件的 $MTTF_d$/年		备注
			典型情形	最坏情形	
双极输出	SFH 610	7 648	15 296	1 530	危险失效概率 50%
FET 输出	LH 1056	2 854	5 708	571	危险失效概率 50%

附 录 D
（资料性附录）
估计每个通道 $MTTF_d$ 的简化方法

D.1 部件计数法

采用“部件计数法”适用于分别估计每个通道的 $MTTF_d$。计算时要用到组成该通道的所有单个元件的 $MTTF_d$ 值[3]。

通用公式为：

$$\frac{1}{MTTF_d}=\sum_{i=1}^{\tilde{N}}\frac{1}{MTTF_{di}}=\sum_{j=1}^{\tilde{N}}\frac{n_j}{MTTF_{dj}} \qquad (D.1)$$

式中：

$MTTF_d$——用于整个通道；

$MTTF_{di}$、$MTTF_{dj}$——对安全功能有一定作用的每个元件的 $MTTF_d$。

第一个和是每个独立元件的 $MTTF_d$ 相加之和；第二个和是一个等效的简化形式，其中所有的 n_j 个具有相同 $MTTF_{dj}$ 的完全相同的元件被分类归集在一起。

表 D.1 中的示例给出了该通道的 $MTTF_d$ 为 21.4 年，根据表 5，该示例的 $MTTF_d$ 为“中”。

表 D.1 电路板的零件表示例

j	元件	元件数 n_j	最坏情形的 $MTTF_{dj}$/年	最坏情形的 $1/MTTF_{dj}$	最坏情形的 $n_j/MTTF_{dj}$
1	晶体管、两极、低功率(见表 C.2)	2	1 142	0.000 876	0.001 752
2	电阻、碳膜(见表 C.5)	5	22 831	0.000 044	0.000 219
3	电容、标准、无功率(见表 C.4)	4	11 416	0.000 088	0.000 350
4	继电器(有小载荷，见 C.2) (B_{10d}= 20 000 000 周期、n_{op}=633 600)	4	315.66	0.003 168	0.012 672
5	接触器(有公称载荷，见 C.2)(B_{10d}= 2 000 000 周期、n_{op}=633 600)	1	31.57	0.031 676	0.031 676
	$\Sigma(n_j/MTTF_{dj})$				0.046 669
	$MTTF_d=1/\Sigma(n_j/MTTF_{dj})$[年]				21.43

注 1：本方法建立在假设一个通道中的任何元件的危险失效会导致该通道的危险失效的基础上。表 D.1 中通过示例说明的 $MTTF_d$ 的计算就基于这个假设。

注 2：本示例中，主要影响来自于接触器。本示例为 $MTTF_d$ 和 B_{10d} 所选择的值是建立在附录 C 的基础上的。对于该示例的应用，d_{op}=220 天/年，h_{op}=8 小时/天以及 t_{cycle}=10 秒/周期是一种假定，从而给出 n_{op}=633 600 周期/年。通常，采用制造商提供的 $MTTF_d$ 和 B_{10d} 值将会产生更好的结果，即对于该通道来说，将达到更高的 $MTTF_d$。

D.2 用于不同通道的 $MTTF_d$，每个通道的 $MTTF_d$ 的平衡

6.2 中的指定结构假设：对于冗余的 SRP/CS 中的不同通道，每个通道的 $MTTF_d$ 值是相同的。每

3) 部件计数法通常是一种在安全上经常过于苛刻的近似方法。如果需要更加精确的值，设计者宜考虑失效模式，但这非常复杂。

个通道的 $MTTF_d$ 值宜输入到图 5 中。

如果这些通道的 $MTTF_d$ 不同，则有两种可能：

——作为最坏情形假设，宜考虑采用较低的值；

——可以用等式(D.2)来估计一个替代值来代替每个通道的 $MTTF_d$：

$$MTTF_d = \frac{2}{3}\left[MTTF_{dC1} + MTTF_{dC2} - \frac{1}{\frac{1}{MTTF_{dC1}} + \frac{1}{MTTF_{dC2}}}\right] \qquad \cdots\cdots\cdots (D.2)$$

式中，$MTTF_{dC1}$ 和 $MTTF_{dC2}$ 是两个不同的冗余通道的 $MTTF_d$ 值。

示例：一个通道的 $MTTF_{dC1}=3$ 年，另一个通道的 $MTTF_{dC2}=100$ 年，则每个通道最终的 $MTTF_d=66$ 年。这就是说一个通道的 $MTTF_d$ 为 100 年，另一个通道的 $MTTF_d$ 为 3 年的冗余系统等效于每个通道的 $MTTF_d$ 都为 66 年的系统。

根据上面的公式，具有两个通道并且每个通道具有不同的 $MTTF_d$ 值的冗余系统，能由在每个通道中具有相同 $MTTF_d$ 值的冗余系统来代替。这个过程是正确使用表 5 所必需的。

注：本方法假设采用独立的并联通道。

附 录 E
（资料性附录）
对功能和模块的诊断覆盖率(DC)的估计

E.1 诊断覆盖率(DC)的示例

见表E.1。

表 E.1 诊断覆盖率(DC)的估计

措 施	DC
输入装置	
通过输入信号的动态变化促进循环测试	90%
真实性检查，例如：使用常开和常闭的机械连接接触器	99%
对无动态测试的输入的交叉监测	0～99%，取决于应用中信号改变的频率
如果无法检测到短路，对有动态测试的输入的交叉监测(多路I/O)	90%
对逻辑(L)中和程序流的临时逻辑软件监视器中的输入信号和中间结果的交叉监测，以及静态故障和短路的检测(用于多路I/O)	99%
间接监测(例如：通过压力开关进行监测，通过致动器的电气位置进行监测)	90%～99%，取决于实际应用
直接监测(例如：控制阀的电气位置监测，通过机械连接的接触器元件监测机电装置)	99%
通过过程实施故障检测	0～99%，取决于实际应用；单用本措施是达不到要求的性能等级“e”的
监测某些传感器的特征(响应时间、相似信号的范围，例如：电阻、电容)	60%
间接监测(例如：通过压力开关进行监测，通过致动器的电气位置进行监测)	90%～99%，取决于实际应用
直接监测(例如：控制阀的电气位置监测，通过机械连接的接触器元件监测机电装置)	99%
逻辑模块的简单暂时时间监测(例如：定时器用作监视器，逻辑模块程序中的触发点)	60%
当试验设备进行逻辑模块性能的真实性检查时，由监视器暂时对逻辑进行逻辑监测	90%
启动自检以检测逻辑中部件的潜在故障(例如：程序和数据存储器、输出/输出端口、接口)	90%(取决于测试技术)
启动时通过主通道，或通过安全功能或外部信号所要求的输入设备来检查监测设备(例如：监视器)的反应能力	90%
动态原则(安全功能需要时，逻辑模块的所有元件需要按状态ON-OFF-ON状态改变)，例如：由继电器执行的联锁电路	99%
恒定存储器：单字节信号(8bit)	90%
恒定存储器：双字节信号(16bit)	99%

表 E.1(续)

措　施	DC
输入装置	
可变存储器:使用冗余数据进行 RAM 测试,例如:标记、标志、恒量、定时器及这些数据的交叉比较	60%
可变存储器:检查存储器单元数据的可读性和可写性	60%
可变存储器:由改进的汉明码或 RAM 自检进行 RAM 监测(例如:“galpat”码或“Abraham”码)	99%
处理单元:通过软件自检	60%~90%
处理单元:编码处理	90%~99%
通过过程检测故障	0~99%,取决于实际应用;单独用本措施是达不到要求的性能等级“e”的
无动态试验的由一个通道对输出的监测	0~99%,取决于应用中信号改变的频率
无动态试验的输出的交叉监测	0~99%,取决于应用中信号改变的频率
带动态试验,无短路检测的输出信号交叉监测(多路 I/O)	90%
对逻辑(L)中和程序流的临时逻辑软件监视器中的输出信号和中间结果的交叉监测,以及对静态故障和短路的检测(用于多路 I/O)	99%
无致动器监测的冗余截止路径	0
通过逻辑模块或试验设备监测其中一个致动器的冗余截止路径	90%
通过逻辑模块和试验设备监测致动器的冗余截止路径	99%
间接监测(例如:通过压力开关进行监测,通过致动器的电气位置进行监测)	90%~99%,取决于实际应用
通过过程检测故障	0~99%,取决于实际应用;单独用本措施是达不到要求的性能等级“e”的
直接监测(例如:控制阀的电气位置监测,通过机械连接触点元件监测机电装置)	99%
注 1:对于 DC 的附加估计,见 GB/T 20438.2—2006 中的 A.2 至 A.15 等。 注 2:如果声明逻辑模块的 DC 为中或高时,至少采用一种措施,使有各自 DC 的可变存储器、恒定存储器和处理单元必须至少应用其 DC 的 60%。除本表中列出的措施外,可能也还用到其他措施。	

E.2　平均 DC(DC_{avg})的估算

在很多系统中,可能用到多种故障检测措施。这些措施能检查 SRP/CS 的不同部件且有不同的 DC。当根据表 5 来估计 PL 时,执行安全功能的整个 SRP/CS 只有一个平均 DC 可用。

DC 可能被确定为被检测到的危险失效的失效率与全部危险失效的失效率之间的比率。根据这个定义,用以下公式来估计平均诊断覆盖率 DC_{avg}:

$$DC_{avg}=\frac{\dfrac{DC_1}{MTTF_{d1}}+\dfrac{DC_2}{MTTF_{d2}}+\cdots+\dfrac{DC_N}{MTTF_{dN}}}{\dfrac{1}{MTTF_{d1}}+\dfrac{1}{MTTF_{d2}}+\cdots+\dfrac{1}{MTTF_{dN}}} \qquad \cdots\cdots(E.1)$$

式中,所有未经故障排除的 SRP/CS 元件都必须考虑在内并求和。对于每个模块,都应考虑 $MTTF_d$ 和 DC。本公式中的 DC 是指部件检测到的危险失效的失效率(不管用何种方法检测失效)与部件全部危险失效的失效率之间的比率。因此,DC 与被测试的零件有关,而与测试装置无关。无故障检测的元件(例如:没有进行测试的元件)其 DC=0,它只改变 DC_{avg} 的分母。

附 录 F
（资料性附录）
共因失效(CCF)的估计

F.1 共因失效(CCF)的要求

GB/T 20438.6—2006 的附录 D 中给出了传感器/致动器防止 CCF 的措施的综合程序，并单独给出了控制逻辑模块防止 CCF 的措施的综合程序。但并不是其中所有的措施都适用于机械场合。在本附录中给出了最重要的措施。

注：在本部分中作出的假设是：根据 GB/T 20438.6—2006 中附录 D，用于冗余系统的系数 β 宜小于或等于 2%。

F.2 CCF 影响的估计

此定量过程宜通过整个系统进行。宜考虑控制系统有关安全部件的每个部件。

基于工程学的判断，表 F.1 中列出了措施和关联值，它表示了每种措施对减小共因失效的作用。

对于列出的每种措施，只能声明完全得分的或没有得分的。如果只是部分满足某种措施，则该措施的得分为零。

表 F.2 给出了量化的 CCF。

表 F.1 防止 CCF 的措施的打分和量化过程

编 号	防止 CCF 的措施	得 分
1	分离/隔离	
	信号路径之间的物理分离： 以配线/管路方式分离； 印刷电路板上足够的间隙和爬电老化距离。	15
2	差异性	
	采用不同的技术/设计或物理原则，例如： 第一个通道为可编程电子的，第二个通道为硬布线的； 启动的种类； 压力和温度。 距离和压力的测量： 数字的或模拟的。 不同方法制造的元件。	20
3	设计/应用/经验	
3.1	过电压、过压力、过电流等的保护。	15
3.2	所用的元件是经验证的	5
4	评价/分析	
	为了避免共因失效，设计中是否考虑了失效模式和影响分析的结果。	5
5	能力/培训	
	设计者/维护者是否已经过培训，使其了解共因失效的原因和结果。	5
6	环境	

表 F.1(续)

编　号	防止 CCF 的措施	得　分
6.1	根据适当的标准,通过防止污染和电磁兼容(EMC)来防止 CCF。 流体系统:传压介质的过滤、入口处污垢的防止、受压气体的排泄,例如:依照元件制造商关于传压介质净化的要求。 电气系统:是否检查了系统的电磁抗扰性,例如:按照相关标准中防止 CCF 的规定。 对于流体和电气组合的系统,这两个方面都宜予以考虑。	25
6.2	其他影响: 是否已考虑了对所有的环境因素,例如温度、冲击、振动、湿度等(例如:相关标准中所规定的)的抗扰性的要求?	10
	总和	最大可达到 100

总　分	避免 CCF 的措施[a]
65 或 65 以上	满足要求
小于 65	处理失败⇒选择附加措施

[a] 与技术措施无关时,在综合计算中可以考虑附加于本栏的分值。

附 录 G
（资料性附录）
系统性失效

G.1 概述

GB/T 16855.2 给出了宜用于防止系统性失效的综合措施表，例如基本的或经验证的安全原则。

G.2 系统性失效的控制措施

宜采用以下措施：

——采用去能法（见 GB/T 16855.2）

控制系统有关安全部件（SRP/CS）的设计宜使其在动力供应损失时能达到或保持安全状态。

——控制击穿电压、电压变化、过电压和电压不足的影响的措施

宜预先确定 SRP/CS 对击穿电压、电压变化、过电压和电压不足等条件的响应工况，使 SRP/CS 能实现或保持机器的安全状态（也可见 GB 5226.1 和 GB/T 20438.7—2006 中的 A.8）。

——控制或避免物理环境（例如：温度、湿度、水、振动、灰尘、腐蚀性物质、电磁干扰及其影响）影响的措施

宜预先确定 SRP/CS 对物理环境响应的工况，使 SRP/CS 能实现或保持机器的安全状态（也可见 GB 5226.1 和 IEC 60529 等）。

——为了检测有缺陷的程序次序，应以包含软件的 SRP/CS 来使用程序次序监测

如果以错误的次序或在错误的时间段内处理一个程序的独立程序（例如：软件模块、子程序或指令），或者如果处理器的时钟有故障，则存在有缺陷的程序次序（见 EN 61508-7:2001，A.9）。

——控制错误的影响或由任何数据通信处理引起的其他影响的措施（见 GB/T 20438.2—2006 中的 7.4.8）。

另外，考虑到 SRP/CS 的复杂性及其 PL，还宜采用下列的一种或多种措施：

——通过自动测试的失效检测；

——通过冗余硬件的测试；

——多样的硬件；

——强制模式中的操作；

——机械连接的接触器；

——直接打开动作；

——定向失效模式；

——当制造商能证明降低额定值可提高可靠性时，用一个适当的系数进行超尺寸——在适宜进行超尺寸的情况下，超尺寸系数宜至少为 1.5。

也可见 GB/T 16855.2—2007 中的 D.3。

G.3 避免系统性失效的措施

宜采用以下措施：

——采用合适的原料和适当的制造工艺

与应力、耐久力、弹性、摩擦、磨损、腐蚀、温度、传导率、电介质刚度等有关的材料、制造方法和处理方法的选择。

——正确的外形和尺寸

应力、应变、温度、表明粗糙度、公称和制造工艺等的考虑。

——元件的适当选择、组合、安排、装配和安装，包括布电缆、布线和其他连接等

采用合适的标准和制造商应用说明，例如：目录单、安装手册、技术规范，并且使用好的工程实践。

——兼容性

使用具有可兼容工作特征的元件。

——经受规定环境条件的能力

SRP/CS的设计应使其能在所有预期的环境和任何可预见的不利的环境下工作，例如：温度、湿度、振动和电磁干扰(EMI)(见GB/T 16855.2—2007中的D.2)。

——使用按照合适标准且有明确定义的失效模式的元件

通过采用具有规定特征的元件来减小未检测到的故障的风险(见GB/T 20438.7—2006中的B.3.3)。

另外，考虑到SRP/CS的复杂性及其PL，宜采用下面的一种或多种措施：

——复查硬件的设计(例如：通过检查或遍查)

通过复查和分析技术规范和执行情况之间的差异进行查找(见GB/T 20438.7—2006中的B.3.7和B.3.8)。

——有仿真或分析能力的计算机辅助设计

系统的执行设计程序且包括适当的自动构造单元，这些构造单元已经过试验被证明是有效的(见GB/T 20438.7—2006中的B.3.5)。

——模拟

同时从功能特征和形成SRP/CS元件的正确尺寸两个方面对SRP/CS的设计进行系统和完整的检查(见GB/T 20438.7—2006中的B.3.6)。

G.4 SRP/CS集成过程中避免系统性失效的措施

SRP/CS集成过程中宜采用以下措施：

——功能性测试；

——方案管理；

——文档；

另外，考虑到SRP/CS的复杂性及其PL，宜采用黑盒子测试法。

附 录 H
（资料性附录）
控制系统有关安全部件组合的示例

图 H.1 是提供一种控制机器致动器功能的有关安全部件的示意图。这不是功能/工作图，且仅用于证明在这一种功能中类别和技术的组合原则。

控制器由电子控制逻辑单元和液压方向阀提供。风险由 AOPD 减小，AOPD 通过检测进入危险区并在光束被遮断时阻止流体致动器的启动来减小风险。

提供安全功能的有关安全部件包括：AOPD、电子控制逻辑单元、液压方向阀和连接方式。

这些有关安全部件提供停止功能作为安全功能。AOPD 被遮断时，输出把信号传递至电子控制逻辑单元，电子控制逻辑单元提供信号给液压方向阀来停止液压流作为 SRP/CS 的输出。在机器上，它就停止了致动器的运动。

有关安全部件的组合产生了一种证明基于第 6 章的要求的不同类别和技术的组合的安全功能。采用本部分给出的原则，图 H.2 中的有关安全部件可描述如下：

——对于电敏保护装置（光栅）：2 类、PL=c。为了减小故障发生的概率，该装置采用经验证的安全原则；

——对于电子控制逻辑单元：3 类、PL=d。为了提高该电子控制逻辑单元的安全性能等级，SRP/CS 的结构采用冗余结构，并采用几种能检测大多数单一故障的故障检测方法；

——对于液压方向阀：1 类、PL=c。经验证的情形主要是指具体应用。在本例中的阀门可认为是经验证的。为了减小故障发生的概率，该装置由经验证的元件组成，采用经验证的安全原则，并考虑所有的应用条件（见 6.2.4）。

注 1：还必须考虑连接方式的位置、尺寸和设计。

当 PL_{low}=c 和 N_{low}=2 时的组合，其整体性能等级 PL=c（见 6.3）。

注 2：就图 H.2 中 1 类或 2 类部件的故障而言，可能有安全功能的损失。

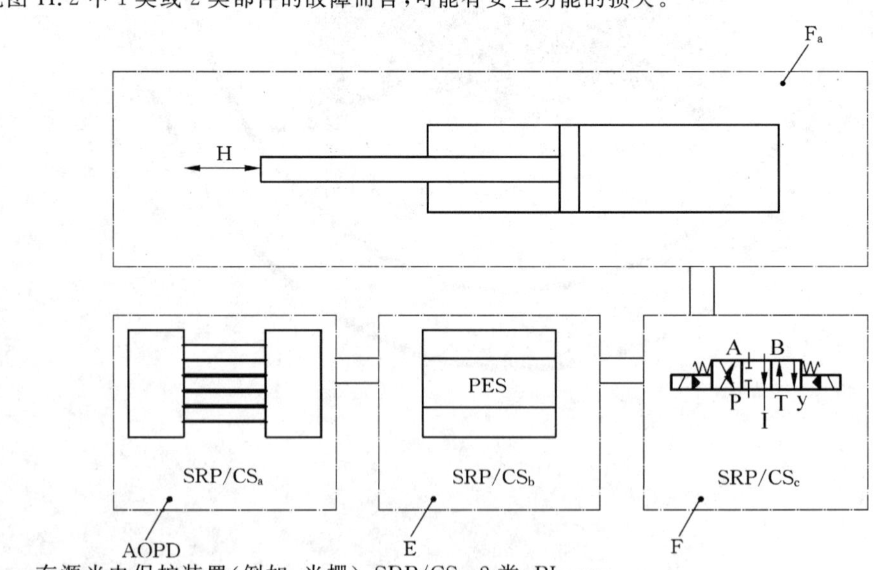

AOPD——有源光电保护装置（例如：光栅），SRP/CS_a：2 类、PL=c；

E——电子控制逻辑单元，SRP/CS_b：3 类、PL=d；

F——流体，SRP/CS_c：1 类、PL=c；

F_a——流体致动器；

H——危险运动。

图 H.1 示例——说明 SRP/CS 组合的模块图

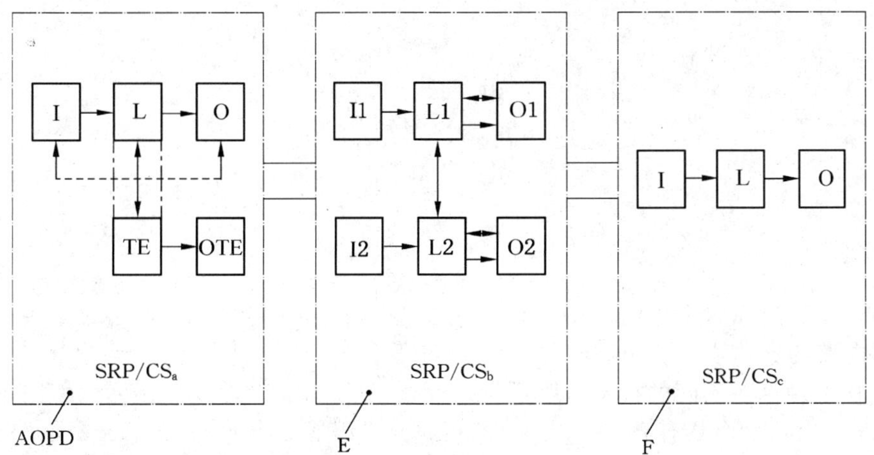

AOPD——有源光电保护装置(例如:光栅);
E——电子控制逻辑单元;
F——射流元件;
I、I1、I2——输入装置,例如:传感器;
L、L1、L2——逻辑单元;
O、O1、O2、OTE——输出装置,例如:主接触器;
TE——试验设备。

图 H.2 被指定结构替换的图 H.1

附 录 I
（资料性附录）
示 例

I.1 概述

本附录举例说明了前面附录中给出的用以识别安全功能和确定 PL 的方法的使用。给出了两种被广泛使用的控制电路的数量表示。见图 3 中的步进过程。

示例 A 和示例 B 由两种不同的控制电路示例来检查，见图 I.1 和图 I.3。两个示例都说明了防护门联锁功能的性能。第一个示例由具有高 $MTTF_d$ 值的机电元件组成一个通道，而第二个示例则由两个通道组成——一个为机电式，另一个是可编程电子式——包括试验，但是由较低 $MTTF_d$ 的元件组成。

I.2 安全功能和要求的性能等级（PL_r）

对于这两个示例，都可以选择如下的联锁防护的安全功能：

防护门打开时，危险运动将停止（通过释放电动机的能量）。

根据风险图解法（见图 A.1），确定下列风险参数：

——伤害的严重度，S＝S2，严重；

——暴露于危险的频率和（或）时间，F＝F1，很少和（或）暴露时间短；

——避免危险的可能性，P＝P1，特定条件下可能。

这些参数决定了要求的性能等级为 PL_r＝c。

优先类别的确定：性能等级 c 可通过相当可靠的单通道系统（1 类）或冗余结构（2 类或 3 类）典型实现（见图 5 和第 6 章）。

I.3 示例 A，单通道系统

I.3.1 安全功能的识别

影响安全功能的所有部件在图 I.1 中给出。省略了不影响联锁安全功能（作为启动和停止开关）的功能性详细资料。

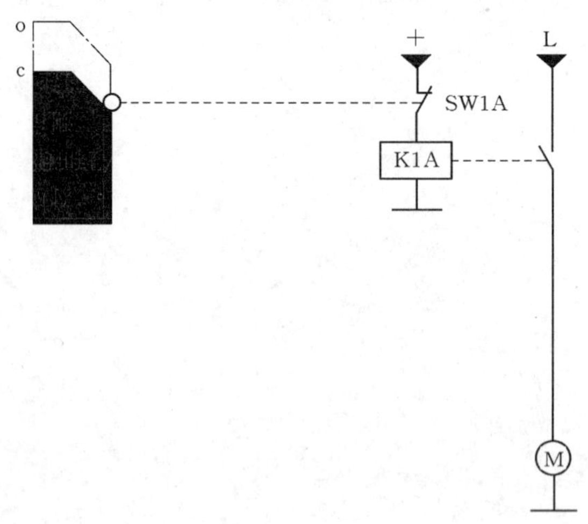

o——打开；
c——关闭；
M——电动机；
K1A——接触器；
SW1A——开关（NC）。

图 I.1 执行安全功能的控制电路 A

本例中,门开关具有常闭触点(但并不证明可以不进行故障排除),且连接到一个接触器上,该接触器能关闭连接电动机的电源:

——机电元件的一个通道;

——有中等 $MTTF_d$ 的开关 SW1A;

——有低 $MTTF_d$ 的接触器 K1A。

根据 GB/T 16855.2,本例中所选的接触器是经验证的元件。

因此,有关安全部件和它们通道之间的界限可由图 I.2 中的有关安全功能模块图来表示。

K1A——接触器;

SW1A——开关。

图 I.2 识别示例 A 中有关安全功能部件的有关安全模块图

I.3.2 DC_{avg}、共因失效、类别、PL 以及每个通道 $MTTF_d$ 的量化

DC_{avg}、共因失效以及每个通道 $MTTF_d$ 的值假定根据附录 C、附录 D、附录 E 和附录 F 来估计,或由制造商给出。类别由 6.2 来估计。

——$MTTF_d$

接触器 K1A 和开关 SW1A 对于通道的 $MTTF_d$ 有影响。由制造商给出假设的接触器和开关的 $MTTF_d$,该假设为:$MTTF_{d,K1A}=50$ 年,$MTTF_{d,SW1A}=20$ 年。根据 D.1 中的部件计数法,得出一个通道的 $MTTF_d$ 为:

$$\frac{1}{MTTF_d}=\frac{1}{MTTF_{SW1A}}+\frac{1}{MTTF_{K1A}}=\frac{1}{20\text{ 年}}+\frac{1}{50\text{ 年}}=\frac{0.07}{\text{年}} \qquad (I.1)$$

由计算结果导出该通道的 $MTTF_d=14.3$ 年,或根据 4.5.2 中的表 5,该通道的 $MTTF_d$ 为"中"。

注:如果没有关于 K1A 的信息,可根据 C.2 或 C.4 做出最坏情形的假设。

——DC

由于控制电路 A 中没有完成测试,因此根据 4.5.3 中的表 6,DC = 0 或"无"。

——类别

虽然用于该电路的优先类别为 1 类,但通道的最终的 $MTTF_d$ 为"中"。这是本设计只能达到 B 类的一个理由。

图 5 中的输入数据:每个通道的 $MTTF_d$ 为"中"(14.3 年),DC_{avg} 为"无",类别为 B 类。

这可能由性能等级 b 来解释。

这个结果与根据 I.2 中要求的性能等级 $PL_r=c$ 不匹配。因此,为了满足 I.2 对该示例应用的风险减小的要求,该电路必须重新设计且重新估计,直到性能等级达到 $PL_r=c$ 为止。

I.4 示例 B,冗余系统

I.4.1 有关安全部件的识别

所有影响安全功能的部件在图 I.3 中给出。省略了不影响联锁安全功能(作为启动和停止开关或 K1B 的延时开关)的功能性详细资料。

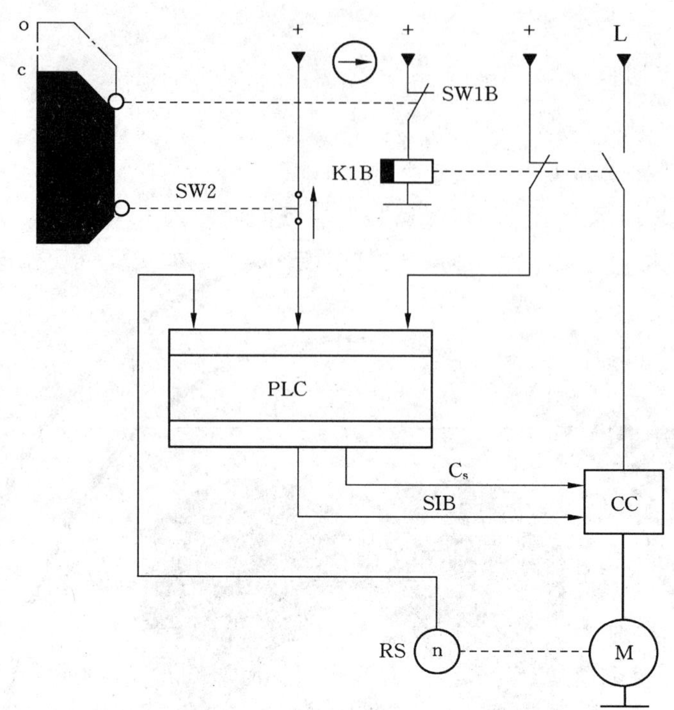

PLC——可编程逻辑控制器；

CC——变流器；

M——电动机；

RS——转动传感器；

o——打开；

c——关闭；

C_s——停止功能(标准的)；

SIB——安全脉冲阻塞；

K1B——接触器；

SW1B——开关(NC)；

SW2——开关(NO)。

图 I.3 执行安全功能的控制电路 B

在本例中，采用两个有冗余的通道。第一个通道类似于示例 A 中的通道，采用有直接打开动作的门开关，并用在强制致动模式中。这个门开关与一个接触器相连，接触器能关闭与电动机相连的动力电源。在第二个通道中，采用了附加的(可编程的)电子元件。第二个门开关与可编程逻辑控制器相连接，能够控制变流器关闭与电动机相连的动力电源：

——冗余通道，一个为机电元件通道，另一个是可编程电子元件通道；

——具有强制接触动作的触点的开关 SW1B，具有中等 $MTTF_d$ 的 SW2；

——具有中等 $MTTF_d$ 的接触器，本例中所选的接触器是未经验证的元件；

——有中等 $MTTF_d$ 的电子元件。

因此，有关安全部件和它们通道之间的界限可由图 I.4 中的有关安全功能模块图来表示。

注：在冗余差异性方面，根据 4.6 中关于软件的要求，对 LC 路径的软件要求不作相应的考虑。

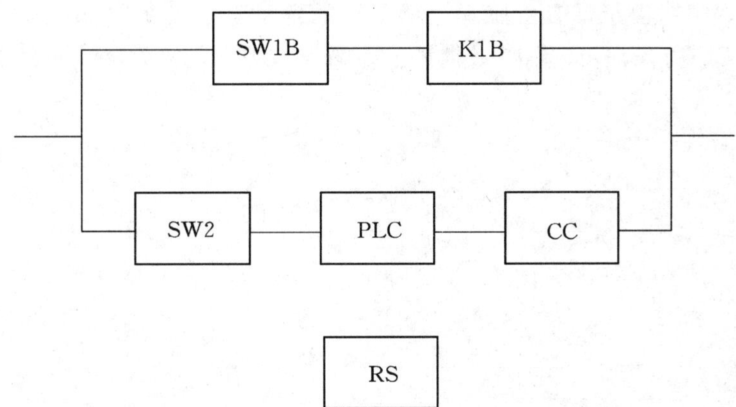

SW1B 和 K1B 组成第一个通道，SW2、PLC 和 CC 组成第二个通道；RS 只用于测试变流器。

SW1B——联锁装置；

K1B——接触器；

SW2——开关；

PLC——可编程逻辑控制器；

CC——变流器；

RS——转动传感器。

图 I.4 识别示例 B 中有关安全部件的模块图

I.4.2 DC_{avg}、共因失效、类别、PL 以及每个通道 $MTTF_d$ 的量化

DC_{avg}、共因失效以及每个通道 $MTTF_d$ 的值假定根据附录 C、附录 D、附录 E 和附录 F 来估计，或由制造商给出。类别则根据 6.2 来估计。

开关 SW1B 具有直接打开动作且用于强制致动模式中。因此，对于因机械失效（例如：活塞破裂、致动凸轮磨损、调节不良等）而引起的触点无法打开和开关无法致动，应进行故障排除。

注：这些假设对依照 IEC 60957-5-1:1997 中的附录 K 的辅助电路的开关有效，且对依照制造商的技术规范的开关的适当机械固定和致动有效。

——$MTTF_d$

接触器 K1B 是只对这一个通道的 $MTTF_d$ 起作用的元件。$MTTF_{K1B}$＝30 年的假设是由制造商给出的。根据 D.1 中的部件计数法，得出这一个通道的 $MTTF_d$ 为：

$$\frac{1}{MTTF_{dC1}}=\frac{1}{MTTF_{dK1B}} \qquad \text{(I.2)}$$

由计算结果导出该通道的 $MTTF_d$＝ 30 年。

在第二个通道中，SW2、PLC 和 CC 对 $MTTF_{dC2}$ 有影响。对于这三个元件及 RS，$MTTF_d$ 为 20 年是由制造商给出的假设。D.1 中的部件计数法导出第二个通道的 $MTTF_{dC2}$ 为：

$$\frac{1}{MTTF_{dC2}}=\frac{1}{MTTF_{dSW2}}+\frac{1}{MTTF_{dPLC}}+\frac{1}{MTTF_{dCC}}=\frac{1}{20\text{ 年}}+\frac{1}{20\text{ 年}}+\frac{1}{20\text{ 年}}=\frac{0.15}{\text{年}} \qquad \text{(I.3)}$$

由计算结果导出该通道的 $MTTF_d$＝ 6.7 年。

由于这两个通道具有不同的 $MTTF_d$，公式 D.2 能用来计算对称两通道系统的单个通道的 $MTTF_d$ 的代替值。此公式计算出的 $MTTF_d$＝ 20 年，或根据 4.5.2 中的表 5，通道的 $MTTF_d$ 为“中”。

——DC

在控制电路 B 中，由 PLC 测试 4 个有关安全部件：SW2 和 K1B 由 PLC 读回，PLC 执行自检，CC 则由 PLC 经由 RS 读回。每个被测部件相关的 DC 为：

1) DC_{SW2}＝60％，“低”，由于无动态测试监测输入信号，见表 E.1（输入装置部分的第 3 行）；

2) DC_{K1B}＝99％，“高”，由于常开和常闭机械式连接触点，见表 E.1（输入装置部分的第 2 行）；

3) DC_{PLC}＝30％，“无”，由于自检的低效率（假设制造商已通过 FMEA 计算出该值）；

4） DC_{CC}＝90％，“中”，由于带有由控制逻辑单元的致动器监测的冗余关闭路径，见表 E.1（输入装置部分的第 6 行）——如果 PLC 监测 CC 的失效，则可由安全脉冲阻塞（附加的停止路径）停止运动。

对于 PL 的估计，需要一个平均的 DC 值（DC_{avg}）作为图 5 中的输入。

$$DC_{avg}=\frac{\frac{DC_{SW2}}{MTTF_{dSW2}}+\frac{DC_{K1B}}{MTTF_{dK1B}}+\frac{DC_{PLC}}{MTTF_{dPLC}}+\frac{DC_{CC}}{MTTF_{dCC}}}{\frac{1}{MTTF_{dSW2}}+\frac{1}{MTTF_{dK1B}}+\frac{1}{MTTF_{dPLC}}+\frac{1}{MTTF_{dCC}}}$$

$$=\frac{\frac{0.6}{20y}+\frac{0.99}{30y}+\frac{0.3}{20y}+\frac{0.9}{20y}}{\frac{1}{20y}+\frac{1}{30y}+\frac{1}{20y}+\frac{1}{20y}}=\frac{0.123}{0.183}=67.1\% \qquad \text{(I.4)}$$

因此，根据 4.5.3 和表 6，DC_{avg}为“低”。

——CCF

假定已根据 F.2 对控制电路 B 进行了防止 CCF 措施的评估。得分在表 I.1 中给出。

表 I.1　示例 B 中防止 CCF 方法的评估

编　号	条　　目	控制电路的得分	最大可能得分
1	分离/隔离		
	信号路径之间的物理分离	15	15
2	多样性		
	采用不同技术/设计或物理原则	20	20
3	设计/应用/经验		
3.1	防止过电压、过压、过电流等	无	15
3.2	使用的元件是经验证的	5	5
4	评价/分析		
	设计中是否考虑了失效模式及影响分析的结果以避免共因失效？	5	5
5	资格/培训		
	设计者是否已经过培训以理解共因失效的原因和结果？	无	5
6	环境		
6.1	根据适当的标准，预防污染和电磁兼容（EMC）以防止 CCF	25	25
6.2	其他影响 是否已考虑了所有相关环境影响的抗性要求，例如：温度、冲击、振动、湿度（例如：在相关标准中规定）？	10	10
	总和	80	最大 100

足够防止 CCF 的措施要求最小得分为 65。在示例 B 中，80 分足以满足防止 CCF 的要求。

任何部件中的单一故障不会导致安全功能的丧失。只要合理可行，应在关于安全功能的下一个指令发出时或发出前探测到单一故障。诊断覆盖率（DC_{avg}）为 60％～92％。防止 CCF 的措施应足够。这些是 3 类的典型特征。

图 5 中的输入数据为：通道的 $MTTF_d$ 为“中”（20 年），DC_{avg}为“低”，类别为 3 类。

这可解释为性能等级 PL＝c。

该结果与 I.2 中要求的性能等级 PL_r＝c 相匹配。因此，控制电路 B 满足 I.2 的应用示例对风险减小的要求。

附　录　J
（资料性附录）
软　　件

J.1　示例描述

本附录介绍了用于实现 $PL_r=d$ 的 SRP/CS 的 SRESW 的示范活动。该 SRP/CS 与机器设备通过接口连接。它确保了：

——获得各种传感器发出的信息；

——用于操纵考虑安全要求的控制元件所要求的处理；

——致动器的控制。

本应用中，功能模块层级上的 SRESW 的设计如图 J.1 所示。

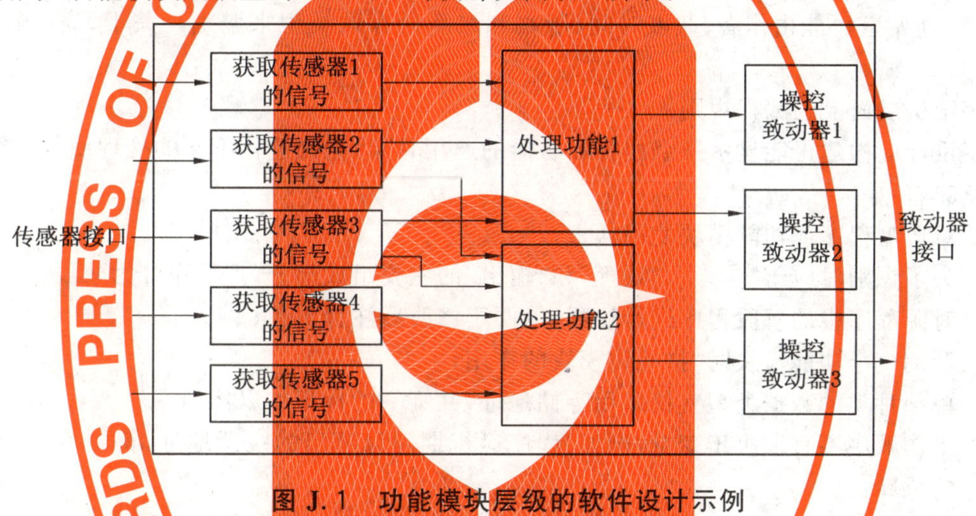

图 J.1　功能模块层级的软件设计示例

J.2　软件安全寿命周期的 V 模型的应用

表 J.1 介绍了将软件安全寿命周期 V 模型应用于机器控制方面的活动和文件的示范性综合。

表 J.1　软件安全寿命周期内的活动和文件

设计活动	检验活动	相关文件的提供
机器方面： 包括 SRP/CS 的功能检验	有关安全功能的识别	“用于机器控制的有关安全的技术规范”
结构方面： 带传感器和致动器的控制结构的确定	所选元件安全特征的评注	“控制结构的定义”
软件技术规范方面： 软件功能中机器功能的副本	描述的重新读取（见 J.3）	“软件描述”
软件结构方面： 将各种功能细分到功能模块中	确定关键模块，这些模块是重大的复审和确认工作的对象	“功能模块建模”
编码方面： 根据编程规则编码（见 J.4）	代码的重新读取。功能和符合规则的检验	“代码中的编码注释” “重新读取表的编码”
确认方面： 测试方案的制定： 功能的操作方面 失效特征方面	测试范围的检验 测试结果的检验	“对应矩阵”：它交叉参照技术规范段落和测试结果 “测试表”：包括测试方案和对测试结果的注释

J.3 软件技术规范的检验

作为软件安全寿命周期的一部分，在软件技术规范层面上的检验活动存在于对描述内容的读取中，以此来检验是否适当地描述了所有的敏感点。在检验每种功能时，宜考虑以下方面：

——限制系统技术规范错误解释的情况；

——避免技术规范中出现会导致 SPR/CS 产生预先未知行为的漏洞；

——精确地规定用于激活和撤消(去活)功能的条件；

——明确的保证所有可能的情况都已处理；

——相容性测试；

——不同的参数化情况；

——失效后的反应。

J.4 编程规则示例

对于 CCF，通常宜可能由作者、载入时间、版本和最新的存取类型来鉴别。关于编程规则，可区分以下规则。

a) 程序结构层面上的编程规则

程序设计应构建得能显示一个相容和易懂的通用骨架，允许进行不同的处理使其易于地方化。这意味着：

1) 对典型程序或功能模块使用样板；

2) 为了识别对应于“输入”、“处理”和“输出”的主要组成部分，把程序分为几段；

3) 对源程序中的每段程序进行注释，以便于修改后注释更新；

4) 调用一个功能模块时，描述该模块的作用；

5) 单独种类的数据类型宜仅采用存储地址，并唯一的标记加以标识；

6) 工作顺序不宜取决于变量，例如：程序运行期间计算出的跳跃地址，得到授权的附有条件的跳跃。

b) 关于使用变量的编程规则

——任何输出的激活或撤消(去活)宜只发生一次(集中条件)；

——程序应构建得使用于更新一个变量的方程都集中在一起；

——每个全局变量，应具有一个足够明确的记忆名称，并应在源程序中通过一个注释对其进行描述。

c) 功能模块层的编程规则

——更适宜的使用经 SRP/CS 供应商确认的功能模块，检查这些经确认的模块的假定工作条件是否符合程序的条件。

——编码模块的大小宜限制在以下指导值：

i) 参数——最大 8 个字节、两个整形输入和一个输出；

ii) 功能代码——最大 10 个局部变量、最大 20 个布尔等式。

——功能模块不宜改变全局变量。

——数字值宜由与预先设置的基准程序来控制，以保证该定义域的有效性。

——功能模块宜尽量检测出待处理变量之间的不一致性。

——模块的故障代码应该容易理解，以便在其他故障中辨别出一个故障。

——应通过注释来描述故障检测后的故障代码和模块状态。

——应通过注释来描述模块的复位或正常状态的恢复。

附　录　K
（资料性附录）
图 5 的数值表示

见表 K.1。

表 K.1　图 5 的数字表示

每个通道的 $MTTF_d$/年	每小时危险失效的平均概率(1/h)以及相应的性能等级(PL)													
	B类 DC_{avg}=无	PL	1类 DC_{avg}=无	PL	2类 DC_{avg}=低	PL	2类 DC_{avg}=中	PL	3类 DC_{avg}=低	PL	3类 DC_{avg}=中	PL	4类 DC_{avg}=高	PL
3	3.80×10^{-5}	a			2.58×10^{-5}	a	1.99×10^{-5}	a	1.26×10^{-5}	a	6.09×10^{-6}	b		
3.3	3.46×10^{-5}	a			2.33×10^{-5}	a	1.79×10^{-5}	a	1.13×10^{-5}	a	5.41×10^{-6}	b		
3.6	3.17×10^{-5}	a			2.13×10^{-5}	a	1.62×10^{-5}	a	1.03×10^{-5}	a	4.86×10^{-6}	b		
3.9	2.93×10^{-5}	a			1.95×10^{-5}	a	1.48×10^{-5}	a	9.37×10^{-6}	b	4.40×10^{-6}	b		
4.3	2.65×10^{-5}	a			1.76×10^{-5}	a	1.33×10^{-5}	a	8.39×10^{-6}	b	3.89×10^{-6}	b		
4.7	2.43×10^{-5}	a			1.60×10^{-5}	a	1.20×10^{-5}	a	7.58×10^{-6}	b	3.48×10^{-6}	b		
5.1	2.24×10^{-5}	a			1.47×10^{-5}	a	1.10×10^{-5}	a	6.91×10^{-6}	b	3.15×10^{-6}	b		
5.6	2.04×10^{-5}	a			1.33×10^{-5}	a	9.87×10^{-6}	b	6.21×10^{-6}	b	2.80×10^{-6}	c		
6.2	1.84×10^{-5}	a			1.19×10^{-5}	a	8.80×10^{-6}	b	5.53×10^{-6}	b	2.47×10^{-6}	c		
6.8	1.68×10^{-5}	a			1.08×10^{-5}	a	7.93×10^{-6}	b	4.98×10^{-6}	b	2.20×10^{-6}	c		
7.5	1.52×10^{-5}	a			9.75×10^{-6}	b	7.10×10^{-6}	b	4.45×10^{-6}	b	1.95×10^{-6}	c		
8.2	1.39×10^{-5}	a			8.87×10^{-6}	b	6.43×10^{-6}	b	4.02×10^{-6}	b	1.74×10^{-6}	c		
9.1	1.25×10^{-5}	a			7.94×10^{-6}	b	5.71×10^{-6}	b	3.57×10^{-6}	b	1.53×10^{-6}	c		
10	1.14×10^{-5}	a			7.18×10^{-6}	b	5.14×10^{-6}	b	3.21×10^{-6}	b	1.36×10^{-6}	c		
11	1.04×10^{-5}	a			6.44×10^{-6}	b	4.53×10^{-6}	b	2.81×10^{-6}	c	1.18×10^{-6}	c		
12	9.51×10^{-6}	b			5.84×10^{-6}	b	4.04×10^{-6}	b	2.49×10^{-6}	c	1.04×10^{-6}	c		
13	8.78×10^{-6}	b			5.33×10^{-6}	b	3.64×10^{-6}	b	2.23×10^{-6}	c	9.21×10^{-7}	d		
15	7.61×10^{-6}	b			4.53×10^{-6}	b	3.01×10^{-6}	b	1.82×10^{-6}	c	7.44×10^{-7}	d		
16	7.13×10^{-6}	b			4.21×10^{-6}	b	2.77×10^{-6}	c	1.67×10^{-6}	c	6.76×10^{-7}	d		

表 K.1（续）

每个通道的 $MTTF_d$/年	每小时危险失效的平均概率(1/h)以及相应的性能等级(PL)													
	B类 DC_{avg}＝无	PL	1类 DC_{avg}＝无	PL	2类 DC_{avg}＝低	PL	2类 DC_{avg}＝中	PL	3类 DC_{avg}＝低	PL	3类 DC_{avg}＝中	PL	4类 DC_{avg}＝高	PL
18	6.34×10^{-6}	b			3.68×10^{-6}	b	2.37×10^{-6}	c	1.41×10^{-6}	c	5.67×10^{-7}	d		
20	5.71×10^{-6}	b			3.26×10^{-6}	b	2.06×10^{-6}	c	1.22×10^{-6}	c	4.85×10^{-7}	d		
22	5.19×10^{-6}	b			2.93×10^{-6}	c	1.82×10^{-6}	c	1.07×10^{-6}	c	4.21×10^{-7}	d		
24	4.76×10^{-6}	b			2.65×10^{-6}	c	1.62×10^{-6}	c	9.47×10^{-7}	d	3.70×10^{-7}	d		
27	4.23×10^{-6}	b			2.32×10^{-6}	c	1.39×10^{-6}	c	8.04×10^{-7}	d	3.10×10^{-7}	d		
30			3.80×10^{-6}	b	2.06×10^{-6}	c	1.21×10^{-6}	c	6.94×10^{-7}	d	2.65×10^{-7}	d	9.54×10^{-8}	e
33			3.46×10^{-6}	b	1.85×10^{-6}	c	1.06×10^{-6}	c	5.94×10^{-7}	d	2.30×10^{-7}	d	8.57×10^{-8}	e
36			3.17×10^{-6}	b	1.67×10^{-6}	c	9.39×10^{-7}	d	5.16×10^{-7}	d	2.01×10^{-7}	d	7.77×10^{-8}	e
39			2.93×10^{-6}	c	1.53×10^{-6}	c	8.40×10^{-7}	d	4.53×10^{-7}	d	1.78×10^{-7}	d	7.11×10^{-8}	e
43			2.65×10^{-6}	c	1.37×10^{-6}	c	7.34×10^{-7}	d	3.87×10^{-7}	d	1.54×10^{-7}	d	6.37×10^{-8}	e
47			2.43×10^{-6}	c	1.24×10^{-6}	c	6.49×10^{-7}	d	3.35×10^{-7}	d	1.34×10^{-7}	d	5.76×10^{-8}	e
51			2.24×10^{-6}	c	1.13×10^{-6}	c	5.80×10^{-7}	d	2.93×10^{-7}	d	1.19×10^{-7}	d	5.26×10^{-8}	e
56			2.04×10^{-6}	c	1.02×10^{-6}	c	5.10×10^{-7}	d	2.52×10^{-7}	d	1.03×10^{-7}	d	4.73×10^{-8}	e
62			1.84×10^{-6}	c	9.06×10^{-7}	d	4.43×10^{-7}	d	2.13×10^{-7}	d	8.84×10^{-8}	e	4.22×10^{-8}	e
68			1.68×10^{-6}	c	8.17×10^{-7}	d	3.90×10^{-7}	d	1.84×10^{-7}	d	7.68×10^{-8}	e	3.80×10^{-8}	e
75			1.52×10^{-6}	c	7.31×10^{-7}	d	3.40×10^{-7}	d	1.57×10^{-7}	d	6.62×10^{-8}	e	3.41×10^{-8}	e
82			1.39×10^{-6}	c	6.61×10^{-7}	d	3.01×10^{-7}	d	1.35×10^{-7}	d	5.79×10^{-8}	e	3.08×10^{-8}	e
91			1.25×10^{-6}	c	5.88×10^{-7}	d	2.61×10^{-7}	d	1.14×10^{-7}	d	4.94×10^{-8}	e	2.74×10^{-8}	e
100			1.14×10^{-6}	c	5.28×10^{-7}	d	2.29×10^{-7}	d	1.01×10^{-7}	d	4.29×10^{-8}	e	2.47×10^{-8}	e

参 考 文 献

关于可编程电子系统的出版物

[1] GB/T 17626.4 电磁兼容 试验和测量技术 电快速瞬变脉冲群抗扰度试验.

[2] GB/T 19436.1 机械安全 电敏防护装置 第1部分:一般要求和试验.

[3] GB/T 19436.2 机械电气安全 电敏防护装置 第2部分:使用有源光电防护器件(AOPDs)设备的特殊要求.

[4] GB 19436.3 机械电气安全 电敏防护装置 第3部分:使用有源光电漫反射防护器件(AOPDDR)设备的特殊要求.

[5] GB/T 20438.1—2006 电气/电子/可编程电子安全相关系统的功能安全 第1部分:一般要求.

[6] GB/T 20438.2—2006 电气/电子/可编程电子安全相关系统的功能安全 第2部分:电气/电子/可编程电子安全相关系统的要求.

[7] GB/T 20438.5—2006 电气/电子/可编程电子安全相关系统的功能安全 第5部分:确定安全完整性等级的方法示例.

[8] GB/T 20438.6—2006 电气/电子/可编程电子安全相关系统的功能安全 第6部分:GB/T 20438.2 和 GB/T 20438.3 的应用指南.

[9] GB/T 20438.7—2006 电气/电子/可编程电子安全相关系统的功能安全 第7部分:技术和措施概述.

[10] IEC 61511-1:2003 功能安全——过程工业部门用安全仪表系统 第1部分:结构、定义、系统、硬件和软件的要求.

[11] IEC 62061 机械安全 有关安全的电子、电气和可编程电子系统的功能安全.

[12] HSE 指南.有关安全应用中的可编程电子系统,第1部分(ISBN 0 11 883906 0)和第2部分(ISBN 0 11 883906 3).

[13] CECR-184 微处理控制系统中的个人安全(电子,丹麦).

更多出版物

[14] GB/T 1251.1 人类工效学 工作场所的险情信号 险情听觉信号.

[15] GB/T 1251.2 人类工效学 险情视觉信号 一般要求、设计和检验.

[16] GB/T 1251.3 人类工效学 险情和非险情声光信号体系.

[17] GB/T 3766 液压系统通用技术条件.

[18] GB/T 4205 人机界面(MMI)操作规则.

[19] GB 4208 外壳防护等级(IP 代码).

[20] GB 5226.1—2002 机械安全 机械电气设备 第1部分:通用技术条件.

[21] GB/T 7826 系统可靠性分析技术 失效模式和效应分析(FMEA)程序.

[22] GB/T 7932 气动系统通用技术条件.

[23] GB 12668.3 调速电气传动系统 第3部分:产品的电磁兼容性标准及其特定的试验方法.

[24] GB/T 15969.1~15969.8 可编程序控制器.

[25] GB 16754 机械安全 急停 设计原则.

[26] GB/T 17454.1 机械安全 压敏保护装置 第1部分:压敏垫和压敏地板的设计和试验通则.

[27] GB/T 17454.2 机械安全 压敏保护装置 第2部分:压敏边和压敏棒的设计和试验通则.

[28] GB/T 17799.2 电磁兼容 通用标准 工业环境中的抗扰度试验.

[29] GB 18209.1 机械安全 指示、标志和操作 第1部分:关于视觉、听觉和触觉信号的要求.

[30] GB 18209.2 机械安全 指示、标志和操作 第2部分:标志要求.

[31] GB 18209.3 机械安全 指示、标志和操作 第3部分:操作件的位置和操作的要求.

[32] GB/T 19001 质量管理体系 要求.

[33] GB/T 19670 机械安全 防止意外启动.

[34] GB/T 19671 机械安全 双手操纵装置 功能状况和设计原则.

[35] GB/T 19876—2005 机械安全 与人体部位接近速度相关防护设施的定位.

[36] ISO 9355-1 显示器和控制致动器设计的人类工效学要求 第1部分:与显示器和控制致动器的人机交互.

[37] ISO 9355-2 显示器和控制致动器设计的人类工效学要求 第2部分:显示器.

[38] ISO 9355-3 显示器和控制致动器设计的人类工效学要求 第3部分:控制致动器.

[39] ISO 19973(所有部分) 气动流体动力 元件可靠性测试的评价.

[40] IEC 60204-1:2005 机械安全 机器电气设备 第1部分:通用技术条件.

[41] IEC 60947(所有部分) 低压开关设备和控制设备.

[42] IEC 61810(所有部分) 基本电磁继电器.

[43] IEC 61300(所有部分) 纤维光学互连器件和无源器件 基本试验和测量程序.

[44] EN 457 机械安全 听觉危险信号 通用要求、设计和测试.

[45] EN 614-1 机械安全 人类工效学设计原则 第1部分:术语和通则.

[46] EN 982,机械安全 流体动力系统及其元件的安全要求 液压.

[47] EN 983,机械安全 流体动力系统及其元件的安全要求 气动.

[48] EN 1005-3 机械安全 人类物理性能 第3部分:用于机械操作的推荐的力的限制.

[49] EN 1088,机械安全 带防护装置的联锁装置 设计和选择原则.

[50] EN 50205,带强制导向(机械式连接)触点的继电器.

[51] SN 29500(所有部分) 元件的失效率.

[52] GOBLE,W. M. 控制系统 评估和可靠性. 第二版. 美国设备协会(ISA),北卡罗莱州,1998.

数据库

[53] SN 29500(所有部分) 元件的失效率,1999-11 版,Siemens AG 1999,www.pruefinstitut.de.

[54] IEC/TR 62380 可靠性数据手册 电子组件、PCBs 和设备的可靠性预测用通用模型,同样的为 RDF/可靠性数据手册,UTE C 80-810,Union Technique de l'Electricité et de la Communication(www.ute-fr.com).

[55] *Reliability Prediction of Electronic Equipment*, MIL-HDBK-217E, Department of Defense, Washington DC, 1982.

[56] *Reliability Prediction Procedure for Electronic Equipment*, Telcordia SR-332, Issue 01,

May 2001 (telecom-info. telcordia. com), Bellcore TR-332, Issue 06.

[57] *EPRD*, *Electronic Parts Reliability Data* (RAC-STD-6100), Reliability Analysis Centre, 201 Mill Street,Rome, NY 13440 (rac. alionscience. com).

[58] NPRD-95, *Non-electronic Parts Reliability Data* (RAC-STD-6200), Reliability Analysis Centre, 201 Mill Street, Rome, NY 13440 (rac. alionscience. com).

[59] *British Handbook for Reliability Data for Components used in Telecommunication Systems*, British Telecom (HRD5, last issue).

[60] 中国军用标准 GJB/Z 299B.

ICS 13.110
J 09

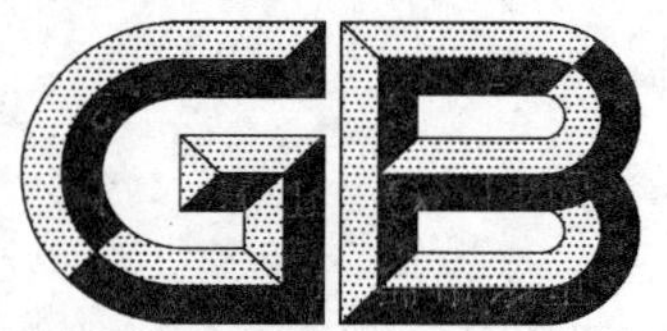

中华人民共和国国家标准

GB/T 16856.1—2008/ISO 14121-1:2007
代替 GB/T 16856—1997

机械安全 风险评价
第1部分:原则

Safety of machinery—Risk assessment—
Part 1: Principles

(ISO 14121-1:2007,IDT)

2008-08-25 发布 2009-04-01 实施

中华人民共和国国家质量监督检验检疫总局
中国国家标准化管理委员会 发布

前　言

GB/T 16856《机械安全　风险评价》分为两个部分:

——第1部分:原则;

——第2部分:使用指南和方法举例。

本部分是GB/T 16856的第1部分。

本部分等同采用ISO 14121.1—2007《机械安全　风险评价　第1部分:原则》(英文版)。

本部分等同翻译ISO 14121.1—2007。为便于使用,本部分做了下列编辑性修改:

——将"国际标准的本部分"改为"本部分";

——删除了国际标准的前言,增加了我国标准的前言;

——将规范性引用文件中的ISO标准转化为对应国家标准。

本部分代替GB/T 16856—1997。与GB/T 16856—1997相比,主要技术内容修改如下:

——修改了"术语和定义"的内容(见第3章);

——修改了"风险评价信息"的内容(见第4章);

——修改了"机械限制的确定"的内容(见第5章);

——修改了"危险识别"的内容(见第6章);

——修改了"风险评估"的部分内容(见第7章);

——修改了"风险评定"的内容(见第8章);

——修改了资料性附录"危险、危险状态和危险事件的例子"(见附录A)。

本部分附录A为资料性附录。

本部分由全国机械安全标准化技术委员会(SAC/TC 208)提出并归口。

本部分负责起草单位:机械科学研究总院中机生产力促进中心。

本部分主要起草人:付大为、李勤、宁燕、王国扣、肖建民、陈俊宝、马立强、富锐、张晓飞、郭曙光。

本部分所代替标准的历次版本发布情况为:

——GB/T 16856—1997。

引　　言

机械领域安全标准的结构如下：

a)　A类标准(基础安全标准),给出适用于所有机械的基本概念、设计原则和一般特征。

b)　B类标准(通用安全标准),涉及机械的一种安全特征或使用范围较宽的一类安全防护装置：

c)　C类标准(机器安全标准),对一种特定的机器或一组机器规定出详细的安全要求的标准。

按照GB/T 15706.1—2007的规定,GB/T 16856的本部分是A类标准。

当C类标准的内容偏离A类、B类标准的内容时,则C类标准的内容优先于其他标准的内容,因为机器已经根据C类标准的内容进行设计和制造。

本部分给出了GB/T 15706.1—2007第5章规定的风险评价符合性系统程序的原则。

本部分也给出了做出有关机械设计决定的指导,帮助准备符合适当的B类和C类标准,以生产出符合GB/T 15706规定的原则且在预定使用条件下安全的机器。

附录A以单独表格给出了危险、危险状态和危险事件的例子,以便于在危险识别过程中阐明这些概念、帮助设计者。

GB/T 16856.2描述了风险评价每个阶段实际使用的各种方法,同时也给出了如何选择与本部分图2有关的减小不同风险要素的保护措施(符合GB/T 15706)的指导。

本部分可纳入培训课程和手册,以便对风险评价给予基本指导。

机械安全 风险评价
第1部分:原则

1 范围

GB/T 16856的本部分规定了预期实现GB/T 15706.1—2007第5章给出的风险减小目标的一般原则,这些原则综合了机械有关的设计、使用、事件、事故和伤害的知识和经验,以进行机器寿命周期内各种风险的评价。

本部分给出了进行风险评价所需要的信息指南,规定了识别危险、评估和评定风险的程序。

本部分也给出了关于做出有关机械安全决定和验证已完成的风险评价所需要的文件类型的指导。

本部分不适用于家畜、财产或环境的风险。

2 规范性引用文件

下列文件中的条款通过GB/T 16856的本部分的引用而成为本部分的条款。凡是注日期的引用文件,其随后所有的修改单(不包括勘误的内容)或修订版均不适用于本部分,然而,鼓励根据本部分达成协议的各方研究是否可使用这些文件的最新版本。凡是不注日期的引用文件,其最新版本适用于本部分。

GB/T 15706.1—2007 机械安全 基本概念与设计通则 第1部分:基本术语和方法(ISO 12100-1:2003,IDT)

GB/T 15706.2—2007 机械安全 基本概念与设计通则 第2部分:技术原则(ISO 12100-2:2003,IDT)

3 术语和定义

下列术语和定义适用于本部分。

3.1

伤害 harm

对健康产生的生理上的损伤或危害。

[GB/T 15706.1—2007,3.5]

3.2

危险 hazard

潜在的伤害源。

注1:"危险"一词可由其起源(例如:机械危险和电气危险),或其潜在伤害的性质(例如:电击危险、切割危险、中毒危险和火灾危险)进行限定。

注2:本定义中的危险包括:

——在机器的预定使用期间,始终存在的危险(例如:危险运动部件的运动、焊接过程中产生的电弧、不健康的姿势、噪声排放、高温);

——意外出现的危险(例如:爆炸、意外启动引起的挤压危险、泄漏引起的喷射、加速/减速引起的坠落)。

[GB/T 15706.1—2007,3.6]

3.3

危险区 hazard zone;danger zone

使人员暴露于危险的机械内部和(或)其周围的任何空间。

[GB/T 15706.1—2007,3.10]

3.4

危险事件 hazardous event

能够引起伤害的事件。

注：危险事件既可能在短期内发生，也可能经历很长的时间才发生。

3.5

危险状态 hazardous situation

指人员暴露于具有至少一种危险的环境。

注：这类暴露可能会立即或在一定时间之后对人员产生伤害。

[GB/T 15706.1—2007,3.9]

3.6

机器的预定使用 intended use of a machine

按照使用说明书提供的信息使用机器。

[GB/T 15706.1—2007,3.22]

3.7

机械 machinery

机器 machine

由若干个零、部件组合而成，其中至少有一个零件是可运动的，并且有适当的机器致动机构、控制和动力系统等。它们的组合具有一定应用目的，如物料的加工、处理、搬运或包装等。

术语“机械”和“机器”也包括为了同一个应用目的，将其安排、控制得像一台完整机器那样发挥它们功能的若干台机器的组合。

[GB/T 15706.1—2007,3.1]

3.8

故障 malfunction

产品不能执行预定功能的状态。

注：例子见 GB/T 15706.1—2007,5.3 b)中 2。

3.9

保护措施 protective measure

用于达到风险减小的措施。

注 1：这些措施是由下列人员实施的：

——设计者(本质安全设计、安全防护和附加防护措施、使用信息)；

——使用者(组织方面：安全工作程序、监督、工作许可制度；附加安全防护装置的提供和使用；个体防护装置的使用；培训)。

注 2：见 GB/T 15706.1—2007,图 1。

[GB/T 15706.1—2007,3.18]

3.10

可预见的误用 reasonably foreseeable misuse

不是按设计者预定的方法而是按照容易预见的人的习惯来使用机器。

[GB/T 15706.1—2007,3.23]

3.11

遗留风险 residual risk

采取保护措施之后仍然存在的风险。

注：见 GB/T 15706.1—2007,图 1。

[GB/T 15706.1—2007,3.12]

3.12

风险 risk

伤害发生概率和伤害发生的严重程度的综合。

[GB/T 15706.1—2007,3.11]

3.13

风险分析 risk analysis

机器限制的确定、危险识别和风险评估的组合。

[GB/T 15706.1—2007,3.14]

3.14

风险评价 risk assessment

包括风险分析和风险评定在内的全过程。

[GB/T 15706.1—2007,3.13]

3.15

风险评估 risk estimation

确定伤害可能达到的严重程度和伤害发生的概率。

[GB/T 15706.1—2007,3.15]

3.16

风险评定 risk evaluation

以风险分析为基础,判断是否已达到减小风险的目标。

[GB/T 15706.1—2007,3.16]

3.17

任务 task

在机器寿命周期内,一人或多人在机器上或机器附近所进行的特定活动。

4 总则

4.1 基本概念

风险评价是以系统方法对与机械有关的风险进行分析和评定的一系列逻辑步骤。需要时,风险评价之后采取按照 GB/T 15706.1—2007 中第 5 章所描述的方法减小风险。当通过采取保护措施尽可能消除危险和充分减小风险时,重复进行该过程是必要的。

风险评价包括(见图 1):

a) 风险分析:

  1) 机械限制的确定(见第 5 章);

  2) 危险识别(见第 6 章);

  3) 风险评估(见第 7 章)。

b) 风险评定(见第 8 章)。

风险分析提供了风险评定所需的信息,进而最终对是否需要减小风险做出判断。

这些判断应借助于对机械存在危险的有关风险进行的定性或必要时定量的评估。

注:当可以获取有效数据时,定量法可能是适当的。但是,定量法受到可获取的有效数据和(或)进行风险评价时资源有限性的限制。因此,在许多应用场合,只能进行定性的风险评价。

应以能记录遵循程序和取得结果的方式进行风险评价(见第 9 章)。

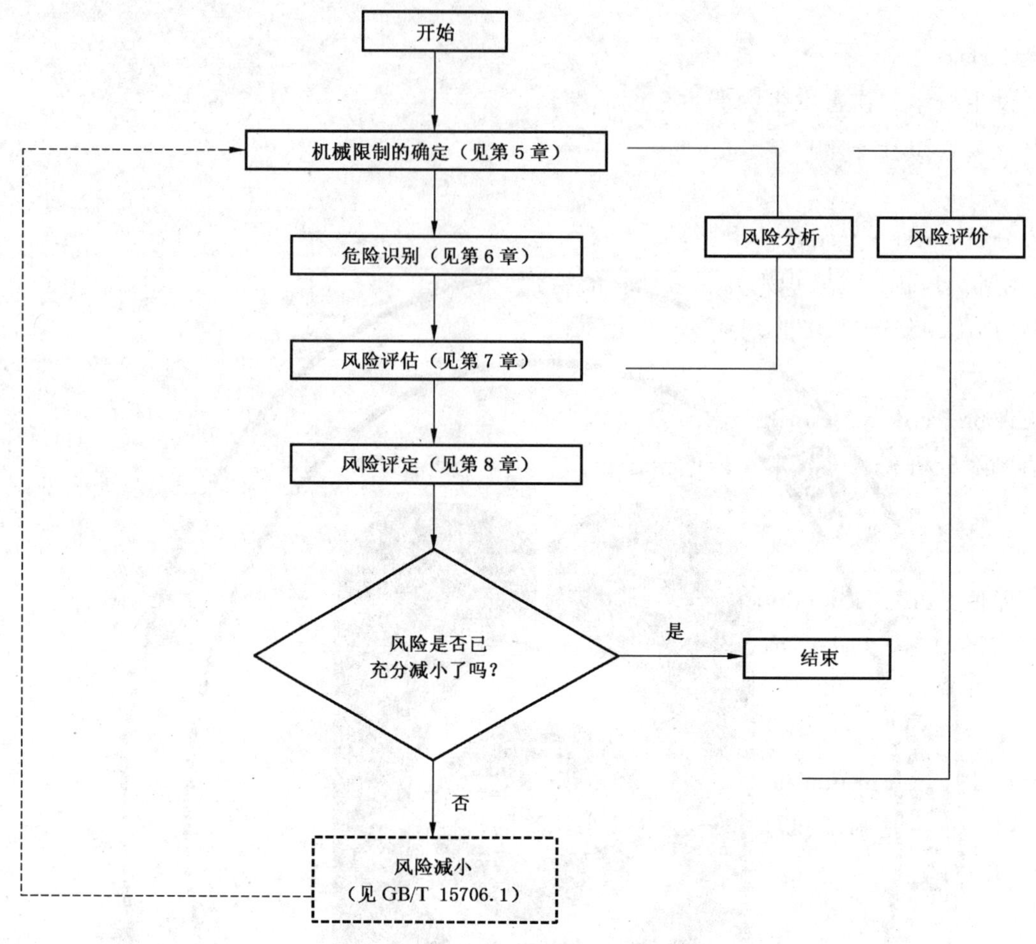

图1 充分减小风险的迭代过程

4.2 风险评价信息

风险评价信息宜包括下列内容：

a) 有关机械的描述：
   1) 用户说明书。
   2) 机械的预期说明，包括：
      i) 机械整个寿命周期各阶段的描述；
      ii) 设计图样或确定机械特性的其他方法，和
      iii) 所要求的能源及其提供方式。
   3) 相关类似机械的先前设计方面的文件。
   4) 有效的机械使用信息。

b) 相关法规、标准和其他适用文件：
   1) 适用法规；
   2) 相关标准；
   3) 相关的技术说明书；
   4) 安全数据表。

c) 相关的使用经验：
   1) 实际或类似机械的任何事故、事件或故障历史；
   2) 由诸如排放物(噪声、振动、粉尘、烟雾等)、使用的化学品或机械加工物料所引起的损害健康的历史记录。

注：一次已发生并导致伤害的事件可认为是一次“事故”。相反，一次已发生但没有导致伤害的事件，可认为是一次“近似事故”或“危险事件”。

d) 相关人类工效学原则(见 GB/T 15706.2—2007,4.8)：

应随设计的发展或修改机器更新信息。

只要能获取不同类型机械相关的类似危险状态中的危险环境和事故环境的足够信息，在上述类似危险状态之间进行比较通常是可能的。

在缺乏事故历史的情况下，不宜取少量事故或低严重程度的事故作为做出低风险推测的根据。

只要确信其适用性，数据库、手册、实验室或制造商技术说明书中的数据可用于定量分析。文件应指明这些数据的不确定性(见第 9 章)。

5 机械限制的确定

5.1 概要

风险评价从机械限制的确定开始，考虑机械寿命周期的所有阶段。这意味着宜根据 5.2 到 5.6 给出的机械限制识别一个完整过程中机器或系列机器的特性和性能、有关人员、环境和产品。

5.2 使用限制

使用限制包括预定使用和可预见误用。应考虑以下方面：

a) 不同的机器运行模式和使用者不同的干预程序(包括机器使用故障所需的干预)。

b) 性别、年龄、用手习惯或体能限制(如视力或听力损伤、身高、体力)不同的人员使用机械(如工业用、非工业用和家用)——如果不能得到具体信息，制造商宜考虑关于预定使用人群的通用信息(如适当的人体测量数据)。

c) 预期不同培训、经验或能力水平的使用者，例如：

  1) 操作人员；

  2) 维修人员或技师；

  3) 实习人员和学徒；

  4) 一般公众。

d) 暴露于可预见到的与机械有关危险的其他人员，包括

  1) 附近操作人员，例如邻近机械的操作人员(即了解具体危险的人)；

  2) 附近的非操作人员，例如管理人员(即不太了解具体危险但很了解现场安全规程、准行路线等的人)；

  3) 附近的非雇员，例如，参观者(即基本不了解机器危险或现场安全规程的人员)，必要时还包括儿童在内的公众人员。

5.3 空间限制

应予以考虑以下方面：

a) 运动范围；

b) 人机交互的空间要求，如操作和维修期间；

c) 人员的交互方式，例如“操作员-机器”界面；

d) “机器-动力源”接口。

5.4 时间限制

应考虑以下方面：

a) 考虑机械的预定使用和可预见的误用时，机械和(或)其某些组件(例如工具、磨损的零部件、机电组件)的“寿命极限”；

b) 推荐的维修保养时间间隔。

5.5 其他限制

其他限制的例子：

a) 环境——推荐的最低和最高温度,室内或户外运行,干燥或潮湿气候,太阳直射,对粉尘和湿气的容许量等;

b) 室内管理——要求的清洁水平;

c) 加工物料的特性。

6 危险识别

在确定机械限制后(见第5章),任何机器危险评价的基本步骤是在机械的寿命周期内所有阶段系统识别可预见的危险、危险状态和(或)危险事件,如:

a) 运输,组装和安装;

b) 试运转;

c) 使用;

d) 停用、拆卸以及处置。

假定机械存在危险,如果不采取措施来消除或防止危险,则其迟早会导致伤害。

只有当危险已经被识别后才能采取措施消除危险或减小风险。为了实现危险识别,有必要识别机械完成的动作和操作人员执行的任务,同时考虑包括不同的零件、机器的机构或功能,加工物料,必要时机器使用的环境。

任务识别宜考虑上面列出的机器寿命周期内所有阶段的所有相关任务。任务识别还宜考虑但并不限于下面的任务类型:

——安装;

——试验;

——示教/编程;

——过程/工具转换;

——启动;

——所有的操作模式;

——机器进料;

——从机器上取下产品;

——停机;

——紧急停机;

——由卡住恢复到运转;

——非计划停机后的重新启动;

——故障查找/故障排除(操作者干预);

——清洁和室内管理;

——预防性维护;

——设备保养。

应识别所有与各种任务相关的可预见的危险、危险状态或危险事件。附录A给出了危险、危险状态和危险事件的例子。已有几种可用于系统识别危险的方法。

另外,应识别与任务不直接相关的可预见的危险、危险状态或危险事件(例如地震、雷电、过大雪载荷、噪声、机械断裂,液压软管爆裂)。

注:检验已有设计文件对于识别机械危险是一个有用的方法,特别是对于那些移动部件相关的危险(如电机、液压缸)。

7 风险评估

7.1 一般要求

危险识别(见第6章)后,应通过确定在7.2中给出的风险要素,对每种危险状态进行风险评估。在确定这些要素时，应考虑7.3中规定的几个方面。

7.2 风险要素

7.2.1 概要

与特定危险状态相关的风险取决于以下要素：

a) 伤害的严重程度；

b) 发生伤害的概率，它是下列因素的函数：

1) 人员暴露于危险；

2) 危险事件的发生；

3) 避免或限制伤害的技术和人员的可能性。

图2给出了风险要素的示意，7.2.2、7.2.3和7.3中给出了附加的详细资料。

图2 风险要素

7.2.2 伤害的严重程度

严重程度可通过考虑以下因素予以评估：

a) 伤害或损害健康的严重程度，例如：

——轻微；

——严重；

——死亡。

b) 伤害的限度，例如：

1) 一个人；

2) 几个人。

7.2.3 伤害发生的概率

7.2.3.1 一般要求

评估伤害发生的概率可通过考虑7.2.3.2到7.2.3.4来进行。

7.2.3.2 人员暴露于危险

人员暴露于危险会影响伤害发生的概率。在评估暴露时，应考虑的因素有：

a) 进入危险区的需要(例如正常操作，故障修复，维护或修理)；

b) 进入的性质(例如人工进料)；

c) 处于危险区的时间；

d) 需要进入危险区的人数；

e) 进入危险区的频次。

7.2.3.3 危险事件的发生

危险事件的发生影响伤害的发生概率。在评估危险事件的发生时，其他应予以考虑的因素有：

a) 可靠性和其他统计数据；

b) 事故历史；

c) 造成健康伤害的历史；

d） 风险比较(见 8.3)。

注：危险事件的发生可能源于技术或人员。

7.2.3.4 避免或限制伤害的可能性

避免或限制伤害的可能性影响伤害发生的概率。在评估避免或限制伤害的可能性时，应考虑的因素有：

a） 可能暴露于危险的不同人员，例如，
——技术熟练人员，或
——技术不熟练人员。

b） 危险状态导致伤害的速度，例如，
——突然，
——快，
——慢。

c） 对风险的认识，例如，
——通过一般信息，特别是使用信息，
——通过直接观察，或，
——通过警告标志和指示装置，特别是机械上的。

d） 人员避免或限制伤害的能力(例如反应、灵敏性、避开的可能性)。

e） 实践经验和知识，例如，
——该机械的，
——类似机械的，
——没经验的。

7.3 风险评估过程中应考虑的方面

7.3.1 暴露的人员

风险评估应考虑所有可预见的暴露于危险的人员(操作者和其他人员)。

7.3.2 暴露的类型、频次和持续时间

对所考虑危险中暴露的评估(包括对健康的长期损害)，需要分析并应说明机器的所有操作模式和工作方法。特别是，该分析应说明在安装、示教、过程转换或调整、清洁、故障查找和维修期间进入危险区的需要。

风险评估还应考虑在必需停止防护措施时的任务。

7.3.3 暴露和影响之间的关系

对于考虑每个危险状态，应考虑暴露于危险及其影响之间的关系，还应考虑暴露的累积效应和协同效应。就可行性而言，作为考虑这些效应结果的风险评估应根据合适的认可数据。

注：事故数据可用来表明具有特定保护措施的特定类型机械的使用有关的伤害的概率和严重程度。

7.3.4 人的因素

人的因素会影响风险，风险评估中应考虑人的因素。这包括，例如：

a） 人与机械的相互作用，包括故障的修复；

b） 人员之间的相互影响；

c） 有关压力方面；

d） 人类工效学方面；

e） 特定情况下人员对风险的认知取决于训练、经验和能力；

f） 疲劳方面。

培训、经验和能力都会影响风险，但它们都不能用来代替通过设计或上述实际采取保护措施的场合实施的安全防护装置来消除危险和减小风险。

本部分还宜考虑能力受限(如由于残疾、年龄)的方面。

7.3.5 保护措施的适用性

风险评估应考虑保护措施的适用性,它应:

a) 识别能够导致伤害的环境;

b) 适当时,使用定量法来比较可供选择的保护措施;

c) 提供可选择适当保护措施的信息。

评估风险时,需要特别注意那些被识别为发生故障时会立即增加风险(见 GB/T 15706.1—2007 的 3.28)的部件和系统。

当保护措施包括工作组织、正确行为、警示、应用个体防护装备、技能或培训时,在风险评估中应考虑到:与经过验证的技术保护措施相比,这些措施的可靠性相对较低。

7.3.6 毁坏或避开保护措施的可能性

风险评估应考虑保护措施被毁坏或避开的可能性,评估还应考虑导致毁坏或避开保护措施的诱因。例如:

a) 保护措施延缓生产或干扰使用者的任何其他活动或偏好的场合;

b) 保护措施难以使用的场合;

c) 涉及到操作者以外人员时;

d) 使用者不认可保护措施时,或不接受其功能为适宜时。

保护措施的毁坏受保护措施的类型(例如可调防护装置、可编程断开装置)及其设计细节两方面的影响。

如果可编程电子系统的安全相关软件存取的设计和监控不当,使用该系统就有可能引入毁坏或避开安全措施的附加可能性。风险评估应识别出有关安全功能在什么情况下没与其他机器功能分开,并确定存取可能达到的范围。当为了诊断或过程校正而需要遥控存取时,这一点尤其重要。

7.3.7 维持保护措施的能力

风险评估应考虑保护措施能否保持在为提供需要的防护水平所必需的状态。

注:如果保护措施不容易保持在正确的工作状态,为了使机械连续使用,这可能促使毁坏或避开保护措施。

7.3.8 使用信息

风险评估应考虑随机械提供的使用信息。

注:使用信息见 GB/T 15706.2—2007 第 6 章。

8 风险评定

8.1 一般要求

风险评估(见第 7 章)后,应进行风险评定,以确定是否需要进行减小风险。如果需要减小风险,就应选用适当的保护措施,并重复该程序(见图 1)。作为参与该迭代过程的一方,设计者应核查在采用新的保护措施时是否引入了附加危险或增加了其他风险。如果附加危险的确出现了,则应把这些危险列入已识别的危险清单中,并要求对其提出适当的保护措施。

实际应用中,风险充分减小目标的实现(见 8.2)和风险比较的有效结果(见 8.3),可以确信风险已被充分减小。

8.2 风险充分减小目标的实现

8.2.1 三步法

按照给定优先级的下列步骤表明已完成符合 GB/T 15706.1—2007 的 5.4 定义的方法。

a) 通过设计或通过采用低危险的材料和物质,或通过应用的人类工效学原则(GB/T 15706.2—2007 的第 4 章给出了本质安全的设计措施),消除了危险或减小了风险;

b) 通过采用一种能充分减小预定使用和可预见误用情况的风险的适于应用的安全防护装置和

补充性保护措施来减小风险(GB/T 15706.2—2007 的第 5 章给出了安全防护装置和补充保护措施的要求);

c) 当实践上应用安全防护装置或补充性保护措施(见 GB/T 15706.2—2007 的 5.5)不可行或不能充分减小风险时,使用信息还应包括对任何遗留风险的告知。该信息应包括但不限于下列内容:
   1) 机械使用操作程序符合机械使用人员或其他暴露于机械有关危险的人员的预期能力;
   2) 推荐使用该机械的安全操作方法和详述有关培训要求;
   3) 包括该机械寿命周期内不同阶段遗留风险在内的足够信息;
   4) 推荐使用的任何个体防护装置的描述,包括需要这种防护装置的详细资料、使用该防护装置要求的培训。

8.2.2 充分减小风险的假定

当满足下列条件时,可认为实现了充分减小风险:

——已考虑了所有的运行状况和干预程序;

——已消除危险或风险已被减小到可行的最低水平;

——针对保护装置引入的任何新危险采取了恰当措施;

——向用户充分告知和警告了遗留风险;

——所采取的保护措施相互匹配;

——已充分考虑设计用于专业/工业的机械用于非专业/非工业场合所引起的后果;

——所采取的保护措施对操作者的工作条件或机器的可用性没有产生不利影响。

8.3 风险比较

只要下列判定准则适用,作为风险评定过程的一部分,与该机械或该机械零部件有关的风险能够与类似机械或机械零部件的风险相比较:

——类似的机械符合有关标准;

——两种机器的预定使用、可预见的误用及它们的设计和制造都是可比的;

——危险和风险要素是可比的;

——技术规格是可比的;

——使用条件是可比的。

应用这种比较方法并不排除还需要遵从特定使用条件下符合本部分所规定的风险评价过程(例如:切肉用带锯机与切割木材用带锯机相比较时,应评价使用不同材料有关的风险)。

9 文件

风险评价文件应说明所遵从的程序及达到的效果,该文件包括下列内容:

a) 已评价过的机械(例如规格、限制、预定使用);

b) 已做过的任何有关假设(例如载荷、强度、安全系数);

c) 在评价中所考虑的已识别的危险、危险状态和危险事件(见第 6 章);

d) 风险评价所依据的信息(见 4.2);
   1) 所使用的数据及原始资料(例如:事故历史,适用于类似机械的风险减小的经验);
   2) 与所使用的数据有关的不确定性及其对风险评价的影响。

e) 通过保护措施要达到风险减小的目标,选择保护措施宜参考使用的标准或其他规范;

f) 用于消除已识别的危险或减小风险的保护措施;

g) 与该机械有关的遗留风险;

h) 风险评价的结果(见图 1);

i) 该评价过程中完成的任何表格。

注:本部分没有要求与机器一起递交风险评价文件。

附 录 A
（资料性附录）
危险、危险状态和危险事件的例子

A.1 概要

本附录以独立表格形式给出了危险（见表 A.1 和表 A.2）、危险状态（见表 A.3）和危险事件（见表 A.4）的例子，目的是阐明这些概念和帮助人员进行风险评价以识别它们（见第 6 章）。

本附录给出的危险、危险状态和危险事件的清单既不是无遗漏的，也没有优先顺序。因此，设计者也宜识别并记录机器中存在的其他危险、危险状态或危险事件。

对于每个危险类型或危险组，表 A.1 还提供了 GB/T 15706.1 和(或)GB/T 15706.2 中的对应条款作为参照。

A.2 危险的例子

在表 A.1 中，危险已经按照它们的类型（机械危险，电气危险等）进行了分组。为了提供关于危险类型的更详细的信息，表中附加了两栏分别为危险源与潜在后果。

使用表 A.1 中所列栏目的数量，取决于为描述被识别危险所要求的详细程度。在有些情况下，尤其是当危险处在同一危险区并且根据保护措施能划分在一起时，只使用表 A.1 中所列栏目中的一个就足够了。在选择适当保护措施时使用哪一栏或哪几栏取决于危险源还是后果的性质对作出选择最有用。然而，所有的危险都应记录在文件中，即使与它们有关的风险已被建议用于减小与另一种危险有关的风险的保护措施所充分减小。否则，未记录危险有关的风险因另一危险而得以充分缓解时，可能忽略该未记录危险。

表 A.1 中，一个以上栏目用来描述一种危险时，不宜照搬这些条目，宜选择和综合运用适当的词汇以最方便的方法来描述危险。例如：

——由运动件所引起的挤压危险；

——因机器或机器零件缺乏稳定性所引起的挤压危险；

——由于在故障状态下带电的电气设备的零件所引起的电击或触电危险；

——由于持续暴露在零件冲击产生的噪声中所引起的永久性听力丧失危险；

——由于吸入有毒物质导致的呼吸道疾病；

——由于不良姿势和重复性动作所引起的肌肉—骨骼功能失调危险；

——由于接触高温材料引起的烧伤危险；

——由于皮肤接触（皮肤暴露）有毒物质引起的皮炎。

表 A.1

编号	类型或分组	危险举例		GB/T 15706.1—2007	GB/T 15706.2—2007
		危险源[a]	潜在后果[b]		
1	机械危险	——加速,减速(动能) ——带角零件 ——接近固定零件的运动单元 ——切割零件 ——弹性元件 ——坠落物 ——重力(储存的能量) ——离地高度 ——高压 ——机械移动 ——运动元件 ——旋转元件 ——粗糙表面、光滑表面 ——锐边 ——稳定性 ——真空	——碾压 ——抛出 ——挤压 ——割破(伤)或切断 ——吸入或陷入 ——缠绕 ——摩擦或磨损 ——碰撞 ——喷射 ——剪切 ——滑倒、绊倒和跌倒 ——刺穿或刺破 ——窒息	4.2.1 4.2.2 4.10	4.2.1 4.2.2 4.3 a) 4.3 b) 4.6 4.10 5.1 5.2 5.3 5.5.2 5.5.4 5.5.5 5.5.6 6.1 6.3 6.4 6.5
2	电气危险	——电弧 ——电磁现象 ——静电现象 ——带电零件 ——与高压带电零件之间无足够距离 ——过载 ——故障条件下带电的零件 ——短路 ——热辐射	——烧伤 ——化学效应 ——医学植入物影响 ——电死 ——坠落,甩出 ——着火 ——熔化颗粒的射出 ——休克	4.3	4.9 5.2 5.3.2 5.5.4 6.4 6.5
3	热危险	——爆炸 ——火焰 ——高温或低温的物体或材料 ——热源辐射	——烧伤 ——脱水 ——不舒服 ——冻伤 ——热源辐射引起的伤害 ——烫伤	4.4	4.4b) 4.8.4 5.2.7 5.3.2.1 5.4.5
4	噪声危险	——气穴现象 ——排气系统 ——气体高速漏泄 ——制造过程(冲压、切割等) ——运动零部件 ——刮擦表面 ——不平衡的旋转零部件 ——气体发出的啸声 ——磨损的零部件	——不舒服 ——失去知觉 ——失去平衡 ——永久性听觉丧失 ——情绪紧张 ——耳鸣 ——疲劳 ——其他任何由对语音传递或听觉信号干扰引起的其他后果(例如机械的,电气的)	4.5	4.2.2 4.3c) 4.4c) 5.1 5.3.2.1 5.4.2 6.3 6.5.1c)

表 A.1(续)

编号	类型或分组	危险举例		GB/T 15706.1—2007	GB/T 15706.2—2007
		危险源[a]	潜在后果[b]		
5	振动危险	——气穴现象 ——运动零件偏离轴心 ——移动设备 ——刮擦表面 ——不平衡的旋转零件 ——振动设备 ——磨损零件	——不舒服 ——脊椎弯曲病 ——神经疾病 ——骨关节疾病 ——脊柱损伤 ——血管疾病	4.6	4.2.2 4.3c) 4.8.8 5.3.2.1 5.4.3 6.5.1c)
6	辐射危险	——离子辐射源 ——低频电磁辐射 ——光辐射(红外线,可见光和紫外线),包括激光 ——无线频率电磁辐射	——烧伤 ——对眼睛和皮肤的伤害 ——影响生育能力 ——基因突变 ——头痛,失眠等	4.7	4.2.2 4.3c) 5.3.2.1 5.4.5 6.5.1.c)
7	材料和物质产生的危险	——浮尘 ——生物和微生物(病毒或细菌)制剂 ——易燃物 ——粉尘 ——爆炸物 ——纤维 ——可燃物 ——流体 ——烟雾 ——气体 ——雾气 ——氧化剂	——呼吸困难,窒息 ——癌症 ——腐蚀 ——影响生育能力 ——爆炸 ——着火 ——感染 ——基因突变 ——中毒 ——过敏反应	4.8	4.2.2 4.3b) 4.3c) 4.4a) 4.4b) 5.1 5.3.2.1 5.4.4 6.5.1c) 6.5.1g)
8	人类工效学危险	——通道 ——指示器和可视显示单元的设计或位置 ——控制装置的设计、位置或识别 ——费力 ——闪烁、玄光、阴影、频闪 ——局部照明 ——精神太紧张或注意力不集中 ——姿势 ——重复活动 ——可视性	——不舒服 ——疲劳 ——肌肉-骨骼的疾病 ——紧张 ——其他任何人为差错引起的后果(例如机械的、电气的)	4.9	4.2.1 4.7 4.8 4.11.8 5.2.1 5.3.2.1

表 A.1（续）

编号	类型或分组	危险举例		GB/T 15706.1—2007	GB/T 15706.2—2007
		危险源[a]	潜在后果[b]		
9	与机器使用环境有关的危险	——粉尘和烟雾 ——电磁干扰 ——闪电 ——潮湿 ——污染 ——雪 ——温度 ——水 ——风 ——缺氧	——烧伤 ——轻微疾病 ——滑倒、跌落 ——窒息 ——其他任何由机器或机器零件上的危险源产生的影响	4.12	4.6 4.11.11 5.2.1 6.5.1b)
10	综合危险	——例如重复活动＋费力＋环境温度高	——例如脱水，失去知觉，中暑	4.11	—

[a] 一个危险源可能会有几个潜在的后果。

[b] 对于每一类或每一组危险，某些潜在后果可能会与几个危险源相关。

表 A.2 是表 A.1 的子表，包括一些典型危险的例子。每个危险源都涉及显著的潜在后果，这些潜在后果的顺序与优先性没有关系。

表 A.2

危　险		危　险	
	**危险源** 切割零件 **潜在后果** ——切割 ——切断	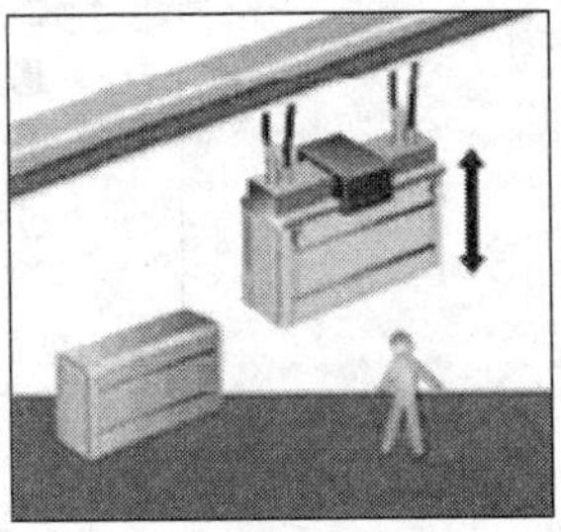	**危险源** 坠落物 **潜在后果** ——挤压 ——撞击
	**危险源** 移动元件 **潜在后果** ——挤压 ——撞击 ——剪切	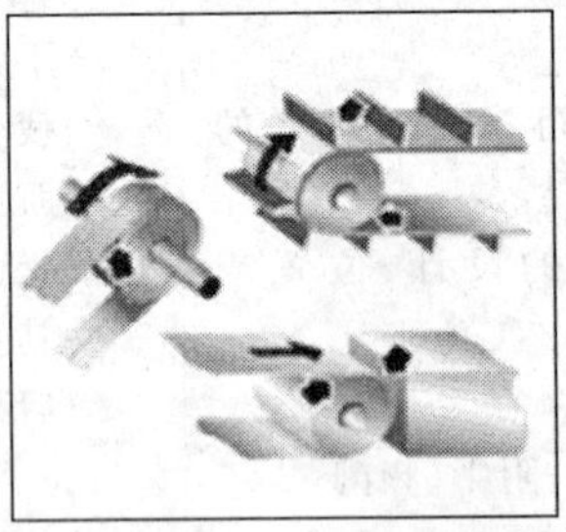	**危险源** 移动元件 （3 个例子） **潜在后果** ——吸入 ——摩擦或磨损 ——撞击
	**危险源** 重力、稳定性 **潜在后果** ——挤压 ——卷入	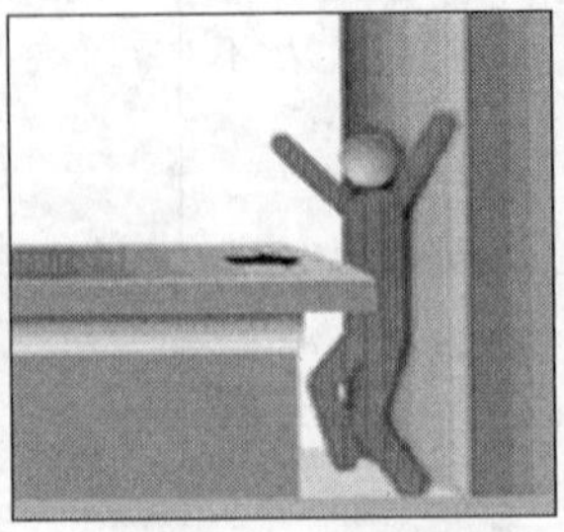	**危险源** 移动元件接近固定零件 **潜在后果** ——挤压 ——撞击

表 A.2（续）

危　险		危　险	
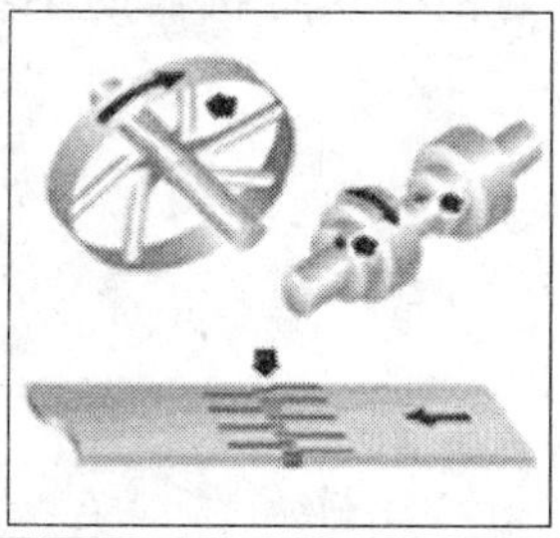	**危险源** 旋转元件或运动元件 （3个例子） **潜在后果** ——切断 ——缠绕		**危险源** 移动元件 **潜在后果** ——挤压 ——摩擦或磨损 ——撞击 ——切断
	**危险源** 带电零件 **潜在后果** ——电击 ——烧伤 ——击穿 ——烫伤	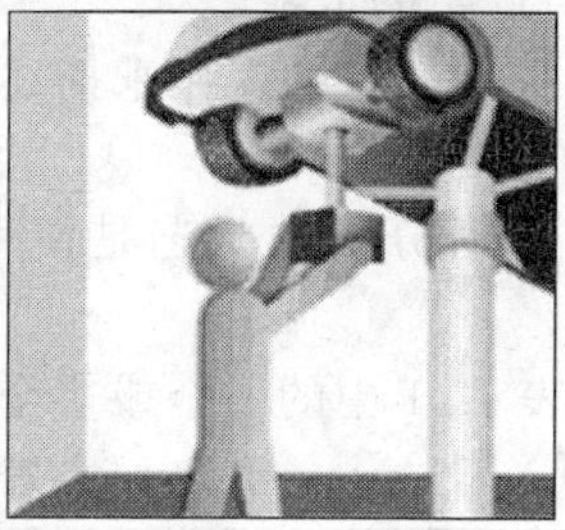	**危险源** 高温或低温的物体或材料 **潜在后果** ——烧伤
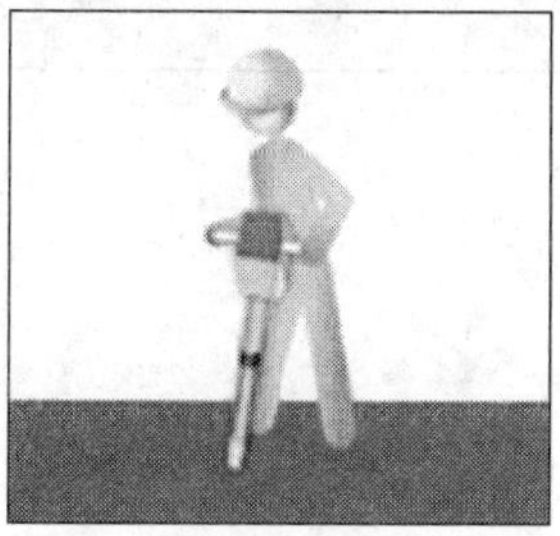	**危险源** 振动设备 **潜在后果** ——骨关节疾病 ——血管疾病		**危险源** 噪声制造过程 **潜在后果** ——疲劳 ——听力损伤 ——失去知觉 ——紧张
	**危险源** 激光束 **潜在后果** ——烧伤 ——对眼睛和皮肤的伤害	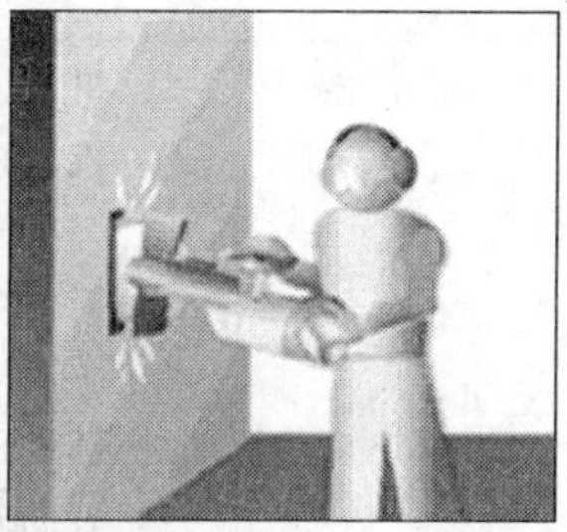	**危险源** 粉尘（发散） **潜在后果** ——呼吸困难 ——爆炸 ——视力损伤
	**危险源** 姿势 **潜在后果** ——不舒服 ——疲劳 ——肌肉-骨骼疾病	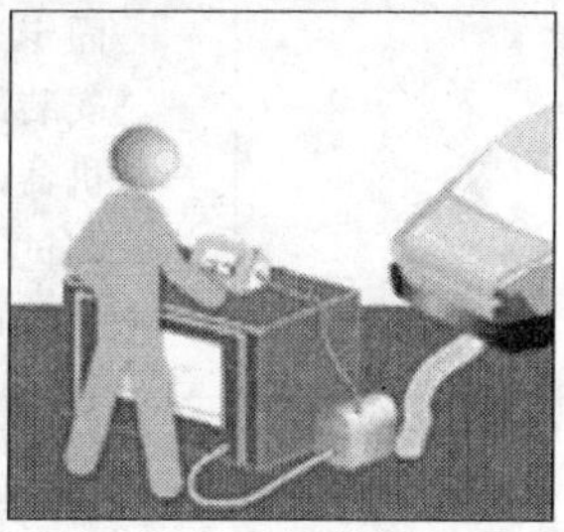	**来源** 烟雾 **潜在后果** ——呼吸困难 ——愤怒 ——中毒
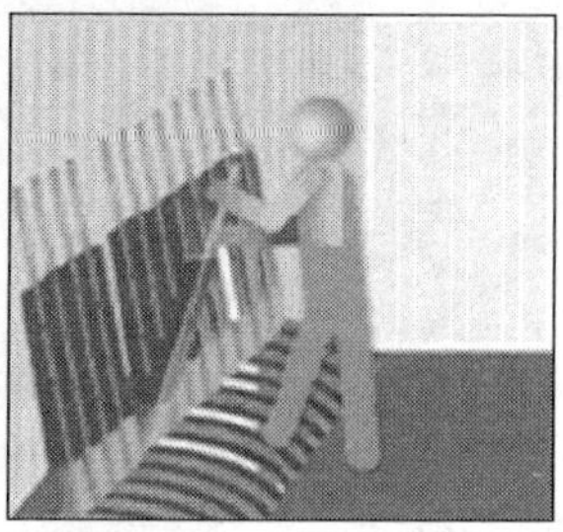	**危险源** 控制装置的位置 **潜在后果** ——任何人为差错造成的后果 ——紧张	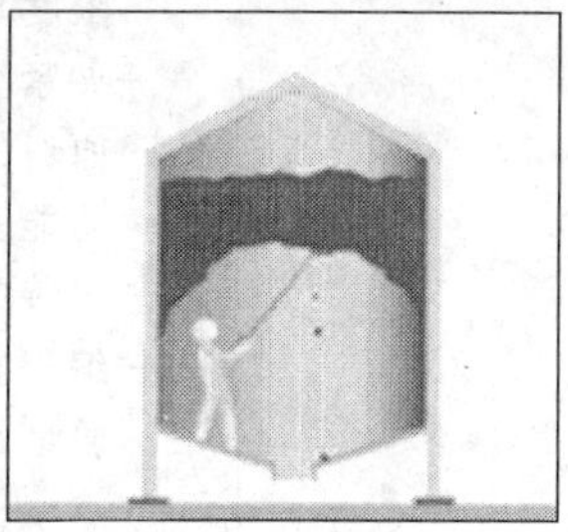	**危险源** 重力（大块固化材料） **潜在后果** ——倒塌、坠落 ——挤压 ——塌陷/塌落 ——窒息 ——楔入/卡住

A.3 危险状态的例子

危险状态是指人员暴露于至少一种危险的那些环境，人员暴露于危险经常是由于执行机器的某项任务的结果。

危险状态的一些例子是：

a) 靠近运动零件的工作；

b) 暴露于零件喷射区域内；

c) 带载工作；

d) 在极端温度的物体或材料附近工作；

e) 工作者暴露于噪声产生的危险。

在实践中，通常根据任务或任务的操作来描述危险状态（压力机工件的手动加载和（或）卸载，带电故障排除等）。

描述危险状态时，宜确保所分析的状态是使用有效信息（执行的任务，危险，危险区）予以明确定义的。

表 A.3 给出了暴露于表 A.1 中的一个或多个危险时能导致危险状态的任务列表。

表 A.3

机械寿命周期中的阶段	任务举例
运输	——吊装 ——装载 ——包装 ——运输 ——卸载 ——拆包
装配和安装 试运转	——机器及其组件的调试 ——机器的装配 ——与处理系统（如排气系统，污水装置）连接 ——与动力源（如电源，压缩空气）连接 ——示范 ——辅助流体（例如润滑剂、润滑油、胶水）的供给、填充、加载 ——装防护栏 ——固定、锚定 ——安装准备（如地基、隔振装置） ——机器的空载运行 ——测试 ——负载试验或最大负载试验
设定 示教/编程和（或）过程转换	——调节和设定保护装置和其他组件 ——调节和设定或验证机器的功能参数（例如速度、压力、动力、行程限度） ——夹紧/紧固工件 ——原料的喂人、填充、装载 ——功能测试、试验 ——安装或更换工具，刀具安装 ——编程验证 ——验证最终产品

表 A.3(续)

机械寿命周期中的阶段	任务举例
操作	——夹紧/紧固工件 ——控制/检查 ——驱动机器 ——原料的喂入、填充、装载 ——人工装载/卸载 ——微调和设定机器的功能参数(例如速度、压力、动力、行程限度) ——运行过程中的少量干预(例如移除废料、排除堵塞、局部清洁) ——操作手动控制器 ——机器停止/中断后重启 ——监控 ——验证最终产品
清洁 维护	——调节 ——清洁,消毒 ——卸下/移除机器的零件、组件和装置 ——室内管理 ——断开、能量消散 ——润滑 ——更换工具 ——更换旧零件 ——重新设定 ——修复流体状态 ——验证机器的零件、组件和装置
寻找故障/故障排查	——调节 ——拆卸/移除机器的零件、组件和装置 ——寻找故障 ——断开、能量消散 ——控制装置和保护装置失效后的恢复 ——卡住后的恢复 ——修理 ——更换机器的零件、组件和装置 ——营救被困人员 ——重新设定 ——验证机器的零件、组件和装置
停用 拆卸	——断开、能量消散 ——拆卸 ——吊装 ——装载 ——包装 ——运输 ——卸载
注:这些任务可适用于机器或机器的零件。	

A.4 危险事件的例子

表A.4给出了可能发生的与机械相关的危险事件的例子。

一个危险事件可能有多种原因。例如,控制装置的意外驱动或控制系统故障引起的意外启动导致与移动件接触。

任一原因都可能依次是另一事件或事件综合(事件链)的结果。

表 A.4

相关的危险源	危险事件	GB/T 15706.2—2007 (参考)
机器可接触部分的外形和(或)表面情况	——接触粗糙表面 ——接触锐边、尖角和凸出部分	4.2.1
机器的运动件	——接触运动件 ——接触旋转外露末端	4.2,4.14,4.15 5.1到5.3 5.5.2到5.5.4, 6.3到6.5
机器、机器零件以及所使用、加工和处理的工具和材料的动能和(或)势能(重力)	——物体的坠落或喷出	4.3,4.5 4.10到4.12 5.2.1,5.2.2,5.2.7 5.3 5.5.2,5.5.4,5.5.5 6.4,6.5
机器和(或)机器零件的稳定性	——失去稳定性	4.3a),b) 4.6 5.2.6,5.2.7 6.3到6.5
机器零件、工具等的机械强度	——在操作过程中断裂	4.3a),b) 4.11,4.13 5.2.5.2.7 5.3.1到5.3.3 5.5.2,6.4,6.5
气动设备,液压设备	——运动件的位移 ——高压流体的喷射 ——失控的运动	4.3a)和b) 4.10,4.13 5.2.7 5.3.1到5.3.3 5.5.4,6.4,6.5
电器设备	——直接接触 ——击穿放电 ——电弧 ——着火 ——间接接触 ——短路	4.4a) 4.9,4.12 5.2,5.3 5.5.4 6.4,6.5

表 A.4（续）

相关的危险源	危险事件	GB/T 15706.2—2007（参考）
控制系统	——机器的运动件或机器钳夹工件的跌落或喷出 ——运动件停止失效 ——因保护装置抑制（损坏或失效）引起的机器动作 ——失控的运动（包括速度改变） ——无意的/意外的启动 ——由控制系统失效或设计不当引起的其他危险事件	4.5 4.11 到 4.13 5.5.2 到 5.5.4 6.3 到 6.5
材料和物质或物理因素（温度、噪声、振动、辐射和环境）	——接触高温或低温物体 ——危险物质的排放 ——达到危险等级的噪声的排放 ——达到能够对语言交流或声音信号产生干扰的噪声的排放 ——达到危险等级的振动的排放 ——能够产生危险的辐射场的排放 ——恶劣环境条件	4.2.2 4.3c) 4.4 5.1 5.3.2 5.4 6.3 到 6.5
工作位置和（或）工作过程设计	——过度费力 ——人为差错/不当行为（无意识的和（或）由设计所致的） ——工作区域丧失直接能见度 ——使人疼痛和疲劳的姿势 ——高频率的重复操作	4.2.1 4.7,4.8 4.11.8 5.5.5,5.5.6 6.3 到 6.6

参 考 文 献

[1] ISO/TR 14121-2[1)]，机械安全 风险评价 第2部分:使用指南和方法举例.

1) 正在制定阶段。

ICS 13.110
J 09

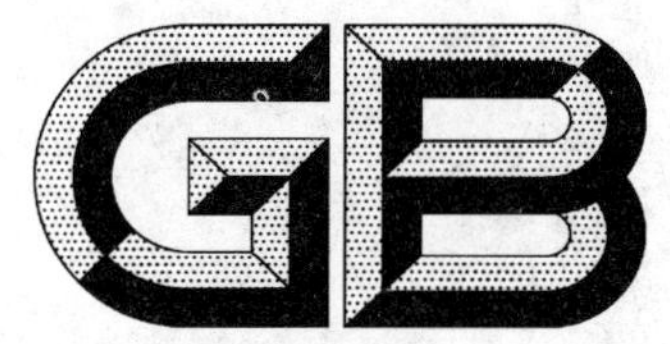

中华人民共和国国家标准

GB/T 16856.2—2008/ISO/TR 14121-2:2007

机械安全　风险评价
第2部分:实施指南和方法举例

Safety of machinery—Risk assessment—
Part 2:Practical guidance and examples of methods

(ISO/TR 14121-2:2007,IDT)

2008-12-29 发布　　　　2009-07-01 实施

中华人民共和国国家质量监督检验检疫总局
中国国家标准化管理委员会　发布

前　言

GB/T 16856《机械安全　风险评价》分为 2 部分：

——第 1 部分：原则；

——第 2 部分：实施指南和方法举例。

本部分为 GB/T 16856 的第 2 部分。

本部分等同采用 ISO/TR 14121-2:2007《机械安全　风险评价　第 2 部分：实施指南和方法举例》（英文版）。

本部分等同翻译 ISO/TR 14121-2:2007。

为便于使用，本部分做了下列编辑性修改：

——用“本部分”代替“ISO 14121 的本部分”；

——删除了 ISO 前言，重新编写了前言；

——将规范性引用文件的导语按 GB/T 1.1—2000 进行了修改，并将 ISO/TR 14121-2:2007 引用的国际标准改为对应的国家标准。

本部分附录 A 和附录 B 为资料性附录。

本部分由全国机械安全标准化技术委员会(SAC/TC 208)提出并归口。

本部分起草单位：机械科学研究总院中机生产力促进中心。

本部分主要起草人：付大为、李勤、宁燕、王国扣、王学智、聂建军、肖建民、富锐、张晓飞、郭曙光。

本部分为首次制定。

引　言

GB/T 16856 的本部分源于更新 GB/T 16856 的努力，以符合 GB/T 15706.1—2007 与 GB/T 15706.2—2007。

风险评价的目的是识别危险、评估和评定风险，以便能减小风险。有许多方法和工具可用于实现这一目的，本部分中描述了其中的几种方法和工具。选择哪种方法或工具，主要取决于行业、公司或个人的偏好。选择具体方法或工具并不比风险评价过程本身更重要。只要采取了从危险识别到风险减小的系统方法，即可考虑所有风险要素。风险评价更注重其过程的严谨性，而不是其结果的精确性。

如果在机械设计确定后或完成机械制造后追加保护措施，则对设计追加的保护措施会增加成本并可能会限制机械的易用性。在设计阶段对机械进行更改通常更为经济和有效，因此，在机械设计阶段进行风险评价是很有好处的。

当确定机械设计、制造出样机并经过一段时间的使用后，应再次进行风险评价。

除了在设计阶段、制造期间和试运行期间可进行风险评价外，在机械的修改或改进过程中或者评价在用机械的任何时候(例如：发生事故或故障时)，都可以进行风险评价。

再次进行风险评价之前，应验证采取保护措施的有效性。

机械安全　风险评价
第2部分:实施指南和方法举例

1　范围

GB/T 16856的本部分给出了按照GB/T 16856.1—2008对机械进行风险评价的实施指南,并描述了过程中每一步有关的各种方法和工具。

本部分还提供了减小机械风险(满足GB/T 15706.1—2007)的实施指南,给出了为达到安全而选择适当保护措施的附加指南。

GB/T 16856的本部分的预定使用者是那些参与把安全融入机械的设计、安装或修改中去的人员(例如:设计者、技师、安全专家)。

2　规范性引用文件

下列文件中的条款通过GB/T 16856的本部分的引用而成为本部分的条款。凡是注日期的引用文件,其随后所有的修改单(不包括勘误的内容)或修订版均不适用于本部分,然而,鼓励根据本部分达成协议的各方研究是否可使用这些文件的最新版本。凡是不注日期的引用文件,其最新版本适用于本部分。

GB 5226.1　机械安全　机械电气设备　第1部分:通用技术条件(GB 5226.1—2002,IEC 60204-1:2000,IDT)

GB 11291　工业机器人　安全规范(GB 11291—1997,eqv ISO 10218:1992)

GB/T 15706.1—2007　机械安全　基本概念与设计通则　第1部分:基本术语和方法(ISO 12100-1:2003,IDT)

GB/T 15706.2—2007　机械安全　基本概念与设计通则　第2部分:技术原则(ISO 12100-2:2003,IDT)

GB/T 16855.1　机械安全　控制系统有关安全部件　第1部分:设计通则(GB/T 16855.1—2008,ISO 13849-1:2006,IDT)

GB/T 16856.1—2008　机械安全　风险评价　第1部分:原则(ISO 14121-1:2007,IDT)

ISO 11111(所有部分)　纺织机械　安全要求

ISO 13732-1　热环境的人类工效学　人对表面接触的反应的评价方法　第1部分:制热表面

ISO 13852　机械安全　防止上肢触及危险区的安全距离

3　术语和定义

GB/T 16856.1—2008确立的以及下列术语和定义适用于GB/T 16856的本部分。

3.1

供应商　supplier

提供与机器或集成制造系统(IMS)或IMS的组成部分有关的设备或服务的实体(例如:设计者、制造商、承包商、安装者、集成者)。

注1:使用者也可是其自己的供应商。

注2:改自GB 16655—2008的3.24。

4 风险评价的准备

4.1 一般要求

应预先明确规定风险评价的目标、范围和最终期限。

注：见风险评价使用建议的介绍。

4.2 采用工作组方式进行风险评价

4.2.1 概述

由工作组进行风险评价通常会更为彻底和有效。随着下列条件的不同，工作组的规模也不同：

a) 选择的风险评价方法；

b) 机器的复杂程度；

c) 使用机器的过程。

该工作组应由具备不同学科知识、各种经验和专业技能的专家组成。但是，工作组很大可能会导致难以保持意见一致或达成共识。根据具体问题所要求的专业技能不同，风险评价过程中工作组的组成可以不同。宜明确实施项目的工作组领导，因为风险评价的成功与否取决于他或她的技能。

然而，实际上并非必须建立风险评价工作组，因为有些机械的危险已被充分认知且风险水平不高。

注：通过咨询其他具有如4.2.2中所描述的知识和专业技能的人员，并通过另外的合格人员对风险评价的检查，能够提高该风险评价结果的可信度。

4.2.2 工作组成员的组成和作用

工作组宜有一名小组领导，小组领导宜保证对进行风险评价有关的规划、执行和记录（依照GB/T 16856.1—2008第9章）涉及的所有任务全面负责，并将评价的结果（建议）报告给适当人员。

应根据风险评价需要的技能和专业知识选择工作组成员。

工作组中宜包括下列人员：

a) 能回答关于机械设计和功能方面的技术问题的人员；

b) 具备机械操作、调试、保养、维修等实际经验的人员；

c) 知晓此类机械事故历史的人员；

d) 熟悉有关法规、标准，特别是GB/T 15706以及与该机械有关的具体安全问题的人员；

e) 了解人为因素的人员（见GB/T 16856.1—2008的7.3.4）。

4.2.3 方法和工具的选择

GB/T 16856的本部分预定用于对复杂性和潜在危险程度差异很大的机械进行风险评价，用于进行风险评价的方法和工具也很多（见附录A）。当选择风险评价的方法或工具时，宜考虑机械、危险的可能性质和风险评价的目的。还宜考虑风险评价工作组的技能、经验和对特定方法的偏好。第5章提供了风险评价过程每一步选择适当方法和工具的标准的附加信息。

4.2.4 风险评价信息的来源

风险评价所需信息在GB/T 16856.1—2008的4.2中列出。这种信息可有不同的表现形式，包括可用的技术图样、图表、相片、影像资料、使用[包括维修和标准操作程序(SOP)]信息。只要可能，获取类似机械或设计样机的信息通常是很有用的。

5 风险评价过程

5.1 概述

下列各子章节阐述了在实施如GB/T 16856.1—2008中图1所示的风险评价过程每一步所涉及的内容。

5.2 机械限制的确定（见GB/T 16856.1—2008第5章）

5.2.1 概述

本步骤的目的是对机械的功能、预定使用、可预见的误用、其可能使用和维修所处环境类别，给予清晰的描述。

通过检查机械的功能及其与机械使用方式有关的任务，很容易实现这种描述。

5.2.2 机械（基于机器的）的功能

可以在结构和操作基础上、依据不同零部件、机构或功能来描述机械，如：

——动力源；

——控制；

——喂入；

——加工；

——运动/移动；

——提升；

——提供稳定性/机动性的机架或底盘；

——附件。

当设计中引入保护措施时，应描述它们的功能以及与机械其他功能之间的相互作用。

风险评价应依次查看每个功能性零部件，确保正确考虑各种操作模式和所有使用阶段，包括与被识别的功能或功能性零部件相关的人-机交互。

5.2.3 机械（基于任务的）的使用

通过考虑给定环境下（例如工厂、家庭）与机械相互作用的所有人员，根据与机械预定和可预见误用相关的任务来描述机械的使用。

注：见 GB/T 16856.1—2008 的表 A.3 典型的/一般的机械任务列表。

机械的设计者、使用者和集成者应互相沟通，尽可能确保识别包括可预见误用在内的机器的所有使用。因此，分析任务和工作情况时除了包括操作和维修人员外，还应考虑下述情况：

a) 随机械提供的有效的使用信息；

b) 完成任务最简便或最快捷的方法可能与指南、程序和说明书中的规定不同；

c) 人员在使用机器时，面对故障、事件或失效时的反应；

d) 人为差错。

5.3 危险识别（见 GB/T 16856.1—2008 第 6 章）

5.3.1 概要

危险识别的目标是形成一份危险、危险状态和危险事件的列表，该列表能够描述危险状态可能在何时以何种方式导致伤害的事故场景。相关危险的一个有用基准是 GB/T 16856.1—2008 的附录 A，它可作为通用的危险检查清单。其他危险来源的识别可根据 GB/T 16856.1—2008 的 4.2 给出的信息。

注 1：A.2 以表格的形式给出了危险识别的实例。

参考任何与具体危险或具体机械类型有关的标准对于危险识别和预期保护措施都是有用的。

注 2：与具体危险相关的标准的一个例子是涉及电气危险的 GB 5226.1。

注 3：具体机械标准的例子有：与机器人安全有关的 GB 11291，与纺织机械有关的 ISO 11111，与工业卡车有关的 GB 10827。

危险识别在任何风险评价中都是最重要的一步。只有危险被识别后，才有可能采取行动、减小与之有关的风险（见第 6 章），未被识别的危险可能会导致伤害。因此，把 GB/T 16856.1—2008 的 7.3 中所述的有关方面考虑进去，对于保证危险识别尽可能系统和全面是至关重要的。

5.3.2 危险识别的方法

最有效的方法或工具，是确保能够彻底检查机械寿命周期中所有阶段内、与机械有关的所有操作模式、所有功能和所有任务的那些方法或工具。

目前，有很多系统性识别危险的方法。一般最常用的有下述两种方法（见图 1）：

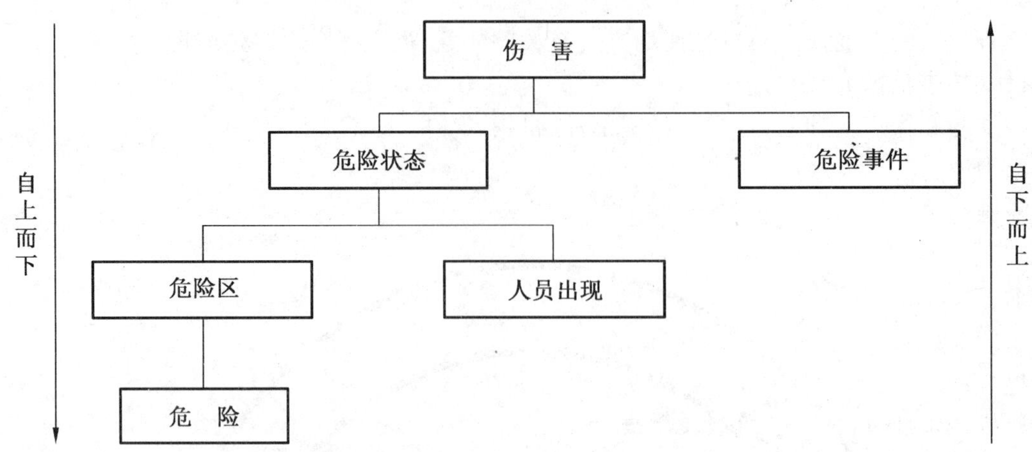

图1　自上而下和自下而上的方法

自上而下法，该方法以潜在后果（例如割破、挤压、听力损失，见 GB/T 16856.1—2008 的表 A.1 和表 A.2 中的潜在后果）的核查清单为起点，确定引起伤害的危险（识别过程是由危险事件追溯到危险状态，再追溯到危险本身）。该核查清单中的每一项被依次应用于机械使用的每个阶段、每个零部件/功能和/或任务。自上而下法的缺点之一是工作组过分依赖于可能并不完善的核查清单。一个缺乏经验的工作组未必能恰当使用该方法。因此，不应把核查清单看成是尽善尽美的，而应鼓励超出该清单范围的创造性思维。

自下而上法，以检查所有的危险作为起点，考虑在所确定的危险状态下所有可能出错的途径（例如：组件失效、人为差错、机械故障或意外动作）及其导致伤害的方式（见 GB/T 16856.1—2008 的表 A.1 和表 A.2）。自下而上法比自上而下法更全面彻底，但可能需要的时间过多。

5.3.3　信息记录

应记录危险识别。任何用于记录信息的系统应以适当的方式组织起来，以保证能清楚的描述下列信息：

a)　危险及其位置（危险区）。

b)　指明人员的类型（例如维修人员、操作者、经过者）以及他们执行暴露于危险中的任务或活动。

c)　因危险事件或长时间暴露导致伤害的方式。

有时，在风险评价过程的这个阶段，还应预料并有效记录下列信息：

d)　具体机械（例如：调整工件时压力机的下冲行程挤压手指）伤害（后果）的性质和严重程度，而非一般（如挤压）描述。

e)　现有的保护措施及其有效性。

5.3.4　创造性思维

在风险评价过程的这一阶段，出于对危险后果的概率和严重程度或设计保护措施的详尽考虑，不鼓励创造性思维。应在之后的风险评估、评定和减小过程中进行创造性思维。

5.3.5　危险识别工具的例子

有关实践应用的更详细的情况，见 A.2 中的样例。

5.4　风险评估（见 GB/T 16856.1—2008 第 7 章）

5.4.1　概要

两个主要风险要素是伤害的严重程度和该严重程度伤害发生的概率。风险评估的目的（见 GB/T 16856.1—2008 的图 2）是确定每个危险状态或事故场景的最高风险。通常以等级、指数或分数表示被评估风险的大小。

风险评估有许多不同的方法，从简单定性到详细定量的都有。这些不同方法的基本特征描述如下。

5.4.2 伤害的严重程度(见 GB/T 16856.1—2008 的 7.2.2)

每个危险事件可能造成几种不同严重程度的伤害。然而,通常情况下,危险识别工具对每一危险事件仅采用一个潜在伤害的严重程度,所以分析人员将不得不选择具有最高风险的严重程度。考虑能实际发生的最严重的伤害很重要。但是,最严重伤害的发生概率,可能要比一个更实际的但严重程度较低的伤害的发生概率低几个数量级。

而且,只考虑选择一个伤害严重程度并不总是很容易的。最严重的伤害可能是最不可能发生的,而最可能发生的伤害的严重程度则可能是微不足道的。因此,无论使用哪一个严重程度都会导致不适当的风险评估。举例来说,死亡是伤害的最严重程度总是可信的,如简单的割伤导致败血症或割断了大动脉可能使人死亡;尽管被割伤的概率很高,但因此导致死亡的概率非常小。因此,对一系列有代表性的严重程度进行评估并采用其中最高风险的严重程度可能是有益的。

注:一般来说,危险能量越低,有关潜在伤害的严重程度也越低。潜在伤害的严重程度还可能与身体的暴露部位有关,例如,如果暴露的是整个身体或头部,则能够引起挤压伤害的危险通常是致命的。

严重程度分级的不同方法的举例见附录 B 中所述的风险评估方法。

5.4.3 伤害的发生概率(见 GB/T 16856.1—2008 的 7.2.3)

5.4.3.1 概述

风险评估的所有方法都需要通过考虑下列情况,评估伤害发生的概率。

a) 人员在危险中的暴露程度(见 GB/T 16856.1—2008 的 7.2.3.2);

b) 危险事件发生的概率(见 GB/T 16856.1—2008 的 7.2.3.3);

c) 在技术和人员方面规避或限制伤害的可能性(见 GB/T 16856.1—2008 的 7.2.3.4)。

一人或多人暴露于危险之中时存在危险状态。如图 2 所示的危险事件导致发生伤害。

在评估伤害的概率时,还应考虑 GB/T 16856.1—2008 的 7.3 中所述的有关方面。

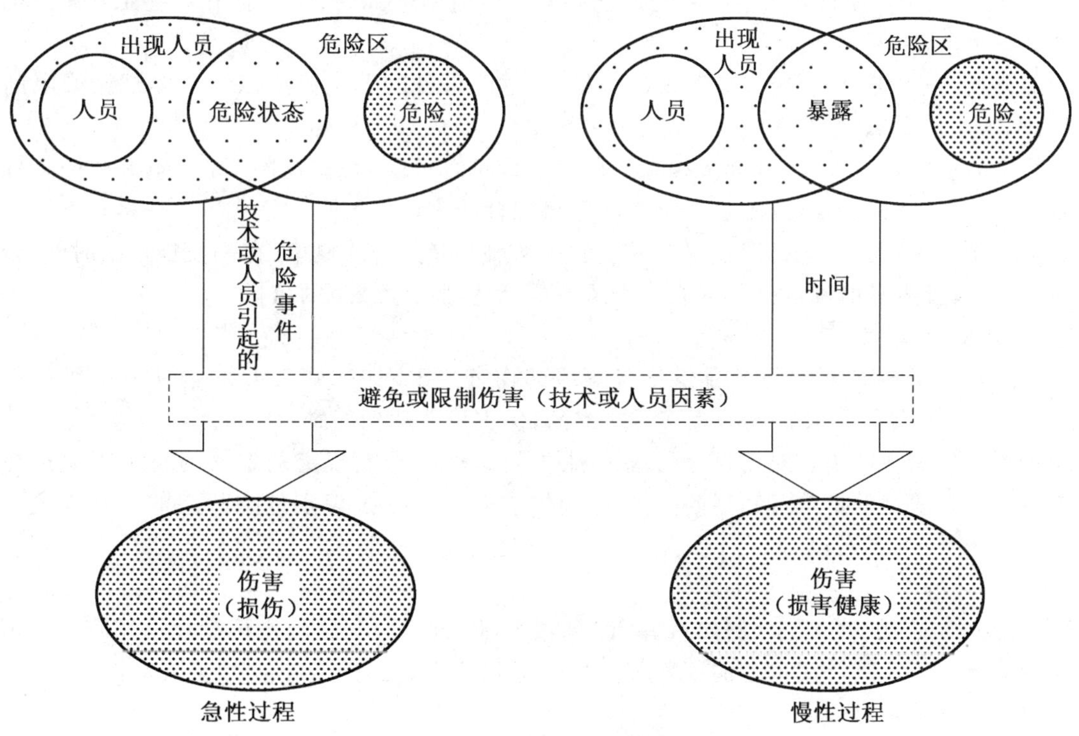

图 2 伤害发生的条件

5.4.3.2 累积伤害的发生概率(健康方面)

与导致急性突然伤害(例如:割伤、骨折、截肢、短期的呼吸障碍)的危险状态相比,需要采取不同的方式处理因为一段时间累积暴露导致伤害(例如:皮炎、职业哮喘、耳聋或重复性劳损)的危险状态。

伤害发生的概率取决于危险的累积暴露。因此，超过一定水平或等级、能够导致健康损害的累积暴露，可以考虑作为一个危险事件。

累积伤害发生概率的总量由暴露次数、不同的持续时间和相应量组成。例如：

——对于呼吸伤害，总量取决于物质的浓度；

——对于听力损失，总量取决于噪声等级；

——对于重复性劳损，总量取决于有关过劳程度和动作的重复率。

突然引起的伤害与由长时间暴露所引起的伤害之间的差别，可以用两种不同原因造成的腰伤来说明。前者可能因提起过重载荷而直接造成，后者则可能是由反复地搬运相对较轻的载荷而引发。

5.4.4 风险评估工具

5.4.4.1 概要

为了支持风险评估过程，可选用一种风险评估工具。大多数有效风险评估工具采用下列方法中的一种：

——风险矩阵法；

——风险图法；

——数值评分法；

——定量风险评估法。

另外，还有使用综合方法的混合型工具。

过程本身比选择具体的风险评估工具更重要。只要充分考虑了 GB/T 16856.1—2008 中 7.2 的所有风险要素，则风险评价的益处将来自于评价过程的严密性，而不是评价结果的绝对精确性。而且，最好把资源直接用于减小风险的努力，而不是尽量达到风险评估的绝对精确。

任何风险评估工具，无论是定性的还是定量的，应至少涉及两个代表风险要素的参数。一个参数是伤害的严重程度（见 5.4.2）；另一个参数是此伤害的发生概率（见 5.4.3）。而在有些工具中指的是伤害发生的频率或可能性。

有些工具或方法把这两个要素分解为诸如暴露、危险事件的发生概率以及个体规避或限制伤害的可能性（见 GB/T 16856.1—2008 的 7.2）等一些参数。

对于特定的风险评估工具，每个参数应选择一个最符合危险状态/危险事件（即事故场景）的等级。然后用简单的算术、表格、曲线或图表把所选的等级综合起来评估风险。

定量工具用于评估具体危害严重程度发生的频率（例如每年）或概率（在一段规定的时间内）。

一般而言，设计者只能确定已尽可能减小风险或已达到风险减小的目标。

5.4.4.2 风险矩阵法

风险矩阵是一个多维表格，该表能够把各等级的伤害严重程度（见 5.4.2）与所有等级的伤害发生概率（见 5.4.3）进行综合。较常用的矩阵是二维的，但也可能达到四维。

风险矩阵的使用很简单。对于每个已被识别的危险状态，根据规定的定义为每个参数选择一个等级。对应每个选择等级的矩阵行和列的交叉单元的内容，给出了被识别危险状态的风险水平。该评估可以表示成一个数值（例如：从 1～6，或从 A～D），或表示成定性的术语，例如“低”、“中”、“高”或其他类似的术语。

矩阵单元的数量可以在很小（例如：4 单元）到很大（例如：36 单元）范围内变化。矩阵单元可以分组以减小风险等级数。风险等级包含的矩阵单元太少不利于判定保护措施能否使风险得到充分的减小，矩阵单元太多则矩阵难以使用。

有许多不同的矩阵可用于评估风险，A.3 给出了风险矩阵评估风险的例子。

5.4.4.3 风险图法

风险图以决策树为基础。图中，每个节点代表一个风险参数（严重程度、发生概率等），节点的每条分枝代表参数的一个等级（例如：轻微程度或严重程度）。

对于每个危险状态，每个参数都分配一个等级。在风险图上，路径从起点开始，然后在每个节点处依照所选择的等级沿着适当的分枝前行，最末的分枝指向与已选择的等级（分枝）组合相关的风险水平或风险值。最终的结果是一个定性的、用术语、数字或字母表示的风险水平或风险值，例如："低"、"中"、"高"，或 1～6，或 A～D。

风险图能够有效的说明保护措施及其影响的参数所提供的风险减小量。

如果有 2 个或 2 个以上的风险参数具有 3 个或 3 个以上的分枝，风险图就会变得非常杂乱。由于这个原因，混合法倾向于将一个参数的风险图与矩阵相结合，见 5.4.4.6。

A.4 给出了风险图评估风险的例子。

5.4.4.4 数值评分法

数值评分工具有 2～4 个参数，这些参数以与风险矩阵和风险图几乎相同的方式被分解成几个等级。然而，代替定性术语的是与等级对应的不同数值，其范围可以是从 1～20。对每个参数选择一个等级，然后将与这些等级对应的数值（或分数）复合（例如：通过加法和/或乘法）成一个对被评估风险的数值评分。有些情况，这些指定数值列于表格中，因此数值评分法的使用与矩阵的使用非常相似（见 5.4.4.2）。

数值评分系统可以方便、明确地对各参数赋予权重。采用数字能够在风险水平方面获得客观性，尽管对每个风险要素打分是高度主观的。然而，这种打分主观性的不足可以通过将评分归并成定性的风险等级（例如：高、中和低）来抵消。

有许多不同的用于评估风险的数值评分工具，A.5 给出了数值评分法评估风险的例子。

5.4.4.5 定量风险评估法

上述所有方法在本质上都是定性的。尽管在有些工具中采用了数字，而另一些工具也用数字来表示风险水平，但它们的本质基本上仍是定性的。由于没有共同的参考数据，因此用一种工具评估的数字化的风险水平，不能与另一种工具的评估结果直接比较。

定量风险评估是指一段特定的持续时间内特定结果出现的概率与可用数据尽可能精确的数学计算。风险通常表示为个体死亡的年发生率。定量风险评估可以使计算得到的风险结果与基准值相比较，而基准值则与过去的每年实际死亡人数或事故统计相关。它允许根据风险减小措施减小的风险量来评估这些措施，从而能选择成本效益最好的解决方案。与分别评估每个危险状态的风险的定性方法不同，定量风险评估一般用于对个体的所有危险源的总体风险进行评估。

在制定 GB/T 16856 的本部分时，健康统计报告以非常概括的方式提供了机器有关的风险定量评估。这些内容象征性的给出了一段特定时间内某一机器类别的总体伤害信息。但是，如果执行得当，定量风险评估可以实现全面分析，保证精确理解危险状态如何导致伤害。这可以提供风险减小的更多选择，保证在充分理解危险发生的前提下选择保护措施。在所有其他变量不变时，定量风险评估也允许在不同的保护措施之间进行数字风险比较。

定量风险评估是一项资源密集型任务，要求相当的技能才能成功进行。它要求有一个详尽、全面的事件链模型，该模型能生成确切的输出结果，并取决于用于基础事件（例如：设备的零件故障或人为过失的概率）的数据质量。定量风险评估具有主观性且容易出错。

用很小的数值表示风险，例如 1.54×10^{-4}，可能会给人以高精确度的感觉，但是实际上用于计算风险的数据具有很大的不确定性。这种不确定性有可能达到一个数量级或更大，因此用多位有效数字来表示风险是没有必要的。

为了减小从零开始（进行风险评估）的工作量、改善（风险评估的）一致性、消除一些主观性、减少误差，可以采用指导式定量风险评估方法。A.6 中给出了指导式定量工具的例子。

5.4.4.6 混合型方法

混合型工具由上述方法中的两种复合而成。通常，这些工具采用风险图，在风险图中含有用于一个风险要素的矩阵或评分系统。也可以把一定数量的定量数据集成到任何一种定性方法中去，包括给出概率或暴露度的频率范围。举例来说,"很可能发生"的某件事可表示为一年一次,而"高"暴露度则可被规定为每小时一次。

A.7 给出了混合型工具的例子。

5.5 风险评定(见 GB/T 16856.1—2008 第 8 章)

风险评定的目标是:

——如果有,确定哪些危险状态需要进一步减小风险;

——确定是否达到所要求的风险减小,且没有引起危险或增加其他风险。

有些危险状态因为风险极低(轻微),可记录为"不作进一步考虑"。那些被指出会产生显著风险的危险状态,应依照 GB/T 15706 予以减小。对于那些引起高风险的危险状态,作更详细的风险评估是有用的。

如果存在有关具体机械或具体危险的标准(例如:GB 5226.1,针对电气危险),风险评定部分宜包括保证满足该标准的要求,并考虑与被评价机械有关的保护措施的限制。

作为风险评定过程的部分,与机械或机械零部件有关的风险能与有关国际标准进行比较。

例如:

——通过本质安全设计,GB/T 15706.2—2007;

——电气设备的安全防护,GB 5226.1;

——控制电路结构,GB/T 16855.1;

——安全触及距离,ISO 13852;

——可接触表面的温度,ISO 13732-1;

——具体机器标准,例如:纺织机械系列标准 ISO 11111。

作为通则,评估的风险只是决定停止风险减小迭代过程的一个输入。这个决定还应考虑其他方面,例如:法律、法规、劳动组织和惯例、技术限制和经济情况(见 GB/T 16856.1—2008 的 8.2)。

应注意的是,不应过度关注最高风险而忽视减小较低风险的简单而有效的措施。

6 风险的减小(见 GB/T 16856.1—2008 的 8.2 和 GB/T 15706.2)

6.1 概述

风险减小是通过采纳风险评价过程中提出的建议,并采用符合 GB/T 15706 的保护措施而达到的。在风险减小过程中,需要做出有关做什么、谁来做、何时做和花多少成本的决定。

表 1 描述了决定的过程,说明了各种保护措施减小风险的相对有效性(见 GB/T 15706.1—2007 的 5.4)。

表 1 减小风险的各种保护措施的有效性

推荐做法	优先级[a]	替代做法
消除危险	1	减小与危险有关的可能伤害的严重程度
消除危险状态,即人员暴露于危险	2	减小暴露的持续时间和/或频率
消除可能的危险事件	3	减小可能危险事件的发生概率
采取规避伤害的手段	4	采取限制伤害的手段
[a] 1 是最高优先级。		

按有效性次序,下面列出了不同类型的保护措施,并给出了它们对减小特定风险要素作用的解释。

注:此内容仅用于说明目的,并不全面。更多信息见 GB/T 15706.2。

6.2 通过设计消除危险(见 GB/T 15706.1—2007 第 4 章)

风险减小过程的第一步是通过设计消除危险。通过设计消除危险是减小风险最有效的方法,因为它能去除危险源。用于消除危险的方法的例子如下:

——替换危险的材料和物质；

——改进物理特性(例如：去除锋利的锐边和剪切点)；

——消除重复动作和有害姿势。

6.3 通过设计减小风险

如果不能通过设计消除危险，应通过结构特点或人与机器本身的相互作用来减小风险。

通过设计减小风险的方法对伤害严重程度影响显著的例子：

——减小能量(例如：较小的力，较低的液动/气动压力，降低工作高度，降低速度)；

——利用技术性安全设备预防/减小危险(例如：用于预防爆炸/减少危害性气体的通风系统)。

通过设计减小风险的方法对暴露于危险影响显著的例子：

——减小处于危险状态的需要(通过装载/卸载或进料/卸料操作的机械化或自动化限制暴露于危险；安装和维修点的位置设置在危险区域外)；

——改变伤害源的位置。

通过设计减小风险的方法对危险事件的发生影响显著的例子：

——改进机器零部件的可靠性(机械零部件、电器/电子元件，液压/气压零部件)；

——对控制系统有关安全部件采取安全设计措施(基本安全原则，经验证的安全原则和/或零部件，冗余)。

6.4 安全防护

如果通过设计措施不能消除危险或允分的减小风险，则应采用能限制暴露于危险、减小危险事件发生概率或提高能消除或限制伤害可能性的安全防护(防护和保护措施)。

当采用下述 a)和 b)列出的安全防护装置来减小风险时，对伤害的严重程度几乎没有什么影响，但对暴露有显著影响(仅当按预定方法使用防护装置且防护装置正常工作时)(见 GB/T 15706.2—2007 的 5.2～5.4)：

a) 防止进入危险区的固定防护挡板、护栏或外壳。

b) 防止进入危险区的联锁防护装置(例如：带或不带防护锁的联锁装置、联锁钥匙)。

当采用下述 c)、d)和 e)列出的安全防护装置来减小风险时，对伤害的严重程度几乎没有什么影响，对暴露没有什么影响，但对危险事件的发生有显著影响：

c) 用于感测人员进入或出现在危险区内的敏感保护设备(SPE)(例如：光帘，压敏垫)。

d) 与机器控制系统中有关安全、有关功能的相关装置(例如：使动装置、有限运动控制装置、止-动控制装置)。

e) 限制装置(例如：过载和力矩限制装置、限制压力或温度的装置、超速开关、监控排放物的装置)。

6.5 补充保护措施

当设计措施和安全防护不能实现风险减小目标时，可采用补充性保护措施来进一步减小风险。对规避或限制伤害的能力影响最大的补充保护措施的例子有：

——紧急停止(见 GB/T 15706.2—2007 的 5.5.2)；

——被困人员逃生和援救的措施(见 GB/T 15706.2—2007 的 5.5.3)；

——安全进入机器的措施(见 GB/T 15706.2—2007 的 5.5.6)；

——便捷安全搬运机器及其重型零部件的规定(见 GB/T 15706.2—2007 的 5.5.5[1])。

例如，对暴露有显著影响的补充保护措施是用于隔离和能量耗散的措施(例如：隔离阀或隔离开关，锁定装置，防止移动的机械挡块)。

---

1) 国家标准中的 4.8.3，有误，应改为 5.5.5。

6.6 使用信息(见 GB/T 15706.1—2007 第 6 章)

6.6.1 概述

供应商应在使用信息中对用户提出有关通过采取设计和安全防护措施减小风险后的遗留风险方面的警告。

使用信息包括:

——机器上提供的信息;

——随机器提供的文件。

6.6.2 机器上提供的信息

机器上提供的使用信息包括:

a) 警告标志(象形图);

b) 安全使用的标签和标识(例如:旋转件的最大转速、最大工作负荷、防护装置调节数据、颜色代码);

c) 听觉或视觉信号(例如:喇叭、铃、汽笛、灯);

d) 其他警告装置(例如:警示障碍物、振动)。

使用信息只影响规避伤害的能力。

6.6.3 随机器提供的文件

随机器提供的文件包括:

a) 使用说明书;

b) 技术数据表。

6.7 培训

供应商应在使用说明书中给出任何必需培训的详细资料,以保证每个人都知道如何正确使用机械和采取保护措施。当保护措施的有效性取决于人的行为时,培训和能力是最重要的。培训的内容包括但不限于下列内容:

——随机器提供的使用信息;

——使用者要求的使用信息;

——如可能,供应商提供的专门培训;

——使用者提供的专门培训。

定期检查培训的有效性对保证培训的长期效果是必要的,培训和正确行为的强制执行也是必不可少的。培训主要影响个人规避伤害的能力,还可减少危险事件发生的暴露和降低危险事件发生的概率。

6.8 个体防护装置

供应商应在使用说明书中给出使用户免受有关遗留风险导致的危险的所有个体防护装置的详细资料。常用的个体防护装置的例子如下:

——听力保护装置;

——防护镜/护目镜;

——防护面罩;

——防毒面具;

——防护手套;

——防护服(例如:耐热的、防化学飞溅的、抗切割的);

——安全帽。

个体防护装置的可靠性和维护对保证其长期有效是非常重要的。培训和正确行为的强制执行也是必不可少的。选择任何一种个体防护装置都应谨慎,最好与被保护人商定,根据保护性、舒适性、耐用性和使用频率,以及适应工作的能力等考虑他们的要求。

个体防护装置影响规避或限制伤害的能力。

6.9 标准操作程序

供应商应在使用说明书中给出有关对机器进行操作或维修的标准操作程序(SOP)的详细资料。这些程序可能包括下列内容:

——工作计划和组织;

——任务、权限、责任的阐明/协调;

——监督;

——锁定程序;

——安全操作方法和程序。

注:当通过组织措施来减小风险时,则尽可能保证遵循且不能规避这些组织措施是重要的。

7 风险评价迭代(见 GB/T 15706.1—2007 的 5.5)

一旦采取了保护措施,为了减小风险,风险评价的所有阶段都应重复进行以核查:

——对机械的限制是否有任何改变;

——是否引起了任何新的危险或危险状态;

——是否增加了现存危险状态的风险;

——保护措施是否充分减小风险;

——是否需要附加保护措施;

——是否达到风险减小目标。

在进行风险评价迭代时,应依照 GB/T 16856.1—2008 的 7.3.5、7.3.6 和 7.3.7,考虑保护措施的可靠性、易用性、损坏或规避保护措施的可能性,以及维护保护措施的能力。还应考虑到人员想当然认为保护措施完好,对保护措施失效毫无准备的可能性。这种迭代尤其适用于联锁装置和光帘。

8 风险评价文件(见 GB/T 16856.1—2008 第 9 章)

应编写并保留所有的风险评价书面记录。这些记录不得与由供应商提供给使用者的机器使用信息相混淆。但是,在编写使用信息时,风险评价文件可能是一份有用的参考。

为了使其他没有直接参与风险评价的人日后能审查风险评价所作出的决定,以文件形式将风险评价过程正确的记录下来是重要的。该文件应依照 GB/T 16856.1—2008 第 9 章的要求记录评价结果,其内容包括用于风险评价的方法和工具的描述,以及已完成记录清单的副本。机械的图形(照片、图表、草图等)中包括危险区、危险和所采用的保护措施是有用的。

当记录采取的保护措施时,还应包括确保其保持有效的那些措施的描述(例如:维修、使用者的定期检查)。

风险评价和风险减小过程的一个例子见附录 B。

附 录 A
（资料性附录）
用于风险评价过程的几个步骤的方法的例子

A.1 概述

本附录包括在风险评价过程中可能被采用的方法的例子。这些方法不是仅有的有效工具，GB/T 16856的本部分中出现的方法并不表示它们比符合 GB/T 16856.1—2008 的其他方法被优先认可或推荐。

由于实际情况随设备的不同而不同，故这些例子并没有覆盖所有可能的情况。执行风险评价的人员所作出的选择受许多不同因素的影响，也会导致不同的结果。

提供这些例子是为了向 GB/T 16856 的本部分的使用者说明，在选择一种特定方法时，如何进行实际的危险识别或风险评估。

给出的例子如下：

a） 通过使用表格的危险识别（见 A.2）；

b） 风险矩阵（见 A.3）；

c） 风险图（见 A.4）；

d） 数值评分（见 A.5）；

e） 定量风险评估（见 A.6）；

f） 混合型方法（见 A.7）。

对于与长期伤害（例如：那些由噪声、材料和物质、振动、辐射或人类功效学相关等引起的伤害）或具有非常严重后果（例如：火灾或爆炸）有关的特定危险，宜恰当考虑采用特殊的风险评估方法。

风险评价并不是科学试验，因此，最好把资源用于减小风险的努力上，而不是优化评定风险等级。

注：这些例子仅说明怎样才能选择和使用这些工具/方法。它们并不是提供给使用者的综合使用指南，且没有涵盖所有的方法。

A.2 通过使用表格的危险识别

A.2.1 概述

本章的目的是展示一种以 GB/T 16856.1—2008 中 A.2～A.4 所定义的检查清单作为主要工具的危险识别方法（见 5.3 和 GB/T 16856.1—2008 第 6 章）。

不能认为这些清单是全面的，它们更适合用作识别有关危险的起点。因此，为了保证较全面的危险识别，还应考虑其他资源（例如：法规、标准、工程知识等）。

本方法可以用基于例如头脑风暴、与类似机械的比较、类似机械有关的事故和/或事件的数据检查等其他方法来补充。

用于风险评价的有效信息（见 GB/T 16856.1—2008 的 4.2）和机械限制的确定（见 5.2 和 GB/T 16856.1—2008 第 5 章）越全面、详细，该方法的效果越好。

该方法适用于机器寿命周期的任何阶段。

A.2.2 工具或方法的描述

考虑到机械的限制，第一步是确定将要分析的系统的范围，例如：机器寿命周期的阶段、机器的零部件和/或功能。

第二步是确定在每个选定的阶段中，由与机器相互作用的或在机器附近的人员执行的任务或由机器执行的操作。这一步可采用 GB/T 16856.1—2008 中表 A.3 所列的任务表。

第三步是对每个特定危险区内的每个任务或操作，检查有关危险和可能的事故场景。如果起点是潜在后果(伤害)，这一步可采用自上而下法来完成；如果起点是危险源，则采用自下而上法。在这一步中，用到了 GB/T 16856.1—2008 中描述危险源的表 A.1，GB/T 16856.1—2008 中描述危险状态的表 A.3，以及 GB/T 16856.1—2008 中描述危险事件的表 A.4。

A.2.3 文件

如表 A.1 形式的表格可用于记录该危险识别的结果。

A.2.4 应用

A.2.4.1 概述

这是一个将 A.2.2 中所述的方法应用于一台冲压机的早期设计阶段的例子，该冲压机为踏板式手工装料和卸料(见图 A.1)。

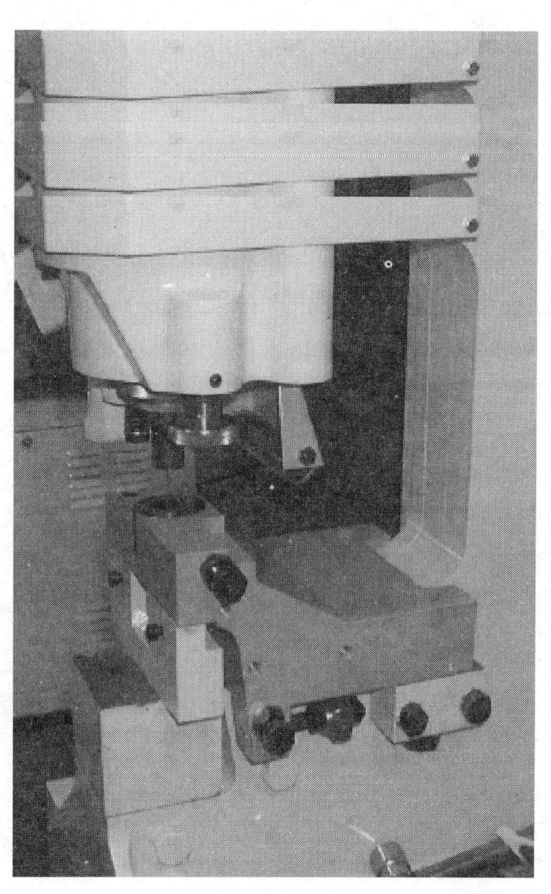

图 A.1 冲压机的危险区(没有任何保护措施)

A.2.4.2 分析的系统范围

该例子仅涉及了与机器操作阶段危险区内有关的危险识别，并没有包括机器寿命周期的其他阶段，例如：组装、设定和调整、维护或故障排查（见 GB/T 16856.1—2008 的表 A.3)。

A.2.4.3 需执行的任务/操作

在冲压机操作阶段，执行下列任务：

a) 手动装卸工件；

b） 工件的定位；

c） 冲压过程中工件的夹紧；

d） 少量干预（去除废料和工具的润滑）。

A.2.4.4 相关危险和事故场合

对于每个规定的任务，通过使用 GB/T 16856.1—2008 中表 A.1 的“危险”列，采用自下而上的方法核查所有可能的危险源，并识别相关的危险。对于每个相关危险，用 GB/T 16856.1—2008 中表 A.3 和表 A.4 给出的清单检查危险状态和危险事件的所有组合。

表 A.1 用于危险识别的表格的例子

<table>
<tr><td colspan="6">危险识别</td></tr>
<tr><td colspan="2">机器（识别）</td><td colspan="2"></td><td>方法/工具</td><td></td></tr>
<tr><td colspan="2" rowspan="2">资源
（例如：初步设计文件，技术文件，构造文件）</td><td colspan="2" rowspan="2"></td><td>分析员</td><td></td></tr>
<tr><td>当前版本</td><td></td></tr>
<tr><td colspan="2" rowspan="2">范围
（例如：——寿命周期的阶段，
——机器的零部件/功能）</td><td colspan="2"></td><td>日期</td><td></td></tr>
<tr><td colspan="2"></td><td></td><td></td></tr>
<tr><td rowspan="2">编号</td><td rowspan="2">危险区</td><td rowspan="2">任务/操作
（GB/T 16856.1—2008 的表 A.3）</td><td colspan="3">事故场合</td></tr>
<tr><td>危险
（GB/T 16856.1—2008 的表 A.1）</td><td>危险状态
（GB/T 16856.1—2008 的表 A.3）</td><td>危险事件
（GB/T 16856.1—2008 的表 A.4）</td></tr>
<tr><td>1</td><td></td><td></td><td></td><td></td><td></td></tr>
<tr><td>2</td><td></td><td></td><td></td><td></td><td></td></tr>
<tr><td>3</td><td></td><td></td><td></td><td></td><td></td></tr>
<tr><td>4</td><td></td><td></td><td></td><td></td><td></td></tr>
<tr><td>5</td><td></td><td></td><td></td><td></td><td></td></tr>
<tr><td>6</td><td></td><td></td><td></td><td></td><td></td></tr>
</table>

A.2.4.5 危险识别的结果

本项检查第一步的结果记录在表 A.2 中。

表 A.2 一份完成的危险识别列表的例子

<table>
<tr><td colspan="4">危险识别</td></tr>
<tr><td>机器（识别）</td><td>冲压机</td><td>方法/工具</td><td>检查清单——GB/T 16856.1—2008 的附录 A</td></tr>
<tr><td rowspan="2">资源</td><td rowspan="2">初步设计文件</td><td>分析员</td><td>＜姓名＞</td></tr>
<tr><td>当前版本</td><td>V1</td></tr>
<tr><td rowspan="2">范围
（例如：——寿命周期的阶段
——机器的零部件/功能）</td><td>操作</td><td>日期</td><td>20/05/05</td></tr>
<tr><td>冲压功能</td><td colspan="2"></td></tr>
</table>

表 A.2(续)

编号	危险区	任务/操作	事故场合		
			危险	危险状态	危险事件
1	冲压区	手动装卸工件和调整工件位置	坠落物(工件)——*挤压(脚或手指)*	用双手搬运重工件	工件坠落
2			锐边(工件)——*切割*	用双手搬运带有锐边的工件	接触工件尖锐的边角
3		在冲压过程中双手握住工件	移动元件(冲头上下移动和工件向上移动)——*挤压,切断和刺穿*	移动件附近工作	由于缺少防护或保护装置导致接触移动部件
4			移动元件(工具零件或工件零件的飞出)——*冲击*	暴露在零件飞出范围内的操作人员及其他人员	冲头或工件碎裂(由诸如冲压不当、疲劳、老化或变脆,工件材料不足等原因导致)
5			噪声制造过程(冲击噪声)——*不舒服*	暴露在噪声产生的危险中的操作人员及其他人人员	达到一定等级、具有危害性的噪声排放
6			故障状态下带电的零部件——*电击*	机器带电工作	间接接触
7		操作过程中的少量干预(去除废料和工具的润滑)	移动件(冲头的上下移动和工件的向上移动)——*挤压,切断和刺穿*	在动力促动器(液压缸)下面工作	工作程序中的人为失误(对工具进行手动润滑时,用布代替带有长颈/管口的容器);意外启动

A.3 使用风险矩阵法的风险评价

A.3.1 概述

识别危险之后,采用风险矩阵法(见 GB/T 16856.1—2008 第 6 章)评价与被识别危险有关的风险(见 GB/T 16856.1—2008 第 7 章和第 8 章)。风险矩阵法可用来评价许多工业领域中的机械、设备、设施或其他场合的风险。

风险矩阵法的首要用途是帮助识别无法接受的高风险,以便把减小风险的努力集中于这些领域。风险矩阵法主要是将风险分级或分组而形成不同的风险等级,以便对风险的可接受程度做出决定。

风险矩阵法为某一危险的风险等级的推导提供了一种简单、快速和有效的方法。风险矩阵法是主观的,它依赖于风险评价人员的正确判断。因此,如果团队组成人员在被评价的任务和机械/设备/设施方面具有丰富的知识和实践经验,则这种方法最为有效(见 4.2)。

风险矩阵法的学习和使用都相当简单、快捷。然而,由于该方法的主观性本质,它不能提供很高的精度或重现性,要想使风险等级的精度更高,建议选择其他方法。但值得注意的是:方法的精度越高,学习和完成所需要的时间越多,并可能导致不同的风险减小措施。

A.3.2 工具或方法的描述

A.3.2.1 概述

风险矩阵法包括风险矩阵的选择、严重程度的评价、概率的评价和风险等级的得出四个步骤。

A.3.2.2 风险矩阵的选择

风险矩阵已用了很多年,并有许多不同的变化。表 A.3 和表 A.4 展示了两个例子。两个例子中,对每个风险因素,不同的风险矩阵采用了不同的等级。例如,表A.3中有4个可能性等级,而表A.4则有6个可能性等级。等级的范围通常是从3个～10个,最常用的是4个或5个。

表A.3 依照ANSI B11 TR3:2000的风险评估矩阵

伤害发生的可能性	伤害的严重程度			
	灾难性的	严重的	中等的	轻微的
非常可能	高	高	高	中
可能	高	高	中	低
不太可能	中	中	低	可忽略
几乎不可能	低	低	可忽略	可忽略

表A.4 依照GB/T 20438的风险矩阵

频率	后果			
	灾难性的	严重的	轻微的	可忽略的
频繁	Ⅰ	Ⅰ	Ⅰ	Ⅱ
可能	Ⅰ	Ⅰ	Ⅱ	Ⅲ
偶然	Ⅰ	Ⅱ	Ⅲ	Ⅲ
几乎不可能	Ⅱ	Ⅲ	Ⅲ	Ⅳ
不可能	Ⅲ	Ⅲ	Ⅳ	Ⅳ
难以置信	Ⅳ	Ⅳ	Ⅳ	Ⅳ

A.3.2.3 严重程度的评价

对于每个危险或危险状态(任务),应评价其可能引起的伤害或后果的严重程度。历史数据作为基础资料可能具有很大价值。严重程度经常被评价为人体受伤,尽管其可能包括其他要素,例如:

——死亡、受伤或疾病的数量;

——被损坏的财产或设备的价值;

——损失的生产率时间;

——环境破坏的范围;

——其他参数。

可以用所选择的风险矩阵来完成对严重程度的评价。例如,表A.3中的严重程度等级如下:

——灾难性的 导致死亡或永久残废的伤害或疾病(不能返回工作);

——严重的 导致人体严重虚弱的伤害或疾病(能回到某些岗位工作);

——中等的 要求救护的显著伤害或疾病(能够回到相同岗位上工作);

——轻微的 至多需要急救的轻伤或没有受伤(损失少量或不损失工作时间)。

评价严重程度通常关注的是可信的最坏后果,而不是设想的最坏后果。

A.3.2.4 概率的评价

对于每个危险或危险状态(任务),都应评价伤害发生的概率。除非经验数据有效(这种情况很少),选择事故发生概率的过程则是主观的。由于这个原因,具有博学专业知识的人进行头脑风暴是有益的。

当评估概率时,应选择最高可信度的概率等级。概率评估应包括下列内容:

——暴露于危险的频率和持续时间;

——执行任务的人员;

——机器/任务的历史;

——工作场所的环境;

——人为因素；

——安全功能的可靠性；

——保护措施失效或规避保护措施的可能性；

——维持保护措施的能力；

——规避伤害的能力。

对应于严重程度，评价伤害发生概率的尺度有许多。有些方法只提供使用的术语而不提供解释（见表A.4）。其他矩阵则提供如表A.3所示的解释：

——非常可能　几乎确定发生；

——可能　能够发生；

——不太可能　不太可能发生；

——几乎不可能　可能性接近零。

有些方法指出了可能性和概率之间的区别：概率是介于0和1之间的一个数值，可能性则是概率的定性描述。然而，许多方法并不区分概率和可能性之间的差别，而是把它们作为同义词使用。

概率应与某种区间基数相关，例如：时间、事件或活动的单位、生产单位，或设施、设备、过程或产品的寿命周期。时间单位可以是机器的有效寿命。

A.3.2.5　风险等级的得出

严重程度和概率一经评价，便可从所选择的风险矩阵得出初始风险等级。风险矩阵描绘了风险要素与风险等级之间的关系，如表A.3和表A.4所示。

以使用表A.3为例，一个"严重的"严重程度和一个"可能"的概率产生一个"高"的风险等级。严重程度和概率的风险要素的组合随不同的风险矩阵而变化。这一评估结果将产生一个典型的由低到高的风险排列。由于风险评价过程通常是主观的，因此该风险等级也将是主观的。

在许多情况下，风险可接受性的决定由使用者做出，因为该决定取决于文化、场所和/或时间。

A.3.3　应用

A.3.3.1　木材加工厂例子的描述

图A.2示出了一家木材加工厂中的锯截操作。锯木工从左边的传送带上捡起木料，用脚驱动升降圆锯机把木料的节疤切掉，然后把切好的木板放到右边的传送带上。

图A.2　木材加工厂的锯截操作

A.3.3.2 风险评价的结果

在表A.5中,前两栏给出了任务和危险。初始风险和遗留风险的等级用表A.3中的矩阵进行了评价。

表A.5 进行风险评价的木材加工厂实例

使用者/任务	危险	初始风险评价		风险减小方法	遗留风险评价		状况
		严重程度/概率	风险等级		严重程度/概率	风险等级	
锯木工/从输入传送带选木板	机械的:木头裂片	轻微/非常可能	中	戴手套	轻微/不太可能	可忽略	完成
	人类工效学:重复动作	中等/可能	中	工作轮换,安排休假,标准程序	轻微/不太可能	低	进行中
	人类工效学:提举/弯腰/扭转	中等/可能	中	调整工作站的高度和位置使操作触及距离最短,工作轮换	中等/可能	中	完成
锯木工/切掉节疤	机械的:由旋转的刀片引起的切伤/割伤	灾难性的/可能	高	安装固定式防护罩/屏障	灾难性的/几乎不可能	低	完成
	机械的:木头裂片	轻微/非常可能	中	戴手套	轻微/不太可能	可忽略	完成
	机械的:飞屑	中等/可能	中	戴防护眼镜	中等/几乎不可能	可忽略	完成
	人类工效学:重复动作	中等/可能	中	工作轮换,安排休假,标准程序	轻微/不太可能	低	进行中
	噪声:噪声/声级>85 dB(A)	严重/非常可能	高	听力保护	严重/不太可能	中	进行中
锯木工/将木板放置于输出传送带	机械的:木头裂片	轻微/非常可能	中	戴手套	轻微/不太可能	可忽略	完成
	人类工效学:推/拉载荷	轻微/不太可能	可忽略	最小化导向杆要求的提举高度,锯木工只需滑动木块	轻微/不太可能	可忽略	完成

A.3.3.3 讨论

如例子所示,风险矩阵法提供了一个简单有效的评价风险的方法。该风险矩阵可用于评价具体机器的单独任务,或评价整个制造过程的许多任务。风险矩阵法还可用于评价消费者或工业产品的风险。

对于一个特定的公司而言,最好的办法是找到能在其组织文化和设计过程中充分发挥作用的风险评价方法。应考虑以工业标准或准则为起点,只要选择确认了一种风险评价方法,并将这种方法充分应用于组织,就不是“错误”的方法。

A.4 采用风险图的风险评价

A.4.1 概述

本例子是一种用风险图进行危险识别和风险评估的方法。

本例子的目的不是详细解释怎样填充表格,也不是解释该工具的开发路线。能够正确使用此种方法进行风险评价,培训是必要的。

本例子介绍该方法在平板切纸机上的应用。进行了两次风险评估:一次在选择保护措施之前,一次在实施保护措施之后。

A.4.2 工具或方法的描述

在用风险图评估风险之前，依照 GB/T 16856.1—2008 的 5.3 描述有关危险、危险状态、危险事件和可能的伤害。然后根据与 GB/T 16856.1—2008 的 7.2.1 所定义的四个风险要素相对应的下列 4 个参数（每个参数都有其特定的限制），用图 A.3 给出的风险图计算风险指数。

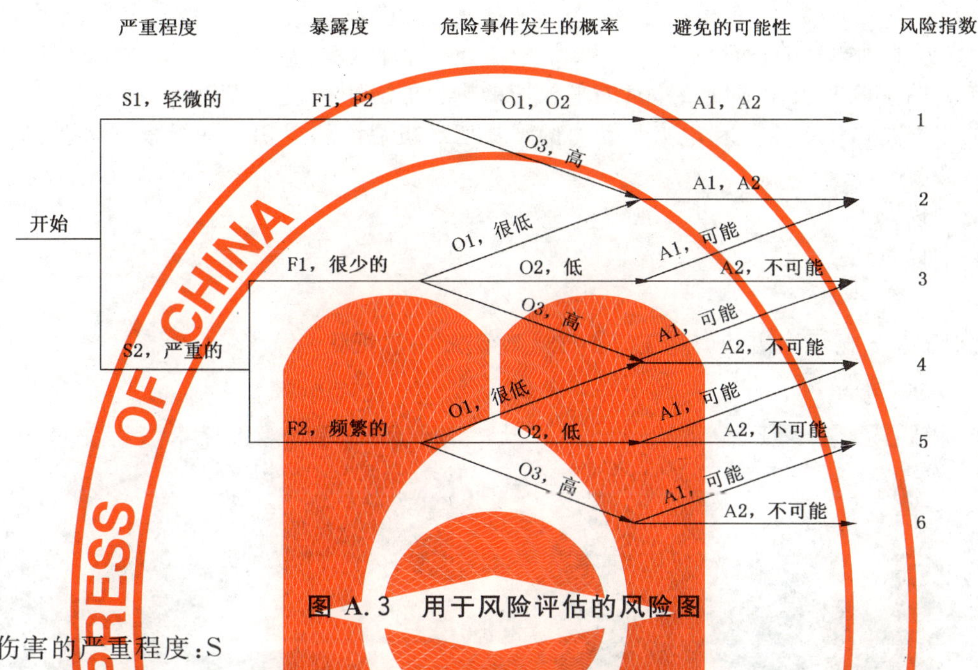

图 A.3 用于风险评估的风险图

——伤害的严重程度：S

1） S1 轻微伤害（通常能恢复）。例如：擦伤、裂伤、划伤等需要急救的轻伤。

2） S2 严重伤害（通常不能恢复，包括死亡）。例如：肢体被切断、撕裂或挤压，骨折，需要缝线的严重伤害，严重的骨骼损伤（MST），死亡。

——暴露于危险的频率和/或持续时间：F

1） F1 每个工作班次不超过 2 次或每个工作班次累积暴露时间不超过 15 min。

2） F2 每个工作班次超过 2 次或每个工作班次累积暴露时间超过 15 min。

——危险事件发生的概率：O

1） O1 在安全应用方面得到证实和公认的成熟技术：坚固耐用。

2） O2 在最近 2 年内观察到的技术故障：

- 由经过良好培训、知晓风险、岗位工作经验超过六个月的人员做出的不恰当操作。

3） O3 经常观察到的技术故障（每六个月或更短）：

- 由未经过培训、岗位工作经验不足六个月的人员作出的不恰当操作；
- 前十年观察到的工厂类似事故。

——规避或减小伤害的可能性：A

1） A1 在某些情况下可能：

- 如果零部件的移动速度小于 0.25 m/s，且暴露工人熟悉风险和危险状态或即将发生危险事件的迹象；
- 取决于特定条件（温度、噪声、人类工效学等）。

2） A2 不可能。

将这个初始风险评价的结果填入到一张表中，每个危险状态都配以一个风险指数。

在这个例子中，对每种危险状态进行评估时，考虑了下列内容：

——风险指数 1 或 2 对应于采取措施的最低优先级(优先级 3);

——风险指数 3 或 4 对应于采取措施的中等优先级(优先级 2);

——风险指数 5 或 6 对应于采取措施的最高优先级(优先级 1)。

考虑用于减小风险的可能手段,然后按照与初始设计相同的方法,用同样的风险图评估最终设计的风险。在该具体例子中,风险指数已经被评定为不大于 2,不需要进一步减小风险。

A.4.3 应用

A.4.3.1 平板切纸机例子的描述

这个例子介绍了该方法在一台已安装的平板切纸机上的应用。

被评价的工况是以压缩空气和电力为动力的平板切纸机喂入和剪切一垛纸张。识别和分析了三项基本任务:

——码放纸垛;

——压紧纸垛;

——切纸。

图 A.4 和图 A.5 显示在启动剪切工序前工人在码放一垛纸张。

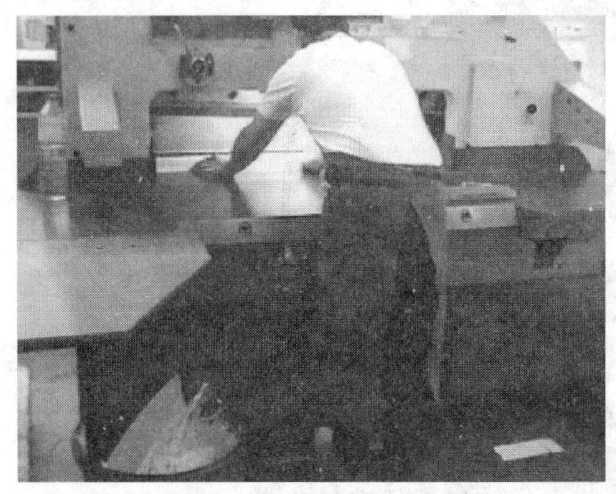

图 A.4 纸垛定位

图 A.5 切纸刀下面工人的手

A.4.3.2 风险评价的结果

表 A.6 和表 A.7 给出了风险评价的结果。表 A.6 给出了初始风险分析的结果,表 A.7 给出了考虑保护措施后遗留风险的分析结果。在某些情况下,为了一个选择而推荐几种风险降低方法。

在表 A.7 中,黑体值表明了由推荐的保护措施引起的改变。

表 A.6 初始风险的分析结果

初始风险分析										
活动		危险条件				风险评估 风险指数计算				
方案编号	活动	危险	危险状态	危险事件	可能的伤害	严重程度(S1/S2)	频率/暴露度(F1/F2)	发生概率(O1/O2/O3)	规避可能性(A1/A2)	风险指数(1～6)
1	码放纸垛	所用电能	工人靠近导电金属体	机架带电(连接故障,电缆破损等)	工人触电死亡	2	2	2	2	5
1.1		储能压板和上方的切纸刀	人工的手处在储能移动零部件的下方	由于启动踏板导致压板或切纸刀意外移动	上肢被压伤、切断	2	2	2	2	5
—				由于控制电路故障导致压板或切纸刀意外移动		2	2	2	2	5
1.2		切断纸边	工人的手操作纸垛	手在纸张的剪切边上移动	切断手指或手	1	2	3	1	2
2	压紧纸垛	压板的竖直移动(施力 1 000 N)	工人用手靠近压板保持纸垛位置	工人的手在压板下方时触发压板移动	压伤上肢	2	1	3	2	4
—				工人的手在压板下方时由于控制电路故障触发压板运动		2	1	2	2	3
3	切纸	切纸刀的竖直移动	工人的手靠近纸垛	工人的手在切纸刀的移动轨道内时,触发切纸刀移动	严重切伤上肢	2	1	3	2	4
—				工人的手在切纸刀的移动轨道内时,由于控制电路故障触发切纸刀移动		2	1	2	2	3

表 A.7 遗留风险的分析结果

初始风险分析结果				风险减小后的风险分析							
				风险减小		风险减小后的风险评估和风险指数[a]					
方案编号	活动	危险	风险指数（1～6）	可能的预防措施	所选择的保护措施	严重程度（S1/S2）	频率/暴露度（F1/F2）	发生概率（O1/O2/O3）	规避的可能性（A1/A2）	风险指数（1～6）	备注
1a	码放纸垛	所用电能	5	绝缘和定期检查接头；漏电检测装置	绝缘和定期检查接头	2	2	1	2	4	1a 和 1b 的风险指数没有区别
1b			5		漏电检测装置	2	2	2	1	4	
1.1a		上方储能压板和切纸刀	5	在踏板上加装防护罩；机器控制电路的类别符合 GB/T 16855.1	在踏板上加装防护罩	2	2	1	2	4	1.1a 和 1.1b 的风险指数没有区别
1.1b			5		机器控制电路的类别符合 GB/T 16855.1	2	2	1	2	4	
1.2		切断纸边	2	防护手套[b]；减小纸张的锐度	防护手套[b]	1	2	2	1	1	—
2a	压紧纸垛	压板的竖直移动(施力 1 000 N)	4	使用双手控制装置和符合 GB/T 16855.1 的机器控制电路类别触发压板的移动；培训；用控制电路类别符合 GB/T 16855.1 的踏板控制驱动器触发压板的移动；压板到达纸垛前减小压力	使用双手控制装置和符合 GB/T 16855.1 的机器控制电路类别触发压板的移动	2	1	1	2	2	最有效的风险减小方法是 2d，然后是 2a 或 2c，只用 2b 不能充分减小风险
2b			4		培训	2	1	2	2	3	
2c			3		用控制电路类别符合 GB/T 16855.1 的踏板控制驱动器	2	1	1	2	2	
2d			3		用控制电路类别符合 GB/T 16855.1 的踏板控制驱动器；压板到达纸垛前降低压力	1	1	1	2	1	

表 A.7（续）

初始风险分析结果				风险减小后的风险分析							
				风险减小		风险减小后的风险评估和风险指数[a]					
方案编号	活动	危险	风险指数（1～6）	可能的预防措施	所选择的保护措施	严重程度（S1/S2）	频率/暴露度（F1/F2）	发生概率（O1/O2/O3）	规避的可能性（A1/A2）	风险指数（1～6）	备注
3a	切纸	切纸刀的竖直移动	4	用控制电路类别符合 GB/T 16855.1 的双手控制装置触发切纸刀的移动；	用控制电路类别符合 GB/T 16855.1 的双手控制装置触发切纸刀的移动	2	1	1	2	2	3a 和 3b 的结果没有区别
3b			3	用安全光栅探测工人的手的存在	用安全光栅探测工人的手的存在	2	1	1	2	2	

[a] 以黑体表示的数值是那些由于考虑了推荐的保护措施的结果。

[b] 对于特别纸张的质量印刷，必须戴手套。

A.4.3.3 讨论

在介绍的这个例子中,分析了一个简单的工作活动并采取了减小风险的保护措施。可以认为,这些风险评价的总体结果与这类机械的习惯用法是一致的。

这个例子显示了使用不同风险减小方法的不同结果,如对于减小由压板的竖直运动所引起的风险:

——最有效的风险减小措施是方案 2d,然后是 2a 或 2c;

——单独采用方案 2b 对于减小该风险不充分;

——方案 1a 和 1b 之间,1.1a 和 1.1b 之间,或者 3a 和 3b 之间的结果没有差别;

——对于方案 1a、1b、1.1a 和 1.1b,单独采用这些措施中的一个时,最终的风险指数太高,因此建议评价风险时一起考虑所有这些措施;

——定期检查绝缘、接头和漏电检测装置,以防止机架带电(接头故障,电缆破损等);

——在踏板上加装防护罩和保证机器控制电路的类别满足 GB/T 16855.1 的要求,防止由于触动启动踏板或控制电路故障所导致的压板或切纸刀的意外移动;

——以培训和警告作为辅助措施。

该风险图主要用于评估通常与机械相关的、能引起严重伤害的危险状态(机械的、电的、或一定程度上的热危险)的风险指数。该风险图还可用于评估某些与健康有关的危险,例如:噪声或人类工效学相关的危险。然而,对于这些情况,用风险图工具获得的结果应与专门用于评价噪声或人类工效学的特定工具获取的结果进行比较。

风险评价必须由一个工作组统一进行,不能期望不同的工作组分析不同状态的所有详细结果总会相同。已经发现,只要对风险图的参数和限制稍作改变,就很适合用于某些工业;但这些改变会产生不同的结果。

本例中采用的风险图相当于图 A.6 中给出的风险矩阵。

<table>
<tr><td colspan="2" rowspan="3"></td><td colspan="6">风险指数计算</td></tr>
<tr><td colspan="2">O1</td><td colspan="2">O2</td><td colspan="2">O3</td></tr>
<tr><td>A1</td><td>A2</td><td>A1</td><td>A2</td><td>A1</td><td>A2</td></tr>
<tr><td rowspan="2">S1</td><td>F1</td><td colspan="4" rowspan="2">1</td><td colspan="2" rowspan="2">2</td></tr>
<tr><td>F2</td></tr>
<tr><td rowspan="2">S2</td><td>F1</td><td colspan="3">2</td><td colspan="2">3</td><td>4</td></tr>
<tr><td>F2</td><td>3</td><td colspan="2">4</td><td colspan="2">5</td><td>6</td></tr>
</table>

图 A.6 等效的风险矩阵

A.5 采用数值评分法的风险评价

A.5.1 概述

有人发现根据数值导出风险是很容易的,这在我们这个数字化时代是根本不足为奇的。可以看出,用数值表示的风险将以某种方式为风险减小过程增加具体性。在从最低到最高风险的数值范围内,用一个具体数值代表可接受的风险水平,能够为风险减小决定过程提供关键依据。在整数范围内选择一个数值等级的能力较使用定性术语能够做出更精确的选择。

A.5.2 工具或方法的描述

本例中有 2 个参数:严重程度和概率,每个参数分 4 个等级。

严重程度参数有下列严重程度分数(SS):

——灾难性的(SS≥100)；

——严重的(99≥SS≥90)；

——中等的(89≥SS≥30)；

——轻微的(29≥SS≥0)。

概率参数有下列概率分数(PS)：

——非常可能(PS≥100)　可能或确定发生；

——可能(99≥PS≥70)　可能发生(但不是很可能)；

——不太可能(69≥PS≥30)　不太可能发生；

——几乎不可能(29≥PS≥0)　发生的可能性极小，基本上为零。

在本例中，通过公式(A.1)将概率和严重程度结合起来：

$$PS + SS = RS \quad \cdots\cdots (A.1)$$

式中：

RS——风险分数。

可以根据表A.8来解释RS。

表A.8　使用的风险分数类别

—	高	≥160
159≥	中	≥120
119≥	低	≥90
89≥	可忽略	≥0

示例：一项与非常严重伤害有关的任务危险，严重程度分数可能是SS=95，其概率分数可能处于“可能”的范围内，PS=80。则该任务危险的风险值就是95+80=175，如果可接受的风险分数已经设定为130，则该高风险是不可接受的。

A.5.3　应用

A.5.3.1　评价任务或机器的描述

这个例子描述了对一台面包切片机(见图A.7)所做的机械风险评价。采用的安全依据为伤害风险是在给定保护措施下的任务和那些任务危险的函数。本例仅限一种危险，即与旋转刀接触。考虑了所有类型的雇员(接受过快餐公司所需的足够教育的、各种型体和身高的男女雇员)。

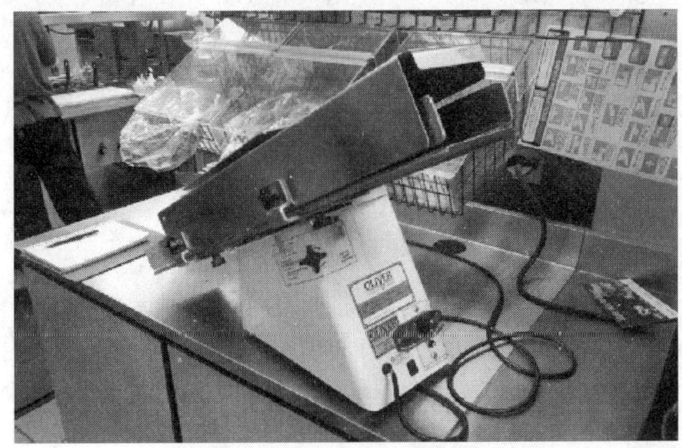

图A.7　面包切片机

通过查询伤害监视系统以识别与面包切片机相关的伤害案例。伤害监视系统采样数足够多，可以对各种工作机器、工具和设备相关的伤害提供评估。

然后，采用数值评分法进行风险评价，对每个已识别危险的伤害严重程度分数和伤害发生概率分数进行赋值，该信息随后被输入到数值风险等级矩阵中。

该风险评价考虑了目前的防护水平和制造商提供的有关使用面包切片机的录像培训，对有类似危险的其他机器的风险控制措施，以及机器安全方面的五位专家关于某些具体冒险行为的发生过程的见解。该风险评价是针对一台装有圆刀片的面包切片机，并不对应特定雇主使用该机器的风险评价。工作现场观察发现，目前提供的保护水平是可调节的屏障防护装置、警示标志和供应商推荐的安全操作规程。在执行正常的面包切片、清除夹塞的面包和清洁面包切片机等任务时与旋转刀接触，可能的伤害严重程度是手指的深度割伤。

面包的滑道是一个具有4侧面的倾斜长盒，滑道的侧面将刀片完全包围，而其两端则是开放的。该机器包括一个带有波形刃的薄而锋利的圆刀片，刀片高速旋转并靠惯性停止(没有制动)。上端开口大约等于或略低于人的肩部高度，防护装置开口尺寸及开口到刀片的距离可允许一只手伸入触及刀片。

机器制造商提供了安全操作规程。然而，通过适当的培训和监督来保证这些规程得到执行是使用者的责任。另一方面应该认识到，虽然提供了安全操作规程，但它并不能自动保证在运用这些规程时进行适当培训，也不能保证工人遵守培训中规定的安全规程。

A.5.3.2 风险评价的结果

在表A.9中给出的七对任务/危险是按要求的风险评分进行识别的。风险评定表明，在使用这台面包切片机时，所有被识别的任务/危险组合的风险水平都为60(低)。对于所有的任务/危险对来说，伤害严重程度是30(中等)(通常可恢复，损失的工作时间不超过一周)，初始伤害发生概率是70(可能的)(虽然不需要进入接通电源的危险区且没有获知伤害的报告，但由于使用者的风险意识低且经验水平低)。三项现有保护措施：可调节的防护装置、警告标志和培训录像，使伤害发生的概率降低到30(不太可能)，导致最终的风险分数为60(可忽略)。

表A.9 引入风险减小方法前后的风险分数

任务/危险	初始评价 SS和PS	风险分数 RS	风险减小方法	最终评价 SS和PS	风险分数 RS
忽略不得从顶端伸手进去推面包的使用说明	30(中等) 70(可能)	100(低)	可调节的外壳/屏障，警告标志，标准程序，使用指南	30(中等) 30(不太可能)	60 (可忽略)
不了解刀片危险的严重性，从顶端伸手进去推面包	30(中等) 70(可能)	100(低)	可调节的外壳/屏障，警告标志，标准程序，使用指南	30(中等) 30(不太可能)	60 (可忽略)
忽略不得从底部伸手进去拖出面包的使用说明	30(中等) 70(可能)	100(低)	可调节的外壳/屏障，警告标志，标准程序，使用指南	30(中等) 30(不太可能)	60 (可忽略)
忘记刀片的惯性运动而伸手进入	30(中等) 70(可能)	100(低)	可调节的外壳/屏障，警告标志，标准程序，使用指南	30(中等) 30(不太可能)	60 (可忽略)
忽视培训，在切片机接通电源时仍按正常情况打开和清洗切片机	30(中等) 70(可能)	100(低)	警告标志，标准程序，使用指南，监督	30(中等) 30(不太可能)	60 (可忽略)
忘记拔掉电源插头和不经意间合上电源开关	30(中等) 70(可能)	100(低)	警告标志，标准程序，使用指南，监督	30(中等) 30(不太可能)	60 (可忽略)
其他人或事情转移了注意力，不经意间触动启动开关	30(中等) 70(可能)	100(低)	警告标志，标准程序，使用指南，监督	30(中等) 30(不太可能)	60 (可忽略)

A.5.3.3 讨论

对于年轻雇员，操作和清洗带有圆刀片和封闭的供料滑道的动力面包切片机的风险分数为60(可忽略)。现有的保护措施：可调节的防护装置、警告标志和安全操作规程，有助于达到该低风险等级。采用自动供料和弹出装置可能并不会显著地降低风险水平。

A.6 定量风险评估(见5.4.4.5)

A.6.1 概述

本章简要介绍一种对过于复杂、难以定性评估的单一风险进行详细检查的方法。本章(A.6)中所有的斜体文字都是有关解释性例子。

在使用这种方法之前,首先需要依照GB/T 16856.1—2008对危险进行全面识别。

所用表格以事故因果关系的基本故障树为基础。只要使用故障树核查的基本逻辑无误,可以根据具体要求对表A.12 表格3A和表A.13 表格3B进行修改或增补。使用这种方法评估的风险可表示为不同等级伤害的年发生次数,并允许与行业内的事故统计或数字化风险基准进行比较。本方法提供了推荐概率的查询表和使用指南,因此,使用者不必依据基本原则评估所有这些值。同时,这些查询表还可以根据使用者的要求或数据源进行修改或增补。

介绍该方法的使用时参考了煤矿的动力防护支架。作为案例的事故场景是"损坏的高压电缆"这一危险状态的原因和后果。

A.6.2 工具或方法的描述

A.6.2.1 表格1——事故场景的描述

表A.10给出的表格1用于描述建立在危险识别记录信息基础之上的每个事故场景。有可能一个危险对应几个不同的危险状态和/或每个危险状态对应几个危险事件。*本例中,损坏的高压电缆引起电死危险或着火危险。*

一份表格应能够适用于危险、危险状态和危险事件的各种组合。有些危险状态只与某些类型的人员相关,例如:维修技师,而另一些危险状态则与各种不同类型的人员相关(操作者,维修技师和经过人员),这应在表格中表述清楚。

目标是尽可能清楚地描述对于将要发生的危险事件必定发生或存在的每个事件(事件链)。此时,考虑GB/T 16856.1—2008中7.3所述的内容是有益的。

表A.10 表格1

定　义	机器的描述
危险:描述潜在的伤害源	*高压带电零部件*
危险状态:描述机器使用中使人员暴露于危险,即存在潜在伤害的任务(包括如安装和维修等活动);描述暴露人员类别,即何人暴露,例如:操作者、维修技师、经过人员	*在执行非常规任务后,遗留的重物放在动力防护支架轨道内,当进行正常操作时引起危险*
危险事件:描述危险如何导致伤害,这可能归因于操作过程中的人为失误或随机事件/故障	*引燃易爆气体环境* 注:*还存在某个人因接触带电零件被电死的可能性,但这是另外一种场景,可以用另外一套表格来评价。*
后果:依据可信的最坏后果描述可能的伤害;在考虑规避或限制该伤害的可能性时,还应描述更可能的较低严重程度的后果;表A.18给出了伤害类型的例子	*爆炸——邻近的任何一个或几个人死亡*
危险事件的前提条件:发生事故的所有被识别的前提条件都必须发生或存在,如果某一前提条件不出现,事故场景就不可能出现;相反,如果事故的发生与列为前提条件的某事件无关,那么它事实上就不是前提条件 注:前提条件应分解得足够详细以减小概率评估的不确定性。可以有定义前提条件的不同方法,只要定义是清晰的且没有重复的前提条件,采用哪种方法并不重要。	*1 钢梁留在防护支架轨道内——没有良好的培训和监督,这是可能的;* *2 损坏的高压电缆——如果电缆无保护,这是非常可能的;* *3 存在易爆气体环境——如果没有排除煤尘,这是非常可能的,也可能是甲烷空气混合物*

A.6.2.2 表格 2——满足所有前提条件的概率

如果有 2 个或 2 个以上前提条件，为了在考虑共因失效(CCF)前后分别记录它们的概率，采用表格 2(见表 A.11)。与触发事件或较早前提条件具有共同原因的任何前提条件，都应赋予概率 1。如果前提条件之间存在某种依赖关系，则应设法确定一个集成共因失效的单一前提条件，或者适当限定每个前提条件的概率。如果不能确定，则调整所有前提条件的概率，但应将其中一个对共因失效敏感的前提条件的概率调整为 1。*在此例中，前提条件之间没有共同原因，因此共因失效(CCF)的值与初始值相同。*

表 A.11 表格 2

前提条件(来自表格 1 中的内容)	初始值	标识符	CCF 值
1 *钢梁留在防护支架轨道内——采用表 A.17 中的一般性疏忽错误(的值)*	0.01	p_1	0.01
2 *损坏的高压电缆*	0.1	p_2	0.1
3 *存在易爆性气体环境*	0.1	p_3	0.1
……	—	…	—
n	—	p_n	—
满足所有前提条件的概率 注：任何与触发事件或较早前提条件具有共同原因的前提条件，都应赋予概率 1。画一条线把那些对共因失效敏感的前提条件连接起来。表 A.16 和表 A.17 可用于确定概率的值。故障率可以从供应商处获得，或使用表 A.15 评估出来。		$\prod_{i=1}^{n} p_i$ 式中：Π 是从 1 到 n 所有变量的乘积。	1×10^{-4}

A.6.2.3 表格 3——评估危险事件和暴露的概率

本表格用于量化风险要素“暴露度”和“危险事件的发生”。本方法需要在两种表格之间作出选择：对于那些暴露于危险并因人为失误引起的危险事件，采用表格 3A(见表 A.12)；对于那些不管人员是否暴露于危险都能够由事件或故障引起的危险事件，采用表格 3B(见表 A.13)。当人为失误有可能伤害其他人而不是失误者本人，且其他人的暴露与何时发生失误没有关系时，应采用表格 3B 而不是表格 3A。人为失误也可以是一个前提条件而不是触发事件。

表格 3A 要求下列内容：

——对人员暴露于危险状态的年操作次数的评估：该评估值可以根据使用这种机器或类似机器的经验来作出，在这种情况下，只需简单地将该值插入第 3 列即可。该评估值也可以用每年的工作班次乘以评估的每班的危险操作次数计算出来。如果不能确定，最好假定每年有 235 班。但对于季节性使用的机械，例如：农业机械一年中仅在很少的几个月(收获季节)中使用，依然使用每年 235 班的值，因为不能假定操作者在一年中除收获季节外的其余时间没有风险。

注：每年的班次可能会随不同的地方而变化。

——对危险事件平均持续时间内的人为失误概率的评估。在评估这个概率时，可以使用表 A.13。

根本原因在于人为失误(钢梁遗留在轨道内)，但暴露与人为失误无关，因此采用表格 3B。

人员暴露于危险期间、因人为失误引发危险事件时，使用表 A.12 给出的表格 3A。

表 A.12 表格 3A

组 成	标识符	评估值
操作者每年的工作班次：如果操作者工作一个标准年，即平均每天 1 班、每周 5 天、每年 47 周(考虑到节假日)，则年工作班次为 5×47=235 注：每年的班次可能会随不同的地方而变化。	n_1	
使用这种机械的标准班的比例：该值是操作者不能使用其他机械进行工作的时间比例	r_1	

表 A.12（续）

组　　成	标识符	评估值
每班危险操作次数：这应根据使用机器的正常模式确定，包括调整和维修时间	n_2	
每年的危险操作次数：或者是上面两个值的乘积，或根据经验或其他数据插入值	$n_3 = n_1 \cdot n_2$	
危险操作的平均持续时间内人为失误的概率：采用表 A.17[2)]	P_e	
满足所有前提条件的概率：如果没有前提条件，该概率设定为 1；如果超过一个前提条件，就用表格 2 计算该概率	P_p	
人员暴露时危险事件（每年）的频率	$F=P_e\ P_p\ n_3/\ r_1$	

当危险事件是由与暴露无关的事件（例如：机械的部件、零件或功能的故障）引起时，采用表 A.13 规定的表格 3B。

表 A.13　表格 3B

组　　成	标识符	评估值
危险事件的频率（每年）：这可能从组件有关的生产商处获得，也可根据经验使用表 A.11[3)] 进行评估 *如果高压电缆破损并存在易爆性气体环境，电弧迟早会导致着火*	f_1	1
使用或靠近该机械所花时间的比例：这可以根据该机器正常使用模式的知识评估出来，包括调整和维修时间；进行危险操作的时间除以使用该机械的时间，这可弱化那些只是偶尔使用该机器的人的影响 *假定采煤工作标准班平均 90%的时间用于采煤*	r_2	0.9
满足所有前提条件的概率：如果没有前提条件，该概率设定为 1；如果超过一个前提条件，就用表格 2 计算该概率	P_p	1×10^{-4}
人员暴露时危险事件的频率（每年）	$F=P_p\ f_1\ r_2$	0.9×10^{-4}
基于经验或其他数据的可选频率（每年）	F	—

A.6.2.4　表格 4——考虑规避或限制伤害可能性的风险评估

表 A.14 给出的表格 4 可用于考虑规避或限制伤害可能性的风险评估。当可能接受的最坏风险是死亡，但由于限制或消除伤害的可能性，很可能变成严重或轻微伤害时，表格 4 有助于避免高估或低估风险。

表 A.14　表格 4

<table>
<tr><th colspan="3">组　　成</th><th>标识符</th><th>评估值</th></tr>
<tr><td colspan="3">得自表格 3A 或表格 3B、有人员暴露的危险事件的频率</td><td>F</td><td>0.9×10^{-4}</td></tr>
<tr><td rowspan="2">严重程度等级
见表 A.18 的例子</td><td colspan="2">如果发生伤害，将是特别严重程度伤害的概率</td><td colspan="2">每个严重程度等级伤害的频率（每年的事件）</td></tr>
<tr><td>标识符</td><td>评估值</td><td>标识符</td><td>评估值</td></tr>
<tr><td>致命的和严重的永久性残疾</td><td>S_1</td><td>1</td><td>$F\cdot S_1$</td><td>0.9×10^{-4}</td></tr>
<tr><td>严重的——非常不可能幸免的爆炸</td><td>S_2</td><td></td><td>$F\cdot S_2$</td><td></td></tr>
<tr><td>轻微的</td><td>S_3</td><td></td><td>$F\cdot S_3$</td><td></td></tr>
<tr><td>无损伤或可忽略的伤害</td><td>S_4</td><td></td><td></td><td></td></tr>
<tr><td>总和</td><td>$S_1+S_2+S_3+S_4$</td><td>1</td><td></td><td></td></tr>
</table>

2)　国际标准为 A.18，技术内容应为 A.17。

3)　国际标准为 A.1，技术内容应为 A.11。

A.6.2.5 补充数据

见表A.15～表A.18。

表A.15 选择稀有事件的频率

事　件	频率(每年)
欧洲由于各种原因的死亡风险	1×10^{-2}
在相对危险行业(如采矿)的高风险组内工作的死亡风险	1×10^{-3}
交通事故导致的死亡	1×10^{-4}
在非常安全的工业部门内、因工作意外事故导致的死亡	1×10^{-5}
家庭火灾或煤气爆炸导致的死亡	1×10^{-6}
被闪电击中	1×10^{-7}

表A.16 建议的概率值

概　率	描　述
1	连续发生
10^{-1}	频繁并可预期的,作为过程的一部分经常发生
10^{-2}	可能的,知道在过程中会发生
10^{-3}	异常的,知道偶尔会发生但通常不可预期
10^{-4}	几乎不可能,在某个地方发生过,也许在另一家公司发生
10^{-5}	可以想象,可能会发生,但没有切实证据表明它曾经发生过
10^{-6}	不可能,极不可能,可合理地假设它将不会发生
10^{-7}	不可想象,应该永远不会发生

表A.17 人为失误的概率

失误概率	任　务
1×10^{-4}	日常工作中,随时的良好反馈,危险的良好认知
0.001	简单的日常工作
0.01	一般疏忽性失误
0.1	非常规的复杂工作
0.1	高度紧张,时间限制为30 min
0.9	高度紧张,时间限制为5 min
1	高度紧张,时间限制为1 min
1	在第一步中已经失误,第二步又失误

表 A.18 每个严重程度等级伤害类型的例子

严重程度等级	伤　害
致命的和严重的永久性失能	四肢瘫痪 截瘫 持续失去知觉(昏迷) 永久性脑损伤
严重的损伤	骨折(手指、拇指或脚趾除外) 导致永久性伤疤的烧伤 部分或全部视力损伤 截肢 失去知觉(非持续的) 肩、髋、膝或脊柱错位 暴露于烟气需要治疗的(伤害) 需要恢复性治疗的任何(伤害)
轻微的损伤	轻微的骨折(手指、脚趾) 割伤和擦伤 轻微的烧伤,暂时性伤疤 只需要急救的其他伤害
没有损伤和发生未遂	没有损伤,包括规避伤害的可能

A.6.2.6 讨论

通过这种方式将事故场景分解来评估风险的价值不在于得到多少数值,而在于对所有影响风险的因素的理解。这有助于识别一系列风险减小措施。例如:在本例中,培训和能力对于风险减小显然是重要的。

由一个富有经验的风险评价专业人员领导的,会同风险评价小组中的设计师和安装/维修工程师一起组成小组,对一个特定的电动防护支架进行考察的整个风险评价过程的计划如下:

——用一天时间熟悉/确定各种限制;

——用两天时间进行危险识别,形成一份包括41项有关危险和危险状态的列表;

——一天时间用于风险评估,使用一种类似于上面描述的指导性定量方法对10种危险状态进行检查,对其余的危险状态进行定性评估;

——用五天时间整理评价结果,进行受限风险评定并与事故统计进行全面对比,但是,如果该方法已计算机化,这项工作的时间将会显著减少;

——用一天时间将结果反馈给评价小组以及评价委员会的成员。

使用这个工具进行的风险评估考虑了设计中现有的保护措施和通常的行业操作惯例。评估的风险可以为是否需要采取风险减小附加措施的决定提供依据。设计组决定,对于该数量的风险,改变设计(例如:加防护屏障)实际上是不可行的。然而,该风险和使用者控制该风险所需采取的措施,将在该机械的使用信息中予以描述。

具有适当经验的专业人员领导的小组能够很好的使用该方法。该方法有助于形成详细的技术论述,并对有关危险和风险的现有设计和假定提出质疑。采用这种方法需要付出额外的努力,因此,用于完善的机械不是最经济的,因为完善的机械在适当保护措施方面有一套标准的或广泛认可的好方法。

A.7 采用混合型方法的风险评价

A.7.1 概述

该风险评价方法是对定性参数的量化。它是数值评分和矩阵的混合方法。

该方法涵盖危险识别、风险评估和风险评定,需要采取的保护措施以及考虑机械足够安全的决定。

作为第一步,使用该方法和工具的风险评价可以由一个人在日常工作中完成。但是,与所有风险评价一样,应由4.2中所述的小组进行复查或重新评价。

在开始使用该方法前,必须做好如第4章所述的准备并确定如5.2所述的机械限制。

A.7.2 工具或方法的描述

表A.19应与下列指导信息配合使用。

预风险评价

在该框内打勾说明这是首次风险评价。它是在只有规程和示意图的概念阶段进行的,此阶段没有详细的图样。评价结果用于确定机器的主要系统,例如:机械驱动系或伺服驱动装置,热空气或超声热合密封,移动式防护装置或挡光板(见表A.19)。

中间风险评价

中间风险评价框内打勾用于机器研制过程中的所有中间风险评价。

该阶段涉及两组危险。预风险评价阶段指出了保护措施,在该阶段采取了这些措施并重新评价风险。机器研制期间改变设计时,必须与项目中的设计评审一起进行风险评价。本阶段处理新产生的危险(见表A.19)。

跟踪风险评价

该框打勾用于跟踪风险评价。跟踪是针对采取的保护措施进行评价,在这个阶段不应出现新的危险。但是,在对采取的保护措施进行跟踪时可能会识别出新危险,则这种新危险也应在这个阶段评估和评定。如果新危险要求保护措施,则必须再次对该保护措施进行跟踪评价(见表A.19)。

参考号(Ref. No)

参考号或序列号,用于对每个被识别的危险指定一个数字,便于参考。

类别号(Type. No)

类别号,危险的类别或组别号,用于对危险进行分类。该数字指的是符合GB/T 16856.1—2008中表A.1的类别号或组别号。

危险

描述危险。类别号识别危险的类型或组别。指出该危险类型或组别的起因。例如:如果危险是挤压危险,则在类别号栏中表示为"1",在危险栏表示为"挤压"。

由于不同的危险状态和危险事件,同一危险可能要求几次评估。

严重程度 Se

作为被识别危险的后果,Se是可能伤害的严重程度。严重程度的评分如下:

1 通过救护能治愈的刮伤、擦伤或类似伤害;

2 需要专业医生医疗护理的较严重的刮伤、擦伤、刺伤;

3 通常不能恢复的伤害,治愈后继续工作有些困难;

4 不能恢复的伤害,以致即使可能治愈,治愈后也很难继续工作。

频率 Fr

Fr是暴露频率及暴露持续时间的平均时间间隔。频率评分如下:

2 暴露之间的时间间隔超过1年;

3 暴露之间的时间间隔超过2星期但不超过1年;

4 暴露之间的时间间隔超过1天但不超过2星期;

5 暴露之间的时间间隔超过1小时但不超过1天;

(暴露的持续时间少于10 min时,上述值可以减小到下一等级上)

6 暴露之间的时间间隔不超过1小时。任何时候该值都不得减小。

概率 Pr

Pr是危险事件发生的概率。为了确定概率的等级,应考虑人的行为、零件的可靠性、事故历史及零

件或系统的特性(例如:刀总是锋利的,牛奶场用的输奶管是烫的,电本性上是危险的)。概率评分如下:

1 可忽略的。例如:该种组件从来没有发生导致危险事件的故障,没有发生人为失误的可能性。

2 稀有的。例如:该种组件不太可能发生导致危险事件的故障,不太可能发生人为失误。

3 可能的。例如:该种组件可能发生导致危险事件的故障,有可能发生人为失误。

4 很可能的。例如:该种组件很可能发生导致危险事件的故障,很可能发生人为失误。

5 非常高。例如:该种组件不是为这种应用而制造的,它将发生导致危险事件的故障,人的行为导致失误的可能性非常高。

规避 Av

Av 是规避或限制伤害的可能性。例如:考虑机器是由熟练人员或非熟练人员操作,危险状态导致伤害的快慢,通过采用一般信息、直接观察或通过警告标志等的风险意识,以确定规避等级。规避可能性评分如下:

1 很可能。例如:在大多数情况下,处在联锁防护装置后面很可能规避与移动件的接触,除非联锁失效而保持移动。

3 可能。例如:在速度缓慢的情况下,有可能规避缠绕危险。

5 不可能。例如:突然出现强激光束或由于电绝缘故障而使机器零件带电是不可能规避的。

等级 C1

C1 是等级。如 GB/T 16856.1—2008 的 7.2.1 所述,Fr、Pr 和 Av 是构成伤害发生概率的组成要素。这三个要素中的每一个都应独立的进行评估,对每个要素都应采用可信的最不利的假定。Fr、Pr 和 Av 在 C1 中被加在一起,C1 是 Fr、Pr 和 Av 的和,即:C1=Fr+Pr+Av。

风险评定

通过采用表格上部中间的矩阵进行风险评定(见表 A.19)。

在严重程度(Se)穿过黑色区域中的等级(C1)时,必须采取保护措施减小风险。

在严重程度(Se)穿过灰色区域中的等级(C1)时,建议采取保护措施进一步减小风险。

在严重程度(Se)穿过剩余区域中的等级(C1)时,风险已经充分减小。

保护措施

指出减小风险所采取的保护措施。

充分安全

表明这种特定的危险已经变为充分安全。在表明该危险充分安全之前,必须采取保护措施并用修正后的风险参数重新进行评估和评定。这个过程保证了保护措施的有效性,它还保证了在采取保护措施时没有引入新的危险。

注释

由于危险表格太短而不能充分描述危险时,可在注释中进一步描述该危险。在左边的栏中给出该特定危险的参考号,在右边的栏中描述该危险。在使用照片的场合,照片的参考可以放在这里。

A.7.3 应用

A.7.3.1 对被评价的任务或机器的描述

这个例子给出了混合型风险评价方法在一种包装机上的应用,是一份涉及电气机械危险的风险评价的摘录。

危险与带电部件和摆动式传动装置的接触有关,其中,机械危险来自于皮带传动和活动销。

电气危险暴露发生在维修期间,机械危险与操作机器的任务有关。

A.7.3.2 采用该方法的风险评价结果

表 A.19 是一份中间风险评价的副本。执行完成的风险评价参见该表。

首次风险评价,即预风险评价,给出的文件号为 672,没有给出该文档。

在预风险评价过程中,识别出一个电气危险(参考号为 1)。

该危险被评估和评定为要求采取保护措施。

下一个风险评价,即中间风险评价,给出的文件号为684(见表A.19)。它参考了前一个风险评价,即预风险评价,成为672号文件的一部分。

在中间风险评价过程中,对参考号为1的危险再次进行了评价,这时,它已经在适当位置采取了保护措施。它被证实是充分安全的,因此在表A.19的表格中"充分安全"栏内指明。

在同一个风险评价表A.19中,识别了两个新危险,危险参考号分别为2和3。这些危险被评估和评定为要求采取保护措施,采取的措施将是联锁防护装置。最终的风险评价,即跟踪风险评价,给出一个新的文件号,但没有给出该文件。它将参照前一个风险评价,成为684号文件的一部分。

在跟踪风险评价过程中,对参考号为2和3的危险再次进行评价,现在它已经在适当位置采取了保护措施,即联锁防护装置。如果它们被证实是充分安全的,就应在表格中"充分安全"栏内指明。

如果再没有新的危险被识别出来,就完成了风险评价。如果在对参考号为2和3的危险进行确认时识别出一个新的危险,而该危险不需要保护措施,则应在表格中"充分安全"栏内指明该新危险是充分安全的。

如果新识别出的危险要求采取保护措施,则这次评价就不是跟踪风险评价,而应指明为是一次中间风险评价。当已经对这个最后的危险采取保护措施后,必须再作一次风险评价,即跟踪风险评价。

当不再有要求保护措施的危险被识别出来时,则这次风险评价就是一次跟踪风险评价,该风险评价过程结束。

A.7.3.3 讨论

已经发现,该方法在由一个小组来实施时效果最好(见4.2)。采用这个方法的小组成员包括电气设计师和机械设计师、现场服务技师和使用说明书的技术编辑,小组的领导应是一个深刻了解该方法的人。

当把该方法用作设计审查的一部分时,能节省时间,且确保安全被集成到设计而不是对足够安全机器的扩充。

该风险评价方法和工具已经用于全世界的包装工业很多年,一些官方监督部门也在使用该方法。该方法可以用于任何与机器相关的工业。

表 A.19 完成的混合型方法表格的例子

产品：摆动式传动装置
发布人：<名字>
时间：2007-09-17

风险评价和保护措施

黑色区域＝要求采取安全措施
灰色区域＝推荐采取安全措施

文件号： 684
文件组成部分的编号：672

	预风险评价
×	中间风险评价
	跟踪风险评价

后 果	严重程度 Se	等级 C1（Fr ＋ Pr ＋ Av）					频率 Fr		概率 Pr		规避 Av	
		3-4	5-7	8-10	11-13	14-15						
死亡，失去眼睛或手臂	4						≤1 h	5	非常高	5		
永久性伤害，失去手指	3						＞1 h～≤24 h	5	很可能	4		
可恢复的伤害，医疗护理	2						＞24 h～≤2 w	4	可能的	3	不可能	5
可恢复的伤害，救护	1						＞2 w～≤1 y	3	很少的	2	可能的	3
							＞1 y	2	可忽略的	1	很可能	1

序号	危险号	危险	Se	Fr	Pr	Av	C1	保护措施	充分安全
1	2	带电零部件引起的电击							是
2	1	挤压手指	3	4	2	3	9	联锁保护装置	
3	1	手指在移动销和机架之间	2	3	2	3	8	联锁保护装置	

参考号的注释

2	在皮带和皮带轮之间挤压手指

附　录　B
（资料性附录）
风险评价和风险减小过程的应用例子

B.1　概述

本例子的目标是依照 GB/T 16856.1—2008 和 GB/T 15706 制订的通则，简要说明风险评价和风险减小过程在单轴立式成型机设计过程中的应用。

本例子既不寻求包括这种机器的全部设计，也不准备成为供人仿效的模型。本例子仅尝试给出足够的信息，使读者对 GB/T 16856.1—2008 和 GB/T 15706 所规定的原则的可能应用方式有一个完整的认识。

B.2 和 B.3 的应用考虑了机器的整个寿命周期。但是，B.4 中的例子仅限于使用阶段，尤其是机器的设定和操作。

B.2　用于风险评价的信息（见 GB/T 16856.1—2008 的 4.2）

B.2.1　初始规范

B.2.1.1　概述

根据 B.2.1.2～B.2.1.4 给出的初始规范设计机器。

B.2.1.2　基本要素

基本要素如下：

——固定式单轴立式成型机；

——室内使用；

——一个操作者使用；

——手工喂入；

——电动力源。

B.2.1.3　需要由机器完成的工作

设计该机器的目的是通过成型、裁口、切槽变更正方形或矩形截面的木块和类似材料（软木、粗纸板、纤维板和硬塑料）的外形。

需要由这台机器完成的加工如下：

1)　直线加工

将工件的一个面靠在工作台上，工件的另一个面围以护栏，成型加工从工件的一端开始，持续到工件的另一端结束。

2)　间断直线加工

仅机械加工工件长度的一部分。

3)　曲线加工

通过将工件的一个侧面靠在工作台上（或者，如果工件被夹持在夹具中，将夹具靠在工作台上），并使工件的另一个面与稳定轨道或夹具的滚珠环轨道垂直接触，在工件上进行曲线加工。

该机器不用于开榫。

仅用于已清除外物（如钉子）的木制品的加工。

该机器不能加工金属材料。

用市场上能买到的标准切削刀具来完成加工任务。

为了能使用各种切削工具和适应大多数材料的加工，该机器需要提供不同的主轴速度。

主轴高度应可调，以满足设定切削刀具高度的需要。

该机器的所有可调部分(例如：更换刀具，改变速度)均采用手工操作。

B.2.1.4 机器概念的描述(见图 B.1)。

铣削过程由安装在立式主轴上的铣刀来完成。该主轴只能朝一个方向旋转并能通过手轮(主轴单元)进行升降，该主轴由一台电动机和一组带轮(驱动单元)驱动，能够以 4 种不同的速度旋转(见下面的主轴速度)。

主轴单元和驱动单元固定在一个铸铁工作台上，工作台则架在一个钢制箱体上。工作台和箱体能对工件提供良好的支承，其高度能保证人类工效学要求的直立姿势。

为了在加工过程中引导工件，该机器装有适当的引导装置。

通过将传动皮带从一个带轮转换到另一个带轮，手动选择主轴速度。

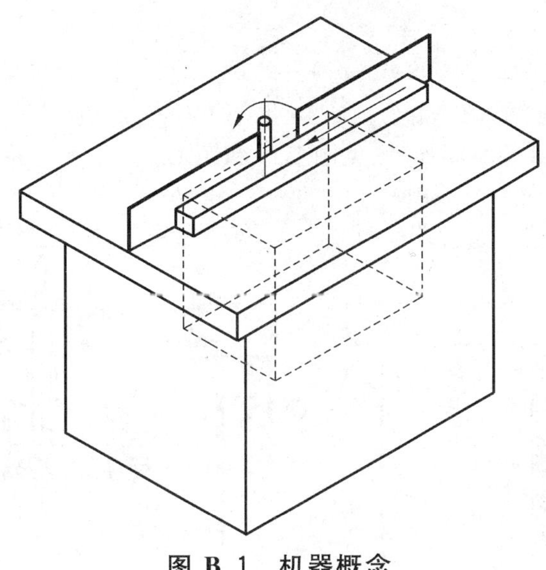

图 B.1 机器概念

B.2.2 使用经验

根据统计信息，大多数报道的事故是接触刀具发生的。这种接触主要是由直线机械加工过程中工件反冲和刀具抓缠所引起的。不使用防护装置或使用不适当的防护装置，不使用辅助护板、压板、夹具、垫板、终点挡板是这种机器发生事故的常见原因。

其他不常见的事故是由工件反冲引起的撞击，切屑和刀具或机器零件的弹射，以及木质粉尘/切屑着火。

排放或所使用的材料可能导致对健康的损害，例如：

——铣削过程中产生的噪声；

——木屑；

——铣削浸渍或防腐处理过的木材时释放的烟尘和物质。

B.2.3 法规、规范性引用文件和技术图表

初始考虑了下列标准：GB/T 15706.2，GB/T 16855.1，GB/T 16855.2，GB/T 19670，GB/T 18831，GB/T 8196，GB 5226.1，ISO 13852，以及人类工效学方面的 EN 614-1 和声学方面的 ISO/TR 11688-1等标准。

此外，还查阅了由 INRS(法国)，HSE(英国)，BG(德国)和 OSHA(美国)出版的关于这种机器的技术图表。

注：其他予以考虑的文件是适用于地区或国家的法规和标准，例如 EN 847-1 和 EN 848-1；然而，限于本例的启发目的并没有使用这些文件。

B.2.4 机器的初步设计

考虑上述给出的所有信息，制定以下技术规范：

——电源（频率、相数、标称电压）：50 Hz / 3 / 400 V/ PE。

——动力源接地：TT 系统。

——电机功率：4 kW。

——工作台尺寸：1 250 mm×700 mm。

——主轴特征：

直径：50 mm；有效长度：180 mm；竖直调节范围（手动可调）：200 mm。

——主轴速度（手动改变带轮上皮带的位置）：

3 000 r/min，4 500 r/min，6 000 r/min 和 7 500 r/min，所选择的速度取决于材料及刀具的直径和高度。

——刀具直径：例如从 120 mm～220 mm（刀具的最大直径）。

注：省略了与该例无关的其他参数（工作台的表面粗糙度，水平度，主轴的跳动等）。

因此，画出该机器初步设计的草图如下（见图 B.2 和图 B.3）。

单位为毫米

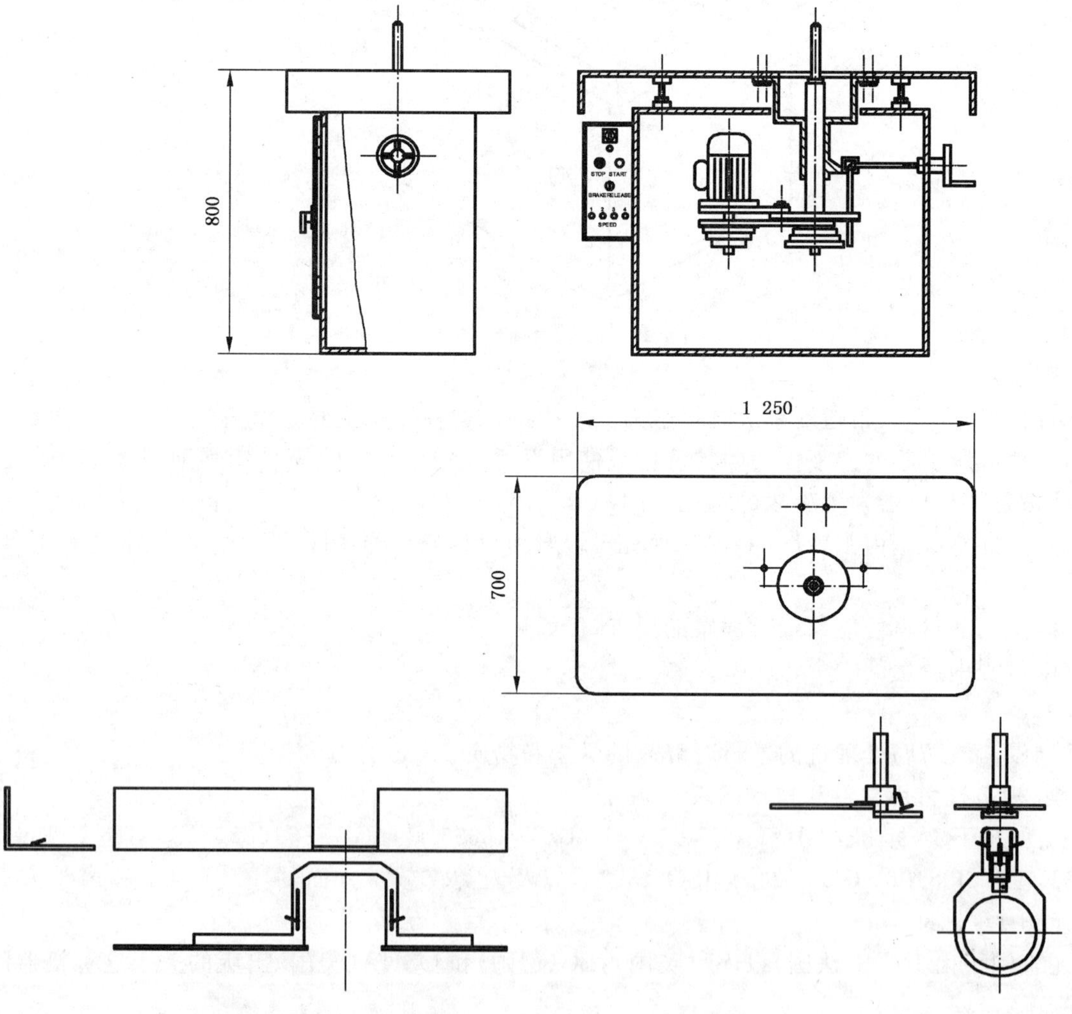

800

STOP START

BRAKE/RELEASE

SPEED

1 250

700

a）直线加工导向装置

b）曲线加工导向装置

图 B.2 初步设计草图

该机器由钢制箱体和安放在箱体上的铸铁工作台组成。在箱体内有驱动装置(电动机)、传动系统和主轴单元(使主轴旋转和竖直移动的机构)。

该箱体配有变速时接近传动系统的开口,通过一道门对该开口予以关闭。

工作台作为被加工木块的水平基准,并有一个供主轴穿出的孔。该机器配有执行不同操作的导向装置。

主轴的尺寸能够使用市场上提供的大多数标准切削工具。

驱动装置是一台三相异步电动机,额定电压 400 V,额定功率 4 kW。电动机带有一个制动器,每次发出快速停止主轴运动的指令时,该制动器就动作。制动器能够在执行某些操作(例如改变速度)时松开,电动机通过带轮和梯形皮带将动力传递给主轴。

电动机和主轴上各有 4 个带轮,能够提供 4 种不同的工作速度。手动将皮带从一个带轮转换到另一个带轮即可选择工作速度。为了转换皮带的位置,用一个杠杆(不需要使用工具)即可很容易地移动电动机及其滑轮。用一个机构来探测皮带的位置,并通过一组指示灯来显示所选择的速度。

通过齿轮-齿条传动机构实现主轴在竖直方向上的调节,它没有可接近的移动元件。

控制电路在位于机器前方的箱体内,主要包括控制驱动器(起动和停止按钮等)、选择速度指示灯、控制电路和动力电路(电力保护装置,接触器等)。所有电气元件(导体和电缆、控制装置、电动机、电气设备保护装置等)都按照 GB 5226.1 进行选择、装配和组合。电路图见图 B.3。

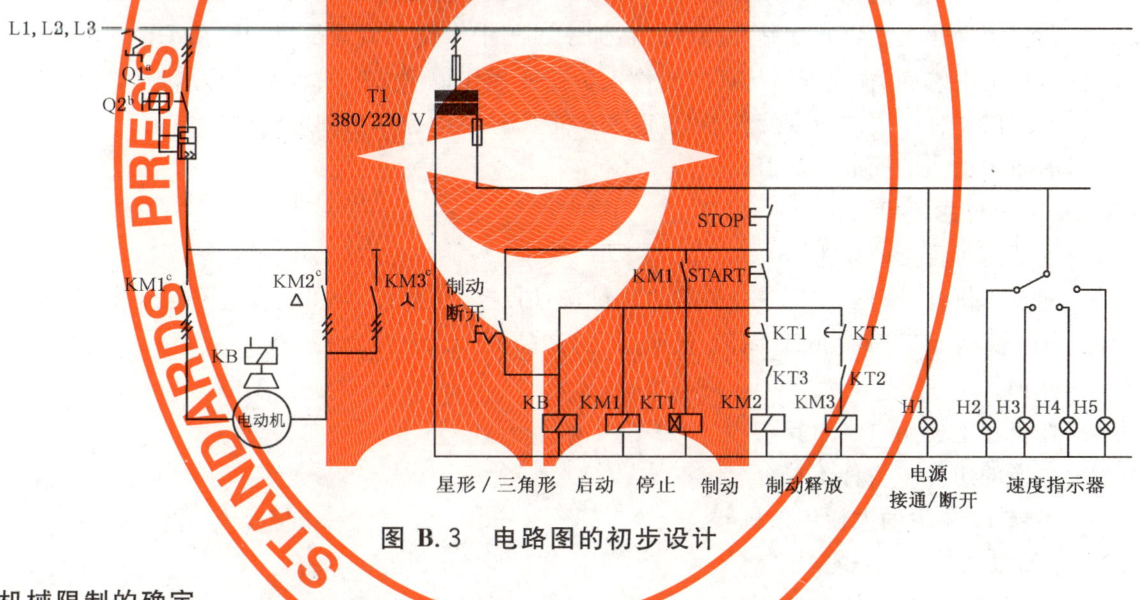

图 B.3 电路图的初步设计

B.3 机械限制的确定

B.3.1 机械整个寿命周期内各阶段的描述

本例中,重点考虑的该机械寿命周期的阶段如下:

——运输

可能由机器的使用者完成的所有运输任务,这种情况下,指内部的运输、搬运等。

——装配、安装和试运转

拆卸与运输有关的部件(例如覆盖物、固定螺钉),将机器固定在地板上;连接电源;检查安装是否正确(校正刀具的旋转方向),检查所有控制器的功能和机器执行要求操作的能力。

——设定

更换主轴上的刀具;安装和调整导向装置;改变主轴速度和试机。

——操作

手动喂料铣削。

——清洁，维护

给旋转元件和传动元件加润滑油，更换皮带，清洁机器的内部零件。

——寻找故障/故障排查

启动保护装置后机器在故障情况下运行。

——停用，拆卸

由使用者处理机器的所有零件。

B.3.2 使用限制

B.3.2.1 预定使用

该机器预定用于通过成型、裁口、切槽变更正方形或矩形截面的木块和类似材料（软木、粗纸板、纤维板和硬塑料）的外形。

需要由该机器完成的加工如下：

——直线加工；

——间断直线加工；

——曲线加工。

该机器仅供专业人员使用。

该机器预定由具有使用这种机器的知识和经验、上肢体能健全且无视力损伤的人来使用。

该机器预定操作人员以直立站姿操作。在加工过程中操作人员要手持和移动工件。

该机器预定由熟练的/经资格认证的操作人员按照操作说明书中的说明进行维护（维修）。

主轴可以以 4 种不同的速度旋转，通过改变皮带位置手动选择主轴的速度。

只考虑使用适当的标准切削刀具。

B.3.2.2 可预见的误用

考虑了下列可预见的误用：

——加工非设计者（见 B.2.1.3）预定的材料，例如：橡胶、石头、金属或未清除外来物质的木制品；

——加工具有不适当横截面（筒形、椭圆形）的产品；

——开榫；

——在机器上使用自制刀具；

——更换的组件或备件不符合规定；

——不满 16 周岁的人使用该机器。

B.3.3 空间限制

该机器预定用于室内工业环境。

对于安装和使用，需要一块面积不小于 3 000 mm×3 000 mm、且无障碍物和柱状物等的平地。

机器预定由用户连接至除尘系统。

该机器不预定用于具有爆炸或火灾危险的地方。

该机器预定使用电压为 400 V 的三相 PE 电源。

B.3.4 时间限制

该机器预期的运行寿命为 20 000 h。

该机器有如下一些需要检查和/或更换的易损件：

——皮带：每 500 h 检验状态和张力；

——制动器：每天检验停止时间小于 10 s；

——刀具：依照刀具制造商的说明书检验状态和锋利程度。

每班都要清洁可见且可触及的表面，包括移动件和导向装置的表面。

每六个月要对机器进行全面清洁。

B.4 危险识别

B.4.1 分析系统的范围

B.1章中已说明，本例的危险识别仅限于对该机器的使用阶段，尤其是机器的设定和操作阶段。

B.4.2 要执行的任务

在该机器的设定过程中，需要执行下列任务：

——在停止转动的主轴上更换刀具；

——安装和调节适当的导向装置(用于直线加工或曲线加工)；

——改变主轴速度；

——试机(调节主轴高度和进给/加工工件以检查切削深度、调节后的主轴高度等是否适当)。

在机器的操作过程中，执行下述任务：

——工件铣削或成型加工。

注：在该机器设定过程中已考虑了所有的调节任务，因此操作只涉及铣削过程(工件的手动喂入和在机械加工过程中握持住工件)。

B.4.3 相关危险和事故场景

定义了下列危险区(见图B.4)：

——区域1：工作区；

——区域2：机座；

——区域3：传动区；

——区域4：机器周围。

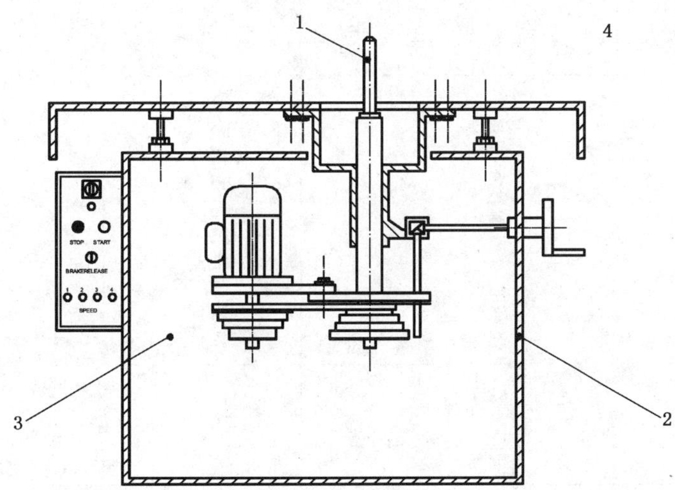

注：1、2、3、4为B.4.3定义的区域。危险识别见表B.1。

图 B.4 危险区

表 B.1 危险识别

风险评价(危险识别)			
机器	立轴式成型机	分析员	〈人名〉
原始资料	规范,初始设计	当前版本	2.0
范围	使用阶段:设定和操作	日期	2007 年 9 月
方法	检查表:GB/T 16856.1—2008 的附录 A	页数	1

编号	寿命周期	任务	危险区	事故场景			编号
				危险	危险状态	危险事件	
1	使用阶段:设定	更换刀具	工作区	锋利的刀刃割伤手指或手	靠近/使用刀具工作(搬运/安装刀具)	由于不小心或失去平衡而与锋利的刀刃接触	1
2					靠近/使用刀具工作(夹紧/松开刀具)	由于夹紧/松开刀具的力使主轴发生旋转而导致与锋利的刀刃接触	2
3						由于所用的不合适的手工工具发生滑落失控而导致与锋利的刀刃接触	3
4					靠近/使用刀具工作(搬运、安装和夹紧刀具)	意外起动导致与运动件接触	4
5		安装和调节导向装置			靠近刀具工作	由于不小心而与锋利的刀刃接触	5
6						意外起动导致与运动件接触	6
7	使用阶段:设定	改变主轴速度	传动区	被旋转件挤压手或手指(夹在带轮和皮带之间)	靠近传动系统工作(例如:在机器运行时检验/检查传动装置)	由于设计错误靠近运动件/与运动件接触 注:例如:为了检验或检查而靠近传动系统是可预测的人类行为(可预见的误用),这应可通过适当的机器设计加以预防。	7
8		改变主轴速度	传动区		靠近传动系统工作(这时已经停机)	意外起动导致与运动件接触	8
9				故障情况下,零件带电	在机器带电情况下工作	间接接触	9
10		试机	工作区	旋转元件(刀具)缠绕,割伤手指或手	靠近刀具工作(喂入工件)	工件失控导致与运动件接触(工件的材料、尺寸或外形不当,刀具不当,刀具速度不当,顺铣时工件喂入方向与同向切削的刀具旋转方向相同,切削深度超限等)	10
11						由于导向装置不连续(缝隙)使工件失控,导致与运动件接触	11
12						由于工作台不连续(孔)使工件失控,导致与运动件接触	12
13						由于没有保护措施,导致与运动件接触	13

表 B.1（续）

风险评价(危险识别)							
机器		立轴式成型机			分析员	〈人名〉	
原始资料		规范,初始设计			当前版本	2.0	
范围		使用阶段:设定和操作			日期	2007 年 9 月	
方法		检查表:GB/T 16856.1—2008 的附录 A			页数	1	
编号	寿命周期	任务	危险区	事故场景			编号
				危险	危险状态	危险事件	
14	使用阶段:设定	试机	工作区	旋转元件(刀具)缠绕,割伤手指或手	靠近刀具工作(喂入工件)	由于穿戴的宽松衣服、项链、耳环、未扎好的头发被卷入,导致与运动件接触	14
15					靠近刀具工作(在机器运行时调节导向装置)	由于加工程序不当,导致与运动件接触	15
16			工作区和机器周围	由射出的刀具、机械零件(例如导向装置)引起的冲击	操作员和其他人员暴露于零件的射出范围内(调节主轴高度,喂入工件)	刀具或导向装置的零件碎裂(由主轴高度调节不当,导向装置调节不当,工件的材料、尺寸或外形不当,刀具或刀具速度不适当,夹紧不当等所引起的)	16
17				由射出的工件或工件组成部件引起的冲击	操作员和其他人员暴露于零件的射出范围内(喂入工件,尤其是间断直线加工和曲线加工)	工件进入刀具的推进速度太快; 某些导致割伤危险的事件原因,还可能会产生由工件或工件组成部分射出引起的冲击危险(见编号 10、11 和 12)	17
18	使用阶段:运行	铣削	工作区	旋转元件(刀具)缠绕,割伤手指或手	靠近刀具工作(喂入工件)	由于工件失控导致与运动件接触(工件材料有缺陷,顺铣时工件喂入方向与同向切削的刀具旋转方向相同,工件的喂入速度不适当等)	18
19						由于导向装置的不连续(缝隙)使工件失控,导致与运动部件接触	19
20						由于工作台的不连续(孔)使工件失控,导致与移动部件接触	20
21						由于没有保护措施,导致与运动件接触	21
22						由于穿戴的宽松衣服、项链、耳环、未扎好的头发被卷入,导致与运动件接触	22
23					靠近刀具工作(例如:恰好在给出停止命令和松开制动器后去除废料或取下工件)	由于控制电路设计不适当,导致与移动部件接触	23

表 B.1（续）

风险评价(危险识别)							
机器			立轴式成型机		分析员	〈人名〉	
原始资料			规范,初始设计		当前版本	2.0	
范围			使用阶段:设定和操作		日期	2007 年 9 月	
方法			检查表:GB/T 16856.1—2008 的附录 A		页数	1	
编号	寿命周期	任务	危险区	事故场景			编号
				危险	危险状态	危险事件	
24	使用阶段:操作	铣削	工作区和机器周围	由射出的刀具、机械(如导向装置)零件引起的冲击	操作人员和其他人员暴露于零件射出范围之内(调节主轴高度,喂入工件)	刀具或导向装置的零件碎裂(由主轴高度调节不当,导向装置调节不当,工件的材料、尺寸或外形不当,刀具或刀具速度不适当,夹紧不当等所引起的)	24
25				由射出的工件或工件组成部件引起的冲击	操作人员和其他人员暴露于零件射出范围之内(喂入工件,尤其是间断直线加工和曲线加工)	工件喂入刀具的推进速度太快。 某些导致割伤危险的事件原因,还可能会产生由工件或工件组成部分射出引起的冲击危险(见编号 10、11 和 12)	25
26				木屑	操作人员或其他人员暴露于木屑产生的危险中	具有危害的木屑的排放	26
27				烟气	操作人员或其他人员暴露于烟气产生的危险中	经过处理的工件释放出来的能够产生危险的烟气的扩散	27
28				火灾	暴露的操作人员或其他人员	由电源引起的木尘/木屑着火	28
29				滑倒和跌落	使用机器工作/在机器旁工作	被满地的木屑或碎片滑倒	29
30				有噪声的制造过程	操作人员或其他人员暴露于噪声产生的危险中	达到危险等级的噪声的排放	30
31				肌骨失常	喂入工件	由过重工件导致的痛苦和疲劳的姿势	31
32			机座	故障情况下零件带电	使用带电的机器工作	间接接触	32

B.5 风险评估、评定和减小

B.5.1 风险评估方法

对于风险评估,采用了 A.4 章的风险图法。

由于该方法不适合评估卫生或人类工效学危险有关的风险,也不适合评估火灾/爆炸有关的风险,对这些风险采用了下列假设:

1) 卫生和人类工效学危险

卫生风险主要取决于中毒的类型(危险特性)、浓度和暴露持续时间。同样,评估人类工效学风险应考虑诸如重复、力、姿势、运动、持续时间和恢复时间等因素,这些因素也可以用严重程度和暴露度两个参数区分。

因此,对于这些类型的风险,对危险事件的发生概率和规避可能性进行评估几乎是没有意义的。

由于该原因,上述方法只考虑了严重程度和暴露度,而对于一个危险事件的发生概率和规避的可能性,则采取/假定了最保守的值。

2) 火灾

火灾风险取决于存在的可燃物质或材料、氧气和引燃源。危险事件的严重程度、暴露度和概率等参数可能分别与潜在火灾的规模和强度、危险状态的持续时间和机器着火的概率有关。如果存在规避风险的可能、但又很难做出真实评估,则采用最保守的值。

尽管对该风险指数的评估较为粗略,但如果在采用了经验证很可靠的保护措施后认为充分减小了风险,则不必采取进一步的措施。否则,应采用特定的风险评估方法。

B.5.2 风险评估、评定和减小

风险评估、风险评定和风险减小见表 B.2。

表 B.2 中使用的缩写词如下:

S 严重程度
- S1 轻微的
- S2 严重的

F 暴露度
- F1 很少的
- F2 频繁的

O 危险事件的发生概率
- O1 非常低的
- O2 可能的
- O3 高的

A 规避的可能性
- A1 可能的
- A2 不可能的

RI 风险指数:从 1(最小)~6(最大)

注 1:认为在机器设定过程中,卫生方面的危险(木屑、烟气和噪声)和人类工效学方面的危险不是主要的,因为暴露于这些危险而产生风险的可能性太低。同样,对于火灾/爆炸和滑倒危险,考虑到在机器恰当安装时产生的木屑数量太少不足以产生实际风险。

注 2:表 B.2 中指出的一些保护措施是几次迭代的结果。例如:在编号 12 中提议用工作台圈减小工作台孔;事实上,为了避免刀具接触工作台圈而崩裂,再次识别危险的结果将附加要求软材料。

注 3:在编号 18 中,提出以一个可拆卸的动力输送单元作为一项保护措施。但考虑到制造商提供的说明书,风险评价的迭代过程将要求进一步考虑在整个机械寿命周期内由该单元可能产生的潜在危险,如果有必要,则应采取新的风险减小措施(例如:在主轴单元的控制功能和动力输送单元的控制功能之间加装适当联锁;提供急停控制,适当调节)。

表 B.2 风险评价(风险评估和风险评定)和风险减小

风险评价(风险评估和风险评定)和风险减小													
机器						立轴式成型机	分析员					〈名字〉	
原始资料						规范,初始设计	当前版本					2.0	
范围						使用阶段:设定和操作	日期					2007 年 7 月	
方法						风险图	页数					1	
编号	风险评估(初始风险)					风险减小	风险评估(风险减小后)					需要进一步减小风险	编号
	S	F	O	A	RI	保护措施	S	F	O	A	RI		
1	1	1	2	2	1	防护手套使用规范,使用盒子而不直接用手携带刀具的规范	1	1	2	1	1	不	1
2	1	1	3	2	2	提供一套整体式主轴锁定系统(见图 B.5)和使用说明书	1	1	1	2	1	不	2
3	1	1	3	2	2	提供合适的手动工具和使用说明书	1	1	1	2	1	不	3
4	2	1	2	2	3	符合 GB 5226.1 的电气设备(例如:接地故障保护,带启动功能的制动释放功能联锁)(见图 B.6),建议机器与动力电源绝缘(通过主开关)的使用说明书	2	1	1	2	2	不	4
5	1	1	2	2	1	保护措施见编号 1	1	1	2	1	1	不	5
6	2	1	2	2	3	符合 GB 5226.1 的电气设备(例如:接地故障保护,带启动功能的制动释放功能联锁)(见图 B.6)	2	1	1	2	2	不	6
7	2	1	2	2	3	在门上安装符合 GB/T 18831 的联锁装置和符合 GB/T 16855.1 和 GB/T 16855.2中类别 1 的控制电路,并定期检查	2	1	1	2	2	不	7
8	2	1	2	2	3	保护措施见编号 4 和 7	2	1	1	2	2	不	8
9	2	1	2	2	3	符合 GB 5226.1 的电气设备(机器裸露的导电部件的保护性接地,用户使用漏电传感装置)(见图 B.6)	1	1	1	1	2	不	9
10	2	1	2	2	3	提供深度量规和使用说明; 提供推送块和推送杆及其使用说明,以及夹具和垫板的使用说明; 检查工件质量的规范; 符合有关标准的刀具使用说明; 提供一份具有刀具直径-速度示意图的标志和使用说明; 避免顺铣的说明; 推荐的渐进加工使用说明(避免切削过深)	2	1	1	1	2	不	10

表 B.2(续)

风险评价(风险评估和风险评定)和风险减小													
机器						立轴式成型机	分析员					〈名字〉	
原始资料						规范,初始设计	当前版本					2.0	
范围						使用阶段:设定和操作	日期					2007 年 7 月	
方法						风险图	页数					1	
编号	风险评估(初始风险)					风险减小	风险评估(风险减小后)					需要进一步减小风险	编号
	S	F	O	A	RI	保护措施	S	F	O	A	RI		
11	2	1	2	2	3	通过设计减小用于直线加工的导向装置的间隙(见图 B.5)、减小导向装置间隙的说明和使用故障导向装置的说明	2	1	1	2	2	不	11
12	2	1	2	2	3	通过提供软材料制成的环形垫圈以减小工作台上的孔(见图 B.5)及其使用说明(见 B.5.2 的注 2)	2	1	1	2	2	不	12
13	2	1	3	2	4	提供用于直线加工和曲线加工(见图 B.5)的可调节防护装置,及其安装、调节和使用的说明	2	1	1	2	2	不	13
14	2	1	2	1	2	建议穿戴紧身衣服,不戴领带、项链、耳环,不松散长发的使用说明	2	1	1	1	2	不	14
15	2	1	3	2	4	在机器运行时不调节导向装置的规范和象形图	2	1	2	1	2	不	15
16	2	1	2	2	3	使导向装置部件更靠近用软材料(例如轻合金、塑料、木材)制造的工具; 在靠近高度调节轮的地方提供一个主轴高度指示器; 正确夹紧刀具的说明; 也可见编号 10 的保护措施	2	1	1	2	2	不	16
17	1	1	3	2	2	在防护装置中为曲线加工提供"导入"和使用说明; 提供固定和止动的方法; 用于间断直线加工的夹具和止端的使用说明; 也可见编号 10、11 和 12 的保护措施	1	1	1	2	1	不	17
18	2	2	2	2	5	提供用于直线加工的可拆卸的动力喂入装置(为了使图样清晰,在图 B.5 或图 B.6 中没有表示出来); 提供推送块和推送杆及其使用说明,以及夹具和垫板的使用说明; 检查工件质量的说明; 避免顺铣的说明; 避免不当喂入速度的说明	2	1	1	1	2	是 (见 B.5.2 的注 3)	18

表 B.2（续）

风险评价（风险评估和风险评定）和风险减小													
机器						立轴式成型机	分析员					〈名字〉	
原始资料						规范，初始设计	当前版本					2.0	
范围						使用阶段：设定和操作	日期					2007 年 7 月	
方法						风险图	页数					1	
编号	风险评估（初始风险）					风险减小	风险评估（风险减小后）					需要进一步减小风险	编号
	S	F	O	A	RI	保护措施	S	F	O	A	RI		
19	2	2	2	2	5	见编号 11 的保护措施	2	1	1	2	2	不	19
20	2	2	2	2	5	见编号 12 的保护措施	2	1	1	2	2	不	20
21	2	2	3	2	6	见编号 13 的保护措施	2	1	1	2	2	不	21
22	2	2	2	1	4	见编号 14 的保护措施	2	2	1	1	3	不	22
23	2	1	3	2	4	在符合 GB/T 16855.1 和 GB/T 16855.2 中类别 1 的电气电路（见图 B.6）中带启动功能的制动释放功能联锁，对定期检查制动时间的说明	2	1	2	1	2	不	23
24	2	2	2	2	5	见编号 15 的保护措施，还可见编号 17 的保护措施	2	2	1	2	4	不	24
25	1	2	3	2	2	见编号 16 的保护措施，还可见编号 17、编号 18 和编号 19 的保护措施	1	2	1	2	1	不	25
26	2	2	3	2	6	提供与外部除尘系统相连通的排风口，最小气流量为 1 500 m^3/h，最小气流速度为 20 m/s（见图 B.5）	1	2	3	2	2	不	26
27	2	1	3	2	4	见编号 24 的保护措施； 穿戴 PPE 的说明； 对加工经过处理的木材或类似材料的说明	1	1	3	2	2	不	27
28	1	2	2	1	2	符合 GB 5226.1 的电气设备（最低的防护等级 IP54，组件尺寸，充分冷却等），除尘系统的使用说明	1	2	1	1	1	不	28
29	1	2	2	2	1	排气系统和清洁工作的使用说明	1	2	1	2	1	不	29
30	2	2	3	2	6	设计中应用测量技术，从源头上减小噪声（轴平衡，轴承，减振器，屏蔽）	1	2	3	2	2	不	30
31	1	2	3	2	2	提供固定伸缩工作台的机器布置方案	1	1	3	2	2	不	31
32	1	2	2	2	1	见编号 10 的保护措施	1	2	2	1	1	不	32

单位为毫米

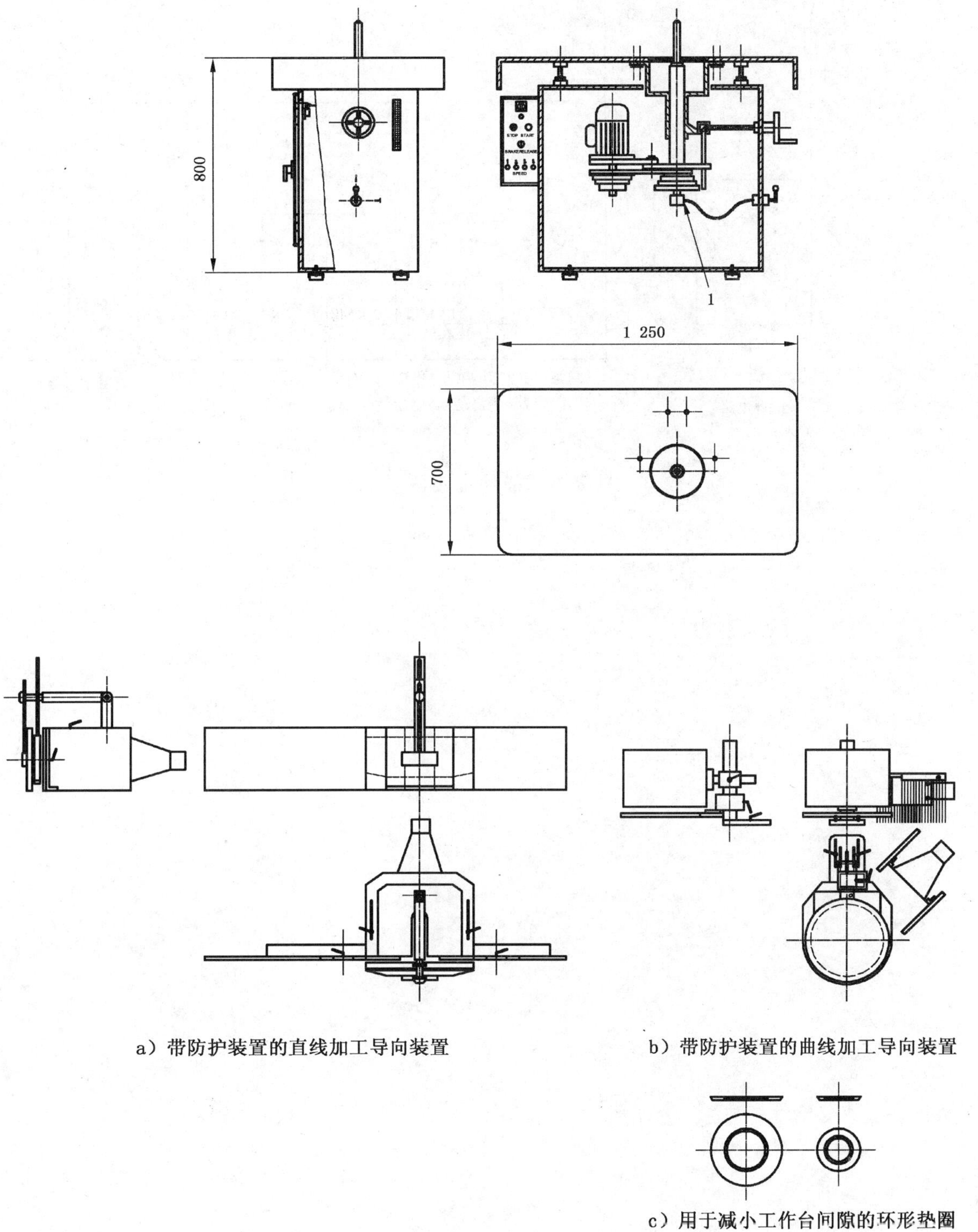

a）带防护装置的直线加工导向装置

b）带防护装置的曲线加工导向装置

c）用于减小工作台间隙的环形垫圈

注：

1——轴锁系统。

图 B.5　机器的最终设计

L1, L2, L3
Q1[a]
Q2[b]
T1
380/220 V
F1
Q2
制动
断开
S1
STOP
S3
INTERLOCKING
KM1
S2
START
KM1[c]
KM2[c]
KM3[d]
BRAKE
OFF
KT1
KT1
KT1
KM3
KM2
KB
电动机
KB
KM1
KT1
KM2
KM3
H1
H2
H3
H4
H5
星形/三角形
（由联锁装置启动）
启动
停止
制动
安全有关停止
制动释放
电源
通/断
速度指示器
电源电路
控制电路

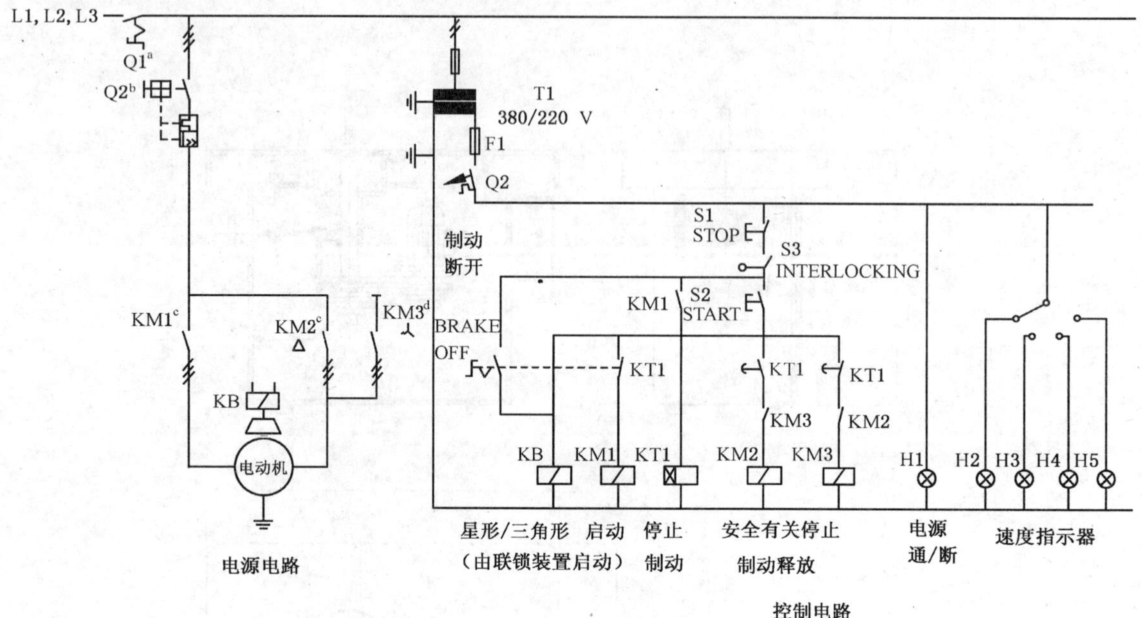

图 B.6 最终电路图

参 考 文 献

[1] GB/T 8196 机械安全 防护装置 固定式和活动式防护装置设计与制造一般要求(GB/T 8196—2003,ISO 14120,MOD).

[2] GB 10827(所有部分) 工业车辆 安全要求和验证[ISO 3691(all parts)[4],EQV].

[3] GB 16655—2008 机械安全 集成制造系统 基本要求(ISO 11161:2007,IDT).

[4] GB/T 16855.2 机械安全 控制系统有关安全部件 第2部分:确认(GB/T 16855.2—2007,ISO 13849-2:2003,IDT).

[5] GB/T 18831 机械安全 带防护装置的联锁装置 设计和选择原则(GB/T 18831—2002,ISO 14119:1998,MOD).

[6] GB/T 19670 机械安全 防止意外启动(GB/T 19670—2005,ISO 14118:2000,MOD).

[7] GB/T 20438(所有部分) 电气/电子/可编程电子安全相关系统的功能安全(IEC 61508,IDT).

[8] ISO 10218-1 工业机器人 安全要求 第1部分:机器人.

[9] ISO 11111(all parts) 纺织机械 安全要求.

[10] ISO/TR 11688-1 声学 低噪声机器和设备设计的推荐实用规程 第1部分:计划.

[11] ANSI B11 TR3:2000 风险评价和风险减小 与机床相关的风险的评估、评定和减小指南.

[12] EN 614-1 机械安全 人类工程学设计原则 第1部分:术语和一般原则.

[13] EN 847-1 木工工具 安全要求 第1部分:铣切刀具和圆锯刀片.

[14] EN 848-1 木工机械安全 带旋转工具的单边成型机 第1部分:单轴立式成型机.

4) 即将出版(GB 10827—1999 的修订版本)。

ICS 67.080.01
B 31

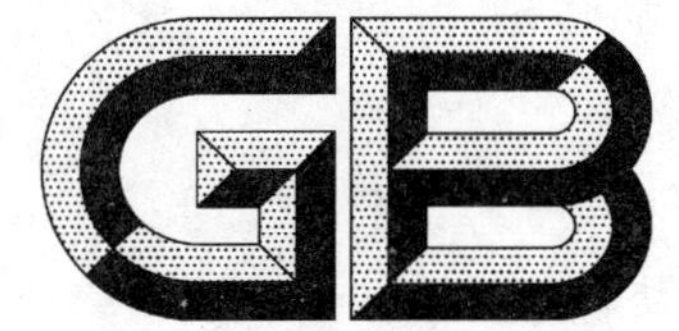

中华人民共和国国家标准

GB/T 16862—2008
代替 GB/T 16862—1997

鲜食葡萄冷藏技术

Cold storage for table grapes

2008-08-07 发布 2008-12-01 实施

中华人民共和国国家质量监督检验检疫总局
中国国家标准化管理委员会
发布

前　言

本标准代替 GB/T 16862—1997《鲜食葡萄冷藏技术》。

本标准与 GB/T 16862—1997 相比主要变化如下：

——对引用标准进行了调整；

——删除了原标准范围中的品种；

——调整了原标准定义中的一些内容；

——修改了原标准技术内容中的部分条款，并对章节结构进行了调整；

——删除了原标准中附录 A，将原附录 B 变为附录 C(资料性附录)，并修改了其中的部分内容；

——增加了附录 A“部分葡萄品种采收时的理化指标”；

——增加了附录 B“葡萄可溶性固形物的测量方法(折光仪法)”。

本标准的附录 A、附录 B、附录 C 均为资料性附录。

本标准由中华全国供销合作总社提出。

本标准由中华全国供销合作总社济南果品研究院归口。

本标准主要起草单位：中华全国供销合作总社济南果品研究院。

本标准主要起草人：徐新明、冯建华、季向阳、郁网庆、贾连文、吕平、姜桂传。

本标准所代替标准的历次版本发布情况为：

——GB/T 16862—1997。

鲜食葡萄冷藏技术

1 范围

本标准规定了各品种鲜食葡萄冷藏的采前要求、采收要求、质量要求、包装与运输要求、防腐保鲜剂处理、贮前准备、入库堆码和冷藏管理等内容。

本标准适用于我国生产的各类鲜食葡萄果实的冷藏。

2 规范性引用文件

下列文件中的条款通过本标准的引用而成为本标准的条款。凡是注日期的引用文件，其随后所有的修改单(不包括勘误的内容)或修订版均不适用于本标准，然而，鼓励根据本标准达成协议的各方研究是否可使用这些文件的最新版本。凡是不注日期的引用文件，其最新版本适用于本标准。

GB/T 8559 苹果冷藏技术

NY 5086 无公害食品 落叶浆果类果品

NY 5087 无公害食品 鲜食葡萄产地环境条件

3 术语和定义

下列术语和定义适用于本标准。

3.1

生理成熟度 physiological maturity

葡萄成熟期间每隔 3 d～5 d 测定一次糖、酸、pH 值的变化，当含糖量不再增加、pH 值出现第二次上升、种子呈褐色时即达到生理成熟度。

3.2

穗梗 main stalk

果穗与枝条连接的长梗。

3.3

果梗 stalk of grape

果粒与穗轴连结的短、细梗。

3.4

果刷 grape brush

果梗与果肉相连的细长似“刷”的维管束。

3.5

预冷 precooling

采后迅速降低葡萄本身的呼吸热和田间热，使其达到冷藏的温度或接近冷藏温度的过程。

3.6

水罐子病 water berry

鲜葡萄的一种生理性病害，主要表现在果粒上，一般在果粒着色后才表现症状。有色品种发病后明显表现出着色不正常，色泽变淡；白色品种表现为果粒呈水泡状。病果糖度降低，味酸，果肉变软，果肉与果皮极易分离，成为一包酸水。用手轻捏，水滴成串溢出。主要是营养不良和生理失调所致。

3.7

日灼病 sun burn

果粒因受强烈日光照射，使受害果面出现浅褐色稍圆形斑，边缘不明显，表面稍皱缩。后凹陷呈坏死斑。

3.8

裂果　dehiscent fruit

葡萄果皮破裂的果实。

3.9

葡萄冻害　grape freezing injury

由低于葡萄冰点的低温产生的伤害。

3.10

葡萄二氧化硫伤害　grape sulfur dioxide injury

由高于葡萄所能忍受浓度的二氧化硫对葡萄所产生的伤害。

3.11

积温　accumulated temperature

一个地区一年内≥10 ℃的天数的温度总和。

3.12

生育期　growth period

葡萄从萌芽到果实成熟所需的天数。

4　要求

4.1　采前要求

4.1.1　选择气候凉爽、降雨量较少、昼夜温差较大的产区为基地。

4.1.2　山坡、丘陵、旱地沙壤土栽培的葡萄适于长期贮存。

4.1.3　用做贮藏的基地园要多施有机肥和磷、钾肥，有缺硼症、缺铁症、缺钾症、缺镁症、缺锌症、缺锰症及过量施用氮肥的果园生产的葡萄不适于长期贮藏。

4.1.4　采前 3 d～30 d 用植物生长调节剂等处理果穗。喷布乙烯利等催熟剂的果穗不适于长期贮藏。

4.1.5　单位面积产量要适宜，亩产控制在 2 000 kg 左右。

4.1.6　花期前、后和采前 10 d～15 d 各喷布对防治贮藏病害有效的杀菌剂。

4.1.7　采前 10 d～15 d 停止灌溉，雨天要推迟采收时间。

4.1.8　其他要求可参照 NY 5087 的相关规定执行。

4.2　采收要求

4.2.1　采收成熟度

采收成熟度可依据葡萄的可溶性固形物含量、生育期、生长积温、种子的颜色或有色品种的着色深浅等综合确定。

4.2.2　采收时间

葡萄采收应在早晨露水干后或下午三时以后、气温凉爽时进行。不宜在阴天、雾天、雨天、烈日曝晒下采收。

4.2.3　采收方法

4.2.3.1　一手握采果剪，一手提起穗梗，贴近母枝处剪下，要尽量带有长的穗梗。

4.2.3.2　采收过程中做到轻拿轻放，尽量避免碰伤果穗和抹掉果实表面的果粉。

4.3　质量要求

4.3.1　感官要求

4.3.1.1　冷藏用的葡萄应具有本品种的正常果型、硬度、色泽(果肉和种子颜色)。

4.3.1.2　果穗新鲜完整，无病虫害侵染，无水罐子病，无日灼病，无机械损伤，洁净，无附着外来水分和药物残留。严禁带有水迹和病斑的果实入库。

4.3.1.3 果穗上的果粒应具有均匀适当的间隙，果穗太紧、果粒挤压变形的果穗不宜贮藏。

4.3.1.4 穗梗已木质化或半木质化，呈褐色或鲜绿色，不失水。

4.3.1.5 果穗达到生长发育的天数：每品种从盛花到果穗成熟都有一定天数记载和要求，不应过早、过晚采摘。

4.3.1.6 鲜食葡萄一般要求酸甜适度，汁液丰富，口感鲜美，具有一定的香气，而且无异味、苦味等。

4.3.1.7 鲜食葡萄一般要求果肉达到品种应有的果肉质地，抗压耐挤，果皮中厚，不易裂果；无籽或种子较少，可食率高，种子易于与果肉分离，食用方便；果粒与果梗连结牢固，装卸运输不易脱粒；采收后保鲜期长，贮藏效果好，货架寿命较长等。

4.3.2 理化要求

采收时的可溶性固形物指标和检测方法可参考附录A和附录B。

4.3.3 卫生要求

可参照NY 5086的相关规定。

4.4 包装与运输要求

4.4.1 包装容器

4.4.1.1 外包装

外包装可采用厚瓦楞纸板箱、木条箱、塑料周转箱等。箱体不宜过高并呈扁平形。

4.4.1.1.1 纸箱容重不超过8 kg为宜，箱体应清洁，干燥，坚实牢固耐压，内壁平滑，箱两侧上、下有直径1.5 cm的通气孔四个。

4.4.1.1.2 木条箱和塑料周转箱，容重不超过10 kg，内衬包装纸，放1层～2层葡萄。

4.4.1.2 内包装

4.4.1.2.1 内包装宜采用洁白无毒、适于包装食品的0.02 mm～0.03 mm高压低密度聚乙烯塑料袋。

4.4.1.2.2 袋的长宽与箱体一致，长度要便于扎口，袋的上面、底面内铺纸便于吸湿。

4.4.2 包装场所

4.4.2.1 在野外应找树荫下或葡萄架下的阴凉处。

4.4.2.2 包装场(间)应清洁卫生、消毒杀菌。

4.4.3 包装方法

4.4.3.1 包装前对果穗上的伤粒、病粒、虫粒、裂粒、日灼粒、夹叶及过长穗尖进行剪除、整理。

4.4.3.2 装箱时先内衬塑料袋，葡萄要排列整齐，穗梗朝上，穗尖朝下，单层斜放，每箱重量要一致，装妥后扎紧塑料袋口。

4.4.3.3 装箱要紧实，以免运输中果穗、果粒窜动引起脱粒。

4.4.4 运输

4.4.4.1 尽量选择减震好的运输工具。

4.4.4.2 运输前，装车要摆实、绑紧，层间加上隔板，防止颠簸摇晃使果实受损伤。

4.4.4.3 尽量选择平坦的运输路线，尽量减少或避免运输环节产生的机械伤。

4.5 防腐保鲜剂处理

4.5.1 保鲜剂

在生产上应用较广泛的是释放二氧化硫的各种剂型保鲜剂，即亚硫酸盐或其络合物。

4.5.1.1 粉剂：将亚硫酸盐或其络合物用纸塑复合膜包装。

4.5.1.2 片剂：将亚硫酸盐或其络合物加工成片，再用纸塑复合膜包装。

4.5.2 处理方法

4.5.2.1 放药时间：一般于入贮预冷后放入药剂，扎口封袋。但在进行异地贮藏或经过较长时间的运输才能到冷库时，应采收后立即放药。

4.5.2.2 扎眼数：片剂包装的保鲜剂每包药袋上用大头针扎2个透眼，最多不超过3个透眼(即袋两面合计4个～6个眼）。在异地贮藏或采收葡萄距冷库较远时，应扎3个透眼，这样可能会使受伤果粒产生不同程度药害，但为防止霉菌引起的腐烂，仍需这样做。

4.5.2.3　放药位置：由于保鲜剂释放出的二氧化硫密度比空气大，所以保鲜剂应放在葡萄箱的上层。

4.5.2.4　用量参照保鲜剂产品使用说明。

4.6　贮前准备

4.6.1　库房消毒

选择食品卫生法规定允许使用的消毒剂对库房进行消毒。

4.6.2　预冷

采后立即对葡萄进行预冷，暂不能进行预冷的，需把葡萄放置在阴凉通风处，但不得超过24 h。预冷时将打开箱盖及包装袋，温度可在－1 ℃～0 ℃。巨峰等欧美杂交品种，预冷时间过长容易引起果梗失水，因此应限定预冷时间在12 h左右，预冷超过24 h，贮藏期间容易出现干梗脱粒。对欧洲种中晚熟、极晚熟品种的预冷时间，则要求果实温度接近或达到0 ℃时再放药封袋。为实现快速预冷，应在葡萄入贮前3 d开机，空库降温至－1 ℃。另外，入贮葡萄要分批入库，避免集中入库导致库温骤然上升和降温困难。

4.7　入库堆码

4.7.1　堆码要求应按GB/T 8559中的相关规定执行。入库葡萄箱要按品种和不同入库时间分等级码箱，以不超过200 kg/m^3的贮藏密度排列。一般纸箱依其抗压程度确定堆码高度，多为5层～7层，垛间要留出通风道。入满库后应及时填写货位标签，并绘制平面货位图。

4.7.2　在冷库不同部位摆放1箱～2箱观察果，扎好塑料袋后不盖箱盖，以便随时观察箱内变化。

4.8　冷藏管理

4.8.1　温度管理

4.8.1.1　葡萄多数品种的最佳贮藏温度为－1 ℃～0 ℃。

4.8.1.2　在整个冷藏期间要保持库温稳定，波动幅度不得超过±0.5 ℃，测定方法可参照GB/T 8559。

4.8.1.3　测温仪器的精度要求为±0.2 ℃。

4.8.2　湿度管理

4.8.2.1　贮藏期间库房内相对湿度保持在90%～95%。

4.8.2.2　测湿仪器的精度要求为±5%。

4.8.3　贮期通风换气

为确保库内空气新鲜，要利用夜间或早上低温时进行通风换气，但要严防库内温、湿度的波动过大。

4.8.4　质量管理

定期检查葡萄贮藏期间的质量变化情况，如发现霉变、腐烂、裂果、二氧化硫伤害、冻害等变化，要及时销售，葡萄贮期的主要病害及防治措施参见附录C。

附 录 A
（资料性附录）
部分葡萄品种采收时的理化指标

表 A.1 部分葡萄品种采收时的理化指标

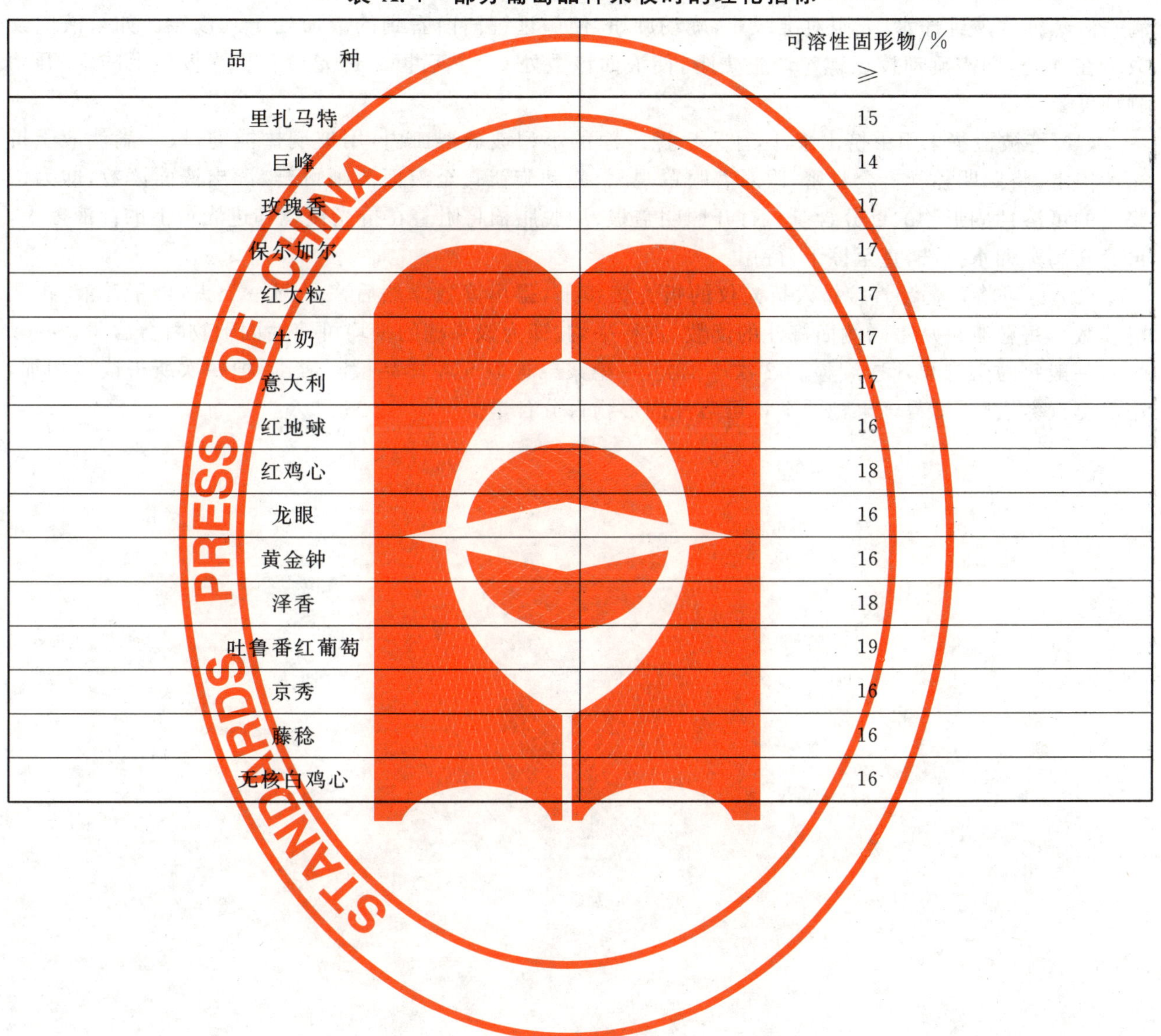

品　　　种	可溶性固形物/% ≥
里扎马特	15
巨峰	14
玫瑰香	17
保尔加尔	17
红大粒	17
牛奶	17
意大利	17
红地球	16
红鸡心	18
龙眼	16
黄金钟	16
泽香	18
吐鲁番红葡萄	19
京秀	16
藤稔	16
无核白鸡心	16

附 录 B
（资料性附录）
葡萄可溶性固形物的测量方法（折光仪法）

检测前先打开照明棱盖板，用擦镜纸或脱脂棉将进光窗和折光棱镜的玻璃面擦干净，在折光棱镜上滴一滴蒸馏水或纯净水，人眼对准眼罩，旋动旋钮，使望远镜筒内看到的液面处于0读数。如果液面读数不在0处，则需旋动校正螺丝调整焦距，使液面该数处0。然后擦干进光窗和折光棱镜上的水，开始测糖度。

(1) 将被检浆果用手挤出浆汁，注入已擦干净的小型玻璃器皿内，用玻璃棒搅匀，取1滴汁液于折光棱镜上，将照明盖板折合紧密，眼对着眼罩观测，旋动旋钮直至液面清晰可辨，读出液面读数，即为该浆果的可溶性固形物的百分含量。打开照明盖板，用脱脂棉将附着在折光棱镜和进光窗上的汁液擦干，再滴几滴蒸馏水擦洗，直至擦干，待用。

(2) 也可将葡萄汁直接挤入折光仪的折光棱镜上，得出读数。然后浆果调一个头，再挤汁液，再测得读数。每粒浆果从不同侧面挤汁的读数，进行平均，即为该果穗的平均可溶性固形物百分含量。

一般每粒桨果果汁连续检测2次～3次，一穗浆果选取5粒样品检测，最后把每次所得读数相加，用所测次数去除，即得该果穗的平均可溶性固形物百分含量。

附 录 C
（资料性附录）
葡萄贮藏期主要病害发生及防治措施

表 C.1 葡萄贮藏期主要病害发生及防治措施

病名及病原物	病害症状	发病条件	防治措施
灰霉病 *Botrytis cinerea* Pers	侵染后果面出现褐色凹陷呈圆形病斑，使果粒明显裂纹，轻压可“脱皮”，很快整个果实软腐，长出鼠灰色霉层，果梗变黑色	病菌先侵染花柱头，呈“潜伏状态”或伤口入侵。0 ℃下 10 d 左右发病，−1 ℃仍缓慢生长	① 花期前、后及采前喷布甲基托布津或苯莱特、特克多； ② 入贮时使用葡萄防腐剂； ③ 库温低于−1 ℃
青霉病 *Penicillium* spp.	果粒上形成圆形或半圆形凹斑，果皮皱缩，果实软化，果肉呈透明浆状，有霉味，霉菌呈白色，后期出现青霉	采收搬运中造成的机械损伤或裂果处发病。0 ℃下贮藏仍可发病	① 防止机械损伤发生； ② 贮藏温度低于 0 ℃； ③ 使用葡萄防腐剂
黑斑病 *Alternaria* spp.	侵染后在果刷内生长呈棕褐色或深褐色的坏死斑，后期罹病果粒从果穗上脱落	田间下雨，特别是采收前降雨，交链孢霉菌就侵入果梗与果实连结的纤维组织	① 防止机械损伤发生； ② 0 ℃以下贮藏； ③ 使用葡萄防腐剂
绿霉病 *Cladosporium herbarum* Link	侵染后果梗顶端或侧面产生黑色坚硬腐烂病斑，果粒侧面呈扁平状或皱状，出库几天即出现绿色的霉层	伤口侵染或在果梗末端小的裂纹处入侵（4 ℃～30 ℃发病）	① 采前喷药； ② 使用葡萄保鲜剂
根霉腐败病 *Rhizopus migricans* Ehrenb.	果粒变软，果汁流出，常温下，烂果长出粗白色丝体（黑色），冷藏下，烂果呈灰色或黑色团	伤口侵入，预冷不好，库温过高引起；或粗暴装卸	① 加强果园管理； ② 预冷要好

ICS 65.150
B 51

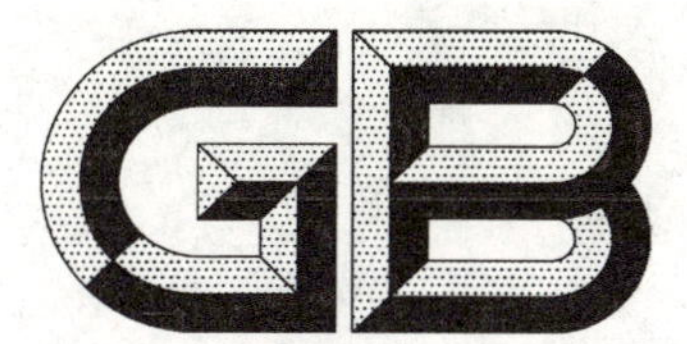

中华人民共和国国家标准

GB/T 16871—2008
代替 GB/T 16871—1997

梭鱼亲鱼和鱼种

Redlip mullet standard for parent fish and fingerling

2008-08-22 发布　　　　2008-12-01 实施

中华人民共和国国家质量监督检验检疫总局
中国国家标准化管理委员会　发布

前　言

本标准代替 GB/T 16871—1997《梭鱼亲鱼和鱼种》。

本标准与 GB/T 16871—1997 相比主要变化如下：

——第 2 章“引用标准”改为“规范性引用文件”，并增加引用标准的数量；

——增加了对亲鱼和鱼种来源的要求；

——增加了对亲鱼年龄的要求，对亲鱼体长、体重要求做了修改；

——增加了对亲鱼种质的要求；

——增加“6.2　组批”；

——增加“6.8　种质检验”；

——增加“6.9　结果判定”；

——增加资料性附录 A。

本标准的附录 A 为资料性附录。

本标准由中华人民共和国农业部提出。

本标准由全国水产标准化技术委员会海水养殖分技术委员会归口。

本标准起草单位：天津市水产研究所。

本标准主要起草人：李相普、刘克奉、耿绪云、马维林、刘茂利、栾凯。

本标准所代替标准的历次版本发布情况为：

——GB/T 16871—1997。

梭鱼亲鱼和鱼种

1 范围

本标准规定了梭鱼 *Liza haematocheila* (Temminck et Schkegel)亲鱼和鱼种的来源、质量要求、检验规则与检验方法,以及运输。

本标准适用于梭鱼亲鱼和鱼种的质量评定。

2 规范性引用文件

下列文件中的条款通过本标准的引用而成为本标准的条款。凡是注日期的引用文件,其随后所有的修改单(不包括勘误的内容)或修订版均不适用于本标准,然而,鼓励根据本标准达成协议的各方研究是否可使用这些文件的最新版本。凡是不注日期的引用文件,其最新版本适用于本标准。

GB/T 18654.1 养殖鱼类种质检验 第1部分:检验规则

GB/T 18654.2 养殖鱼类种质检验 第2部分:抽样方法

GB/T 18654.3 养殖鱼类种质检验 第3部分:性状测定

GB 19162 梭鱼

SC/T 1075 鱼苗、鱼种运输通用技术要求

3 亲鱼和鱼种的来源

3.1 沿海水域的天然亲鱼、鱼种,或原种场培育的亲鱼、鱼种。

3.2 严禁近亲繁殖的后代作亲鱼。

4 亲鱼质量要求

4.1 感官要求

4.1.1 体型正常,鳍条、鳞被完整,体质健壮,反应灵敏,无疾病、无畸形。

4.1.2 用于催产的雌性亲鱼腹部膨大、柔软、富有弹性;腹部向上时有明显的腹中线,生殖孔开放。雄性亲鱼轻挤腹部时,有乳白色精液流出,遇咸水即散。

4.2 种质

梭鱼的种质应符合 GB 19162 规定。

4.3 繁殖年龄和体重

用于人工繁殖的亲鱼年龄:雄鱼2龄~5龄,雌鱼3龄~6龄。雄鱼体长大于30 cm,体重500 g以上。雌鱼体长大于44 cm,体重1 500 g以上。

4.4 精子和卵子

用于催产的雌性亲鱼性腺发育至Ⅳ末,卵子之间粘连松弛,卵粒均匀,光泽圆润,富有弹性,呈鲜亮的橘黄色。在显微镜下观察,卵质均匀呈半透明,卵径0.6 mm~0.8 mm,卵子内油滴开始汇合成几个油球。雄鱼精液乳白色,流动性强,精子遇海水激烈运动,精子密度 7.0×10^{8} 个/mL~1.6×10^{9} 个/mL。

4.5 检疫

无鱼虱(*Caligus*)和水霉病。

5 鱼种质量要求

5.1 感官要求

5.1.1 体型正常,鳍条、鳞被完整。

5.1.2 体表光滑有粘液,色泽正常,游动活泼。

5.2 鱼种质量

鱼种全长应大于 2cm,体长合格率 95%,各种规格鱼种全长、体重实测值列于附录 A。

鱼种畸形率小于 0.5%,伤残率小于 0.5%,带病率小于 0.5%。

5.3 种质

梭鱼的种质应符合 GB 19162 规定。

5.4 检疫

无鱼虱(*Caligus*)和水霉病。

6 检验规则与检验方法

6.1 检验规则

按 GB/T 18654.1 的规定执行。亲鱼应逐尾检验;鱼种可抽样检验。

6.2 组批

一次交货或一个育苗池为一个检验批,每批取样 30 尾。每批检验 2 次~3 次,计算平均数。

6.3 抽样方法

按 GB/T 18654.2 的规定执行。

6.4 性状测定

按 GB/T 18654.3 的规定执行。

6.5 精子和卵子

在显微镜下计油球数量,以目测微尺测量卵径,并同时检查精液质量。

6.6 损伤率和畸形率

用肉眼观察计数。

6.7 检疫

鱼虱检疫方法:肉眼观察。

水霉病检疫方法:显微镜观察。

6.8 种质检验

按 GB 19162 的规定执行。

6.9 结果判定

凡检疫和种质指标中有一项不合格的、其他指标有两项以上不合格的,就判定为不合格。可加倍抽样进行一次复检,以复检为准;复检不合格的,判为不合格。

7 运输

鱼种运输按 SC/T 1075 的规定执行。

亲鱼运输时,气温低于 10 ℃,运程在 1 h 内的可采用亲鱼夹运输;气温高于 10 ℃,运程超过 0.5 h,可采用帆布桶带水运输。

运输用水的盐度差不得大于 6,盐度变化范围应在 10~35 之间。

附 录 A
（资料性附录）
梭鱼鱼种全长、体重关系

表 A.1 梭鱼鱼种全长、体重关系

单位为克

全长（整数部分）/cm	全长（小数部分）/cm									
	0.0	0.1	0.2	0.3	0.4	0.5	0.6	0.7	0.8	0.9
2	0.072±0.0089	0.083±0.0101	0.099±0.0143	0.116±0.0142	0.138±0.0151	0.161±0.0226	0.183±0.0205	0.206±0.0177	0.226±0.0297	0.240±0.0227
3	0.266±0.0309	0.296±0.0420	0.347±0.0542	0.381±0.0785	0.407±0.0312	0.440±0.0435	0.470±0.0352	0.501±0.0618	0.560±0.0483	0.598±0.0501
4	0.638±0.0655	0.707±0.0596	0.757±0.0621	0.824±0.0719	0.831±0.0763	1.044±0.1433	1.069±0.2161	1.089±0.1049	1.134±0.0595	1.192±0.2171
5	1.284±0.1937	1.312±0.0835	1.402±0.1003	1.543±0.4598	1.609±0.1235	1.698±0.1331	1.810±0.1214	1.936±0.1516	2.050±0.2356	2.151±0.1197
6	2.210±0.1475	2.330±0.1047	2.478±0.1948	2.550±0.2167	2.746±0.2410	2.751±0.2257	2.857±0.2180	3.052±0.1716	3.111±0.2666	3.341±0.5158
7	3.485±0.2441	3.541±0.2393	3.607±0.2674	3.774±0.2934	3.830±0.2873	3.970±0.3134	4.228±0.3902	4.261±0.2924	4.482±0.5660	4.551±0.3602
8	4.717±0.3140	4.896±0.2981	4.986±0.4536	5.149±0.2752	5.282±0.4362	5.566±0.3619	5.675±0.4334	5.910±0.4518	6.239±0.3127	6.242±0.6423
9	6.584±0.6574	6.868±0.4625	7.044±0.4431	7.358±0.5831	7.439±0.5083	7.504±0.5029	7.704±0.3849	8.210±0.4657	8.385±0.5739	8.555±0.5853
10	8.821±0.5758	8.974±0.6053	9.162±0.6085	9.591±0.6481	10.004±1.0355	10.225±0.6839	10.537±1.1264	10.865±1.1765	11.299±0.6463	11.564±0.5925
11	11.781±0.6807	11.963±0.8002	12.821±1.1094	12.887±0.5886	13.091±1.2521	13.378±0.8917	13.875±0.8760	14.183±0.8281	14.370±0.8430	14.478±1.0184
12	15.068±1.2671	15.396±0.7267	15.876±0.9923	16.063±1.5186	16.241±1.2773	17.337±1.9694	17.663±1.9397	17.996±2.1261	18.484±1.7531	19.130±1.9997
13	19.276±1.1594	19.532±1.4133	20.584±1.8268	20.831±0.6382	21.777±1.1113	22.069±1.2940	22.574±1.4226	23.169±0.8312	23.672±0.8447	24.092±0.8017
14	24.359±1.0019	24.672±1.8047	25.101±1.3039	25.970±1.0654	26.534±1.4123	27.081±0.9800	27.830±0.8139	28.169±0.7378	28.581±1.0017	29.031±1.1403

ICS 65.150
B 51

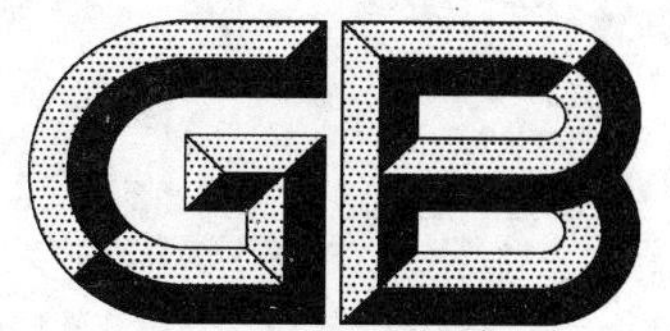

中华人民共和国国家标准

GB/T 16872—2008
代替 GB/T 16872—1997

栉孔扇贝　苗种

Farrer's scallop—Seedling

2008-02-15 发布　　　　2008-05-01 实施

中华人民共和国国家质量监督检验检疫总局
中国国家标准化管理委员会　发布

前　言

本标准对 GB/T 16872—1997《栉孔扇贝　苗种》进行修订。

本标准主要修订内容：

——标准的编写格式按照 GB/T 1.1—2000 的要求进行了修订；

——在术语和定义中增加了畸形率的定义，并对术语和定义的名称增加了相应的英文名称；

——将中规格和大规格苗种的规格由 0.5～1、1～2、≥2 调整为 1～3、≥3；

——增加对苗种来源的内容。

本标准的附录 A 为资料性附录。

本标准由中华人民共和国农业部提出。

本标准由全国水产标准化技术委员会海水养殖分技术委员会归口。

本标准起草单位：中国水产科学研究院黄海水产研究所、山东省海水养殖研究所。

本标准主要起草人：陈四清、张岩、于东祥、王远隆。

本标准所代替标准的历次版本发布情况为：

——GB/T 16872—1997。

栉孔扇贝　苗种

1　范围

本标准规定了栉孔扇贝(*Chlamys farreri* Jones & Preston)苗种的规格、质量要求、检验方法、判定规则和运输方法。

本标准适用于扇贝养殖所用的苗种质量的检验。

2　规范性引用文件

下列文件中的条款通过本标准的引用而成为本标准的条款。凡是注日期的引用文件,其随后所有的修改单(不包括勘误的内容)或修订版均不适用于本标准,然而,鼓励根据本标准达成协议的各方研究是否可使用这些文件的最新版本。凡是不注日期的引用文件,其最新版本适用于本标准。

GB/T 21442　栉孔扇贝

NY 5052　无公害食品　海水养殖用水水质

3　术语和定义

下列术语和定义适用于本标准。

3.1

壳高　shell height

由壳顶至腹缘的距离。

3.2

壳长　shell width

贝壳前端至后缘的距离。

3.3

规格合格率　specification qualified rate

达到规格的苗种数量占苗种总数的百分比。

3.4

伤残空壳率　incomplete and hollow shell rate

壳残缺破碎和空壳苗种数量占苗种总数的百分比。

3.5

畸形率　misshape rate

壳形状不规则的苗种数量占苗种总数的百分比。

4　苗种质量要求

4.1　苗种来源

由符合 GB/T 21442 规定的栉孔扇贝亲贝繁殖的苗种。

4.2　苗种规格

苗种规格见表 1。

表 1　栉孔扇贝苗种规格

苗种规格	小规格苗种	中规格苗种	大规格苗种
壳高/cm	0.5～1	1～3	≥3
注：与壳高对应的壳长、体重规格可参照附录 A。			

4.3　质量要求

4.3.1　感官要求

苗种健壮，活力强，离水后贝壳开、闭活跃，大小均匀。

4.3.2　规格合格率、畸形率和伤残空壳率

规格合格率、畸形率和伤残空壳率应符合表 2 要求。

表 2　规格合格率、畸形率和伤残空壳率　　%

苗种规格	小规格苗种	中规格苗种	大规格苗种
规格合格率	≥95	≥90	≥90
畸形率和伤残空壳率之和	≤2	≤3	≤3

5　检验方法

5.1　个体计数

从相同的保苗或中间育成器具中，按不同水层随机抽取 4 个～6 个器具，分别计数，算出每个器具苗种数的算术平均数，再按器具数推算本批苗种总数。

5.2　规格合格率

在抽样计数时，将抽取的几个样品的苗种混合均匀，从中随机抽取 50 个～100 个苗种（不含伤残、空壳和畸形个体），用游标卡尺测量壳高，统计规格合格率。

5.3　畸形率、伤残空壳率

在抽样计数时，将抽取的几个样品的苗种混合均匀，从中随机抽取 200 个～1 000 个苗种，查计畸形、壳破碎及空壳苗种数，统计畸形率和伤残空壳率。

6　检验规则

6.1　组批

以一次交货出售为一个检验批，销售前按批检验。

6.2　取样方法

每个检验项目随机取样三次，分别计数，取三次计数的算术平均值，取样数量按 5.2 和 5.3 的规定。

6.3　判定规则

6.3.1　按苗种是否全部达到 4.3 规定的各项指标为判定其分级的依据，有一项不合格即判定为不合格。

6.3.2　若对计数结果有异议，可由购销双方协商，按本标准规定的方法重新抽样复检两次，两次复检结果均为合格的视为合格，否则视为不合格。

7　苗种的运输

7.1　苗种运输可采取干运法和水运法两种方法。

7.2　干运法

苗种露在空气中。温度 20℃时，运程 8 h 以内，采用降温措施可以适当延长运输时间。途中应防晒、防风干。

7.3　水运法

苗种浸在海水中。可用帆布桶、玻璃钢水槽等容器。务必充气或充氧，船用活水仓要使海水循环。苗种在水中尽量不要堆积。

7.4　运输应尽量在早、晚进行，避免阳光曝晒和雨淋。

7.5　运输用水与苗种培育用水的温差应小于3℃，盐度差小于5，盐度范围在25～32之间。

7.6　运输用水应符合NY 5052的要求。

附　录　A
（资料性附录）
人工育苗苗种壳高、壳长、体重系列表

表 A.1　人工育苗苗种壳高、壳长、体重关系

序号	壳高/cm	壳长/cm	平均体重/g	每 500 g 含苗种个数
1	3.12±0.10	2.60±0.09	7.472	67
2	2.91±0.12	2.42±0.10	4.701	106
3	2.72±0.12	2.27±0.10	3.184	157
4	2.57±0.10	2.14±0.07	2.245	223
5	2.46±0.10	2.08±0.07	1.701	294
6	2.39±0.10	1.99±0.08	1.524	328
7	2.15±0.12	1.74±0.10	1.224	408
8	2.03±0.10	1.69±0.07	0.982	509
9	1.82±0.07	1.55±0.06	0.798	627
10	1.68±0.10	1.43±0.09	0.582	859
11	1.57±0.07	4.33±0.07	0.518	965
12	1.41±0.06	1.16±0.06	0.334	1 484
13	1.28±0.06	1.08±0.04	0.254	1 969
14	1.17±0.05	0.98±0.03	0.206	2 427
15	1.15±0.06	0.91±0.01	0.175	2 857
16	1.05±0.04	0.88±0.02	0.154	3 247
17	1.10±0.03	0.86±0.02	0.141	3 546
18	0.98±0.05	0.83±0.03	0.134	3 731
19	0.94±0.04	0.80±0.03	0.120	4 167
20	0.88±0.03	0.75±0.03	0.105	4 762
21	0.86±0.04	0.72±0.02	0.090	5 556
22	0.79±0.04	0.67±0.04	0.072	6 944
23	0.76±0.04	0.64±0.04	0.064	7 813
24	0.73±0.03	0.61±0.03	0.060	8 333
25	0.68±0.04	0.57±0.03	0.045	11 111
26	0.63±0.04	0.53±0.03	0.039	12 821
27	0.58±0.04	0.48±0.03	0.031	16 129
28	0.55±0.03	0.46±0.03	0.029	17 241
29	0.53±0.03	0.44±0.03	0.026	19 230
30	0.51±0.03	0.42±0.02	0.021	23 810
31	0.45±0.03	0.38±0.03	0.019	26 316

注 1：壳长与壳高的回归方程式：$L=0.833H+0.003\,9$　　$r=0.999\,4$。

注 2：体重与壳高的回归方程式：$W=0.008\,853\,e^{2.392H}$　　$r=0.969\,7$。

ICS 65.060.10
T 61

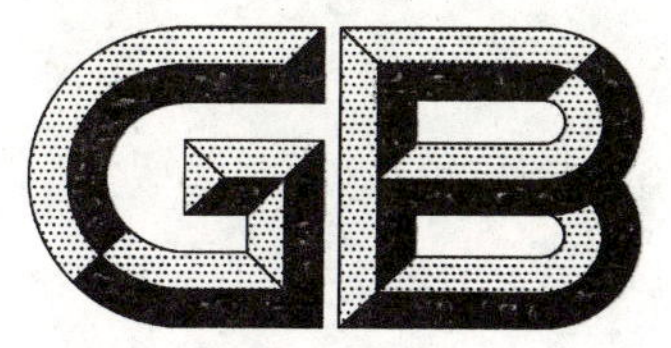

中华人民共和国国家标准

GB/T 16877—2008
代替 GB/T 16877—1997

拖拉机禁用与报废

Prohibition and scrapping for tractors

2008-07-09 发布　　2009-02-01 实施

中华人民共和国国家质量监督检验检疫总局
中国国家标准化管理委员会　发布

前　言

本标准是对 GB/T 16877—1997《拖拉机禁用与报废》的修订，修订时除作了编辑性修改外，本标准与 GB/T 16877—1997 相比主要变化如下：

——规范性引用文件引用了最新版本的标准；

——修改了大型和中型拖拉机、小型拖拉机的定义；

——4.5 中增加了拖拉机禁用的安全方面的条件“不符合 GB 18447 要求的”；

——取消 6.2.3 中“α 和 β 系数是按 GB/T 1105.1 中有关公式和表格计算得出。以方便修正计算”。

本标准的附录 A 为资料性附录，附录 B 为规范性附录。

本标准自实施之日起代替 GB/T 16877—1997。

本标准由中国机械工业联合会提出。

本标准由全国拖拉机标准化技术委员会归口。

本标准起草单位：洛阳拖拉机研究所、国家拖拉机质量监督检验中心。

本标准主要起草人：李京中、徐惠娟。

本标准所代替标准的历次版本发布情况为：

——GB/T 16877—1997。

拖拉机禁用与报废

1 范围

本标准规定了拖拉机禁用与报废的技术要求及经济指标。

本标准适用于各种类型拖拉机。

2 规范性引用文件

下列文件中的条款通过本标准的引用而成为本标准的条款。凡是注日期的引用文件，其随后所有的修改单(不包括勘误的内容)或修订版均不适用于本标准，然而，鼓励根据本标准达成协议的各方研究是否可使用这些文件的最新版本。凡是不注日期的引用文件，其最新版本适用于本标准。

GB/T 6072.1—2008 往复式内燃机 性能 第1部分：功率、燃料消耗和机油消耗的标定及试验方法 通用发动机的附加要求(ISO 3046-1:2002,IDT)

GB 18447(所有部分) 拖拉机 安全要求

3 术语和定义

下列术语和定义适用于本标准。

3.1

大型和中型拖拉机 large and medium tractors

发动机标定功率大于18 kW的拖拉机。

3.2

小型拖拉机 small tractors

发动机标定功率小于或等于18 kW的拖拉机。

3.3

禁用 usage forbiddance

拖拉机因技术状况不良而禁止其继续使用，实行强制修理。

3.4

报废 discard as useless

拖拉机因使用年限长、技术状况恶化不宜继续使用而作废。

3.5

功率允许值 allowable power

允许在用拖拉机发动机有效功率的最低限度值，单位以千瓦(kW)表示。

3.6

燃油消耗率允许值 allowable fuel consumption

允许在用拖拉机发动机燃油消耗的最高限度值，单位以克每千瓦时[g/(kW·h)]表示。

4 禁用技术条件与经济指标

为了保证拖拉机处于良好的技术状态，使作业达到高效、优质、低耗、安全的目的，具备下列条件之一的拖拉机应禁用。

4.1 在标定工况下，燃油消耗率上升幅度大于出厂规定值20%的。

4.2 大型和中型拖拉机发动机有效功率或动力输出轴功率降低值大于出厂规定值15%的。

4.3 小型拖拉机发动机有效功率降低值大于出厂规定值15%的。

4.4 有效制动距离大于出厂规定值的。

4.5 经非规范改装存在安全隐患、不符合GB 18447要求的。

5 报废技术条件与经济指标

经过一定时期使用后，具备下列条件之一的拖拉机应报废。

5.1 履带拖拉机使用年限超过12年(或累计作业超过1.5万小时)，经过检查调整或更换易损件后，技术状况仍属4.1或4.2的。

5.2 大型和中型轮式拖拉机使用年限超过15年(或累计作业超过1.8万小时)，经过检查调整或更换易损件后，技术状况仍属4.1或4.2的。

5.3 小型拖拉机使用年限超过10年(或累计作业超过1.2万小时)，经过检查调整或更换易损件后，技术状况仍属4.1或4.3的。

5.4 由于各种原因造成严重损坏，无法修复的。

5.5 预计大修费用大于同类新车价格50%的。

5.6 未达报废年限，但技术状况差且无配件来源的。

5.7 国家明令淘汰的。

6 试验方法

6.1 功率、燃油消耗率允许值计算公式

6.1.1 功率允许值按式(1)计算：

$$P_{er} = 0.85\alpha P_{en} \qquad (1)$$

式中：

P_{er}——功率允许值，单位为千瓦(kW)；

α——功率的环境修正系数；

P_{en}——拖拉机发动机标定功率，单位为千瓦(kW)。

6.1.2 燃油消耗率允许值按式(2)计算：

$$g_{er} = 1.2\beta g_{en} \qquad (2)$$

式中：

g_{er}——燃油消耗率允许值，单位为克每千瓦小时[g/(kW·h)]；

β——燃油消耗率的环境修正系数；

g_{en}——燃油消耗率规定值，单位为克每千瓦小时[g/(kW·h)]。

6.2 检测、计算方法

6.2.1 测量时发动机冷却液和机油温度必须达到正常的工作温度。

6.2.2 测量时发动机最高空转转速必须与规定值相符，否则应加以调整。

6.2.3 检测时实际环境条件如与GB/T 6072.1规定的标准环境条件不相符合，可根据附录B表中的功率环境修正系数α与燃油消耗率环境修正系数β进行修正，计算出当地的允许值。

6.2.4 在用的拖拉机功率和燃油消耗率应同时符合上述允许值的要求，否则禁止其使用。

附 录 A
（资料性附录）
农业拖拉机发动机功率和燃油消耗率允许值计算示例

A.1 某台拖拉机的发动机标定功率为 40.4 kW，标定燃油消耗率为 258.4 g/(kW·h)，机械效率为 0.8，测定时现场温度为 32 ℃，相对湿度为 60%，海拔高度为 800 m，计算该环境条件下的功率与燃油消耗率允许值。

解：查附录 B 表 B.1，得修正系数 α、β。

$\alpha=0.865$，$\beta=1.023$

将 α 代入公式(1)中，求得功率允许值 P_{er}：

$P_{er}=0.85\times0.865\times40.4=29.70$ kW

将 β 代入公式(2)中，求得燃油消耗率允许值 g_{er}：

$g_{er}=1.2\times1.023\times258.4=317.21$ g/(kW·h)

在上述环境条件下，如果测得该发动机功率低于 29.70 kW 或燃油消耗率高于 317.21 g/(kW·h)，则禁止其使用。

A.2 某台手扶拖拉机的发动机标定功率为 8.8 kW，标定燃油消耗率为 258.4 g/(kW·h)，机械效率为 0.8，测定时现场温度为 30 ℃，相对湿度为 60%，海拔高度为 600 m，计算该环境条件下的功率与燃油消耗率允许值。

解：查附录 B 表 B.1，得修正系数 α、β。

$\alpha=0.902$，$\beta=1.016$

将 α 代入公式(1)中，求得功率允许值 P_{er}：

$P_{er}=0.85\times0.902\times8.8=6.75$ kW

将 β 代入公式(2)中，求得燃油消耗率允许值 g_{er}：

$g_{er}=1.2\times1.016\times258.4=315.04$ g/(kW·h)

在上述环境条件下，如果测得该发动机功率低于 6.75 kW 或燃油消耗率高于 315.04 g/(kW·h)，则禁止其使用。

附　录　B
（规范性附录）
拖拉机功率与燃油消耗率允许值的环境修正系数（$\boldsymbol{\alpha}$,$\boldsymbol{\beta}$）

表 B.1

海拔高度 H/m	机械效率 η_m	现场温度 t/℃	相对湿度 Φ/%									
			100		80		60		40		20	
			α	β	α	β	α	β	α	β	α	β
0	0.75	0	1.106	0.982	1.108	0.982	1.109	0.981	1.112	0.981	1.113	0.981
		5	1.084	0.985	1.087	0.985	1.090	0.984	1.091	0.984	1.094	0.984
		10	1.063	0.988	1.066	0.988	1.069	0.988	1.072	0.987	1.076	0.987
		15	1.040	0.993	1.043	0.992	1.049	0.991	1.052	0.991	1.055	0.990
		20	1.016	0.997	1.021	0.996	1.027	0.995	1.033	0.994	1.038	0.993
		25	0.989	1.002	0.998	1.000	1.005	0.999	1.012	0.998	1.021	0.996
		27	0.978	1.004	0.986	1.003	0.996	1.001	1.005	0.999	1.014	0.997
		30	0.961	1.008	0.971	1.006	0.982	1.003	0.992	1.002	1.002	1.000
		32	0.948	1.010	0.960	1.008	0.971	1.006	0.984	1.003	0.995	1.001
		34	0.936	1.013	0.948	1.010	0.962	1.008	0.975	1.005	0.987	1.002
		36	0.922	1.016	0.937	1.013	0.951	1.010	0.963	1.007	0.980	1.004
0	0.78	0	1.103	0.986	1.105	0.984	1.106	0.984	1.108	0.984	1.110	0.984
		5	1.082	0.988	1.084	0.987	1.087	0.987	1.088	0.987	1.091	0.986
		10	1.061	0.991	1.064	0.990	1.067	0.990	1.070	0.989	1.074	0.989
		15	1.038	0.994	1.042	0.993	1.047	0.993	1.051	0.992	1.053	0.992
		20	1.015	0.998	1.020	0.997	1.026	0.996	1.032	0.995	1.037	0.994
		25	0.989	1.002	0.998	1.000	1.005	0.991	1.012	0.998	1.021	0.997
		27	0.978	1.004	0.987	1.002	0.996	1.001	1.005	0.999	1.013	0.998
		30	0.962	1.006	0.972	1.005	0.983	1.003	0.992	1.001	1.002	1.000
		32	0.950	1.009	0.961	1.007	0.972	1.005	0.984	1.003	0.995	1.001
		34	0.938	1.011	0.950	1.009	0.963	1.006	0.976	1.004	0.988	1.002
		36	0.924	1.013	0.938	1.011	0.953	1.008	0.964	1.006	0.981	1.003
0	0.80	0	1.010	0.986	1.103	0.986	1.104	0.986	1.106	0.986	1.108	0.986
		5	1.080	0.989	1.083	0.989	1.085	0.988	1.087	0.988	1.089	0.988
		10	1.060	0.992	1.062	0.991	1.066	0.991	1.069	0.990	1.072	0.990
		15	1.038	0.995	1.041	0.994	1.046	0.993	1.050	0.993	1.052	0.993
		20	1.015	0.998	1.020	0.997	1.026	0.995	1.032	0.995	1.037	0.995
		25	0.989	1.002	0.998	1.000	1.005	0.999	1.012	0.998	1.020	0.997
		27	0.979	1.003	0.987	1.002	0.995	1.002	1.005	0.999	1.013	0.98
		30	0.963	1.006	0.973	1.004	0.985	1.003	0.992	1.001	1.002	1.000
		32	0.951	1.008	0.962	1.005	0.973	1.004	0.984	1.002	0.995	1.001
		34	0.939	1.010	0.951	1.008	0.964	1.006	0.976	1.004	0.988	1.002
		36	0.926	1.012	0.940	1.010	0.953	1.007	0.965	1.005	0.981	1.003

表 B.1（续）

海拔高度 H/m	机械效率 η_m	现场温度 t/℃	相对湿度 Φ/%									
			100		80		60		40		20	
			α	β	α	β	α	β	α	β	α	β
100	0.75	0	1.089	0.985	1.090	0.984	1.092	0.984	1.094	0.984	1.096	0.983
		5	1.067	0.988	1.070	0.988	1.073	0.987	1.074	0.987	1.076	0.987
		10	1.046	0.992	1.049	0.991	1.053	0.991	1.055	0.990	1.059	0.989
		15	1.023	0.996	1.027	0.995	1.032	0.994	1.036	0.993	1.038	0.993
		20	0.999	1.000	1.004	0.999	1.011	0.998	1.017	0.997	1.022	0.996
		25	0.973	1.005	0.981	1.004	0.989	1.002	0.996	1.001	1.005	0.999
		27	0.962	1.008	0.970	1.006	0.980	1.004	0.989	1.002	0.998	1.000
		30	0.945	1.011	0.955	1.009	0.966	1.007	0.976	1.005	0.986	1.003
		32	0.932	1.014	0.944	1.011	0.955	1.009	0.968	1.006	0.979	1.004
		34	0.920	1.016	0.933	1.014	0.946	1.011	0.959	1.008	0.972	1.006
		36	0.908	1.020	0.921	1.016	0.935	1.013	0.948	1.010	0.964	1.007
100	0.78	0	1.087	0.987	1.088	0.987	1.089	0.987	1.092	0.986	1.093	0.986
		5	1.065	0.990	1.068	0.990	1.070	0.989	1.072	0.989	1.074	0.989
		10	1.045	0.993	1.047	0.993	1.051	0.992	1.054	0.992	1.057	0.991
		15	1.022	0.996	1.026	0.995	1.031	0.995	1.035	0.994	1.037	0.994
		20	0.999	1.000	1.004	0.999	1.010	0.998	1.017	0.997	1.021	0.997
		25	0.973	1.005	0.982	1.003	0.989	1.002	0.996	1.001	1.005	0.999
		27	0.963	1.006	0.971	1.005	0.981	1.003	0.989	1.002	0.998	1.000
		30	0.947	1.009	0.956	1.008	0.967	1.006	0.977	1.004	0.986	1.002
		32	0.934	1.012	0.946	1.009	0.957	1.007	0.969	1.005	0.979	1.003
		34	0.923	1.014	0.935	1.012	0.948	1.009	0.961	1.007	0.972	1.005
		36	0.909	1.017	0.923	1.014	0.937	1.011	0.949	1.009	0.966	1.006
100	0.80	0	1.085	0.988	1.086	0.988	1.087	0.988	1.090	0.988	1.091	0.988
		5	1.064	0.991	1.067	0.991	1.069	0.990	1.070	0.990	1.073	0.990
		10	1.044	0.994	1.046	0.993	1.050	0.993	1.053	0.993	1.056	0.992
		15	1.022	0.997	1.026	0.996	1.030	0.996	1.034	0.995	1.037	0.995
		20	0.999	1.000	1.004	0.999	1.010	0.998	1.016	0.998	1.021	0.997
		25	0.974	1.004	0.982	1.003	0.989	1.002	0.996	1.001	1.005	0.999
		27	0.963	1.006	0.972	1.004	0.981	1.003	0.989	1.002	0.998	1.000
		30	0.948	1.008	0.957	1.007	0.968	1.005	0.977	1.003	0.987	1.002
		32	0.935	1.010	0.947	1.008	0.958	1.007	0.969	1.005	0.980	1.003
		34	0.924	1.012	0.936	1.010	0.949	1.008	0.961	1.006	0.973	1.005
		36	0.911	1.015	0.925	1.012	0.938	1.010	0.950	1.008	0.966	1.006

表 B.1（续）

海拔高度 H/m	机械效率 η_m	现场温度 t/℃	相对湿度 Φ/%									
			100		80		60		40		20	
			α	β	α	β	α	β	α	β	α	β
200	0.75	0	1.074	0.987	1.076	0.987	1.077	0.986	1.080	0.986	1.081	0.986
		5	1.053	0.991	1.055	0.990	1.058	0.990	1.059	0.989	1.062	0.989
		10	1.032	0.994	1.034	0.994	1.038	0.993	1.041	0.993	1.045	0.992
		15	1.009	0.998	1.013	0.998	1.018	0.997	1.022	0.996	1.024	0.996
		20	0.985	1.003	0.991	1.002	0.997	1.001	1.003	0.999	1.008	0.998
		25	0.959	1.008	0.968	1.006	0.975	1.005	0.983	1.003	0.991	1.002
		27	0.948	1.010	0.957	1.009	0.967	1.007	0.975	1.005	0.984	1.003
		30	0932	1.014	0.942	1.012	0.953	1.009	0.963	1.007	0.972	1.005
		32	0.919	1.017	0.931	1.014	0.942	1.012	0.954	1.009	0.965	1.007
		34	0.907	1.019	0.919	1.017	0.933	1.014	0.946	1.011	0.958	1.008
		36	0.893	1.023	0.908	1.019	0.922	1.016	0.934	1.013	0.951	1.010
200	0.78	0	1.072	0.989	1.074	0.989	1.075	0.989	1.077	0.988	1.079	0.988
		5	1.051	0.992	1.054	0.992	1.056	0.991	1.058	0.991	1.060	0.991
		10	1.031	0.995	1.033	0.995	1.037	0.994	1.040	0.994	1.044	0.993
		15	1.009	0.999	1.012	0.998	1.017	0.997	1.021	0.997	1.024	0.996
		20	0.986	1.002	0.991	1.002	0.997	1.001	1.003	0.999	1.008	0.999
		25	0.960	1.007	0.969	1.005	0.976	1.004	0.983	1.003	0.992	1.001
		27	0.949	1.009	0.958	1.007	0.968	1.006	0.976	1.004	0.984	1.003
		30	0.934	1.012	0.943	1.010	0.954	1.008	0.964	1.006	0.973	1.005
		32	0.921	1.014	0.933	1.012	0.944	1.010	0.956	1.008	0.966	1.006
		34	0.910	1.016	0.922	1.014	0.935	1.012	0.948	1.009	0.959	1.007
		36	0.896	1.019	0.910	1.016	0.924	1.013	0.936	1.011	0.953	1.008
200	0.80	0	1.071	0.990	1.072	0.990	1.073	0.990	1.076	0.989	1.077	0.989
		5	1.050	0.993	1.053	0.993	1.055	0.992	1.057	0.992	1.059	0.992
		10	1.030	0.996	1.033	0.995	1.037	0.995	1.039	0.994	1.043	0.994
		15	1.009	0.999	1.012	0.998	1.017	0.997	1.021	0.997	1.023	0.997
		20	0.986	1.002	0.991	1.001	0.997	1.000	1.003	1.000	1.008	0.999
		25	0.961	1.006	0.969	1.005	0.976	1.004	0.983	1.003	0.992	1.001
		27	0.950	1.008	0.959	1.006	0.968	1.005	0.976	1.004	0.985	1.002
		30	0.935	1.010	0.944	1.009	0.955	1.007	0.964	1.006	0.974	1.004
		32	0.923	1.013	0.934	1.010	0.945	1.009	0.956	1.007	0.967	1.005
		34	0.911	1.014	0.923	1.012	0.936	1.010	0.949	1.008	0.960	1.006
		36	0.898	1.017	0.912	1.014	0.926	1.012	0.937	1.010	0.953	1.007

表 B.1（续）

海拔高度 H/m	机械效率 η_m	现场温度 t/℃	相对湿度 Φ/%									
			100		80		60		40		20	
			α	β	α	β	α	β	α	β	α	β
400	0.75	0	1.045	0.992	1.047	0.992	1.048	0.991	1.051	0.991	1.052	0.991
		5	1.024	0.996	1.027	0.995	1.029	0.995	1.031	0.994	1.033	0.994
		10	1.003	0.999	1.006	0.999	1.010	0.998	1.012	0.998	1.016	0.997
		15	0.981	1.004	0.985	1.003	0.990	1.002	0.994	1.001	0.996	1.001
		20	0.958	1.008	0.963	1.007	0.969	1.006	0.975	1.005	0.980	1.004
		25	0.931	1.014	0.940	1.012	0.948	1.010	0.955	1.009	0.964	1.007
		27	0.921	1.016	0.929	1.014	0.939	1.012	0.948	1.010	0.957	1.009
		30	0.905	1.020	0.915	1.018	0.926	1.015	0.935	1.013	0.945	1.011
		32	0.892	1.023	0.904	1.020	0.915	1.018	0.927	1.015	0.938	1.012
		34	0.880	1.026	0.892	1.023	0.906	1.020	0.919	1.017	0.931	1.014
		36	0.866	1.029	0.881	1.026	0.895	1.022	0.908	1.019	0.924	1.015
400	0.78	0	1.044	0.993	1.045	0.993	1.046	0.993	1.049	0.992	1.050	0.992
		5	1.023	0.996	1.026	0.996	1.028	0.995	1.030	0.995	1.032	0.995
		10	1.003	0.999	1.006	0.999	1.010	0.998	1.012	0.998	1.016	0.997
		15	0.981	1.003	0.985	1.002	0.990	1.002	0.994	1.001	0.996	1.001
		20	0.959	1.007	0.964	1.006	0.970	1.005	0.976	1.004	0.981	1.003
		25	0.933	1.012	0.942	1.010	0.949	1.009	0.956	1.008	0.965	1.006
		27	0.923	1.014	0.931	1.012	0.941	1.010	0.949	1.009	0.958	1.007
		30	0.908	1.017	0.917	1.015	0.928	1.013	0.937	1.011	0.947	1.009
		32	0.895	1.019	0.907	1.017	0.918	1.015	0.929	1.013	0.940	1.011
		34	0.884	1.022	0.896	1.019	0.909	1.017	0.922	1.014	0.933	1.012
		36	0.870	1.025	0.884	1.022	0.898	1.019	0.910	1.016	0.927	1.013
400	0.80	0	1.043	0.994	1.044	0.994	1.046	0.994	1.048	0.993	1.049	0.993
		5	1.023	0.997	1.025	0.996	1.028	0.996	1.029	0.996	1.032	0.995
		10	1.003	1.000	1.006	0.999	1.009	0.999	1.012	0.998	1.016	0.998
		15	0.982	1.003	0.985	1.002	0.990	1.001	0.994	1.001	0.996	1.001
		20	0.960	1.006	0.965	1.005	0.971	1.005	0.977	1.004	0.981	1.003
		25	0.935	1.010	0.943	1.009	0.950	1.008	0.957	1.007	0.966	1.005
		27	0.921	1.012	0.935	1.011	0.942	1.009	0.950	1.008	0.939	1.006
		30	0.909	1.015	0.919	1.013	0.929	1.011	0.939	1.010	0.948	1.008
		32	0.897	1.017	0.909	1.015	0.919	1.013	0.931	1.011	0.941	1.009
		34	0.886	1.019	0.897	1.017	0.909	1.015	0.923	1.012	0.935	1.010
		36	0.873	1.022	0.886	1.019	0.900	1.016	0.912	1.014	0.928	1.012

表 B.1（续）

海拔高度 H/m	机械效率 η_m	现场温度 t/℃	相对湿度 Φ/%									
			100		80		60		40		20	
			α	β	α	β	α	β	α	β	α	β
600	0.75	0	1.015	0.997	1.016	0.997	1.017	0.997	1.020	0.996	1.021	0.996
		5	0.994	1.001	0.996	1.001	0.999	1.000	1.000	1.000	1.003	0.999
		10	0.974	1.005	0.976	1.005	0.980	1.004	0.983	1.003	0.987	1.003
		15	0.951	1.010	0.955	1.009	0.960	1.008	0.964	1.007	0.967	1.006
		20	0.929	1.015	0.934	1.013	0.940	1.012	0.946	1.011	0.951	1.010
		25	0.903	1.020	0.912	1.018	0.919	1.017	0.926	1.015	0.935	1.013
		27	0.892	1.023	0.901	1.021	0.911	1.019	0.919	1.017	0.928	1.015
		30	0.876	1.027	0.886	1.024	0.897	1.022	0.907	1.019	0.917	1.017
		32	0.864	1.030	0.876	1.027	0.887	1.024	0.899	1.021	0.910	1.019
		34	0.852	1.033	0.864	1.030	0.878	1.026	0.891	1.023	0.903	1.020
		36	0.838	1.036	0.853	1.033	0.868	1.029	0.880	1.026	0.897	1.022
600	0.78	0	1.014	0.998	1.015	0.997	1.017	0.997	1.019	0.997	1.021	0.997
		5	0.994	1.001	0.997	1.001	0.999	1.000	1.000	1.000	1.003	1.000
		10	0.974	1.004	0.977	1.004	0.981	1.003	0.983	1.003	0.987	1.002
		15	0.953	1.008	0.957	1.007	0.962	1.007	0.965	1.006	0.968	1.005
		20	0.931	1.012	0.936	1.011	0.942	1.010	0.948	1.009	0.953	1.008
		25	0.906	1.017	0.914	1.015	0.921	1.014	0.929	1.013	0.937	1.011
		27	0.895	1.019	0.904	1.018	0.913	1.016	0.922	1.014	0.930	1.012
		30	0.880	1.022	0.890	1.020	0.900	1.018	0.910	1.016	0.919	1.014
		32	0.868	1.025	0.879	1.023	0.890	1.020	0.902	1.018	0.913	1.016
		34	0.856	1.028	0.868	1.025	0.881	1.022	0.894	1.019	0.906	1.017
		36	0.843	1.031	0.857	1027	0.871	1.024	0.883	1.022	0.900	1.018
600	0.80	0	1.014	0.998	1.015	0.998	1.016	0.998	1.019	0.997	1.020	0.997
		5	0.994	1.001	0.997	1.001	0.999	1.000	1.000	1.000	1.003	1.000
		10	0.975	1.004	0.977	1.003	0.981	1.003	0.983	1.003	0.987	1.002
		15	0.954	1.007	0.957	1.007	0.962	1.006	0.966	1.005	0.968	1.005
		20	0.932	1.011	0.937	1.010	0.943	1.009	0.949	1.008	0.954	1.007
		25	0.907	1.015	0.916	1.014	0.923	1.012	0.930	1.011	0.938	1.010
		27	0.897	1.017	0.906	1.016	0.915	1.014	0.922	1.012	0.932	1.011
		30	0.882	1.020	0.892	1.018	0.902	1.016	0.912	1.014	0.921	1.013
		32	0.870	1.022	0.882	1.020	0.892	1.018	0.904	1.016	0.914	1.014
		34	0.859	1.024	0.871	1.022	0.884	1.020	0.892	1.017	0.908	1.015
		36	0.846	1.027	0.860	1.024	0.874	1.022	0.885	1.019	0.901	1.016

表 B.1（续）

海拔高度 H/m	机械效率 η_m	现场温度 t/℃	相对湿度 Φ/%									
			100		80		60		40		20	
			α	β	α	β	α	β	α	β	α	β
800	0.75	0	0.984	1.003	0.985	1.003	0.987	1.003	0.989	1.002	0.991	1.002
		5	0.964	1.007	0.966	1.007	0.969	1.006	0.970	1.006	0.973	1.005
		10	0.944	1.011	0.946	1.014	0.950	1.010	0.953	1.009	0.957	1.009
		15	0.922	1.016	0.926	1.015	0.931	1.014	0.935	1.013	0.937	1.013
		20	0.900	1.021	0.905	1.020	0.911	1.018	0.917	1.017	0.922	1.016
		25	0.874	1.027	0.883	1.025	0.890	1.023	0.898	1.022	0.907	1.019
		27	0.864	1.030	0.872	1.028	0.882	1.025	0.891	1.023	0.900	1.021
		30	0.848	1.034	0.858	1.031	0.869	1.029	0.879	1.026	0.889	1.024
		32	0.835	1.037	0.848	1.034	0.859	1.031	0.871	1.028	0.882	1.025
		34	0.824	1.040	0.836	1.037	0.850	1.033	0.863	1.030	0.875	1.027
		36	0.811	1.044	0.825	1.040	0.840	1.036	0.852	1.033	0.869	1.029
800	0.78	0	0.984	1.003	0.986	1.002	0.987	1.002	0.990	1.002	0.991	1.002
		5	0.965	1.006	0.967	1.006	0.970	1.005	0.971	1.005	0.974	1.004
		10	0.945	1.010	0.948	1.009	0.952	1.008	0.954	1.008	0.958	1.007
		15	0.924	1.013	0.928	1.013	0.933	1.012	0.937	1.011	0.939	1.011
		20	0.903	1.018	0.907	1.017	0.914	1.016	0.920	1.014	0.925	1.013
		25	0.878	1.023	0.886	1.021	0.894	1.020	0.901	1.018	0.909	1.016
		27	0.868	1.025	0.876	1.023	0.886	1.021	0.894	1.020	0.903	1.018
		30	0.853	1.029	0.862	1.026	0.873	1.024	0.882	1.022	0.892	1.020
		32	0.840	1.031	0.852	1.029	0.863	1.026	0.875	1.024	0.885	1.021
		34	0.829	1.034	0.841	1.031	0.854	1.028	0.867	1.025	0.879	1.023
		36	0.816	1.037	0.830	1.034	0.844	1.030	0.856	1.028	0.873	1.024
800	0.80	0	0.985	1.002	0.986	1.002	0.987	1.002	0.990	1.002	0.991	1.001
		5	0.965	1.005	0.968	1.005	0.970	1.005	0.972	1.004	0.974	1.004
		10	0.946	1.008	0.949	1.008	0.853	1.007	0.955	1.007	0.959	1.006
		15	0.926	1.012	0.929	1.011	0.934	1.010	0.938	1.010	0.940	1.009
		20	0.904	1.016	0.909	1.015	0.915	1.014	0.921	1.013	0.926	1.012
		25	0.880	1.020	0.888	1.019	0.896	1.017	0.903	1.016	0.911	1.015
		27	0.870	1.022	0.878	1.021	0.888	1.019	0.896	1.017	0.904	1.016
		30	0.855	1.025	0.865	1.023	0.875	1.021	0.885	1.019	0.894	1.018
		32	0.843	1.028	0.855	1.025	0.865	1.023	0.877	1.021	0.888	1.019
		34	0.832	1.030	0.844	1.028	0.857	1.025	0.870	1.022	0.881	1.020
		36	0.819	1.033	0.833	1.030	0.847	1.027	0.859	1.024	0.875	1.021

表 B.1（续）

海拔高度 H/m	机械效率 η_m	现场温度 t/℃	相对湿度 Φ/%									
			100		80		60		40		20	
			α	β	α	β	α	β	α	β	α	β
1 000	0.75	0	0.955	1.009	0.956	1.009	0.957	1.008	0.960	1.008	0.961	1.008
		5	0.935	1.013	0.937	1.013	0.940	1.012	0.941	1.012	0.944	1.011
		10	0.915	1.018	0.918	1.017	0.922	1.016	0.924	1.015	0.928	1.015
		15	0.894	1.022	0.898	1.022	0.903	1.020	0.907	1.019	0.909	1.019
		20	0.872	1.028	0.877	1.027	0.883	1.025	0.890	1.023	0.895	1.022
		25	0.847	1.034	0.855	1.032	0.863	1.030	0.870	1.028	0.879	1.026
		27	0.836	1.037	0.845	1.035	0.855	1.032	0.864	1.030	0.872	1.028
		30	0.821	1.041	0.831	1.038	0.842	1.036	0.852	1.033	0.862	1.030
		32	0.809	1.045	0.821	1.041	0.832	1.038	0.844	1.035	0.855	1.032
		34	0.797	1.048	0.810	1.045	0.823	1.041	0.836	1.037	0.849	1.034
		36	0.784	1.052	0.798	1.048	0.813	1.044	0.825	1.040	0.842	1.035
1 000	0.78	0	0.956	1.008	0.957	1.007	0.959	1.007	0.961	1.007	0.962	1.006
		5	0.937	1.011	0.939	1.011	0.942	1.010	0.943	1.010	0.946	1.009
		10	0.918	1.015	0.920	1.014	0.924	1.014	0.927	1.013	0.930	1.012
		15	0.897	1.019	0.901	1.018	0.906	1.017	0.909	1.016	0.912	1.016
		20	0.876	1.023	0.881	1.022	0.887	1.021	0.893	1.020	0.898	1.019
		25	0.851	1.029	0.860	1.027	0.867	1.025	0.874	1.024	0.883	1.022
		27	0.841	1.031	0.850	1.029	0.859	1.027	0.868	1.025	0.876	1.023
		30	0.826	1.035	0.836	1.032	0.847	1.030	0.856	1.028	0.866	1.026
		32	0.814	1.038	0.826	1.035	0.837	1.032	0.849	1.029	0.859	1.027
		34	0.803	1.040	0.815	1.037	0.828	1.034	0.841	1.031	0.853	1.028
		36	0.790	1.044	0.804	1.040	0.818	1.037	0.830	1.034	0.847	1.030
1 000	0.80	0	0.957	1.007	0.958	1.007	0.959	1.006	0.962	1.006	0.963	1.006
		5	0.938	1.010	0.940	1.009	0.943	1.009	0.944	1.009	0.947	1.008
		10	0.919	1.013	0.922	1.013	0.925	1.012	0.928	1.012	0.932	1.011
		15	0.899	1.017	0.903	1.016	0.907	1.015	0.911	1.015	0.914	1.014
		20	0.878	1.021	0.883	1.020	0.889	1.019	0.895	1.018	0.900	1.017
		25	0.854	1.025	0.862	1.024	0.869	1.022	0.877	1.021	0.885	1.019
		27	0.844	1.027	0.852	1.026	0.862	1.024	0.870	1.022	0.878	1.021
		30	0.830	1.031	0.839	1.029	0.849	1.026	0.859	1.024	0.868	1.023
		32	0.818	1.033	0.829	1.031	0.840	1.028	0.851	1.026	0.862	1.024
		34	0.807	1.036	0.819	1.033	0.831	1.030	0.844	1.028	0.856	1.025
		36	0.794	1.039	0.808	1.035	0.822	1.032	0.833	1.030	0.850	1.026

表 B.1（续）

海拔高度 H/m	机械效率 η_m	现场温度 t/℃	相对湿度 Φ/%									
			100		80		60		40		20	
			α	β	α	β	α	β	α	β	α	β
1 200	0.75	0	0.925	1.015	0.927	1.015	0.928	1.015	0.931	1.014	0.932	1.014
		5	0.906	1.020	0.908	1.019	0.911	1.018	0.912	1.018	0.915	1.018
		10	0.887	1.024	0.889	1.024	0.893	1.023	0.896	1.022	0.900	1.021
		15	0.866	1.029	0.870	1.028	0.875	1.027	0.879	1.026	0.881	1.026
		20	0.844	1.035	0.849	1.034	0.856	1.032	0.862	1.030	0.867	1.029
		25	0.819	1.042	0.828	1.039	0.836	1.037	0.843	1.035	0.852	1.033
		27	0.809	1.045	0.818	1.042	0.828	1.039	0.836	1.037	0.845	1.035
		30	0.794	1.049	0.804	1.046	0.815	1.043	0.825	1.040	0.835	1.037
		32	0.782	1.053	0.794	1.049	0.805	1.046	0.817	1.042	0.828	1.039
		34	0.771	1.056	0.783	1.053	0.796	1.048	0.810	1.045	0.822	1.041
		36	0.757	1.061	0.772	1.056	0.786	1.051	0.798	1.048	0.815	1.043
1 200	0.78	0	0.928	1.013	0.929	1.013	0.930	1.012	0.933	1.012	0.934	1.012
		5	0.909	1.017	0.911	1.016	0.914	1.016	0.915	1.015	0.918	1.015
		10	0.890	1.020	0.893	1.020	0.896	1.019	0.899	1.019	0.903	1.018
		15	0.870	1.025	0.873	1.024	0.878	1.023	0.882	1.022	0.885	1.022
		20	0.849	1.029	0.854	1.028	0.860	1.027	0.866	1.026	0.871	1.024
		25	0.825	1.035	0.833	1.033	0.840	1.031	0.848	1.030	0.856	1.028
		27	0.815	1.038	0.823	1.035	0.833	1.033	0.841	1.031	0.850	1.029
		30	0.800	1.041	0.810	1.039	0.820	1.036	0.830	1.034	0.839	1.032
		32	0.788	1.044	0.800	1.041	0.811	1.039	0.822	1.036	0.833	1.033
		34	0.777	1.047	0.789	1.044	0.802	1.041	0.815	1.037	0.827	1.035
		36	0.764	1.051	0.778	1.047	0.792	1.043	0.804	1.040	0.821	1.036
1 200	0.80	0	0.929	1.011	0.930	1.011	0.932	1.011	0.994	1.011	0.935	1.010
		5	0.910	1.015	0.913	1.014	0.915	1.014	0.917	1.014	0.919	1.013
		10	0.892	1.018	0.895	1.018	0.898	1.017	0.901	1.016	0.905	1.016
		15	0.872	1.022	0.876	1.021	0.881	1.020	0.884	1.019	0.887	1.019
		20	0.852	1.026	0.856	1.025	0.862	1.024	0.868	1.023	0.873	1.022
		25	0.828	1.031	0.836	1.029	0.843	1.028	0.850	1.026	0.859	1.024
		27	0.818	1.033	0.826	1.031	0.835	1.029	0.844	1.027	0.852	1.026
		30	0.804	1.036	0.813	1.034	0.824	1.032	0.833	1.030	0.842	1.028
		32	0.792	1.039	0.804	1.035	0.814	1.034	0.826	1.031	0.836	1.029
		34	0.781	1.042	0.793	1.039	0.806	1.036	0.819	1.033	0.830	1.030
		36	0.769	1.045	0.783	1.041	0.796	1.038	0.808	1.035	0.824	1.032

表 B.1（续）

海拔高度 H/m	机械效率 η_m	现场温度 t/℃	相对湿度 Φ/%									
			100		80		60		40		20	
			α	β	α	β	α	β	α	β	α	β
1 400	0.75	0	0.898	1.022	0.899	1.021	0.900	1.021	0.903	1.020	0.904	1.020
		5	0.878	1.026	0.881	1.025	0.884	1.025	0.885	1.025	0.887	1.024
		10	0.860	1.031	0.862	1.030	0.866	1.029	0.869	1.029	0.873	1.028
		15	0.839	1.036	0.845	1.035	0.848	1.034	0.852	1.033	0.854	1.032
		20	0.818	1.042	0.823	1.041	0.829	1.039	0.835	1.037	0.840	1.036
		25	0.793	1.049	0.802	1.047	0.809	1.045	0.817	1.042	0.826	1.040
		27	0.783	1.052	0.792	1.050	0.802	1.047	0.810	1.044	0.819	1.042
		30	0.768	1.057	0.778	1.054	0.789	1.051	0.799	1.048	0.809	1.045
		32	0.756	1.061	0.768	1.057	0.779	1.054	0.791	1.050	0.802	1.047
		34	0.746	1.065	0.757	1.061	0.771	1.056	0.784	1.052	0.796	1.048
		36	0.732	1.069	0.746	1.064	0.761	1.059	0.773	1.056	0.790	1.050
1 400	0.78	0	0.900	1.018	0.902	1.018	0.903	1.018	0.906	1.017	0.907	1.017
		5	0.882	1.022	0.884	1.022	0.887	1.021	0.888	1.021	0.891	1.020
		10	0.864	1.026	0.866	1.025	0.870	1.025	0.873	1.024	0.876	1.023
		15	0.844	1.031	0.847	1.030	0.852	1.029	0.856	1.028	0.859	1.027
		20	0.823	1.035	0.828	1.034	0.834	1.033	0.840	1.031	0.845	1.030
		25	0.799	1.041	0.808	1.039	0.815	1.037	0.822	1.036	0.831	1.034
		27	0.789	1.044	0.798	1.042	0.807	1.039	0.816	1.037	0.824	1.035
		30	0.775	1.048	0.784	1.045	0.795	1.042	0.805	1.040	0.814	1.038
		32	0.763	1.051	0.775	1.048	0.786	1.045	0.797	1.042	0.808	1.039
		34	0.752	1.054	0.764	1.051	0.777	1.047	0.790	1.044	0.802	1.041
		36	0.740	1.058	0.754	1.054	0.768	1.050	0.780	1.047	0.796	1.042
1 400	0.80	0	0.902	1.106	0.904	1.016	0.905	1.016	0.907	1.015	0.909	1.013
		5	0.884	1.020	0.887	1.019	0.889	1.019	0.890	1.018	0.893	1.018
		10	0.866	1.023	0.869	1.023	0.872	1.022	0.875	1.021	0.879	1.021
		15	0.847	1.027	0.850	1.026	0.855	1.025	0.859	1.024	0.861	1.024
		20	0.826	1.031	0.831	1.030	0.837	1.029	0.843	1.028	0.848	1.027
		25	0.803	1.037	0.811	1.035	0.818	1.033	0.826	1.031	0.834	1.030
		27	0.793	1.039	0.802	1.037	0.811	1.035	0.819	1.033	0.828	1.031
		30	0.779	1.042	0.789	1.040	0.799	1.037	0.808	1.035	0.818	1.033
		32	0.767	1.045	0.779	1.042	0.790	1.040	0.801	1.037	0.812	1.035
		34	0.757	1.048	0.769	1.045	0.781	1.042	0.794	1.039	0.806	1.036
		36	0.744	1.051	0.758	1.047	0.772	1.044	0.784	1.041	0.800	1.037

表 B.1（续）

海拔高度 H/m	机械效率 η_m	现场温度 t/℃	相对湿度 Φ/%									
			100		80		60		40		20	
			α	β	α	β	α	β	α	β	α	β
		0	0.870	1.028	0.871	1.028	0.872	1.028	0.875	1.027	0.876	1.027
		5	0.851	1.033	0.853	1.033	0.856	1.032	0.857	1.031	0.860	1.031
		10	0.832	1.038	0.835	1.037	0.839	1.036	0.842	1.036	0.845	1.035
		15	0.812	1.044	0.816	1.043	0.821	1.041	0.825	1.040	0.827	1.039
		20	0.791	1.050	0.796	1.048	0.803	1.047	0.809	1.045	0.814	1.043
1 600	0.75	25	0.767	1.057	0.776	1.055	0.783	1.052	0.791	1.050	0.799	1.047
		27	0.757	1.063	0.766	1.058	0.776	1.056	0.784	1.052	0.793	1.049
		30	0.742	1.066	0.752	1.062	0.763	1.059	0.773	1.056	0.783	1.052
		32	0.730	1.070	0.742	1.066	0.753	1.062	0.766	1.058	0.777	1.054
		34	0719	1.074	0.732	1.069	0.745	1.065	0.758	1.060	0.771	1.056
		36	0.706	1.079	0.721	1.073	0.735	1.068	0.747	1.064	0.764	1.058
		0	0.873	1.024	0.875	1.024	0.876	1.023	0.878	1.023	0.880	1.023
		5	0.855	1.028	0.858	1.027	0.860	1.027	0.861	1.027	0.864	1.026
		10	0.837	1.032	0.840	1.031	0.844	1.031	0.846	1.030	0.850	1.029
		15	0.818	1.037	0.821	1.036	0.826	1.035	0.830	1.034	0.833	1.033
		20	0.797	1.042	0.802	1.041	0.808	1.039	0.814	1.038	0.819	1.036
1 600	0.78	25	0.774	1.048	0.782	1.046	0.790	1.044	0.797	1.042	0.805	1.040
		27	0.764	1.051	0.773	1.049	0.782	1.046	0.791	1.044	0.799	1.041
		30	0.750	1.055	0.759	1.052	0.770	1.049	0.780	1.047	0.789	1.044
		32	0.738	1.059	0.750	1.055	0.761	1.052	0.778	1.049	0.783	1.046
		34	0.728	1.062	0.739	1.058	0.752	1.054	0.765	1.051	0.777	1.047
		36	0.715	1.066	0.729	1.061	0.743	1.057	0.755	1.054	0.771	1.049
		0	0.876	1.021	0.877	1.021	0.878	1.021	0.882	1.020	0.882	1.020
		5	0.858	1.025	0.860	1.024	0.863	1.024	0.864	1.023	0.867	1.023
		10	0.840	1.028	0.843	1.028	0.847	1.027	0.849	1.026	0.853	1.026
		15	0.821	1.032	0.825	1.032	0.830	1.031	0.833	1.030	0.836	1.029
		20	0.801	1.037	0.806	1.036	0.812	1.035	0.818	1.033	0.823	1.032
1 600	0.80	25	0.778	1.042	0.786	1.040	0.793	1.039	0.801	1.037	0.809	1.035
		27	0.769	1.045	0.777	1.043	0.786	1.040	0.795	1.039	0.803	1.037
		30	0.755	1.048	0.764	1.046	0.774	1.043	0.784	1.041	0.793	1.039
		32	0.743	1.052	0.755	1.048	0.765	1.046	0.777	1.043	0.787	1.040
		34	0.733	1.054	0.744	1.051	0.757	1.048	0.770	1.045	0.781	1.042
		36	0.720	1.058	0.734	1.054	0.748	1.050	0.759	1.047	0.776	1.043

表 B.1（续）

海拔高度 H/m	机械效率 η_m	现场温度 t/℃	相对湿度 Φ/%									
			100		80		60		40		20	
			α	β	α	β	α	β	α	β	α	β
1 800	0.75	0	0.843	1.035	0.844	1.035	0.846	1.035	0.848	1.034	0.850	1.033
		5	0.824	1.040	0.827	1.040	0.830	1.039	0.831	1.038	0.834	1.038
		10	0.807	1.045	0.809	1.045	0.813	1.044	0.816	1.043	0.819	1.042
		15	0.787	1.051	0.790	1.050	0.796	1.049	0.799	1.047	0.802	1.047
		20	0.766	1.058	0.771	1.056	0.777	1.054	0.784	1.052	0.789	1.051
		25	0.742	1.066	0.751	1.063	0.758	1.060	0.766	1.058	0.775	1.055
		27	0.732	1.069	0.741	1.066	0.751	1.063	0.760	1.060	0.768	1.057
		30	0.718	1.074	0.728	1.071	0.739	1.067	0.748	1.064	0.758	1.060
		32	0.706	1.079	0.718	1.074	0.729	1.070	0.741	1.066	0.752	1.062
		34	0.695	1.083	0.707	1.078	0.721	1.073	0.734	1.069	0.746	1.064
		36	0.682	1.088	0.697	1.082	0.711	1.077	0.723	1.072	0.740	1.066
1 800	0.78	0	0.848	1.030	0.849	1.029	0.850	1.029	0.853	1.028	0.854	1.028
		5	0.830	1.034	0.832	1.033	0.835	1.033	0.836	1.032	0.839	1.032
		10	0.812	1.038	0.815	1.038	0.818	1.037	0.821	1.036	0.825	1.035
		15	0.793	1.043	0.797	1.042	0.801	1.041	0.805	1.040	0.808	1.039
		20	0.773	1.048	0.778	1.047	0.784	1.045	0.790	1.044	0.795	1.043
		25	0.750	1.055	0.758	1.053	0.765	1.051	0.773	1.049	0.781	1.046
		27	0.740	1.058	0.748	1.055	0.758	1.053	0.767	1.050	0.775	1.048
		30	0.726	1.062	0.735	1.059	0.746	1.056	0.756	1.053	0.765	1.051
		32	0.714	1.066	0.726	1.062	0.737	1.059	0.749	1.055	0.759	1.052
		34	0.704	1.069	0.716	1.065	0.729	1.061	0.742	1.057	0.754	1.054
		36	0.691	1.074	0.705	1.069	0.720	1.064	0.731	1.061	0.748	1.056
1 800	0.80	0	0.850	1.026	0.852	1.026	0.853	1.026	0.855	1.025	0.857	1.025
		5	0.833	1.030	0.835	1.029	0.838	1.029	0.839	1.029	0.842	1.028
		10	0.816	1.034	0.818	1.033	0.822	1.032	0.824	1.032	0.828	1.031
		15	0.797	1.038	0.800	1.037	0.805	1.036	0.809	1.035	0.811	1.035
		20	0.777	1.043	0.782	1.042	0.788	1.040	0.794	1.039	0.799	1.038
		25	0.754	1.049	0.763	1.046	0.770	1.045	0.777	1.043	0.785	1.041
		27	0.745	1.051	0.753	1.049	0.763	1.046	0.771	1.044	0.779	1.042
		30	0.731	1.055	0.740	1.052	0.751	1.049	0.760	1.047	0.770	1.045
		32	0.720	1.058	0.731	1.055	0.742	1.052	0.753	1.049	0.764	1.046
		34	0.709	1.061	0.721	1.058	0.734	1.054	0.747	1.051	0.758	1.048
		36	0.697	1.065	0.711	1.061	0.725	1.057	0.736	1.053	0.752	1.049

表 B.1（续）

海拔高度 H/m	机械效率 η_m	现场温度 t/℃	相对湿度 Φ/%									
			100		80		60		40		20	
			α	β	α	β	α	β	α	β	α	β
2 000	0.75	0	0.816	1.043	0.818	1.042	0.819	1.042	0.822	1.041	0.823	1.041
		5	0.798	1.048	0.801	1.047	0.803	1.046	0.805	1.046	0.807	1.045
		10	0.781	1.053	0.783	1.052	0.787	1.051	0.790	1.050	0.794	1.049
		15	0.761	1.059	0.765	1.058	0.770	1.057	0.774	1.055	0.776	1.054
		20	0.741	1.066	0.746	1.065	0.752	1.062	0.758	1.060	0.763	1.059
		25	0.717	1.075	0.726	1.071	0.733	1.069	0.741	1.066	0.750	1.063
		27	0.707	1.078	0.716	1.075	0.726	1.071	0.735	1.068	0.743	1.065
		30	0.693	1.084	0.703	1.080	0.714	1.076	0.724	1.072	0.734	1.069
		32	0.681	1.089	0.693	1.084	0.704	1.079	0.717	1.075	0.728	1.071
		34	0.671	1.093	0.683	1.088	0.696	1.083	0.710	1.077	0.722	1.073
		36	0.658	1.098	0.672	1.092	0.687	1.086	0.699	1.081	0.716	1.075
2 000	0.78	0	0.822	1.036	0.823	1.035	0.824	1.035	0.827	1.035	0.828	1.034
		5	0.804	1.040	0.807	1.040	0.809	1.039	0.810	1.039	0.813	1.038
		10	0.787	1.045	0.790	1.044	0.793	1.043	0.796	1.042	0.800	1.041
		15	0.768	1.050	0.772	1.049	0.777	1.047	0.780	1.046	0.783	1.046
		20	0.748	1.055	0.753	1.054	0.759	1.052	0.765	1.051	0.770	1.049
		25	0.725	1.062	0.734	1.060	0.741	1.058	0.748	1.055	0.757	1.053
		27	0.716	1.065	0.724	1.063	0.734	1.060	0.742	1.057	0.751	1.055
		30	0.702	1.070	0.712	1.067	0.722	1.063	0.732	1.060	0.741	1.057
		32	0.690	1.074	0.702	1.070	0.713	1.066	0.725	1.063	0.736	1.059
		34	0.680	1.078	0.692	1.073	0.705	1.069	0.718	1.065	0.730	1.061
		36	0.668	1.082	0.682	1.077	0.696	1.072	0.708	1.068	0.724	1.063
2 000	0.80	0	0.825	1.032	0.826	1.031	0.828	1.031	0.830	1.030	0.831	1.030
		5	0.808	1.035	0.810	1.035	0.813	1.034	0.814	1.034	0.817	1.033
		10	0.791	1.039	0.793	1.039	0.797	1.038	0.800	1.037	0.803	1.036
		15	0.772	1.044	0.776	1.043	0.781	1.042	0.785	1.041	0.787	1.040
		20	0.753	1.049	0.758	1.048	0.764	1.046	0.770	1.045	0.775	1.043
		25	0.731	1.055	0.739	1.053	0.746	1.051	0.753	1.049	0.761	1.047
		27	0.721	1.058	0.730	1.055	0.739	1.053	0.747	1.050	0.756	1.048
		30	0.708	1.062	0.717	1.059	0.728	1.056	0.737	1.053	0.746	1.051
		32	0.696	1.065	0.708	1.061	0.718	1.058	0.730	1.055	0.741	1.052
		34	0.686	1.068	0.698	1.064	0.711	1.061	0.723	1.057	0.735	1.054
		36	0.674	1.072	0.688	1.068	0.702	1.063	0.713	1.060	0.729	1.055

ICS 71.100.40
G 76

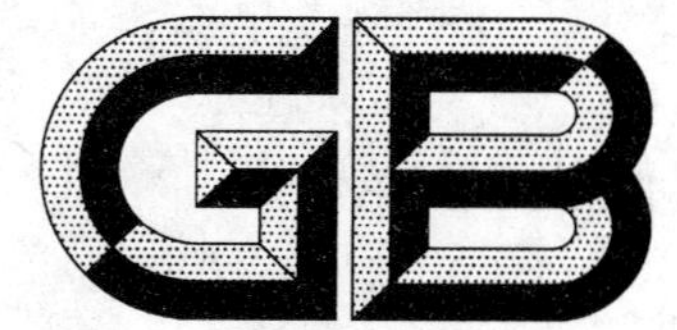

中华人民共和国国家标准

GB/T 16881—2008
代替 GB/T 16881—1997

水的混凝、沉淀试杯试验方法

Coagulation—Deposition jar test of water

2008-06-04 发布 2008-12-01 实施

中华人民共和国国家质量监督检验检疫总局
中国国家标准化管理委员会 发布

前言

本标准代替 GB/T 16881—1997《水的混凝、絮凝杯罐试验方法》。

本标准与 GB/T 16881—1997 相比主要变化如下：

——本标准名称修改为《水的混凝、沉淀试杯试验方法》；

——本标准增加了对高速度梯度(G 值)试验要求。

本标准由中华人民共和国石油和化学工业协会提出。

本标准由全国化学标准化技术委员会水处理剂分会(SAC/TC 63/SC 5)归口。

本标准负责起草单位：光明化工研究设计院、同济大学、天津化工研究设计院。

本标准主要起草人：李成国、郭喜民、郭丰祥、李风亭、白莹。

本标准于 1997 年首次发布。

水的混凝、沉淀试杯试验方法

1 范围

本标准规定了水的混凝、沉淀试杯试验的试验装置、操作条件和操作步骤。

本标准适用于确定水的混凝、沉淀过程的工艺参数，包括：混凝剂、絮凝剂的种类、用量、水的 pH 值、温度、以及各种药剂的投加顺序等。

2 规范性引用文件

下列文件中的条款通过本标准的引用而成为本标准的条款。凡是注日期的引用文件，其随后所有的修改单(不包括勘误的内容)或修订版均不适用于本标准，然而，鼓励根据本标准达成协议的各方研究是否可使用这些文件的最新版本。凡是不注日期的引用文件，其最新版本适用于本标准。

GB/T 605 化学试剂 色度测定通用方法(GB/T 605—2006 ISO 6353-1:1982,NEQ)

GB/T 5750 生活饮用水标准检验法

GB/T 9724 化学试剂 pH 值测定通则(GB/T 9724—2007, ISO 6353-1:1982,NEQ)

GB/T 15724.1 试验室玻璃仪器 烧杯(GB/T 15724.1—1995, ISO 3819:1985,NEQ)

3 方法提要

水的混凝、沉淀试杯试验包括快速搅拌、慢速搅拌和静止沉降等三个步骤。投加的混凝剂、絮凝剂经快速搅拌而迅速分散并与水样中的胶粒接触，胶粒开始凝聚产生微絮体。通过慢速搅拌，微絮体进一步相互接触长成较大的颗粒。停止搅拌后，形成的胶粒聚集体依靠重力沉降至容器底部。

通过测定水样在试验后的浊度、色度，即可判定混凝剂的性能。

4 装置

4.1 多联搅拌器

转速可以在 20 r/min～150 r/min 之间无级调节。搅拌桨片由轻质耐腐材料制成，桨片尺寸为 60 mm ×40 mm×2 mm，形状为矩形。在多联搅拌器的底座或内侧正面有照明装置，通过它可以观察絮片的形成。多联搅拌器和搅拌桨片尺寸、浸入水中的位置示意图参见图 1。

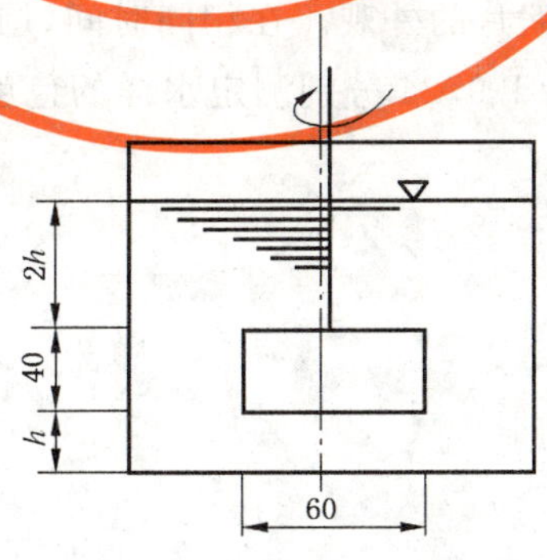

图 1 搅拌桨片尺寸及位置示意图

多联搅拌器具有以下的性能：

a) 全部搅拌桨片的启动、运行和停车同步；
b) 搅拌桨片的转速能在一定范围内连续变化，并在不停车的情况下，全部搅拌桨片能平稳地同步变速；
c) 当全部搅拌桨片在水样容积相等的容器中，按几何尺寸相似的淹没条件下进行搅拌时，对每个水样的搅拌输入功率相等；
d) 搅拌器的搅拌功率应能对水样产生范围为为 10 s^{-1}～150 s^{-1}的速度梯度；
e) 在整个试杯试验的搅拌过程以及试验的观察测定过程中，搅拌桨片淹入水中部分的材质以及搅拌器的各种功能设计必须做到对水质在成分、水温以及观察过程不产生影响。

4.2 烧杯：满足 GB/T 15724.1 的要求。同一组实验中，使用烧杯的尺寸和外形要求相同，容积不小于 2 000 mL。

4.3 高速度梯度(G 值)试验

对于凝聚过程有特殊要求的高 G 值试验，桨片可采用相适应的形状和尺寸，转速在 1 000 r/min 内可调，以满足 G 值上限达到 1 000 s^{-1}的要求。

5 操作步骤

5.1 根据多联搅拌器所设置的烧杯数目，各量取 1 000 mL 水样装入烧杯中，并将烧杯定位。然后把搅拌桨片放入水中，桨片的轴要偏离烧杯中心，桨片与烧杯壁之间至少要有 6.4 mm 的间隙。记录试验开始时的温度。

5.2 把已配好混凝剂、絮凝剂装入试剂架的试管中。投药前，用水将各试管中的药剂稀释至 10 mL。若某种药剂的投加量大于 10 mL，其他试管也应补水，直至体积与用量最大的药剂体积相等。添加悬浮液药剂时，应在投加前摇匀药剂。

5.3 开动多联搅拌器，在 120 r/min 转速下快速搅拌。按预定的药剂投加量同时向各个烧杯中投加药剂，搅拌 30 s～60 s。

5.4 降低转速至 20 r/min～40 r/min，转速以能够保持烧杯内颗粒均匀悬浮起来为度。慢速搅拌约 5 min～ 20 min。记录初始絮片产生的时间。

5.5 完成慢速搅拌后，把搅拌桨从水中提出来，观察絮体的沉降，记录大部分絮体沉降所需的时间。但在某些情况下，沉降受到对流的影响，此时记录的沉降时间应当是向上与向下运动的未沉降絮体数量大致相等的时间。

5.6 沉降 15 min 后，记录烧杯底部絮片的外观。在相同时间，用移液管在烧杯中相同位置处吸取适量水样，按 GB/T 605、GB/T 5750、GB/T 9724 分别测定水样的色度、浊度及 pH 值。

6 结果的计算

按以下格式记录并报告结果。

水的混凝、沉淀试杯试验结果记录

水样__________ pH值__________ 浊度__________ FUN 日期__________

地点__________ 色度__________度 温度__________℃ 体积__________ mL

项目		试验杯号					
		1	2	3	4	5	6
加药顺序及剂量(mg/L)	1						
	2						
	3						
沉淀试验	快搅速度/(r/min)						
	快搅时间/min						
	慢搅速度/(r/min)						
	慢搅时间/min						
	出现絮体时间及一般描述						
	絮体大小						
	沉降时间						
	浊度(FUN)						
	色度(度)						
	pH						

7 重复性

为了验证重复性,建议采用成对操作,即每对烧杯同时加入同样品种、同样剂量的药剂进行处理。

ICS 11.100
C 30

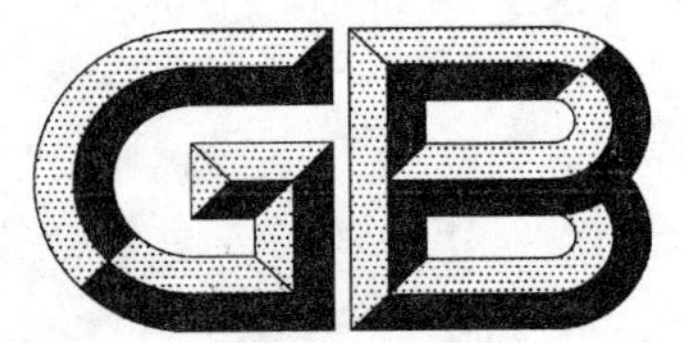

中华人民共和国国家标准

GB/T 16886.3—2008/ISO 10993-3:2003
代替 GB/T 16886.3—1997

医疗器械生物学评价　第3部分：遗传毒性、致癌性和生殖毒性试验

Biological evaluation of medical devices—Part 3: Tests for genotoxicity, carcinogenicity and reproductive toxicity

(ISO 10993-3:2003, IDT)

2008-01-22 发布　　2008-09-01 实施

中华人民共和国国家质量监督检验检疫总局
中国国家标准化管理委员会　发布

前　　言

GB/T 16886《医疗器械生物学评价》由下列部分组成：

——第1部分：评价与试验；

——第2部分：动物保护要求；

——第3部分：遗传毒性、致癌性和生殖毒性试验；

——第4部分：与血液相互作用试验选择；

——第5部分：体外细胞毒性试验；

——第6部分：植入后局部反应试验；

——第7部分：环氧乙烷灭菌残留量；

——第9部分：潜在降解产物的定性与定量框架；

——第10部分：刺激与迟发型超敏反应试验；

——第11部分：全身毒性试验；

——第12部分：样品制备与参照样品；

——第13部分：聚合物医疗器械降解产物的定性与定量；

——第14部分：陶瓷降解产物的定性与定量；

——第15部分：金属与合金降解产物的定性与定量；

——第16部分：降解产物和可溶出物的毒代动力学研究设计；

——第17部分：可沥滤物允许限量的建立；

——第18部分：材料化学表征。

本部分为GB/T 16886的第3部分。GB/T 16886的本部分等同采用ISO 10993-3:2003《医疗器械生物学评价　第3部分：遗传毒性、致癌性和生殖毒性试验》。

本部分与ISO 10993-3:2003相比，仅做少量编辑性修改，在技术内容上与之完全相同。

本部分代替GB/T 16886.3—1997《医疗器械生物学评价　第3部分：遗传毒性、致癌性和生殖毒性试验》。

本部分与GB/T 16886.3—1997相比主要变化如下：

——第4章中修改补充了“4.1 总则”。增加了“4.2 试验策略”，给出了两种体外遗传毒性试验方案和体内试验方案。修改了“样品制备”和“试验方法”；

——第5章中修改了“5.1 总则”。增加了“5.2 试验策略”，给出了致癌性试验中应考虑的问题。修改了“样品制备”和“试验方法”；

——第6章中修改了“6.1 总则”。增加了“6.2 试验策略”，并修改了“样品制备”和“试验方法”；

——增加了附录A、附录B和附录C。

有关其他方面的生物试验将有其他部分的标准。

本部分附录A、附录B和附录C均为资料性附录。

本部分由国家食品药品监督管理局提出。

本部分由全国医疗器械生物学评价标准化技术委员会归口。

本部分起草单位：国家食品药品监督管理局济南医疗器械质量监督检验中心。

本部分主要起草人：朱雪涛、由少华、王科镭、王昕、黄经春。

引　言

医疗器械生物相容性评价通常以经验为基础，对人体安全性方面的关注是推动其发展的动力，诸如癌症或第二代畸形之类的严重和不可逆作用的风险尤其为公众所瞩目。在提供安全医疗器械的过程中，此类风险被最大程度地降至最低，有关诱变、致癌和生殖危害的评价是此类风险控制的基本组成部分。目前遗传毒性、致癌性或生殖毒性评价方面的试验方法并非都得到了很好的发展，而且在医疗器械测试中的有效性也未能得到充分确认。

由于在试验样品的尺寸和制备、对疾病过程的科学认识和试验确认方面存在较大争议，因此现有的方法具有局限性。例如，目前对固态致癌性的生物学意义知之甚少，期望随着科学和医疗技术的进步，将会改变对这些重要的毒性试验方法的认识和理解。在制定GB/T 16886本部分时，所推荐的试验方法是广泛被接受的。根据这些推荐方法所限定的安全性评价的范围，科学合理地选择试验。

当需要评价某一具体器械而选择试验时，应对预期的人体应用和器械与各种生物系统之间潜在的相互作用进行详细的评价，这在生殖和发育毒理学领域中尤为重要。

GB/T 16886本部分给出了用于检测特殊生物学危害的试验方法以及试验的选择策略，在有些情况下有助于危害的识别。检验对于危害的识别并非总是必须的或有用的，但适当时，达到最大试验灵敏度还是非常重要的。GB/T 16886本部分中所给出的试验大部分引自经济合作与发展组织(OECD)制定的《化学物试验指南》。

研究结果的解释以及对人体健康造成的影响不在GB/T 16886本部分的范围之内。由于可能出现多种结果以及影响结果的重要因素较多，如试验样品接触的程度、种属差异以及机械或物理方面的因素，因此应根据具体情况对结果进行风险评定。

医疗器械生物学评价 第3部分:遗传毒性、致癌性和生殖毒性试验

1 范围

GB/T 16886的本部分规定了以下生物学方面的医疗器械危害识别策略和试验:

——遗传毒性,

——致癌性,和

——生殖和发育毒性。

GB/T 16886的本部分适用于评价被认定有潜在遗传毒性、致癌性或生殖毒性的医疗器械。

注:GB/T 16886.1/ISO 10993-1 中给出了试验选择指南。

2 规范性引用文件

下列文件中的条款通过GB/T 16886的本部分的引用而成为本部分的条款。凡是注日期的引用文件,其随后所有的修改单(不包括勘误的内容)或修订版均不适用于本部分,然而,鼓励根据本部分达成协议的各方研究是否可使用这些文件的最新版本。凡是不注日期的引用文件,其最新版本适用于本部分。

GB/T 16886.1 医疗器械生物学评价 第1部分:评价与试验(GB/T 16886.1—2001,idt ISO 10993-1:1997)

GB/T 16886.2 医疗器械生物学评价 第2部分:动物保护要求(GB/T 16886.2—2000,idt ISO 10993-2:1992)

GB/T 16886.6 医疗器械生物学评价 第6部分:植入后局部反应试验(GB/T 16886.6—1997,idt ISO 10993-6:1994)

GB/T 16886.12 医疗器械生物学评价 第12部分:样品制备与参照样品(GB/T 16886.12—2005,ISO 10993-12:2002,IDT)

ISO 10993-18 医疗器械生物学评价 第18部分:材料化学表征

OECD 414[1)] 胎儿期发育毒性研究

OECD 415 一代生殖毒性研究

OECD 416 二代生殖毒性研究

OECD 421 生殖、发育毒性筛选试验

OECD 451 致癌性研究

OECD 453 慢性毒性、致癌性综合研究

OECD 471 细菌回复突变试验

OECD 473 体外哺乳动物染色体畸变试验

OECD 476 体外哺乳动物细胞基因突变试验

3 术语和定义

GB/T 16886.1和GB/T 16886.12中给出的术语和定义以及下列定义适用于GB/T 16886的本部分。

1) OECD为经济合作与发展组织。

3.1

致癌性试验　carcinogenicity test

在试验动物寿命期的成年阶段，经一次或多次接触医疗器械、材料和(或)浸提液，测定其潜在致肿瘤性的试验。

注：这些试验可以设计成在一次试验研究中同时测定慢性毒性和致肿瘤性。如在单项试验研究中同时评价慢性毒性和致癌性，在设计试验时宜将重点放在剂量选择上，这将有助于保证在试验按计划结束时(即正常寿命期)，由于慢性和累积毒性导致的提前死亡率不会影响到对存活动物的统计评价。

3.2

储能医疗器械　energy-depositing medical device

靠释放电磁辐射、离子辐射或超声起到治疗或诊断作用的器械。

注：不包括输送简单电流的器械，如电灸器、起搏器或功能性电刺激器。

3.3

遗传毒性试验　genotoxicity test

采用哺乳动物或非哺乳动物细胞、细菌、酵母菌或真菌测定试验样品是否会引起基因突变、染色体结构畸变以及其他 DNA 或基因变化的试验。

注：这些试验可包括整体动物试验。

3.4

最大耐受剂量　maximum tolerated dose

MTD

在不受到任何有害物理作用的情况下，试验动物可接受的最大剂量。

3.5

生殖和发育毒性试验　reproductive and developmental toxicity test

评价试验样品对生殖功能、胚胎形态(致畸性)以及胎儿和早期婴儿发育潜在影响的试验。

4　遗传毒性试验

4.1　总则

在确定进行遗传毒性试验之前，应考虑 GB/T 16886.1 的要求以及材料的化学表征(ISO 10993-18)。在考虑了试验程序的所有相关因素后，其基本原理应形成文件。

GB/T 16886.1 中给出了在全面生物学安全评价过程中，在何种情况下应将潜在遗传毒性作为一种相关危害来考虑(见 GB/T 16886.1 表 1)。对于仅用已知无遗传毒性材料制成的医疗器械及其部件，不必进行遗传毒性试验。在对最终医疗器械中可能存在的材料成分进行评审时，若显示可能会与遗传物质发生相互作用时，或对医疗器械的化学成分不明了时，则表明应进行遗传毒性试验。在这些情况下，在对材料或整个器械进行遗传毒性试验前最好先评价有疑问的化学成分的潜在遗传毒性，尤其是协同作用潜力。

当应对医疗器械的遗传毒性进行试验评价时，应采用体外系列试验。该系列试验应包括 4.2.1.2 中的两项试验(如包含集落数及尺寸测定的小鼠淋巴瘤试验)，或采用 4.2.1.1 中的三项试验。在进行试验时，应至少在两项试验中使用哺乳动物细胞进行不同试验终点的研究。

4.2　试验策略

4.2.1　应在试验选择的基础上进行遗传毒性试验，采用方案 1(4.2.1.1)或方案 2(4.2.1.2)。

4.2.1.1　**方案 1**

a)　细菌基因突变试验(OECD 471)；和

b)　哺乳动物细胞基因突变试验(OECD 476)；和

c)　哺乳动物细胞诱裂性试验(OECD 473)。

4.2.1.2 方案2

a) 细菌基因突变试验(OECD 471);和

b) 哺乳动物细胞基因突变试验(OECD 476),特别是小鼠淋巴瘤试验包含集落数和尺寸测定,可覆盖两个终点(诱裂性和基因突变)。

4.2.2 如果按照4.2.1进行的所有体外试验的结果均为阴性,为避免对动物的过度使用,通常不再论证并不宜再进行动物遗传毒性试验。

应按照GB/T 16886.2的要求进行体内试验。

4.2.3 若全部体外试验的结果均为阳性,则应进行体内诱变性试验(见4.2.4),否则推定该化合物为诱变物。

4.2.4 任何体内试验均应在体外试验确定出的最适宜终点的基础上进行选择。应证实试验物质已到达靶器官,当这一点无法证实时,则可能需要在另一靶器官上进行第二次体内试验,以确认无体内遗传毒性。

通常采用的体内试验是:

a) 啮齿动物微核试验(OECD 474)或

b) 啮齿动物骨髓中期分析(OECD 475)或

c) 哺乳动物肝细胞程序外DNA合成试验(OECD 486)。

应论证所选试验系统的最适宜性并形成文件。

4.2.5 若为获得更多的信息而采用其他体内试验系统进行遗传毒性研究时,应对该系统的基本原理进行论述并形成文件。

4.3 样品制备

4.3.1 当对材料或整个医疗器械进行遗传毒性试验时,应按照GB/T 16886.12的要求制备样品。试验应在浸提液、加严浸提液或材料和医疗器械的单个化学组分上进行,最高试验浓度应在OECD导则规定的范围之内。若采用加严浸提条件时,应注意该条件不得改变材料的化学特性。

4.3.2 适用溶剂的选择应基于溶剂与试验系统的相容性,以及溶剂对材料或医疗器械的最大浸提能力。溶剂选择的基本原理应形成文件。

4.3.3 适当时,应使用两种适宜的浸提液,一种是极性溶剂,另一种是非极性溶剂或适合于医疗器械性质和使用的液体,两种溶剂均应与试验系统相容。

4.4 试验方法

4.4.1 体外遗传毒性试验

体外遗传毒性试验方法应选自OECD化学物试验导则。

推荐使用的试验方法是:OECD 471、OECD 473、OECD 476、OECD 479和OECD 482。在设计和选择试验时,可能需要考虑若干影响试验的材料或物质,如抗生素和防腐剂。若涉及相关情况时,对判定的基本原理应形成文件。

4.4.2 体内遗传毒性试验

体内遗传毒性试验方法应选自OECD化学物试验导则。

推荐使用的试验方法是:OECD 474、OECD 475、OECD 478、OECD 483、OECD 484、OECD 485和OECD 486。

注:最近正在发展用于遗传毒性试验的转基因动物试验系统,已证实这些试验对医疗器械的测试也许是有效的,但在GB/T 16886本部分出版时还未批准使用。参考文献中给出了转基因动物试验系统文献资料。

5 致癌性试验

5.1 总则

在确定进行致癌性试验之前,应考虑GB/T 16886.1和ISO 10993-18的要求。应在评价医疗器械使用中引发癌症风险的基础上,对进行试验的决定予以论证。在没有产生新的致癌试验数据的情况下,若能对风险进行充分评定或管理,则不应进行致癌性试验。

注:可采用适宜的体外细胞转化系统进行致癌性预筛。目前还没有相应的细胞转化试验的国际标准,附录A中给出了细胞转化试验系统的相关信息。

5.2 试验策略

5.2.1 在缺乏排除致癌性风险证据的情况下,应考虑进行致癌性试验的情况可能包括以下几种:

a) 吸收时间超过30 d的可吸收性材料和医疗器械,具有人体应用或接触的有效和充分数据者除外;

b) 进入人体和(或)体腔持续或累计接触时间在30 d以上的材料和医疗器械,具有长期有效和充分的人体应用史者除外。

遗传毒性材料的致癌性试验尚未经过科学论证。对于有遗传毒性的材料,应推定其具有致癌性危害并对其进行相应的风险管理。

5.2.2 按照GB/T 16886.1的要求,在考虑评价慢性毒性和致癌性并确定义应做这些试验时,如可能,试验应按照OECD 453进行。

5.2.3 按照GB/T 16886.1的要求,仅评价致癌性并确定应做试验时,应按OECD 451进行试验。

5.2.4 对于医疗器械检验,只需使用一种动物种属。应对所选用的动物种属进行论证并形成文件。

注:最近,已经开发出用于致癌性试验的转基因动物试验,但在GB/T 16886本部分出版时还未被确认用于评价医疗器械。参考文献中给出的有关转基因动物试验可作为终生致癌性试验的可选试验之一。

5.3 样品制备

样品制备应按照GB/T 16886.12进行。只要可能,医疗器械都应在“备用”状态下进行试验。

5.4 试验方法

5.4.1 当致癌性试验应是生物安全性评价的一部分时,该类研究应采用规定的化学物或经表征的医疗器械浸提液。应对植入研究的试验过程(见附录C)进行论证,应描述在人体风险评价中的作用并形成文件。

5.4.2 如进行植入研究,在选择植入部位时应考虑医疗器械的临床使用情况。

5.4.3 当认为有必要进行浸提液试验时,致癌性试验应按照OECD 451或OECD 453进行。

5.4.4 被评价组织应包括OECD 451或OECD 453中列出的相关组织和植入部位组织及其邻近组织。

6 生殖和发育毒性试验

6.1 总则

6.1.1 在确定进行生殖和发育毒性试验之前,应考虑GB/T 16886.1和ISO 10993-18的要求。应在评价医疗器械使用中引发生殖和发育毒性风险的基础上,对进行试验的决定予以论证。

6.1.2 对可吸收医疗器械或含可溶出物质的医疗器械,如果在吸收、代谢和分布研究方面有充分可靠的数据,或者材料或医疗器械浸提液中鉴别出的所有成分均无生殖和发育毒性时,就无需进行生殖毒性试验。

6.1.3 对医疗器械进行可接受的生物学风险评估后,如生殖和发育毒性的风险已被排除,则无需进行生殖和发育毒性的试验。

6.2 试验策略

在缺乏排除生殖、发育毒性风险证据的情况下,应考虑进行生殖、发育毒性试验。下列材料或器械可能要进行生殖、发育毒性试验:

a) 与生殖组织或胚胎(胎儿)直接长期或永久接触的器械;

b) 储能医疗器械;

c) 可吸收材料或可溶出物质。

如需进行试验,应先进行 OECD 421,以提供可能影响生殖和(或)发育的初步信息。此类试验的阳性结果可用于最初危害评估,并有助于决定是否有必要进行附加试验以及试验时间的选择。

如果认为应进行附加试验,在适宜的情况下应按 OECD 414、OECD 415 或 OECD 416 进行。

6.3 样品制备

6.3.1 样品制备应按照 GB/T 16886.12 进行。只要可能,医疗器械都应在“备用”状态下进行试验。

6.3.2 对于储能医疗器械,应以动物全身接触为宜。使用剂量应为人体与生殖器官接触所预期剂量的倍数。

6.3.3 以最大耐受剂量或动物模型的生理限量作为动物接触的最大剂量,该剂量应为估计的人体最大接触剂量的倍数(以剂量的质量或表面积每千克受试者表示)。

体内试验应按照 GB/T 16886.2 进行。

6.4 试验方法

6.4.1 对第一代(F1)以至第二代(F2)影响的评价应按照 OECD 414、OECD 415 或 OECD 416 和 OECD 421 进行。由于 OECD 导则未预期用于医疗器械,因此应考虑作下列修改:

——剂量(对储能医疗器械);

——应用途径(植入、胃肠外、其他);

——浸提介质(水或非水浸提液);

——接触时间(可能时,器官形成期间血液水平升高)。

注:可以根据预期的人体使用和材料的特性说明分娩前后的研究。

6.4.2 如果其他试验表明对雄性生殖系统有潜在影响时,则应进行相应的雄性生殖毒性试验。

注:最近,已经开发出体外生殖试验系统,可用于生殖和发育毒性的预筛试验。在生殖、发育毒性试验参考文献中包括有体外生殖试验系统文献。

7 试验报告

7.1 试验报告应至少包括下列相关信息:

a) 材料和(或)医疗器械的描述及其预期用途(如:化学成分、加工过程、条件和表面处理);

b) 试验方法、试验条件、试验材料和试验过程的描述和论证;

c) 分析方法,包括定量限值的描述;

d) 符合优秀试验室规范的声明;

e) 试验结果,包括汇总表;

f) 统计学方法;

g) 结果解释和讨论。

7.2 试验报告中应包括相关 OECD 导则(若使用)中规定的详细信息。

附 录 A
（资料性附录）
细胞转化试验系统

可采用细胞转化系统作为致癌性预筛选试验。

参考文献[12]给出了体外细胞转化试验指南，参考文献还给出了其他用于细胞转化分析的细胞转化试验系统信息。

也有一些关于两步细胞转化分析可以检测非遗传毒性致癌物的证据，但目前尚不能保证细胞转化分析能测定所有无遗传毒性的致癌物。因此，细胞转化试验系统不能用于代替至少在一种适宜的啮齿动物上进行的终生致癌性研究。

附　录　B
（资料性附录）
试验系统的基本原理

B.1　遗传毒性试验

遗传毒性试验的主要作用是采用试验细胞或生物体来研究医疗产品导致人体基因改变，并能通过生殖细胞传递至下一代的潜力。科学数据表明体细胞内DNA损伤是引发癌症的关键因素，这种损伤可导致突变，并且检测遗传毒性活性的试验也可鉴别出具有致癌潜力的化学物。因此，其中有些试验可用于探查推断的致癌活性。

虽然在经典的毒理学试验中，在单项试验设计中即可观察到几个相关参数或终点，但在遗传毒理学试验中却难以做到。因遗传终点的多样化，通常不可能在单个试验系统中检测出一个以上的终点。

在试验导则中大约引用了15种不同的试验，从中选择最适合、满足特定要求的试验取决于诸多因素，其中包括所需检测的遗传变异类型或试验系统的代谢能力。

应强调的是，尽管在选择最佳试验组合方面曾做过一些尝试，但目前尚无为一特定目的选择最佳试验组合的国际协议。值得注意的是，目前正在使用或发展中的其他一些致突变性试验尽管没有采用OECD导则，但可能也还是有用的。宜关注药品ICH/S2B协议。

在经过各种修复过程的影响后，与DNA相互作用的化学物产生的损伤可导致基因水平上的遗传变异（如基因或点突变、小缺失、有丝分裂重组或显微镜下可见的各种染色体改变），目前已有探查这些现象的试验。

因为当前的短期试验不可能模拟致癌过程中的各个阶段，所以通常只用于测定起始阶段的现象，即导致突变或诱裂性DNA损伤的能力。因此这些短期试验的主要价值在于，在特定的接触条件下能够鉴别主要由遗传毒性机理导致癌症的物质或引发癌症初始阶段的物质。鉴于复杂的致癌过程和相对简单的短期试验（尽管这些试验提供了有用的定量信息）相差甚远，因此在解释致癌活性方面需尤为谨慎。

由于单项试验不能以准确和重现性的可接受水平检测出哺乳动物的诱变剂和致癌剂，所以常用的科学方式是采用一组试验。通过测定基因突变和染色体损伤的试验可得出某种致突变物质的最初信息，因为探查这些终点需分别进行，所以需进行一组试验。

B.2　致癌性研究

长期致癌性研究的目的是在试验动物寿命期的成年阶段内，通过一适当途径接触不同剂量试验物质，在接触期间或接触之后观察试验动物肿瘤性损伤的发展。这种试验需要仔细策划，试验设计、高质量的病理学和无系统偏差的统计学分析应形成文件（见附录C）。

B.3　生殖和发育毒性试验

生殖毒性试验包括生殖、生育力和致畸性几个方面。已经发现许多物质常以一种不伴随其他毒性迹象的隐匿方式影响生育力和生殖。男性和女性的生育力都能被影响，影响程度从轻微减弱生育能力至完全丧失生育能力。

致畸性是由于物质对胚胎和胎儿发育产生不良作用引起的。生殖毒性对人类健康有十分重要的影响。试验技术的不断发展使包括生殖毒理学所有方面在内的组合试验的概念也在不断发展中。

附　录　C
（资料性附录）
植入致癌性研究的作用

C.1　总则

因植入物导致的肿瘤已在大鼠试验中得到共识，这一现象被称作“异物致癌性”或“固态致癌性”，该现象概述如下。

在环绕或接近植入物的位置，肿瘤以一定的频率生长，通常受以下几个因素的影响：

a)　植入物的尺寸（大尺寸的植入物通常会比小尺寸的植入物产生更大的肉瘤）；

b)　植入物的形状（圆盘状为最有效的形状之一）；

c)　植入物的光滑度（表面粗糙的植入物致癌性低于表面光滑的植入物）；

d)　表面的连续性（植入物上的洞或孔越大，肿瘤的发生率越低）；

e)　对某些材料而言，植入物的厚度（植入物越厚产生的肉瘤就越多）；

f)　植入物在组织内的时间长度。

能产生肿瘤的膜状或片状材料，当其以粉末状、线状或多孔状材料[33]、[34]植入时，一般较少或无肿瘤产生。

另一方面，许多报告指出：当使用同一个动物试验方案时，相似形状和尺寸的不同材料间肿瘤的发生率不同。

IARC专题文章[35]中给出了有关原理方面的概述。

C.2　过程和结论的基本原理

目前情况下，ISO/TC 194的专题工作组已重新考虑ISO 10993-3中有关致癌性研究设计的现行导则。

工作组正在对包括所有规定形状和一致形状在内的植入材料[36]的一个特定方案中获得的数据进行处理。该方案涉及在一些机构中使用30～50只雄性Wistar或F344的大鼠进行的为期2年的皮下植入试验，植入物为10 mm×20 mm×(0.5 mm～1.0 mm)的膜状物。得到的数据与所有试验材料模拟操作对照（包括阴性对照在内）的数据相比较，证实试验动物中检测出的肿瘤数量有显著增加。有肿瘤的试验动物的比例范围为7%（硅橡胶）～70%（聚乙烯），然而当用硅橡胶重复进行研究时，却仅有非常小的变化量（5%、7%和10%）。工作组还评审了一种新的推定，即固态致癌性可能与细胞和材料相互反应[37]导致间隙连接的细胞间通讯受干扰有关。工作组认为该理论值得推广，但同时也认为该理论与人类致癌风险的相关性不甚明确。

在讨论过程中，来自欧洲、日本和美国法规机构的代表一致认为单纯建立在固态致癌性上的致癌性风险尚不确定。在仅有的几个已知例证中，利用固态致癌性试验结果得出的致癌性风险的结论常常需要诸如阳性诱变数据的支持。

植入致癌性研究需要在试验动物和对照（模拟操作）动物上进行外科手术植入，因此进行此类研究时动物福利方面的费用很高。由于目前植入致癌性与人类风险相关性的不确定性，因此在ISO 10993-3的修订过程中，工作组认为通过植入法来进行致癌性研究是不合理的，支持理由是在生物学安全性评价的判定中，这些植入研究的作用不明确，同时动物福利方面的费用较高。

然而如果应进行致癌性的研究（见5.4.1），则C.3中的方法有助于植入致癌性研究的解释。如果已进行了此类研究，则宜论证研究设计的要求，并描述其在人类风险评价中的作用。

C.3 进行植入试验时的致癌性研究

如采用植入试验进行致癌性研究，应按照下列要求进行。

进行植入试验时，尽管仅采用最大植入剂量(MID)就能满足要求，但建议采用最大植入剂量和最大植入剂量的几分之一(通常为 MID 的一半)两种剂量。阴性对照组一般采用形态和形状可比的临床可接受材料或有文件证明无致癌潜力的对照材料(如：聚乙烯植入物)。

用啮齿动物做致癌性试验时，应采用材料或医疗器械的最大植入剂量(MID)。如可能，该剂量应加倍于人体的最坏接触情况，以毫克每千克表示。

用来确定植入剂量的植入物的质量和(或)表面积应超过预期的临床接触量，剂量选择的基本原理应形成文件。适当时，在考虑到导致固态致癌性(奥本海默效应，见遗传毒性和致癌性试验的参考文献)的情况下，应按照 GB/T 16886.6 的要求，将试验材料制成适宜的植入物。

参 考 文 献

通用参考文献

[1] OECD 474, *Mammalian Erythrocyte Micronucleus Test*

[2] OECD 475, *Mammalian Bone Marrow Chromosome Aberration Test*

[3] OECD 478, *Genetic Toxicology—Rodent Dominant Lethal Test*

[4] OECD 479, *Genetic Toxicology—In vitro Sister Chromatid Exchange Assay in Mammalian Cells*

[5] OECD 480, *Genetic Toxicology—Saccharomyces cerevisiae. Gene Mutation Assay*

[6] OECD 481, *Genetic Toxicology—Saacharomyces cerevisiae. Miotic Recombination Assay*

[7] OECD 482, *Genetic Toxicology—DNA Damage and Repair, Unscheduled DNA Synthesis in Mammalian Cells In Vitro*

[8] OECD 483, *Mammalian Spermatogonial Chromosome Aberration Test*

[9] OECD 484, *Genetic Toxicology—Mouse Spot Test*

[10] OECD 485, *Genetic Toxicology—Mouse Heritable Translocation Assay*

[11] OECD 486, *Unscheduled DNA Synthesis (UDS) Test with Mammalian Liver Cells In vivo*

[12] *Official Journal of the European Communities*, L 133/73, May 1988, concerning *in vitro* cell transformation tests.

转基因动物参考文献

[13] GORELICK, N. J. Overview of mutation assays in transgenic mice for routine testing. *Environmental and Molecular Mutagenesis*, 1995, 25, pp. 218-230

[14] PROVOST, G. S., ROGERS, B. J., DYCAICO, M. J., and CARR, G. Evaluation of the transgenic Lambda/Laci mouse model as a short-term predictor of heritable risk. *Mutation Research*, 1997, 388, pp. 129-136

[15] KRISHNA, G., URDA, G., and THEISS, J. Principles and practice of integrating genotoxicity evaluation into routine toxicology studies: a pharmaceutical industry perspective. *Environmental and Molecular Mutagenesis*, 1998, 32, pp. 115-120

[16] MACGREGOR, J. T. Transgenic animal models for mutagenesis studies: role in mutagenesis research and regulatory testing. *Environmental and Molecular Mutagenesis*, 1998, 32, pp. 106-109

[17] KOHLER, S. W., *et al*. Development of a short-term *in vitro* mutagenesis assay: The effect of methylation on the recovery of a lambda phage shuttle vector from transgenic mice. *Nucleic Acid Research*, 1990, 18, pp. 3007-3013

[18] SHORT, J. M., KOHLER, S. W. and PROVOST, G. S. The use of lambda phage shuttle vectors in transgenic mice for development of a short term mutagenicity assay. In *Mutation and the environment*. Wiley-Liss, New York, 1990, pp. 355-367

细胞转化分析参考文献

[19] LEBOEUF, R. A., KERCKAERT, K. A., AADEMA, M. J., and ISFORT, R. J. Use of the Syrian hamster embryo and BALB/c 3T3 cell transformation for assessing the carci-

nogenic potential of chemicals. *IARC Science Publications*, 1999, 146, pp. 409-425

[20] LEBOEUF, R. A. *et al*. The pH 6.7 hamster embryo cell transformation assay for assessing the carcinogenic potential of chemicals. *Mutation Research*, 1996, 356, pp. 65-84

[21] AARDEMA, M. J., ISFORT, R. J., THOMPSON, E. D., and LEBOEUF, R. A. The low pH Syrian hamster embryo (SHE) cell transformation assay: a revitalized role in carcinogenic prediction. *Mutation Research*. 1996. 356, pp. 5-9

[22] ISFORT, R. J. and LEBOEUF, R. A. The Syrian hamster embryo (SHE) cell transformation system: a biologically relevant in vitro model - with carcinogen predicting capabilities-of *in vivo* multistage neoplastic transformation. *Critical Reviews in Oncology*, 1995, 6, pp. 251-260

[23] *Advances in Modern Environment Toxicology*, Vol. 1. Mammalian Cell Transformation by Chemical Carcinogens. N. Mishra, V. Dunkel, and M. Mehlman (eds). Senate Press: Princeton Junction, NJ, 1981

[24] Transformation Assays of Established Cell Lines: Mechanisms and Application. T. Kakunaga and H. Yamasaki (eds). Proceedings of a Workshop Organized by IARC in Collaboration with the US National Cancer Institute and the US Environmental Protection Agency, Lyon 15-17 Feb. 1984. *IARC Scientific Publication No*. 67

[25] BARRETT, J. C., OHSHIMURA, M., TANAKA, N. and TSUTSUI, T. Genetic and Epigenetic Mechanisms of Presumed Nongenotoxic Carcinogens. In Banbury Report 25: *Nongenotoxic Mechanisms in Carcinogenesis*, 1987, pp. 311-324

[26] OSHIMURA, M., HESTERBERG, TW., TSUTSUI, T. and BARRETT, JC. Correlation of asbestos-induced cytogenetic effects with cell transformation of Syrian hamster embryo cells in culture. *Cancer Res*., Nov. 1984, 44, pp. 5017-5022

[27] BARRETT, J. C., OSHIMURA, M., TANAKA, N. and TSUTSUI, T. Role of aneuploidy in early and late stages of neoplastic progression of Syrian hamster embryo cells in culture. In *Aneuploidy*. W. L. Dellargo, P. E. Voytek and A. Hollaender (eds). Plenum Publishing, 1985

[28] FITZGERALD, D. J. and YAMASAKI, H. Tumor promotion: Models and assay systems. *Teratogenesis Carcinog. Mutagen.*, 1990, 10 (2), pp. 89-102

[29] KUROKI, T. and MATSUSHIMA, T. Performance of short-term tests for detection of human carcinogens. *Mutagenesis*, 1987, 2 (1), pp. 333-7

[30] RAY, V. A. *et al*. An approach to identifying specialized batteries of bioassays for specific classes of chemicals: Class analysis using mutagenicity and carcinogenicity relationships and phylogenetic concordance and discordance patterns 1. Composition and analysis of the overall database. A report of phase Ⅱ of the U. S. Environmental Protection Agency Gene-Tox Program. *Mutat Res*, 1987, 3, pp. 197-241

[31] DUNKEL, V. D. *et al*. Interlaboratory evaluation of the C3H/10T1/2 cell transformation ssay. *Environ. Mol. Mutagen.*, 1988, 12 (1), pp. 12-31

[32] JONES, C. A. *et al*. An interlaboratory evaluation of the Syrian hamster embryo cell transformation assay using eighteen coded chemicals. *Toxicology in vitro*, 1988, 2 (2), pp. 103-116

遗传毒性和致癌性试验参考文献

[33] *IARC Monographs on the Evaluation of the Carcinogenic Risk of Chemicals to Humans*, Vol. 19, Some Monomers, Plastics, and Synthetic Elastomers, and Acrolein, p. 41, 1979

[34] *IARC Monographs on the Evaluation of the Carcinogenic Risk of Chemicals to Humans*, Vol. 74, Surgical Implants and Other Foreign Bodies, pp. 225-228, 1999

[35] *IARC Monographs on the Evaluation of the Carcinogenic Risk of Chemicals to Humans*, Vol. 74, Surgical Implants and Other Foreign Bodies, pp. 282-297, 1999

[36] NAKAMURA A. *et al*. Difference in tumor incidence and other tissue responses to polyetherurethanes and polydimethylsiloxane in long-term subcutaneous implantation into rats, *J. Biomed. Mater. Res.*, 1992, 26, pp. 631-650

[37] TSUÇHIYA T and NAKAMURA A. A new hypothesis of tumorigenesis induced by biomaterials: Inhibitory potentials of intercellular communication play an important role on the tumor-promotion stage, *J. Long-term Effects Med. Implants*, 1995, 5, pp. 232-242

[38] Department of Health. *Guidelines for the testing of chemicals for mutagenicity*. London: HMSO, 1989. (Report on Health and Social Security Subjects No. 35)

[39] Department of Health. *Guidelines for the evaluation of chemicals for carcinogenicity*. London: HMSO, 1992. (Report on Health and Social Security Subjects No. 42)

[40] OPPENHEIMER, B. S., OPPENHEIMER, E. T. and STOUT, A. P. Sarcomas induced in rats by implanting cellophane. *Proc. Soc. Exp. Biol. Med.*, 1948, 67 (33)

[41] BRAND, K. G., JOHNSON, K. H. and BUON, L. C. Foreign Body, Tumorigenesis CRC Crit. Rev. In *Toxicology*, October 1976, p. 353

[42] BRAND, L. and BRAND, K. G. Testing of Implant Materials for Foreign Body Carcinogenesis. In *Biomaterials*, 1980, p. 819. G. D. Winter, D. F. Gibbons, H. Plenk Jr. (eds). *Advances in Biomaterials*, Volume 3, New York. J. Wiley, 1982

[43] *Biological Bases for Interspecies Extrapolation of Carcinogenicity Data*. Hill TA., Wands, RC., Leukroth RW. Jr. (eds). (Prepared for the Center for Food Safety and Applied Nutrition, Food and Drug Administration, Department of Health and Human Services, Washington, D. C.) July 1986, Bethesda (MD): Life Science Research Office, Federation of American Societies for Experimental Biology

[44] *National Toxicology Program Report of the BTP Ad Hoc Panel on Chemical Carcinogenesis Testing and Evaluation*, August 1984, Board of Scientific Counselors

[45] ASTM F 1439-39 *Standard guide for performance of lifetime bioassay for the tumorgenic potential of implant materials*

[46] CARERE A. *et al*., Methods and testing strategies for evaluating the genotoxic properties of chemicals, European Commision Report EUR 15945 EN, ISSN 1018-5593, Luxemburg (1995)

[47] FORAN J. A. (ed.), *Principles for the selection of doses in chronic rodent bioassays*, ILSI Risk Science Institute, Washington DC, USA, ISBN 0.944398-71-5, 1997

生殖和发育毒性试验参考文献

[48] *Guideline for toxicity studies of drugs*, Chapter 4: Reproductive and developmental tox-

icity studies. First edition. Editorial Supervision by New Drugs Division, Pharmaceutical Affairs Bureau, Ministry of Health and Welfare, 1990 Yakuji Nippo Ltd

[49] GABRIELSON, J. L. and LARSSON, K. S. Proposal for improving risk assessment in reproductive toxicology. *Pharmacol. Toxicol.*, 1990, 66, pp. 10-17

[50] NEUBERT, D. *et al*. Results of *in vivo* and *in vitro* Studies for Assessing Prenatal Toxicity. *Environmental Health Perspectives*, 1986, 70, pp. 89-103

[51] SADLER, T. W., HORTON, W. E. and WARNER, C. W. Whole Embryo Culture: A Screening Technique for Teratogens? *Teratogenesis, Carcinogenesis, and Mutagenesis*, 1982, 2, pp. 243-253

[52] *In vitro Methods in Developmental Toxicology: Use in Defining Mechanisms and Risk Parameters*. G. L. Kimmel and DM. Kochhar (eds.). Boca Raton (Florida): CRC Press, 1990

[53] *In vitro* Embryotoxicity and Teratogenicity Tests. F. Homburger and AH. Goldberg (eds.). *Concepts in Toxicology*, Vol. 3. Karger, Basel, 1985

[54] BRENT, R. L. Predicting Teratogenic and Reproductive Risks in Humans from Exposure to Various Environmental Agents Using *In vitro* Techniques and *In vivo* Animal Studies. *Congen. Anom.*, 1988, 28 (Suppl.), S41-S55

[55] TSUCHIYA, T., NAKAMURA, A., II O, T. and TAKAHASI, A. Species Differences between Rats and Mice in the Teratogenic Action of Ethylenethiourea: *In vivo/In vitro* Tests and Teratogenic Activity of Sera Using an Embryonic Cell Differentiation System. *Toxicol. Appl. Pharmacol.*, 1991, 109, pp. 1-6

[56] TSUCHIYA, T., *et al*. Embryo lethality of new herbicides is not detected by the micromass teratogen tests. *Arch. Toxicol.*, 1991, 65, pp. 145-149

[57] KISTLER, A., TSUCHIYA, T., TSUCHIYA, M. and KLAUS, M. Teratogenicity of arotinoids (retinoids) *in vivo* and *in vitro*. *Arch. Toxicol.*, 1990, 64, pp. 616-622

[58] TSUCHYIA, T., *et al*. Comparative Studies of Embryotoxic Action of Ethylenethiourea in Rat Whole Embryo and Embryonic Cell Culture. *Teratology*, 1991, 43, pp. 319-324

[59] Report of the *in vitro* teratology task force, Organized by the Devision of Toxicology, Office of Toxicological Sciences, Center for Food Safety and Applied Nutrition, Food and Drug Administration. *Environmental Health Perspectives*, 1987, 72, pp. 200-235

[60] BASS, R., *et al*. Draft guideline on detection of toxicity to reproduction for medical products. *Adverse Drug React. Toxicol. Rev.*, 1991, 9 (3), pp. 127-141

[61] BROWN *et al*., Screening chemicals for reproductive toxcity: the current approaches-Report and recommendations of an ECVAM/EST workshop (ECVAM Workshop 12), *ATLA*, 1995, 23, pp. 868-882

[62] SPIELMANN, R., Reproduction and development, *Environmental Health Perspective*, 106(Suppl. 2), 1998, pp. 571-576

寿命期致癌性试验的可选转基因动物试验参考文献

[63] GULEZIAN, D., *et al*. Use of transgenic animals for carcinogenicity testing: considerations and implications for risk assessment. *Toxicolol. Pathol.*, 2000, 28, pp. 482-499

[64] STORER, R. D. Current status and use of short/medium term models for carcinogenicity testing of pharmaceuticals-Scientific perspective. *Toxicol. Lett.*, 2000, 112-113, pp. 557-566

[65] DASS, S. B., BUCCI, T. J., HEFLICH, R. H. and CASCIANO, D. A. Evaluation of the transgenic p53+/− mouse for detecting gebotoxic liver carcinogens in a short-term bioassay. *Cancer Lett.*, 1999, 143, pp. 81-85

[66] TENNANT, R. W., *et al*. Genetically altered mouse models for identifying carcinogens. *IARC Science Publications*, 1999, 146, pp. 123-150

[67] MAHLER, J. F., *et al*. Spontaneous and chemically induced proliferative lesions in TG. AC transgenic and p53-heterozygous mice. *Toxicol. Pathol.*, 1998, 26, pp. 501-511

ICS 43.080.20
T 42

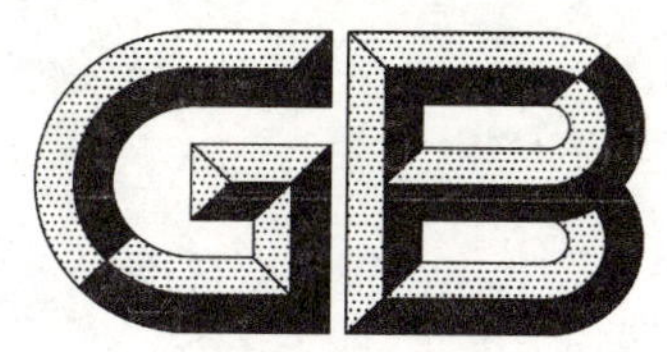

中华人民共和国国家标准

GB/T 16887—2008
代替 GB/T 16887—1997

卧铺客车结构安全要求

Safety requirements for sleeper bus construction

2008-02-03 发布　　2008-08-01 实施

中华人民共和国国家质量监督检验检疫总局
中国国家标准化管理委员会　发布

前　言

本标准是对 GB/T 16887—1997《卧铺客车技术条件》的修订。

本标准与 GB/T 16887—1997 相比，主要变化如下：

a) 标准的名称调整为《卧铺客车结构安全要求》。

b) 重新界定了标准的范围（见第 1 章）。

c) 修改了引用标准（见第 2 章）。

d) 对下列 5 个术语和定义进行了修改：安全脚蹬（见 3.1，1997 版 3.9）、安全脚蹬高（见 3.8，1997 版 3.12）、铺间高（见 3.6，1997 版 3.6）、上铺高（见 3.7，1997 版 3.7）、卧铺纵向间距（见 3.5，1997 版 3.3）。

e) 删除了下列 5 个术语和定义：卧铺靠背角（1997 版 3.8）、G 点（1997 版 3.4）、护栏（1997 版 3.10）、R′点（1997 版 3.5）、护栏高（1997 版 3.11）。

f) 增加了下列术语和定义：R″点（见 3.2），GB 7258—2004、GB 13094—2007、GB/T 15089 中的术语。

g) 第 4 章“要求”中变化如下：

——防火措施方面增加灭火器安装位置的规定和对发动机舱、燃油箱、燃油供给系统、电气设备与导线、蓄电池、材料的防火要求（见 4.2，1997 版 4.3.13 和 4.4.3.2）；

——把 1997 版的侧窗改为“侧窗洞”（见 4.3，1997 版 4.3.3）；

——修订了卧铺宽度尺寸（见 4.4.1.1，1997 版 4.4.1）；

——修订了卧铺布置（见 4.4.1.3，1997 版 4.4.2），增加了下层铺面高度要求（见 4.4.1.3）；

——修订了侧窗处乘员防护方面（见 4.4.2，1997 版 4.4.5.3）；

——增加卧铺客车应设急救用药物箱的规定（见 4.4.3）；

——增加了车厢内应设杀菌除臭味装置的要求（见 4.4.4）；

——增加了引道和通道的测量装置和测量过程，增加了通道表面防滑和通道坡度等的要求（见 4.4.5.1～4.4.5.3，1997 版 4.3.4～4.3.5）；

——修订了应急窗的尺寸、增加了通过性测量模型和测量方法规定（见 4.4.5.4.1 和 4.4.6.2，1997 版 4.3.2）；

——修订了安全顶窗的规定（见 4.4.5.4.2 和 4.4.6.2，1997 版 4.3.2）；

——增加了应急窗、撤离舱口、伸缩式踏步、标志、乘客门、动力控制乘客门、自动控制乘客门、应急门、踏步、驾驶员与车组人员舱的联络、冷热饮机和烹调设备、内舱门、车内照明、乘客门扶手和把手、乘员保护、地板上的活动盖板、视觉娱乐装置的规定（见 4.4.6.3 和 4.5），增加了测量状态的规定（见 4.6）；

——删除了 1997 版中下列内容：后悬（4.1.1）、轮距（4.1.2）、燃油箱容量（4.1.3）、动力性（4.1.4）、横向加速度作用下的侧倾角及转向特性（4.1.5.2）、平顺性（4.1.6）、外观质量（4.1.7）、发动机和底盘（4.2.1～4.2.5）、密封性（4.3.6）、加油加水等位置（4.3.9）、暖风与冷气装置（4.3.11）、卫生间设置（4.3.12）、驾驶区尺寸（4.3.14）、仪表台照明及仪表板材料（4.3.15）、驾驶员常用装置的位置（4.3.16）、车内照明装置的要求（4.3.17）、卧铺客车的视野要求（4.3.18）、对地板的要求（4.3.19）、对卧铺材料的环境适应性要求（4.4.3.1）、可调式卧铺垫长度（4.4.1 a）、卧铺靠背角调节范围（4.4.1 c）、卧铺舒适性（4.4.4）、卧铺和调节器的要求（4.4.5.2）、卧铺扶梯（4.4.5.6）、卧铺外观质量（4.4.6）、电气设备及电气线路（4.5）、试验方法（5）、检验规则（6）、标志运输贮存(7)。

本标准由国家发展和改革委员会提出。

本标准由全国汽车标准化技术委员会归口。

本标准起草单位:郑州宇通客车股份有限公司、中国公路车辆机械有限公司、扬州亚星客车股份有限公司、亚星-奔驰有限公司、安徽安凯汽车股份有限公司、济南金桦林科贸有限公司、西安西沃客车有限公司、桂林大宇客车有限公司。

本标准主要起草人:周慧慈、马春新、陈银亮、王云耀、陈庆娣、张锋、王华、王涛、戴文娟、万成林。

本标准所代替标准的历次版本发布情况为:GB/T 16887—1997。

卧铺客车结构安全要求

1 范围

本标准规定了卧铺客车结构的安全要求。

本标准适用于卧铺客车。

2 规范性引用文件

下列文件中的条款通过本标准的引用而成为本标准的条款。凡是注日期的引用文件，其随后所有的修改单(不包括勘误的内容)或修订版均不适用于本标准，然而，鼓励根据本标准达成协议的各方研究是否可使用这些文件的最新版本。凡是不注日期的引用文件，其最新版本适用于本标准。

GB 7258 机动车运行安全技术条件

GB 13094—2007 客车结构安全要求

GB/T 15089 机动车辆及挂车分类

3 术语和定义

GB 7258、GB 13094—2007 和 GB/T 15089 中确立的术语和定义及表 1 中的术语和定义适用于本标准。

表 1 术语和定义

条款号	术语	英文对应词	定 义	备 注
3.1	安全脚蹬	end safety unit	置于卧铺垫前端，用于限制乘客乘卧时前蹿的装置	见图 1
3.2	R″点	R″point	以安全脚蹬面和卧铺垫上表面纵向中线线的交点为圆心，半径为 900 mm 的圆弧与卧铺垫上表面纵向中心线的交点	见图 1
3.3	卧铺长度	sleeper length	从卧铺安全脚蹬面到卧铺垫另一端之间的卧铺垫上表面纵向中心线的长度(头枕处取直线段)	
3.4	卧铺宽	sleeper width	在卧铺上表面的纵向中心线上距离 R″点前后各 100 mm 范围内测得的卧铺框架宽度的最小值	
3.5	卧铺纵向间距	distance between sleepers	前后相邻卧铺的相同位置点之间的距离	
3.6	铺间高	distance between lower and upper sleeper	双层卧铺中，下层卧铺的 R″点垂直向上至障碍物的距离	见图 1 中 H_1
3.7	上铺高	upper sleeper height	双层卧铺中，上层卧铺的 R″点垂直向上至障碍物的距离	见图 1 中 H_2
3.8	安全脚蹬高	height of end safety unit	安全脚蹬面与卧铺垫上表面纵向中心线的交点，至安全脚蹬垂直面上缘的距离	见图 1 中 H_3

单位为毫米

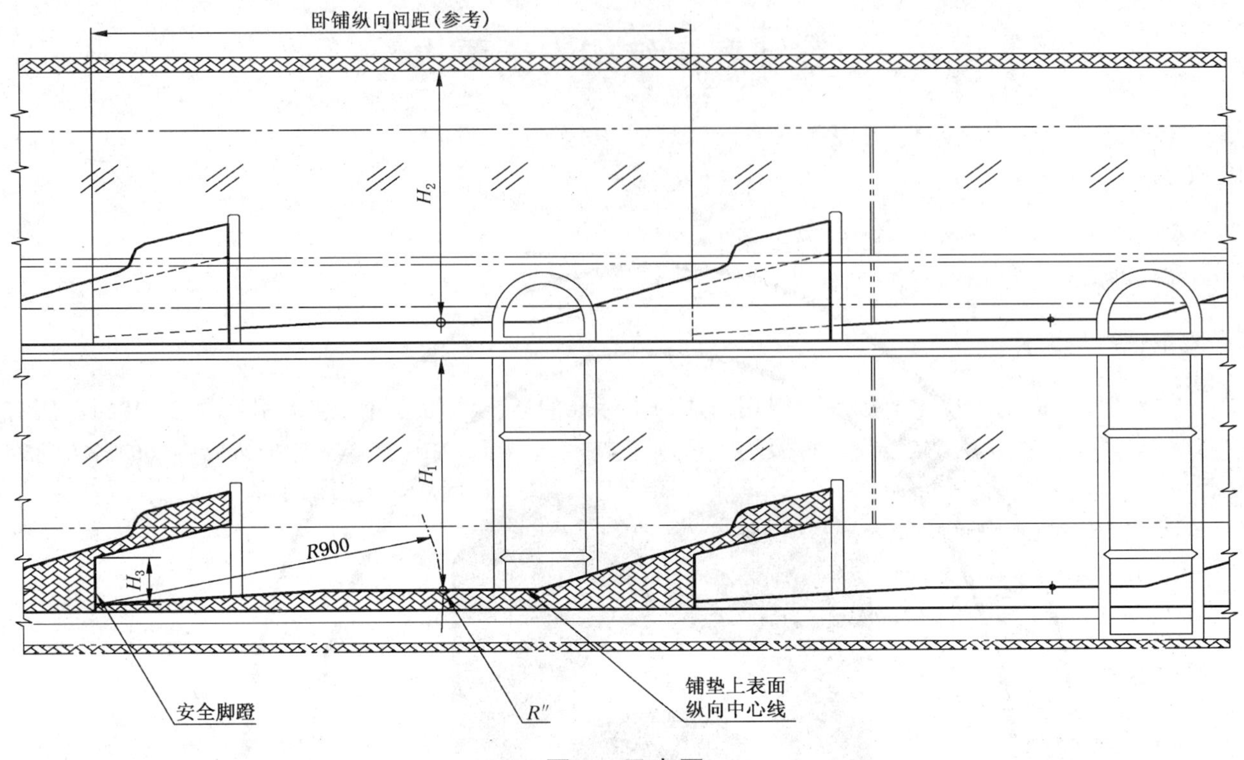

图1 示意图

4 要求

4.1 侧倾稳定性和车顶设置

卧铺客车的侧倾稳定性应符合 GB 7258 的规定。卧铺客车不应装设车外顶行李架。

4.2 防火措施

客舱内应至少安装 3 个灭火器,前、后部至少各安装 1 个灭火器,前部灭火器应靠近驾驶员座椅。灭火器安装位置应易见或清晰标识,在紧急情况下应易于取用。

发动机舱、燃油箱、燃油供给系统、电气设备与导线、蓄电池、材料应分别符合 GB 13094—2007 中 4.4.1～4.4.5 及 4.4.7 的相应规定。

4.3 侧窗

若卧铺分为上下两层时,则侧窗洞口应分为上下两层。

4.4 车内布置

4.4.1 卧铺

4.4.1.1 卧铺尺寸

卧铺长度应不小于 1 800 mm,卧铺宽应不小于 450 mm。R″至安全脚蹬面之间的铺面,允许局部宽度小于 450 mm,但不小于 350 mm。

4.4.1.2 卧铺的结构

卧铺的支承立柱、框架及安全脚蹬应牢固可靠,上层卧铺的扶梯或踏脚、卧铺防护装置等表面宜采用软化包覆措施。卧铺的外表面和内部不应存在任何危及乘客安全的尖锐突出物。框架和底板的外缘应具有外径为不小于 5 mm 的圆角,并设置下列安全装置:

a) 每张卧铺的前端应设安全脚蹬,顶部不封闭的安全脚蹬,高度应不小于 170 mm;顶部封闭的安全脚蹬,垂直面和顶面采用圆弧过渡时,和垂直面相交(或相切)的圆弧最低点的高度(H_3)不小于 170 mm,和顶面相交(或相切)的过渡圆弧最高点的高度应不小于 250 mm。

b) 每张卧铺应在R″点附近安装汽车安全带。

c) 应设置供上铺乘客上下的扶梯或踏脚，安装应牢固、可靠，且上下方便。

d) 卧铺靠过道侧应安装防护装置。

4.4.1.3 卧铺的布置及乘客空间

卧铺应纵向单铺布置。下层卧铺的R″点至通道地板的高度应不小于150 mm。卧铺纵向间距应不小于1 400 mm，卧铺双层布置时上铺高应不小于780 mm、铺间高应不小于750 mm。

4.4.2 侧窗处的乘员防护

沿铺面全长、从铺面R″点向上的规定高度范围内应有刚性防护装置，以防乘客坠落车外。规定的高度为：

a) 对铰接式或推拉式侧窗，该高度应不小于300 mm；

b) 对采用玻璃全封闭式的侧窗，该高度应不小于250 mm。

4.4.3 急救用药物箱

客舱内应至少设一套急救用药物箱，且靠近车组人员。

4.4.4 车内空气调节装置

如果车厢内不能进行自然通风，应装设强制通风装置。车厢内宜设置杀菌除臭味装置。

4.4.5 引道、通道和应急出口的通过性

4.4.5.1 乘客门引道

4.4.5.1.1 乘客门引道应允许图2中的垂直平板1和垂直平板2按4.4.5.1.2的规定自由通过。自由通过的净空间，不应包括前向或后向座椅未压缩座垫前300 mm，高度从地板至座垫最高点的空间。对折叠座椅，应在座椅打开位置时测量。如设有车组人员专用的折叠座椅，并符合下列要求，则允许在其折叠位置测量乘客门引道的通过性：

a) 在车上清楚地标示：此座椅只为车组人员使用；

b) 座椅不使用时应能自动折叠；

c) 无论该座椅处于使用位置或折叠状态，其任何部位均不得位于驾驶员座椅（处于最后位置时）座垫上表面中心与车外右后视镜中心连线所在的垂直平面的前方。

单位为毫米

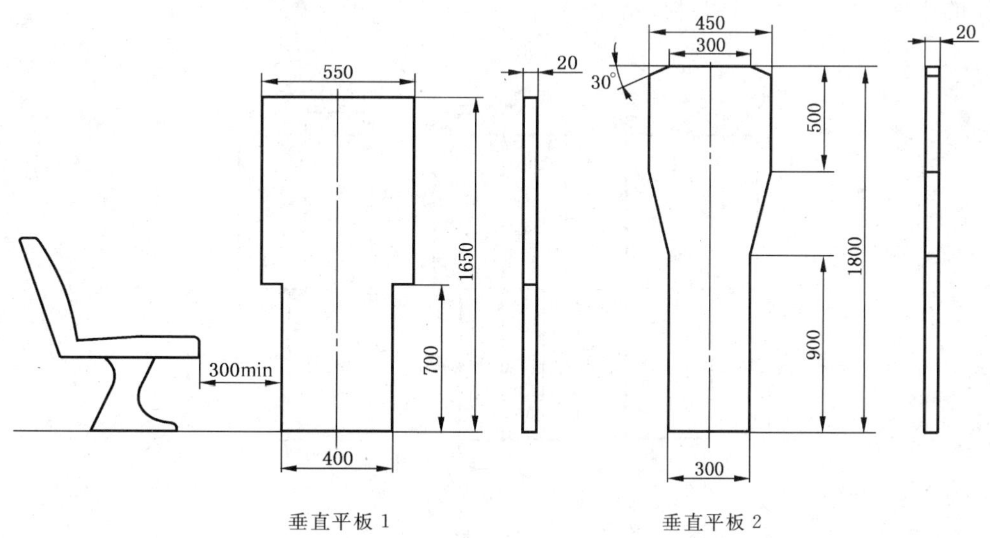

注：垂直平板1的顶部宽度可由550 mm减为400 mm，其过渡斜面与水平面夹角不应超过30°。

图2 乘客门引道测量平板

4.4.5.1.2 垂直平板1在起始位置时，靠近车辆内侧的板面应切于车门开口的最外边缘，移动时应保持与乘客的出入方向垂直。垂直平板1的中心线从起始位置移过300 mm，将平板底部接触踏步表面并保持在此位置。把通道测量圆柱体 2(由垂直平板 2 旋转而成)的中心平面置于最上一级踏步的外边缘,并保持在该位置。垂直平板 2 垂直放置到其外平面与垂直平板 1 内平面贴合的位置,并从该位置沿乘客进入车辆的方向开始移动,直到与通道测量圆柱体 2 相切(见图 3)。

单位为毫米

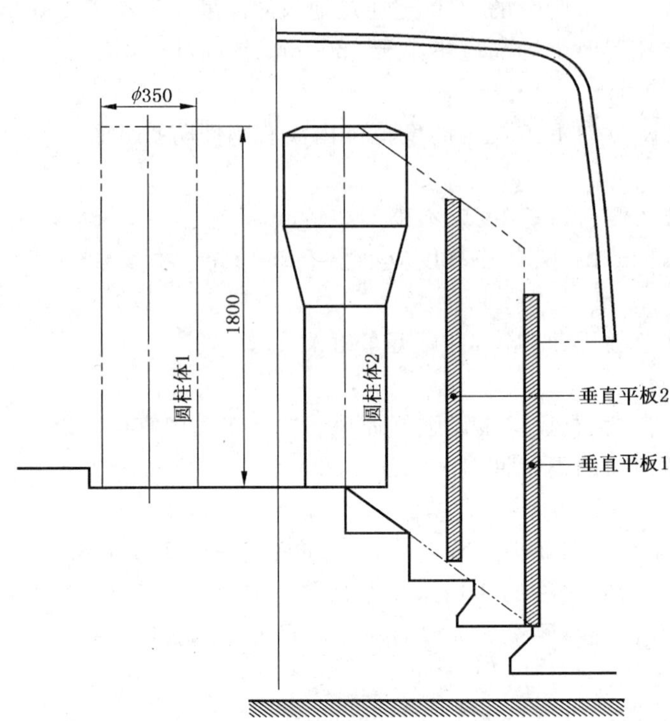

图 3 乘客门引道测量方法

4.4.5.1.3 引道处地板的坡度应符合 GB 13094—2007 中 4.6.1.9 的规定。

4.4.5.2 应急门引道

4.4.5.2.1 在通道和应急门之间的自由空间应允许叠加圆柱(见图 4)自由通过。下圆柱体的底部应在上圆柱体的投影内,二者可以相对位移。

单位为毫米

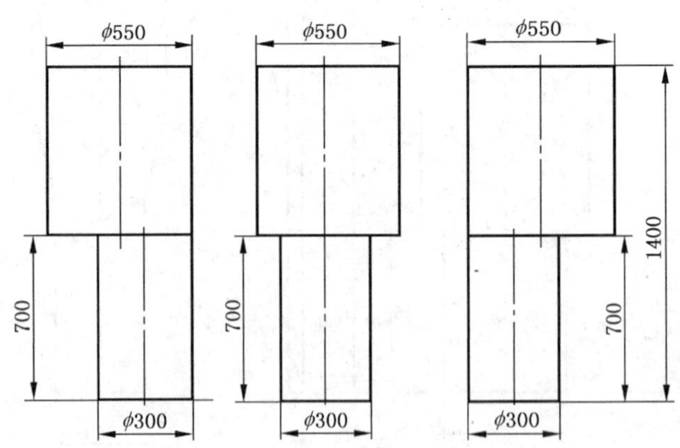

注:上圆柱直径可在顶部减为 400 mm,其过渡斜面与水平面夹角不超过 30°。

图 4 应急门引道测量装置

4.4.5.2.2 通向应急门的引道应能保证在紧急情况下畅通,允许采用不使用工具即可迅速翻转或拆卸铺位等方法加宽引道,并应在易见部位清晰标示加宽引道的方法。

4.4.5.3 通道

4.4.5.3.1 图3中的测量圆柱体2的中心平面从最上一级踏步外边缘沿乘客进入车辆的方向移动到与卧铺间通道外端面相切的位置，并保持在该位置，图3中测量圆柱体1从与测量圆柱体2相切的位置沿乘客进入车辆的方向沿两排卧铺之间的通道移动，抵达通道最里端，如果触及柔性物可将其移开。在下述位置后面的通道，高度可达到1 700 mm：

——后轴（多于1个后轴时，为最前面的后轴）中心线前1.5 m的横向垂直平面；

——乘客门（多于1个乘客门时，为最后1个乘客门）的后边缘处的横向垂直平面。

4.4.5.3.2 通道内允许有台阶，台阶的宽度应不小于其顶部的通道宽度。通道中不允许设置乘客使用的折叠座椅。通道和引道表面应防滑。通道坡度应符合GB 13094—2007中4.6.6条对Ⅲ级车的规定。

4.4.5.4 **应急出口的通过性**

4.4.5.4.1 **应急窗的通过性**

测试量具为厚400 mm、截面为400 mm×600 mm的椭圆柱体。测试量具应能经过铺面上方的空间通过应急窗到达车外。测试量具运动过程中，其最大端面应与运动方向保持垂直，运动方向与乘客从车辆撤出的方向一致。

若应急窗装有防止乘客坠落车外的乘员防护装置，并在不使用工具的情况下易于拆卸，且标识有安装和拆卸的方法，则允许在拆除乘员防护装置后测量其通过性。

4.4.5.4.2 **撤离舱口的通过性**

安全顶窗应满足如下可接近性：用侧面与垂面成20°角、高800 mm（双层卧铺时）或1 600 mm（单层卧铺时）（边长不限定）的正四棱台测量：保持棱台轴线垂直，当其上底面位于安全顶窗的开口区域内时，其下底面应能接触到卧铺或相应的支撑件上。支撑件可以折叠或移动，但应能锁止在其所需使用的位置。当车顶结构厚度大于150 mm时，棱台的上底面应接触到安全顶窗开口处的车顶外表面高度。

地板出口的通过性应符合GB 13094—2007中4.6.4.2的规定。

4.4.6 **出口**

4.4.6.1 **出口数量及位置**

4.4.6.1.1 **出口的最少数量**

为满足紧急情况下的乘员撤离和车外救助，每个分隔舱（不含卫生间或烹调间）的出口最少数量均应符合表2的规定。

表2 出口的最少数量

每个分隔舱内的乘员数量	出口的最少数量	每个分隔舱内的乘员数量	出口的最少数量
1	1	9～16	4
2	2	17～30	5
3～8	3	＞30	6

4.4.6.1.2 **各类出口的最少数量和位置**

卧铺客车至少应有两个安全顶窗，安全顶窗之间应沿车辆长度方向留有适当的距离，其中至少两个安全顶窗相邻两边之间的距离应不小于2 m，每个安全顶窗应视为1个应急出口。卧铺客车左右两侧的应急窗数量应基本相同，同一侧面的应急窗之间应沿车辆长度方向留有适当的距离。上下两层的应急窗数量应基本相同，且前后相互错开。乘客门的最少数量和位置应符合GB 13094—2007中4.5.1.2～4.5.1.4中适用于Ⅲ级车的规定。

4.4.6.1.3 **双窗的计算**

双窗的计算应按GB 13094—2007中4.5.1.5的规定。

4.4.6.2 出口的最小尺寸

应急窗的长和高应分别不小于600 mm和420 mm；如果侧窗上安装有防止乘客坠落车外的乘员防护装置，防护装置在不使用工具的情况下易于拆卸，并标识了安装和拆卸的方法，则按拆除防护装置后的面积计算应急窗尺寸，否则防护装置占用的面积不计为应急出口面积。乘客门、应急门和安全顶窗的最小尺寸应符合GB 13094—2007表4中对Ⅲ级车的规定。

4.4.6.3 出口技术要求

各类出口应符合如下要求：

——乘客门，动力控制乘客门、自动控制乘客门和应急门应分别符合GB 13094—2007中4.5.3、4.5.4、4.5.5和4.5.6的规定；

——应急窗应符合GB 13094—2007中4.5.7.1～4.5.7.4及4.5.7.6的规定；

——撤离舱口应符合GB 13094—2007中4.5.8的规定；

——伸缩式踏步应符合GB 13094—2007中4.5.9的规定；

——标志应符合GB 13094—2007中4.5.10的规定。

4.5 其他装置

下列装置应分别符合如下要求：

——踏步应符合13094—2007中4.6.7的规定；

——驾驶员与车组人员舱的联络应符合GB 13094—2007中4.6.9的规定；

——冷热饮机和烹调设备应符合GB 13094—2007中4.6.10的规定；

——内舱门应符合GB 13094—2007中4.6.11的规定；

——车内照明应符合GB 13094—2007中4.7的规定；

——乘客门扶手和把手应符合GB 13094—2007中4.10.1和4.10.3的规定；

——乘员保护应符合GB 13094—2007中4.12的规定；

——地板上的活动盖板应符合GB 13094—2007中4.13的规定；

——视觉娱乐装置应符合GB 13094—2007中4.14的规定。

4.6 测量状态

卧铺客车测量时的车辆状态应符合GB 13094—2007中4.1.2的规定，并在卧垫未被压陷的状态下测量。

ICS 03.220.40
R 24

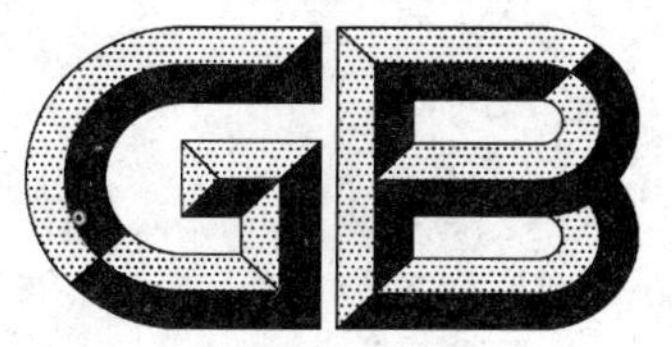

中华人民共和国国家标准

GB/T 16890—2008
代替 GB/T 16890.1～16890.7—1997

水路客运服务质量要求

Requirements on services of passenger transport by water

2008-10-27 发布　　　　2009-05-01 实施

中华人民共和国国家质量监督检验检疫总局
中国国家标准化管理委员会　发布

前　言

本标准代替 GB/T 16890.1—1997《水路客运服务质量要求　总则》、GB/T 16890.2—1997《水路客运服务质量要求　沿海、长江干线客船》、GB/T 16890.3—1997《水路客运服务质量要求　远洋、涉外游览客船》、GB/T 16890.4—1997《水路客运服务质量要求　内河客船》、GB/T 16890.5—1997《水路客运服务质量要求　高速客船》、GB/T 16890.6—1997《水路客运服务质量要求　游览船》、GB/T 16890.7—1997《水路客运服务质量要求　港口客运站》。本标准对 GB/T 16890.1～16890.7 进行整合修订。

本标准与 GB/T 16890.1～16890.7 相比，主要变化如下：

——修改和调整了标准的总体结构和编排格式；

——主要增加：

a）服务质量管理要求(见第 4 章)；

b）客运站对滚装车辆的服务要求(见第 7 章)；

c）服务场所传递信息的基本要求(见附录 A)；

——主要删减：

a）客运站的分级内容；

b）客舱的分级内容；

c）现行法规中已有的内容；

d）引用的现行卫生标准中已有的内容；

——主要修改：术语“远洋客船”的定义，术语“涉外游览船”及其定义(见 3.3、3.4)。

本标准的附录 A 为规范性附录。

本标准由中华人民共和国交通运输部提出。

本标准由中华人民共和国交通运输部归口。

本标准起草单位：交通运输部科学研究院、中国长江航运(集团)总公司、中国交通企业管理协会客运旅游工作委员会、上海水上旅游研究所。

本标准主要起草人：周正鸣、庄善珍、殷正国、梁人伟。

本标准所代替标准的历次版本发布情况为：

——GB/T 16890.1～16890.7—1997。

水路客运服务质量要求

1 范围

本标准规定了水路客运企业的服务质量管理、服务和服务资源的要求。

本标准适用于依法运营的水路客运企业。

2 规范性引用文件

下列文件中的条款通过本标准的引用而成为本标准的条款。凡是注日期的引用文件，其随后所有的修改单(不包括勘误的内容)或修订版均不适用于本部分，然而，鼓励根据本部分达成协议的各方研究是否可使用这些文件的最新版本。凡是不注日期的引用文件，其最新版本适用于本部分。

GB 9664 文化娱乐场所卫生标准

GB 9665 公共浴室卫生标准

GB 9666 理发店、美容院(店)卫生标准

GB 9670 商场(店)、书店卫生标准

GB 9672 公共交通等候室卫生标准

GB 9673 公共交通工具卫生标准

GB 16153 饭馆(餐厅)卫生标准

GB/T 18225 水路客运术语

GB/T 19001 质量管理体系 要求(GB/T 19001—2000 idt ISO 9001:2000)

GB 50116 火灾自动报警系统设计规范

JT/T 28 交通行业工人技术等级标准 水上运输

JT/T 29 交通行业工人技术等级标准 港口

JT/T 405 水路客运计算机售票票样及管理使用要求

JT/T 471 交通客运图形符号、标志及技术要求

WS 205 公共场所用品卫生标准

国际海事组织《1974年国际海上人命安全公约》(SOLAS)

国际海事组织《国际船舶与港口设施保安规则》(ISPS)

3 术语和定义

GB/T 18225 确立的以及下列术语和定义适用于本标准。

3.1

水路客运企业 corporation of passenger transport by water

从事水路客运的企业，包括承运人和港口经营人。

3.2

供方 supplier(s)

为水路客运企业提供服务的企业。

3.3

远洋客船 passenger ships sailing in ocean

由中国船公司拥有或经营、航行于国际航线且挂靠中国港口的客船，包括客箱船和客滚船。

3.4

旅游客船　passenger ships for pleasure

为旅客提供食宿旅游、休闲娱乐等综合服务的客船。

4　服务质量管理要求

4.1　水路客运企业应按 GB/T 19001 的要求，建立服务质量管理体系，加以实施和保持。

服务质量管理体系应包含：企业的服务方针、岗位责任制度、人员培训制度、环境保护和资源节约制度、设施设备维护制度、重大安全生产事故及恶劣气象和突发事件的应急反应制度、食品卫生责任制度、治安保卫制度、消防安全责任制度、投诉制度等。

拥有或经营远洋客船的水路客运企业应遵守 SOLAS 公约和 ISPS 规则等国际公约。

4.2　水路客运企业应要求供方具备与其供应相适应的合法资质、内部建立质量管理体系并享有良好信誉。

4.3　承运人与港口经营人应在"平等互利"的原则下建立有效的沟通机制。

5　客运服务质量

5.1　基本要求

5.1.1　水路客运企业宜利用适当媒体发布服务信息，信息内容应真实、完整、有效。

5.1.2　服务场所应满足以下要求：

——向旅客或顾客传递有关信息，传递信息基本要求见附录 A；

——对外服务应履行承诺，包括服务时间、服务项目和服务质量等；

——对老人、孕妇、儿童、残障者等旅客给予照顾；

——提供咨询服务；

——设置投诉（意见）箱（本），并公布投诉电话。

5.1.3　对行包、行李或车辆货物进行安全检查的场所应设专职人员检查。

5.2　服务人员

水路客运企业应根据岗位需要配置服务人员，服务人员应满足以下要求：

——客运站服务人员根据所在岗位符合 JT/T 29 相关部分要求，并了解客运站各项服务；客船服务人员根据所在岗位符合 JT/T 28 相关部分要求，并了解船上各项服务、客船航线情况及沿岸的地理、历史等；

——遵守职业道德、坚守岗位、恪尽职守，服务规范、礼貌友好、细致耐心；

——在岗时身着工作服装、佩戴标志，服饰整洁、仪表端庄；

——服务时讲普通话，需要时可选择能与顾客交流的语言。

5.3　服务设施设备和服务环境

5.3.1　服务场所内的标志设置应符合 JT/T 471 要求，图形符号和字迹清晰、表面清洁。

5.3.2　服务场所应配备适量的应急照明设施。

5.3.3　客运站和客船应配备播音设备，广播音质清晰。火灾应急广播与公共广播合用时，应符合 GB 50116 有关要求。

5.3.4　以下服务场所的用品应符合卫生行业标准 WS 205 的要求，环境、卫生和相关设施应符合相关国家标准：

——餐厅（厨房）符合 GB 16153 的要求；

——文化娱乐场所符合 GB 9664 的要求；

——浴室符合 GB 9665 的要求；

——理发店、美容院（店）符合 GB 9666 的要求；

——小商店符合 GB 9670 的要求；
——候船场所符合 GB 9672 的要求；
——客船的客舱和公共区域符合 GB 9673 的要求。

6 票务、行李托运要求

6.1 票务

6.1.1 售票员与顾客之间应无语音交流障碍。

6.1.2 顾客应可选择可售船票。

6.1.3 船票应字迹清晰、内容准确规范。

6.1.4 售票差错率(按张计算)：直达客船不应超过 0.3‰，非直达客船不应超过 0.5‰。

6.1.5 客船售票总数不应超过该客船乘客定额证书中核定乘客定额。

6.1.6 售票处宜采用计算机出票，票样符合 JT/T 405 要求；同城异地宜采用联网售票。

6.1.7 售票处宜代办旅客保险业务。

6.2 行李托运

6.2.1 行李托运处应设行李库房，行李库房应有防盗、防水防湿、防暑防冻、防鼠防虫等措施。

6.2.2 行李运单应字迹清晰、内容准确规范。

6.2.3 行李托运应制定安全检查、受理、库存、装卸、站船交接等制度，差错率不超过 0.5‰(按件计算)。

7 客运站要求

7.1 站容站貌

站容站貌应满足以下要求：
——分设面向陆地和水域的站名牌；
——站前广场平整干净、停车有序；
——站内外设施设备外形完好整洁、安放规范；
——墙壁、门窗清洁，地面干净无积水；
——创建遵纪守法、维护公共秩序、倡导文明旅行旅游的氛围。

7.2 小件寄存处

小件寄存处应满足以下要求：
——配备适量的行包寄存架(柜)或自助式寄存柜；
——制定寄存制度，避免发生存放禁存物品和行包损坏、丢失、错交等事故。

7.3 候船和上下船场所

7.3.1 候船场所应配备安全检查设备，对进入候船场所的自带行李进行安全检查。

7.3.2 检票口处应设儿童半价乘船要求的身高标记。

7.3.3 检票人员应做好查验船票和查堵禁带物品工作。

7.3.4 候船场所与码头及码头与出站口之间的通道应无障碍、光线适当、路面防滑。

7.4 滚装场所

7.4.1 滚装场所应设与滚装业务相适应的停车处、候装处，配备安全检查设备。

7.4.2 滚装运输手续应在例行检查合格之后办理。

7.4.3 客、车应分流，并设专职人员指挥滚装车辆上下船。

8 客船要求

8.1 一般要求

8.1.1 客船设施及服务应满足以下要求：

——航行时通道畅通；
——窗户配备遮光窗帘；
——航行超过 1 h，配备卫生间；
——航行超过 2 h，设 24 h 供应饮用水的茶水站、小商店（或小卖部）；
——日间航行超过 4 h，提供餐饮；
——日间航行超过 8 h 或夜间航行超过 4 h（游览船除外），提供卧铺客舱、洗澡房、盥洗室，视情设餐厅、阅览室或棋牌室。

8.1.2　船容船貌应满足：船名字迹清晰、醒目，栏杆、墙壁清洁，甲板、走廊、地板干净且无积水，设施设备外形完好整洁、安放规范。

8.2　远洋客船、旅游客船

8.2.1　直接为旅客服务的部门应有适量的服务人员在其业务范围内具备外语会话能力，其中外语：

a）远洋客船宜按航线确定语种；
b）旅游客船宜为英语。

8.2.2　远洋客船、旅游客船应提供：

——配套餐饮设施和服务，包括餐厅和酒吧，预报全程食谱等；
——配套外景观光设施，包括前后甲板、室内观景区间等；
——配套休闲娱乐设施，包括提供躺椅的阳光甲板、舞厅、卡拉 OK、闭路电视等；
——日常服务，包括美容美发、一般的洗衣服务等。

8.2.3　远洋客船、旅游客船宜设医务室。

8.2.4　旅游客船应根据游客需要安排全天活动。

8.3　游览船

8.3.1　服务人员外语会话要求应符合 8.2.1 b）。

8.3.2　游览船的外观宜与景区协调。

8.3.3　客舱布局应适于观光，座椅应舒适，上下船应安全便捷。

8.3.4　卫生间应配有卫生纸、洗手池、洗手液、梳妆镜等。

8.3.5　游览船上应设应急药箱，内存 5 种以上内服药品（感冒、胃痛、晕船、中暑等药品）和 3 种以上外用药品（止血、消炎、止痛等）。

8.3.6　视情配备电子景点讲解仪，提供快照摄影，出售（或赠送）导游图、旅游纪念品等。

8.4　高速客船

8.4.1　通道两侧应配备扶手（或拉手）。

8.4.2　开航前应确认旅客行包安放妥当，航行中应适时巡视，发现旅客不适及时采取措施。

附　录　A
（规范性附录）
服务场所传递信息基本要求

A.1　一般要求

A.1.1　售票、行李托运和客运站等场所对外应设醒目标志、公布服务时间。

A.1.2　较大或较复杂的服务场所应设平面示意图并合理设置导向标志。服务场所内各服务点应设相应标志。

A.1.3　事故易发和危险区域应设警示或安全标志，非工作人员禁区应设禁行标志。

A.1.4　服务场所应设禁烟标志，用水场所应有节水提示。

A.1.5　售票、行李托运和候船等场所应在显著位置设置时钟和日历牌。

A.1.6　售票、行李托运、小件寄存、候船和滚装等场所应公布禁止携带、托运、寄存或装载的危险品种类。

A.1.7　传递信息应做到：

——准确、及时、有效；

——文字传递使用规范汉字，需要时可增加外文；语音传递使用普通话且至少重复进行两次，需要时可增加外语。

A.2　售票场所

A.2.1　售票场所应公布：客船班期时刻表、客船班期变更通知、航线示意图、票价表、乘船须知、售票窗口所售船票的到达港。

办理旅客保险前应有自愿投保提示。

A.2.2　客船班期时刻表应包括：始发港、到达港、开船时间、到港时间等。

A.2.3　客船班期变更通知应包括：具体船舶、变更时间和原因等。

A.2.4　票价表应包括：舱位等级、港口名称、里程票价。

A.2.5　乘船须知应包括：

——船票的有效性；

——免票条件，半票、团体票、包房、包舱、包船、退包、补票、退票等的办理；

——旅客免费携带行李的限制及超限的处理办法；

——携带禁带物品的处理办法。

A.3　行李托运场所

行李托运场所应公布：行李托运收费标准，安全检查要求，每件托运行李的重量、体积和长度的限制及包装要求等。

A.4　小件寄存处

小件寄存处应公布：寄存收费标准，安全检查要求，寄存行包的外观要求，寄存期限等。

A.5　候船和上下船场所

A.5.1　候船场所应发布检票上船信息和客船动态信息，宣传乘船常识。

码头应设安全提示和环保提示。

A.5.2 检票上船信息应包括：船名、终点港、开船时间、检票口等，相应检票口宜设所检船票的终点港提示。

A.5.3 客船动态信息应包括：客船到港、客船延误或取消及其原因等。

A.5.4 乘船常识应包括：一般常识、安全常识、禁带物品等。

A.6 滚装场所

A.6.1 滚装场所应在港区入口处公布：滚装船舶时刻表、滚装车辆运输须知。

滚装场所应设：停车场所标志、入口出口标志、检查标志、交通标志。

A.6.2 滚装船舶时刻表应包括：船名、始发港、终点港、开船时间、到港时间。

A.6.3 滚装车辆运输须知应包括：办理滚装运输所需凭证及手续、港区道路交通管理规定。

A.7 客船

A.7.1 客船应发布：乘船须知、到港通知、客船动态信息等。旅游客船和游览船、高速客船的特殊要求见 A.7.5、A.7.6。

客船公共场所和客舱应张贴应变部署表，撤离路线、出口、救生衣、救生筏储存处和登艇筏处等应有明显标志。

A.7.2 乘船须知应包括：安全、卫生、环保等注意事项，身体出现不适的应对方法，救生衣的穿着方法，救生衣、救生筏储存处和登艇筏的位置，安全通道和撤离路线，突发事件的应对等。

乘船须知宜通过印刷品、服务员讲解或视频等向旅客宣传。

A.7.3 到港通知应包括：前方到达港名称、提示旅客提前准备、到达港城市当日的天气预报及港口周边的交通情况；如是中途港，应通知停船时间。

A.7.4 客船动态信息包括：前方港口名称、到港时间、客船运行情况（正点或延误）、餐厅供餐时间和食谱、娱乐场所开放时间和其他服务信息等。

A.7.5 旅游客船和游览船：开船后介绍船上基本情况、航行路线、船上活动安排、注意事项等；航行中讲解沿线风土人情、历史文化、名胜古迹等。

A.7.6 高速客船：航行状态改变（如变速、转弯等）前及船舶摇摆时应发出安全提示。

参 考 文 献

[1] 水路旅客运输规则.
[2] 港口经营管理规定.
[3] 高速客船安全管理规则.
[4] 海上滚装船舶安全监督管理规定.
[5] 公共场所卫生管理条例.
[6] 中华人民共和国消防法.
[7] 运输船舶消防管理规定.
[8] GB/T 15624.1—2003 服务标准化工作指南 第1部分:总则.